令和02-03年
Applied Information Technology Engineer

応用情報技術者
試験によくでる問題集【午後】

大滝みや子・著

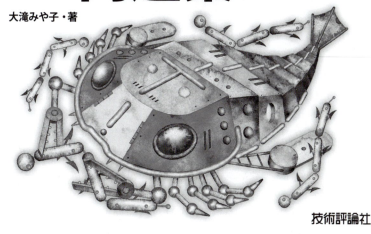

技術評論社

はじめに

　応用情報技術者試験は，情報処理技術者試験制度のスキルレベル3に相当する試験であり，基本情報技術者試験（レベル2）の上位試験です。午前試験においては，その出題テーマの多くが基本情報技術者試験とオーバーラップしていて，難易度もそれほど大きく変わりませんが，午後試験においては，出題形式やその難易度は基本情報技術者試験とは明らかに異なります。つまり，基本情報技術者試験に合格してもエスカレータ式に応用情報技術者試験に合格できるというものではありません。基本情報技術者試験合格者が十分な対策を取らずに応用情報技術者試験を受験した場合，その何％の方が合格するでしょうか？　基本情報技術者試験と応用情報技術者試験験，そこには高く厚い壁があることに気付いてください。

　さて本問題集は，応用情報技術者試験ならびに，その前身であるソフトウェア開発技術者試験の過去に出題された問題から，良質かつ重要な問題を51問（Try!問題を含め69問）厳選し，編集した午後試験対策用の問題集です。「えっ!？　ソフトウェア開発技術者試験って古くない？」と思われるかもしれませんが，近年出題された問題を見ると，ソフトウェア開発技術者試験に出題された問題を，現代風にアレンジしているものもあります。つまり，IT技術は進歩していても，身に付けなければいけない（求められる）知識や応用力は変わらないということです。このことに着目し，本問題集では，古い問題であっても"合格"のための良問であればそれを掲載しています。また，1問1問，詳細な解説をしてありますから，合格に必要となる知識・応用力，そして解答センスを身につけることができるでしょう。本問題集により読者の皆さんが，"合格証書"を手にされることを心より応援しております。

令和02年2月　大滝　みや子

●本書ご利用に際してのご注意●

・応用情報技術者試験は，2008年度（H20年度）まで実施されていたソフトウェア開発技術者試験が名称変更されたものです。したがいまして，本書におきましては，ソフトウェア開発技術者試験の問題でも重要かつ今後出題が予想されると思われる問題は，試験名称を区別することなく掲載しております。
・本書の内容に関するご質問につきましては，最終ページ（奥付）に記載しております『お問い合わせについて』をお読みくださいますようお願い申し上げます。

学習の手引き ··· 8

第1章 情報セキュリティ ··· 11

基本知識の整理 ··· 12
- 問題1 公開鍵基盤を用いた認証システム（H21秋午後問9）············ 22
  - 参考 公開鍵基盤（PKI）とディレクトリサーバ ·························· 29
- 問題2 ECサイトの利用者認証（H31春午後問1）··························· 30
  - Try！（H27秋午後問1抜粋）··· 39
- 問題3 ネットワークセキュリティ対策（H26秋午後問1）················ 43
  - Try！（H25春午後問9抜粋）··· 48
- 問題4 電子メールのセキュリティ（H27春午後問1）····················· 50
  - 参考 送信ドメイン認証（SPFとDKIM）··································· 55
  - 参考 標的型攻撃メールの特徴 ··· 59
  - 参考 スパムメール対策 ·· 59
- 問題5 サーバのセキュリティ対策（H30秋午後問1）····················· 60
  - 参考 TCPスキャンとUDPスキャン ··· 69
  - 参考 SQLインジェクション ·· 69
  - Try！（H28春午後問1抜粋）··· 70
- 問題6 セキュリティインシデントへの対応（H24春午後問9）········ 74
  - 参考 システムログの一元管理 ··· 78
  - 参考 IDSによる不正検知方法 ·· 79
  - 参考 NTP増幅攻撃とDNS amp攻撃 ··· 82
  - Try！（H22春午後問9抜粋）··· 84
- 問題7 マルウェア対策（H29春午後問1）····································· 87
  - 参考 URLフィルタリングの種類 ·· 91

第2章 ストラテジ系 ··· 95

基本知識の整理 ··· 96
- 問題1 事業戦略の策定（H30春午後問2）····································100
- 問題2 スマートフォン製造・販売会社の成長戦略（R01秋午後問2）····110
- 問題3 レストラン経営（H30秋午後問2）····································119
  - 参考 営業利益と限界利益 ···128
- 問題4 企業の財務体質の改善（H26秋午後問2）··························129
  - 参考 押さえておきたい用語 ···133
  - 参考 キャッシュフロー計算書 ··135
  - 参考 売上債権回転日数 ··137

参考	利益剰余金	138
Try!	(H29春午後問2抜粋)	139
問題 5	事業継続計画（BCP）(H23春午後問3)	142
参考	RTOとRPO	147
参考	従業員の教育訓練	149
参考	内閣府の"事業継続ガイドライン"	150

第3章 プログラミング（アルゴリズム） ……… 151

基本知識の整理	152
問題 1	探索アルゴリズム（H29春午後問3）	160
問題 2	配列と双方向リスト（H22春午後問2）	172
問題 3	連結リストを使用したマージソート（H26秋午後問3）	183
参考	連結リストの併合処理	190
参考	リスト処理におけるダミーのセルの有効性	192
問題 4	2分探索木（H18秋午後問5）	193
参考	2分探索木の再帰的構造	200
参考	2分探索木における探索の比較回数①	203
参考	2分探索木における探索の比較回数②	204
参考	完全2分木における葉以外のノード数	205
Try!	(H27秋午後問3抜粋)	206
問題 5	データ圧縮前処理のBlock-sorting（H27春午後問3）	210
参考	辞書式順	214

第4章 システムアーキテクチャ ……… 221

基本知識の整理	222
問題 1	システム構成の見直し（H31春午後問4）	230
Try!	(H26春午後問4抜粋)	240
問題 2	Webシステムの性能評価（H22秋午後問4）	241
参考	窓口数4の場合の正規化した平均待ち時間（グラフ）	245
問題 3	キャンペーンサイトの構築（H27春午後問4）	249
問題 4	仮想環境の構築（H29春午後問4）	256
参考	物理サーバが1台停止すると，全システムの処理性能が低下する理由	266
Try!	(H25秋午後問3抜粋)	267
問題 5	並列分散処理基盤を用いたビッグデータ活用（H30秋午後問4）	272

第5章 ネットワーク ……………………………………………283

基本知識の整理…………………………………………………	284
問題1 TCPとUDP（H19秋午後問1）………………………	294
参考 マルチキャスト………………………………………	298
参考 3ウェイハンドシェイクの手順……………………	299
参考 VLAN（仮想LAN）…………………………………	300
Try!（H28秋午後問5抜粋）………………………………	301
問題2 DHCPの利用（H21春午後問5）……………………	304
参考 DHCPリレーエージェント機能……………………	309
Try!（H27春午後問5抜粋）………………………………	312
問題3 無線LANの導入（H31春午後問5）…………………	316
参考 IEEE 802.1Xの構成…………………………………	321
参考 ダイナミックVLAN…………………………………	325
問題4 アプリケーションサーバの増設（H25春午後問5）…	326
参考 シーケンス番号（TCPヘッダ）……………………	334
参考 ICMP（ICMPリダイレクト）………………………	335
問題5 Webシステムの負荷分散と不具合対策（H30秋午後問5）…	336
参考 TCPコネクション切断………………………………	342
問題6 レイヤ3スイッチの故障対策（H29春午後問5）…	344
参考 ルーティング（経路制御）…………………………	348
参考 GARP，プロキシARP………………………………	350
参考 VRRP…………………………………………………	353
参考 IPv6の特徴…………………………………………	354

第6章 データベース ……………………………………355

基本知識の整理…………………………………………………	356
問題1 旅行業務用データベースの設計（H21秋午後問6）…	370
Try!（H27秋午後問6抜粋）………………………………	378
参考 リレーションシップと連関エンティティ…………	382
問題2 データベースの設計と実装（H23春午後問6）……	383
Try!（R01秋午後問6抜粋）………………………………	392
問題3 アクセスログ監査システムの構築（H27春午後問6）…	396
参考 参照制約……………………………………………	403
参考 INNER JOINの解釈…………………………………	404
問題4 データウェアハウス構築及び分析（H28春午後問6）…	406
参考 図3のSQL文………………………………………	415
参考 スタースキーマ……………………………………	416
問題5 注文管理システムの設計と実装（H21春午後問6）…	417

5

参考	UNIONとUNION ALL	424
参考	CASE式とDISTINCT	429
参考	再帰クエリ	430

第7章 組込みシステム開発 — 431

基本知識の整理	432
問題1	自動車用衝突被害軽減システム（H27春午後問7）	436
参考	ウォッチドッグタイマ	443
問題2	家庭用浴室給湯システム（H31春午後問7）	444
問題3	タクシーの料金メータの設計（H22春午後問7）	451
参考	タイムアウトを伴う同期制御	459
Try!	（H30秋午後問7抜粋）	460
問題4	園芸用自動給水器（H26春午後問7）	466
参考	P操作とセマフォの値	471

第8章 情報システム開発 — 475

基本知識の整理	476
問題1	通信販売用Webサイトの設計（H21春午後問8）	484
参考	仮想関数（純粋仮想関数）と抽象クラス	490
参考	抽象クラスと多相性	492
Try!	（H28春午後問8抜粋）	493
問題2	ソフトウェアのテスト（H26秋午後問8）	498
参考	回帰テスト	504
問題3	ソフトウェア適格性確認テスト（H29秋午後問8）	506
参考	不等式を満たす領域の求め方	515
問題4	アジャイル型開発（H29春午後問8）	516
参考	マイナーバージョンアップ	523
Try!	（H30秋午後問8抜粋）	524

第9章 マネジメント系 — 527

9-1 プロジェクトマネジメント

基本知識の整理	528
問題1	プロジェクト計画（H24秋午後問10）	534
参考	アクティビティ（作業）の余裕日数	538

参考　プロジェクト期間の短縮 …………………………………………………… 541

Try!　（H31春午後問9抜粋）……………………………………………………… 543

問題2 ▶ EVM（H22春午後問10） ……………………………………………… 549

参考　クリティカルパスの求め方 …………………………………………………… 556

Try!　（R01秋午後問9抜粋）……………………………………………………… 557

問題3 ▶ 会計パッケージの調達（H23秋午後問10） …………………………… 562

参考　請負契約と準委任契約 ………………………………………………………… 567

参考　情報システム開発フェーズと契約形態 ……………………………………… 570

問題4 ▶ リスクマネジメント（H26秋午後問9） ……………………………… 571

参考　リスク洗い出し技法 …………………………………………………………… 575

参考　リスクへの対応戦略 …………………………………………………………… 576

参考　デシジョンツリー分析 ………………………………………………………… 578

9-2 サービスマネジメント

基本知識の整理 ……………………………………………………………………… 580

問題1 ▶ 販売管理システムの問題管理（H26秋午後問10） …………………… 583

参考　問題管理 ………………………………………………………………………… 587

参考　既知のエラーデータベース …………………………………………………… 587

問題2 ▶ キャパシティ管理（H30秋午後問10） ………………………………… 590

Try!　（H31春午後問10抜粋）…………………………………………………… 598

問題3 ▶ 情報資産の管理（H27春午後問10） …………………………………… 602

9-3 システム監査

基本知識の整理 ……………………………………………………………………… 610

問題1 ▶ RPAの監査（H31春午後問11） ……………………………………… 613

問題2 ▶ システム監査（H23春午後問12） …………………………………… 620

参考　ヒアリングにおける留意事項 ………………………………………………… 624

参考　IT業務処理統制 ………………………………………………………………… 627

問題3 ▶ 財務会計システムの運用の監査（H27春午後問11） ………………… 628

参考　よくでるユーザID（アカウント）に関する問題 …………………………… 634

索引 …………………………………………………………………………………… 635

7

学習の手引き

応用情報技術者試験の概要

　応用情報技術者試験は,「高度IT人材となるために必要な応用的知識・技能をもち,高度IT人材としての方向性を確立した人」を対象に行われる,経済産業省の国家試験です。試験は,年に2回(春:4月,秋:10月)実施され,各時間区分(次表の午前,午後の試験)の得点がすべて合格基準点を超えると合格できます。

	午前試験	午後試験
試験時間	9:30〜12:00 (150分)	13:00〜15:30 (150分)
出題形式	多肢選択式(四肢択一)	記述式
出題数と解答数	出題数は問1〜問80までの80問 解答数は80問(すべて必須解答)	出題数は問1〜問11までの11問 解答数は5問(問1が必須解答,問2〜問11の中から4問を選択し解答)
配点割合	各1.25点	問1:20点,問2〜11:各20点
合格基準	100点満点で60点以上	100点満点で60点以上

● 受験案内

　実施概要や申込み方法などの詳細は,試験センターのホームページに記載されています。また,出題分野の問題数や配点などは変更される場合があります。受験の際は下記サイトでご確認ください。

　　情報処理技術者試験センターのホームページ ⇒ https://www.jitec.ipa.go.jp/

午後試験の分野別出題内訳

　午後試験では,受験者の能力が応用情報技術者試験区分における"期待する技術水準"に達しているかどうかを,知識の組合せや経験の反復により体得される課題発見能力,抽象化能力,課題解決能力などの技能を問うことによって評価されます。
　応用情報技術者試験における午後試験の分野別出題内訳と配点割合,および本書との対応は,次の表のとおりです。

問題番号	出題分野	解答問題数と配点割合	本書対応章
1	情報セキュリティ	必須　配点割合20点	第1章
2	経営戦略，情報戦略，戦略立案・コンサルティング技法	10問中4問選択 配点割合各20点	第2章
3	プログラミング（アルゴリズム）		第3章
4	システムアーキテクチャ		第4章
5	ネットワーク		第5章
6	データベース		第6章
7	組込みシステム開発		第7章
8	情報システム開発		第8章
9	プロジェクトマネジメント		第9章
10	サービスマネジメント		
11	システム監査		

※問2はストラテジ系分野の問題，問9～11はマネジメント系分野の問題

本書の特徴

　本書は，応用情報技術者試験に合格できる力を身につけることを目的とした午後試験対策用の問題集です。午後試験の出題分野に対応した，第1章から第9章までの構成となっています。また，各章においては，単に過去問題だけを掲載するのではなく，「基本知識の整理」→「問題」→「Try!問題」の順に学習できる構成にしてあります。

基本知識の整理	この分野を学習するための導入です。"午後問題は午前知識の応用である"という鉄則に従い，この分野ではどのようなことが出題されるのか，また押さえるべき用語や技術は何かを中心に説明しています。**午前でよくでる**問題を解くことで，関連する用語・技術の確認ができます。
問題	応用情報技術者試験（一部ソフトウェア開発技術者試験含む）の過去問題から，この分野を学習するのに最適な問題を厳選し取り上げています。また解説文中に「Point」や「参考」などの囲み記事を設けることで，合格を第1の目的とした学習ができるようサポートしています。 「**Point**」：解答のためのポイント事項 「**参考**」：関連する技術の説明 「**補足**」：解答・解説の補足説明
Try!問題	Try!問題は，この分野に関連する他の過去問題から，重要かつ得点の取れる設問のみを抜き出した問題です。Try!問題を解くことで知識の確認やプラスαの得点力UPを図ります。

受験テクニック

●記述式のパターンはこんなにある！

午後試験の出題形式は"記述式"ですが，一言に記述式といってもいろいろなパターンがあります。

①空欄に適切な字句を入れる：用語・技術・計算結果を問う問題
②図や表を完成させる：E-R図，クラス図，流れ図などを完成させる問題
③計算結果や判断結果を答える：計算・判断結果を問う問題
④最大50文字の文章を記述する：理由や問題点・解決策などを述べさせる問題

●ココに注意！

（1）**問題文中に空欄を見つけたら**，まず解答群があるかどうかを確認しましょう。

・用語や技術を問う問題で，解答群がある場合
　→この時点で解答可能なら，空欄を埋めておきましょう。なお確認のため，問題用紙には，解答した記号だけでなく入る用語も書いておくこと！

・用語や技術を問う問題で，解答群がない場合
　→どんな用語・技術が入りそうなのか，まずは考えられる（思いついた）用語を問題用紙に記入しておきましょう。「○○関連の用語が入りそうだなぁ」程度でもOKです。問題文を読み終え解答する段階で適切な用語を考えます。

・用語や技術を問う以外の問題の場合
　→空欄に入りそうな内容が予測できたら，それを短い文で書き留めておきましょう。問題文を読み終え解答する段階で，書き留めた内容に間違いはないかを確認後，文字数に合わせてそれに肉付けしていきます。なお，どんな内容が入るのかまったく予想がつかないときは，この時点では放っておきましょう。問題文をすべて読み終えた後で考えればよいのです。

（2）**計算結果を答える問題**では，たとえば「小数第2位を四捨五入して，小数第1位まで求めよ」といった指示に注意しましょう。計算結果が「123」であっても上記の指示がある場合は，「123.0」と解答しなければなりません。

（3）**文章記述問題**では，指定された文字数の60％の文字数は最低必要です。まず，字数を気にせずに問題用紙に考えられる解答を書きます。次に，指定字数に合わせて解答を完成させてください。

第1章
情報セキュリティ

情報セキュリティに関する問題は，午後試験の**問1**に出題されます。**必須解答**問題です。

出題範囲

情報セキュリティポリシ，情報セキュリティマネジメント，リスク分析，データベースセキュリティ，ネットワークセキュリティ，アプリケーションセキュリティ，物理的セキュリティ，アクセス管理，暗号・認証，PKI，ファイアウォール，マルウェア対策（コンピュータウイルス，ボット，スパイウェアほか），不正アクセス対策，個人情報保護 など

1 情報セキュリティ

基本知識の整理

〔学習項目〕
① 暗号化
② ディジタル署名
③ ディジタル証明書とPKI
④ ファイアウォール
⑤ 覚えておきたい攻撃手法

チェック

①暗号化

　暗号化の基本となるのが共通鍵暗号方式と公開鍵暗号方式です。それぞれの特徴と代表的なアルゴリズムを確認しておきましょう。

●共通鍵暗号方式

重要

　共通鍵暗号方式は，暗号化と復号に同じ鍵（共通鍵）を使用する方式です。暗号化や復号の処理が比較的簡単なため高速処理ができますが，共通鍵を通信相手へ安全に届けるための配送に手間がかかったり，通信相手が多くなるに従って鍵管理の手間が増えるといった欠点があります。
　なお，共通鍵暗号には暗号化や復号処理を固定長（64ビット，128ビットなど）のブロック単位で行う**ブロック暗号**と，ビット・バイト単位で行う**ストリーム暗号**があります。

〔代表的なアルゴリズム〕
・DES：ブロック暗号（鍵長は56ビット）
・AES：ブロック暗号（鍵長は128／192／256ビットから選択）
・RC4：ストリーム暗号
・KCipher-2：ストリーム暗号

12

●公開鍵暗号方式

重要　**公開鍵暗号方式**は，公開鍵と秘密鍵で1組となるペア鍵によって暗号化と復号を行う方式です。暗号化や復号の処理が複雑なため高速処理はできませんが，鍵の配送は必要なく，共通鍵暗号方式に比べ鍵管理が容易です。

〔代表的なアルゴリズム〕
- RSA：非常に大きな合成数の素因数分解の困難さを利用した暗号
- ElGamal（エルガマル暗号）：離散対数問題の難しさを利用した暗号
- DSA：ElGamal暗号を基にディジタル署名用途として開発されたもの
- 楕円曲線暗号：離散対数問題に楕円曲線を適用させたもの

午前でよくでる 暗号化の問題

問1　暗号方式に関する記述のうち，適切なものはどれか。

ア　AESは公開鍵暗号方式，RSAは共通鍵暗号方式の一種である。
イ　共通鍵暗号方式では，暗号化及び復号に使用する鍵が同一である。
ウ　公開鍵暗号方式を通信内容の秘匿に使用する場合は，暗号化に使用する鍵を秘密にして，復号に使用する鍵を公開する。
エ　ディジタル署名に公開鍵暗号方式が使用されることはなく，共通鍵暗号方式が使用される。

問2　無線LANを利用するとき，セキュリティ方式としてWPA2を選択することで利用される暗号化アルゴリズムはどれか。

ア　AES　　　イ　ECC　　　ウ　RC4　　　エ　RSA

―― 解説 ――
問1　ア：AESは共通鍵暗号方式，RSAは公開鍵暗号方式の一種です。
　　　　ウ：公開鍵暗号方式では，暗号化鍵を公開し，復号鍵を秘密にします。
　　　　エ：ディジタル署名では，公開鍵暗号方式における公開鍵と秘密鍵を逆に利用します。つまり，送信者の秘密鍵で暗号化し公開鍵で復号します。
問2　WPA2で採用している暗号化アルゴリズムはAESです。

解答　問1：イ　問2：ア

②ディジタル署名

ディジタル署名は，ハッシュ関数を利用することによる「メッセージの**改ざん検出**」と，公開鍵暗号方式における公開鍵と秘密鍵を逆に利用することによる「送信者の**本人確認**」を可能にする技術です。またディジタル署名は，メッセージを送信した事実を否認できなくする**否認防止**にも有効です。下図に示した，ディジタル署名の生成と検証の手順を確認しておきましょう。

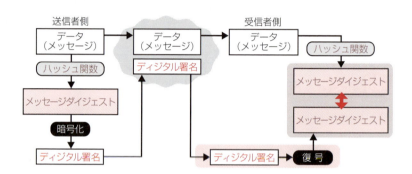

- **送信者**は，相手に送るメッセージからハッシュ関数を用いてメッセージダイジェスト（以降，ダイジェストという）を生成し，送信者の秘密鍵で暗号化したディジタル署名をメッセージとともに送信します。
- **受信者**は，受け取ったディジタル署名を送信者の公開鍵で復号します。復号できれば，送信者が正当な相手であることが確認できます。また送信者と同じハッシュ関数を用いて，受信したメッセージからダイジェストを生成し，送信者の公開鍵で復号したダイジェストと比較して，一致すればメッセージが改ざんされていないことが確認できます。

●ハッシュ関数

ハッシュ関数（**セキュアハッシュ関数**）は，次の性質をもつ関数です。
- ハッシュ値（ハッシュ関数から算出される値）の長さは固定長
- ハッシュ値から元のメッセージの復元は困難（原像回復困難性という）
- 同じハッシュ値を生成する異なる二つのメッセージの探索は困難（衝突発見困難性という）

代表的なハッシュ関数には，次のものがあります。

1 情報セキュリティ

MD5	ハッシュ値は128ビット。前身であるMD4（ハッシュ値128ビット）のアルゴリズムを複雑化して安全性を向上させたが，すでに弱点が見つかっている
SHA-1	ハッシュ値は**160ビット**。脆弱性が見つかったため，SHA-2に移行
SHA-2	SHA-1に代わるハッシュ関数規格。SHA-224，**SHA-256**，SHA-384，SHA-512などがある。なお，末尾の数字がハッシュ値のビット長を表す
SHA-3	SHA-2の次の世代のハッシュ関数規格。ハッシュ値は固定長（224，256，384，512ビット）と可変長がある

午前でよくでる ディジタル署名の問題

ディジタル署名を生成するときに，発信者がメッセージのハッシュ値をディジタル署名に変換するのに使う鍵はどれか。

ア　受信者の公開鍵　　イ　受信者の秘密鍵
ウ　発信者の公開鍵　　エ　発信者の秘密鍵

解説

発信者がメッセージのハッシュ値をディジタル署名に変換するとき使用するのは，発信者の秘密鍵です。秘密鍵で暗号化した暗号文は，そのペア鍵である公開鍵でしか復号できないため，発信者が"発信者の秘密鍵"で暗号化した暗号文を，受信者が"発信者の公開鍵"で復号できれば，発信者の正当性が確認できます。

解答　エ

③ディジタル証明書とPKI

ディジタル署名や公開鍵暗号方式を利用するときには，事前に相手の公開鍵を入手する必要があり，公開鍵の正当性の確認には，**認証局**（CA：Certificate Authority）が発行する**ディジタル証明書**（公開鍵証明書）を利用します。

●ディジタル証明書の構成

ディジタル証明書の標準としてITU-Tが策定した**X.509**があります。次ページの図に，ディジタル証明書に含まれる主な項目を示しましたが，ディジタル証明書には，認証局のディジタル署名が付与されていることを押さえ

ておいてください。このディジタル署名は，署名前のディジタル証明書の内容から算出したハッシュ値を，認証局の秘密鍵で暗号化したものです。

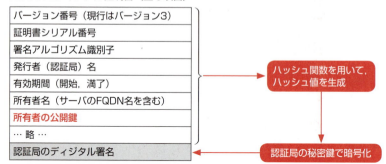

X.509v3ディジタル証明書（主な項目）

- バージョン番号（現行はバージョン3）
- 証明書シリアル番号
- 署名アルゴリズム識別子
- 発行者（認証局）名
- 有効期間（開始，満了）
- 所有者名（サーバのFQDN名を含む）
- **所有者の公開鍵**
- … 略 …
- 認証局のディジタル署名

→ ハッシュ関数を用いて，ハッシュ値を生成
→ 認証局の秘密鍵で暗号化

●CRL（証明書失効リスト）

認証局（CA）では，ディジタル証明書の作成と発行，および申請者の公開鍵の保管や有効期限の管理などを行います。「認証局の役割は？」と問われたら，即座に「ディジタル証明書の作成と発行！」と答えられるようにしておきましょう。

また，午前試験でよく出題されるものに**CRL**（Certificate Revocation List）があります。CRLは，有効期限内に秘密鍵の紛失や漏洩，規定違反行為の判明などの理由で失効したディジタル証明書のリストです。有効期限内であるのにも関わらず，証明書が失効した場合は，発行者である認証局が当該証明書を無効とし，証明書の失効情報（証明書の**シリアル番号**，失効理由，失効日時など）をCRLに登録します。証明書の失効情報を関係者が確認する方法には，次の2つがあります。

OCSPモデル	ディジタル証明書の失効情報を保持したサーバ（OCSPレスポンダ）が，証明書利用者（OCSPリクエスタ）からの問い合わせに答える方式。**OCSP**（Online Certificate Status Protocol）は，オンラインでディジタル証明書の失効情報を確認するためのプロトコル
CRLモデル	発行されたCRLをリポジトリと呼ばれるサーバに格納して利用者に公開する方式。証明書利用者は，定期的にリポジトリからCRLを取得して，利用する証明書の有効性を確認する

●公開鍵基盤（PKI）

参照
p29

"公開鍵"暗号方式を利用したセキュリティの"基盤"と呼ばれるのが，**公開鍵基盤**（PKI：Public Key Infrastructure）です。PKIを利用するものには，SSLやTLS，S/MIMEなどがあります。

SSL/TLS	HTTPやFTPなどの様々なアプリケーションに使われている，暗号化と認証を行うセキュアプロトコル。SSLやTLS通信においては，サーバがクライアントに自身の証明書（サーバ証明書）を送り，クライアントはサーバ証明書の正当性を認証局の公開鍵を使って検証したのち，サーバとの間で鍵交換を行い，その鍵を用いて暗号化通信を行う。なお，現在インターネット標準として利用されているのはTLS。TLSは，SSLをベースに策定された規格であり，SSLという名称が広く普及していたため実際にはTLSを使っていても慣例的にSSLと呼ぶことがある。また，SSLとTLSを同列に扱うことも多く，この場合はSSL/TLSと表記される
S/MIME	MIMEを拡張した電子メールの暗号化とディジタル署名に関する標準。S/MIMEでは，メール本文の暗号化に共通鍵暗号方式を用い，共通鍵の受渡しには公開鍵暗号方式を用いる。暗号化されたメールを安全にやり取りできるように認証局（CA）が発行する公開鍵証明書を利用する

午前でよくでる TLSの問題

A社のWebサーバは，サーバ証明書を使ってTLS通信を行っている。PCからA社のWebサーバへのTLSを用いたアクセスにおいて，当該PCがサーバ証明書を入手した後に，認証局の公開鍵を利用して行う動作はどれか。

ア　暗号化通信に利用する共通鍵を生成し，認証局の公開鍵を使って暗号化する。
イ　暗号化通信に利用する共通鍵を，認証局の公開鍵を使って復号する。
ウ　サーバ証明書の正当性を，認証局の公開鍵を使って検証する。
エ　利用者が入力して送付する秘匿データを，認証局の公開鍵を使って暗号化する。

解説

PCは，Webサーバから送られてきたサーバ証明書（ディジタル証明書）の正当性を，認証局の公開鍵を使って検証します。具体的には，サーバ証明書に付与されている認証局のディジタル署名を認証局の公開鍵で復号したものと，サーバ証明書の内容から生成したハッシュ値とを比較することで，サーバ証明書の正当性を検証します。

解答　**ウ**

④ファイアウォール（FW）

ファイアウォールは内部ネットワークの防火壁として機能するセキュリティ機構です。ネットワークを内部，外部，**DMZ**（DeMilitarized Zone：非武装地帯）に分割して，それぞれの境界点において通信制御と監視を行います。

DMZには，外部に公開しなければならないサーバ（公開サーバ）を設置

●パケットフィルタリング型ファイアウォール

試験によく出題されるのが，パケットフィルタリング型のファイアウォールです。**パケットフィルタリング**では，パケットの送信元や宛先のIPアドレス，ポート番号などを検査し，事前に定められたフィルタリングルールに従ってパケットの通過／遮断の制御を行います。しかし，これですべてが完璧とはいきません。たとえば，正規な通信（パケット）が盗聴され，その送信元IPアドレスに設定されているIPアドレスが使用された場合，パケットフィルタリングではこれを通過させてしまいます。

そこで，内部から外部へアクセスしたときの応答パケット（行きパケットに対する戻りパケット）を通過させる際に，送信時のシーケンス番号と応答時の確認応答番号の整合性などをチェックしながら通過を許可するといった機能があります。これを**ステートフルインスペクション**機能といいます。

午前でよくでる　ファイアウォールの問題

パケットフィルタリング型ファイアウォールのフィルタリングルールを用いて，本来必要なサービスに影響を及ぼすことなく防げるものはどれか。

ア　外部に公開しないサービスへのアクセス
イ　サーバで動作するソフトウェアの脆弱性を突く攻撃
ウ　電子メールに添付されたファイルに含まれるマクロウイルスの侵入
エ　電子メール爆弾などのDoS攻撃

1 情報セキュリティ

> ### 解説
>
> 　パケットフィルタリングでは通信内容まではチェックしません。したがって，防ぐことができるのは〔ア〕だけです。たとえば，インターネット側からの通信パケットのうち，「Webサーバに宛てた接続先ポート番号80をもつパケット」と「メールサーバに宛てた接続先ポート番号25をもつパケット」のみを通過許可にし，それ以外を通過禁止にすることで，外部に公開しないサービス（内部ネットワーク）へのアクセスを防ぐことができます。
>
> | 項番 | 送信元 | 宛先先 | 宛先ポート番号 | 動作 |
> |------|--------|--------|----------------|------|
> | 1 | インターネット | Webサーバ | 80 | 許可 |
> | 2 | インターネット | メールサーバ | 25 | 許可 |
> | : | : | : | : | : |
> | n | すべて | すべて | すべて | 遮断 |
>
> 通過許可するもの以外はすべて通過禁止とする
>
> **解答** ア

●WAF（Web Application Firewall）

重要

　WAF（Web Application Firewall）は，Webアプリケーションへの攻撃に特化したセキュリティ機構です。パケットフィルタリング型のファイアウォールなどでは，通信内容まではチェックしないためWebアプリケーションの脆弱性を悪用した攻撃は防御できません。一方WAFは，Webアプリケーションの通信内容を検査し，たとえば通信内容に，SQLインジェクション攻撃の特徴的なパターンが含まれているとわかれば，その通信を遮断することができます。なお，WAFによる検査で使われる検出パターンのリストには，次の2つがあります。重要なので押さえておきましょう。

重要

> 〔ブラックリスト〕
> 　問題がある通信パターンの一覧。原則として通信を許可し，ブラックリストと一致した通信は遮断するか，あるいは無害化する。
> 〔ホワイトリスト〕
> 　問題がない通信パターンの一覧。原則として通信を遮断し，ホワイトリストと一致した通信のみ通過させる。

午前でよくでる WAFの問題

WAFの説明として，適切なものはどれか。

ア　DMZに設置されているWebサーバへ外部から実際に侵入を試みる。
イ　TLSによる暗号化と復号の処理をWebサーバではなく専用のハードウェア上で行うことによって，WebサーバのCPU負荷を軽減するために導入する。
ウ　システム管理者が質問に答える形式で，自組織の情報セキュリティ対策のレベルを診断する。
エ　特徴的なパターンが含まれるかなどWebアプリケーションへの通信内容を検査して，不正な操作を遮断する。

解説

ア：ペネトレーションテストの説明です。**ペネトレーションテスト**とは，コンピュータやネットワークのセキュリティ上の脆弱性を発見するために，システムを実際に攻撃して侵入を試みる擬似攻撃テストのことです。

イ：TLSアクセラレータの説明です。**TLSアクセラレータ**は，TLSによる暗号化と復号の処理を行う装置です。TLSアクセラレータを導入することでWebサーバは，暗号処理を行う必要がなくなり，サーバの処理能力を本来の処理に費やすことができます。

ウ：リスク分析で用いられるインタビュー法（聞取り調査法）の説明です。

解答　エ

●IDS（侵入検知システム）

重要

IDS（Intrusion Detection System：侵入検知システム）は，不正アクセスを検知するセキュリティ機構です。管理下のネットワークに不正侵入したパケットを検知して，不正侵入の試みを記録したり，ネットワーク管理者に通知したりします。ネットワーク上に設置してネットワークを流れるパケットを監視する**ネットワーク型IDS**（**NIDS**）と，保護したいサーバにインストールして不正パケットによる異常（ファイルの改ざんなど）の発生を監視する**ホスト型IDS**（**HIDS**）があります。

　また，IDSの機能を拡張し，ネットワークやサーバへの不正侵入を検知するだけでなく，それを遮断するなどの対処を行うシステムに **IPS**（Intrusion Prevention System：侵入防止システム）があります。

1 情報セキュリティ

⑤覚えておきたい攻撃手法

午後問題では，SQLインジェクションやセッションハイジャックなどさまざまな攻撃手法が出題されます。次の表に，試験でよく出題されている主なものをまとめました。確認しておきましょう。

攻撃手法	説明
SQLインジェクション	データベースと連携したWebアプリケーションに，データベースの不正操作を行う悪意のあるSQL文が埋め込まれてしまう問題，あるいはそれを利用した攻撃（p.69参照）
セッションハイジャック	認証が終了し，セッションを開始しているWebブラウザ（クライアント）とWebサーバ間の通信において，Cookieなどに埋め込まれたセッション情報を盗み出し，WebサーバまたはWebブラウザのいずれかになりすますことでデータの搾取や不正な操作を行う
DNSキャッシュポイズニング	DNSサーバのキャッシュ機能を悪用した攻撃（DNS応答のなりすまし攻撃）。DNSキャッシュに偽のドメイン情報を覚え込ませることで利用者を偽装されたサイトに誘導する（p.86参照）
DoS攻撃	インターネット上に公開されているサーバに大量のデータや不正パケットを送りつけ，コンピュータ資源やネットワーク資源を利用できない状態に陥れる。**サービス妨害攻撃**，**サービス不能攻撃**とも呼ばれる
リフレクション攻撃	DNSサーバやNTPサーバなど，「問合せに対し反射的な応答を返す」サーバを**踏み台**にして攻撃する。リフレクタ攻撃ともいう（p.82参照）
ポートスキャン	インターネット上に公開されているサーバの"ポート"と呼ばれる接続窓口に順番にアクセスし，侵入口となりうる脆弱なポートがないかどうか調べる
バッファオーバフロー攻撃	プログラムが確保したバッファの許容範囲を超えるデータを送りつけ，意図的にバッファをオーバフローさせ，悪意の行動をとらせる
パスワードクラック	他人のパスワードを不正に探り当てること。主な手法としては，次の3つがある ・**辞書攻撃**：辞書にある単語を片っ端から入力して，ログインを試みる ・**類推攻撃**：相手の情報から類推したパスワードを，次々に入力してログインを試みる ・**ブルートフォース攻撃**：可能性のある文字のあらゆる組合せでログインを試みる。総当たり攻撃ともいう
パスワードリスト攻撃	インターネットサービス利用者の多くが複数のサイトで同一のIDとパスワードを使い回している状況に目をつけた攻撃。何らかの手口を使って入手した利用者IDとパスワードのリストを用いて，他のWebサイトに対してログインを試みる

問題 1　公開鍵基盤を用いた認証システム (H21秋午後問9)

公開鍵基盤をテーマに，暗号化技術や認証技術の基本事項を確認するための問題です。公開鍵基盤は，利用者の身元保証を実現する（暗号化とディジタル署名のための）仕組みで，PKI（Public Key Infrastructure）とも呼ばれています。
　本問で問われる内容は，公開鍵基盤の要素技術である公開鍵暗号方式，電子署名（ディジタル署名），公開鍵証明書（ディジタル証明書），認証局などの基本的知識です。これらは午前問題でもよく問われる知識なので，本問を通して，基本事項を確認し応用ができるようにしておきましょう。

問　公開鍵基盤を用いた社員認証システムに関する次の記述を読んで，設問1～4に答えよ。

　販売業を営むX社は，社内業務で利用している電子メールで顧客情報などの個人情報や機密性の高い販売業務に関する情報を安全に取り扱うために，公開鍵基盤を用いた社員認証システム（以下，本システムという）を導入している。本システムを含む社内業務システムの概要を図に示す。

〔本システムの概要〕
(1) 本システムは，ディレクトリサーバ，認証局サーバ，社員ごとのPC及びIC社員証カード（以下，ICカードという）から構成される。
(2) ディレクトリサーバでは，社員の公開鍵証明書や電子メールアドレスなどの属性情報の登録及び検索が行われる。
(3) 本システムでは，プライベート認証局を使用している。
(4) ICカードには，社員個人の秘密鍵，公開鍵証明書及びPIN（Personal Identification Number）が格納されている。社員が本システムを利用する際には，自分のICカードをPCのICカードリーダに挿入し，ICカードのパスワードであるPINを入力する。
(5) PCには，本システムにおける認証機能や暗号化機能及び電子メールのクライアント機能を提供するソフトウェア（以下，PCサブシステムという）が導入されている。

1 情報セキュリティ

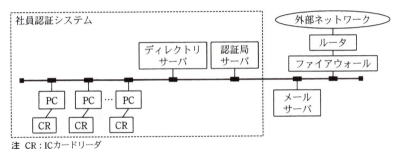

図　社内業務システムの概要

〔新規発行〕

　システム管理者が，社員AにICカードを新規に発行する場合の処理の流れは，次のとおりである。

(1) システム管理者は，認証局サーバで，　a　と　b　の対を生成する。
(2) 認証局サーバは，　b　と社員名や有効期間などを結び付けた情報に　c　で署名し，　d　を生成する。
(3) 認証局サーバは，　d　をディレクトリサーバに登録する。
(4) 認証局サーバは，新規のICカードに，生成した　a　と　d　，及び事前申請されたPINを記録する。
(5) システム管理者は，社員AにICカードを配付する。

〔電子メールのメッセージの送受信〕

　社員Aが社員Bあてに，業務情報を暗号化して電子署名を付与したメッセージを送信し，社員Bが受信する際の処理の流れは，次のとおりである。

《送信側》
(1) 社員Aは，自分のICカードをPCのICカードリーダに挿入し，PINを入力することで，PCサブシステムにログインする。
(2) 社員Aは，社員Bに送信したい電子メールのメッセージを作成した後，PCサブシステムに対し処理を依頼する。
(3) PCサブシステムは，作成したメッセージのハッシュ値を求め，そのハッシュ値を社員Aの秘密鍵で暗号化して，電子署名を生成する。
(4) PCサブシステムは，ディレクトリサーバから社員Bの公開鍵証明書を取得し，有効であることを確認する。

（5）PCサブシステムは，社員Bの公開鍵証明書に結び付けられた社員Bの公開鍵を用いて，作成したメッセージと電子署名を暗号化し，社員Bに送信する。

《受信側》

（1）社員Bは，自分のICカードをPCのICカードリーダに挿入し，PINを入力することで，PCサブシステムにログインする。

（2）┌─────────── e ───────────┐

（3）┌─────────── f ───────────┐

（4）┌─────────── g ───────────┐

設問1 ICカードを新規に発行する処理に関して，本文中の ┌ a ┐ ～ ┌ d ┐ に入れる適切な字句を解答群の中から選び，記号で答えよ。

解答群

　ア　システム管理者の公開鍵　　　　イ　システム管理者の公開鍵証明書

　ウ　システム管理者の秘密鍵　　　　エ　社員Aとシステム管理者の共通鍵

　オ　社員Aの公開鍵　　　　　　　　カ　社員Aの公開鍵証明書

　キ　社員Aの秘密鍵　　　　　　　　ク　認証局とシステム管理者の共通鍵

　ケ　認証局と社員Aの共通鍵　　　　コ　認証局の公開鍵

　サ　認証局の公開鍵証明書　　　　　シ　認証局の秘密鍵

設問2 受信後の処理の流れに関して，本文中の ┌ e ┐ ～ ┌ g ┐ に入れる適切な字句を解答群の中から選び，記号で答えよ。

解答群

　ア　PCサブシステムは，社員Aの公開鍵証明書をディレクトリサーバから取得し，有効であることを確認する。

　イ　PCサブシステムは，社員Bの公開鍵で暗号化されたメッセージと電子署名を受信し，社員Bの秘密鍵で復号する。

　ウ　PCサブシステムは，復号されたメッセージのハッシュ値を計算し，社員Aの公開鍵証明書に結び付けられた社員Aの公開鍵で電子署名から復号されたハッシュ値と比較し，改ざんの有無を確認する。

1 情報セキュリティ

1

情報セキュリティ

設問3 本システムの機能では防止できない事象が発生する可能性がある。該当する事象を解答群の中からすべて選び，記号で答えよ。

解答群
ア　社員Aが自分のICカードとPINを利用して，社員Bになりすますこと
イ　社員Aが自分のICカードを紛失してしまうこと
ウ　社員Aが社員Bあてに送信した暗号化メッセージを，社員Cが解読すること
エ　社員Aが社員Bあてに送信した電子署名付きメッセージを，社員Aが否認すること
オ　社員Aが社員Bあてに送信した電子署名付きメッセージを，社員Bが改ざんしてその内容を変更すること
カ　社員Aが社員Bの電子署名を偽造すること

設問4 電子メールは，社内業務システムから社外にも送信することができる。その場合，例えば次に記述した処理の流れで，社員Aが作成したメッセージを，X社の社員ではない相手Dに送信すると，相手Dは，受信したメッセージが社員Aから送信されたものであることを検証できない。その理由を25字以内で述べよ。

〔電子メールのメッセージの送受信〕
《送信側》
(1) 社員Aは，自分のICカードをPCのICカードリーダに挿入し，PINを入力することで，PCサブシステムにログインする。
(2) 社員Aは，X社の社員ではない相手Dに送信したい電子メールのメッセージを作成した後，PCサブシステムに対し処理を依頼する。
(3) PCサブシステムは，作成したメッセージのハッシュ値を求め，そのハッシュ値を社員Aの秘密鍵で暗号化して，電子署名を生成する。
(4) PCサブシステムは，作成したメッセージと電子署名を相手Dに送信する。

▮▮▮　**解　説**　▮▮▮

設問1 の解説

　社員AにICカードを新規に発行する場合の処理の流れが問われています。空欄が多く一見複雑そうに感じますが，この問題は，1つの空欄が決まれば（わかれば），ほかの空欄も埋められるといったパズル形式問題です。あわてず，考えやすい空欄から解答していきましょう。

25

●空欄 a，b，d

（1）に「認証局サーバで，　a　と　b　の対を生成する」とあります。"対"をキーワードに考えると，空欄 a および空欄 b には"社員Aの公開鍵"，"社員Aの秘密鍵"のどちらかが入ると推測できますが，この時点ではどちらが公開鍵でどちらが秘密鍵なのか判断できません。一旦保留にして，次を考えましょう。

（4）に「認証局サーバは，新規のICカードに，生成した　a　と　d　，及び事前申請されたPINを記録する」とあります。問題文の〔本システムの概要〕（4）を見ると，「ICカードには，社員個人の秘密鍵，公開鍵証明書及びPINが格納されている」と記述されているので，空欄 a および空欄 d には"社員Aの秘密鍵"，"社員Aの公開鍵証明書"のどちらかが入ります。ここで先の空欄 a，空欄 b と合わせて考えると，**空欄 a** には〔**キ**〕の**社員Aの秘密鍵**，**空欄 b** には〔**オ**〕の**社員Aの公開鍵**，そして**空欄 d** には〔**カ**〕の**社員Aの公開鍵証明書**を入れればよいことがわかります。

●空欄 c

空欄 b と d は先に解答しているので，（2）の記述は，「認証局サーバは，社員Aの公開鍵（空欄 b）と社員名や有効期間などを結び付けた情報に　c　で署名し，社員Aの公開鍵証明書（空欄 d）を生成する」となります。ここでのポイントは，公開鍵証明書には認証局の電子署名（ディジタル署名）が付与されているということです。下図にも示しましたが，この電子署名は，所有者（この場合，社員A）の情報や公開鍵などから算出したハッシュ値を，認証局の秘密鍵で暗号化したものです。したがって，**空欄 c** には〔**シ**〕の**認証局の秘密鍵**が入ります。

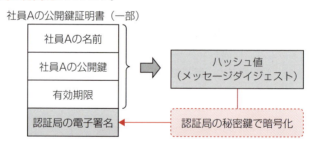

設問2 の解説

社員Aが社員Bあてに送信した暗号化メッセージ（メッセージと電子署名を暗号化したもの）を，社員Bが受信する際の処理の流れが問われています。受信側の処理は，送信側の処理の逆になることがポイントです。まず次の図で，送信側の処理を確認しておきましょう。

1 情報セキュリティ

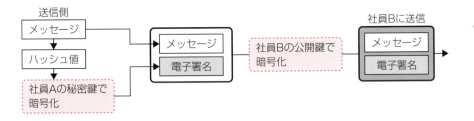

　受信側の処理（受信後の処理）は，次のようになります。
① 受信した暗号化メッセージは，社員Bの公開鍵で暗号化されているので，社員Bの秘密鍵で復号します（〔イ〕の処理に該当）。
② 次に，電子署名を復号しますが，この電子署名は社員Aの秘密鍵で暗号化されているため，復号には社員Aの公開鍵が必要です。そこで，社員Aの公開鍵証明書をディレクトリサーバから取得し，まず最初に，有効であることを確認します（〔ア〕の処理に該当）。
③ 有効であることが確認できたら，公開鍵証明書に結びつけられた社員Aの公開鍵を用いて電子署名を復号し，ハッシュ値を得ます。また，①において得られたメッセージからハッシュ値を計算し，電子署名を復号して得られたハッシュ値と比較し，改ざんの有無を確認します（〔ウ〕の処理に該当）。
　以上，**空欄e**には〔イ〕，**空欄f**には〔ア〕，**空欄g**には〔ウ〕が入ります。

設問3 の解説

　本システムの機能では防止できない事象が問われています。該当する事象を解答群の中からすべて選べとの指示なので，解答群の各記述を1つひとつ見ていきましょう。ここで，本システムは公開鍵基盤を用いた社員認証システムであること，すなわち，公開鍵基盤が成立する次の2つの事項は，前提条件であることに注意します。

　・自分の秘密鍵は，安全に保持していること（秘密鍵の漏洩や流出がないこと）
　・公開鍵で暗号化された暗号を，秘密鍵なしで解読できないこと

ア：社員Aが社員Bになりすますためには，電子署名の作成に必要となる社員Bの秘密鍵が必要です。社員Bの秘密鍵は社員BのICカードに記録されているため，これを入手して，かつ社員BのPIN（ICカードのパスワード）を知らなければ社員Bになりすますことはできません。当然，社員A自身のICカードとPINではなりすましはできません。

イ：社員Aに限らずX社の社員が自分のICカードを紛失してしまうことは，非電子的な事象であり，本システムの機能では防止できません。
ウ：社員Aが社員Bあてに送信した暗号化メッセージは，社員Bの公開鍵で暗号化されているため社員Bの秘密鍵でしか復号できません。したがって，社員Cはこの暗号化メッセージを解読できません。
エ：電子署名は，送信者の秘密鍵によってのみ作成されるため，電子署名付きでメッセージを送信した場合は，「そのようなメッセージを送信した覚えはない」と送信した事実を否認することができません。
オ：社員Bは，社員Aからの電子署名付きメッセージを正しく受信できるため，メッセージの内容を変更することも可能です。本システムの機能では，正しく受信したメッセージを改ざんして，その内容を変更することまでは防止できません。
カ：社員Bの電子署名を偽造するためには，社員Bの秘密鍵が必要です。したがって，社員Aが社員Bの電子署名を偽造することはできません。

　以上，本システムの機能では防止できない事象は〔**イ**〕と〔**オ**〕です。

設問4 の解説

　X社の社員ではない相手Dが，X社の社員Aからのメッセージを受信しても，それが社員Aから送信されたものであることの検証ができない理由が問われています。

　設問文に示されている電子メールのメッセージ送信手順(1)～(4)を見ると，相手Dに送信されるのは，社員Aの電子署名付きメッセージであることがわかります。

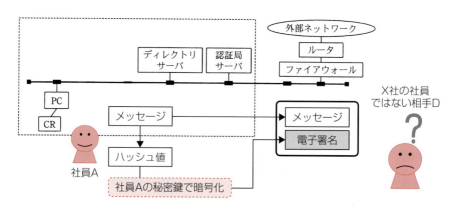

　この電子署名付きメッセージを受信した相手Dは，電子署名を，社員Aの公開鍵で復号することで社員Aからのメッセージであることが検証できるわけですが，相手DはX社の社員ではないため社員Aの公開鍵を入手できません。

1 情報セキュリティ

　問題文の〔本システムの概要〕(3)に，「本システムでは，プライベート認証局を使用している」とあり，X社のプライベート認証局が発行する公開鍵証明書は，X社の社内LAN上に存在するディレクトリサーバに登録されています。社員Aの公開鍵を入手するためには，このディレクトリサーバから社員Aの公開鍵証明書を取得しなければなりませんが，X社の社員ではない相手Dはディレクトリサーバにアクセスすることができません。

　以上を整理すると，「X社の社員ではない相手Dは，送信者である社員Aの公開鍵証明書の取得ができず，電子署名の正当性検証ができない」というのが理由です。解答としてはこの記述を25字以内にまとめればよいでしょう。なお，試験センターでは解答例を「**社外では公開鍵証明書の取得と検証ができないから**」としています。

解答

設問1　a：キ　　b：オ　　c：シ　　d：カ

設問2　e：イ　　f：ア　　g：ウ

設問3　イ，オ

設問4　社外では公開鍵証明書の取得と検証ができないから

参考　公開鍵基盤（PKI）とディレクトリサーバ

　公開鍵基盤（**PKI**：Public Key Infrastructure）は，公開鍵暗号を利用した証明書の作成，管理，格納，配布，破棄に必要な方式，システム，プロトコルおよびポリシの集合によって実現される情報通信基盤です。午前問題では，「PKIは，所有者と公開鍵の対応付けをするのに必要なポリシや技術の集合によって実現される基盤」と出題されています。

　PKIを構成する主な要素は，証明書，認証局，リポジトリの3つです。**リポジトリ**は，公開鍵証明書のほかCRL（Certificate Revocation List：証明書失効リスト）などの証明書関連情報を保管・管理し，証明書の利用者に対して配布・公開，また検索サービスの提供を行います。一般に，このリポジトリは，関連する属性のまとまりをツリー構造で一元管理できるディレクトリ技術により構築されるため，**ディレクトリサーバ**と呼ばれています。

　またディレクトリサーバは，LAN内の利用者から効率よく利用できるようディレクトリインタフェースに**LDAP**（Lightweight Directory Access Protocol：軽量ディレクトリアクセスプロトコル）というプロトコルを使用しているためLDAPサーバとも呼ばれることがあります。

問題2 ▶ ECサイトの利用者認証 (H31春午後問1)

ECサイトへの不正アクセスを題材に，利用者認証の方式，パスワード攻撃の手法と対策，および安全なパスワードの管理策など，利用者認証に関する基本知識を確認する問題です。問われる内容の中には，午前試験で出題されているものが多く，全体として解答しやすい問題になっています。なお，情報セキュリティ問題に限らず，記述形式の場合は，「何が問われているのか？」を理解し，設問の主旨に合わせて解答文をまとめることが重要です。

問 ECサイトの利用者認証に関する次の記述を読んで，設問1〜4に答えよ。

　M社は，社員数が200名の輸入化粧品の販売会社である。このたび，M社では販路拡大の一環として，インターネット経由の通信販売（以下，インターネット通販という）を行うことを決めた。インターネット通販の開始に当たり，情報システム課のN課長を責任者として，インターネット通販用のWebサイト（以下，M社ECサイトという）を構築することになった。

　M社ECサイトへの外部からの不正アクセスが行われると，インターネット通販事業で甚大な損害を被るおそれがある。そこで，N課長は，部下のC主任に，不正アクセスを防止するための対策について検討を指示した。

〔利用者認証の方式の調査〕

　N課長の指示を受けたC主任は，最初に，利用者認証の方式について調査した。
　利用者認証の方式には，次の3種類がある。
（ⅰ）利用者の記憶，知識を基にしたもの
（ⅱ）利用者の所有物を基にしたもの
（ⅲ）利用者の生体の特徴を基にしたもの

　（ⅱ）には，　a　による認証があり，（ⅲ）には，　b　による認証がある。（ⅱ），（ⅲ）の方式は，セキュリティ面の安全性が高いが，①多数の会員獲得を目指すM社ECサイトの利用者認証には適さないとC主任は考えた。他社のECサイトを調査したところ，ほとんど（ⅰ）の方式が採用されていることが分かった。そこで，M社ECサイトでは，（ⅰ）の方式の一つであるID，パスワードによる認証を行うことにし，ID，パスワード認証のリスクに関する調査結果を基に，対応策を検討することにした。

1 情報セキュリティ

〔ID，パスワード認証のリスクの調査〕

　ID，パスワード認証のリスクについて調査したところ，幾つかの攻撃手法が報告されていた。パスワードに対する主な攻撃を表1に示す。

表1　パスワードに対する主な攻撃

項番	攻撃名	説明
1	c　攻撃	ID を固定して，パスワードに可能性のある全ての文字を組み合わせてログインを試行する攻撃
2	逆　c　攻撃	パスワードを固定して，ID に可能性のある全ての文字を組み合わせてログインを試行する攻撃
3	類推攻撃	利用者の個人情報などからパスワードを類推してログインを試行する攻撃
4	辞書攻撃	辞書や人名録などに載っている単語や，それらを組み合わせた文字列などでログインを試行する攻撃
5	d　攻撃	セキュリティ強度の低い Web サイト又は EC サイトから，ID とパスワードが記録されたファイルを窃取して，解読した ID，パスワードのリストを作成し，リストを用いて，ほかのサイトへのログインを試行する攻撃

　表1中の項番1〜4の攻撃に対しては，パスワードとして設定する文字列を工夫することが重要である。項番5の攻撃に対しては，M社ECサイトでの認証情報の管理方法の工夫が必要である。しかし，他組織のWebサイトやECサイト（以下，他サイトという）から流出した認証情報が悪用された場合は，M社ECサイトでは対処できない。そこで，C主任は，M社ECサイトでのパスワード設定規則，パスワード管理策及び会員に求めるパスワードの設定方法の3点について，検討を進めることにした。

〔パスワード設定規則とパスワード管理策〕

　最初に，C主任は，表1中の項番1，2の攻撃への対策について検討した。検討の結果，パスワードの安全性を高めるために，M社ECサイトに，次のパスワード設定規則を導入することにした。

・パスワード長の範囲を10〜20桁とする。
・パスワードについては，英大文字，英小文字，数字及び記号の70種類を使用可能とし，英大文字，英小文字，数字及び記号を必ず含める。

　次に，C主任は，M社ECサイトのID，パスワードが窃取・解析され，表1中の項番5の攻撃で他サイトが攻撃されるのを防ぐために，M社ECサイトで実施するパスワードの管理方法について検討した。

31

一般に，Webサイトでは，②パスワードをハッシュ関数によってハッシュ値に変換（以下，ハッシュ化という）し，平文のパスワードの代わりにハッシュ値を秘密認証情報のデータベースに登録している。しかし，データベースに登録された認証情報が流出すると，レインボー攻撃と呼ばれる次の方法によって，ハッシュ値からパスワードが割り出されるおそれがある。

・攻撃者が，膨大な数のパスワード候補とそのハッシュ値の対応テーブル（以下，Rテーブルという）をあらかじめ作成するか，又は作成されたRテーブルを入手する。
・窃取したアカウント情報中のパスワードのハッシュ値をキーとして，Rテーブルを検索する。一致したハッシュ値があればパスワードが割り出される。

　レインボー攻撃はオフラインで行われ，時間や検索回数の制約がないので，パスワードが割り出される可能性が高い。そこで，C主任は，レインボー攻撃によるパスワードの割出しをしにくくするために，③次の処理を実装することにした。
・会員が設定したパスワードのバイト列に，ソルトと呼ばれる，会員ごとに異なる十分な長さのバイト列を結合する。
・ソルトを結合した全体のバイト列をハッシュ化する。
・ID，ハッシュ値及びソルトを，秘密認証情報のデータベースに登録する。

〔会員に求めるパスワードの設定方法〕
　次に，C主任は，表1中の項番3，4及び5の攻撃への対策を検討し，次のルールに従うことをM社ECサイトの会員に求めることにした。
・会員自身の個人情報を基にしたパスワードを設定しないこと
・辞書や人名録に載っている単語を基にしたパスワードを設定しないこと
・④会員が利用する他サイトとM社ECサイトでは，同一のパスワードを使い回さないこと

　C主任は，これらの検討結果をN課長に報告した。報告内容と対応策はN課長に承認され，実施されることになった。

設問1 〔利用者認証の方式の調査〕について，（1），（2）に答えよ。
（1）本文中の $\boxed{\text{a}}$ ，$\boxed{\text{b}}$ に入れる適切な字句を解答群の中から選び，記号で答えよ。

1 情報セキュリティ

解答群

ア 虹彩	イ 体温	ウ ディジタル証明書
エ 動脈	オ パスフレーズ	カ パソコンの製造番号

(2) 本文中の下線①について，(ⅱ) 又は (ⅲ) の方式の適用が難しいと考えられる適切な理由を解答群の中から選び，記号で答えよ。

解答群

- ア インターネット経由では，利用者認証が行えないから
- イ スマートデバイスを利用した利用者認証が行えないから
- ウ 利用者に認証デバイス又は認証情報を配付する必要があるから
- エ 利用者のIPアドレスが変わると，利用者認証が行えなくなるから

設問2 〔ID，パスワード認証のリスクの調査〕について，(1)，(2) に答えよ。

(1) 表1中の $\boxed{c}$ ，$\boxed{d}$ に入れる適切な字句を答えよ。

(2) 表1中の項番1の攻撃には有効であるが，項番2の攻撃には効果が期待できない対策を，"パスワード"という字句を用いて，20字以内で答えよ。

設問3 〔パスワード設定規則とパスワード管理策〕について，(1)，(2) に答えよ。

(1) 本文中の下線②について，ハッシュ化する理由を，ハッシュ化の特性を踏まえ25字以内で述べよ。

(2) 本文中の下線③の処理によって，パスワードの割出しがしにくくなる最も適切な理由を解答群の中から選び，記号で答えよ。

解答群

- ア Rテーブルの作成が難しくなるから
- イ アカウント情報が窃取されてもソルトの値が不明だから
- ウ 高機能なハッシュ関数が利用できるようになるから
- エ ソルトの桁数に合わせてハッシュ値の桁数が大きくなるから

設問4 本文中の下線④について，パスワードの使い回しによってM社ECサイトで発生するリスクを，35字以内で述べよ。

33

解　説

設問1 の解説

(1) 利用者認証の方式について，「(ⅱ)には，　 a 　による認証があり，(ⅲ)には，　 b 　による認証がある」という記述中の空欄a，bに入れる字句が問われています。

　解答群の中で利用者認証に用いられるものは，〔ア〕の虹彩と〔ウ〕のディジタル証明書，そして〔オ〕のパスフレーズだけです。このうち，〔オ〕のパスフレーズは，文字数が長いパスワードのことです。パスワードと同様，(ⅰ)の「利用者の記憶，知識を基にしたもの」による認証に用いられます。したがって，空欄a，bには，〔ア〕と〔ウ〕のいずれかが入ります。

●空欄a

　(ⅱ)には「利用者の所有物を基にしたもの」とあります。利用者の所有物を基にした利用者認証で用いられるのは〔**ウ**〕の**ディジタル証明書**です。ディジタル証明書は，他人による"なりすまし"を防ぐために用いられる本人確認の手段です。証明書には，「作成・送信した文書が，利用者が作成した真性なものであり，利用者が送信したものであること」を証明できる"署名用"と，インターネットサイトなどにログインする際に利用される"利用者証明用"があります。利用者証明用のディジタル証明書により，「ログインした者が，利用者本人であること」を証明することができます。

●空欄b

　空欄bは，(ⅲ)の「利用者の生体の特徴を基にしたもの」による認証に用いられるものなので，〔**ア**〕の**虹彩**です。虹彩とは，目の瞳孔の周りにあるドーナッツ型の薄い膜のことです。虹彩は，1歳頃には安定し，経年による変化がありません。そのため，個人認証に必要な情報の更新がほとんど不要であるといった特徴もあり，個人認証を行う優れた生体認証の1つになっています。

　なお，その他の選択肢は，次のような理由で利用者認証には用いられません。

イ：体温は，体調などによって変化するため個人の認証には適しません。

エ：生体認証の中で，血管のパターンを用いる認証として実用化されているのは，動脈ではなく，静脈による認証（静脈認証）です。静脈認証とは，手のひらや指などの静脈パターンを読み取り個人を認証する方法です。動脈は，静脈よりも皮膚から遠くにあるため読み取りづらいなどの理由で認証には適しません。

カ：パソコンの製造番号は「利用者の所有物」ではありますが，利用者でなくても知り得る情報です。利用者個人を識別することはできますが，真正性を検証で

1 | 情報セキュリティ

きないため利用者の個人認証には適しません。

(2) 下線①について，(ii)，(iii) の方式は，多数の会員獲得を目指すM社ECサイトの利用者認証には適さないとC主任が考えた理由が問われています。

先に解答したとおり，(ii) はディジタル証明書による認証，(iii) は虹彩による認証です。ディジタル証明書を用いて利用者認証を行う場合，利用者本人であることを証明できる，認証情報すなわち利用者証明用のディジタル証明書を利用者に配布するか，あるいは利用者に申請してもらう必要があります。

また，虹彩による認証を行うためには，虹彩認証に対応した認証デバイスが必要です。最近はマートフォンの画面に顔をかざすだけで虹彩認証ができる技術もありますが，このようなデバイスを持っていない利用者には，認証デバイスを配布しなければなりません。

以上，(ii)，(iii) の方式は，利用者に認証情報または認証デバイスの配付が必要となることから，多数の会員獲得を目指すECサイトの利用には適しません。したがって，〔**ウ**〕の「**利用者に認証デバイス又は認証情報を配付する必要があるから**」が，適切な理由です。

設問2 の解説

(1) 表1中の空欄c，dに入れる攻撃名が問われています。

●空欄c

空欄cは項番1と項番2にあります。項番1の説明を見ると，「IDを固定して，パスワードに可能性のある全ての文字を組み合わせてログインを試行する攻撃」とあります。この攻撃は，ブルートフォース攻撃あるいは総当たり攻撃と呼ばれる攻撃です。したがって，**空欄c**には，**ブルートフォース**または**総当たり**が入ります。

●空欄d

空欄dは項番5にあります。表1中の説明を見ると，「セキュリティ強度の低いWebサイト又はECサイトから，IDとパスワードが記録されたファイルを搾取して，解読したID，パスワードのリストを作成し，リストを用いて，ほかのサイトへのログインを試行する攻撃」とあります。この攻撃は，インターネットサービス利用者の多くが複数のサイトで同一の利用者IDとパスワードを使い回している状況に目をつけた，パスワードリスト攻撃と呼ばれる攻撃です。したがって，**空欄d**には**パスワードリスト**が入ります。

(2)「表1中の項番1の攻撃には有効であるが，項番2の攻撃には効果が期待できない対策」を"パスワード"という字句を用いて解答する問題です。

　　項番1（空欄c）の攻撃は，ブルートフォース攻撃（総当たり攻撃）です。この攻撃では，IDを固定して，あらゆるパスワードでログインを何度も試みてくるので，パスワード誤りによるログイン失敗が連続します。そのため，対策としては，パスワードの入力回数に上限値を設定し，これを超えたログインが行われた場合，不正ログインの可能性を疑い，ログインができないようにするアカウントロックが有効です。

　　一方，項番2の逆ブルートフォース攻撃（逆総当たり攻撃）は，パスワードを固定して，IDを変えながらログインを何度も試みてくる攻撃です。この攻撃では，同一IDでのパスワード連続誤りは発生しません。そのため，項番1の攻撃（ブルートフォース攻撃）には有効とされる，パスワード入力回数に上限値を設定するという対策は効果がありません。

　　以上，解答としては，「パスワード入力回数に上限値を設定する」などとすればよいでしょう。なお，試験センターでは解答例を「**パスワード入力試行回数の上限値の設定**」としています。

設問3 の解説

(1) 下線②について，パスワードをハッシュ関数によってハッシュ値に変換する（ハッシュ化する）理由が問われています。ここで，ハッシュ関数は次の性質を持っていることを確認しておきましょう。

> ① ハッシュ値の長さは固定
> ② ハッシュ値から元のメッセージの復元は困難
> ③ 同じハッシュ値を生成する異なる2つのメッセージの探索は困難

　　上記②の性質からわかるように，パスワードをハッシュ化することで，仮に秘密認証情報のデータベースが不正アクセスされ，IDとパスワードが盗まれたとしても，ハッシュ化されたパスワードから元のパスワードを求めることは困難です。

　　つまり，パスワードをハッシュ化する理由は，ハッシュ値から元のパスワードの割出しを難しくするためです。したがって，解答としてはこの旨を25字以内にまとめればよいでしょう。なお，試験センターでは解答例を「**ハッシュ値からパスワードの割出しは難しいから**」としています。

(2) 下線③の処理によって，レインボー攻撃によるパスワードの割出しがしにくくなる最も適切な理由が問われています。下線③の処理とは，「会員が設定したパスワードとソルト（会員ごとに異なる十分な長さのバイト列）を結合した文字列をハッシュ化し，秘密認証情報のデータベースには，ID，ソルト処理したハッシュ値，およびソルトを登録する」というものです。

レインボー攻撃では，あらかじめ攻撃者はパスワードとしてよく使われる文字列を，よく使われているハッシュ関数でハッシュ化し，ハッシュ値から元のパスワードが検索可能な一覧表（Rテーブル）を作成しておきます。そのため，データベースに登録された認証情報（パスワードのハッシュ値）が漏洩すると，攻撃者は，あらかじめ作成したRテーブルからハッシュ値を検索し，ハッシュ値がRテーブルに載っている場合は，元のパスワードを容易に知ることができてしまいます。

一方，パスワードにソルトを加えてハッシュ化したハッシュ値であれば，認証情報（ソルト処理したハッシュ値，ソルト）を搾取したところで，あらかじめ用意したRテーブルから元のパスワードは求められません。

攻撃者にとって有用なRテーブルを作成するためには，パスワードとソルトを結合した文字列と，それに対応するハッシュ値を事前に計算する必要があります。しかし，ソルトは会員ごとに異なり，またどのような値になるか分からないため，「パスワードとソルトを連結した文字列」の組合せは，ソルトを使わない場合に比べて圧倒的に多くなります。つまり，攻撃者が1つのパスワードに対して事前に求めるハッシュ値の数が膨大になるわけです。そもそもRテーブルのデータサイズは膨大になるといわれていますが，ソルト処理を加えることで，さらにRテーブルのサイズは膨大になり作成が難しくなります。

以上，最も適切な理由は，〔ア〕の**Rテーブルの作成が難しくなるから**です。

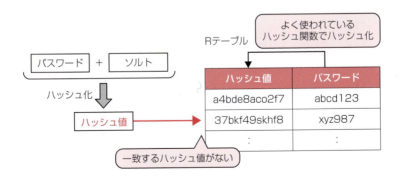

設問4 の解説

　下線④の「会員が利用する他サイトとM社ECサイトでは，同一のパスワードを使い回さないこと」について，パスワードの使い回しによってM社ECサイトで発生するリスクが問われています。下線④は，表1中の項番3，4及び5の攻撃への対策として，M社ECサイトの会員に求めるルールの1つです。

　項番3は類推攻撃，項番4は辞書攻撃，そして項番5の攻撃はパスワードリスト（空欄d）攻撃です。表1中の説明に記載されている攻撃内容から，〔会員に求めるパスワードの設定方法〕に記載されている，1つ目のルールが項番3の類推攻撃への対策，2つ目のルールが項番4の辞書攻撃への対策，そして3つ目のルール（下線④）が項番5のパスワードリスト攻撃への対策であることがわかります。

　設問2の（1）で説明したとおり，パスワードリスト攻撃は，インターネットサービス利用者の多くが複数のサイトで同一の利用者IDとパスワードを使い回している状況に目をつけた攻撃です。攻撃者は，セキュリティ強度の低いWebサイトまたはECサイトから，何らかの手口を使って利用者IDとパスワードの情報を搾取し，それを転用してほかのサイトへの不正ログインを試みます。

　したがって，パスワードの使い回しによってM社ECサイトで発生するリスクとは，「他サイトから搾取したパスワードを使って不正ログインされる」というリスクです。なお，試験センターでは解答例を「**他サイトから流出したパスワードによって，不正ログインされる**」としています。

解答

設問1　(1) a：ウ　　b：ア
　　　　　(2) ウ
設問2　(1) c：ブルートフォース　または　総当たり
　　　　　　　d：パスワードリスト
　　　　　(2) パスワード入力試行回数の上限値の設定
設問3　(1) ハッシュ値からパスワードの割出しは難しいから
　　　　　(2) ア
設問4　他サイトから流出したパスワードによって，不正ログインされる

1 情報セキュリティ

Try! (H27秋午後問1抜粋)

　本Try!問題は，SNS（ソーシャルネットワーキングサービス）への不正ログイン事象を題材に，パスワード認証に関する基本知識を問う問題の一部です。午前知識で解答できる設問を抜粋しました。挑戦してみましょう！

　P社は，ソーシャルネットワーキングサービスの運営会社である。P社のサービス（以下，P-SNSという）は，約30,000人の会員が利用している。PCやスマートフォンのWebブラウザから簡単に日記や写真を登録できることが人気で，会員数を伸ばしつつある。

〔P-SNSの利用方法〕
　P-SNSの利用には，会員登録が必要である。利用を希望するユーザは，会員情報として希望するアカウント名とパスワード，電子メールアドレス，ニックネーム，プロフィール情報（氏名，誕生日，年齢，性別，居住地）を入力し会員登録を行う。会員登録をすると，P-SNS内にマイページが作成される。
　会員登録後は，アカウント名とパスワードを用いてP-SNSにログインし，日記や写真を登録して，マイページを更新する。
　P-SNSでは，マイページ内の日記や写真について，情報の公開範囲の設定が可能であり，P-SNS内に無制限に公開するか，特定の会員だけに公開するかを設定できる。ただし，日記や写真以外の情報については，公開範囲の設定ができず，P-SNS内に無制限に公開される。
　日記と写真をP-SNS内に無制限に公開する設定にした場合，他の会員がPCのWebブラウザからアクセスしたときに見えるP-SNSのマイページのイメージを図1に示す。

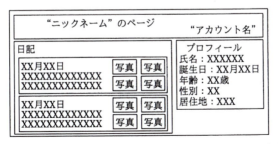

注記　"ニックネーム"と"アカウント名"は，会員登録時に入力したニックネームとアカウント名に置き換えられる。

図1　P-SNSのマイページのイメージ

〔P-SNSのアカウント名とパスワードの設定ポリシ〕

　P-SNSでは，アカウント名とパスワードの設定ポリシを図2のように定めており，設定ポリシを満たさないアカウント名やパスワードは設定できないように，会員登録時やパスワード変更待に入力チェックが行われる。

アカウント名の設定ポリシ
 ・アカウント名長は，6文字以上32文字以下
 ・利用可能な文字は，半角英数字
 ・他の会員と重複したアカウント名の設定は不可
パスワードの設定ポリシ
 ・パスワード長は，6文字以上32文字以下
 ・利用可能な文字は，半角英数字，記号文字
 ・英大文字，英小文字，数字のうち少なくとも2種を組み合わせた文字列

図2　アカウント名とパスワードの設定ポリシ

〔不正ログインの発覚〕

　ある日，会員のQさんからP社に，"情報の公開範囲の設定が勝手に変更され，日記や写真が無制限に公開されている"とのクレームが入った。

　そこで，P社カスタマサポート担当のR君が，Qさんのアカウントの利用状況調査を行うことになった。まず，R君がアクセスログからログイン状況を調査したところ，クレームの前日に，Qさんのアカウントでログインを試みるアクセスが100回あったことを確認した。そのうち，99回はパスワード誤りによってログインが拒否されており，最後の1回でログインが成功していた。また，Qさんへのヒアリングから，Qさん自身はこの日にログインしていないことが分かった。そこで，R君は，Qさんのアカウントが第三者による不正ログインに使用されたと判断し，Qさんのアカウントの利用を停止し，P-SNSの全会員に不正ログインの事件発生について注意喚起の案内を行った。

　次にR君は，Qさんへのヒアリングから，設定されていたパスワードが氏名と誕生日を組み合わせた単純なものであったことが判明したので，今回の攻撃は　 a 　である可能性が高いと判断した。また，アカウント名とパスワードの組合せが第三者に知られたことから，　 b 　に備えて，P-SNSと同じパスワードを設定している他のサービスについてもパスワードを変更するように，Qさんにアドバイスした。

〔不正ログインに対する調査〕

　R君は，Qさん以外の会員のアカウントに対する不正ログインについても調査を行った。その結果，Qさんの場合と同様の100回程度のログイン試行の記録が幾つか見つかった。

1 情報セキュリティ

R君は，P-SNSのマイページには，①公開範囲の設定ができない情報の中にこれらの攻撃の足掛かりとなるものがあり，不正ログインにつながるリスクが高いと考えた。

(1) 本文中の　a　，　b　に入る適切な字句を解答群の中から選び，記号で答えよ。

aに関する解答群
　　ア　DoS攻撃　　　　　　　　イ　サイドチャネル攻撃
　　ウ　標的型攻撃　　　　　　　エ　類推攻撃
bに関する解答群
　　ア　ゼロデイ攻撃　　　　　　イ　総当たり攻撃
　　ウ　パスワードリスト攻撃　　エ　フィッシング攻撃

(2) 本文中の下線①について，攻撃の足掛かりとなる情報とは何か。プロフィール情報とニックネームを除く情報の中から，10字以内で答えよ。

解説

(1) ●空欄 a：パスワードを不正入手する手法は多種多様ですが，最も多いのがパスワードクラックです。**パスワードクラック**の主な手法は，次の3つです。

辞書攻撃	辞書にある単語を片っ端から入力する
類推攻撃	パスワードを類推して次々に入力する
総当たり攻撃	文字を組み合わせてあらゆるパスワードを試みる

　今回，Qさんが設定していたパスワードが，氏名と誕生日を組み合わせた単純なものだったことと，ログインの試行回数が100回程度だったことから，使われたのは〔**エ**〕の**類推攻撃**です。Qさんのように，パスワードに氏名や誕生日を使ったり，あるいは電話番号や住所（番地）を使ってパスワード設定している場合，比較的短時間でパスワードが破られてしまいます。

●空欄 b：「アカウント名とパスワードの組合せが第三者に知られたことから，P-SNSと同じパスワードを設定している他のサービスについてもパスワードを変更するように，Qさんにアドバイスした」という記述をヒントに考えると，空欄bに入るのは，〔**ウ**〕の**パスワードリスト攻撃**です。パスワードリスト攻撃は，インターネットサービス利用者の多くが複数のサイトで同一の利用者ID（アカウント）とパスワードを使い回している状況に目をつけた攻撃です。攻撃者は，何らかの手口を使って事前に入手した利用者IDとパスワードのリストを用いて，インターネットサービスにログインを試みます。もし利用者がIDとパスワードを使い回していると，他のサービスへの不正ログインにも悪用されてしまいます。

(2) 図1のP-SNSのマイページイメージを見ると,「ニックネーム,アカウント,プロフィール情報」が公開されていて,〔P-SNSの利用方法〕の記述内容から,これらの情報は公開範囲の設定ができず,P-SNS内に無制限に公開されることがわかります。

問われているのは,この公開範囲の設定ができない情報の中のどの情報が攻撃の足掛かりとなったかです。設問文に,「プロフィール情報とニックネームを除く情報の中から答えよ」とあるので,正解は**アカウント名**です。

〔補足〕

空欄aに関する解答群の中に,「サイドチャネル攻撃」があります。この攻撃に関しては,情報セキュリティスペシャリスト試験(SC)の午前Ⅱ試験で近年よく出題されています。そこで,サイドチャネル攻撃に関連する攻撃を下記にまとめておきます。チェックしておきましょう!

サイドチャネル攻撃とは,暗号アルゴリズムを実装した攻撃対象の物理デバイス(暗号装置)から得られる物理量(処理時間や消費電流など)やエラーメッセージから,攻撃対象の機密情報を推定するというものです。具体的な攻撃方法に,次のものがあります。

●タイミング攻撃

暗号化処理にかかる時間差を計測・解析して機密情報を推定する攻撃です。たとえば,データ中のビットの値が「1」なら処理を行い,「0」なら処理をスキップしたりあるいは分岐して別の処理を行っている場合,データ内容によって処理時間が異なってきます。タイミング攻撃では,実装アルゴリズム中の,このような処理時間の差を生じる部分に着目して機密情報を推定します。

試験では,「サイドチャネル攻撃の手法であるタイミング攻撃の対策は?」と問われます。答えは,「演算アルゴリズムに対策を施して,演算内容による処理時間の差異が出ないようにする」が正解です。

●テンペスト(TEMPEST)攻撃

電磁波解析攻撃ともいいます。**テンペスト(TEMPEST)**とは,ディスプレイやネットワークケーブルなどから放射される微弱な電磁波をキャッチして情報を再現する技術のことです。これを利用して,暗号アルゴリズムを実装した物理ディバイスからの漏洩電磁波を傍受し,それを解析することによって暗号化処理中のデータや暗号化鍵などを推定しようというのがテンペスト攻撃です。

●故障利用攻撃

フォールト攻撃ともいいます。暗号装置の内部状態を不正電圧,不正電流などにより不正に変化させ,エラーを発生させてその際出力されるデータから機密情報を推定します。

解答 (1) a:エ b:ウ (2) アカウント名

1 情報セキュリティ

問題3　ネットワークセキュリティ対策　(H26秋午後問1)

ネットワークやWebアプリケーションプログラムに関するセキュリティ対策の問題です。本問では、FW、IDS、IPS、そしてWAFの特徴やホワイトリスト、ブラックリストといったセキュリティ対策の基本事項が問われます。内容は午前レベルです。落ち着いて解答しましょう。

問　ネットワークやWebアプリケーションプログラムのセキュリティに関する次の記述を読んで、設問1〜4に答えよ。

X社は、中堅の機械部品メーカである。X社では、部品製造に関わる特許情報や顧客情報を取り扱うので、社内のネットワークセキュリティを強化している。社内のネットワークの内部セグメントには、内部メールサーバ、内部Webサーバ、ファイルサーバなど社内業務を支援する各種サーバが配置されている。また、DMZには、インターネット向けのメール転送サーバ、DNSサーバ、Webサーバ、プロキシサーバが配置されている。Webサーバでは、製品情報や特定顧客向けの部品情報の検索システムを社外に提供しており、内部Webサーバやファイルサーバでは、特許情報や顧客情報の検索システムを社内に提供している。X社のネットワーク構成を図1に示す。

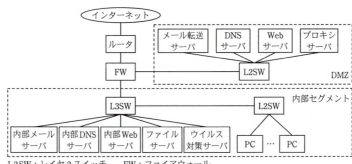

図1　X社のネットワーク構成

先日、同業他社の社外向けWebサイトが外部からの攻撃を受けるというセキュリティインシデントが発生したことを聞いた情報システム部のY部長は、特にFWに関するネットワークセキュリティの強化を検討するように部下のZさんに指示した。

X社の社内ネットワークのセキュリティ要件を図2に示す。

```
1. 共通事項
  1.1  社内の通信機器やサーバがインターネットと通信する場合には，FW などの装置を用
       いてアクセス制御を行うこと。
  1.2  業務上必要がない通信は全て禁止すること。
  1.3  インターネットに公開する社内のサーバは必要最小限にとどめること。
2. Web
  2.1  社内の PC から社外 Web サイトへの HTTP 通信（HTTPS を含む。以下同じ）は，プ
       ロキシサーバ経由で行うこと。
  2.2  社外から社内への HTTP 通信は，インターネットから Web サーバへの HTTP 通信だ
       けを許可すること。
  2.3  Web アプリケーションプログラムの脆弱性を悪用した攻撃を防ぐために，インター
       ネットから Web サーバにアクセスする通信は，あらかじめ定められた一連の手続の
       HTTP 通信だけを許可すること。
3. 電子メール
  3.1  社内の PC 間のメール通信は，内部メールサーバを介して行うこと。
  3.2  内部セグメントと DMZ の間のメール通信は，内部メールサーバとメール転送サーバ
       の間だけを許可すること。
  3.3  社内と社外の間のメール通信は，メール転送サーバとインターネットの間だけを許
       可すること。
4. DNS
（以下省略）
```

図2　X社の社内ネットワークのセキュリティ要件

　Zさんは，①FWによるIPアドレスやポート番号を用いたパケットフィルタリングだけでは外部からの攻撃を十分に防ぐことができないと考えた。そこで，より高度なセキュリティ製品の追加導入を検討するために，IDS，IPSやWAFの基本的な機能について調査した。調査の結果，IDSは，X社の外部からの　a　ことができ，IPSは，X社の外部からの　b　ことができ，一方，WAFは，　c　ことができるということが分かった。

　この結果から，Zさんは，次の二つの案を考えた。

案1：社内ネットワークのルータとFWの間にネットワーク型のIPSを導入する。

案2：セキュリティ強化の対象とするサーバにWAFを導入する。

　今回，　d　を目的とする場合には案1を，　e　を目的とする場合には案2を選択することがそれぞれ有効であると分かった。

　特に案2のWAFは，ブラックリストや②ホワイトリストの情報を有効に活用することで，社内ネットワークのセキュリティ要件2.3を満たすことができる。

　Zさんは，それぞれの案について，費用面や運用面での課題の比較検討も行い，結果を取りまとめてY部長に報告した。これを受けてY部長は，案2を採用することを決め，具体的な実施策を検討するようにZさんに指示した。

1 情報セキュリティ

設問1 本文中の下線①において，FW では防げない攻撃を解答群の中から全て選び，記号で答えよ。

解答群
　ア　DNS サーバを狙った，外部からの不正アクセス攻撃
　イ　Web サーバの Web アプリケーションプログラムの脆弱性を悪用した攻撃
　ウ　内部 Web サーバを狙った，外部からの不正アクセス攻撃
　エ　ファイルサーバを狙った，外部からの不正アクセス攻撃
　オ　プロキシサーバを狙った，外部からのポートスキャンを悪用した攻撃

設問2 本文中の　a　～　c　に入れる最も適切な字句を解答群の中から選び，記号で答えよ。

解答群
　ア　IP パケットの中身を暗号化して盗聴や改ざんを防止する
　イ　IP パケットの中身を調べて不正な挙動を検出し遮断する
　ウ　IP パケットの中身を調べて不正な挙動を検出する
　エ　Web アプリケーションプログラムとのやり取りに特化した監視や防御をする
　オ　Web アプリケーションプログラムとのやり取りを暗号化して盗聴や改ざんを防止する
　カ　電子メールに対してウイルスチェックを行う

設問3 本文中の　d　，　e　に入れる最も適切な字句を解答群の中から選び，記号で答えよ。

解答群
　ア　PC に対するウイルス感染チェック
　イ　Web サーバの Web アプリケーションプログラムの脆弱性を悪用した攻撃の検出や防御
　ウ　外部からの不正アクセス攻撃の検出や防御を X 社の社内ネットワーク全体に対して行うこと
　エ　内部からの不正アクセス攻撃の検出や防御を X 社の社内ネットワーク全体に対して行うこと
　オ　内部メールサーバに対する不正アクセス攻撃の検出や防御

45

設問4 本文中の下線②のホワイトリストに，どのような通信パターンを登録する必要があるか。図2中の字句を用いて30字以内で述べよ。

解 説

設問1 の解説

　下線①には「FWによるIPアドレスやポート番号を用いたパケットフィルタリングだけでは外部からの攻撃を十分に防ぐことができない」とあり，どの攻撃が防げないのかが問われています。解答群の各記述を順に見ていきましょう。

ア：パケットフィルタリング型FWにおける通信制御の基本は，IPアドレスやポート番号によるフィルタリングルールです。ルールに則した通信であれば，それが不正な通信であっても遮断できません。問題文の冒頭に，「DMZには，インターネット向けのメール転送サーバ，DNSサーバ，Webサーバ，プロキシサーバが配置されている」とあります。つまり，FWでは，インターネットからDNSサーバへの通信を許可することになり，このときDNSサーバへの通信パケットが正規問合せパケットなのか不正パケットなのかの判断ができません。したがって，**DNSサーバを狙った外部からの不正アクセス攻撃**は防げません。

項番	送信元	宛先	宛先ポート番号	動作	
1	インターネット	DNSサーバ	53	許可	←DNSサーバへの
2	インターネット	Webサーバ	80，443	許可	通信は許可

イ：パケットフィルタリングではパケットのデータ部のチェックができません。したがって，SQLインジェクション攻撃をはじめとした**Webアプリケーションプログラムの脆弱性を悪用した攻撃**を防ぐことはできません。

ウ，エ：内部Webサーバやファイルサーバは，特許情報や顧客情報の検索システムを社内に提供するためのものです。社外に提供する必要がないため，FWにおいてインターネットから内部Webサーバやファイルサーバへの通信を禁止（遮断）すれば，これらのサーバを狙った外部からの不正アクセス攻撃は防げます。

オ：ポートスキャンとは，通信ポートを順にアクセスし，応答の有無を調べることで侵入口となりうる脆弱なポートを見つけ出す行為のことです。プロキシサーバは，図2の社内ネットワークのセキュリティ要件2.1にあるように，社内のPCから社外のWebサイトへのHTTP通信に使用するサーバです。したがって，FWにおいてインターネットからプロキシサーバへの通信を禁止（遮断）すれば，プロキシサー

1 ｜ 情報セキュリティ

バを狙ったポートスキャンパケットは全て遮断できます。

以上，FWで防ぐことができないのは〔**ア**〕と〔**イ**〕です。

設問2 の解説

IDS，IPSやWAFの基本的な機能に関する設問です。

●空欄a，b

「調査の結果，IDSは，X社の外部からの ┃ a ┃ ことができ，IPSは，X社の外部から
の ┃ b ┃ ことができ」とあります。ここでのポイントは，IDSは検知だけ，IPSは検知
のほか遮断などの対処も行うことです。

Point! IDSとIPS

- **IDS** (Intrusion Detection System：侵入検知システム) → 検知だけ
- **IPS** (Intrusion Prevention System：侵入防御システム) → 検知＋遮断

IDSは，管理下のネットワークに不正侵入したパケットを検出する機能をもったセキ
ュリティ機器です。したがって，**空欄a**には〔**ウ**〕の「**IPパケットの中身を調べて不
正な挙動を検出する**」が入ります。

IPSは，IDSの機能に加え不正な通信を遮断する機能をもつので，**空欄b**には〔**イ**〕
の「**IPパケットの中身を調べて不正な挙動を検出し遮断する**」が入ります。

●空欄c

「WAFは， ┃ c ┃ ことができる」とあります。WAF（Web Application Firewall）
は，Webアプリケーションの防御に特化したファイアウォールなので，〔**エ**〕の
「**Webアプリケーションプログラムとのやり取りに特化した監視や防御をする**」が入
ります。

設問3 の解説

「 ┃ d ┃ を目的とする場合には案1を， ┃ e ┃ を目的とする場合には案2を選択する
ことがそれぞれ有効である」とあり，空欄d，eが問われています。

●空欄d

案1は，「社内ネットワークのルータとFWの間にネットワーク型のIPSを導入する」
という案です。IPSは，不正な通信の検出と遮断を目的としたセキュリティ機器なの
で，〔**ウ**〕の「**外部からの不正アクセス攻撃の検出や防御**」を目的とする場合には案1
が有効です。

47

● 空欄e

案2は,「セキュリティ強化の対象とするサーバにWAFを導入する」という案です。〔イ〕の「**WebサーバのWebアプリケーションプログラムの脆弱性を悪用した攻撃の検出や防御**」を目的とする場合には案2が有効です。

設問4 の解説

下線②のホワイトリストに登録する必要がある通信パターンが問われています。ホワイトリストは,問題がない通信パターンを定義したリストです。通信許可するものだけをホワイトリストに定義しておくことで,それ以外の通信を遮断できます。

ここで,「案2のWAFは,ブラックリストや②ホワイトリストの情報を有効に活用することで,社内ネットワークのセキュリティ要件2.3を満たすことができる」との記述に着目し,図2の社内ネットワークのセキュリティ要件2.3を見てみます。すると,「インターネットからWebサーバにアクセスする通信は,あらかじめ定められた一連の手続のHTTP通信だけを許可すること」とあります。このことから,ホワイトリストに登録する通信パターンは,「**あらかじめ定められた一連の手続のHTTP通信**」であることがわかります。

解 答

設問1 ア,イ
設問2 a:ウ　b:イ　c:エ
設問3 d:ウ　e:イ
設問4 あらかじめ定められた一連の手続のHTTP通信

(H25春午後問9抜粋)

WAFのホワイトリストやブラックリストを問う問題は,午前試験でも出題されています。本Try!問題に挑戦してみましょう!

A社は,オフィス向け文具の開発,販売を手掛ける中堅企業であり,本社には企画部,開発部,営業部がある。全ての本社社員はデスクトップPCを1台ずつ所持している。さらに,営業部の社員は社外持出しのためにノートPCを1台ずつ所持している。

本社内のデスクトップPCは,社内LANに接続され,電子メール(以下,メールという)

1 情報セキュリティ

の送受信と保管，Web閲覧，ファイル共有，文書の作成・保管などに利用されている。ノートPCは，社外に持ち出した場合にだけ使用され，メールの送受信と保管，Web閲覧，文書の作成・保管などに利用されている。

〔デスクトップPC及びノートPCにおけるマルウェア対策〕

A社では，デスクトップPC及びノートPCにおいて，次のマルウェア対策を実施している。
・デスクトップPC及びノートPCでは，OSやアプリケーションソフトウェアのアップデートを自動的に実施する設定を推奨している。
・デスクトップPC及びノートPCにウイルス対策ソフトウェアを導入し，ウイルス定義ファイルを毎日更新する設定を推奨している。
・メールサーバではメールの添付ファイルのウイルスチェックを行うとともに，①スパムメールをメールサーバ上で自動的に判定し，スパムメールと判定されたメールをメールサーバ上で隔離している。
・社内LANからインターネット上のWebサイトを閲覧する際には，プロキシサーバを介する。②プロキシサーバでは，問題のあるWebサイトを登録しておくことによって，アクセス可能なWebサイトを制限するフィルタリング方式を利用している。問題のあるWebサイトのリストは，プロキシサーバ上でアクセス制限を行うソフトウェアのベンダから定期的に提供を受けている。

(1) 本文中の下線①を実施した際に，メールの送信元や内容などで自動的に判定する基準が適切でないと，利用者がスパムメールを大量に受信してしまうことがある。その他に発生するおそれがある問題を30字以内で述べよ。
(2) 本文中の下線②のように，問題のあるWebサイトを登録することによってアクセス可能なWebサイトを制限するフィルタリング方式の名称を，カタカナ10字以内で答えよ。

解 説

(1) 解答ポイントは"判定基準"です。一般に，判定基準が甘ければ，正しくないものを正しいと判定してしまう見逃しが発生します。逆に判定基準が厳しかったり間違っていたりすると，正しいものを正しくないと誤ってしまう誤検知が発生します。このことをヒントに考えれば正解を導くことができます。

利用者がスパムメールを大量に受信してしまうのは，スパムメールをスパムメールと判定できなかった見逃しによって発生する問題です。したがって，もう1つの問題とは，**誤検知によって受信するべきメールが取り込めない**という問題です。

(2) アクセスを許可しない問題のあるWebサイトを登録しておき，それに該当するアクセスを禁止とする方式を**ブラックリスト**方式といいます。

解答 （1）誤検知によって受信するべきメールが取り込めない　（2）ブラックリスト

問題4 ▶ 電子メールのセキュリティ (H27春午後問1)

新メールシステムの導入を題材にした，電子メールのセキュリティ対策に関する問題です。本問では，迷惑メール（なりすましメール）対策，S/MIMEによる暗号化，電子署名といったセキュリティの基本事項が問われるほか，メール受信プロトコルの変更に伴うリスクなどが問われます。いずれも，問題文の表に示された内容やT君とS部長のやり取りから解答が導き出せる問題になっています。

問 電子メールのセキュリティに関する次の記述を読んで，設問1～5に答えよ。

　R社は，医薬品の輸出入や薬局などへの販売を行っている商社である。R社では，十数年前から業務処理や顧客からの問合せ対応などを目的として，自社内で電子メールシステム（以下，メールシステムという）を運用している。R社の社員は，各自の社内PCを使ってメールシステムを利用する。一部の社員は，モバイル端末を使って社外からもメールシステムを利用している。メールシステムが受信した電子メール（以下，メールという）は，メールサーバに保存される。社内PCで開封したメールは，メールサーバから削除され，社内PCに保存される。モバイル端末で開封したメールは，削除はされず，メールサーバに残される。

　R社システム部のS部長は，メールシステムの老朽化，陳腐化への対応とセキュリティ強化が必要と判断し，現在のメールシステムの問題点を洗い出すために，システム監査会社に外部監査を依頼した。表1は，外部監査での指摘事項の抜粋である。

表1　外部監査での指摘事項の抜粋

	指摘事項
送信	（ア）差出人をR社と偽ったメールが届いたという苦情が顧客から寄せられたことがあったが，対策が立てられていない。
	（イ）メールによる重要情報などの漏えいを抑止するために，社外への送信メールは上司に同報され，チェックされることになっている。しかし，上司が漏えいに気付いたとしても，メール自体は既に宛先に送られてしまっている。
	（ウ）営業部では，顧客へのメールをS/MIMEで暗号化することにしているが，一部の顧客しか利用できる環境にない。
	（エ）R社の重要情報が記述されたメールを顧客へ平文で送っている場合がある。
受信	（オ）社内PCで開封したメールが社外から読めなくなってしまい，業務に支障を来すことがある。
	（カ）迷惑メールが受信されている。一部，標的型攻撃メールと思われるものも混在している。

50

1 情報セキュリティ

〔新メールシステムの検討〕

　S部長は，外部監査での指摘を受け，メールシステム担当のT君に新メールシステムの概要設計を指示した。T君は，新メールシステムの機能の概要をまとめ，S部長に提出した。T君が作成した新メールシステムの機能概要を表2に示す。

表2　新メールシステムの機能概要

項目	目的
メールのプロトコルをPOPからIMAPに変更する。	社外でモバイル端末を利用しているときでも，開封済みのメールを読めるようにする。
メールのチェックツールを導入し，社外とのメールをフィルタリングする。	社外とのメールの内容チェックを行う。
	社外からの受信メールについて，送信元の認証を行う。
メール保存ツールを導入する。	全てのメールを保存する。
メールを暗号化するためのツールを導入する。	顧客への送信メールについて，添付ファイルを全て暗号化する。
電子署名を添付するためのツールを導入する。	顧客への送信メールに，R社の電子署名を添付する。その際，送信元メールアドレスには，R社の送信専用メールアドレスを使用し，送信者自身のメールアドレスは，返信先メールアドレスフィールドに設定する。

　T君はS部長に，新メールシステムの機能概要を報告した。

〔メールのプロトコル〕

T君　：当社ではメール受信のプロトコルとして，POPを利用してきました。新メールシステムでは，指摘事項（オ）に対応するためにIMAPに変更し，社内PCで開封したメールも含め，全ての受信メールが一定期間メールサーバに残るようにすることを考えています。

S部長：なるほど。しかし，そうなると，①パスワードが流出した場合のリスクが高まることを認識しておく必要がある。特にモバイル端末の利用時には盗難なども考えられる。IMAPサーバでのモバイル端末の認証にはワンタイムパスワードを導入し，モバイル端末とIMAPサーバの間の通信は暗号化するように。

T君　：分かりました。

〔社外とのメールの内容チェック〕

　T君は社外とのメールについて，メールの内容チェックの詳細を報告した。メールの内容チェックの詳細を表3に示す。

表3　メールの内容チェックの詳細

	チェック項目	チェック後の対応
送信	会社の重要情報が含まれていないか。	問題があったメールは，チェックコメントを付けて，宛先には送信せずに送信元に返送する。
	顧客の重要情報が含まれていないか。	
受信	送信元メールアドレスが，迷惑メール送信者としてブラックリストに掲載されていないか。	メールを迷惑メールボックスに転送し，10日後に自動削除する。
	送信元メールアドレスは，偽称されていないか。	本文を削除して宛先メールボックスに転送する。元のメールは一時保管メールボックスに転送し，10日後に自動削除する。
	実行形式や不審なファイルが添付されていないか。	添付ファイルを削除して宛先メールボックスに転送する。元のメールは一時保管メールボックスに転送し，10日後に自動削除する。
	ウイルスに感染していないか。	ウイルスを駆除した上で，宛先メールボックスに転送する。
	本文がHTMLで記述されていないか。	注意を促すコメントを付けて，宛先メールボックスに転送する。
	本文中にURLが記載されていないか。	

T君　：メール送信時の内容チェックは，指摘事項の（イ）に対応し，メール受信時の内容チェックは，指摘事項の（カ）に対応します。メールサーバでのメール受信時の送信元メールアドレスが偽称されていないかのチェックは　a　と呼ばれ，送信元IPアドレスを基にチェックする技術（SPF），又は受信メールの中の電子署名を基にチェックする技術（DKIM）を導入します。

S部長：表3に従うと，業務に必要なメールまでチェックによって阻止されてしまうことがある。②それらのメールに対応するための機能も加えるように。

T君　：分かりました。

〔メールの暗号化〕

S部長：暗号化方式の変更について説明してくれないか。

T君　：暗号化方式の変更は，指摘事項の（ウ）と（エ）に対応します。現在のメールシステムでは，営業部でのメールの暗号化には，S/MIMEを利用することになっています。メール宛先の　b　鍵を利用して暗号化する方式で，安全性は高いのですが，先方が　b　鍵をもっていなければ使えない方法なので，利用している顧客はごく一部です。

52

1 情報セキュリティ

S部長 ：新メールシステムでは，全顧客にメールの暗号化が利用できるのか。

T君　　：はい。重要情報を含む文章はメール本文に記述するのではなく必ずファイルで作成する社内ルールに変更します。送信者が添付ファイル付きのメールを作成すると，メールサーバでは，鍵をメールごとに自動生成した上で，その鍵で添付ファイルを暗号化して送信し，さらに鍵を送信者に通知します。宛先への鍵の連絡は，送信者が電話などのメール以外の手段で行います。

〔電子署名の添付〕

S部長 ：全ての送信メールに対するR社の電子署名の添付について，説明してくれないか。

T君　　：電子署名の添付は指摘事項の（ア）への対応です。従来，営業部員は個別に電子証明書と暗号鍵を与えられ，本人の電子署名の添付と，公開鍵基盤を導入している宛先へのメールの暗号化ができました。しかし，対象を全社員に広げるとなると，社員の電子証明書の運用コストが掛かってしまいます。そこで，社員の電子署名の添付を廃止し，メールサーバで，全メールにR社の電子署名を添付して，送信することにします。電子署名はメールの　c　値を基に生成されるので，メールの　d　検知も可能になります。

〔標的型攻撃メールへの対応〕

S部長 ：標的型攻撃メールには，どのような対応をするのか。

T君　　：標的型攻撃メールは，メールシステムでの対応には限界があるので，運用での対応も必要になると考えています。例えば，標的となった組織の複数のメールアドレスに届くことが多いので，一斉に，組織的に対応する必要があります。一人でも標的型攻撃メールと疑われるメールを受信した場合，メールシステムの管理者は，類似のメールが届いていないかを調査し，③不審なメールが届いた全ての受信者に対応を指示します。その後，受信者が添付ファイルを開けていないことやURLをクリックしていないことなどを管理者が確認します。

S部長 ：類似の標的型攻撃メールが届いた宛先は，メールサーバの　e　から調査できるな。

　　その後，S部長とT君は，機能のレビューを繰り返し，指摘に対しての対応策を決定して，S部長は新メールシステムの導入を承認した。

設問1 本文中の a , e に入れる適切な名称をそれぞれ解答群の中から選び，記号で答えよ。

解答群

ア　OP25B 　　　　　　イ　送信ドメイン認証 　　　　ウ　フィルタリング

エ　フロー制御 　　　　 オ　迷惑メールボックス 　　　 カ　ログ

設問2 本文中の b ～ d に入れる適切な字句を答えよ。

設問3 S部長が本文中の下線①の指摘を行った理由を，35字以内で述べよ。

設問4 本文中の下線②の機能に該当するものを解答群の中から二つ選び，記号で答えよ。

解答群

ア　一時保管メールボックスに転送された受信メールの中から，受信者が必要なメールを取り出す機能

イ　会社や顧客の重要情報を含む送信メールは，フィルタリングの対象となるが，事前に承認されたメールについては宛先に転送されるようにする機能

ウ　フィルタリングによって阻止された全ての送信メールについて，タイトル（主題）だけを宛先に転送する機能

エ　フィルタリングの内容を，社員が設定する機能

設問5 本文中の下線③で不審なメールが届いた全ての受信者に指示すべき事項は何か。15字以内で述べよ。

::: 解　説 :::

設問1 の解説

●空欄a

　「メールサーバでのメール受信時の送信元メールアドレスが偽称されていないかのチェックは a と呼ばれ」とあり，空欄aに入る名称が問われています。知っていれば容易に解答できますが，知らなくても「～のチェック」をキーワードに考えれば，**空欄aに該当するのは〔イ〕の送信ドメイン認証**だと当たりはつけられます。

54

ここで，空欄aに続く記述中にあるSPFとDKIMに注意しておきましょう。SPFやDKIMは送信ドメイン認証技術と呼ばれ，メール送信のなりすましを検知するための仕組み・技術です。SPFは午前試験でも出題されていますし，DKIMは高度午前試験でよく出題される技術です。押さえておくとよいでしょう。

なお，〔ア〕のOP25Bは，スパムメール（迷惑メール）対策の1つです。OP25Bについては，本問解答の後のp.59の「参考」にまとめてあります。参照してください。

参考　送信ドメイン認証（SPFとDKIM）

●**SPF**（Sender Policy Framework）：受信メールの送信元IPアドレスを基に，それが正規のメールサーバから送信されているか否かを検証する送信ドメイン認証技術です。次に示す手順により受信メールの送信元IPアドレスの正当性を検証し，メール送信のなりすましを検知します。

・送信側：自ドメインのDNSサーバに，正規メールサーバのIPアドレスを記したSPFレコードを登録する。
・受信側：メール受信時，最初のSMTP通信で「MAIL FROM：」の引数として与えられた送信ドメインを認識し，そのドメインのDNSサーバにSPFレコードを問い合わせ，受信メールの送信元IPアドレスがSPFレコードに存在するかを確認する。

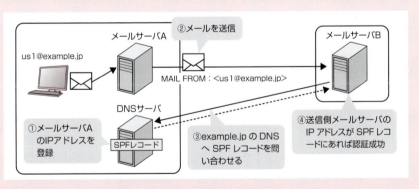

●**DKIM**（DomainKeys Identified Mail）：ディジタル署名を利用した送信ドメイン認証技術です。DKIMでは，あらかじめ公開鍵をDNSサーバに公開しておき，メールにディジタル署名を付与して送信します。受信側メールサーバは，送信ドメインのDNSサーバから公開鍵を入手し，署名の検証を行います。

●空欄e

「類似の標的型攻撃メールが届いた宛先は，メールサーバの　e　から調査できる」とあります。またその直前のT君の発言に，「標的型攻撃メールは，標的となった組織の複数のメールアドレスに届くことが多い」とあります。

標的型攻撃メールとは，特定の組織に送られるウイルスメールのことです。ウイルスファイルが添付されていたり，悪意のあるサイトに誘導しウイルスに感染させる仕掛けなどが施されています。なお，標的型攻撃メールの特徴については，本問解答の後のp.59の「参考」にまとめてあります。参照してください。

一人でも標的型攻撃メールと疑われるメールを受信した場合，そのメールの受信日時，送信者，接続元ホスト，件名などを基に，メールサーバのログを調査すれば，類似の標的型攻撃メールが届いていないか，また，どの宛先に送られているかを確認できます。したがって，**空欄e**には〔**カ**〕の**ログ**が入ります。

設問2 の解説

●空欄b

S/MIMEによるメールの暗号化に関する問題です。「メール宛先の　b　鍵を利用して暗号化する方式」とあるので，問われているのは，暗号化に使われる鍵ということになります。S/MIMEは，共通鍵暗号方式と公開鍵暗号方式を併用するハイブリッド暗号方式であることがポイントです。

> **☞ Point! S/MIME**
>
> ・メール本文や添付ファイルの暗号化には共通鍵暗号方式を用いる。
> ・共通鍵の受渡しには公開鍵暗号方式が用いられる。

つまりS/MIMEでは，メール本文や添付ファイルの暗号化を共通鍵暗号方式で行い，暗号化に用いる共通鍵を受信者（メール宛先）の公開鍵で暗号化して送信するので，**空欄b**には**公開**が入ります。

●空欄c

電子署名に関する問題です。「電子署名はメールの　c　値を基に生成される」とあります。通常，メールに添付する電子署名は，ハッシュ関数を用いてメール本文からハッシュ値を求め，そのハッシュ値を送信者（本問の場合は，R社のメールサーバ）の秘密鍵で暗号化して生成します。したがって，**空欄c**には**ハッシュ**が入ります。

56

1 情報セキュリティ

●空欄d

「メールの[d]検知も可能になる」とあります。電子署名は，メール内容の改ざん検知と送信者の真正性の確認（なりすまし検知）を行う技術ですから，空欄dに入る字句は，「改ざん」か「なりすまし」ということになります。ここで，前文に注意！です。「電子署名はメールのハッシュ（空欄c）値を基に生成される」との記述から，**空欄dには，ハッシュ値を用いることで検知できる「改ざん」**が入ります。

設問3 の解説

S部長が下線①「パスワードが流出した場合のリスクが高まることを認識しておく必要がある」と指摘した理由が問われています。S部長の指摘（発言）は，その直前にあるT君の，「メール受信のプロトコルをPOPからIMAPに変更し，社内PCで開封したメールも含め，全ての受信メールが一定期間メールサーバに残るようにする」という発言を受けたものです。

現在のメールシステムでは，メール受信プロトコルにPOPを利用しているため，社内PCで開封したメールは，メールサーバから削除されます。しかし，IMAPに変更すると，社内PCで開封したメールも一定期間メールサーバに残ります。S部長は，このことに着目したわけです。すなわち，メールを読み出すためのパスワードが流出した場合，以前はメールサーバから削除されていた開封済みのメールも読み出されるおそれがあるというのがS部長の指摘事項です。以上，解答としては，「開封済みのメールも読み出されるおそれがあるから」といった記述でよいでしょう。なお，試験センターでは解答例を**「開封済みメールを含め全てのメールを読まれるおそれがあるから」**としています。

設問4 の解説

〔社外とのメールの内容チェック〕に関する設問です。下線②「それらのメールに対応するための機能」に該当するものが問われています。"それらのメール"とは，"業務に必要なメール"のことです。つまり，問われているのは，メールチェックによって，業務に必要なメールが阻止されてしまうことへの対策です。

ア：「一時保管メールボックスに転送された受信メールの中から，受信者が必要なメールを取り出す機能」が必要かどうかを考えます。表3を見ると，一時保管メールボックスに転送されるのは，送信元メールアドレスが偽装されていると判断されたものと，実行形式や不審なファイルが添付されたメールです。すなわち，疑わしいと判断されたメールが一時保管メールボックスに転送されるわけです。ここで思い出したいのは，正しいものを正しくないと判断してしまう誤検知（フォールス

57

ポジティブ）です。誤検知により，業務に必要な（正規な）メールまでも疑わしいと判断されてしまう可能性があるので，〔ア〕の機能は必要です。

イ：「会社や顧客の重要情報を含む送信メールは，フィルタリングの対象となるが，事前に承認されたメールについては宛先に転送されるようにする機能」が必要かどうかを考えます。表3の送信チェックでは，会社や顧客の重要情報が含まれたメールは，チェックコメントを付けて，宛先には送信せずに送信元に返送するとしています。一方，表1の指摘事項（イ）を見ると，「メールによる重要情報などの漏えいを抑止するために，社外への送信メールは上司に同報され，チェックされることになっている」とあります。この記述から，重要情報を含むメールでも上司に承認されたものについては，メール送信を認める必要があることがわかります。したがって，〔イ〕の機能は必要です。

　以上，この時点で〔ア〕と〔イ〕が正解だとわかりましたが，念には念を！ です。残りの選択肢も確認しておきましょう。

ウ：「フィルタリングによって阻止された全ての送信メールについて，タイトル（主題）だけを宛先に転送する機能」とあります。メールのタイトル（主題）だけを宛先に転送しても，受信者側ではその内容がわかりません（メールの意味をなしません）。

エ：「フィルタリングの内容を，社員が設定する機能」とあります。フィルタリングの内容を社員が設定すると，セキュリティ水準の低下を招いてしまいます。

設問5 の解説

　不審なメールが届いた全ての受信者に指示すべき事項が問われています。一般に，不審なメールは開封しないで削除することが重要です。したがって，メールシステムの管理者は，一人でも標的型攻撃メールと疑われるメールを受信した場合，類似の不審なメールが届いた全ての受信者に対して，**不審なメールの削除**を周知徹底する必要があります。

解 答

設問1	a：イ　　　　e：カ
設問2	b：公開　　c：ハッシュ　　d：改ざん
設問3	開封済みメールを含め全てのメールを読まれるおそれがあるから
設問4	ア，イ
設問5	不審なメールの削除

1 情報セキュリティ

参考 標的型攻撃メールの特徴

標的型攻撃メールには，次のような特徴があります。
・実在する信頼できそうな組織名や個人名あるいは関係者を装った差出人になっている。
・受信者の業務に関係が深い話題や，受信者が興味を引くような内容が記述されている。
・ファイル名に細工を施し，実行形式ファイルを別形式と偽って開かせようとする。
・毎回異なる内容で，長期間にわたって標的となる組織に送り続けられる。

〔補足〕

　ファイル名を偽装する手口として，近年報告されたものに**RLTrap**があります。これは，文字の並び順を変えるUnicodeの制御文字RLO（Right-to-Left Override）を利用した手口です。たとえば，ファイル名「ABCfdp.exe」の3文字目の「C」と4文字目の「f」の間にRLOを挿入すると（RLO自体は見えません），ファイル名の見た目が「ABCexe.pdf」に変わります。RLTrapでは，これを利用してファイル名を偽装します。

参考 スパムメール対策

● **OP25B**（Outbound Port 25 Blocking）：SMTPが利用するTCPポート25番への通信を遮断し，特定の条件下においてメールの送信をできなくする仕組みです。具体的には，ISP管理下の動的IPアドレスを割り当てられたノードから外部のメールサーバーに直接（ISP管理下のメールサーバを経由せずに）送られるSMTP通信を遮断します。
● **SMTP-AUTH認証**：SMTPに利用者認証機能を追加したものです。SMTPサーバは，利用者がアクセスしてきた際に，通常のSMTPとは独立した**サブミッションポート**（TCPポート587番）を使用して認証を行い，認証が成功したときメールを受け付けます。
● **POP before SMTP**：POP（POP3）の利用者認証の仕組みを利用したものです。利用者はメールを送信する前にまずPOP3でメールを受信し，SMTPサーバはPOP3による認証が成功した利用者のIPアドレスに一定時間だけメールの送信を許可します。

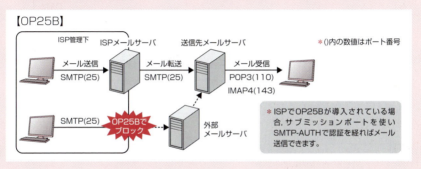

【OP25B】

問題5 サーバのセキュリティ対策 （H30秋午後問1）

インターネットサービスを提供する，メールサーバやWebサーバなどのセキュリティ対策を題材にした問題です。設問1，2で，脆弱性診断に関する基本的な知識と発見された脆弱性への対策が問われ，設問3では，中長期的な脆弱性対策に関する基本的な理解が問われます。設問1，2は比較的解答しやすい問題になっていますが，設問3は問題の主旨を押さえた上での考察が必要になります。

問 インターネットサービス向けサーバのセキュリティ対策に関する次の記述を読んで，設問1～3に答えよ。

食品販売業を営むL社では，社内外の電子メール（以下，メールという）を扱うメールサーバ，商品を紹介するWebサーバ及び自社ドメイン名を管理するDNSサーバを運用している。L社情報システム部のM部長は，インターネット経由の外部からのサイバー攻撃への対策が重要だと考え，当該サイバー攻撃にさらされるおそれのあるサーバの脆弱性診断を行うように，情報システム部のNさんに指示した。L社のサーバなどを配置したDMZを含むネットワーク構成を図1に，各サーバで使用している主なソフトウェアを表1に示す。

なお，L社のセキュリティポリシでは，各サーバで稼働するサービスへのアクセス制限は，ファイアウォール（以下，FWという）及び各サーバのOSがもつFW機能の両方で実施することになっている。

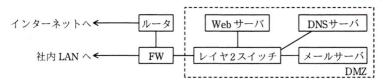

図1　L社のサーバなどを配置したDMZを含むネットワーク構成

表1　各サーバで使用している主なソフトウェア

サーバ名	ソフトウェア
メールサーバ	OS-A，メールサーバソフトウェア
Webサーバ	OS-B，Webサーバソフトウェア，DBMS， 商品検索ソフトウェア（社外に委託して開発した自社ソフトウェア）
DNSサーバ	OS-A，DNSサーバソフトウェア

1 情報セキュリティ

〔脆弱性診断の実施〕

Nさんは，社外のセキュリティベンダであるQ社に，メールサーバ，Webサーバ及びDNSサーバの脆弱性診断を実施してもらい，脆弱性診断の内容とその結果を受け取った。Q社が実施した脆弱性診断の内容の抜粋を表2に，Q社から受け取った脆弱性診断結果の抜粋を表3に示す。

表2　Q社が実施した脆弱性診断の内容（抜粋）

項番	項目	実施内容
診1	ポートスキャン	インターネット側から対象サーバに TCP スキャン及び 　a　 スキャンを実施し，稼働しているサービスに関する情報を収集する。
診2	既知の脆弱性に対する診断	使用しているソフトウェアのバージョンなどから既知の脆弱性がないことを確認する。
診3	ソフトウェア設定診断	OS，ミドルウェア，アプリケーションの設定の不備などがないことを確認する。
診4	Web アプリケーション診断	Web アプリケーションについて，　b　 の不備，Web ページの出力処理の不備などがないことを確認する。

表3　Q社から受け取った脆弱性診断結果（抜粋）

項番	対象サーバ	脆弱性診断の項番	対象ソフトウェア	脆弱性の内容
脆1	メールサーバ	c	メールサーバソフトウェア	送信ドメイン認証機能が未設定なので，インターネットから届く送信元メールアドレスを偽装したスパムメールを受信してしまう状態であった。
脆2	Webサーバ	診1	OS-B	DBMS に接続するための TCP ポートにインターネットからアクセス可能であった。
脆3		診3	Web サーバソフトウェア	脆弱な暗号化通信方式が使用できてしまう設定であり，情報漏えいのおそれがあった。
脆4		診4	商品検索ソフトウェア	入力値チェックの不備によって，データベースに蓄積された非公開情報が閲覧されるおそれがあった。
脆5	DNSサーバ	診2	DNS サーバソフトウェア	DNS サーバソフトウェアの脆弱性によって，ゾーン情報がリモートから操作可能であった。

〔発見された脆弱性への対策の検討〕

Nさんは，表3の脆弱性診断結果の内容を確認し，発見された脆弱性に対して実施すべき対策の案を検討した。検討結果を表4に示す。

61

表4　発見された脆弱性に対して実施すべき対策（案）

脆弱性診断結果の項番	実施すべき対策
脆1	メールサーバソフトウェアに送信ドメイン認証機能として　d　認証の設定を行う。送信元メールアドレスのドメイン名から DNS に問合せを行い，　d　レコードから正規の IP アドレスを調べる。受信したメールの　e　 IP アドレスと照合して，なりすましの受信メールをフィルタリングする。
脆2	f　と，　g　の OS がもつ FW 機能で，DBMS に接続するための TCP ポートを閉塞して，インターネットから DBMS にアクセスできないようにする。
脆3	Web サーバソフトウェアの設定を変更して，脆弱な暗号化通信方式を使用禁止にする。
脆4	SQL 文を組み立てる際に害のあるコードが入力値に含まれていないか十分にチェックして　h　を防止する。
脆5	DNS サーバソフトウェアの脆弱性に対応する修正ソフトウェアがリリースされているので，これを適用する。

　Nさんは，脆弱性診断結果（表3）と，実施すべき対策の案（表4）をM部長に報告した。報告を受けたM部長は，Nさんが検討した表4の脆弱性対策を速やかに実施することと，中長期的な脆弱性対策を検討することを指示した。

〔中長期的な脆弱性対策〕

　Nさんは，OSやミドルウェアなどの市販ソフトウェアと社外に委託して開発する自社ソフトウェアについて，L社が中長期的に取り組むべき脆弱性対策の案を検討した。検討結果を表5に示す。

表5　L社が中長期的に取り組むべき脆弱性対策（案）

市販ソフトウェア	社外に委託して開発する自社ソフトウェア
・サーバで使用しているソフトウェアの製造元・提供元から更新情報を入手する。 ・①社外の関連する組織から脆弱性情報を入手して活用する。 ・運用・保守要員に対するセキュリティ教育を実施し，脆弱性対策への意識を高める。	・ソフトウェア開発の委託先企業との契約に，セキュアコーディングの実施を盛り込む。 ・②ソフトウェア開発の委託先企業のセキュリティ対策の実施状況を確認する。 ・③ソフトウェアの企画・設計段階からセキュリティ機能を組み込むようにセキュリティの専門家を参加させる。

1 情報セキュリティ

Nさんは，表5の脆弱性対策の案を盛り込んだ改善計画を策定し，その結果をM部長に報告した。改善計画を確認したM部長は，この改善計画を基に具体的な取組みを検討するようにNさんに指示した。

設問1 〔脆弱性診断の実施〕について，(1)，(2)に答えよ。

(1) 表2中の ___a___ ，___b___ に入れる適切な字句を解答群の中から選び，記号で答えよ。

解答群

ア	ARP	イ	IT資産管理
ウ	UDP	エ	XML
オ	インシデント管理	カ	ウイルス
キ	セッション管理	ク	ログ管理

(2) 表3中の ___c___ に入れる適切な字句を答えよ。

設問2 〔発見された脆弱性への対策の検討〕について，(1)〜(3)に答えよ。

(1) 表4中の ___d___ ，___e___ に入れる適切な字句を解答群の中から選び，記号で答えよ。

解答群

ア	MX	イ	PTR	ウ	SMTP	エ	SPF
オ	送信先	カ	送信元	キ	中継先	ク	中継元

(2) 表4中の ___f___ ，___g___ に入れる適切な字句を，図1中の構成機器の名称で答えよ。

(3) 表4中の ___h___ に入れる適切なサイバー攻撃手法の名称を15字以内で答えよ。

設問3 〔中長期的な脆弱性対策〕について，(1)，(2)に答えよ。

(1) 表5中の下線①，②の各対策に該当する項目として適切なものを解答群の中からそれぞれ選び，記号で答えよ。

解答群

 ア インシデント発生時の緊急対応体制を整備する。

 イ 公開されている脆弱性情報データベースを確認する。

 ウ 実施すべきセキュリティ対策を定めて定期的に監査する。

 エ セキュリティ対策に関する予算を増額する。

 オ リスク分析を定期的に実施して対応計画を立案する。

(2) 表5中の下線③について，表3の項番 "脆3" で発見された脆弱性への対策として，ソフトウェアの企画・設計段階からセキュリティの専門家を参加させる狙いを30字以内で述べよ。

解 説

設問1 の解説

(1) 表2中の空欄a，bに入れる字句が問われています。表2は，Q社が実施した脆弱性診断の内容です。

●空欄a

　空欄aは，項目 "ポートスキャン" の実施内容「インターネット側から対象サーバにTCPスキャン及び　a　スキャンを実施し，稼働しているサービスに関する情報を収集する」との記述中にあります。

　ポートスキャンとは，対象サーバのアクティブなポートを探し出す行為のことです。ポートスキャンは，本来，サーバの点検や監視を目的に行われる手法ですが，これを悪用して，攻撃者が標的とするサーバを見つけ出す際にも利用されます。

　解答群の中で，ポートスキャンに該当するのはUDPスキャンだけです。したがって，**空欄a**には〔**ウ**〕の**UDP**が入ります。なお，TCPスキャンやUDPスキャンを知らなくても，「TCPと同列にあるのはUDP」，そして「"ポート" ときたらポート番号，ポート番号はTCPとUDPのそれぞれについて用意されている」などと考えれば，正解の推測は可能です。本問解答の後のp.69「参考」に，TCPスキャンとUDPスキャンについてまとめました。参照してください。

●空欄b

　空欄bは，項目 "Webアプリケーション診断" の実施内容「Webアプリケーションについて，　b　の不備，Webページの出力処理の不備などがないことを確認する」との記述中にあります。

1 情報セキュリティ

「○○の不備」ですから，これに該当する候補としては，「IT資産管理，インシデント管理，セッション管理，ログ管理」が挙げられますが，このうち，Webアプリケーションの脆弱性に関連するものは，セッション管理だけです。

セッション管理とは，Webページなどで，クライアントとWebサーバ間の一連のやり取りを1つの集合体（セッション）として維持・管理する仕組みのことです。一般的には，クライアントがWebサーバにログインした際，Webサーバが発行するセッションIDによって，クライアントとWebサーバ間のセッション維持が行われます。このため，Webアプリケーションにおいて，類推可能なセッションIDを使用していたり，セッションIDの盗聴が可能といった脆弱性がある場合，Webアプリケーションのセッションが攻撃者に乗っ取られ，攻撃者が乗っ取ったセッションを利用して不正アクセスするという，セッションハイジャック攻撃などを受ける可能性があります。

以上，**空欄b**には，〔**キ**〕の**セッション管理**が入ります。

(2) 表3中の空欄cに入れる字句が問われています。表3は，表2で行った脆弱性診断の結果ですから，空欄cには，表2中の項番"診1"～"診4"のいずれかが入ります。

空欄cの脆弱性の内容を見ると，「送信ドメイン認証機能が未設定であった」旨が記述されています。そこで，"○○の設定"をキーワードに表2を探すと，アプリケーションの設定の不備の確認を，項番"診3"の「ソフトウェア設定診断」で実施していることがわかります。したがって，**空欄c**には**診3**が入ります。

設問2 の解説

(1) 表4中の空欄d，eに入れる字句が問われています。表4は，発見された脆弱性に対して実施すべき対策です。空欄d，eは，項番"脆1"の実施すべき対策に記載された，次の記述中にあります。

> メールサーバソフトウェアに送信ドメイン認証機能として　 d 　認証の設定を行う。送信元メールアドレスのドメイン名からDNSに問合せを行い，　 d 　レコードから正規のIPアドレスを調べる。受信したメールの　 e 　IPアドレスと照合して，なりすましの受信メールをフィルタリングする。

送信ドメイン認証とは，メールの送信元を検証する仕組み，言い換えればメール送信のなりすましを検知するための技術のことです。代表的な送信ドメイン認証技

65

術には，SPF（Sender Policy Framework）とDKIM（DomainKeys Identified Mail）
があります。このうち，送信元メールアドレスを基に検証を行うのはSPFです。

SPFでは，送信元メールアドレスのドメイン名を識別し，そのドメインのDNSサ
ーバにSPFレコードを問い合わせます。そして，SPFレコードに登録された正規の
IPアドレスと受信したメールの送信元IPアドレスを照合することで，なりすましの
受信メールをフィルタリングします。

したがって，**空欄d**には〔**エ**〕の**SPF**，**空欄e**には〔**カ**〕の**送信元**が入ります。
なお，SPFの仕組みについては，問題4「電子メールのセキュリティ」の解説文中に
ある，p.55「参考」を参照してください。

(2) 表4中の空欄f，gに入れる，図1中の構成機器名が問われています。空欄f，gは，
項番"脆2"の実施すべき対策に記載された，次の記述中にあります。

---

　 f 　と， 　 g 　のOSがもつFW機能で，DBMSに接続するためのTCPポ
ートを閉塞して，インターネットからDBMSにアクセスできないようにする。

これは，表3の項番"脆2"の「DBMSに接続するためのTCPポートにインターネ
ットからアクセス可能であった」という脆弱性に対する対策です。表1から分かるよ
うに，DBMSはWebサーバで使用されています。そのため，WebサーバのOSがも
つFW機能でDBMSへのアクセス制限を実施する必要があります。

また，FW機能については，問題文（図1の直前）に，「各サーバで稼働するサービ
スへのアクセス制限は，ファイアウォール（FW）及び各サーバのOSがもつFW機
能の両方で実施することになっている」と記述されています。この記述から考える
と，FWにおいてもDBMSへのアクセス制限を実施するということになります。

したがって，**空欄f**には**FW**，**空欄g**には**Webサーバ**が入ります。

(3) 表4中の空欄hに入れるサイバー攻撃手法の名称が問われています。空欄hは，
「SQL文を組み立てる際に害のあるコードが入力値に含まれていないか十分にチェッ
クして 　h 　を防止する」との記述中にあります。

"SQL文"というキーワードから，**空欄h**に該当する攻撃手法は**SQLインジェクシ
ョン**です。SQLインジェクションとは，データベースと連動したWebアプリケーシ
ョンにおいて，入力された値（パラメータ）を使ってSQL文を組み立てる際，そのパ
ラメータに悪意のある入力データを与えることによって，データベースの不正操作

1 情報セキュリティ

が可能となってしまう問題，あるいはそれを利用した攻撃のことです。

設問3 の解説

(1) 表5中の下線①，②の各対策に該当する項目を解答群の中から選ぶ問題です。

●下線①

下線①は，OSやミドルウェアなどの市販ソフトウェアに関して，L社が中長期的に取り組むべき脆弱性対策です。「社外の関連する組織から脆弱性情報を入手して活用する」と記述されています。脆弱性情報という観点から，該当する項目は〔**イ**〕の「**公開されている脆弱性情報データベースを確認する**」だけです。

●下線②

下線②は，社外に委託して開発する自社ソフトウェアに関して，中長期的に取り組むべき脆弱性対策です。「ソフトウェア開発の委託先企業のセキュリティ対策の実施状況を確認する」と記述されています。

セキュリティ対策の実施状況を確認するには，まず実施すべきセキュリティ対策事項を委託先企業と合意し定める必要があります。その上で，定められたセキュリティ対策が実施されているかどうか定期的に監査します。したがって，該当する項目は〔**ウ**〕の「**実施すべきセキュリティ対策を定めて定期的に監査する**」です。

(2) 表5中の下線③について，「表3の項番"脆3"で発見された脆弱性への対策として，ソフトウェアの企画・設計段階からセキュリティの専門家を参加させる狙い」が問われています。

表3の項番"脆3"は，ソフトウェア設定診断（表2の"診3"）において，Webサーバソフトウェアを対象とする設定の不備の確認で発見された，「脆弱な暗号化通信方式が使用できてしまう設定であり，情報漏洩のおそれがあった」という脆弱性です。この脆弱性に対して，「Webサーバソフトウェアの設定を変更して，**脆弱な暗号化通信方式を使用禁止**にする」という対策案（表4の"脆3"）が提案されています。

表5中の下線③は，**社外に委託して開発する自社ソフトウェア**について，L社が中長期的に取り組むべき脆弱性対策案です。そして，その内容は，「ソフトウェアの企画・設計段階からセキュリティ機能を組み込むようにセキュリティの専門家を参加させる」というものです。

したがって，この設問で問われているのは，「脆弱な暗号化通信方式を使用禁止にすることに関連して，委託開発する自社ソフトウェアの企画・設計段階からセキュリティの専門家を参加させる狙い」です。

暗号化通信は，情報を安全にやり取りするために，なくてはならない技術の1つです。一方，暗号化アルゴリズムの安全性は，コンピュータ性能（計算能力）の向上や，効率的な暗号解読手法の考案にともない攻撃手法が高度化されてくると，十分に安全とはいえなくなります。これを暗号の危殆化といいます。暗号の危殆化対策としては，脆弱性が指摘された早い段階で強固な（次の世代の）暗号に切り替えることが重要になります。しかし，委託開発したソフトウェアは，中長期的にわたり使用されます。そのため，暗号化通信を使用するソフトウェアの開発においては，企画・設計の段階から暗号の危殆化について意識し，危殆化しているものは勿論のこと，近い将来に危殆化が予測されている暗号通信方式についてもその採用を避け，安全性や実装性能が確認されていて利用実績も十分にあるといった適切な暗号化通信方式を採用するよう注意深く取り組む必要があります。また，そのためにはセキュリティの専門家の意見を取り入れることは重要です。

　以上から，表3の項番"脆3"で発見された脆弱性への対策として，ソフトウェアの企画・設計段階からセキュリティの専門家を参加させる狙いは，「危殆化していない，適切な暗号化通信方式を採用するため」です。なお，試験センターでは解答例を「**危殆化していない暗号化通信方式を採用するため**」としています。

解答

設問1　(1) a：ウ　　　b：キ
　　　　　(2) c：診3
設問2　(1) d：エ　　　e：カ
　　　　　(2) f：FW　　　g：Webサーバ
　　　　　(3) h：SQLインジェクション
設問3　(1) **下線①**：イ　　　**下線②**：ウ
　　　　　(2) 危殆化していない暗号化通信方式を採用するため

1 情報セキュリティ

参考 TCPスキャンとUDPスキャン

- **TCPスキャン**：対象サーバの特定のポートに対して，**3ウェイハンドシェイク**によるTCPコネクションの確立を試みます。TCPコネクションが確立されれば，対象サーバにおいて当該サービスが稼働していること，そして，接続可能であることが確認できます。
- **UDPスキャン**：対象サーバの特定のポートに対して，適当なUDPパケットを送ります。このとき，**ICMP**の"**Port Unreachable**"が応答されれば，当該ポートは閉じていて利用できないと判断します。一方，何も応答がない場合には，当該ポートが開いていてサービスに接続できる可能性があると判断します。

参考 SQLインジェクション対策

　SQLインジェクション対策としては，データベースへの問合せや操作において特別な意味をもつ「'」や「;」を無効にする**サニタイジング**や，バインド機構の利用が有効です。
　バインド機構とは，**プレースホルダ**を使ったSQL文（プリペアードステートメント）を，あらかじめデータベース内に準備しておき，実行の際に入力値をプレースホルダに埋め込んで実行する機能のことです。下図左の例では，入力されたクラス（$class）と学生番号（$no）をそのままSQL文中に展開するため，組み立てられたSQL文を実行すると"学生"表の全レコードが削除されてしまいます。これを防ぐためには，まず下図右下のSQL文を準備します。そして，クラス（$class）と学生番号（$no）が入力されたら，その値を送ってSQL文の実行を指示します。これにより入力値は単なる文字列として扱われるので"学生"表が削除されることはありません。

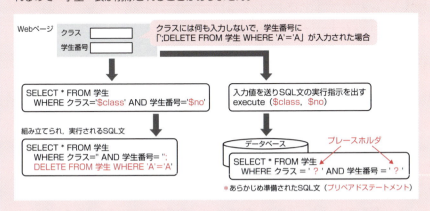

Try! （H28春午後問1抜粋）

本Try!問題は，Webサイトを用いた書籍販売システムのセキュリティ対策を題材に，ポートスキャンや，バッファオーバフロー，SQLインジェクションなどのWebアプリケーションの脆弱性を突く攻撃の手口，およびセキュリティ対策を問う問題の一部です。午前知識で解答できる設問を抜粋しました。挑戦してみましょう！

　K社は技術書籍の大手出版社である。従来は全ての書籍を書店で販売していたが，顧客からの要望によって，高額書籍を自社のWebサイトでも販売することになった。K社システム部のL部長は，Webサイトを用いた書籍販売システム（以下，Webシステムという）の開発のためのプロジェクトチームを立ち上げ，開発課のM課長をリーダに任命した。L部長は，情報セキュリティ確保のための対策として，サイバー攻撃によるWebシステムへの侵入を想定したテスト（以下，侵入テストという）を実施するようにM課長に指示した。M課長は，開発作業が結合テストまで完了した段階で，Webシステムのテスト環境を利用して侵入テストを実施することにした。

〔Webシステムのテスト環境〕
　Webシステムは，高額書籍を購入する顧客の氏名，住所，購入履歴などの個人情報（以下，顧客情報という）を内部ネットワーク上のデータベースサーバ（以下，DBサーバという）に保存し，WebサーバがDBサーバ，業務サーバにアクセスして販売処理を行う。Webシステムのテスト環境の構成を図1に示す。

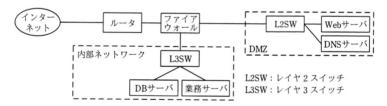

図1　Webシステムのテスト環境の構成

〔Webシステムの認証と通信〕
　顧客がWebシステムを利用する際，利用者IDとパスワードで認証する。また，顧客との通信には，インターネット標準として利用されている　a　による暗号化通信を用いる。
　サーバ管理者は，各サーバやファイアウォールのログを定期的にチェックすることによって，Webシステムにおける不正なアプリケーションの稼働を監視する。

1 情報セキュリティ

〔侵入テストの実施〕

M課長は，社外のセキュリティコンサルタントのN氏に侵入テストの実施を依頼した。N氏は，表1に示す侵入テストのテスト項目を作成し，M課長に提出した。

表1 テスト項目（抜粋）

項番	内容
1	攻撃者が，Web サーバの構成情報の調査結果から Web システムの脆弱性を確認することが可能か。
2	Web システムへの攻撃によって，Web システム内に侵入した後，Web サーバの管理者権限の奪取が可能か。
3	Web アプリケーションの脆弱性を意図的に利用した攻撃が可能か。

〔結果〕

N氏は，テスト項目に沿って侵入テストを実施し，その結果と改善項目をM課長に報告した。テスト結果と改善項目を表2に示す。

表2 テスト結果と改善項目（抜粋）

項番	テスト結果	改善項目
1	Web システムのサービスに必要がないポートが，インターネットに公開されていた。インターネットから Web サーバの構成情報を調査できた。	Web システムのサービスに必要なポートだけをインターネットに公開する。Web サーバが必要のない問合せに応答しないようにする。
2	Web サーバの脆弱性を利用して，Web サーバを　b　にし，そこを中継点として内部ネットワークに侵入できた。	セキュリティ機器を導入して，Web サーバへの不正アクセスを防御し，脆弱性の存在自体が広く公表される前にそれを悪用する　c　攻撃のリスクを軽減する。ファイアウォールとサーバのログ管理を強化する。
3	Web アプリケーションを対象とした次の攻撃について，対処されていないので，Web アプリケーションを誤作動させることが可能であった。 ・バッファオーバフロー ・SQL インジェクション さらに，DB サーバに不正アクセスし，顧客情報の奪取や改ざんが可能であった。	開発課で開発した Web アプリケーションの脆弱性の原因となっているセキュリティホールを修正する。

〔改善項目とその対策〕

M課長とN氏は，Webシステムの侵入テストの結果と，セキュリティ上の改善項目について，表1と表2を基にしてL部長に報告した。

N氏 　：現在のWebシステムには，サイバー攻撃に対して多くの脆弱性が存在します。

L部長 ：項番1について説明してください。

N氏 　：攻撃者はWebサーバの構成情報の調査によって，攻撃するために有用な情報を得ることで，Webサーバの脆弱性を探ってきます。

L部長 ：どのような対策が有効ですか。

N氏 　：ポートスキャンについては，Webサーバやファイアウォールの設定で防止する必要があります。Webサーバの構成情報の調査については，Webサーバの設定情報を変更して，必要のない問合せに応答しないようにすることで対処します。

（…途中省略…）

L部長 ：項番3のバッファオーバフローとSQLインジェクションについては，どのような対策が必要ですか。

N氏 　：ソースコードをチェックするツールを使用して，Webアプリケーションの脆弱性を調査し，その結果に基づいたソースコードの修正が必要です。バッファオーバフローは，バッファにデータを保存する際に　d　を常にチェックすることで防ぐことができます。SQLインジェクションは，データをSQLに埋め込むところで，データの特殊文字を適切に　e　することで防ぐことができます。

M課長 ：改善項目に対応するようWebアプリケーションのソースコードを修正します。

（…途中省略…）

　N氏の指摘に基づいて，開発課がWebシステムを改善し，L部長はWebシステムの総合テストの実施を承認した。

(1) 本文中の　a　及び表2中の　b　，　c　に入れる適切な字句をそれぞれ4字以内で答えよ。

(2) 本文中の　d　，　e　に入れる適切な字句をそれぞれ解答群の中から選び，記号で答えよ。

　解答群
　　ア　エスケープ　　　イ　データサイズ　　　ウ　マイグレーション
　　エ　リダイレクト　　オ　ルートクラック

1 情報セキュリティ

解説

(1) **●空欄a：**「顧客との通信には，インターネット標準として利用されている ┌ a ┐ による暗号化通信を用いる」とあります。通常，Webシステムにおいて，Webサーバとクライアントは HTTP を用いて通信を行います。そして，このHTTP通信を暗号化するために利用されているのがTLS（Transport Layer Security）です。従来，HTTP通信の暗号化には，SSL（Secure Sockets Layer）が利用されてきましたが，現在では，SSLの後続であるTLSがインターネット標準として利用されています。したがって，**空欄aにはTLS**が入ります。

●空欄b：「Webサーバを ┌ b ┐ にし，そこを中継点として内部ネットワークに侵入できた」とあります。"中継点" というキーワードから，**空欄bは踏み台**です。踏み台とは，攻撃対象を攻撃する際に，中継点として利用するサーバのことです。なお，踏み台を利用した攻撃には，DNSキャッシュサーバを踏み台にして大量のDNS応答パケットを送信させるDNS amp攻撃や，NTPサーバを踏み台にしたNTP増幅攻撃などがあります（p.82「参考」を参照）。

●空欄c：「脆弱性の存在自体が広く公表される前にそれを悪用する ┌ c ┐ 攻撃」とあります。脆弱性の存在が判明したとき，そのセキュリティパッチが提供される前にパッチが対象とする脆弱性を悪用して行われる攻撃をゼロデイ攻撃というので，**空欄cにはゼロデイ**を入れればよいでしょう。

(2) **●空欄d：**バッファオーバフロー対策が問われています。バッファオーバフローは，バッファに対して許容範囲を超えるデータを送り付けて悪意の行動をとる攻撃です。許容範囲を超える大きさのデータを保存しない，つまり，バッファにデータを保存する際にデータサイズを常にチェックすれば，バッファオーバフローは防げるので，**空欄dには〔イ〕のデータサイズ**が入ります。

●空欄e：SQLインジェクション対策が問われています。SQLインジェクションに対しては，「'」や「;」などの特殊文字を "無害化，無効化" するサニタイジングや，バインド機構の利用が有効ですが，「データの特殊文字を適切に ┌ e ┐ する」とあるので，空欄eにはサニタイジングが入りそうです。しかし，解答群にありません。ここで，サニタイジングするための1つの手法として，エスケープ処理があることを知っておきましょう。**エスケープ処理**とは，特殊文字を他の文字に置き換える（たとえば「'」を「"」に置き換える）といった処理を施すことで特殊文字としての効力をなくしてしまおうという手法です。したがって，**空欄eには〔ア〕のエスケープ**を入れればよいでしょう。

解答 （1）a：TLS　b：踏み台　c：ゼロデイ　（2）d：イ　e：ア

問題6　セキュリティインシデントへの対応　(H24春午後問9)

IDS（Intrusion Detection System：侵入検知システム）からアラートが発せられた際の対応を題材とした，セキュリティインシデントへの対応に関する問題です。
本問では，"脅威"に関する基本知識，IDSによる不正検知方法の基本的知識，さらにログに関するセキュリティ管理策などが問われます。問題文の分量が多いため一見厄介な問題のように感じますが，先入観は禁物です。問題文を丁寧に読み記述内容を整理することで，解答を導くことができます。

問　セキュリティインシデントへの対応に関する次の記述を読んで，設問1～4に答えよ。

E社では，外部から自社ネットワークへの不正アクセスなどの脅威に備えて，社内LANとインターネットとの接続ポイントにファイアウォールを設置している。それに加えて，よりセキュリティ強度を高めるために，ネットワーク型侵入検知システム（以下，IDSという）を図1のように設置した。

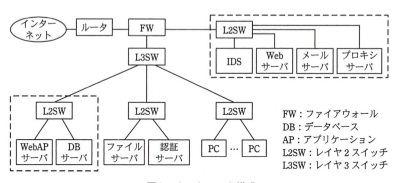

図1　ネットワーク構成

〔インシデントの発生〕

IDSの稼働開始の翌日，情報システム部セキュリティ担当のF主任が業務終了後に帰宅しようとしたところ，IDSからのアラートに気付いた。すぐに，上司であるG課長に連絡し，対応を開始した。しかし，情報システム部では，インシデント発生時に，どのような関係部署や社外の関係機関に連絡すればよいかを文書化しておらず，連絡に漏れと遅れが生じた。

1 情報セキュリティ

アラートへの対応はG課長とF主任が中心になって実施し，対応に必要な要員を確保するのに時間を要したが，結果的に大きな問題は生じなかった。今回の事態を重視した情報システム部のH部長は，インシデント発生から対応完了までの手順に問題がなかったかを検証するために，F主任が作成したインシデント報告書を精査するとともに，G課長やF主任など，当日対応に当たった関係者から詳しい状況を聴取した。

〔インシデント対応の整理〕

関係者から聴取した内容に基づいて，H部長は，今回のインシデントへの対応を，次の(1)〜(8)のように整理した。

(1) アラートの内容から，インターネット上の特定のサイトから自社のWebサーバに対するpingの発生頻度が高く，外部からの攻撃の疑いがあると判断した。その判断に基づいて，G課長とF主任が相談の上で，初動対応を次のように実施した。

　　まず，危機管理担当部署など，インシデントの発生を認識する必要のある自社の関連部署に連絡した。次に，対応手順を検討し，"発生した事実の確認"，"影響の内容と範囲の調査"，"インシデントの原因と発生要因の特定"，"対策の検討と実施"の順で行うことにした。

(2) 続いて，G課長は，アラートの内容から対応に必要となる要員を選定し，情報システム部のオペレーション室に参集するよう連絡を取ろうとした。しかし，全ての情報システムの機能やネットワーク構成，及びシステム間での機能やデータの連携関係が詳細に把握できていなかったので，要員選定に非常に手間取った。

(3) 必要な要員の参集後，G課長の指示の下で各要員が手分けして，次の(4)〜(8)の作業を進めた。

(4) アラートの発生状況や意味について事実を確認し，情報を整理した。また，インシデント発生時の状況を示す記録として，各サーバへのログイン状況，外部とのネットワーク通信状況，各サーバのプロセスの稼働状況に関する　a　をコピーした。

(5) 通常業務が終了した時間帯であったので，特段の連絡は行わずに，発生したインシデントとの関連が懸念されるネットワークセグメント（図1で，破線で囲った二つのセグメント）を，外部ネットワーク及び社内LANの他のセグメントから切断した。この点に関しては，残業をしていた部署から情報システム部の担当者にクレームがあった。

(6) インシデントによってもたらされた影響の有無とその内容・範囲を明確にするために，アラートに関連するログを調査し解析した。具体的には，サーバのシステムログからサーバへのログインやサーバ内のファイルへのアクセス状況を調査した。また，インシデントが検知されたネットワーク内の各サーバから外部に異常な通信が

75

ないかどうか，ファイアウォールとIDSのログを調査した。調査に当たっては，ログが　b　されたおそれがないかを事前に検証した。ログの解析作業において，各ログ間の前後関係がすぐには特定できず，作業に手間取った。

(7) ログの調査結果と各種設定値の確認結果に基づき，インシデントの原因と発生要因の特定を進めた。その際，IDSではアノマリー検知における　c　があり得ることを念頭においた。特定作業の結果，アラートが発せられた原因は，E社の取引先がE社のWebサーバとの通信における応答時間をpingコマンドを使って測定する際に，pingコマンドのオプション項目を誤って指定したことによって，pingが短時間に大量に発信されたことであったと判明した。

(8) インシデントの原因調査と並行して，社外の関係機関への連絡を準備するよう要員に指示したが，インターネット上の他サイトは連絡の対象外とした。これは，E社のサーバが　d　に利用されたおそれが低いと判断したからである。

　その後，インシデントの発生要因への対策，システムの復旧，再発防止策を実施した。

〔H部長の意見〕
　インシデント対応の経緯を整理したH部長は，G課長に次のような指摘をして，対応手順を見直すよう指示した。
(1) インシデント発生時の連絡体制の整備について
・今回関係者への連絡が遅れたという事実への反省から，インシデント発生時に連絡すべき社内各部署の責任者，及び外部の機関を一覧にして連絡先を記載し，それを関係者に配布する。
・インシデントの内容や発生場所に応じて，　e　し，連絡先とともに文書化する。
(2) 対応手順の整理について
・一部の部署には影響があったが，対応手順に大きな問題はなかった。しかし，対応手順をその場で検討するのではなく，インシデントの内容や発生場所ごとに手順をあらかじめ想定して，それを文書化しておくべきである。
・〔インシデント対応の整理〕の (5) については，今回の対応ではやむを得なかったが，セキュリティに関する攻撃を受けたおそれがあるなどの限定された状況以外では，ネットワークの切断を実施すべきではない。まず，対応手順の実施によってインシデントの影響範囲を拡大させないこととともに，インシデントの原因・影響の調査に必要となる記録を消滅させないことや業務へ影響を及ぼさないという，二次的損害の防止を考慮して対応手順を実施すべきである。また，実施に当

1 情報セキュリティ

1

情報セキュリティ

たっては，　f　を怠らないことも重要である。あわせて，意思決定プロセスや判断基準をあらかじめ制定しておくことも検討すべきである。

・今回の対応では，〔インシデント対応の整理〕の (6) のログの解析作業において，各ログ間の前後関係がすぐには特定できず，作業に手間取るという事象が発生した。①このための対策を実施すべきである。

設問1　本文中の　a　～　d　に入れる適切な字句を解答群の中から選び，記号で答えよ。

解答群

　ア　SQLインジェクション攻撃　　イ　改ざん　　ウ　誤検知
　エ　シグネチャ　　　　　　　　　　オ　盗聴　　　カ　踏み台
　キ　マッチング　　　　　　　　　　ク　ログ

設問2　本文中の　e　に入れる適切な字句を20字以内で答えよ。

設問3　本文中の　f　に入れる適切な字句を，〔**インシデント対応の整理**〕(5) で示された問題点を参考にして，30字以内で答えよ。

設問4　本文中の下線①について，最も適切な対策を解答群の中から選び，記号で答えよ。

解答群

　ア　NTPサーバをネットワーク内に設置して，各機器の時刻を同期させる。
　イ　SNMPを使って，機器の情報を収集する。
　ウ　ログ解析ツールを導入する。
　エ　ログのバックアップを，書換え不能な媒体に取得する。

解　説

設問1 の解説

　問われている空欄a～dは，〔インシデント対応の整理〕の記述中にあります。空欄の前後の記述をヒントに，解答群のどの字句を入れるのが適切なのかを考えていきましょう。

77

●空欄a

「インシデント発生時の状況を示す記録として，各サーバへのログイン状況，外部とのネットワーク通信状況，各サーバのプロセスの稼働状況に関する　a　をコピーした」とあるので，空欄aには，「インシデント発生時の状況を示す記録」に該当するものが入ります。解答群を見ると，これに該当するのは〔ク〕のログだけです。

●空欄b

〔インシデントの対応の整理〕(6) の冒頭から2行目に「アラートに関連するログを調査し解析した」とあり，空欄bを含む記述には「調査に当たっては，ログが　b　されたおそれがないかを事前に検証した」とあります。「～されたおそれ」という表現から，空欄bに入るのはログに対する"脅威"です。解答群の中でログに対する"脅威"に該当するのは，〔イ〕の改ざんと〔オ〕の盗聴の2つですが，本問において「ログを転送した（転送する）」といった記述はないため盗聴は該当しないと考えられます。

今回，調査対象となったログは，サーバのシステムログ，およびファイアウォールとIDSのログです。もし，攻撃者がサーバのシステムログから自身の痕跡を消すために，一部を改ざんしていたらどうでしょう。当然ではありますが，改ざんされたログからは，不正なログインやファイルへの不正アクセスを検知することはできません。したがって，ログを調査する前に，改ざんの有無を検証することは重要な意味をもちます。以上から，空欄bに入るのは〔イ〕の改ざんです。

> ## 参考　システムログの一元管理
>
> 複数のサーバがそれぞれに保持するシステムログを，ログサーバに一括して集めることで，ログの一元管理を実現する方法があります。各サーバのログを，ログサーバに転送しておくことは，"ログの一元管理"といった利点だけではなく，ログの改ざんに対しても有効です。攻撃者はサーバに侵入し，自身の痕跡を消すためにログの改ざんを行おうとしますが，ログはログサーバに転送されているため，改ざん行為は行えません。また，ログの転送にはUDPポート514番が用いられるため，ログサーバにおいてUDPポート514番に対するアクセス元を許可した対象サーバだけに絞り込むことで，よりセキュリティ強度を高めることができます。

●空欄c

「ログの調査結果と各種設定値の確認結果に基づき，インシデントの原因と発生要因の特定を進めた。その際，IDSではアノマリー検知における　c　があり得ることを

1 情報セキュリティ

念頭においた」とあります。

アノマリー検知とは，IDSによる不正検知方法の1つです。従来からあるシグネチャ型の検知方法とは異なり，アノマリー検知では，「正しい（正常な）もの」を定義し，それに反する（それ以外の）ものをすべて異常だと判断します。たとえば，正常な通信量（トラフィック量）を定義しておき，通信量がそれを超えた場合には，"異常"と判断します。正常と判断するしきい値の決め方には，あらかじめ決めておく方法と日常の通信の統計値により自動的に算出する方法がありますが，いずれの場合でも，たまたま通信量が多くしきい値を超えてしまった場合，正常ではない通信であると判断されてしまいます。つまり，アノマリー検知においては誤検知が発生し得るので，**空欄c**には〔**ウ**〕の**誤検知**が入ります。

参考　IDSによる不正検知方法

IDSによる不正検知方法は，大きく次の2つに分けられます。

- **●シグネチャ型**：シグネチャと呼ばれるデータベース化された既知の攻撃パターンと通信パケットとのパターンマッチングによって，不正なパケットがないかどうかを調べる方式です。この方式では，シグネチャに登録されていない新種の攻撃は検出できません。そのため，新種の攻撃手法が明らかになったら直ちに，これに対応したシグネチャを追加するなど，常にシグネチャを更新する必要があります。
- **●アノマリー型**："アノマリー"とは，「変則，例外，矛盾」といった意味です。「正しいものは変化しない」という考えのもと，「正しいもの」を定義し，それに反する通常ではあり得ないものはすべて異常だと判断する方式です。異常検知型とも呼ばれます。一般にこの方式では，未知の攻撃にも有効に機能するため，新種の攻撃も検出することができます。

〔補足〕

正しいものを正しくないと誤ってしまう**誤検知**（**フォールスポジティブ**：False Positive）に対し，正しくないものを検知できずに見逃してしまうことを**検知漏れ**（**フォールスネガティブ**：False Negative）といいます。

●空欄d

「社外の関係機関への連絡を準備するよう要員に指示したが，インターネット上の他サイトは連絡の対象外とした。これは，E社のサーバが d に利用されたおそれが低いと判断したからである」とあります。「〜に利用されたおそれ」という表現から，空欄dに入るのは，E社のサーバが悪用されインターネット上の他サイトに影響を与える"脅威"です。つまり，**空欄d**には〔**カ**〕の**踏み台**が入ります。

踏み台とは，標的としたサーバを攻撃する際に中継点として利用するサーバのことです。攻撃者は，踏み台のサーバを利用して間接的に標的サーバを攻撃するため，攻撃の発信元を隠蔽することができます。踏み台攻撃の典型的な例としては，NTPサーバを踏み台にしたNTP増幅攻撃，DNSの再帰的な問合せを使ったDNS amp攻撃などがあります（本問解答の後のp.82「参考」を参照）。

設問2 の解説

〔H部長の意見〕(1) インシデント発生時の連絡体制の整備についての設問です。H部長が指示した2つ目の内容（空欄e）が問われています。連絡体制の問題点に関しては，問題文の〔インシデント発生〕に，次の2点が記述されています。

①インシデント発生時に，どのような関係部署や社外の関係機関に連絡すればよいかを文書化しておらず，連絡に漏れと遅れが生じた。
②アラートへの対応はG課長とF主任が中心になって実施し，対応に必要な要員を確保するのに時間を要した。

H部長が指示した1つ目の内容は，「今回関係者への連絡が遅れたという事実への反省から，インシデント発生時に連絡すべき社内各部署の責任者，及び外部の機関を一覧にして連絡先を記載し，それを関係者に配布する」というもので，これは上記①の問題点に対する指示です。このことから，2つ目の「インシデントの内容や発生場所に応じて， e し，連絡先とともに文書化する」という指示は，上記②の問題点に対するものだと考えられます。

ここで，上記②の記述中にある「対応に必要な要員」をキーワードに問題文のどこに着目すべきかを探すと，〔インシデント対応の整理〕の(2)に，「アラートの内容から対応に必要となる要員を選定し，情報システム部のオペレーション室に参集するよう連絡を取ろうとした。しかし，(…途中省略…)，要員選定に非常に手間取った」とあります。つまり，対応に必要な要員を確保するのに時間を要したのは，インシデント

1　情報セキュリティ

が発生してから対応に必要となる要員を選定したためです。インシデントの内容や発生場所に応じて，対応に必要となる要員をあらかじめ選定し文書化しておけばこのような問題は発生しません。したがって，**空欄e**には「対応に必要となる要員をあらかじめ選定」と入れればよいでしょう。なお，試験センターでは解答例を**「招集すべき要員をあらかじめ選定」**としています。

設問3　**の解説**

〔H部長の意見〕(2) 対応手順の整理についての設問です。〔インシデント対応の整理〕の (5) について，H部長が指摘した内容 (空欄f) が問われています。

〔インシデント対応の整理〕の (5) には，「特段の連絡は行わずに，発生したインシデントとの関連が懸念されるネットワークセグメントを他のセグメントから切断したため，残業をしていた部署から情報システム部の担当者にクレームがあった」旨が記述されています。H部長はこれに対し，「セキュリティに関する攻撃を受けたおそれがあるなどの限定された状況以外では，ネットワークの切断を実施すべきではない」こと，また「対応手順の実施に当たっては，　　f　　を怠らないことも重要である」と意見しています。

「〜を怠らない」という表現から，H部長が問題視したのは，ネットワークを切断する際，関連部署への連絡を行わなかった (怠った) ことだと考えられます。H部長は，「対応手順の実施によって (…途中省略…)，業務へ影響を及ぼさないという，二次的損害の防止を考慮して対応手順を実施すべきである」と指摘しています。今回のように，事前連絡なしでネットワークが切断されてしまうと，WebアプリケーションやDB (データベース) の利用が，突然できなくなるわけですから業務への影響も大きくなります。つまり，「インシデント対応手順の実施に当たっては，それによって影響を受けるおそれのある関連部署への事前連絡を行うべき」というのがH部長の意見です。したがって，**空欄f**には「影響を受けるおそれのある関連部署への事前連絡」と入れればよいでしょう。なお，試験センターでは解答例を**「影響を受けるおそれのある部署への事前連絡」**としています。

設問4　**の解説**

下線①の直前に，「各ログ間の前後関係がすぐには特定できず，作業に手間取るという事象が発生した」とあり，これに対する実施すべき適切な対策が問われています。

各ログとは，サーバのシステムログ，およびファイアウォールとIDSのログのことです。一般に，複数のログを調査・解析する場合は，各ログに記録された時刻情報をもとに，各ログの内容を照合トレースしていきます。ログに記録される時刻は，各機器

がもつシステム時刻なので，この時刻が一致していない（ずれていた）場合は，ログ内容の前後関係の特定が難しく，調査・解析に手間取ります。そのため各機器のシステム時刻は常に一致させておく必要があり，それにはNTP（Network Time Protocol）サーバを利用します。したがって，実施すべき適切な対策は〔**ア**〕の「**NTPサーバをネットワーク内に設置して，各機器の時刻を同期させること**」です。

解 答

設問1　a：ク　b：イ　c：ウ　d：カ
設問2　e：招集すべき要員をあらかじめ選定
設問3　f：影響を受けるおそれのある部署への事前連絡
設問4　ア

参考 NTP増幅攻撃とDNS amp攻撃

　NTP増幅攻撃やDNS amp攻撃は，送信元からの問合せに対して反射的な応答を返すサーバを踏み台に利用することから**リフレクション攻撃**あるいは**リフレクタ攻撃**とも呼ばれます。リフレクションとは，"反射" という意味です。また，DNS ampの "amp" は"amplification（増幅，拡張）" という意味で，両攻撃とも，「小さな要求パケットを送るだけで，非常に大きな応答パケットを攻撃対象に送り付けることができる」という**増幅型**のDoS攻撃（あるいは増幅型のDDoS攻撃）です。それぞれの攻撃手口を確認しておきましょう。

●NTP増幅攻撃

　NTP増幅攻撃は，時刻同期に使われるNTP（Network Time Protocol）の弱点を突いた攻撃であり，インターネット上からの問い合わせが可能なNTPサーバが攻撃の踏み台として悪用されます。攻撃には，NTPサーバの状態を確認するコマンドであるntpdのmonlist機能が利用されます。**monlist**は，NTPサーバが過去にやり取りしたコンピュータのアドレスを要求するもので，これを受信したNTPサーバは，最大600件のアドレスを応答します。つまり，monlistの応答サイズは，要求に対して数十倍から数百倍といった非常に大きなサイズになるというわけです。

〔攻撃手順〕
　①攻撃対象のIPアドレスを搾取し，それを送信元IPアドレスに指定したmonlist要求をNTPサーバに送り付ける。

②NTPサーバは，詐称された送信元IPアドレス宛に大きなサイズの応答を送信する。

なお，NTPサーバがNTP増幅攻撃の踏み台にされることを防止するためには，「NTPサーバの状態確認機能（monlist）を無効にする」などの対策が必要です。

● DNS amp攻撃

DNS amp攻撃は，DNSの再帰的な問合せとDNSのキャッシュ機能を悪用した攻撃です。攻撃対象に対して，DNS問合せの何十倍も大きなサイズのDNS応答を送りつけ，サービス不能状態に陥れます。

DNSサーバには，ドメインの情報を保持し問い合わせに対して回答するDNSコンテンツサーバ（DNS権威サーバ）と，ドメイン情報を保持せず他のDNSサーバに問合せを行って，その結果を回答するDNSキャッシュサーバがあります。DNSキャッシュサーバは，得られた結果を一定期間キャッシュに保持し，同じ問合せにはキャッシュの情報を応答します。このDNSキャッシュサーバを踏み台として利用するのがDNS amp攻撃です。

〔ボットを使った攻撃手順〕
①攻撃者はまず，踏み台のDNSキャッシュサーバに，攻撃用の大きなリソースレコード（ドメイン情報のレコード）をキャッシュさせる。
②次に，攻撃対象のIPアドレスを送信元IPアドレスに指定したDNS問合せを，ボットから踏み台のDNSキャッシュサーバへ送信させる。
③踏み台となったDNSキャッシュサーバは，その応答としてキャッシュしたリソースレコードを搾取された送信元IPアドレス宛に送信する。

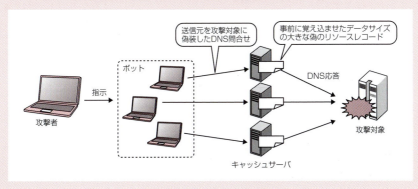

Try! (H22春午後問9抜粋)

本Try!問題は，DNSキャッシュサーバのキャッシュ機能を悪用した攻撃（DNSキャッシュポイズニング）に関する問題の一部です。挑戦してみましょう！

　M社は，ある製品の開発，販売を手掛ける企業であり，東京本社のほかに，大阪と福岡に営業所をもっている。自社のホームページは東京本社に設置したWebサーバW1で運営しており，自社製品のショッピングサイトは同じく東京本社に設置した別のWebサーバW2を使っている。M社のWebサーバW1，W2のホスト名の情報は，東京本社に設置したDNSサーバD1で管理している。東京本社はインターネットサービスプロバイダ（以下，ISPという）Xと，大阪営業所及び福岡営業所はISP Yと契約してインターネットに接続している。M社のネットワーク構成を図に示す。また，M社のPCに設定されているDNSサーバの情報を表に示す。

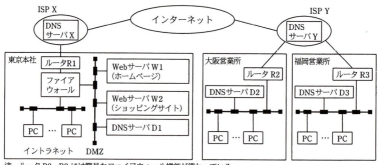

図　M社のネットワーク構成

表　M社のPCに設定されているDNSサーバの情報

PC	DNSサーバの情報
東京本社のPC	DNSサーバD1
大阪営業所のPC	DNSサーバD2
福岡営業所のPC	DNSサーバD3

　あるとき，掲載されている商品を確認するためにM社のショッピングサイトにアクセスしていた福岡営業所の社員Aさんから，①「ホームページのリンクをクリックしてショッピングサイトにアクセスしようとしたところ，いつも表示されるショッピングサイトとは違うサイトが表示された。」という報告が東京本社に入った。M社のネットワーク管理者

1 情報セキュリティ

Bさんが，東京本社と大阪営業所に在席する社員に指示し，各自のPCから，Aさんの報告と同様の手順でショッピングサイトにアクセスさせてみたところ，Aさんの報告のような状態にはならなかった。そこで，原因究明のためにセキュリティ対策会社であるN社に調査と対策の検討を依頼した。

しばらくした後，Aさんから②「再度同様の手順でアクセスしたところ，今度は正しいショッピングサイトが表示された。」という報告が入った。

調査を開始したN社の担当者Cさんは，東京本社に設置されているWebサーバW1，W2及びDNSサーバD1に改ざんの跡がないかを確認したが，コンテンツの異常や不正アクセスを示す証跡は発見されなかった。大阪営業所及び福岡営業所に設置されているPCのウイルスチェック結果やDNSサーバD2とD3の状態も確認したが，異常は発見されなかった。さらに，ISP X及びISP Yにインシデントの発生状況について問い合わせたが，当該期間での発生はないとの回答を受けた。

調査結果から，Cさんは"DNSキャッシュポイズニング"が今回の現象の原因だろうと判断した。Cさんが取りまとめた調査結果の概略は，次のとおりである。

〔調査結果の概略〕
・福岡営業所で発生した現象は，DNSキャッシュポイズニングが原因だと推定される。
・具体的には，　　a　　のDNSキャッシュに偽りの情報が一時的に埋め込まれていたので，Aさんからの報告の現象が発生した。
・DNSキャッシュポイズニングの攻撃手法は各種あるが，今回のものは2008年に公表されたカミンスキー・アタックである可能性が考えられる。
・　　a　　のDNSソフトウェアのバージョンが古いので，早急にカミンスキー・アタック対策を施した最新版を導入するべきである。
・DNSキャッシュポイズニングへの根本的な対応策としては，DNSサーバからの応答に公開鍵暗号方式で署名する　　b　　の導入が望まれるが，利用可能になるまでしばらく時間が必要である。現時点では，東京本社，大阪営業所，福岡営業所のPCが参照するDNSサーバに偽りの情報が埋め込まれる可能性を低減する工夫をするべきである。

(1) 本文中の下線①のようにして，目的とは異なるWebサイトに誘導されて，その結果個人情報などを盗まれてしまう脅威の名称を解答群の中から選び，記号で答えよ。
   解答群
   ア　改ざん　　　　　　イ　ソーシャルエンジニアリング　　　ウ　盗聴
   エ　フィッシング　　　オ　不正侵入

(2) 下線①の状態から②の状態に変化した理由を，20字以内で述べよ。

(3) 本文中の　　a　　に入れる適切な字句を図中から選び，その名称を答えよ。

(4) 本文中の　　b　　に入れる適切な字句を解答群の中から選び，記号で答えよ。
   解答群
   ア　DNSSEC　　イ　IPSEC　　ウ　PKI　　エ　SSH　　オ　SSL

85

解説

(1) 目的とは異なるWebサイトに誘導されて，その結果個人情報などを盗まれてしまう脅威のことを〔エ〕の**フィッシング**といいます。

(2) **DNSキャッシュポイズニング**（カミンスキー・アタック）は，DNSサーバ（DNSキャッシュサーバ）がもつキャッシュ機能を悪用した攻撃です。DNSサーバは，問合せ処理で得たドメイン情報（ドメイン名とIPアドレス）を一時的にキャッシュしておき，同じ問合せがあった場合は，キャッシュとして保持している情報をクライアントに返答します。これを悪用し，DNSキャッシュに偽のドメイン情報を一時的に覚え込ませることで，DNSサーバに偽の情報を提供させ，利用者を偽装されたWebサーバに誘導するという仕組みです。しかし，キャッシュ情報には有効期限があり，期限がくればキャッシュ情報はクリアされます。つまり，①の状態から②の状態に変化したのは**キャッシュの有効期限がきれたから**です。

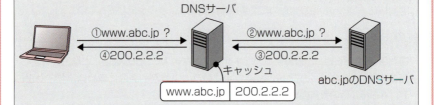

(3) 偽りの情報が一時的に埋め込まれたDNSサーバが問われています。Aさんが在席するのは福岡営業所です。東京本社と大阪営業所に在席する社員が，各自のPCから，Aさんの報告と同様の手順でショッピングサイトにアクセスしても，Aさんの報告のような状態にはならなかったことから，偽りの情報が一時的に埋め込まれたDNSサーバは，**DNSサーバD3**（空欄a）です。

(4) DNSキャッシュポイズニングへの根本的な対応策が問われています。「DNSサーバからの応答に公開鍵暗号方式で署名する　b　の導入が望まれる」という表現から，**空欄b**には〔ア〕の**DNSSEC**が入ります。DNSSEC（DNS Security Extensions）とは，ドメイン情報にディジタル署名を付加することで，正当な管理者によって生成された応答レコードであること，さらに応答レコードが改ざんされていないことを保証するための拡張仕様です。

〔補足〕
　DNSキャッシュポイズニングに対しては，DNS問合せに使用するDNSヘッダ内のIDを固定せずにランダムに変更するのも有効です。キャッシュサーバは，問合せメッセージ内に指定したIDとDNS応答メッセージ内のIDとが一致したものを応答メッセージとして処理するので，このIDをランダムに変更すれば攻撃者はIDを推測しにくくなります。

解答　（1）エ　　　　　　　　（2）キャッシュの有効期限がきれたから
　　　　　（3）a：DNSサーバD3　（4）b：ア

1 情報セキュリティ

問題7　マルウェア対策　(H29春午後問1)

マルウェア対策を題材にした問題です。本問では，標的型攻撃の現状と対策，プロキシサーバとPCでの対策，ログ検査，そしてインシデントへの対応体制に関する知識が問われます。ただし，午前知識で解答できる設問もあり，難易度はそれほど高くありません。問題文の記述を適切に読み取り，落ち着いて解答しましょう。

問 マルウェア対策に関する次の記述を読んで，設問1～5に答えよ。

　T社は，社員60名の電子機器の設計開発会社であり，技術力と実績によって顧客の信頼を得ている。社内のサーバには，設計資料や調査研究資料など，営業秘密情報を含む資料が多数保管されている。

　T社の社員は，社内LANのPCからインターネット上のWebサイトにアクセスして，情報収集を日常的に行っている。ファイアウォール（以下，FWという）には，業務上必要となる最少の通信だけを許可するパケットフィルタリングルールが設定されており，社内LANからのインターネットアクセスは，DMZのプロキシサーバ経由だけが許可されている。T社の現在のLAN構成を図1に示す。

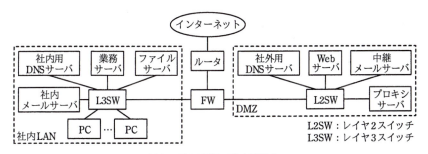

図1　T社の現在のLAN構成

　T社では，マルウェアの感染を防ぐために，PCとサーバでウイルス対策ソフトを稼働させ，情報セキュリティ運用規程にのっとり，最新のウイルス定義ファイルとセキュリティパッチを適用している。

〔マルウェア対策の見直し〕

　最近，秘密情報の流出など，情報セキュリティを損ねる予期しない事象（以下，インシデントという）による被害に関する報道が多くなっている。この状況に危機感を抱い

たシステム課のM課長は，運用担当のS君に，情報セキュリティ関連のコンサルティングを委託しているY氏の支援を受けて，マルウェア対策を見直すよう指示した。

　S君から相談を受けたY氏がT社の対策状況を調査したところ，マルウェアの活動を抑止する対策が十分でないことが分かった。Y氏はS君に，特定の企業や組織内の情報を狙ったサイバー攻撃（以下，標的型攻撃という）の現状と，T社が実施すべき対策について説明した。Y氏が説明した内容を次に示す。

〔標的型攻撃の現状と対策〕

　最近，標的型攻撃の一つである　a　攻撃が増加している。　a　攻撃は，攻撃者が，攻撃対象の企業や組織が日常的に利用するWebサイトの　b　を改ざんし，WebサイトにアクセスしたPCをマルウェアに感染させるものである。これを回避するには，WebブラウザやOSのセキュリティパッチを更新して，最新の状態に保つことが重要である。しかし，ゼロデイ攻撃が行われた場合は，マルウェアの感染を防止できない。

　マルウェアは，PCに侵入すると，攻撃者がマルウェアの遠隔操作に利用するサーバ（以下，攻撃サーバという）との間の通信路を確立した後，企業や組織内のサーバへの侵入を試みることが多い。サーバに侵入したマルウェアは，攻撃サーバから送られる攻撃者の指示を受け，サーバに保管された情報の窃取，破壊などを行うことがある。①マルウェアと攻撃サーバの間の通信（以下，バックドア通信という）は，HTTPで行われることが多いので，マルウェアの活動を発見するのは容易ではない。

　Y氏は，このようなマルウェアの活動を抑止するために，次の3点の対応策をS君に提案した。

・DMZに設置されているプロキシサーバとPCでの対策の実施
・ログ検査の実施
・インシデントへの対応体制の構築

〔DMZに設置されているプロキシサーバとPCでの対策の実施〕

　S君は，プロキシサーバとPCで，次の3点の対策を行うことにした。

・プロキシサーバで，遮断するWebサイトをT社が独自に設定できる　c　機能を新たに稼働させる。
・プロキシサーバで利用者認証を行い，攻撃サーバとの通信路の確立を困難にする。
・プロキシサーバでの利用者認証時に，②PCの利用者が入力した認証情報がマルウェアによって悪用されるのを防ぐための設定を，Webブラウザに行う。

1 情報セキュリティ

〔ログ検査の実施〕

S君は，ログ検査について検討し，次の対策と運用を行うことにした。

プロキシサーバは，社内LANのPCとサーバが社外のWebサーバとの間で通信した内容をログに記録している。業務サーバ，ファイルサーバ，FWなどの機器も，ログインや操作履歴をログに記録しているので，プロキシサーバだけでなく他の機器のログも併せて検査する。③ログ検査では，複数の機器のログに記録された事象の関連性も含めて調査することから，DMZにNTP（Network Time Protocol）サーバを新規に導入し，ログ検査を行う機器でNTPクライアントを稼働させる。導入するNTPサーバは，外部の信用できるサーバから時刻を取得する。NTPサーバの導入に伴って，表1に示すパケットフィルタリングルールをFWに追加する。

表1　FWに追加するパケットフィルタリングルール

項番	送信元	宛先	サービス	動作
1	d 　 のNTPサーバ	e 　 のNTPサーバ	NTP	許可
2	社内LANのサーバ	d 　 のNTPサーバ	NTP	許可

注記　FWは，最初に受信して通過させるパケットの設定を行えば，応答パケットの通過を自動的に許可する機能をもつ。

ログ検査では，次の2点を重点的に行う。

・プロキシサーバでの利用者認証の試行が，短時間に大量に繰り返されていないかどうかを調べる。この検査によって，マルウェアによるサーバへの　f　攻撃が行われた可能性があることを発見できる。

・セキュリティベンダやセキュリティ研究調査機関が公開した，バックドア通信の特徴に関する情報を基に，プロキシサーバのログに記録された通信内容を調べる。この検査によって，バックドア通信の痕跡を発見できることが多い。

〔インシデントへの対応体制の構築〕

S君は，④インシデントによる情報セキュリティ被害の発生，拡大及び再発を最少化するために社内に構築すべき対応体制についてまとめた。

以上の検討を基に，S君は，マルウェア対策の改善案をまとめてM課長に報告した。改善案は承認され，実施に移すことになった。

設問1 本文中の a 〜 c , f に入れる適切な字句を解答群の中から選び, 記号で答えよ。

解答群

ア DDoS	イ IPアドレス	ウ URLフィルタリング
エ Webページ	オ キーワードフィルタリング	カ 総当たり
キ フィッシング	ク 水飲み場型	ケ レインボー

設問2 本文中の下線①の理由について, 最も適切なものを解答群の中から選び, 記号で答えよ。

解答群

　　ア　バックドア通信の通信相手を特定する情報は, ログに記録されないから

　　イ　バックドア通信の通信プロトコルは, 特殊なので解析できないから

　　ウ　バックドア通信は大量に行われるので, ログを保存しきれないから

　　エ　バックドア通信は通常のWebサーバとの通信と区別できないから

設問3 本文中の下線②の設定内容を, 25字以内で述べよ。

設問4 〔ログ検査の実施〕について, (1), (2)に答えよ。

(1) 本文中の下線③について, NTPを稼働させなかったときに発生するおそれがある問題を, 35字以内で述べよ。

(2) 表1中の d , e に入れる適切な字句を, 図1中の名称で答えよ。

設問5 本文中の下線④の対応体制について, 適切なものを解答群の中から二つ選び, 記号で答えよ。

解答群

　　ア　インシデント発見者がインシデントの内容を報告する窓口の設置

　　イ　原因究明から問題解決までを社外に頼らず独自に行う体制の構築

　　ウ　社員向けの情報セキュリティ教育及び啓発活動を行う体制の構築

　　エ　情報セキュリティ被害発生後の事後対応に特化した体制の構築

　　オ　発生したインシデントの情報を社内外に漏らさない管理体制の構築

1 情報セキュリティ

解　説

1

情報セキュリティ

設問1 の解説

●空欄a，b

問われている空欄a，bは，〔標的型攻撃の現状と対策〕の次の記述中にあります。

　最近，標的型攻撃の一つである　a　攻撃が増加している。　a　攻撃は，攻撃者が，攻撃対象の企業や組織が日常的に利用するWebサイトの　b　を改ざんし，WebサイトにアクセスしたPCをマルウェアに感染させるものである。

　空欄aは，「標的型攻撃の一つ」であること，そして「攻撃対象の企業や組織が日常的に利用するWebサイトを悪用する」ことから水飲み場型と呼ばれる攻撃です。"水飲み場型"という名称は，肉食動物がサバンナの水飲み場（池など）で獲物を待ち伏せし，獲物が水を飲みに現れたところを狙い撃ちにする行動から名付けられた攻撃名です。水飲み場型攻撃では，標的組織の従業員が頻繁にアクセスするWebサイトを改ざんし，標的組織の従業員がアクセスしたときだけウイルスなどのマルウェアを送り込んでPCに感染させます（標的組織以外からのアクセス時には何もしません）。

　以上から，**空欄a**は〔**ク**〕の**水飲み場型**です。また**空欄b**は，Webサイトの具体的な改ざん対象なので，〔**エ**〕の**Webページ**を入れればよいでしょう。

●空欄c

　「遮断するWebサイトをT社が独自に設定できる　c　機能」とあるので，空欄cには，閲覧を遮断するWebサイトの設定ができる機能が入ります。一般に，この機能はURLフィルタリング，あるいはWebフィルタリングと呼ばれ，不適切な（危ない）Webサイトにアクセスしようとした際に，自動的に閲覧を遮断するという機能です。したがって，**空欄c**には〔**ウ**〕の**URLフィルタリング**が入ります。

参考　URLフィルタリングの種類

- **ホワイトリスト方式**：アクセスを許可するWebサイトの一覧を登録しておき，登録されたWebサイト以外へのアクセスを一切禁止する。
- **ブラックリスト方式**：アクセスを許可しないWebサイトの一覧を登録しておき，登録されたWebサイトへのアクセスを一切禁止する。

91

●空欄f

「この検査によって，マルウェアによるサーバへの　f　攻撃が行われた可能性があることを発見できる」とあり，空欄fに入れる攻撃名が問われています。前文にある「利用者認証の試行が，短時間に大量に繰り返されていないかどうかを調べる」との記述をヒントに考えると，**空欄f**の攻撃は，利用者認証（ログイン）の試行を短時間に大量に試みる〔**カ**〕の**総当たり**攻撃です。総当たり攻撃とは，文字を組み合わせてあらゆるパスワードでログインを何度も試みるといった攻撃で，ブルートフォース攻撃とも呼ばれます。

設問2 の解説

下線①には「マルウェアと攻撃サーバの間の通信（以下，バックドア通信という）は，HTTPで行われることが多いので，マルウェアの活動を発見するのは容易ではない」とあり，その理由が問われています。

ポイントは，「バックドア通信はHTTPで行われることが多い」との記述です。HTTPは，通常，WebブラウザとWebサーバとの通信で使用されるプロトコルです。そのため，バックドア通信がHTTPで行われた場合，通常のHTTP通信なのか，バックドア通信なのかの区別が難しくなります。したがって，下線①の理由としては，〔**エ**〕の「**バックドア通信は通常のWebサーバとの通信と区別できないから**」が適切です。

設問3 の解説

下線②には「PCの利用者が入力した認証情報がマルウェアによって悪用されるのを防ぐための設定を，Webブラウザに行う」とあり，ここではその設定内容が問われています。

下線②が含まれる項目の1つ前の項目に，「プロキシサーバで利用者認証を行い，攻撃サーバとの通信路の確立を困難にする」とありますが，これは，PC（Webブラウザ）からプロキシサーバ経由でインターネットへアクセスしたとき，プロキシサーバによる利用者認証を行えば，マルウェアはこの利用者認証を突破できず，攻撃サーバとの通信（バックドア通信）が困難になるという意味です。

しかし，PCの利用者が入力した認証情報（利用者IDとパスワード）をマルウェアが搾取できたとすると，マルウェアはこれを悪用して利用者認証を突破してしまいます。では，PCの利用者が入力した認証情報をどのように（どこから）搾取するのでしょう？「悪用されるのを防ぐための設定をWebブラウザに行う」ことをヒントに考えると，怪しいのはWebブラウザによって保存されている認証情報です。一般のWebブラウザには，一度入力した内容を保存しておき，次に入力する際に入力候補として画面に表示

1 情報セキュリティ

してくれるといったオートコンプリート機能があります。この機能を有効にしておくと、認証情報がWebブラウザによって保存され、マルウェアに読み出されてしまう可能性があります。したがって、マルウェアによる悪用を防ぐためには、このオートコンプリート機能を無効にします。以上、解答としては「Webブラウザのオートコンプリート機能を無効にする」とすればよいでしょう。なお、試験センターでは解答例を「**オートコンプリート機能を無効にする**」としています。

設問4 の解説

(1) 下線③について、NTPを稼働させなかったとき、どのような問題が発生するおそれがあるのかが問われています。下線③は、次の記述中にあります。

> ③ログ検査では、複数の機器のログに記録された事象の関連性も含めて調査することから、DMZにNTP（Network Time Protocol）サーバを新規に導入し、ログ検査を行う機器でNTPクライアントを稼働させる。

　複数の機器のログに記録された事象を調査する場合、各ログに記録された時刻情報をもとに、各ログの内容を照合トレースしていく必要があります。しかし、ログに記録される時刻は、各機器がもつシステム時刻なので、この時刻が一致していなければ各ログに記録された事象の前後関係の把握が難しく、調査に手間がかかったり、事象の前後関係が正しく調査できません。そこで、各機器のシステム時刻を同期させるためにNTPを利用します。つまり、NTPを稼働させる目的は、各機器のシステム時刻を同期させるためであり、NTPを稼働させなかった場合、各機器のログに記録された事象の前後関係の把握が困難になります。

　以上、解答としては、この旨を35字以内にまとめればよいでしょう。なお、試験センターでは解答例を「**各機器のログに記録された事象の時系列の把握が困難になる**」としています。

(2) 表1「FWに追加するパケットフィルタリングルール」の空欄d、eに入る字句が問われています。下記に示したポイントを参考に考えていきましょう。

> ・DMZにNTPサーバを新規に導入する。
> ・導入するNTPサーバは、外部の信用できるサーバから時刻を取得する。
> ・ログ検査を行う機器でNTPクライアントを稼働させる。
> ・ログ検査を行う機器は、プロキシサーバ、業務サーバ、ファイルサーバ、FWなどである。

93

表1の項番2を見ると，送信元が社内LANのサーバになっています。また図1を見ると，社内LANには，ログ検査を行う業務サーバやファイルサーバなどが設置されています。このことから，これらのサーバからDMZ内に導入されるNTPサーバへの通信を許可する（通過させる）ためのフィルタリングルールが必要になることがわかります。したがって，**空欄d**は**DMZ**です。

項番1は，DMZ（空欄d）のNTPサーバから空欄eのNTPサーバへの通信を許可するためのフィルタリングルールです。NTPサーバは，外部の信用できるサーバから時刻を取得するわけですから，**空欄e**は**インターネット**です。

設問5 の解説

下線④の「インシデントによる情報セキュリティ被害の発生，拡大及び再発を最少化するために社内に構築すべき対応体制」について，適切なものが問われています。解答群の記述を順に見ていきましょう。

ア：「インシデント発見者がインシデントの内容を報告する窓口の設置」は，インシデント対応として必要不可欠です。したがって，対応体制として適切です。

イ：原因究明から問題解決まで，自社だけでは対応できない場合も考えられます。その場合は，外部の専門機関などの支援を受けて迅速かつ適切なインシデント対応を行う必要があるので，対応体制として適切とはいえません。

ウ：インシデント対応を適切に行うためには，「社員向けの情報セキュリティ教育及び啓発活動」が有効です。したがって，対応体制として適切です。

エ：情報セキュリティ被害発生後の事後対応だけでなく，事前対応も必要です。したがって，対応体制として適切とはいえません。

オ：発生したインシデントの情報を，場合によっては，ステークホルダに公開する必要があるので，対応体制として適切とはいえません。

以上，対応体制として適切なのは〔**ア**〕と〔**ウ**〕です。

解答

設問1 a：ク　　b：エ　　c：ウ　　f：カ

設問2 エ

設問3 オートコンプリート機能を無効にする

設問4 (1) 各機器のログに記録された事象の時系列の把握が困難になる
　　　　 (2) d：DMZ　　　e：インターネット

設問5 ア，ウ

第2章
ストラテジ系

ストラテジ系に関する問題は,午後試験の**問2**に出題されます。選択解答問題です。

出題範囲

- ●経営戦略に関すること
  マーケティング,経営分析,事業戦略・企業戦略,コーポレートファイナンス・事業価値評価,事業継続計画(BCP),会計・財務,リーダシップ論 など
- ●情報戦略に関すること
  ビジネスモデル,製品戦略,組織運営,アウトソーシング戦略,情報業界の動向,情報技術の動向,国際標準化の動向 など
- ●戦略立案・コンサルティングの技法に関すること
  ロジカルシンキング,プレゼンテーション技法,バランススコアカード・SWOT分析 など

2 ストラテジ系

基本知識の整理

学習ナビ　ストラテジ系分野の問題は、「経営戦略に関すること」、「情報戦略に関すること」、「戦略立案・コンサルティングの技法に関すること」の3つの分野から出題されますが、それぞれ単独ではなく複合・総合的な問題が多いため、本章ではこれら3つの分野をまとめて扱っています。

〔学習項目〕　　　　　　　　　　　　　　　　　　　　　チェック
① 経営分析　　　　　　　　　　　　　　　　　　　　　☑
② 押さえておきたい用語　　　　　　　　　　　　　　　☑

①経営分析

経営分析とは、貸借対照表、損益計算書およびキャッシュフロー計算書などの財務諸表を基に、さまざまな指標を用いて企業の内容と状態を把握していくことをいいます。

●主な財務諸表

貸借対照表は、決算日などの一定時点における企業の資産、負債および純資産を表示し、企業の財政状態を明らかにする財務諸表です（次ページ図を参照）。右側の貸方の欄（負債、純資産）は、企業がどのように資金を調達したかを示し、左側の借方の欄（資産）は、それをどのような形で保有しているかを示したもので、「資産＝負債＋純資産」という関係が成り立ちます。

損益計算書は、一定期間における企業の収益と費用の状態を表す財務諸表です。損益計算書には、売上高からさまざまな費用を引いた利益（売上総利益、営業利益、経常利益など）が記載されます。

参照
p135

キャッシュフロー計算書は、一会計期間における現金および現金同等物の流れ（収入、支出）を営業活動、投資活動、財務活動の3区分に分けて示した財務諸表です。

●貸借対照表の構成

 重要

借方	貸方
流動資産 （現金，預金，有価証券，売掛金，棚卸資産など）	流動負債 （買掛金，短期借入金など） 固定負債 （社債，長期借入金など）
固定資産 （有形固定資産，無形固定資産，投資その他の資産）	負債合計
	株主資本 （資本金，資本剰余金，利益剰余金など） ｝自己資本
	純資産合計
資産合計	負債・純資産合計

借方の資産合計＝総資産／貸方の負債・純資産合計＝総資本

●売上高の要素分解と利益

売上高からさまざまな費用が差し引かれて利益となります。売上高の要素分解と利益は，次のとおりです。

- 売上総利益（粗利益）＝売上高－売上原価
- 営業利益＝売上総利益－販売費・一般管理費
- 経常利益＝営業利益－営業外損益
- 税引前当期純利益＝経常利益－特別損益
- 当期純利益＝税引前当期純利益－法人税など

●経営分析指標

重要

	指標	内容
収益性分析	総資本経常利益率	（経常利益÷総資本）×100％ →投下した資本がどれだけ利益を上げたかを表す
	総資本回転率	売上高÷総資本（回） →資産が一定期間に何回回転したかを表す。総資産に占める不良資産の存在度がわかる
	売上高経常利益率	（経常利益÷売上高）×100％ →総合的な期間利益の利益効率を表す
	自己資本利益率（ROE）	（当期純利益÷自己資本）×100％
	総資産利益率（ROA）	（当期純利益÷総資産）×100％
安全性分析	自己資本比率	（自己資本÷総資本）×100％ →資本構成から見た企業の安全性を表す
	流動比率	（流動資産÷流動負債）×100％ →短期の負債に対する企業の支払能力を表す
	固定比率	（固定資産÷自己資本）×100％

②押さえておきたい用語

経営戦略・マーケティングに関する用語を次の表にまとめました。確認しておきましょう。

アンゾフの成長マトリクス	事業の成長戦略を，製品（既存・新規）と市場（既存・新規）の2軸を用いて，「市場浸透，市場開拓，製品開発，多角化」の4象限のマトリックスに分類し，事業の方向性を分析・検討する 〔多角化戦略〕 ・**水平型多角化戦略**：既存市場と類似の市場を対象に，新しい製品を投入する。たとえば，自動車メーカがオートバイ事業も手掛ける事例などが該当 ・**垂直型多角化戦略**：メーカ，サプライヤ，流通事業者などからなるバリューネットワークの上流あるいは下流の分野に向けて事業を展開する。たとえば，製鉄メーカが鉄鉱石採掘会社の買収・合併（M&A）を行い事業を広げる事例などが該当
ファイブフォース分析	5つの外部要因「新規参入の脅威，代替品の脅威，売り手の交渉力，買い手の交渉力，競争業者間の敵対関係」から企業を取り巻く競争環境を分析する手法。業界の競争状態を分析することによって，その業界の収益性や成長性，魅力の度合いを測定する
PEST分析	企業を取り巻くマクロな外部環境「政治(Politics)，経済(Economy)，社会(Society)，技術(Technology)」を分析する手法。経営戦略の策定や事業計画の立案に際し，PEST分析を行い，ビジネスを規制する法律や，景気動向，流行の推移，新技術の状況など把握する
SWOT分析	自社の経営資源（商品力，技術力，販売力，財務，人材など）に起因する事項を「強み」と「弱み」に，また経営環境（市場や経済状況，新製品や新規参入，国の政策など）から自社が受ける影響を「機会」と「脅威」に分類することで，自社の置かれている状況を分析・評価する

	強み (Strengths)	弱み (Weaknesses)
内部要因	強み (Strengths)	弱み (Weaknesses)
外部要因	機会 (Opportunities)	脅威 (Threats)

プロダクトポートフォリオマネジメント（PPM）

市場成長率を縦軸に，相対的市場占有率を横軸にとり，現在の自社の事業や製品・サービスがどこに位置するかを分析・評価し，経営資源配分の優先順位とそのバランスの最適化を図る

花形／問題児／金のなる木／負け犬（市場成長率・相対的市場占有率）
- 事業A，事業C，事業D，事業B，事業E

- 花形：現在，大きな資金の流入をもたらしてはいるが，市場の成長に合わせた継続的な投資も必要
- 問題児：資金投下を行えば将来の資金源になる期待がもてる
- 金のなる木：大きな追加投資の必要がなく，現在，企業の主たる資金源の役割を果たしている
- 負け犬：資金投下の必要性は低く，将来的には撤退の対象となる

2 | ストラテジ系

バランススコアカード（BSC）	戦略目標設定・実行評価のための代表的な手法。企業活動を「財務，顧客，内部ビジネスプロセス，学習と成長」という4つの視点で捉え，相互の適切な関係を考慮しながら4つの視点それぞれについて，達成すべき具体的な目標およびその目標を実現する施策（行動）を策定し，その達成度を定期的に評価していくことで経営戦略の実現を目指す

視点	戦略目標 （KGI）	重要成功要因 （CSF）	業績評価指標 （KPI）	アクション プラン
財務	利益率向上	既存顧客の契約高の維持及び向上	・当期純利益率 ・保有契約高	効率の良い営業活動
顧客	戦略目標を達成するために必要な具体的要因	設定したKGI・CSFをどうやって評価するか		戦略目標達成のためにどんな行動をおこすか
内部ビジネスプロセス				
学習と成長				

バリューチェーン分析	企業の事業活動を購買，製造，出荷物流，販売などの5つの主活動と，主活動を支援する調達活動，技術開発，人事管理などの4つの支援活動に分け，個々の活動が生み出す価値とそれに要するコストを把握することによって，企業が提供する製品やサービスの利益がどの活動で生み出されているかを分析する

AIDMAモデル	消費者が商品を知ってから，その商品を実際に購入するまでの心理状態が「認知・注意（Attention）→関心（Interest）→欲求（Desire）→記憶（Memory）→行動（Action）」の順で推移するという消費者行動モデル。消費者の心理段階に応じたコミュニケーション戦略を立てるときなどに使用される。なお，商品を認知した消費者のうち初回購入に至る消費者の割合を**コンバージョン率**といい，商品を購入した消費者のうち固定客となる消費者の割合を**リテンション率**という

RFM分析	顧客の購買行動を分析する手法の1つ。"Recency（最終購買日）"，"Frequency（購買頻度）"，"Monetary（累計購買金額）"の3つの指標から顧客のセグメンテーションを行い，セグメント別に最も適したマーケティング施策を講じることで優良固定顧客の維持・拡大や，マーケティングコストの削減を図る

STP戦略	マーケティング戦略の基本的なフレームワーク。「セグメンテーション（S）→ターゲティング（T）→ポジショニング（P）」の3つのプロセスを踏むことで，誰に何を（どのような価値を）販売・提供するのか明確にする ①**セグメンテーション**（Segmentation）：市場の細分化 　市場を，ある基準によって同質的なニーズや類似した購買傾向をもつセグメントに細分化する。細分化する際の基準（セグメンテーション変数）には，次の4つがある。 　・地理的変数（地域，都市規模，人口密度，気候など） 　・人口統計的変数（年齢，性別，家族構成，所得，職業など） 　・心理的変数（社会階層，ライフスタイル，性格・個性など） 　・行動的変数（購買契機，購買頻度，追求便益など） ②**ターゲティング**（Targetting）：ターゲット市場の選定 　細分化されたマーケットセグメントのうち，自社としてどのセグメントに狙いを定めるか，ターゲットセグメントを決める ③**ポジショニング**（Positioning）：自社の位置付けの確認 　ターゲットセグメントにおいて，競合他社と自社の位置関係を把握し，自社の商品やサービスをどのように顧客の頭（心）の中に位置づけるのかコンセプトを明確化し，自らのポジションを確立する

問題 1 ▶ 事業戦略の策定

(H30春午後問2)

> 加工食品・生鮮食品を主体としたスーパーマーケットチェーンの中期事業戦略の策定を題材とした問題です。本問では，クロスSWOT分析，ポジショニング分析に関する知識，および事業施策の策定能力が問われます。

問 事業戦略の策定に関する次の記述を読んで，設問1～3に答えよ。

　G社は，郊外及び駅前に，加工食品・生鮮食品を主体としたスーパーマーケットチェーンを展開している，中規模の企業である。これまでのターゲット顧客は，郊外の住宅地にある中規模な店舗の場合は，近隣に居住している主婦であり，住宅地と商業地とが混在した地域にある駅前の小規模な店舗の場合は，住宅地の主婦と通勤者である。

　G社は，近年，売上高，利益率とも伸び悩んできたことから，昨年，既存の店舗（以下，実店舗という）の周囲5km圏内に居住する共働き者・単身者をターゲット顧客として取り込もうと，インターネット店舗（以下，ネット店舗という）での販売を開始した。ネット店舗では，実店舗で扱っている商品を対象に，受注は受付センタで行い，梱包と配送の手配は，実店舗で行っている。

　今年度，G社の経営企画部では，売上高，利益率を増加するために，実店舗とネット店舗の活性化を柱とする，新たな中期事業戦略を策定することになった。そこで，経営企画部のH部長は，I課長に対して，G社の内部環境と外部環境を整理した上で，中期事業戦略案を作成するよう指示した。

〔内部環境と外部環境の整理〕

　I課長は，内部環境と外部環境を調査し，次のとおり整理した。

（1）内部環境

　（i）実店舗の状況

- ・営業時間は，8時から19時までである。
- ・価格が安く，価格以外にはこだわりがない顧客向けの食品（以下，低付加価値食品という）の販売が主体であり，店舗の規模を考慮した品ぞろえとなっている。
- ・価格が高くても購入してもらえる，品質にこだわりがある顧客向けの食品（以下，高付加価値食品という）は，少量の販売とはいえ，顧客には好評である。
- ・丁寧な接客と，商品が見つけやすく明るい雰囲気を特徴とする店舗が，スーパーマーケットチェーンのブランドとして定着してきた。

100

2 │ ストラテジ系

- 会員制度を運営しており，実店舗で会員登録した顧客には，実店舗用の顧客ID の入ったポイントカードを発行して，商品購入時に所定のポイントを付与している。

（ⅱ）ネット店舗の状況
- 販売は，少量にとどまっている。
- ネット店舗利用のため，インターネットで会員登録した顧客には，ネット店舗用の顧客IDを割り振り，商品購入時に所定のポイントを付与している。

（ⅲ）購入者及びポイント利用の状況
- 郊外の実店舗では，近隣に居住する主婦への売上が80%を占めている。
- 駅前の実店舗では，住宅地の主婦への売上が40%，通勤者への売上が40%を占めている。
- ネット店舗では，共働き者への売上が60%，単身者への売上が20%を占めている。
- 実店舗とネット店舗のポイントを相互に利用することはできない。

（ⅳ）社内の情報システムの状況
- 顧客情報は，実店舗とネット店舗での共用は行わず，個々の顧客管理システムで，それぞれの顧客IDを用いて管理し，購入額を集計している。

（2）外部環境
（ⅰ）スーパーマーケット市場の状況
- 実店舗のスーパーマーケットの市場規模は，インターネット通販の台頭などの影響で縮小傾向にある。
- スーパーマーケット業界では，価格競争が激化している。

（ⅱ）顧客の購入状況
- 主婦には，安全性が高い自然食品などの高付加価値食品が人気になっている。
- 通勤者には，価格の高さにもかかわらず，海外から仕入れたブランド物の酒類などの高付加価値食品の人気が高まっている。
- 仕事帰りの遅い時間帯に，高付加価値食品が購入される傾向が強く見られる。
- ブランド物の酒類に合う高級なおつまみ類にこだわる顧客が増えている。
- “高価格だが，それに見合うおいしさ”などといった友人・知人の口コミから判断して食品を購入し，その感想を自分の友人・知人に知らせることによって，人気となる食品が増えている。

101

〔中期事業戦略の策定〕

I課長は，中期事業戦略案を策定するために，クロスSWOT分析による戦略オプションを表1のように策定した。

表1　クロスSWOT分析による戦略オプション

	機会 (O)	脅威 (T)
強み (S)	[積極的な推進戦略] ・　a　の品ぞろえを充実して，売上を増やす。	[差別化戦略] ・商品購入時の心地良い環境を更に整えることによって，　b　を強化する。 ・口コミを拡大して，新規顧客を開拓する。
弱み (W)	[弱点強化戦略] ・販売機会を拡大する。 ・社内の情報システムを改善する。	[専守防衛，又は撤退戦略] ・関連商品による範囲の経済性を活用する。 ・　a　を充実して価格競争を避ける。

I課長は，戦略オプションに基づいて，中期事業戦略案を次のように作成して，H部長に説明した。

・実店舗，ネット店舗の特性に応じて，　a　の品ぞろえを充実する。
・店舗での販売機会を拡大する。
・情報システムを改善して，コスト低減とマーケティング強化を図る。
・店舗の心地良い環境を更に整えることによって，　b　を強化する。
・ソーシャルメディアを活用して，口コミの拡大を進める。

その後，I課長が提案した中期事業戦略案は経営層の承認が得られ，I課長は，中期事業戦略に基づいて，ターゲットとする顧客の見直しとポジショニングの設定を行い，事業施策案の作成を進めた。

〔ターゲットとする顧客の見直しとポジショニングの設定〕

I課長は，事業施策案の作成に当たり，店舗の地域特性と規模に応じて，ターゲットとする顧客を見直すことにした。郊外の実店舗とネット店舗では，ターゲットとする顧客をこれまでどおりとし，駅前の実店舗は小規模なので，今後注力すべきターゲット顧客を明確にして，ポジショニングを設定することにした。

(1) 注力すべきターゲット顧客の明確化

駅前の実店舗では，高付加価値食品の購入が多い通勤者を，注力すべきターゲットとする。

(2) ポジショニングの設定

I課長は，注力すべきターゲットに基づき，食品の付加価値と食品の価格を二つの軸として駅前の実店舗のポジショニングマップ案を作成し，H部長に説明した。H部長

102

からは，このポジショニングマップで顧客の c を表現することはできるが，二つの軸が d ので，食品の付加価値と駅前の実店舗の閉店時刻を軸にして，ポジショニングマップを修正するようにアドバイスを受けた。そこで，I課長は，駅前の実店舗のポジショニングマップを図1のとおり作成し，H部長の了解を得た。

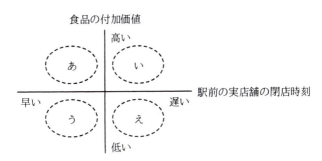

図1　駅前の実店舗のポジショニングマップ

〔事業施策の策定〕

ターゲットとする顧客と実店舗のポジショニングが明確となったので，I課長は引き続き，事業施策案を作成した。事業施策案の抜粋は，次のとおりである。

(1) 商品に関する施策
 ・郊外の実店舗では，低付加価値食品の品ぞろえを主体としながら，自然食品を使った手作りの総菜を充実させる。
 ・駅前の実店舗では，①顧客がブランド物の酒類を購入する際に，範囲の経済性の効果をもたらすように，品ぞろえを充実させる。
(2) 各店舗での販売チャネルに関する施策
 ・実店舗では，来店した顧客に食品の新たな調理方法や効能を丁寧に説明する。
 ・駅前の実店舗では，閉店時刻を19時から23時に変更する。
 ・ネット店舗では，料理のレシピ集を掲載する。
(3) 情報システムに関する施策
 ・実店舗とネット店舗の両店舗を利用し，会員登録している顧客については，本人の承諾が得られた場合，②両店舗での総購入額に応じたボーナスポイントをプレゼントし，両店舗でのポイントの合算，利用を可能とする。
(4) プロモーション施策
 ・実店舗での購買行動のモデルであるAIDMAに加えて，ネット店舗ではインターネットを活用した新しい購買行動モデルを反映する。具体的には，顧客がソーシャ

ルメディアなどの口コミ情報を　e　して商品を購入し，使用後の感想などを　f　することによって，消費行動の迅速な拡大につなげる。

　I課長は，これらの事業施策案についてH部長に説明して，承認を得た後，事業施策の評価基準及びアクションプランを策定することにした。

設問1　〔中期事業戦略の策定〕について，表1中及び本文中の　a　に入れる適切な字句を10字以内で，　b　に入れる適切な字句を25字以内でそれぞれ答えよ。

設問2　〔ターゲットとする顧客の見直しとポジショニングの設定〕について，(1)，(2) に答えよ。

(1) 本文中の　c　に入れる適切な字句を5字以内で，　d　に入れる適切な字句を10字以内でそれぞれ答えよ。
(2) 駅前の実店舗について，ターゲットとする顧客の見直し前と見直し後のポジショニングとして，図1中の記号の適切な組合せを解答群の中から選び，記号で答えよ。ここで，"(見直し前のポジショニング) → (見直し後のポジショニング)" と表記するものとする。

解答群
　ア　(あ) → (い)　　イ　(い) → (え)　　ウ　(う) → (あ)
　エ　(う) → (い)　　オ　(え) → (あ)　　カ　(え) → (う)

設問3　〔事業施策の策定〕について，(1) ～ (3) に答えよ。

(1) 本文中の下線①について，品ぞろえを充実させる方法を25字以内で述べよ。
(2) 本文中の下線②について，情報システムの改善内容を40字以内で述べよ。
(3) 本文中の　e　，　f　に入れる適切な字句を解答群の中から選び，記号で答えよ。

解答群
　ア　拡散　　　イ　記憶　　　ウ　検索　　　エ　行動　　　オ　注目

2 | ストラテジ系

解 説

設問1 の解説

●空欄a

　空欄aは，表1（クロスSWOT分析による戦略オプション）中の"強み"と"機会"がクロスした箇所と，"弱み"と"脅威"がクロスした箇所，そして，中期事業戦略案の「実店舗，ネット店舗の特性に応じて，　a　の品ぞろえを充実する」との記述中にあります。

　クロスSWOT分析とは，SWOT分析で把握した自社の内部環境「強み，機会」と外部環境「機会，脅威」の4つの要素を，表1のようにクロスさせる（掛け合わせる）ことによって，目標達成に向けた戦略の方向性を導き出す手法です。

　"強み"と"機会"がクロスした箇所は，「自社の強みを，さらに活かせる機会に投入する」という積極的な推進戦略です。そこで，G社で扱っている商品に着目しながら，〔内部環境と外部環境の整理〕を見ると，(1)内部環境に，「価格が高くても購入してもらえる高付加価値食品は，少量の販売とはいえ，顧客には好評である」とあります。これはG社の"強み"です。また，(2)外部環境には，「主婦には，安全性が高い自然食品などの高付加価値食品が人気である」，「通勤者には，海外から仕入れたブランド物の酒類などの高付加価値食品の人気が高まっている」といった"機会"が記述されています。

　これらのことから，「高付加価値食品の人気が高まっている」という"機会"を追い風に，「高付加価値食品が顧客には好評である」という自社の"強み"を最大限に活用する戦略としては，**「高付加価値食品**の品ぞろえを充実して，売上を増やす」という戦略が考えられます。

　では，表1中のもう1つの空欄a（"弱み"と"脅威"がクロスした箇所にある空欄a）を検討してみましょう。空欄aに「高付加価値食品」を入れると，「高付加価値食品を充実して価格競争を避ける」となります。

　"弱み"と"脅威"がクロスする箇所は，「最悪の事態・危機を回避する。あるいは縮小したり撤退する」という専守防衛・撤退戦略です。(1)内部環境に記述されている，「価格が安く，価格以外にはこだわりがない顧客向けの食品（低付加価値食品）の販売が主体である」という"弱み"と，(2)外部環境に記述されている，「スーパーマーケット業界では，価格競争が激化している」という"脅威"が重なると，負の相乗効果が生まれ最悪の事態・危機になります。これを防ぐための戦略として，**「高付加価値食品**を充実して価格競争を避ける」という戦略は妥当です。

　以上，**空欄a**には，**高付加価値食品**が入ります。

105

●空欄b

空欄bは，表1中の"強み"と"脅威"がクロスした箇所，および，中期事業戦略案の「店舗の心地良い環境を更に整えることによって，　b　を強化する」との記述中にあります。

"強み"と"脅威"がクロスした箇所は，「強みを活かして脅威を回避する」という差別化戦略です。空欄bの直前にある，「店舗の心地良い環境を更に整えることによって」という記述に着目し，〔内部環境と外部環境の整理〕を見ると，(1) 内部環境に，「丁寧な接客と，商品が見つけやすく明るい雰囲気を特徴とする店舗が，スーパーマーケットチェーンのブランドとして定着してきた」という"強み"が記述されている一方，(2) 外部環境には，「実店舗のスーパーマーケットの市場規模は，インターネット通販の台頭などの影響で縮小傾向にある」という"脅威"が記述されています。

つまり，「スーパーマーケットチェーンのブランドとして定着してきた」という"強み"を活かして，「実店舗のスーパーマーケットの市場規模が縮小傾向にある」という"脅威"を回避するわけですから，そのための戦略は，「スーパーマーケットチェーンのブランド強化」です。スーパーマーケットチェーンとしてのブランドイメージを強化することによって，他社との差別化が図れれば，スーパーマーケットの市場規模縮小といった"脅威"の軽減・回避が期待できます。

以上，**空欄b**には，**スーパーマーケットチェーンのブランド**が入ります。

設問2 の解説

(1) 次の記述中の空欄c，dに入れる字句が問われています。

このポジショニングマップで顧客の　c　を表現することはできるが，二つの軸は　d　ので，食品の付加価値と駅前の実店舗の閉店時刻を軸にして，ポジショニングマップを修正するようにアドバイスを受けた。

「このポジショニングマップ」とは，食品の付加価値と食品の価格を二つの軸として作成した，駅前の実店舗のポジショニングマップのことです。

●空欄c

食品の付加価値と食品の価格を二つの軸とした場合に表現できるのは，「価格が安い低付加価値食品を購入する」，「価格が高くても安全性が高い高付加価値食品を購入する」，「価格は高いけど海外ブランドの酒類だから購入する」といった，顧客が商品に対して求めているもの，すなわち顧客の**ニーズ**（**空欄c**）です。

106

2 │ ストラテジ系

●空欄 d

　ポジショニングマップとは，ターゲットセグメントにおいて，自社製品やサービスの競争優位性ある独自のポジションを導き出す手法の1つです。ポジショニングマップの作成では，軸となる要素の選び方が重要になります。ターゲットにとって重要な要素であることは勿論ですが，互いに独立性が高くないといけません。

　I科長が作成したポジショニングマップの軸は，「食品の付加価値」と「食品の価格」です。この2つの要素間には，「付加価値が高ければ，価格も高くなる」という強い相関があるため，有効なポジショニングマップ分析ができません。この理由から，「食品の付加価値と駅前の実店舗の閉店時刻を軸にして，ポジショニングマップを修正するように」とのアドバイスを受けたわけです。したがって，**空欄d**には，「強い相関がある」，「相関が強い」などを入れればよいでしょう。なお，試験センターでは解答例を「**強い相関がある**」としています。

(2) 駅前の実店舗において，ターゲットとする顧客の見直し前と見直し後のポジショニングについて問われています。すなわち，問われているのは，「ターゲットとする顧客を見直す前のポジション（位置）」と「ターゲットとする顧客を見直した後のポジション」です。このことに注意して解答を進めていきます。

　まず，見直し前のターゲット顧客については，〔内部環境と外部環境の整理〕の(1)内部環境（ⅰ）実店舗の状況に，「価格が安く，価格以外にはこだわりがない顧客向けの食品（低付加価値食品）の販売が主体であり，店舗の規模を考慮した品ぞろえとなっている」との記述があります。この記述から，ターゲット顧客は「価格以外にはこだわりがない顧客」であり，ポジショニングマップの縦軸である「食品の付加価値」は低いことが分かります。また，「営業時間は，8時から19時までである」との記述から，横軸である「駅前の実店舗の閉店時刻」は早いことが分かります。したがって，ターゲットとする顧客を見直す前のポジションは，図1中の（う）になります。

　次に，見直し後のターゲット顧客は，〔ターゲットとする顧客の見直しとポジショニングの設定〕の(1)に記述されているとおり，「高付加価値食品の購入が多い通勤者」なので，縦軸である「食品の付加価値」は高いことが分かります。また，〔事業施策の策定〕の(2)にある「駅前の実店舗では，閉店時刻を19時から23時に変更する」との記述から，横軸である「駅前の実店舗の閉店時刻」は遅いことが分かります。したがって，ターゲットとする顧客を見直した後のポジションは，図1中の（い）になります。

　以上から，〔**エ**〕の**（う）→（い）**が正解となります。

107

設問3 の解説

(1) 下線①の「顧客がブランド物の酒類を購入する際に，範囲の経済性の効果をもたらすように，品ぞろえを充実させる」について，品ぞろえを充実させる方法が問われています。

　範囲の経済性とは，自社が既存事業において有する経営資源（販売チャネル，ブランド，固有技術，生産設備など）やノウハウを複数事業に共用すれば，それだけ経済面でのメリットが得られることをいいます。つまり，本問の場合，同一の顧客に単一商品のみを提供するのではなく，関連性のある商品も提供することで，シナジー（相乗効果）が期待できるという意味です。

　ここで着目すべきは，〔内部環境と外部環境の整理〕の (2) 外部環境 (ⅱ) 顧客の購入状況にある，「ブランド物の酒類に合う高級なおつまみ類にこだわる顧客が増えている」との記述です。高級なおつまみ類の品ぞろえを増やすことで，ブランド物の酒類を購入する顧客に対してのシナジー効果が期待できます。したがって，解答としては「**高級なおつまみ類の品ぞろえを増やす**」とすればよいでしょう。

(2) 下線②について，情報システムの改善内容が問われています。下線②は，「実店舗とネット店舗の両店舗を利用し，会員登録している顧客については，本人の承諾が得られた場合，②両店舗での総購入額に応じたボーナスポイントをプレゼントし，両店舗でのポイントの合算，利用を可能とする」との記述中にあります。

　ポイントの利用，および情報システムの状況を確認すると，〔内部環境と外部環境の整理〕の (1) 内部環境に，「実店舗とネット店舗のポイントを相互に利用することはできない」とあり，また「顧客情報は，実店舗とネット店舗での共用は行わず，個々の顧客管理システムで，それぞれの顧客IDを用いて管理し，購入額を集計している」と記述されています。これらの記述から考えると，下線②の「両店舗での総購入額に応じたボーナスポイントをプレゼント」するための改善策は，次の2つです。

・実店舗とネット店舗の顧客情報を統合・一元化し，顧客ごとの総購入額を集計できるシステムへの改善
・実店舗とネット店舗の双方に存在する同一顧客を，顧客の名前，住所，電話番号などの属性情報によって名寄せを行い，顧客ごとの総購入額を集計できるシステムへの改善

解答としては，いずれかを40字以内にまとめればよいでしょう。なお，試験センターでは解答例を「**実店舗とネット店舗の顧客IDを統合し，顧客ごとの購入額を集計する**」，「**顧客の属性情報によって名寄せをし，顧客ごとの購入額を集計する**」としています。

(3) 空欄e，fに入れる字句が問われています。空欄e，fは，「顧客がソーシャルメディアなどの口コミ情報を　e　して商品を購入し，使用後の感想などを　f　することによって，消費行動の迅速な拡大につなげる」との記述中にあります。また，この前述には，「実店舗での購買行動のモデルであるAIDMAに加えて，ネット店舗ではインターネットを活用した新しい購買行動モデルを反映する」とあります。AIDMAとは，消費者が商品を知ってから，その商品を実際に購入するまでの心理状態が「Attention（認知・注意）→ Interest（関心）→ Desire（欲求）→ Memory（記憶）→ Action（行動）」というプロセスの順で推移するという消費者行動モデルです。そして，このAIDMAを，インターネットを活用した購買行動モデルに反映させたものがAISASモデルです。AISASのプロセスは「Attention（認知・注意）→ Interest（関心）→ Search（検索）→ Action（行動）→ Share（共有）」の順となります。

●空欄e

空欄eは，商品を購入する前に消費者がとるプロセスです。「商品を購入する」プロセスは「Action（行動）」に該当するので，**空欄e**は，〔**ウ**〕の**検索**です。

●空欄f

空欄fは，商品を購入した後に消費者がとるプロセスなので「共有」を入れたいところですが解答群にありません。そこで，商品の使用後，消費者がどのような行動をとることで消費行動の迅速な拡大につながるかを考えると，これに該当する行動は「拡散」しかありません。したがって，**空欄f**には，〔**ア**〕の**拡散**が入ります。

解　答

設問1　a：高付加価値食品　　b：スーパーマーケットチェーンのブランド

設問2　(1) c：ニーズ　　　　　d：強い相関がある

　　　　　(2) エ

設問3　(1) 高級なおつまみ類の品ぞろえを増やす

　　　　　(2)・実店舗とネット店舗の顧客IDを統合し，顧客ごとの購入額を集計する

　　　　　　・顧客の属性情報によって名寄せをし，顧客ごとの購入額を集計する

　　　　　(3) e：ウ　　　　　　　d：ア

問題2 スマートフォン製造・販売会社の成長戦略 (R01秋午後問2)

スマートフォン製造・販売会社を題材とした，成長戦略の検討，および投資計画の評価に関する問題です。本問では，ブルーオーシャンやレッドオーシャン，規模の経済，範囲の経済といった基本用語，成長マトリクスの基礎知識，さらに投資計画の評価手法（割引回収期間法，回収期間法）に関する基本的な理解が問われます。全体的には，それほど難易度は高くありません。問題文をよく読み，落ち着いて解答を進めていきましょう。

問 スマートフォン製造・販売会社の成長戦略に関する次の記述を読んで，設問1～4に答えよ。

B社は，スマートフォンの企画，開発，製造，販売を手掛ける会社である。"技術で人々の生活をより豊かに"の企業理念の下，"ユビキタス社会の実現に向けて，社会になくてはならない会社となる"というビジョンを掲げている。これまでは，スマートフォン市場の拡大に支えられ，順調に売上・利益を成長させてきたが，今後は市場の拡大の鈍化に伴い，これまでのような成長が難しくなると予測している。そこで，B社の経営陣は今後の成長戦略を検討するよう経営企画部に指示し，同部のC課長が成長戦略検討の責任者に任命された。

〔環境分析〕
C課長は，最初にB社の外部環境及び内部環境を分析し，その結果を次のとおりにまとめた。
(1) 外部環境
・国内のスマートフォン市場は成熟してきた。一方，海外のスマートフォン市場は，国内ほど成熟しておらず，伸びは鈍化傾向にあるものの，今後も拡大は続く見込みである。日本から海外への販売機会がある。
・国内では，国内の競合企業に加えて海外企業の参入が増えており，競争はますます激しさを増している。これによって，多くの企業が市場を奪い合う形となり，価格も下がり ａ となりつつある。
・5Gによる通信，IoT，AIのような技術革新が進んでおり，これらの技術を活用したスマートフォンに代わる腕時計のようなウェアラブル端末や，家電とつながるスマートスピーカの普及が期待される。また，医療や自動運転の分野で，新しい

機器の開発が期待される。一方で，技術革新は急速であり，製品の陳腐化が早く，市場への迅速な製品の提供が必要である。

・スマートフォンは，機能の豊富さから若齢者層には受け入れられやすい。一方で，操作の複雑さから高齢者層は使用することに抵抗があり，普及率は低い。

・スマートフォンへの顧客ニーズは多様化しており，サービス提供のあり方も重要になっている。

(2) 内部環境

・B社は自社の強みを製品の企画，開発，製造の一貫体制であると認識している。これによって，顧客ニーズを満たす高い品質の製品を迅速に市場に提供できている。また，単一の企業で製品の企画，開発，製造をまとめて行うことで，異なる製品間における開発資源などの共有を実現し，複数の企業に分かれて企画，開発，製造するよりもコストを抑えている。

・B社は国内の販売に加えて海外でも販売しているが，マニュアルやサポートの多言語の対応などでノウハウが十分でなく，いまだに未開拓の国もある。

・B社はスマートフォンの新機能に敏感な若齢者層をターゲットセグメントとして，テレビコマーシャルなどの広告を行っている。広告は効果が大きく，売上拡大に寄与している。一方で，高齢者層は売上への寄与が少ない。

・B社は医療や自動運転の分野の市場には販売ルートをもっておらず，これらの市場への参入は容易ではない。

・競合企業の中には製造の体制をもたない，いわゆるファブレスを方針とする企業もあるが，B社はその方針は採っていない。①今後の新製品についても，現在の方針を維持する予定である。

〔成長戦略の検討〕

C課長は，環境分析の結果を基に，ビジネス　b　の一つである成長マトリクスを図1のとおり作成した。図1では，製品・サービスと市場・顧客を四つの象限に区分した。区分に際しては，スマートフォンを既存の製品・サービスとし，スマートフォン以外の機器を新規の製品・サービスとした。また，現在販売ルートのある市場の若齢者層を既存の市場・顧客とし，それ以外を新規の市場・顧客とした。

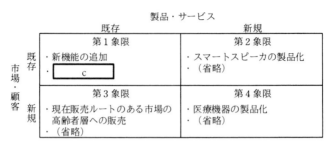

図1　成長マトリクス

　当初，C課長は，成長マトリクスを基に外部環境に加えて内部環境も考慮して検討した結果，②第2象限と第4象限の二つの象限の戦略に力を入れるべきだと考えた。しかし，その後③第4象限の戦略に関するB社の弱みを考慮し，第2象限の戦略を優先すべきだと考えた。

〔投資計画の評価〕

　第2象限の一部の戦略については，すぐにB社で製品化できる見込みのものがある。内部環境を考慮すると，これについてもB社で企画，開発，製造を行うことで，　d　によるメリットが期待できる。

　C課長は，この製品化について，複数の投資計画をキャッシュフローを基に評価した。投資額の回収期間を算出する手法としては，金利やリスクを考慮して将来のキャッシュフローを　e　に割り引いて算出する割引回収期間法が一般的な方法であるが，製品の陳腐化が早いので簡易的な回収期間法を使用することにした。また，回収期間の算出には，損益計算書上の利益に④減価償却費を加えた金額を使用した。製品化の投資計画は，表1のとおりである。

表1　製品化の投資計画

単位　百万円

年数[1]	投資年度	1年	2年	3年	4年	5年
投資額	1,000	0	0	0	0	0
利益[2]		200	300	300	200	100
減価償却費		200	200	200	200	200

注 [1]　投資年度からの経過年数を示す。
　 [2]　発生主義に基づく損益計算書上の利益を示す。

2 ｜ ストラテジ系

投資額は投資年度の終わりに発生し，利益と減価償却費は各年内で期間均等に発生するものとして，C課長は表1を基に，回収期間を f 年と算出した。

設問1 本文及び図1中の a ～ d に入れる適切な字句を解答群の中から選び，記号で答えよ。

aに関する解答群

　　ア　寡占市場　　　　　　　　　イ　ニッチ市場
　　ウ　ブルーオーシャン　　　　　エ　レッドオーシャン

bに関する解答群

　　ア　アーキテクチャ　　　　　　イ　フレームワーク
　　ウ　モデル化手法　　　　　　　エ　要求分析手法

cに関する解答群

　　ア　ウェアラブル端末の製品化　イ　自動運転機器の製品化
　　ウ　提供サービスの細分化　　　エ　未開拓の国への販売

dに関する解答群

　　ア　アライアンス　　　　　　　イ　イノベーション
　　ウ　規模の経済　　　　　　　　エ　範囲の経済

設問2 〔環境分析〕について，本文中の下線①の目的を解答群の中から選び，記号で答えよ。

解答群

　　ア　資金を開発投資に集中したい。
　　イ　製造設備の初期投資を抑えたい。
　　ウ　製品のブランド力を高めたい。
　　エ　高い品質の製品をコストを抑えて製造したい。

設問3 〔成長戦略の検討〕について，(1)，(2)に答えよ。

(1) 本文中の下線②について，第2象限と第4象限の二つの象限の戦略に力を入れるべきだとC課長が考えた内部環境上の積極的な理由を，40字以内で述べよ。

(2) 本文中の下線③のB社の弱みとは何か。25字以内で述べよ。

113

設問4 〔投資計画の評価〕について，(1)～(3)に答えよ。

(1) 本文中の ┃ e ┃ に入れる適切な字句を6字以内で答えよ。

(2) 本文中の下線④の理由を，"キャッシュ"という字句を含めて，30字以内で述べよ。

(3) 本文中の ┃ f ┃ に入れる適切な数値を求めよ。答えは小数第2位を四捨五入して，小数第1位まで求めよ。

解 説

設問1 の解説

●空欄a

空欄aは，「多くの企業が市場を奪い合う形となり，価格も下がり ┃ a ┃ となりつつある」との記述中にあります。また，その前文には，「国内では，競争がますます激しさを増している」旨が記述されています。これらの記述から，**空欄a**には，「市場競争が激しく，価格競争が行われている市場」を指す用語が入ることが分かります。そして，これに該当するのは〔**エ**〕の**レッドオーシャン**です。レッドオーシャンとは，"赤い海（red ocean）"という意味です。血で血を洗うような激しい価格競争が行われている既存市場を指します。

ア：寡占市場とは，ある商品やサービスに対してごく少数の売り手（企業）しか存在しない市場のことです。たとえば自動車産業では，トヨタ，日産，ホンダなど少数の大手自動車メーカが大きく占めている市場を指します。

イ：ニッチ市場は，特定の分野や顧客層といった，規模の小さい市場のことです。

ウ：ブルーオーシャン（blue ocean：青い海）とは，競合のない市場のことです。

●空欄b

空欄bは，「環境分析の結果を基に，ビジネス ┃ b ┃ の一つである成長マトリクスを図1のとおり作成した」との記述中にあります。成長マトリクスとは，図1のように，"製品・サービス"と"市場・顧客"の視点から，事業の成長戦略を4つの区分に分類し，「どのような製品・サービスを」，「どの市場・顧客に」投入していけば事業が成長・発展できるのかを検討する際に用いられるビジネスフレームワークです。したがって，**空欄b**には〔**イ**〕の**フレームワーク**が入ります。

●空欄c

空欄cは，図1の成長マトリクスの第1象限にあります。第1象限の戦略は，「既存の市場・顧客で，既存の製品・サービスを伸ばす」という市場浸透戦略です。そして，〔成長戦略の検討〕にあるとおり，「既存の市場・顧客」は，現在販売ルートのある市場の若齢者層，「既存の製品・サービス」は，スマートフォンです。したがって，空

114

欄cには，「若齢者層に対して，スマートフォンの売上・収益を伸ばす」といった戦略に相当するものが入ります。このことを念頭に解答群を吟味すると，**空欄c**に該当するものは，〔**ウ**〕の**提供サービスの細分化**だけです。

〔環境分析〕の (1) 外部環境に，「スマートフォンへの顧客ニーズは多様化しており，サービス提供のあり方も重要になっている」と記述されています。つまり，「提供サービスの細分化」とは，現在提供しているサービスをより細かく細分化し，顧客 (若齢者層) ニーズに対応することで他社と差別化を図り，自社の売上・収益を伸ばす」という戦略です。

ア：ウェアラブル端末の製品化：ウェアラブル端末とは，腕や衣服など身体に装着して使用するタイプの端末のことで，ウェアラブルデバイスともいいます。ウェアラブル端末は，新規の製品・サービスです。また，ターゲット市場は，スマートフォンと同じ既存市場と考えられるので，第2象限の戦略です。

イ：自動運転機器の製品化：自動運転機器は，新規の製品・サービスです。ターゲット市場は，新規市場となるので，第4象限の戦略です。

エ：未開拓の国への販売：未開拓の国は，新規の市場・顧客です。第3象限の戦略です。

製品・サービス

	既存	新規
既存 市場・顧客	**第1象限** ・新機能の追加 ・c：提供サービスの細分化	**第2象限** ・スマートスピーカの製品化 ・ウェアラブル端末の製品化
新規 市場・顧客	**第3象限** ・現在販売ルートのある市場の高齢者層への販売 ・未開拓の国への販売	**第4象限** ・医療機器の製品化 ・自動運転機器の製品化

既存の市場・顧客で，既存の製品・サービスを伸ばす

●空欄d

空欄dは，「第2象限の一部の戦略については，すぐにB社で製品化できる見込みのものがある。内部環境を考慮すると，これについてもB社で企画，開発，製造を行うことで，□d□によるメリットが期待できる」との記述中にあります。

〔環境分析〕の (2) 内部環境を見ると，「B社の強みは，製品の企画，開発，製造を一貫して行っていること」，そして，「これにより異なる製品間における開発資源などの共有を実現し，複数の企業に分かれて企画，開発，製造するよりもコストを抑えている」旨の記述があります。後者の記述は，"範囲の経済"に該当します。範囲の経済とは，自社が既存事業において有する経営資源 (販売チャネル，ブランド，

固有技術，生産設備など）やノウハウを複数事業に共用すれば，それだけ経済面での
メリットが得られることをいいます。

　したがって，すぐに製品化できるものについても，B社で企画，開発，製造を一貫
して行うことで期待できるのは，〔**エ**〕の **規模の利益**（**空欄d**）によるメリットです。

ア：アライアンスとは，"提携，同盟"という意味で，企業同士の業務提携を意味し
　　ます。

イ：イノベーションとは，技術革新のことです。

ウ：規模の経済とは，生産規模の増大に伴い単位あたりのコストが減少することを
　　いいます。つまり，より多く作るほど，製品1つ当たりのコストが下がり，結果
　　として収益が向上するという意味です。スケールメリットともいいます。

設問2 の解説

　下線①について，今後の新製品についても現在の方針を維持する目的が問われてい
ます。"現在の方針"とは，製品の企画，開発，製造の一貫体制という方針です。

　ヒントとなるのは，〔環境分析〕の（2）内部環境にある，「B社は，製品の企画，開
発，製造の一貫体制によって，顧客ニーズを満たす高い品質の製品を迅速に市場に提
供している。また，複数の企業に分かれて企画，開発，製造するよりもコストを抑え
ている」旨の記述です。

　この記述から，B社が，今後の新製品についても，ファブレスの方針を採らず，現在
の方針である，製品の企画，開発，製造の一貫体制を維持する目的は，顧客ニーズを
満たす高い品質の製品を，コストを抑えて製造するためだと考えられます。したがっ
て，下線①の目的としては，〔**エ**〕の「**高い品質の製品をコストを抑えて製造したい**」
が適切です。なお，ファブレスとは，自社で生産設備（fabrication facility）を持たず，
製品の生産を他社に委託することをいいます。

設問3 の解説

（1）下線②について，第2象限と第4象限の二つの象限の戦略に力を入れるべきだと
　　C課長が考えた内部環境上の積極的な理由が問われています。

　　2象限と第4象限に共通するのは，新規の製品・サービスです。図1中の2象限には，
「スマートスピーカの製品化」とあり，4象限には，「医療機器の製品化」とありま
す。これは，〔環境分析〕の（1）外部環境に記述されている，「5Gによる通信，IoT，
AIのような技術革新が進んでおり，…，家電とつながるスマートスピーカの普及が
期待される。また，医療や自動運転の分野で，新しい機器の開発が期待される」と
の分析を基にした戦略です。

2 | ストラテジ系

C課長は，この外部環境の結果を基に，第2象限と第4象限の二つの象限の戦略に力を入れるべきだと考えたわけです。そして，この設問で問われているのは，C課長がこのように考えた内部環境上の積極的な理由です。〔環境分析〕の (2) 内部環境の記述の中で，積極的な理由につながる内容は，B社の強みである「製品の企画，開発，製造の一貫体制」しかありません。

新規の製品の開発には，膨大なコストがかかります。しかし，B社では，製品の企画から製造の一貫体制を採っていることから，現在，高品質の製品をコストを抑えて製造し，市場に提供しています。このため，C課長は，新規製品についても，企画から製造の一貫体制を採ることで，低コストで高品質の製品を市場に提供できると考えたものと思われます。

以上，解答としては，「企画から製造の一貫体制を採ることで，低コストで高品質の製品を市場に提供できるから」などとすればよいでしょう。なお，試験センターでは解答例を「**企画から製造の一貫体制を強みに，低コストで高品質の製品にできるから**」としています。

(2) C課長が，その後，第2象限の戦略を優先すべきだと考えた，下線③の「第4象限の戦略に関するB社の弱み」とは何か問われています。

第4象限の戦略の1つは，「医療機器の製品化」です。医療機器に関しては，〔環境分析〕の (2) 内部環境に，「B社は医療や自動運転の分野の市場には販売ルートをもっておらず，これらの市場への参入は容易ではない」と記述されています。つまり，これが，第4象限の戦略に関するB社の弱みです。したがって，解答としては，「**医療や自動運転の市場には販売ルートがないこと**」とすればよいでしょう。

設問4 の解説

(1)「金利やリスクを考慮して将来のキャッシュフローを ┌ e ┐ に割り引いて算出する割引回収期間法」とあり，空欄eに入れる字句が問われています。

割引回収期間法とは，将来得られるキャッシュインを現在価値に割り引いた上で回収期間を算出する方法です。現在価値とは，「将来のお金の，現時点での価値」を表したものです。たとえば100万円を利率5%で運用すれば，1年後には105万円になるため，1年後の105万円は現在の100（＝105／1.05）万円と同じ価値と考えることができます。このとき105万円を将来価値といい，その現在価値は100万円であるといいます。このようにお金には時間価値があるため，数年間にわたる投資計画では，将来のキャッシュインを現在価値に割り引いた上で，投資評価を行うのが一般的です。以上，**空欄e**には，**現在価値**が入ります。

117

(2) 下線④の「損益計算書上の利益に減価償却費を加えた金額を使用した」理由が問われています。

　減価償却とは，初期投資額を，使用期間にわたり毎年均等に経費計上する処理のことです。つまり，本問の場合，投資額（キャッシュアウト）の1,000百万円を，投資が発生した段階で全額を計上するのではなく，5年間で200百万円ずつ費用計上することになります。減価償却費は，キャッシュの動きがない費用なので，キャッシュ自体は減少しません。このため，回収期間の算出の際には，利益に減価償却費を加えた金額を回収額（キャッシュイン）として捉えて計算する必要があります。

　以上，解答は「減価償却費は，キャッシュの動きのない費用だから」とすればよいでしょう。なお，試験センターでは解答例を**「減価償却費はキャッシュの移動がない費用だから」**としています。

(3)「投資額は投資年度の終わりに発生し，利益と減価償却費は各年内で期間均等に発生するものとして，C課長は表1を基に，回収期間を　f　年と算出した」とあり，表1を基に算出した回収期間が問われています。

　表1の直前に，「簡易的な回収期間法を使用することにした」とあるので，単純に，投資額の1,000百万円から各年の回収額（利益＋減価償却費）を減算していき，±0になる経過年月を求めればよいことになります。

　1年目には，400（＝200＋200）百万円が回収できるので，残りは1,000－400＝600百万円です。2年目には，500（＝300＋200）百万円が回収できるので，残りは600－500＝100百万円です。3年目には，500（＝200＋300）百万円が回収できますが，残りは100百万円なので，1/5年すなわち0.2年ですべて回収できることになります。つまり，回収期間は**2.2（空欄f）**年です。

解 答

設問1　a：エ　　b：イ　　c：ウ　　d：エ

設問2　エ

設問3　(1) 企画から製造の一貫体制を強みに，低コストで高品質の製品にできるから

　　　　　(2) 医療や自動運転の市場には販売ルートがないこと

設問4　(1) e：現在価値

　　　　　(2) 減価償却費はキャッシュの移動がない費用だから

　　　　　(3) f：2.2

2 | ストラテジ系

問題3 **レストラン経営**   (H30秋午後問2)

　　レストラン経営における経営改善の策定を題材にした問題です。本問は，経営戦略の策定に関する幅広い知識・応用が求められる総合的な問題となっています。具体的には，QC七つ道具である特性要因図やパレート図の知識（理解と能力）が問われる他，経営改善策の検討や，ランチ営業の開始を判断するための意思決定会計の基本的な知識が問われます。

問 レストラン経営に関する次の記述を読んで，設問1〜4に答えよ。

　R店は個人経営の洋食レストランであり，大都市にある乗降客の多い駅の近くの貸しビルに，数年前に開店した。厨房とホールに，それぞれ従業員が数名配置され，夕方から営業を開始している。最近は，売上が横ばい状態の上に，食材価格の高騰の影響で経費が増加しており，黒字経営とはいえ，利益は減少傾向にある。そこで，経営者のS氏は売上の伸び悩みや利益の減少の原因を調査・分析し，経営の改善を図ることにした。

〔来店客へのアンケートの結果〕

　S氏は，まず来店客に対して，R店に関する印象・意見を求めるアンケートを実施し，その結果を次のとおりまとめた。

（好評点）

- ・店が駅から近くて行きやすい。店内がきれいで，雰囲気も良い。
- ・ハンバーグステーキがとてもおいしい。
- ・料理の品目が頻繁にメニューに追加されるので，店のホームページなどで時々チェックしている。追加された料理がおいしそうだと，お店に足を運びたくなる。
- ・スマートフォンで稼働するアプリケーションソフトウェア（以下，携帯アプリという）を使って予約できるのは，便利である。
- ・会計時に，スタンプカードにスタンプを押してもらって，スタンプが一定数たまると，料理が一品無料になるなどの特典は，お得感があってうれしい。

（不評点）

- ・注文してから，料理が運ばれてくるまでに，時間が掛かる。
- ・来店客で混雑する時間帯は，携帯アプリや電話などで予約しておかないと，入店までかなり待たされる。

119

・料理の品目数が多く，メニューに写真が掲載されていないので，品名だけではどれを選んだらよいか悩んでしまう。店の従業員に料理の説明をしてもらわなければ，注文する料理を決められないので，もっと親切なメニューにしてほしい。
・おいしくて安全な料理を食べたいが，料理に使われている食材を，誰がどのようにして作っているか分からない。
・スタンプカードを忘れた場合に，スタンプがたまらないのは不便である。
・ディナーの営業だけでなく，ランチの営業もしてほしい。

〔"来店客の待ち時間が長い問題"の要因分析〕
　次にS氏は，来店客へのアンケートの結果のうち，売上に直結する顧客回転率を上げるために"来店客の待ち時間が長い問題"について改善が急務と考え，店の主要メンバとブレーンストーミングを行いその要因を分析した。分析は，従業員，店舗，料理，手順に分けて行った。挙げられた要因は，次のとおりである。
(1) 従業員
　・アルバイトには入れ替わりがあるが，新規のアルバイトを雇った場合，十分な教育をしていないので，仕事に慣れるまで作業の効率が悪い。
(2) 店舗
　・貸しビルの店舗の増改築は難しく，客席の数を増やせない。
　・賃貸契約の期間が残っており，多額の解約手数料が掛かるので，店舗の移転は難しい。
(3) 料理
　・料理の品目数を減らさずにメニューに品目の追加を続けているので，料理の品目数が多くなってしまった。
　・料理の品目数の増加に伴い，使用する食材や調理器具の種類が増加するので，厨房の作業効率が低下している。
(4) 手順
　・仕込みの時間が不足しているので，調理に時間が掛かっている。
　・食材は市場で仕入れており，仕入れに多くの時間が掛かっている。これが，仕込みの時間の不足の原因となっている。
　・農家と契約して食材を直送してもらうことによって，仕入れに掛かる時間を減らせる。仕入れに掛かる時間を減らせば，その時間を仕込みなど，他の作業に回せる。

　S氏は，"来店客の待ち時間が長い問題"の要因を，図1の特性要因図にまとめた。

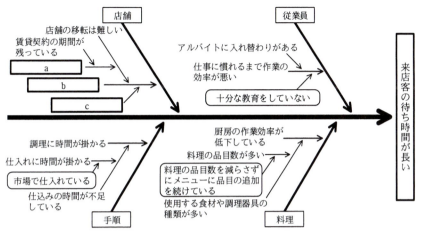

注記 □ は主要因を示す。主要因とは，抽出された要因の中から絞り込んだ，最も重要と考えられる要因のことである。

図1 "来店客の待ち時間が長い問題"の特性要因図

〔"来店客の待ち時間が長い問題"の改善策〕

S氏は，図1で抽出された主要因に対して改善策を立てた。

・主要因"料理の品目数を減らさずにメニューに品目の追加を続けている"について，図2のABC曲線を作成した。これを基に検討した結果，A及びBグループの品目数が最適な品目数であるという結論になったので，B，Cグループのうちから，将来の伸びが期待できない品目をメニューから削除し，①料理の品目数を絞ることにした。

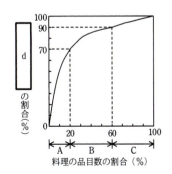

図2 主要因"料理の品目数を減らさずにメニューに品目の追加を続けている"についてのABC曲線

- 主要因"市場で仕入れている"について，農家と契約し，食材を直送してもらうことによって，仕入の時間を減らして，仕込みの時間を増やす。
- 主要因"十分な教育をしていない"について，アルバイトを雇用したときに活用する教育用のマニュアルを作成する。

〔その他の問題の改善策〕

　S氏は，来店客へのアンケートの結果から，"来店客の待ち時間が長い問題"以外にも，利益改善に向けて重要だと思える問題を特定し，次の改善策を立てた。また，仕入先として予定している農家と交渉した結果，食材をたくさん仕入れると，仕入単価を下げる契約が可能なことが分かったので，この方法も活用したいと考えた。
- メニューに写真やおすすめする理由を入れて，来店客が料理を選びやすいようにする。
- ②来店客にも契約農家，生産方法などが分かるようにして，顧客満足度を高める。
- スタンプカードの不便さを解消するために，既存の情報システムを活用して，　e　。
- ③ハンバーグステーキと野菜サラダをセットにしたおすすめ料理を紹介し，セット料理がより多く売れるようにする。

〔ランチ営業の検討〕

　仕入れに掛かる時間の短縮によって，ランチ営業の時間も取れるので，S氏は，ランチ営業の開始を判断するために，収益見込みを確認した。ランチ営業の開始に伴って，R店の固定費が増加することはない。そこで，固定費の総額を，ディナー営業とランチ営業に売上高で配賦し，ランチ営業の1か月の収益見込みを表1のとおり作成した。

表1　ランチ営業の収益見込み

単位　千円／月

科目	金額
売上高	3,000
変動費	2,000
固定費	1,050
利益	△50

122

2 | ストラテジ系

ランチ営業の収益見込みでは，利益がマイナスとなった。しかし，今後ランチ営業で見込みどおりの売上高しか得られなかったとしても表1において，　f　ことから，S氏は，ランチ営業を始めることにした。

設問1 図1中の　a　～　c　に入れる適切な字句を，それぞれ15字以内で述べよ。

設問2 〔"来店客の待ち時間が長い問題"の改善策〕について，(1)，(2)に答えよ。
(1) 図2中の　d　に入れる適切な字句を，10字以内で答えよ。
(2) 本文中の下線①を実施した後，料理品目を追加する場合に，考慮すべきことは何か。15字以内で述べよ。

設問3 〔その他の問題の改善策〕について，(1)～(3)に答えよ。
(1) 本文中の下線②のことを何というか。適切な字句を解答群の中から選び，記号で答えよ。

解答群
　ア　アクセシビリティ　　　イ　エンプロイヤビリティ
　ウ　トレーサビリティ　　　エ　ユーザビリティ

(2) 本文中の　e　に入れる適切な字句を，30字以内で述べよ。
(3) 本文中の下線③によって利益が改善する理由を，売上の増加以外に，30字以内で述べよ。

設問4 〔ランチ営業の検討〕について，本文中の　f　に入れる，ランチ営業を始めることにした理由を解答群の中から選び，記号で答えよ。

解答群
　ア　"売上高－固定費"がプラスである
　イ　"売上高－変動費"がプラスである
　ウ　"変動費－固定費"がプラスである

解説

設問1 の解説

図1（"来店客の待ち時間が長い問題"の特性要因図）中の空欄a～cに入れる字句が問われています。特性要因図とは，特性（結果）とこれに影響を及ぼすと考えられる要因（原因）との関係を体系的にまとめた図です。

図1の特性要因図は，「従業員」，「店舗」，「料理」，「手順」の4つに分類されています。これは〔"来店客の待ち時間が長い問題"の要因分析〕の（1）～（4）に，それぞれ対応するので，空欄a～cには，（2）店舗に記述されている内容が入ることになります。

●空欄a

空欄aから伸びる矢印は，「店舗の移転が難しい」という要因に向かっているので，空欄aには「店舗の移転が難しい」ことの要因（理由）が入ります。

〔"来店客の待ち時間が長い問題"の要因分析〕の（2）店舗の2つ目の内容を見ると，「賃貸契約の期間が残っており，多額の解約手数料が掛かるので，店舗の移転は難しい」とあります。「賃貸契約の期間が残っている」という要因は，空欄aに対する要因として既に記述されています。したがって，「店舗の移転が難しい」に対する直接的な要因は，「多額の解約手数料が掛かる」です。つまり，**空欄a**には，「**多額の解約手数料が掛かる**」が入ります。

●空欄b，c

空欄b，cは，（2）店舗の1つ目の内容である，「貸しビルの店舗の増改築は難しく，客席の数を増やせない」に該当します。

図1では，空欄cが空欄bの要因となっているので，**空欄b**には「**客席の数を増やせない**」，**空欄c**には「**貸しビルの店舗の増改築は難しい**」が入ります。

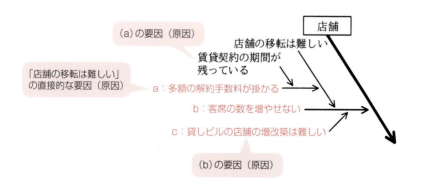

2 | ストラテジ系

設問2 の解説

(1) 図2（ABC曲線）中の縦軸，空欄dに入れる字句が問われています。

　ABC曲線とは，ABC分析において使用される図で，パレート図とも呼ばれます。ABC分析とは，分析対象とする項目を大きい順に並べ，その累計値が全体の70%を占める項目グループをA，70%～90%の項目グループをB，それ以外の項目グループをCとして分類することで重点的に管理・対応すべき項目は何かを明らかにする手法です。

　図2のABC曲線は，図1で抽出された主要因"料理の品目数を減らさずにメニューに品目の追加を続けている"について，その改善策を検討するために作成された図です。図2を見ると，全品目数の20%を占めるAグループの品目だけで，空欄dの割合の70%を占めている一方，B，Cグループの品目は全品目数の80%を占めているのにもかかわらず，空欄dの割合は30%しかないことが分かります。

　この分析結果から，S氏は，「B，Cグループのうちから，将来の伸びが期待できない品目をメニューから削除する」という改善策を出しています。将来の伸びが期待できない品目とは，売上の伸びが期待できない品目のことです。つまり，B，Cグループのうちから，将来的にも売上が少ない，すなわち売上金額が少ない品目をメニューから削除するということです。

　B，Cグループの，空欄dの割合は30%です。このことから考えると，空欄dは「売上金額」に関連する字句が入ることが分かります。ここで，ABC曲線（パレート図）の縦軸は，累計構成比（累積割合）であることに注意します。累計構成比とは，全体に対する累計値の割合のことです。

【例】

No.	料理の品目	売上金額	売上金額の累計	売上累計構成比（%）
1	ハンバーグステーキ	255,000	255,000	26.7
2	オムライス	176,000	431,000	45.1
3	エビピラフ	120,000	551,000	57.6
:	:	:	:	:
10	ホットドッグ	21,000	956,000	100.0

　以上，図2の縦軸は，売上累計構成比を表すことになります。「　d　の割合（%）」とあるので，空欄dには**売上金額の累計**と入れればよいでしょう。

125

(2) 下線①には「料理の品目数を絞ることにした」とあり，これを実施した後，料理品目を追加する場合に，考慮すべきことが問われています。

　料理の品目数を減らさずにメニューに品目の追加を続けてきてしまった結果，料理の品目数が多くなり，このことが，来店客の待ち時間が長い問題の1つの要因となったわけです。そこで，改善策を検討するためABC曲線を作成し，「A及びBグループの品目数が最適な品目数である」という結論を出しています。そして，その改善策が「B，Cグループのうちから，将来の伸びが期待できない品目をメニューから削除し，料理の品目数を絞る」です。

　したがって，今後，料理品目を追加する場合にも，常に，「最適な品目数」を意識する必要があります。つまり，新しい料理品目を追加するのであれば，その分，既存の料理品目を減らし，最適な品目数を維持することは必須です。

　以上，解答としては「**最適な品目数を維持する**」とすればよいでしょう。

設問3 の解説

(1)「②来店客にも契約農家，生産方法などが分かるようにして，顧客満足度を高める」とあり，下線②のことを何というか問われています。

　〔来店客へのアンケートの結果〕の（不評点）に，「おいしくて安全な料理を食べたいが，料理に使われている食材を，誰がどのようにして作っているか分からない」とあります。この対応策として，S氏は，「来店客にも契約農家，生産方法などが分かるようにする」という改善策を立てたと考えられます。

　料理に使用されている食材が，いつ，どこで，誰によって作られたのかが確認できる仕組みをトレーサビリティといいます。トレーサビリティとは追跡可能性とも呼ばれ，原材料の流通経路をたどることで生産段階まで追跡可能である状態のことです。食材の生産，加工，流通などの過程を追跡可能な状態にすることで，使用されている食材の安全性が確認でき，顧客満足度を高めることができます。

　以上，解答は〔**ウ**〕の**トレーサビリティ**です。

(2)「スタンプカードの不便さを解消するために，既存の情報システムを活用して，
　　 e 　」とあり，空欄eに入れる字句が問われています。

　スタンプカードの不便さについては，〔来店客へのアンケートの結果〕の（不評点）に，「スタンプカードを忘れた場合に，スタンプがたまらないのは不便である」と記述されていることから，スタンプカードを忘れた場合でもスタンプがたまる仕組み，あるいはそれに代わる仕組みが必要であることが分かります。

　ここで着目すべきは，〔来店客へのアンケートの結果〕の（好評点）にある，「携帯

アプリを使って予約できるのは，便利である」との記述です。既存の情報システムでは，携帯アプリからの予約ができるわけですから，これを活用します。つまり，携帯アプリにスタンプカードの機能をもたせて，スタンプがためられるようにすれば，スタンプカードの不便さは解消されます。

以上，**空欄e**には，「携帯アプリにスタンプカードの機能をもたせる」と入れればよいでしょう。なお，試験センターでは解答例を「**携帯アプリにスタンプカードの代替機能をもたせる**」としています。

(3) 下線③「ハンバーグステーキと野菜サラダをセットにしたおすすめ料理を紹介し，セット料理がより多く売れるようにする」ことによって，利益が改善する理由（売上の増加以外の理由）が問われています。

問題文の冒頭にある，「最近は，売上が横ばい状態の上に，食材価格の高騰の影響で経費が増加しており，黒字経営とはいえ，利益は減少傾向にある」との記述から，食材価格の高騰が利益を圧迫していることが分かります。一方，〔その他の問題の改善策〕には，「仕入先として予定している農家と交渉した結果，食材をたくさん仕入れると，仕入単価を下げる契約が可能なことが分かった」との記述があります。

〔来店客へのアンケートの結果〕の（好評点）に，「ハンバーグステーキがとてもおいしい」とあるので，ハンバーグステーキは人気メニューだと判断できます。この人気ハンバーグステーキと野菜サラダをセットにしたおすすめ料理が，より多く売れるようになると，農家からの仕入れ量が増え，仕入単価を下げることができます。利益は，売上金額から仕入単価をはじめとする費用を差し引いた金額です。仕入単価が下がることによって，利益が改善します。以上，利益が改善する理由は，「**食材の仕入れ量が増え，仕入単価を下げられるから**」です。

設問4 の解説

「今後ランチ営業で見込みどおりの売上高しか得られなかったとしても表1において，_____f_____ことから，S氏は，ランチ営業を始めることにした」とあり，空欄fに入れる，ランチ営業を始めることにした理由が問われています。

〔ランチ営業の検討〕に，「ランチ営業の開始に伴って，R店の固定費が増加することはない。そこで，固定費の総額を，ディナー営業とランチ営業に売上高で配賦し，表1のランチ営業の収益見込みを作成した」とあります。この記述から，表1の固定費は，埋没費用（サンクコスト）であることが分かります。埋没費用とは，どの案を選択しても変わらず発生する費用で，回収できない費用のことです。

したがって，ランチ営業を開始するかどうかの意思決定の際には，売上高から変動

費のみを差し引いた限界利益（貢献利益ともいう）で判断する必要があります。

　表1を見ると，売上高が3,000千円，変動費が2,000円なので，限界利益は3,000－2,000＝1,000千円です。ランチ営業の開始に伴って，固定費が増加することはないため，ランチ営業を開始すれば，1,000千円／月の利益増が見込めます。

　以上，ランチ営業を始めることにした理由は，限界利益がプラスの値だからです。**空欄f**には，〔**イ**〕の**"売上高－変動費"がプラスである**が入ります。

解答

設問1　a：多額の解約手数料が掛かる
　　　　　b：席の数を増やせない
　　　　　c：店舗の増改築は難しい

設問2　(1) d：売上金額の累計
　　　　　(2) 最適な品目数を維持する

設問3　(1) ウ
　　　　　(2) e：携帯アプリにスタンプカードの代替機能をもたせる
　　　　　(3) 食材の仕入れ量が増え，仕入単価を下げられるから

設問4　f：イ

参考　営業利益と限界利益

　営業利益は，売上高から売上原価を差し引いた売上総利益から，さらに，販売費及び一般管理費を差し引いて計算します。原価の中には，売上に比例して増減する変動費と，売上に関係なく一定の額が発生する固定費があります。一般に，営業利益がマイナスのとき，「赤字」といいますが，実は，売上高から変動費を差し引いた**限界利益**が重要になります。

　たとえば，商品の売値：200円／個，変動費：100円／個，固定費：500円の場合，売上数が4個のとき，営業利益は「200×4－（100×4＋500）＝－100」となり，100円の赤字です。しかし，売上数が5個のとき，営業利益は±0円になり，さらに6個になると，営業利益は＋100円とプラスになります。このように，売上数に伴って増える利益（100円）は，限界利益（＝売上高－変動費）の増加分です。したがって，商品を売るか否かの判定は，限界利益で行えばよく，営業利益がマイナスであっても限界利益がプラスなら商品を売るという判断をしてよいことになります。

2 | ストラテジ系

2
ストラテジ系

問題4 ▶ 企業の財務体質の改善 (H26秋午後問2)

企業の財務体質の改善を題材にした経営戦略の問題です。本問では，貸借対照表，損益計算書，キャッシュフロー計算書，株主資本等変動計算書という主要な財務諸表の理解，並びに財務諸表の分析結果に基づいた経営分析指標の理解が問われます。本問を通して，これらの主要な財務諸表や経営分析指標（財務指標）の基本的理解を深めましょう。

問 企業の財務体質の改善に関する次の記述を読んで，設問1～4に答えよ。

R社は，10年前に創業した電子部品の製造・販売会社である。仕入れた原材料を在庫にもち，それらを加工し組み立てて，電子部品を製造する。R社は，売上を全て売掛金に計上している。

〔経営状況と戦略〕

R社は，技術力を生かして開発した画期的な新製品を投入して，競合のない新しい市場を創造し，新規顧客を開拓することによって，創業以来，売上と利益を順調に伸ばしてきた。2013年度は，需要の増大に対応するために，積極的な投資を行い，工場などの設備を増強した。これらの投資の資金は，営業活動から生み出されるキャッシュだけでなく，銀行からの借入れによって調達したが，借入れはかなりの額に達しており，これ以上増やすことは難しい。また，ここ数年で大幅に増えた社員数，組織数，設備数などに社内の管理体制が追い付いておらず，改善が必要である。一方，R社の市場は他社にとっても魅力的なので，将来，他社が技術革新を進めて，R社の競合となることが予想される。

このような状況を受け，R社の経営陣は，財務体質の改善に取り組むことにした。財務体質の改善には，社内の管理体制を強化する必要がある。そこで，財務部長をリーダとした財務体質改善プロジェクト（以下，プロジェクトという）を組織した。経営企画部のS君もプロジェクトメンバに選ばれた。

〔S君が学んだこと〕

S君は，プロジェクトに参加するに当たって，自分の知識を深めるために，キャッシュフローや財務諸表について学習した。次の記述は，S君が学んだことの一部である。

"取引の中には，キャッシュフロー計算書に反映されるが，損益計算書には反映されないものがある。また，その逆もある。理由は，キャッシュフロー計算書は現金主義

129

に基づいているが，損益計算書は　a　主義に基づいているからである。黒字倒産は，　b　はあるのに，　c　が不足して起こる倒産である。"

〔財務諸表とその分析結果〕
　プロジェクトでは，まず，R社の財務体質の現状を把握するために，直近の財務諸表を確認し，それらの分析を行った。業界標準との比較などによる分析の結果，効率性と安全性に改善の余地があることが分かった。R社の貸借対照表，損益計算書，キャッシュフロー計算書，株主資本等変動計算書，及び効率性と安全性に関する主な経営分析指標は，表1～5のとおりである。

表1　貸借対照表

単位　百万円

区分	勘定科目	2013 年度末時点	対前年比	区分	勘定科目	2013 年度末時点	対前年比
流動資産		9,000	112%	流動負債		14,000	112%
	現金及び預金	2,500	103%		買掛金	1,000	110%
	売掛金	4,000	121%		短期借入金	13,000	112%
	棚卸資産 1)	2,500	109%	固定負債		2,000	112%
固定資産		9,000	112%		長期借入金	2,000	112%
	有形固定資産	8,500	112%	負債合計		16,000	112%
	無形固定資産	400	111%		資本金	300	100%
	投資その他の資産	100	100%		資本剰余金	300	100%
					利益剰余金	1,400	119%
				純資産合計		2,000	112%
資産合計		18,000	112%	負債・純資産合計		18,000	112%

注 1)　棚卸資産：製品，仕掛品，原材料

表2　損益計算書

単位　百万円

勘定科目	2013 年度	対前年比
売上高	16,000	110%
売上原価	11,000	109%
売上総利益	5,000	114%
販売費・一般管理費	4,000	114%
営業利益	1,000	111%
営業外収益	300	107%
営業外費用	200	105%
経常利益	1,100	111%
特別損益	▲30	100%
税引前当期純利益	1,070	111%
法人税など	430	110%
当期純利益	640	112%

表3　キャッシュフロー計算書

単位　百万円

		2013 年度
Ⅰ	営業活動によるキャッシュフロー	省略
Ⅱ	投資活動によるキャッシュフロー	
Ⅲ	財務活動によるキャッシュフロー	
Ⅳ	現金及び現金同等物に係る換算差額	0
Ⅴ	現金及び現金同等物の増加額	70
Ⅵ	現金及び現金同等物の期首残高	2,430
Ⅶ	現金及び現金同等物の期末残高	2,500

2 | ストラテジ系

表4　株主資本等変動計算書

単位　百万円

| | | 2013年度株主資本 | | | |
		資本金	資本剰余金	利益剰余金	合計
期首残高		300	300	1,180	1,780
当期変動額	剰余金の配当			▲420	▲420
	当期純利益			640	640
	当期変動額合計			220	220
期末残高		300	300	1,400	2,000

表5　主な経営分析指標

効率性に関する指標	数値
総資産回転日数	411日
売上債権回転日数	91日
棚卸資産回転日数	83日
仕入債務回転日数	33日
安全性に関する指標	数値
自己資本比率	11%
流動比率	64%
固定比率	450%

〔財務体質の改善〕

　プロジェクトでは，R社の財務諸表の分析結果を基に，キャッシュフローの観点からの財務体質改善策として，次のA～C案を提案した。

A案：売上債権回転日数を減らすために，売上債権を減らす。この結果，営業活動によるキャッシュフローが増える。

B案：棚卸資産回転日数を減らすために，　d　を導入して棚卸資産を減らす。この結果，営業活動によるキャッシュフローが増える。

C案：　e

　A案に関連して，S君は，①損益計算書と貸借対照表を照らし合わせた結果，2013年度におけるR社の売上代金の回収に，前年度と比べて問題があることを発見した。財務部長は，営業部に改善指示を出した。

　さらに，プロジェクトでは，状況に応じて選択可能な具体案として，2014年度は純利益が2013年度の倍以上出る予想だが，自己資本比率を上げるために，②剰余金の配当を2013年度と同じ額に据え置くことを提案した。

設問1　〔経営状況と戦略〕について，R社のこれまでの経営戦略を，解答群の中から選び，記号で答えよ。

解答群
　ア　市場浸透戦略　　　　　イ　集中戦略
　ウ　ブランド戦略　　　　　エ　ブルーオーシャン戦略

設問2 本文中の ┌ a ┐ ～ ┌ c ┐ に入れる適切な字句を解答群の中から選び，記号で答えよ。

解答群

ア	売上	イ	原価	ウ	現金	エ	在庫	オ	三現
カ	仕入	キ	発生	ク	費用	ケ	保守	コ	利益

設問3 表3中の営業活動によるキャッシュフロー，投資活動によるキャッシュフロー，及び財務活動によるキャッシュフローは，〔経営状況と戦略〕の記述の活動から判断すると，それぞれプラスかそれともマイナスか。＋又は－の記号で答えよ。

設問4 〔財務体質の改善〕について，(1) ～ (3) に答えよ。

(1) 本文中の ┌ d ┐，┌ e ┐ に入れる適切な字句を解答群の中から選び，記号で答えよ。

dに関する解答群

　　ア　ジャストインタイム方式　　　　イ　フランチャイズチェーン
　　ウ　レイバースケジューリング　　　エ　ワークシェアリング

eに関する解答群

　　ア　固定比率を下げるために，長期借入金を増やす。この結果，財務活動によるキャッシュフローが増える。
　　イ　仕入債務回転日数を増やすために，買掛債権の支払を遅らせる。この結果，営業活動によるキャッシュフローが増える。
　　ウ　総資産回転日数を減らすために，新規株式を発行して増資を行う。この結果，投資活動によるキャッシュフローが増える。
　　エ　流動比率を上げるために，償還期限5年の社債を発行する。この結果，投資活動によるキャッシュフローが増える。

(2) 本文中の下線①について，S君が問題があると考えた根拠を，表1及び表2中の勘定科目名を一つずつ用いて，30字以内で述べよ。

(3) 本文中の下線②によって自己資本比率が改善される理由を，表4を参考に，表1中の勘定科目名を用いて，20字以内で述べよ。

2 | ストラテジ系

解説

設問1 の解説

　R社がこれまで採ってきた経営戦略が問われています。〔経営状況と戦略〕にある「技術力を生かして開発した画期的な新製品を投入して，競合のない新しい市場を創造し，新規顧客を開拓することによって，売上と利益を順調に伸ばしてきた」との記述から，R社のこれまでの戦略は〔エ〕の**ブルーオーシャン戦略**です。

　"ブルーオーシャン（Blue Ocean：青い海）"とは，競合のない市場という意味です。つまり，ブルーオーシャン戦略とは，競争の激しい既存市場（これをレッドオーシャンという）で戦うより，競争がない未開拓市場を切り開いたほうが有利という考えから，価値革新を行い，いまだかつてない価値を提供することによって競争相手のいない未開拓市場を切り開くという戦略です。

参考　押さえておきたい用語

解答群にあるその他の用語を押さえておきましょう。

- **市場浸透戦略**：現在の市場で既存製品の販売を伸ばす戦略です。
- **集中戦略**：対象とする市場を，特定の顧客層や地域に絞った戦略です。集中戦略は，絞り込んだ市場に対し，コストダウンにより競争優位を図るか，あるいはコスト以外での差別化により競争優位を図るかで，**コスト集中戦略**と**差別化集中戦略**に区別されます。
- **ブランド戦略**：強いブランドを育て，ブランドロイヤリティを高めていくというマーケティング戦略です。

設問2 の解説

●空欄a

　「損益計算書は　a　主義に基づいている」とあり，空欄aに入れる字句が問われています。

　損益計算の方式には，現金主義，発生主義，実現主義の3つがあります。現金主義では，現金の収支が発生した時点で収益・費用を計上しますが，実際の企業活動には，後で代金を受け取る約束で商品を売る"掛売り"などがあり，この場合，商品の引き渡しが終わっても実際に入金されるまで収益が計上されません。つまり，現金主義による期間損益計算だけでは，経営成績を正しく示すことができないわけです。そこで，実際には現金の収支がなくても，将来的な収益に結びつく"経済的価値"が増加・減少した時点で，収益・費用を計上するというのが発生主義および実現主義です。発生主義で

133

は，商品を売った時点で収益を計上し，実現主義では商品代金の受け取りが確定した時点で収益を計上します。

損益計算書は，一会計期間の収益と費用を集計し，利益を算出表示することによって企業における経営成績を示すものです。損益計算書における費用の計上は，原則，発生主義が用いられ，収益の計上には発生主義より慎重な実現主義が用いられます。以上のことから，**空欄a**には〔**キ**〕の**発生**を入れればよいでしょう。

●空欄b，c

「黒字倒産は，　b　はあるのに，　c　が不足して起こる倒産である」とあり，空欄b，cに入る字句が問われています。

黒字倒産とは，帳簿上は利益が出ていても，資金繰りの問題で倒産してしまうことをいいます。つまり，売上利益は計上されても直ぐには現金が入ってこず，その間に債務支払いのための現金が不足して起こる倒産のことです。したがって，**空欄b**には〔**コ**〕の**利益**が入り，**空欄c**には〔**ウ**〕の**現金**が入ります。

設問3 の解説

表3「キャッシュフロー計算書」にある3つの区分のキャッシュフローについて，それぞれプラスかマイナスかが問われています。〔経営状況と戦略〕に記述されている下記の活動から判断していきます。

> 2013年度は，需要の増大に対応するために，積極的な投資を行い，工場などの設備を増強した。これらの投資の資金は，営業活動から生み出されるキャッシュだけでなく，銀行からの借入れによって調達した。

「工場などの設備を増強した」ことから，有形固定資産の取得による支出が発生したことがわかります。有形固定資産の取得による支出は，「投資活動によるキャッシュフロー」に，マイナスのキャッシュフローとして記載されるので，**投資活動によるキャッシュフロー**はマイナス（**ー**）です。

また，「これらの投資の資金は，営業活動から生み出されるキャッシュだけでなく，銀行からの借入れによって調達した」ことから，投資活動によるキャッシュフローのマイナスは，営業活動によるキャッシュフローと財務活動によるキャッシュフローで賄われたことがわかります。したがって，**営業活動によるキャッシュフロー**と**財務活動によるキャッシュフロー**はプラス（**＋**）です。

134

2 | ストラテジ系

参 考 キャッシュフロー計算書

キャッシュフロー計算書は，一会計期間における現金および現金同等物の流れ（収入，支出）を営業活動，投資活動，財務活動の3区分に分けて示した財務諸表です。

営業活動による キャッシュフロー	企業の営業活動によって生じたキャッシュの増減が記載される区分。たとえば，商品の仕入または販売による支出または収入，従業員や役員に対する報酬などが該当
投資活動による キャッシュフロー	設備投資や株式投資に関するキャッシュの増減が記載される区分。たとえば，有形固定資産の取得または売却による支出または収入，有価証券の取得または売却による支出または収入などが該当
財務活動による キャッシュフロー	財務活動による外部からの資金調達や借入金の返済に関するキャッシュの増減が記載される区分。たとえば，銀行からの借入，株式の発行による収入，配当金の支払いなどが該当

設問4 の解説

（1）キャッシュフローの観点からの財務体質改善策A〜C案についての設問です。B案，C案の記述中の空欄dおよび空欄eが問われています。

●空欄d

B案は，「棚卸資産回転日数を減らすために，　d　を導入して棚卸資産を減らす。この結果，営業活動によるキャッシュフローが増える」という案です。棚卸資産回転日数とは，製品，仕掛品，原材料などの棚卸資産がどのくらいの日数で販売できるかを示す指標です。棚卸資産回転日数が短いほど在庫となっている期間が短いことを意味し，棚卸資産を減らせば，棚卸資産回転日数は減ります。棚卸資産回転日数の算出式は，次のとおりです。

棚卸資産回転日数＝棚卸資産÷（売上原価÷365日）

なお，表5に記載されているR社の棚卸資産回転日数の83日は，次のように計算されたものです。

棚卸資産回転日数＝2,500百万円÷（11,000百万円÷365日）＝83日

さて，問われているのは，何を導入すれば棚卸資産を減らせるかです。解答群を見ると，〔ア〕に**ジャストインタイム方式**がありますから，これを選べばよいでしょう。ジャストインタイム方式（Just In Time：JIT）とは，中間在庫（仕掛在庫）を極力減らすため，「必要なものを，必要なときに，必要な量だけ調達，生産，供給する」ことを基本コンセプトとした生産方式です。なお，これを実現するため，後工程が自工程の生産に合わせて"かんばん"と呼ばれる生産指示票を前工程に渡し，必

135

要な部品を前工程から調達する方式をかんばん方式といいます。

●空欄e

財務体質改善策のC案が問われています。解答群は次のようになっています。

> ア：固定比率を下げるために，長期借入金を増やす。この結果，財務活動によるキャッシュフローが増える。
>
> イ：仕入債務回転日数を増やすために，買掛債権の支払を遅らせる。この結果，営業活動によるキャッシュフローが増える。
>
> ウ：総資産回転日数を減らすために，新規株式を発行して増資を行う。この結果，投資活動によるキャッシュフローが増える。
>
> エ：流動比率を上げるために，償還期限5年の社債を発行する。この結果，投資活動によるキャッシュフローが増える。

ア：固定比率は，固定資産に投じた資産が，どの程度自己資本で賄われているかを示す指標です。固定比率の算出式は，次のとおりです。

固定比率＝固定資産÷自己資本

固定資産の資源は返済不要な自己資本で賄う方が望ましいという考え方から，固定比率が高いほど安全性は低いことになります。ここで，自己資本とは，返済する必要がない安定した資金源泉のことで，表1の貸借対照表においては，「資本金＋資本剰余金＋利益剰余金」，すなわち純資産合計が該当します。

この案では，「固定比率を下げるために，長期借入金を増やす」としていますが，長期借入金は他人資本（固定負債）なので，長期借入金を増やしても自己資本は増えないため，固定比率を下げることにはなりません。したがって，適切な記述ではありません。

イ：仕入債務回転日数は，原材料を仕入れてからその代金を支払うまでにかかる期間を示す指標です。仕入債務回転日数の算出式は，次のとおりです。

仕入債務回転日数＝仕入債務（買掛金）÷（売上原価÷365日）

この案は「仕入債務回転日数を増やすために，買掛債権の支払を遅らせる」というものです。買掛債権の支払を遅らせれば仕入債務（買掛金）が増えるので，仕入債務回転日数も長くなります。また，遅らせた分，キャッシュを保留できるので営業活動によるキャッシュフローも増えます。したがって，〔イ〕は適切な記述です。

ウ，エ：新規株式の発行や社債の発行による収入は，投資活動ではなく，財務活動

によるキャッシュフローに該当するので適切な記述ではありません。なお，総資産回転日数および流動比率の算出式は，次のとおりです。

総資産回転日数＝総資産（資産合計）÷（売上高÷365日）

流動比率＝流動資産÷流動負債

(2) 下線①に「損益計算書と貸借対照表を照らし合わせた結果，2013年度におけるR社の売上代金の回収に，前年度と比べて問題がある」とあり，このように考えた根拠が問われています。

　　“売上代金の回収”に関係するのは，表2「損益計算書」の売上高と，表1「貸借対照表」の売掛金なので，それぞれにおける“対前年比”を見てみます。すると，売上高は前年に比べ110％伸びているのに対し，売掛金が121％も伸びています。売掛金の伸び率が売上高の伸び率より大きいということは，売掛金が多くなったことを意味します。売掛金が多くなると，その分，現金化ができない（回収するまでの日数が長くなる）わけですから資金繰りの悪化といったリスクが高くなります。

　　つまり，売上代金の回収に問題があると考えたのは，「売上高の伸び率に比べ，売掛金の伸び率が高くなっている」からです。なお，試験センターでは解答例を「**売上高の伸び以上に売掛金が増えているから**」としています。

参考　売上債権回転日数

　表5「主な経営分析指標」を見ると，売上債権回転日数が91日となっています。**売上債権回転日数**とは，商品を販売してからその代金（売上債権）を回収するまでにかかる日数（代金回収の効率性）を示す指標で，次の式で算出します。

売上債権回転日数＝売上債権（売掛金）／（売上高÷365日）

　R社の売上債権回転日数を計算すると，

4,000百万円／（16,000百万円÷365日）＝91日

となります。ここで，売上高は対前年比110％，売掛金は対前年比121％であることから，前年度の売上債権回転日数を計算すると，

（4,000÷1.21）／（（16,000÷1.10）÷365）＝83日

となり，商品を販売してから売上債権を回収するまでにかかる日数が前年度に比べて長くなっていることがわかります。

---

(3) 下線②「剰余金の配当を2013年度と同じ額に据え置く」ことによって，自己資本比率が改善される理由が問われています。

　　自己資本比率は，総資本に対する自己資本の割合を示したもので，資本構成から見た企業の安全性を示す指標です。自己資本比率の算出式は，次のとおりです。

自己資本比率＝自己資本（純資産合計）÷総資本（資産合計）

　表5「主な経営分析指標」を見ると，自己資本比率は11％なので，けっして安全度が高いとはいえません（日本の製造業の自己資本比率の平均は約40％前後）。そこで，純利益が2013年度の倍以上出たとしても，剰余金の配当を据え置けば，利益剰余金が増え，利益剰余金が増えれば自己資本が増えるため，自己資本比率も改善されます（高くなります）。

　以上，自己資本比率が改善される理由は，「利益剰余金が増えて，自己資本が増えるから」です。なお，試験センターでは解答例を「**利益剰余金が増えるから**」としています。

参考 利益剰余金

　表4「株主資本等変動計算書」の利益剰余金の期末残高1,400百万円は，

　利益剰余金＝期首残高1,180百万円－剰余金の配当420百万円＋当期純利益640百万円

で計算されたものです。この式からも分かるように，剰余金の配当を増やすことは，利益剰余金の減少につながります。仮に，当期純利益が倍に増えたとしても，剰余金の配当を増やせば，利益剰余金の増加幅はその分小さくなります。しかし剰余金の配当を据え置けば，利益剰余金の増加幅は大きくなります。

解答

設問1　エ

設問2　a：キ　　　b：コ　　　c：ウ

設問3　営業活動によるキャッシュフロー：＋
　　　　　投資活動によるキャッシュフロー：－
　　　　　財務活動によるキャッシュフロー：＋

設問4　(1) d：ア　　　e：イ
　　　　　(2) 売上高の伸び以上に売掛金が増えているから
　　　　　(3) 利益剰余金が増えるから

2 | ストラテジ系

Try! (H29春午後問2抜粋)

本Try!問題は，経営分析とバランススコアカードをテーマにした問題の一部です。経営分析に関する部分のみを抜粋しています。挑戦してみましょう！

A社グループは，セルフサービス方式（以下，セルフ型という）のコーヒー店チェーンを全国展開するA社と，ファミリーレストランチェーンを展開するA社の子会社で構成される大手の外食グループである。セルフ型は，顧客回転率を上げて来客数を増やすために，店舗の立地環境が他の業種に比べて重要である。A社は，長年にわたって出店数を増加させ続けたことによって，駅前やオフィス街を中心に約900の直営コーヒー店舗を展開してきた。主な顧客は会社員や学生である。

喫茶店市場では縮小傾向が続いているが，A社は長年業界トップグループの位置を維持している。しかし，コンビニエンスストアが安価でおいしいコーヒーの販売を開始したので，対抗策として新機軸の戦略を打ち出すことにした。

〔B社との比較による現状確認〕

現状を確認するために，A社と同じセルフ型コーヒー店チェーンを運営するB社をベンチマークとして比較検討を行った。B社は，海外の最大手コーヒー店チェーン運営会社と日本国内において独占的にフランチャイズ契約を結び，全て直営で約600店舗を展開している。A社と出店地域は似ているが，B社はおしゃれな雰囲気や全席を禁煙とすることで，若者や女性の支持を得ている。コーヒーの単価はA社よりも5割程度高い。前年度末のA社（コーヒー店チェーン事業単体）とB社の貸借対照表，損益計算書，及び諸指標の比較を表1〜4に示す。

表1　A社の貸借対照表

（単位：百万円）

（資産の部）		（負債の部）	15,000
流動資産	31,000	流動負債	11,000
現金及び預金	22,000	買掛金	4,000
売掛金	4,000	その他	7,000
有価証券	-	固定負債	4,000
棚卸資産	2,000		
繰延税金資産	1,000	（純資産の部）	58,000
その他	2,000	株主資本	58,000
固定資産	42,000	資本金	7,000
有形固定資産	26,000	資本剰余金	17,000
無形固定資産	1,000	利益剰余金	34,000
投資その他の資産	15,000		
資産合計	73,000	負債・純資産合計	73,000

表2　B社の貸借対照表

（単位：百万円）

（資産の部）		（負債の部）	16,000
流動資産	20,000	流動負債	13,000
現金及び預金	11,000	買掛金	2,000
売掛金	3,000	その他	11,000
有価証券	2,000	固定負債	3,000
棚卸資産	2,000		
繰延税金資産	1,000	（純資産の部）	28,000
その他	1,000	株主資本	28,000
固定資産	24,000	資本金	5,000
有形固定資産	10,000	資本剰余金	7,000
無形固定資産	1,000	利益剰余金	16,000
投資その他の資産	13,000		
資産合計	44,000	負債・純資産合計	44,000

	A社	B社
売上高	72,000	79,000
売上原価	32,000	23,000
売上総利益	40,000	56,000
販売費及び一般管理費	35,000	49,000
人件費	12,000	21,000
賃借料及び水道光熱費	10,000	19,000
その他	13,000	9,000
営業利益	5,000	7,000
営業外収益	400	200
営業外費用	100	100
経常利益	5,300	7,100
特別利益	300	300
特別損失	700	300
税引前当期純利益	4,900	6,600
法人税等の税金　等	2,100	2,800
当期純利益	2,800	3,800

表3　A社とB社の損益計算書（単位：百万円）

指標	A社	B社
自己資本比率（％）	79.5	63.6
流動比率（％）	a	（省略）
固定比率（％）	72.4	85.7
総資本回転率（回転）	0.99	1.80
固定資産回転率（回転）	b	（省略）
ROE（％）	4.8	13.6
ROA（％）	c	（省略）
売上高総利益率（％）	55.6	70.9
売上高営業利益率（％）	6.9	8.9
売上高経常利益率（％）	7.4	9.0
売上高当期純利益率（％）	3.9	4.8
店舗平均売上高（千円／年）	77,000	130,000
店舗数（店）	935	606
店舗平均席数（席）	42	76
店舗平均来店客数（人／日）	703	635

表4　A社とB社の諸指標の比較

　安全性の視点から見ると，両社とも自己資本比率，流動比率が高く，固定比率は低い。さらに，固定負債額も小さいので，短期，長期ともに問題がないといえる。

　収益性の視点から見ると，両社の売上高総利益率の差が大きい。A社は，世界中の主要生産地からコーヒー豆を買い付け，直火式焙煎を大量に行う仕組みを確立している。コーヒー豆の品質管理を徹底することで，おいしいコーヒーを提供することができ，それが顧客満足の向上につながっている。しかし，このためのコストに対し，コーヒーの単価を低く設定しているので，売上高総利益率が低くなっている。一方，B社は提携している海外のコーヒー店チェーン運営会社からコーヒー豆を安価で仕入れている。

　A社は，安価な商品による売上を，出店数の多さ，人件費の低さ，顧客回転率の高さで補うことで利益を生み出すビジネスモデルであることを再認識した。しかし，A社はこれらに過剰に依存せず，新たな方法で営業利益率を向上させることが必要であると感じていた。

　経営の効率性の視点から見ると，ROEで大きな差が出ている。ROEは，自己資本比率，売上高当期純利益率及び　d　に分解できるが，売上高当期純利益率と　d　はA社の方が低い。

(1) 表4中の　a　～　c　に入れる適切な数値を求めよ。答えは小数第2位を四捨五入して，小数第1位まで求めよ。ここで，　c　の算出において，利益は当期純利益を用いること。

(2) 本文中の　d　に入れる適切な字句を答えよ。

2 | ストラテジ系

解説

(1) ●**空欄a**：流動比率とは，短期的な負債に対する支払能力を示す指標です。次の計算式によって求めます。

流動比率（%）＝流動資産÷流動負債×100

表1を見ると，A社の流動資産は31,000百万円，流動負債は11,000百万円なので，流動比率（%）は，次のようになります。

31,000÷11,000×100＝281.818… → （小数第2位を四捨五入）→ **281.8**%

●**空欄b**：固定資産回転率とは，保有する固定資産が会社の運営において，どれくらい有効に利用されているか，固定資産の運用効率を示す指標です。次の計算式によって求めます。

固定資産回転率（回転）＝売上高÷固定資産

表1および表3から，A社の売上高は72,000百万円，固定資産は42,000百万円なので，固定資産回転率は，次のようになります。

72,000÷42,000＝1.7142… → （小数第2位を四捨五入）→ **1.7**回転

●**空欄c**：ROA（Return On Assets：総資産利益率）とは，総資産に対してどれだけの利益が生み出されたのかを示す指標です。次の計算式によって求めます。

ROA（%）＝当期純利益÷総資産×100

表1および表3から，A社の当期純利益は2,800百万円，総資産は73,000百万円なので，ROA（%）は，次のようになります。

2,800÷73,000×100＝3.8356… → （小数第2位を四捨五入）→ **3.8**%

(2) ROE（Return on Equity：自己資本利益率）は，自己資本（純資産）に対してどれだけの利益が生み出されたのかを示す指標で，次の計算式によって求めます。

ROE（%）＝当期純利益÷自己資本×100

自己資本比率は，総資本のうち自己資本の占める割合です。

自己資本比率（%）＝自己資本÷総資本×100

売上高当期純利益率は，売上高に対する当期純利益の割合です。

売上高当期純利益率（%）＝当期純利益÷売上高×100

そこで，自己資本比率と売上高当期純利益率を用いて，ROEの計算式を表すと，次のようになります。

$$\text{ROE}＝\frac{当期純利益}{自己資本}＝\frac{売上高当期純利益率×売上高}{自己資本比率×総資本}$$

$$＝\frac{売上高当期純利益率}{自己資本比率}×\frac{売上高}{総資本}$$

上記式の「売上高÷総資本」で計算される指標を総資本回転率といいます。したがって，**空欄d**は**総資本回転率**です。

解答 （1）a：281.8　b：1.7　c：3.8　（2）d：総資本回転率

問題5 事業継続計画（BCP） (H23春午後問3)

関西地方を中心に200を超える店舗を展開する外食産業を題材にした事業継続計画（BCP：Business Continuity Plan）に関する問題です。本問では，BCPの基本方針から始まる，ビジネスインパクト分析（BIA），事業継続の対象範囲や目標復旧時間（RTO）・目標復旧時点（RPO）の設定およびRTO達成に向けた施策，そしてBCPの見直しやBCPの教育・訓練などBCP全般に関する基本的な知識と理解が問われます。

問 事業継続計画（BCP）に関する次の記述を読んで，設問1～4に答えよ。

〔A社の事業とシステムの現状〕

　A社は，D県に本社を構え，関西地方を中心に200店舗を超える多様な業態のレストラン，居酒屋，カフェテリアなどを展開する外食産業である。全店舗のうち，年中無休や24時間営業の店舗が7割を超えている。国内外の契約農場から食材を調達し，いち早くトレーサビリティの管理を徹底してきた。商圏ごとにある二つの調理センタは，調達，製造，物流などの機能を兼ね備えている。徹底した店舗運営管理によって低価格・高品質を実現し，外食産業全体が低迷している中でも業績は堅調である。社長は，関東地方に進出して2年間で店舗数を2倍にする構想をもっている。

　A社では，複数のサブシステムで構成される情報システム（以下，A社システムという）が年中無休で連続稼働している。A社システムのサーバ機器類は，本社から車で10分程度のB社のデータセンタ（以下，B1センタという）に設置されハウジングサービスを受けている。図1に，A社の飲食事業スキームを実線で，A社システムを破線で表す。

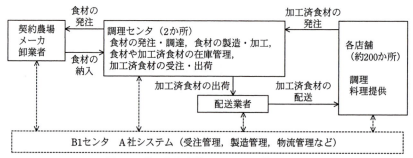

図1　A社の飲食事業スキームとA社システム

2 | ストラテジ系

また，A社システムの全面停止に備えたシステム対応状況は，次のとおりである。
(1) B1センタ内のサーバ機器類は，二重化されている。B1センタのバックアップセンタはない。
(2) 重要データを業務単位に設定し，毎日，午前0時にフルバックアップを行う。また，フルバックアップ時点から2時間ごとに，差分データのバックアップを行う。

〔BCP策定プロジェクトの立上げ〕

A社ではBCP策定プロジェクトを立ち上げ，総務部のX部長がプロジェクトリーダに任命された。A社のBCPの方針は，多数の店舗が一斉に，かつ，長時間にわたって営業停止とならないことである。したがって，調理センタでの業務が全面停止し，各店舗に加工済食材を供給できなくなってしまうことが最大の問題となる。

X部長は，それぞれの調理センタがある地域で災害が発生した場合を想定し，リソースの確保，業務の外部委託などに関する検討タスクフォースを立ち上げ，ビジネスインパクト分析（BIA）に着手した。一方で，A社システムが全面停止に至った場合のBCPについて，システム部に検討を依頼した。

〔目標復旧時間（RTO）と目標復旧時点（RPO）の設定〕

A社システムが全面停止しても，調理センタ内の設備，体制が正常であれば，手作業で代替して一部の業務を継続することは可能であるが，早急にシステムの復旧が求められる。業務再開までに必要な作業手順及び実行時間は，次のとおりである。最初に(1)を実行し，その後は(2)と(3)を並行して実行することができる。

(1) 緊急対策本部判断（本部の設置，BCP発動判断）：20分
(2) 業務再開準備作業（代替業務開始準備作業を含む）：70分
(3) システム再開作業（①，②は順番に行わなければならない）
　①システム再立上げ作業：　a　分
　②データ復旧作業（バックアップデータからの復旧～データ再入力）：50分

X部長は，システム部の検討結果を受けて，業務のRTOを100分，システムのRPOを120分と設定した。

〔A社のBCPに関する報告〕

更なる検討を重ねた後，X部長は，システム停止や災害が発生した場合のA社のBCPに関する報告を取りまとめた。
(1) B1センタ内のシステムが停止した場合，現状のシステム二重化対策によって業務

143

のRTOを達成できる見込みなので，新たな対策は不要である。

（2）B1センタがある地域以外で災害が発生した場合，該当地域の店舗（最大20店舗と推定）の営業が数週間から1か月程度停止する。しかし，地域が限定されるので，これまでどおりリスクを　b　する方針とし，特別な対策をとらない。

（3）B1センタがある地域で災害が発生した場合，A社システムが長時間にわたって全面停止になると，A社の事業を継続できなくなってしまう。災害が発生した場合の事業停止のリスクを　c　する方針とし，システム対策を強化すべきである。

〔バックアップセンタの設立計画〕

　経営会議での承認を受けたX部長は，重大な災害が発生してもA社の事業を継続させるために，B1センタのバックアップセンタの設立計画作りに着手した。

（1）本社から約300km離れたE県にあるB社所有の別データセンタ（以下，B2センタという）のハウジングサービスを利用する。

（2）B2センタ内には，B1センタと同等性能のサーバ機器類を設置する。すべてのソフトウェアのバージョン及び設定をB1センタのものと同一に保つ。センタ間のデータ整合性確保のために，B1センタで取得したバックアップデータを，B社のネットワークサービスを利用して，速やかにB2センタに伝送する。

（3）B2センタ内のバックアップシステムはコールドスタンバイとし，BCP発動後速やかにシステム立上げ作業に着手する。

（4）B2センタの運用オペレーションには，B2センタから約3km離れたB社支社の従業員を特別に手配する。B社支社の従業員には，事前にB2センタで必要な運用訓練を受けさせる。B社支社の従業員は，緊急連絡を受けてB社支社や自宅などからB2センタへ移動し，システムを稼働させる。

　さらに，A社では緊急対策マニュアルを改訂し，B社を含めた関係者による訓練を半年に1回の頻度で実施することを決めた。

設問1　A社の企業活動と整合性を保つ観点から，A社が，将来，今回策定したBCPを見直す要因になる事項を，本文中から40字以内で述べよ。

設問2　〔目標復旧時間（RTO）と目標復旧時点（RPO）の設定〕で，A社システムが全面停止に至った場合の調理センタのBCPについて，（1），（2）に答えよ。

（1）業務のRTOを達成するために，システム再立上げ作業を何分以内で実行する必要があるか。　a　に入れる適切な数値を答えよ。

144

2 | ストラテジ系

（2）加工済食材の受注業務を再開するために，バックアップデータからの復旧後，システム停止前の各店舗からの加工済食材発注データを間違いなく再入力する必要がある。データ再入力の前に実施すべき事項を，解答群の中から選び，記号で答えよ。

解答群

ア　システム停止によって消滅したデータを特定する。

イ　製造ラインを手動モードに移し，縮退して食材の製造・加工を行う。

ウ　調達元への食材発注を電話やファックスで行う。

エ　配送業者への配送指示を電話やファックスで行う。

オ　バックアップデータのボリュームを見積もる。

設問3　本文中の　 b 　, 　 c 　に入れる適切な字句を，解答群の中から選び，記号で答えよ。

解答群

ア　移転　　イ　回避　　ウ　低減　　エ　保有

設問4　重大な災害発生時のバックアップセンタへの移行について，(1), (2)に答えよ。

（1）B2センタへの移行時に発生する，緊急対策本部判断時間，業務再開準備作業時間，システム再立上げ作業時間，及びデータ復旧作業時間のほかに，B2センタに関して考慮すべき時間は何か。25字以内で述べよ。

（2）策定したBCPに従って訓練を行う目的として適切なものを，解答群の中から三つ選び，記号で答えよ。

解答群

ア　BIAが効果的に行われていたことを確認する。

イ　各店舗における必要なリソース（設備，体制，加工済食材）を確認する。

ウ　関係者のBCPに関する理解度・熟知度を深める。

エ　緊急時に限って発生する，現場での代替業務を習得する。

オ　訓練に参加した従業員の人事評価を行う。

カ　システムの自動復旧機能が，方式設計どおりに稼働することを検証する。

145

解説

設問1 の解説

A社が，将来，今回策定したBCP（事業継続計画）を見直す要因になる事項が問われています。BCP（Business Continuity Plan）とは，災害や事故など予期せぬ事態が発生した場合，限られた経営資源で最低限の業務を継続する，もしくは速やかに重要（主要）な業務の回復を行うため事前に策定される計画のことです。BCPはその有効性を維持するため，必要に応じて（経営戦略や情報戦略の変更，経営環境の変化，新たなリスクの顕在化などの発生によって）見直しおよび変更を行う必要があります。

A社のBCPの方針は，「多数の店舗が一斉に，かつ，長時間にわたって営業停止とならないこと」です。したがって，将来，この方針に抵触する何らかの事象・変化が発生したときBCPの見直しが必要になります。そこで，A社の企業活動に関して，"将来"の変化要因として考えられるものを問題文中から探します。すると，〔A社の事業とシステムの現状〕に，「社長は，関東地方に進出して2年間で店舗数を2倍にする構想をもっている」との記述があります。現在，A社は，関西地方を中心に200を超える店舗を展開していますが，関東地方に進出して2年間で店舗数を2倍にするという社長の構想が実現すると，今回策定したBCPでは特別な対策をとらないとした，B1センタがある地域以外で災害が発生した際の対策も必要となります。つまり，今回策定したBCPを見直す要因になるのは，「社長の，関東地方に進出して2年間で店舗数を2倍にするという構想」です。なお，試験センターでは解答例を「**社長は，関東地方に進出して2年間で店舗数を2倍にする構想をもっている**」としています。

設問2 の解説

(1) 業務のRTO（目標復旧時間）を達成するためには，システム再立上げ作業を何分以内で実行する必要があるかが問われています。

〔目標復旧時間（RTO）と目標復旧時点（RPO）の設定〕に示されている業務再開までに必要な作業手順および実行時間は次のとおりで，X部長は，業務のRTOを100分と設定しています。

---

(1) 緊急対策本部判断（本部の設置，BCP発動判断）：20分

(2) 業務再開準備作業（代替業務開始準備作業を含む）：70分

(3) システム再開作業（①，②は順番に行わなければならない）
　①システム再立上げ作業： a 分
　②データ復旧作業（バックアップデータからの復旧～データ再入力）：50分

146

(1)の緊急対策本部判断に20分かかるため，残りの80分で(2)の業務再開準備作業と(3)のシステム再開作業(①システム再立上げ作業，②データ復旧作業)を完了しなければなりません。(2)と(3)は並行して実行できますが，(3)の①と②は順番に行う必要があります。したがって，残り80分で(2)，(3)を完了するためには，

　(2)業務再開準備作業70分 ≦ 80分
　(3)①システム再立上げ作業　a　分＋②データ復旧作業50分 ≦ 80分

でなければならず，①のシステム再立上げ作業は**30**(空欄a)分以内で実行する必要があります。

> **参考　RTOとRPO**
>
> ●**RTO**(Recovery Time Objective：目標復旧時間)は，災害による業務の停止が深刻な被害とならないために許容される時間です。代替手段を含め業務を再開させるまでの最大許容時間を表します。
> ●**RPO**(Recovery Point Objective：目標復旧時点)は，システムが再稼働した時に災害発生前のどれだけ最新の状態に復旧できるかを示す指標です。データ損失の最大許容範囲を表します。

(2) 設問文に，「加工済食材の受注業務を再開するために，バックアップデータからの復旧後，システム停止前の各店舗からの加工済食材発注データを間違いなく再入力する必要がある」とあり，データ再入力の前に実施すべき事項が問われています。

　〔A社の事業とシステムの現状〕の(2)に，「毎日，午前0時にフルバックアップを行い，フルバックアップ時点から2時間ごとに，差分データのバックアップを行う」との記述があるので，バックアップデータからの復旧手順は，「フルバックアップファイル→直前(最新)の差分バックアップファイル(下図B)」の順となります。そのため，差分データ(下図B)をバックアップした時点からシステム停止までのデータは再入力する必要がありますが，この部分のデータは消滅しているため，各店舗に問い合わせるなどして再入力するデータを特定する必要があります。したがって，〔ア〕の「**システム停止によって消滅したデータを特定する**」が正解です。

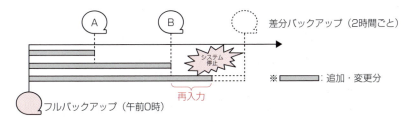

設問3 の解説

〔A社のBCPに関する報告〕の(2),(3)に取りまとめられた方針に該当するリスク対応が問われています。解答群にあるリスク対応は,次のとおりです。

> ア:(リスク)移転とは,保有するリスクを外部に委託したり,または何らかの形で保険による担保を行うことです。
> イ:(リスク)回避とは,リスク発生の要因を隔離,廃棄することにより,リスクが発生する可能性を取り去ることです。
> ウ:(リスク)低減とは,リスクに対して適切な対応策を行うことです。
> エ:(リスク)保有とは,対応策を講じないという対応です。想定したリスク値が受容できる範囲内である場合や,対応コストが発生時の損失コストより大きくなる場合は,経営陣の承認を得ることで,リスクを保有します

● 空欄 b

B1センタがある地域以外で災害が発生した場合の方針です。「地域が限定されるので,これまでどおりリスクを b する方針とし,特別な対策をとらない」とあります。特別な対策をとらないのは,リスク保有です。したがって,**空欄bには〔エ〕の保有**が入ります。

● 空欄 c

B1センタがある地域で災害が発生した場合の方針です。B1センタがある地域で災害が発生すると,A社システムが長時間にわたって全面停止となり,A社の業務を継続できなくなります。A社のBCPの方針である「長時間にわたって営業停止とならない」ようにするためには,何らかの適切な対策を講じて,A社システムの全面停止というリスクを低減しなければなりません。つまり,ここでの方針は,「事業停止リスクの低減」です。したがって,**空欄cには〔ウ〕の低減**が入ります。

設問4 の解説

(1) B2センタへの移行時に発生する,考慮すべき時間が問われています。

〔バックアップセンタの設立計画〕の(4)にある,「B2センタの運用オペレーションには,B2センタから約3km離れたB社支社の従業員を特別に手配する」という記述に着目します。災害発生の際は,BCP発動後速やかに業務再開のための作業に着手しなければなりませんが,B2センタの運用オペレーションを行うのは,B2センタから約3km離れたB社支社の従業員です。そのため,緊急連絡を受けてから業務再開作業に着手するまでに,B社支社や自宅などからB2センタへ移動する時間がかか

ります。つまり，B2センタへの移行に関しては，「**B社支社の従業員がB2センタへ移動する時間**」も考慮すべきです。

(2) 策定したBCPに従って訓練を行う目的が問われています。BCPに従って訓練を行うのは，BCPの有効性を確認することと，BCPに従って適切な行動ができるようにしておくことです。したがって適切なのは，次の3つです。

　〔**イ**〕の「**各店舗における必要なリソース（設備，体制，加工済食材）を確認する**」
　〔**ウ**〕の「**関係者のBCPに関する理解度・熟知度を深める**」
　〔**エ**〕の「**緊急時に限って発生する，現場での代替業務を習得する**」

　ア：BIA（Business Impact Analysis：ビジネスインパクト分析）は事業影響度分析とも呼ばれ，災害・事故など予期しない事態の発生によって主要な業務が停止した場合の影響の度合いを分析・評価することです。BCPは，BIAの結果に基づいて策定されますが，BCPに従った訓練の目的は，BIAが効果的に行われていたかどうかの確認ではありません。BIAが効果的に行われていたかどうかの確認は，BCPの策定段階で行われるものと考えられます。

　オ：訓練に参加した従業員の人事評価は行いません。

　カ：問題文中に，「システムの自動復旧機能」に関する記述は見当たりません。また，システムの自動復旧機能の検証は，一般にシステムテストで行います。

参考　従業員の教育訓練

　経済産業省の**"システム管理基準"**では，従業員の教育訓練に関して，「事業継続にかかわる脅威が発生しても，迅速かつ確実に事業継続計画に定められた手順を実行できるようにするため，**事業継続計画には従業員の教育訓練の方針を明確にする必要がある**」としています（※次ページ「参考」の内閣府の"事業継続ガイドライン"も参照）。

解答

設問1　社長は，関東地方に進出して2年間で店舗数を2倍にする構想をもっている

設問2　(1) a：30
　　　　　(2) ア

設問3　b：エ　　c：ウ

設問4　(1) B社支店の従業員がB2センタへ移動する時間
　　　　　(2) イ，ウ，エ

参考 内閣府の"事業継続ガイドライン"

"事業継続ガイドライン"は、国内企業の事業継続能力向上を目指して内閣府が、事業継続計画策定・維持改善上のポイントについての考え方をまとめたもので、次の3つの章から構成されています。
- 第1章：事業継続の必要性と基本的考え方
- 第2章：事業継続計画および取り組みの内容
- 第3章：経営者および経済社会への提言

このうち試験での出題があるのは、第2章「事業継続計画および取り組みの内容」に記述されている"事業継続計画の継続的改善のプロセス"です。

本ガイドラインでは、**事業継続計画の継続的改善のプロセス**は、①「経営者が方針を立て」、②「計画を立案し」、③「日常業務として実施・運用し」、④「従業員の教育・訓練を行い」、⑤「結果を点検・是正し」、⑥「経営層が見直す」ことを繰り返すとしています。下図に示す事業継続計画の継続的改善のプロセスおよび事業継続計画が策定されるステップを確認しておきましょう。

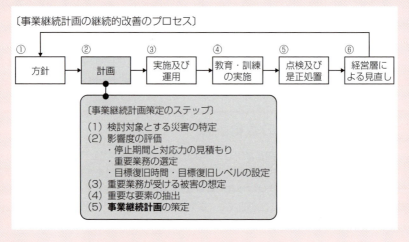

〔補足〕

本ガイドラインでは、"教育・訓練の実施"について、「事業継続を実践するためには、経営者をはじめとする全従業員が事業継続の重要性を共通の認識としてもつこと、つまり"文化"として定着していることが大切であり、こういった観点からも平時から教育・訓練を継続的に実施する必要がある」としています。

第3章 プログラミング(アルゴリズム)

プログラミング（アルゴリズム） に関する問題は，午後試験の**問3**に出題されます。選択解答問題です。

出題範囲

アルゴリズム，データ構造，プログラム作成技術（プログラム言語，マークアップ言語），Webプログラミング など

3 プログラミング（アルゴリズム）

基本知識の整理

〔学習項目〕
① スタックとキュー
② 連結リスト
③ 2分木
④ 再帰呼び出し
⑤ 計算量

チェック

①スタックとキュー

●スタック

 重要

スタックは，最後に格納したデータを最初に取り出す，後入れ先出し（**LIFO**）の処理に適したデータ構造です。スタックに対してデータを格納する操作をプッシュ（push），スタックからデータを取り出す操作をポップ（pop）といい，これらの操作はつねにスタックの最上段で行われます。

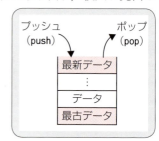

 チェック

午後問題では，配列を用いてスタックを実現した場合のスタック操作関数がよく出題されます。下記に示した関数を確認しておきましょう。ここで，配列Aの添字は1から始まり，変数pの初期値は0とします。

```
//push操作の関数
function push(x)
    p   ← p + 1
    A[p] ← x
    return
endfunction
```

```
//pop操作の関数
function pop( )
    x   ← A[p]
    p   ← p - 1
    return x
endfunction
```

次のようにしても実現可能
p ← p - 1
return A[p + 1]

なお、スタックを使った代表的な処理は、後置表記法（逆ポーランド表記法）で表された演算式の評価です。午後問題でも出題されているので確認しておきましょう。

午前でよくでる　スタックの問題

逆ポーランド表記法で表された式を評価する場合、途中の結果を格納するためのスタックを用意し、式の項や演算子を左から右に順に入力し処理する。スタックが図の状態のとき、入力が演算子となった。このときに行われる演算はどれか。ここで、演算は中置表記法で記述するものとする。

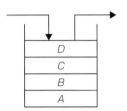

ア　A　演算子　B
イ　B　演算子　A
ウ　C　演算子　D
エ　D　演算子　C

―――――― 解説 ――――――

中置表記法で表される式、たとえば「C＋D」を逆ポーランド表記法で表すと「CD＋」となります。スタックを用いて、この式「CD＋」を評価（計算）する場合、式の左から右に順に入力し、入力が項（オペランド）ならスタックにプッシュし、演算子ならスタックからポップした項の内容を、次にポップした項に演算し、結果を再びスタックにプッシュします。したがって、スタックが図の状態のとき、入力が演算子（たとえば"＋"）となったときに行われる演算は「C＋D」です。

解答　ウ

● キュー

キュー（待ち行列ともいう）は、最初に格納したデータを最初に取り出す、先入れ先出し（**FIFO**）の処理に適したデータ構造です。

プログラミング（アルゴリズム）問題のほか、組込みシステム開発の午後問題でも、キューを循環配列（リングバッファ）として用いた処理がよく出題されます。キューを循環配列で実現する場合のアルゴリズム（次ページ参照）を確認しておきましょう。

- データの格納位置を示す変数をx，処理するデータの取出し位置を示す変数をyとする。
- xはデータ格納後に，yはデータ処理後に＋1を行い，位置を移動する。ただし，x，yが配列の最後n-1を示している場合は，値を0（配列の先頭）に戻す必要があるため，x，yの移動には，余りを求める関数modを用いて次のように行う。

●スタックやキューを用いた探索処理

　2分木などグラフの探索処理において，これから探索する状態を格納しておくためのデータ構造として，深さ優先探索では**スタック**を，幅優先探索では**キュー**を使用する場合があります。

　一般に，深さ優先探索のほうが保持する情報が少なく，記憶領域の消費という観点から効率のよい探索ができるといわれていますが，深さ優先探索は局所的に探索していくため最適経路での探索とならない場合があります。

②連結リスト

　連結リストは，各要素をポインタでつないだデータ構造です。各要素に，ポインタをどのようにもたせるかで次の3つに分けられます。

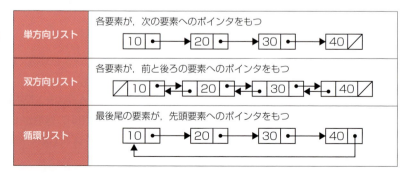

●要素の挿入と削除（単方向リスト）

重要

午前，午後問題ともに頻出なのが要素の挿入と削除です。たとえば，先の単方向リストの要素20と30の間に25を挿入する場合の処理，および要素20を削除する場合の処理は，次のとおりです。ここで，①，②は処理の順番です。

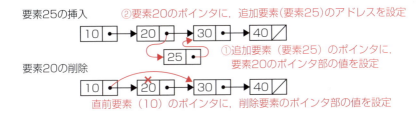

午前でよくでる　リスト構造の問題

n個の要素$x_1, x_2, \cdots, x_n$から成る連結リストに対して，新たな要素x_{n+1}の末尾への追加に要する時間を$f(n)$とし，末尾の要素x_nの削除に要する時間を$g(n)$とする。

nが非常に大きいとき，実装方法1と実装方法2における$\dfrac{g(n)}{f(n)}$の挙動として，適切なものはどれか。

〔実装方法1〕先頭のセルを指すポインタ型の変数frontだけをもつ。

〔実装方法2〕先頭のセルを指すポインタ型の変数frontと，末尾のセルを指すポインタ型の変数rearを併せもつ。

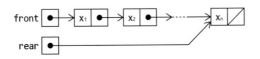

	実装方法1	実装方法2
ア	ほぼ1になる。	ほぼ1になる。
イ	ほぼ1になる。	ほぼnに比例する。
ウ	ほぼnに比例する。	ほぼ1になる。
エ	ほぼnに比例する。	ほぼnに比例する。

―― 解説 ――

●実装方法1の時間計算量

新たな要素x_{n+1}を末尾へ追加する場合，frontからx_nまで順にたどり，x_nのポインタにx_{n+1}のアドレスを設定するので，$f(n)$は要素数nに比例しその計算量は$O(n)$。また，末尾のx_nを削除する場合も，frontからx_{n-1}までたどり，x_{n-1}のポインタにnull（'/'）を設定するので，$g(n)$も要素数nに比例しその計算量は$O(n)$。つまり$g(n)/f(n)$はほぼ**1**になります。

●実装方法2の時間計算量

新たな要素x_{n+1}を末尾へ追加する場合，rearが指すx_nのポインタにx_{n+1}のアドレスを設定し，rearにx_{n+1}のアドレスを設定するので，$f(n)$は要素数nにかかわらずその計算量は$O(1)$。しかし，末尾のx_nを削除する場合は，frontからx_{n-1}までたどりx_{n-1}のポインタにnullを，rearにx_{n-1}のアドレスを設定するので，$g(n)$は要素数nに比例し計算量は$O(n)$。つまり$g(n)/f(n)$はほぼ**n**に比例します。

解答　イ

●リストとキュー

午後問題では先の問題のように，先頭要素へのポインタおよび末尾要素へのポインタをもった単方向リストがよく出題されます。このような構造をもつ単方向リストは，新たな要素の先頭への追加や先頭要素の削除に要する時間は，いずれも要素数nにかかわらず$O(1)$なので，「要素の追加は末尾で行い，取出しは先頭で行う」という**キュー**として使用することができます。

重要

③2分木

単連結で閉路を持たない無向グラフを木といいます。木構造とは，一般に，根という特別な点をもち階層的な（親子）関係を表すことができる根付き木のことをいいます。ここでは，木構造の代表である2分木や2分探索木の性質など，試験での出題が多い重要事項を確認しておきましょう。

●2分木の走査（幅優先探索）

幅優先探索（幅優先順）は，深さの小さい節点から，また同じ深さでは左から右の順に節点を訪れる探索法です。操作には一般に**キュー**が使用されます。

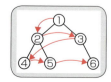

● 2分木の走査（深さ優先探索）

深さ優先探索（深さ優先順）は，根から順に枝をたどり，葉に達したら1つ前の節点に戻って他方の枝をたどるといった探索法で，次に示す3つの方法があります。深さ優先探索の操作には一般に**スタック**が使用されます。

・先行順（行きがけ順）：節点，左部分木，右部分木の順に探索
・中間順（通りがけ順）：左部分木，節点，右部分木の順に探索
・後行順（帰りがけ順）：左部分木，右部分木，節点の順に探索

●は節点を探索するタイミング

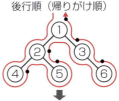

● 2分探索木

2分探索木は，どの節点Nから見ても，その左部分木の各節点がもつデータはすべてNのデータより小さく，右部分木の各節点がもつデータはすべてNのデータより大きいという性質をもつ2分木です。

午前，午後問題ともに，2分探索木におけるデータの探索と，要素（節点）の挿入・削除のアルゴリズムが問われます。データの探索アルゴリズムは深さ優先探索であること，また，左右両方の部分木をもつ節点を削除する場合は，左部分木で最大の値をもつ節点，あるいは右部分木で最小の値をもつ節点を，削除する節点の位置に移動することを確認しておきましょう。

〔データ探索の手順〕
①節点の値と探索データを比較する。
②「節点の値＞探索データ」なら左部分木へ，「節点の値＜探索データ」なら右部分木へ進む。
③①，②の操作を探索データが見つかるか，進む節点がなくなるまで繰り返す。

【例】節点⑦の削除

左部分木で最大の値をもつ節点　　右部分木で最小の値をもつ節点

④再帰呼び出し

チェック

2分探索木やヒープといった木構造を題材とした問題をはじめ，午後問題では，再帰を利用したアルゴリズムがよく出題されます。次の午前問題で，再帰呼び出し処理を確認しておきましょう。

午前でよくでる　再帰関数の問題

再帰的に定義された手続procで，proc(5)を実行したとき，印字される数字を順番に並べたものはどれか。

```
proc(n)
  n=0ならば戻る
  そうでなければ
  {
    nを印字する
    proc(n-1)を呼び出す
    nを印字する
  }
  を実行して戻る
```

ア　543212345
イ　5432112345
ウ　54321012345
エ　543210012345

解説

proc(5)を実行すると，proc(4)，proc(3)，…，proc(0)の順に，自分自身を再帰的に呼び出していきますが，呼出しの前にproc（自分自身）に渡された値を印字します。そして，proc(0)の呼出しを最後に呼出し側に戻っていくわけですが，呼出し側に戻ったら，proc(1)では「1」，proc(2)では「2」，proc(3)では「3」，…と印字します。したがって，proc(5)の実行結果は，「5 4 3 2 1 1 2 3 4 5」になります。

解答　イ

⑤計算量

計算量とは，アルゴリズムの性能を評価する尺度です。アルゴリズムの実行時間を表す**時間計算量**と，実行に必要な領域の大きさを表す**領域計算量**がありますが，一般に計算量といった場合は，時間計算量を指します。

重要

処理するデータ量（問題のサイズ）によって，アルゴリズムの実行時間がどのように変化するのか，その計算量を考えるとき，**オーダ**（という概念）を用います。これは，O（ビッグオー）という記号を用いて，問題のサイズNを大きくしていったときの漸化的計算量を表すものです。

たとえば，N個のデータを処理する最大実行時間が，aN^2+N+b（a，bは定数）で抑えられるとき，実行時間のオーダはN^2であるといい，$O(N^2)$と表します。「えっ!? オーダはN^2+Nじゃあないの?」と勘違いしがちですが，O記法では，定数や係数を除外したうえで最も増加率の大きな項だけで評価します。

【例】

実行時間	オーダ	
aN^2+N+b	N^2	$O(N^2)$
cN	N	$O(N)$
d	1	$O(1)$

※a，b，c，d：定数

午前でよくでる　計算量の問題

アルゴリズムの処理時間や問題の計算時間を比較するときに使用するオーダ記法の説明として，適切なものはどれか。

ア　アルゴリズムが解に到達するまでの計算量の下限値を表す。
イ　アルゴリズムがこれより遅くならないという計算量の上限値を表す。
ウ　アルゴリズムの解析では，主要項の部分を除いて比較する。
エ　アルゴリズムを実現した場合の変数領域の大きさを表す。

解説

オーダ記法が表すのは，計算量の上限値や問題の大きさによる計算量の増加率です。

解答　イ

問題 1 探索アルゴリズム　　　　　　　（H29春午後問3）

目標値に最も近い組合せを1組選択する問題の問題解決を題材に，木構造を用いた探索アルゴリズムの理解を問う問題です。本問では，探索の順序や，探索に必要となるメモリ使用量，さらに探索回数の削減について問われます。

問 探索アルゴリズムに関する次の記述を読んで，設問1～5に答えよ。

1個ずつの重さが異なる商品を組み合わせ，合計の重さが指定された値になるようにしたい。この問題を次のように簡略化し，解法を考える。

〔問題〕
　指定されたn個の異なる数（自然数）の中から任意の個数の数を選択し，それらの合計が指定された目標Xに最も近くなる数の組合せを1組選択する。その際，合計はXより大きくても小さくてもよい。ただし，同じ数は1回しか選択できないものとする。

例えば，指定されたn個の数が(10, 34, 55, 77)，目標Xが100とすると，選択した数の組合せは(10, 34, 55)，選択した数の合計（以下，合計という）は99となる。
　この問題を解くためのアルゴリズムを考える。
　指定されたn個の数の中から任意の個数を選択することから，各数に対して，選択する，選択しない，の二つのケースがある。数を一つずつ調べて，次の数がなくなるまで"選択する"，"選択しない"の分岐を繰り返すことで，任意の個数を選択する全ての組合せを網羅できる。この場合分けを図1に示す。

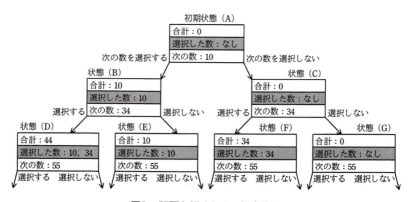

図1　問題を解くための場合分け

3 | プログラミング（アルゴリズム）

〔データ構造の検討〕

　図1の場合分けをプログラムで実装するために，必要となるデータ構造を検討する。

　まず，図1の場合分けを木構造とみなしたときの各ノード（状態）を構造体Statusで表す。構造体Statusは要素として"合計"，"選択した数"，"次の数"をもつ必要がある。

　プログラムで使用する配列，変数及び構造体を表1に示す。

表1　プログラムで使用する配列，変数及び構造体

名称	種類	内容
numbers[ ]	配列	問題で指定される n 個の数を格納する配列。配列の添字は 1 から始まる。
target	変数	問題で指定される目標 X を格納する変数。
Status	構造体	次の三つの要素をもつ構造体。状態を表す。 ・total：合計を表す変数。初期値は 0。 ・selectedNumbers[ ]：選択した数を表す配列。各要素の初期値は null とする。配列の添字は 1 から始まる。 ・nextIndex：次の数の numbers[ ] における添字を格納する変数。初期値は 1。次の数がない場合は 0。 構造体の要素は "." を使った表記で表す。"." の左に，構造体全体を表す変数を書き，"." の右に，要素名を書く。
currentStatus	変数	構造体 Status の値を格納する変数。"取得した状態" を表す。
ansStatus	変数	構造体 Status の値を格納する変数。"現時点での解答の候補"（以下，"解答の候補" という）を表す。初期値は null とする。

〔探索の手順〕

　図1に示した場合分けの初期状態（A）からの探索手順を，次の（1）〜（3）に示す。①これから探索する状態を格納しておくためのデータ構造として，キューを使用する場合とスタックを使用する場合で，探索の順序が異なる。また，②データ構造によってメモリの使用量も異なる。ここではキューを使用することにする。

（1）初期状態（A）を作成し，キューに格納する。キューが空になるまで（2），（3）を繰り返す。

（2）キューに格納されている状態を一つ取り出す。これを"取得した状態"と呼ぶ。"取得した状態"の評価を行う（状態を評価する手順は次の〔"取得した状態"の評価〕に示す）。

（3）"取得した状態"に次の数がある場合，次の数を選択した状態と，次の数を選択しない状態をそれぞれ作成し，順にキューに格納する。

161

〔"取得した状態" の評価〕

"取得した状態"を評価し，"解答の候補"を設定する手順を，次の (1)，(2) に示す。

（1）"解答の候補"がnullの場合，"取得した状態"を"解答の候補"にする。

（2）"解答の候補"がnullでない場合，"解答の候補"の合計と"取得した状態"の合計をそれぞれ目標Xと比較して，後者の方が目標Xに近い場合，"取得した状態"を"解答の候補"にする。

探索の手順が終了した時点の"解答の候補"を解答とする。

探索を行うための関数を表2に示す。

表2　探索を行うための関数

名称	内容
enqueue(s)	引数として与えられる構造体 Status の値 s をキューに追加する。
dequeue( )	キューから構造体 Status の値を取り出して返す。
isEmpty( )	キューが空かどうかを判定する。 キューが空ならば1を，そうでなければ0を返す。
nextStatus1(s)	引数として与えられる構造体 Status の値 s に対して，次の数を選択した状態を表す構造体 Status の値を返す。戻り値の各要素に次の内容を設定する。 ・total：s.total＋numbers[s.nextIndex] を設定する。 ・selectedNumbers[ ]：s.selectedNumbers[ ] に numbers[s.nextIndex] を追加した配列を設定する。 ・nextIndex：s.nextIndex が n ならば 0 を，そうでなければ s.nextIndex＋1 を設定する。
nextStatus2(s)	引数として与えられる構造体 Status の値 s に対して，次の数を選択しない状態を表す構造体 Status の値を返す。戻り値の各要素に次の内容を設定する。 ・total：s.total を設定する。 ・selectedNumbers[ ]：s.selectedNumbers[ ] を設定する。 ・nextIndex：s.nextIndex が n ならば 0 を，そうでなければ s.nextIndex＋1 を設定する。
abs(n)	引数として与えられる数 n の絶対値を返す。

〔探索処理関数treeSearch〕

探索処理を実装した関数treeSearchのプログラムを図2に示す。

ここで，表1で定義した配列及び変数は，グローバル変数とする。

3 プログラミング（アルゴリズム）

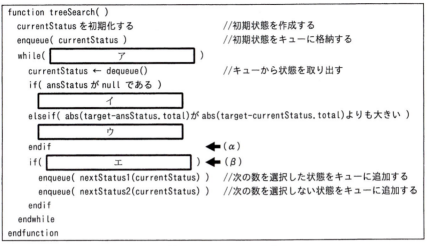

図2　関数treeSearchのプログラム

〔探索回数の削減〕

　関数treeSearchで実装した方法では，nが大きくなるにつれて"取得した状態"を評価する回数（以下，探索回数という）も増大するが，不要な探索処理を行わないようにすることによって，③探索回数を削減することができる。探索回数の削減のために，探索を継続するかどうかを示すフラグを新たに用意し，次の(1)～(3)の処理を追加することにした。

(1) "取得した状態"の合計が目標X以上の場合，以降の状態で数を選択しても合計は目標Xから離れてしまい，"解答の候補"にはならない。以降の状態の探索を不要とするために，フラグを探索中止に設定する。
(2) (1)以外の場合，フラグを探索継続に設定する。
(3) フラグが探索中止の場合，"取得した状態"からの分岐を探索しないようにする。
　探索回数の削減のために追加する変数を表3に示す。

表3　探索回数の削減のために追加する変数

名称	種類	内容
nextFlag	変数	"Y"のとき探索継続，"N"のとき探索中止を表す。

探索回数の削減を実装するために，図2中の（α）の行と（β）の行の間に図3のプログラムを追加し，（β）を"if(エ ， かつ，nextFlagが"Y"である）"に修正した。

```
if( currentStatus.total が target 以上である )
   nextFlag ←    オ
else
   nextFlag ←    カ
endif
```

図3　探索回数の削減のための追加プログラム

設問1　図2中の ア ～ エ に入れる適切な字句を答えよ。

設問2　図3中の オ ， カ に入れる適切な字句を答えよ。

設問3　本文中の下線①について，次の (1)，(2) の場合の評価の順序を，図1中の状態の記号 (A) ～ (G) を用いてそれぞれ答えよ。ここで，分岐の際は左側のノードから先にデータ構造に格納することとする。本問では (D)，(E)，(F)，(G) の後の状態は考慮しなくてよい。
(1) 〔探索の手順〕での記述どおり，データ構造にキューを使用した場合
(2) 本文中のキューを全てスタックに置き換えた場合

設問4　本文中の下線②について，データ構造にキューを使用した場合に，キューが必要とするメモリ使用量の最大値として適切な字句を解答群の中から選び，記号で答えよ。ここで，問題における数の個数をn，キューに状態を一つ格納するために必要なメモリ使用量をmとする。

解答群

ア　$2^n m$　　　イ　$2nm$　　　ウ　nm　　　エ　$n^2 m$　　　オ　$(n+1)m$

設問5　本文中の下線③における探索回数の削減を更に効率的に行うために，"指定されたn個の数"に実施しておくことが有効な事前処理の内容を20字以内で，その理由を25字以内でそれぞれ述べよ。

3 | プログラミング（アルゴリズム）

||| **解 説** |||

設問1 の解説

　探索処理関数treeSeachを完成させる問題です。探索の処理手順は，〔探索の手順〕に示されているので，これと図2のプログラムを対応させながら考えましょう。

●空欄ア

　while文の繰返し条件が問われています。〔探索の手順〕を見ると，(1)に「初期状態（A）を作成し，キューに格納する。キューが空になるまで(2)，(3)を繰り返す。」とあります。「初期状態（A）を作成し，キューに格納する」処理は，while文の手前にある「currentStatusを初期化する」と「enqueue(currentStatus)」に該当するので，このwhile文は，キューが空になるまで繰り返せばよいことがわかります。ここで，空欄アには繰返し条件を入れなければいけないことに注意しましょう。「キューが空になるまで繰り返す」ということは，「キューが空でない間は繰り返す（空でなければ繰り返す）」ということなので，空欄アには，「キューが空でない」ことを判定する条件式を入れます。では，空欄アに入れる条件式を考えましょう。

　キューが空であるかどうかの判定には，関数isEmptyが利用できます。isEmpty()は，キューが空なら1を，空でなければ0返すので，キューが空でないことを判定する条件式としては，「isEmpty()が0である」あるいは「isEmpty()が1でない」の2つが考えられます。したがって，**空欄ア**には，このどちらかを入れればよいでしょう。なお，試験センターでは解答例を「isEmpty()が0である」としています。

●空欄イ

　空欄イは，ansStatusがnullであるときの処理です。ansStatusは，"解答の候補"を表す変数であり，初期値はnullです。また，〔"取得した状態"の評価〕(1)を見ると，「"解答の候補"がnullの場合，"取得した状態"を"解答の候補"にする」とあります。したがって，空欄イには「"解答の候補"←"取得した状態"」に該当する処理を入れればよいでしょう。

　"解答の候補"を表す変数はansStatusです。では，"取得した状態"を表す変数は？ここで表1を見ると，変数currentStatusが"取得した状態"を表すとあります。また，図2のプログラムを見ると，空欄イを含むif文の直前で「currentStatus ← dequeue()」を実行しています。関数dequeueは，キューに格納されている状態を1つ取り出して返す関数なので，この実行文によりキューから取り出した状態（"取得した状態"）を変数currentStatusに格納していることがわかります。

　以上，変数currentStatusが，"取得した状態"を表す変数なので，**空欄イ**には「ansStatus ← currentStatus」が入ります。

165

●空欄ウ

ansStatusがnullでない場合,「abs(target - ansStatus.total)がabs(target - currentStatus.total)よりも大きい」ときの処理です。この処理は,〔"取得した状態"の評価〕の(2)に該当する処理です。ここで,この条件式に登場する各変数の内容を確認しておきましょう。

> ・target ：目標X
> ・ansStatus.total ："解答の候補"の合計
> ・currentStatus.total ："取得した状態"の合計

〔"取得した状態"の評価〕(2)には,「"解答の候補"の合計と"取得した状態"の合計をそれぞれ目標Xと比較して,後者の方が目標Xに近い場合,"取得した状態"を"解答の候補"にする」とあります。たとえば,目標Xが99で,"解答の候補"の合計が10,"取得した状態"の合計が44であれば,

・目標X(target) − "解答の候補"の合計(ansStatus.total)　　　 = 99 − 10 = 89
・目標X(target) − "取得した状態"の合計(currentStatus.total) = 99 − 44 = 55

となり,"取得した状態"の合計の方が目標Xに近い(targetとansStatus.totalの差が,targetとcurrentStatus.totalの差よりも大きい)ので,この場合,「"取得した状態"を"解答の候補"にする」処理,すなわち「ansStatus ← currentStatus」を行います。したがって,「abs(target - ansStatus.total)がabs(target - currentStatus.total)よりも大きい」場合に実行する処理(**空欄ウ**)は,「ansStatus ← currentStatus」です。

なお,条件式で関数absを使用していますが,これは,合計は目標値Xより大きくても小さくてもよく,どちらが目標Xに近いかを調べるためです。

●空欄エ

if文の条件式が問われています。このif文は,〔探索の手順〕(3)「"取得した状態"に次の数がある場合,次の数を選択した状態と,次の数を選択しない状態をそれぞれ作成し,順にキューに格納する」に該当する処理です。したがって,空欄エには,「"取得した状態"に次の数があるか」を判定する条件式を入れればよいでしょう。

"取得した状態"に次の数があるかどうかは,currentStatusのnextIndexを見ればわかります。次の数がない場合,nextIndexは0なので,**空欄エ**には,「currentStatus.nextIndexが0でない」を入れます。

3 | プログラミング（アルゴリズム）

補足 〔探索の手順〕とプログラムとの対応

```
function treeSearch( )
    currentStatus を初期化する              //初期状態を作成する
    enqueue( currentStatus )                //初期状態をキューに格納する    〔探索の手順〕（1）
    while(          ア          )  ←キューが空でなければ繰り返す
                                                                          〔探索の手順〕（2）
        currentStatus ← dequeue()          //キューから状態を取り出す
        ↑キューに格納されている状態を1つ取り出し，これを"取得した状態"にする

        ┄┄┄┄┄┄┄┄┄┄〔"取得した状態"の評価〕┄┄┄┄┄┄┄┄┄┄
        if( ansStatus が null である )
              イ              ←（1）"取得した状態"を"解答の候補"にする
        elseif( abs(target-ansStatus.total)が abs(target-currentStatus.total)よりも大きい )
              ウ              ←（2）"取得した状態"の合計の方が目標Xに近い場合，
(α)     endif                         "取得した状態"を"解答の候補"にする

                                                                          〔探索の手順〕（3）
(β)     if(          エ          )  ←"取得した状態"に次の数があるか
            enqueue( nextStatus1(currentStatus) )    //次の数を選択した状態をキューに追加する
            enqueue( nextStatus2(currentStatus) )    //次の数を選択しない状態をキューに追加する
        endif
    endwhile
endfunction
```

設問2 の解説

〔探索回数の削減〕に関する設問です。（α）の行と（β）の行の間に追加するプログラム（下記）の空欄が問われています。

```
if( currentStatus.total が target 以上である )
    nextFlag ←   オ
else
    nextFlag ←   カ
endif
```

つまり，問われているのは，「currentStatus.total（"取得した状態"の合計）がtarget（目標X）以上である」場合，変数nextFlagに何を設定し，それ以外の場合は何を設定するかです。ここで，〔探索回数の削減〕に示された処理を見ると，(1)に「"取得した状態"の合計（currentStatus.total）が目標X（target）以上の場合，フラグを探索中止に設定する」とあり，(2)には「(1)以外の場合，フラグを探索継続に設定する」とあります。探索中止は"N"，探索継続は"Y"です。したがって，**空欄オ**には

167

"N", **空欄カ**には "Y" が入ります。

設問3 の解説

図1の場合分けにおいて，これから探索する状態を格納しておくためのデータ構造として，キューを使用した場合とスタックを使用した場合のそれぞれの評価順序が問われています。まず，探索の手順を再度確認しておきましょう。

> ❶初期状態（A）をデータ構造に格納する。
> ❷データ構造が空になるまで，下記の処理を繰り返す。
> ・データ構造から状態を1つ取り出し，評価する。
> ・取り出した状態に次の数がある場合，次の数を選択した状態と，次の数を選択しない状態をそれぞれ，順にデータ構造に格納する。

(1) キューは，「最初に格納したデータを最初に取り出す（FIFO）」データ構造なので，探索の処理過程（キューへの格納と取り出し）は次のようになります。なお，設問文に「(D), (E), (F), (G) の後の状態は考慮しなくてよい」との記述があるので，ここでは，状態 (D), (E), (F), (G) には，次の数がない（`nextIndex＝0`）として考えます。

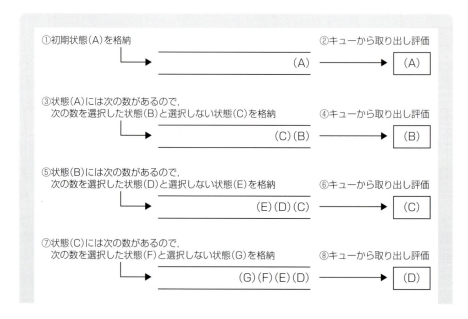

⑨状態(D)には次の数がない。また，(E)，(F)，(G)にも次の数がない。したがって，これ以降は，キューに格納される状態はなく，格納されている状態を順に取り出し評価する。

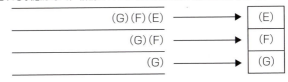

以上，評価順序は「**(A)→(B)→(C)→(D)→(E)→(F)→(G)**」になります。

(2) スタックは，「最後に格納したデータを最初に取り出す（LIFO）」データ構造なので，探索の処理過程（スタックへの格納と取り出し）は次のようになります。

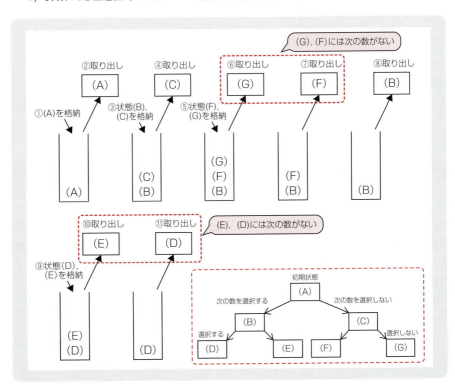

以上，評価順序は「**(A)→(C)→(G)→(F)→(B)→(E)→(D)**」になります。

設問4 の解説

データ構造にキューを使用した場合に，キューが必要とするメモリ使用量の最大値が問われています。ここで，先の設問3(1)での処理過程をもう一度見てみましょう。メモリ使用量が最も多くなっているのは，キューに「(G)(F)(E)(D)」が格納されたとき（前々ページ図の⑦の状態）です。そこで，図1を下図のような完全2分木として見ると，(G)，(F)，(E)，(D)は葉なので，キューが必要とするメモリ使用量の最大値は，この葉の数に比例すると考えられます。なお，完全2分木とは，「葉以外のノードはすべて2つの子をもち，根から葉までの深さがすべて等しい木」のことです。

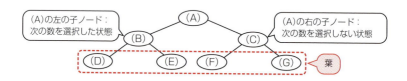

設問文に，「問題における数の個数をn，キューに状態を1つ格納するために必要なメモリ使用量をmとする」とあります。問題における数の個数とは，指定された数の個数のことです。したがって，指定された数の個数がnであるときの，完全2分木（以降，2分木という）における葉の数がわかれば解答できます。すなわち，メモリ使用量の最大値は，次の式で求められます。

> メモリ使用量の最大値 ＝ 葉の数×m

では，葉の数はいくつになるのでしょうか？ 順を追って説明しましょう。

まず，「指定された数の個数がnなら，根から葉までの深さ（根から葉に至までの枝の数）はn」になります。たとえば，指定された数が2個（10，34）の場合，初期状態(A)を根とし，その左の子ノードに10を選択した状態(B)が作成され，さらに(B)の左の子ノードに34を選択した状態(D)が作成されるので，このときの2分木の深さは2です。また，指定された数が1つ増えて3個になった場合，(D)の左の子ノードにその数を選択した状態が作成されるので，深さは3になります。

次に，次ページの「Point」にも示しましたが，「深さがnである2分木の葉の数は2^n」です。

以上，「指定された数の個数がnなら ⇒ 2分木の深さはn ⇒ 深さnの2分木の葉の数は2^n」となるので，メモリ使用量の最大値は$2^n×m$であり，〔ア〕の **$2^n m$** が正解です。

Point! 完全2分木の深さと葉の数の関係

- 指定された数の個数がnなら，**深さ**（根から葉に至るまでの枝の個数）は**n**
- 深さがnなら**葉の数**は**2^n**

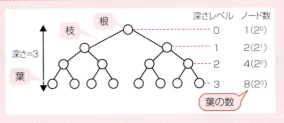

設問5 の解説

探索回数の削減を更に効率的に行うために，"指定されたn個の数"に実施しておくことが有効な事前処理の内容が問われています。着目すべきは，「"取得した状態"の合計が目標X以上なら，それ以降の状態で数を選択しても合計は目標Xから離れてしまうため，この時点で探索を打ち切る」ことです。このことに着目すれば，探索回数を削減するためには，できるだけ早い段階で探索を打ち切れるようにすればよく，そのためには，できるだけ少ない個数の合計で目標X以上になるように，数を大きい順（降順）に並べておけばよいことがわかります。

以上，事前処理の内容としては「指定されたn個の数を降順に並べておく」，理由としては「早い段階で目標Xに近づくことができる」旨を解答すればよいでしょう。なお，試験センターでは解答例を，事前処理の内容「**数を降順にソートしておく**」，理由「**早い段階で探索を打ち切ることができる**」としています。

解答

設問1　ア：isEmpty()が0である　（別解：isEmpty()が1でない）
　　　　イ：ansStatus ← currentStatus
　　　　ウ：ansStatus ← currentStatus
　　　　エ：currentStatus.nextIndexが0でない
設問2　オ："N"　　カ："Y"
設問3　(1) (A)→(B)→(C)→(D)→(E)→(F)→(G)
　　　　(2) (A)→(C)→(G)→(F)→(B)→(E)→(D)
設問4　ア
設問5　事前処理の内容：数を降順にソートしておく
　　　　理由　　　　　：早い段階で探索を打ち切ることができる

問題2　配列と双方向リスト

（H22春午後問2）

PCのデスクトップ上に付箋を配置するアプリケーションを題材に，配列およびリスト（双方向リスト）といった基本的なデータ構造を用いたアルゴリズムの実装と，その計算量を問う問題です。一見，難易度が高い問題のように感じますが，問われている内容自体はそれほど難しくありません。構造体や配列などの名称が長く紛らわしいので，書き間違いをしないよう慎重に解答しましょう。

問　アプリケーションで使用するデータ構造とアルゴリズムに関する次の記述を読んで，設問1～4に答えよ。

PCのデスクトップ上の好きな位置に付箋（ふせん）を配置できるアプリケーションの実行イメージを図1に，付箋1枚のデータイメージを図2に示す。

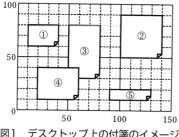
図1　デスクトップ上の付箋のイメージ

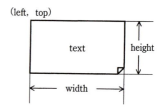
図2　付箋のデータイメージ

複数の付箋データを管理する方法として，配列と双方向リスト（以下，リストという）のいずれがよいかを検討することにした。そこで，図1の付箋③のようにほかの付箋の背後にある付箋を一番手前に移動するアルゴリズムを，配列とリストそれぞれで実装して比較検討する。使用する構造体，配列，定数，変数及び関数を表に示す。また，図1の付箋①～⑤を順番に，配列及びリストにそれぞれ格納した際のイメージを図3，4に示す。

なお，配列及びリストの末尾に近い付箋データほど，デスクトップ上の手前に表示される。

表　使用する構造体，配列，定数，変数及び関数

名称	種類	内容
Memo	構造体	一つの付箋のデータ構造。次の値を管理する構造体である。 　id…付箋の一意な ID，text…付箋のメモ内容 　left，top…付箋の左端，上端の位置 　width，height…付箋の幅，高さ
MEMO_MAX_SIZE	定数	デスクトップに配置できる付箋の最大数。
MemoArray	配列	構造体 Memo を要素（付箋データ）とする，要素数が MEMO_MAX_SIZE の配列。配列の各要素は，MemoArray[i]と表記する（ i は配列の添字）。配列の添字は 0 から始めるものとする。
memoArrayCount	変数	配列 MemoArray に格納されている付箋データの個数。
moveForeArray(id)	関数	付箋 ID が id である付箋データを配列 MemoArray の末尾へ移動する。
findArrayIndex(id)	関数	配列 MemoArray 中で付箋 ID が id である付箋データの添字を返す。
MemoListNode	構造体	付箋データを表すノードのデータ構造。これがリストを構成する。次の値を管理する構造体である。 　data…付箋データ（構造体 Memo） 　prevNode，nextNode…前，次ノードへの参照。リストの先頭ノードの 　　　　　　　　　　　prevNode と末尾ノードの nextNode は null である。
headNode	変数	リストの先頭ノードへの参照。初期値は null である。
tailNode	変数	リストの末尾ノードへの参照。初期値は null である。
moveForeList(id)	関数	付箋 ID が id である付箋データのノードをリストの末尾へ移動する。
findListNode(id)	関数	付箋 ID が id である付箋データが格納されているリスト中のノードへの参照を返す。

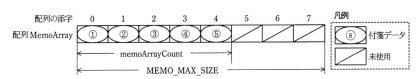

図3　配列の場合のデータ格納列

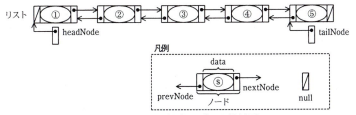

図4　リストの場合のデータ格納列

構造体の要素は".."を使った表記で表す。"."の左には、構造体を表す変数又は構造体を参照する変数を書く。"."の右には、要素の名前を書く。配列の場合、図3の付箋⑤のメモ内容はMemoArray[4].text、また、リストの場合、図4の付箋②のIDはheadNode.nextNode.data.idと表記できる。

〔関数moveForeArray〕

関数moveForeArrayの処理手順を次の(1)～(4)に、そのプログラムを図5に示す。
(1) 配列中の付箋IDがidである付箋データの添字を取得する。
(2) 配列中の(1)で取得した位置の付箋データを一時変数へ退避する。
(3) 配列中の(1)で取得した位置の次から配列の最後の付箋データがある位置までの付箋データを一つずつ前へずらす。
(4) 配列中の最後の付箋データがあった位置へ(2)で退避した付箋データを代入する。

```
function moveForeArray(id)
  index ← findArrayIndex(id)
  tempMemo ←   ア
  for(i を index+1 から    イ    まで1ずつ増やす)
    MemoArray[i-1] ← MemoArray[i]
  endfor
  MemoArray[   イ   ] ← tempMemo
endfunction
```

図5　関数 moveForeArrayのプログラム

〔関数moveForeList〕

関数moveForeListの処理手順を次の(1)～(4)に、処理手順中の(3)(ii)及び(4)の操作を図6に示す。また、関数moveForeListのプログラムを図7に示す。

(1) リストから、付箋IDがidである付箋データをもつノードへの参照を取得する。
(2) (1)で取得したノード(ノードk)が末尾ノードの場合、処理を終了する。
(3) ノードkが先頭ノードの場合は(i)を、そうでない場合は(ii)を実行する。ここで、ノードkの次ノードをノードk+1、前ノードをノードk-1と呼ぶ。
  (i) リストの先頭ノードへの参照をノードk+1への参照に変更し、ノードk+1中の前ノードへの参照をnullに変更する。
  (ii) ノードk-1中の次ノードへの参照をノードk+1への参照に変更し、ノードk+1中の前ノードへの参照をノードk-1への参照に変更する。

(4) リストの末尾ノード（ノードn）中の次ノードへの参照をノードkへの参照に，ノードk中の前ノードへの参照をノードnへの参照に変更する。ノードk中の次ノードへの参照をnullに，リストの末尾ノードへの参照（tailNode）をノードkへの参照に変更する。

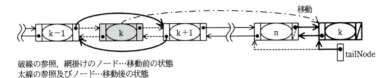

破線の参照，網掛けのノード…移動前の状態
太線の参照及びノード…移動後の状態

図6　ノードkをリストの末尾へ移動する操作

```
function moveForeList(id)
  node ← findListNode(id)
  if (node.nextNode と null が等しい)
    // 末尾ノードの場合
    return
  endif
  if (node.prevNode と null が等しい)
    // 先頭ノードの場合
    headNode ← node.nextNode
    node.nextNode.prevNode ← null
  else
    // 先頭ノード以外の場合
    node.prevNode.nextNode ← node.nextNode
      ウ
  endif
  tailNode.nextNode ← node
    エ
  node.nextNode ← null
  tailNode ← node
endfunction
```

図7　関数 moveForeListのプログラム

〔二つのアルゴリズムに関する考察〕

　まず，時間計算量について考える。配列の場合，末尾へ移動する要素より後のすべての要素をずらす必要が生じる。この処理の計算量は　オ　である。リストの場合，末尾へ移動する付箋データの位置にかかわらず，少数の参照の変更だけでデータ同士の相対的な位置関係を簡単に変えられる。この処理の計算量は　カ　である。

　次に，必要な領域の大きさについて考える。付箋データ1個当たりの領域の必要量は，配列の方が小さい。リストは参照を入れる場所を余分に必要とする。しかし，全体で必要とする領域は，配列の場合，　キ　しておかなければならない。リストの場合，配置されている付箋データの個数分だけ領域を確保すればよい。

設問1　図1の付箋①〜⑤を格納した図3の配列及び図4のリストについて，(1)，(2)に答えよ。

(1) 配列に格納されている，付箋①の高さ20を求める適切な式を答えよ。

(2) tailNode.prevNode.data.heightの値を答えよ。

設問2　図5中の　ア　，　イ　に入れる適切な字句を答えよ。

設問3　図7中の　ウ　，　エ　に入れる適切な字句を答えよ。

設問4　〔二つのアルゴリズムに関する考察〕について，(1)，(2)に答えよ。

(1) 本文中の　オ　，　カ　に入れる適切な字句をO記法で答えよ。

　　なお，配列及びリスト中の付箋データの個数をnとし，関数findArrayIndex及び関数findListNodeの計算量は無視する。

(2) リストの場合，配置されている付箋データの個数分だけ領域を確保すればよいのに対し，配列の場合はどうしなければならないのか。　キ　に入れる適切な字句を30字以内で答えよ。

‖‖‖　　**解　説**　　‖‖‖

設問1　の解説

　図1の付箋①〜⑤を格納した図3の配列および図4のリストに関する設問です。本設問は，配列およびリストにおける要素の表現方法（表記）の理解ができているかを確認するものなので，問題文に記述されている表記例をヒントに考えます。

(1) 配列に格納されている，付箋①の高さ20を求める式が問われています。「高さを求める式って？」と一瞬戸惑いますが，ここで問われているのは，付箋①の高さの表現方法（表記）です。付箋①は配列の先頭要素であること，また問題文にある「図3の付箋⑤のメモ内容はMemoArray[4].textと表記できる」という記述をヒントに考えると，付箋①の高さはMemoArray[0].heightと表記できることがわかります。ここでうっかりMemoArray[1].heightと解答しないよう注意！ です。配列の添字は0から始まるので先頭要素はMemoArray[0]です。

(2) tailNode.prevNode.data.heightの値が問われています。問題文には「リストの場合，図4の付箋②のIDはheadNode.nextNode.data.idと表記できる」とあります。これを解釈すると，「headNodeが参照するノード（①）の，nextNodeが参照するノード（②）の，構造体dataの要素id」となります。

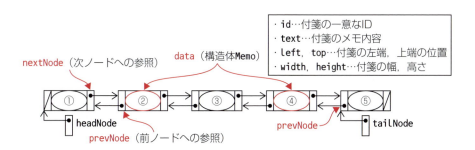

同様に考えると，tailNode.prevNode.data.heightは，「tailNodeが参照するノード（⑤）の，prevNodeが参照するノード（④）の，構造体dataの要素height」ということになり，tailNode.prevNode.data.heightの値は付箋④の高さだとわかります。図1を見ると付箋④の高さは30です。したがって，tailNode.prevNode.data.heightの値は **30** です。

設問2 の解説

関数moveForeArrayを完成させる問題です。関数moveForeArrayは，付箋IDがidである付箋データを，配列MemoArrayの末尾へ移動する関数です。idは引数で与えられます。空欄に何を入れればよいのか，〔関数moveForeArray〕に示された処理手順と図5のプログラムとを対応させながら考えましょう。

●空欄ア

「tempMemo ← ア 」とあります。この処理は，処理手順(2)の「配列中の(1)で取得した位置の付箋データを一時変数へ退避する」に該当する処理です。(1)に該当する処理では「index ← findArrayIndex(id)」により，付箋IDがidである（配列の末尾に移動する）付箋データの位置を添字indexに取得しています。したがって，(1)で取得した位置の付箋データを一時変数tempMemoに退避する処理は，「tempMemo ← MemoArray[index]（**空欄ア**）」となります（下図を参照）。

●空欄イ

「for(iをindex+1から イ まで1ずつ増やす)」とあります。このfor文による繰り返し処理は，処理手順(3)の「配列中の(1)で取得した位置の次から配列の最後の付箋データがある位置までの付箋データを一つずつ前へずらす」に該当する処理です。(1)で取得した位置はindexなので次の位置はindex+1，配列の最後の付箋データがある位置はmemoArrayCount-1です（memoArrayCountではないことに注意！）。したがって，**空欄イ**には，memoArrayCount-1を入れます。

たとえばid=3ならindexは2なので，MemoArray[2]を一時変数tempMemoに退避した後，「MemoArray[2] ← MemoArray[3]」，「MemoArray[3] ← MemoArray[4]」を行うことで，付箋データを1つずつ前へずらします。

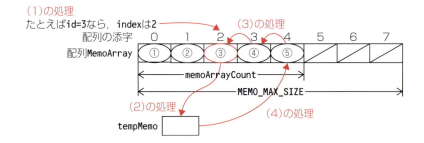

別解

もう1つの空欄「MemoArray[イ] ← tempMemo」を考えます。これは処理手順(4)の「配列中の最後の付箋データがあった位置へ(2)で退避した付箋データを代入する」に該当する処理です。(2)でtempMemoに退避した付箋データはMemoArray[index]，配列中の最後の付箋データの位置はmemoArrayCount-1なので，このことからも空欄イは，memoArrayCount-1であることがわかります。

設問3 の解説

　関数moveForeListを完成させる問題です。関数moveForeListは、付箋IDがidである付箋データのノード（ノードkとする）をリストの末尾へ移動する関数です。まず、図7のプログラム中にあるコメント（注釈）をヒントに、〔関数moveForeList〕に示された処理手順とプログラムとを対応させてみましょう。すると、問われているのは(3)の(ii)の処理と(4)の処理であることがわかります。では(3)、(4)でいったいどのような処理を行っているのでしょうか？　ここでのポイントは、ノードkをリストの末尾へ移動する場合、次の2つの処理が必要であることに気付くことです。

> ①ノードkをリストから取り除く
> ②取り除いたノードkを末尾に付加する

　このことに気付けば、(3)の処理により、ノードkをリストから取り除いていること、そして(4)の処理により、取り除いたノードkをリストの末尾に付加しているのだろうとの予測ができます。

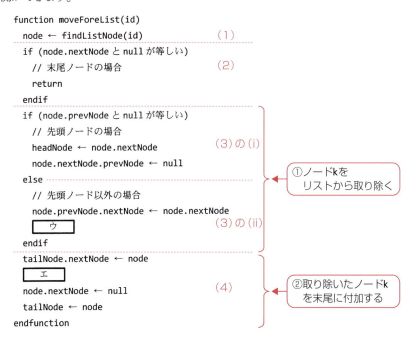

●空欄ウ

　先頭ノード以外のノードをリストから取り除く処理が問われているわけですが，その処理手順は(3)の(ii)に，「ノードk-1中の次ノードへの参照をノードk+1への参照に変更し，ノードk+1中の前ノードへの参照をノードk-1への参照に変更する」とあります。したがって，ここでのポイントは，「ノードk-1中の次ノードへの参照」，「ノードk+1への参照」など，ノードへの参照の表記方法です。(1)の処理「node ← findListNode(id)」により取得したノードkへの参照nodeを用いることで，それぞれの参照は次のように表記できることを理解しましょう。

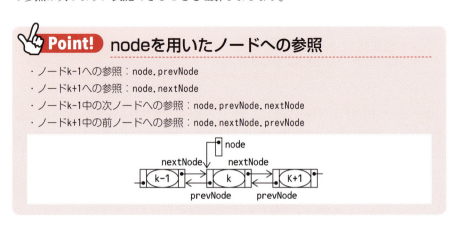

　上記のことが理解できれば，処理手順(3)の(ii)に示されている処理を実現するためのプログラム処理は，次のようになることがわかります。

❶ノードk-1中の次ノードへの参照をノードk+1への参照に変更する。
　→「node.prevNode.nextNode ← node.nextNode」で実現
❷ノードk+1中の前ノードへの参照をノードk-1への参照に変更する。
　→「node.nextNode.prevNode ← node.prevNode（**空欄ウ**）」で実現

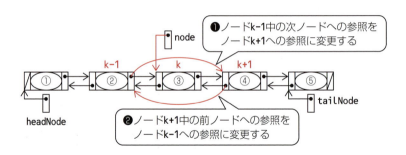

3 プログラミング（アルゴリズム）

補足 処理手順(3)の(i)の処理

処理手順(3)の(i)は，先頭ノードをリストから取り除く処理です。手順は次のとおりです。
❶ リストの先頭ノードへの参照をノードk+1への参照に変更する。
→ 「headNode ← node.nextNode」で実現
❷ ノードk+1中の前ノードへの参照をnullに変更する。
→ 「node.nextNode.prevNode ← null」で実現

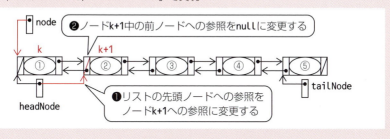

●空欄エ

取り除いたノードkをリストの末尾に付加する処理（処理手順(4)に該当する処理）です。これを実現するためのプログラム処理は，次のようになります。
❶ リストの末尾ノード（ノードn）中の次ノードへの参照をノードkへの参照に変更する。
→ 「tailNode.nextNode ← node」で実現
❷ ノードk中の前ノードへの参照をノードnへの参照に変更する。
→ 「node.prevNode ← tailNode（**空欄エ**）」で実現
❸ ノードk中の次ノードへの参照をnullに設定する。
→ 「node.nextNode ← null」で実現
❹ リストの末尾ノードへの参照（tailNode）をノードkへの参照に変更する。
→ 「tailNode ← node」で実現

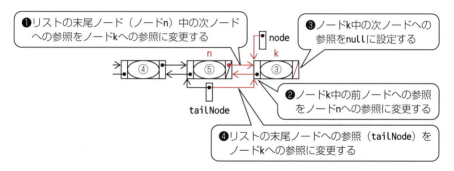

181

設問4 の解説

2つのアルゴリズム（関数moveForArrayと関数moveForList）における計算量に関する設問です。

(1) 配列およびリスト中の付箋データの個数をnとしたときの時間計算量が問われています。時間計算量とはアルゴリズムの実行時間を表すものです。一般に，処理するデータ量によってアルゴリズムの実行時間がどのように変化するのか，データ量を大きくしていったときの漸化的計算量を，オーダ（という概念）を用いてO記法で表現します。たとえば，N個のデータを処理する最大実行時間がN＋a（aは定数）で抑えられるとき，実行時間のオーダがNであるといい，$O(N)$と表します。

「配列の場合，末尾へ移動する要素より後のすべての要素をずらす必要が生じる。この処理の計算量は｜　オ　｜である」とあります。配列の場合，先頭要素を末尾へ移動する場合に最も処理量が多くなり，この場合の処理量は付箋データの個数nに依存します。したがって，処理量は**$O(n)$（空欄オ）**となります。

「リストの場合，末尾へ移動する付箋データの位置にかかわらず，少数の参照の変更だけでデータ同士の相対的な位置関係を簡単に変えられる。この処理の計算量は｜　カ　｜である」とあります。リストの場合，付箋データの位置や個数に関係なく，どのノードも参照の変更（付け替え）を行うだけで末尾へ移動することができます。したがって，処理量は**$O(1)$（空欄カ）**です。

(2) 配列の場合の領域計算量（必要な領域の大きさ）が問われています。リストの場合，配置されている付箋データの個数分だけ領域を確保すればよいのに対し，配列の場合は，**デスクトップに配置できる付箋の最大数分の領域を確保**する必要があります。

解 答

設問1 (1) MemoArray[0].height
(2) 30

設問2 ア：MemoArray[index]
イ：memoArrayCount-1

設問3 ウ：node.nextNode.prevNode ← node.prevNode
エ：node.prevNode ← tailNode

設問4 (1) オ：$O(n)$　　カ：$O(1)$
(2) デスクトップに配置できる付箋の最大数分の領域を確保

3 プログラミング（アルゴリズム）

問題3　連結リストを使用したマージソート （H26秋午後問3）

連結リストを使用したマージソートを題材に，マージソートにおける分割処理および併合処理の理解を問う問題です。マージソートのアルゴリズムでは，自身を再帰的に呼び出す再帰アルゴリズムが用いられていますが，マージソートの概要を知っていれば，再帰アルゴリズムを意識しなくても解答が可能です。問題文に示されている処理内容や図を参考に，1つひとつ丁寧に解答していきましょう。

問　マージソートに関する次の記述を読んで，設問1～3に答えよ。

　マージソートは，整列（ソート）したいデータ（要素）列を，細かく分割した後に，併合（マージ）を繰り返して全体を整列する方法である。
　ここでは，それぞれの要素数が1になるまでデータ列の分割を繰り返し，分割されたデータ列を昇順に並ぶように併合していくアルゴリズムを考える。例として，要素数が8の場合のアルゴリズムの流れを図1に示す。

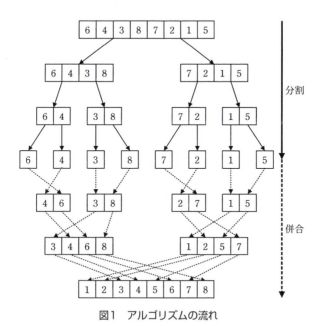

図1　アルゴリズムの流れ

　再帰呼出しを使って記述したマージソートのアルゴリズムを図2に示す。

(1) 与えられたデータ列の要素数が1以下であれば，整列済みのデータ列とし，呼出し元に処理を戻す。要素数が2以上であれば，(2)に続く。
(2) データ列を，要素数がほぼ同じになるよう前半と後半のデータ列に分割する。
(3) 前半と後半のデータ列に対し，それぞれマージソートのアルゴリズムを再帰的に呼び出す。
(4) 前半と後半の二つのマージソート済みデータ列を，要素が昇順に並ぶよう一つのデータ列に併合する。

図2　マージソートのアルゴリズム

　図2のアルゴリズムを連結リストに対して実行するプログラムを考える。ここでは，整列対象のデータとして正の整数を考える。連結リストは，複数のセルによって構成される。セルは，正の整数値を示すメンバvalueと，次のセルへのポインタを示すメンバnextによって構成される。連結リストの最後のセルのnextの値は，NULLである。連結リストのデータ構造を図3に示す。

図3　連結リストのデータ構造

〔連結リストの分割〕
　図2中の(2)の処理を行う関数divideを考える。関数divideは，連結リストの先頭へのポインタ変数listを引数とし，分割後の後半の連結リストの先頭へのポインタを戻り値とする。連結リストの分割前後のイメージを図4に示す。

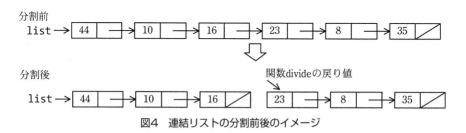

図4　連結リストの分割前後のイメージ

　連結リストをセルの個数がほぼ同じになるように分割するために，ポインタ変数を二つ用意し，一方が一つ進むごとに，他方を二つずつ進める。後者のポインタが連結リストの終わりに達するまでこの処理を繰り返すと，前者のポインタは連結リストのほぼ中央のセルを指す。この方法を利用した関数divideのプログラムを図5に示す。

以下，連結リストのセルを指すポインタ変数をaとするとき，aが指すセルのメンバvalueをa->valueと表記する。

```
function divide( list )
  a ← list                    // a はセルへのポインタ
  b ← a->next                 // b はセルへのポインタ
  if ( b が NULL と等しくない )
    b ← b->next
  endif

  while (  ア  )              // 連結リストの終わりまで繰り返す
    a ← a->next
    b ← b->next
    if ( b が NULL と等しくない )
       イ
    endif
  endwhile
                                                              α
  p ← a->next                 // p はセルへのポインタ
   ウ   ← NULL
  return p
endfunction
```

図5　関数divideのプログラム

〔連結リストの併合〕
　図2中の (4) の処理を行う関数mergeを考える。関数mergeは，二つの連結リストの先頭へのポインタ変数aとbを引数とし，併合後の連結リストの先頭へのポインタを戻り値とする。併合処理を行う際には，ダミーのセルを用意し（そのセルへのポインタをheadとする），この後ろに併合後の連結リストを構成する。aとbが指すセルの値を比較しながら，値が小さい順に並ぶよう処理を進める。連結リストの併合の流れを図6（処理は，①，②，③，…と続く）に，関数mergeのプログラムを図7に示す。

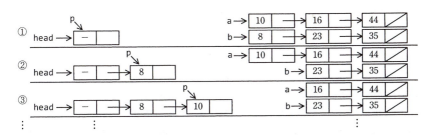

図6　連結リストの併合の流れ

```
function merge( a, b )          // a, b は併合対象の連結リストの先頭へのポインタ
  ダミーのセルを用意する
  head ← ダミーのセルへのポインタ
  p ← head

  while (    エ    , かつ, b が NULL と等しくない )
    if ( a->value が b->value 以下である )
      p->next ← a
      p ← a
      a ← a->next
    else
      p->next ← b
      p ← b
      b ← b->next
    endif
  endwhile

  if (    オ    )                // 要素が残っている連結リストを連結する
    p->next ← b
  else
    p->next ← a
  endif

  return    カ
endfunction
```

図7　関数mergeのプログラム

設問1　〔連結リストの分割〕について，(1) ～ (3) に答えよ。

(1) 図5中の　ア　～　ウ　に入れる適切な字句を答えよ。

(2) 図3の連結リストに対して関数divideを実行し，プログラムが図5中のαの部分に達したとき，ポインタ変数aは，図3中のどのセルを指しているか。指しているセルの値（valueの数値）を答えよ。

(3) 奇数2N＋1個のセルから成る連結リストを関数divideで分割すると，前半と後半の連結リストのセルの個数はそれぞれ幾つになるか式で答えよ。

設問2　図7中の　エ　～　カ　に入れる適切な字句を答えよ。

設問3　32個のセルから成る連結リストに対し，図2のアルゴリズムに相当するプログラムを実行した場合，関数mergeは何回呼び出されるか答えよ。

3 プログラミング（アルゴリズム）

解説

設問1 の解説

(1) 関数divideのプログラムを完成させる問題です。

●空欄ア，イ

空欄アはwhile文の条件，空欄イは「bがNULLと等しくない」ときの処理です。まず，この関数divideでどのような処理を行うのか，問題文の〔連結リストの分割〕にある下記の説明を参考に考えましょう。

・ポインタ変数を2つ用意し，一方が1つ進むごとに，他方を2つずつ進める。
・後者のポインタが連結リストの終わりに達するまでこの処理を繰り返す。

プログラムを見ると，ポインタaとbがあります。ポインタaにはlist（連結リストの先頭へのポインタ）を設定しています。一方，bにはa->nextを設定し，さらにbがNULLでなければb->nextを設定しています。

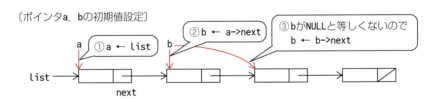
〔ポインタa，bの初期値設定〕

このことから関数divideでは，1つずつ進めるポインタをa，2つずつ進めるポインタをbとしていることがわかります。では，while文（繰返し部分）を見てみましょう。まず，「a ← a->next」，「b ← b->next」によってポインタaとbを1つずつ進めています。そして「bがNULLと等しくない」とき，空欄イを実行しています。ポインタbは2つ進めなければいけないので，この**空欄イ**で「b ← b->next」を実行します。

さてこのように，ポインタaとbを進めていくと，いずれポインタbは連結リストの最後のセルに達します。最後のセルのnextの値はNULLなので，次に「b ← b->next」を実行するとポインタbの値はNULLになり，もうこれ以上は進められなくなります（次ページの図を参照）。したがって，この状態（bがNULL）になったとき繰返し処理を終了すればよいので，while文の条件である**空欄ア**には「**bがNULLと等しくない**」を入れ，ポインタbがNULLになったら繰返しを抜けるようにします。

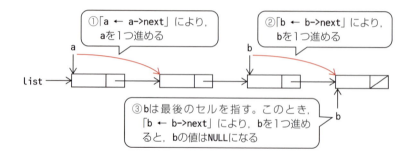

●空欄ウ

空欄ウの次の文に「return p」とあるので,ポインタpを戻り値としていることがわかります。ここで,〔連結リストの分割〕の説明(図4の直前)を見ると,「分割後の後半の連結リストの先頭へのポインタを戻り値とする」とあるので,ポインタpが,後半の連結リストの先頭へのポインタということになります。

また,図4の直後の説明に,「後者のポインタが連結リストの終わりに達するまでこの処理を繰り返すと,前者のポインタは連結リストのほぼ中央のセルを指す」とあります。この記述から,while文が終了した後のポインタaは連結リストのほぼ中央のセルを指していることがわかります。すなわちポインタaは前半の連結リストの最後のセルを指しているわけですから,a->nextが指すセルが,後半の連結リストの先頭セルです。そこで,空欄ウの1つ前の実行文「p ← a->next」によって,そのセルへのポインタをpに設定し,「return p」で戻していることになります。

さて,問われている空欄ウにはNULLを設定しています。関数divideでは,連結リストを前半と後半に分割するわけですから,前半の連結リストの最後のセルのnextにNULLを設定しなければ分割したことにはなりません。したがって,**空欄ウ**には「a->next」が入ります。

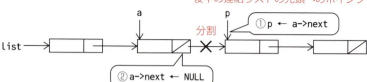

(2) 図3の連結リストに対して関数divideを実行したとき,プログラムがαに達したときのポインタaが指しているセルの値(valueの数値)が問われています。

αは,while文の終了直後にあります。また,先に説明したように,while文が終了した後のポインタaは前半の連結リストの最後のセルを指しています。そこで,図

3の連結リストのセルの個数は8個なので，これを分割すると，前半のセル数は4個，後半のセル数も4個になり，ポインタaが指すのは先頭から4番目のセルです。したがって，ポインタaが指しているセルの値（valueの数値）**8**です。

(3) 奇数2N＋1個のセルから成る連結リストを関数divideで分割したときの，前半と後半の連結リストのセルの個数が問われています。

while文終了後のポインタaが，先頭から何番目のセルを指しているかがわかれば，分割後の前半と後半の連結リストのセルの個数がわかります。ここで，ポインタaは，while文を繰り返した回数だけ進むことに気付けば，while文終了後のポインタaは，「1＋繰返し回数」番目のセルを指すことがわかります。

では，while文は何回繰り返されるのか，セルの個数をM（M＞2）個として考えていきます。while文は「bがNULLと等しくない（空欄ア）」間，繰り返されます。ポインタbは最初3番目のセルを指し，繰返しのたびに2つ進みます※補足。このことから考えると，繰返し回数は（M－2）÷2回（小数点以下切り上げ）です。たとえば，セルの個数が4個なら繰返し回数は（4－2）÷2＝1回，5個なら（5－2）÷2＝2回，8個なら（8－2）÷2＝3回となります。

〔セルの個数が5個の場合〕

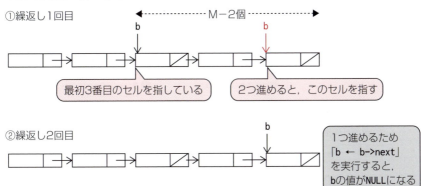

〔補足〕セルの個数が偶数のとき，最後の繰返しの2つ目の「b ← b->next」の実行でbはNULLになるが，奇数のときは1つ目の「b ← b->next」の実行でNULLになる。

以上，分割後の前半のセルの個数は「1＋繰返し回数」個です。また，セルの個数がMのときの繰返し回数は「（M－2）÷2」回です。そこで，このMに，奇数2N＋1を代入すると，（(2N＋1－2)÷2)＝N（小数点以下切り上げ）となり，分割後の**前半**のセルの個数は「**N＋1**」個，**後半**のセルの個数は**N**個となります。

設問2 の解説

関数mergeのプログラムを完成させる問題です。

●空欄エ

「while(エ ，かつ，bがNULLと等しくない)」とあり，繰返しの条件が問われています。この繰返し処理は，ポインタa，bそれぞれが指す連結リストを併合する処理であるのがポイントです。併合処理では，「aが指すセルとbが指すセルの値を比較して，値が小さい方のセルを併合後の連結リストにつなげ，そのセルを指していたポインタを次のセルに進める」といった操作を，ポインタaおよびポインタbがNULLでない間繰り返します。したがって，**空欄エ**には「**aがNULLと等しくない**」が入ります。

参考 連結リストの併合処理

連結リストの併合処理の手順は，次のとおりです。
(1) aとbが指すセルの値を比較する。
(2) 値が小さいほうのセルを，併合後の連結リストにつなげる。
(3) つなげたセルを指していたポインタを，次のセルに進める。

下図の場合，a->valueがb->valueより大きいので，値が小さいほうのセル（bが指すセル）を下図の手順で併合後の連結リストにつなげます。

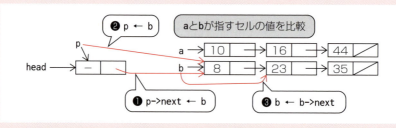

❶ p->next ← b：pが指すセルの後ろに，bが指しているセルをつなげる。
❷ p ← b：つなげたセル（併合した末尾のセル）をpが指すようにする。
❸ b ← b->next：bを次のセルに進める。

〔bが指すセルをつなげた後の状態〕

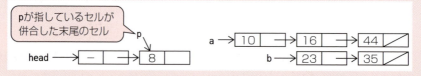

＊注：上図p->nextが空白になっているが，実際には，セル値23をもつセルを指している。

3 | プログラミング（アルゴリズム）

●空欄オ

if文の条件が問われています。先に説明した併合処理（while文の中の処理）を繰り返していくと，ポインタa，bが指す連結リストのセルの個数に関わらず，どちらかのポインタが最初にNULLになります。どちらかのポインタがNULLになれば，while文は終了しますから，while文の終了後に，まだNULLになっていないポインタが指す連結リスト（要素が残っている連結リスト）を併合後の連結リストにつなげなければなりません。

さて，空欄オの条件を満たしたとき「p->next ← b」を実行しています。これは，要素が残っている連結リストを併合後の連結リストにつなげる処理ですから，このときのポインタbはNULLではないことになります。したがって，**空欄オ**には「bがNULLと等しくない」を入れればよいでしょう。なおwhile文は，ポインタa，bのどちらかがNULLになったとき終了するので，ポインタbがNULLでなければ，ポインタaがNULLです。したがって，空欄オは「aがNULLと等しい」でもOKです。

●空欄カ

空欄カには，関数mergeの戻り値が入ります。関数mergeの戻り値については，〔連結リストの併合〕に，「併合後の連結リストの先頭へのポインタを戻り値とする」とあります。ここで，「head」と解答しないよう注意！です。ポインタheadが指すセルはダミーのセルなので，次のセルへのポインタを戻り値としなければなりません。したがって，**空欄カ**には「head->next」が入ります。なお，ダミーのセルを使う理由（メリット）については，次ページの「参考」を参照してください。

設問3 の解説

図2のアルゴリズムに相当するプログラムを実行したときの，関数mergeの呼出し回数が問われています。図2のアルゴリズムでは，要素数が1になるまでデータ列の分割を繰り返し，分割されたデータ列を昇順に並ぶように併合していきます。つまり，分割したものを併合していくわけですから，「分割回数＝併合回数」が成り立ちます。

ここで，図1の分割と併合の様子を見てみましょう。要素数が8のデータ列を分割し併合していますが，このときの分割は，最初に1回，次に2回，次に4回行っているので，全部で1＋2＋4＝7回の分割が行われています。また，併合の回数も7回です。

そこで，32個のセルから成る連結リストを，図1にあるようなデータ列として捉えて，要素数が1になるまで何回分割が行われるかを考えると，次のようになります。

分割レベル1：32個の要素を16個に分割…分割回数1，　分割後のデータ列2個
分割レベル2：16個の要素を8個に分割　…分割回数2，　分割後のデータ列4個
分割レベル3：　8個の要素を4個に分割　…分割回数4，　分割後のデータ列8個
分割レベル4：　4個の要素を2個に分割　…分割回数8，　分割後のデータ列16個
分割レベル5：　2個の要素を1個に分割　…分割回数16，分割後のデータ列32個

以上，要素数が1になるまで行われる分割の回数は，1＋2＋4＋8＋16＝31回なので，併合の回数すなわち，関数mergeが呼び出される回数も **31** 回です。

解 答

設問1　(1) ア：bがNULLと等しくない　イ：b ← b->next　ウ：a->next
　　　　(2) 8
　　　　(3) 前半：N＋1　後半：N
設問2　エ：aがNULLと等しくない
　　　　オ：bがNULLと等しくない　（別解：aがNULLと等しい）
　　　　カ：head->next
設問3　31

参考　リスト処理におけるダミーのセルの有効性

リストに要素を挿入する場合，よくダミーのセルが使われます。たとえば，下図のリストは，値が小さい順に並ぶようにつなげたリストです。このリストに値4をもつセル（以降，値4のセルという）を挿入する場合は，値3のセルと値5のセルの間に挿入しますが，値2のセルはリストの先頭に挿入するためheadの値が変わります。つまり，セルをどこに追加するかで処理が2つに分かれます。しかし，ダミーのセルを用いれば，この処理を1つにまとめられます。

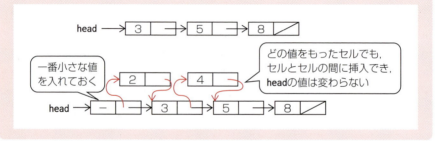

問題4 　2分探索木　　(H18秋午後問5)

基本データ構造の1つである木構造を利用した2分探索木に関する問題です。本問では，2分探索木問題における定番ともいえる2分探索木の理解を確認する設問から，ループを用いたデータ探索アルゴリズムの実現，また2分探索木が再帰的構造であることを利用し，再帰呼出を用いたデータ操作や挿入アルゴリズムの実現方法などが問われます。

問 2分探索木に関する次の記述を読んで，設問1～4に答えよ。

ノードが一つずつデータをもつ2分探索木は，どのノードNから見ても，左側の部分木のノードがもつデータはすべてNのデータよりも小さく，逆に右側の部分木のノードがもつデータはすべてNのデータよりも大きい，という性質をもつ。ここでは，ノードがもつデータはすべて自然数で重複がないものとする。図1に2分探索木の例を示す。ノード内の数が，データを表している。

2分探索木に対して，表1に示す二つの操作を定義する。

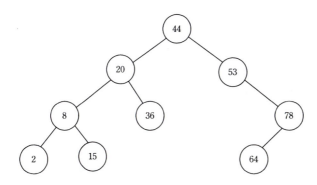

図1　2分探索木の例

表1　2分探索木に対する操作

操作名	操作内容
lookup	指定したデータをもつノードが2分探索木内に存在するか否かを判定する。指定したデータをもつノードが存在するときは TRUE を，存在しないときは FALSE を返す。
insert	指定したデータをもつノードを2分探索木に挿入する。挿入されたノードは葉となる。指定したデータをもつノードが既に2分探索木内に存在する場合は何もしない。

2分探索木を扱うために，それぞれのノードの情報を保持するデータ構造nodeを定義する。データ構造nodeへは，nodeの場所を指す変数であるポインタによってアクセスする。nodeがもつ変数を表2に示す。ここで，nilは，どのnodeも指していないことを示すポインタである。

表2 nodeがもつ変数

変数名	内容
value	ノードがもつデータ
left	自分の左側の子のノードを表すnodeへのポインタ 左側の子がない場合はnil
right	自分の右側の子のノードを表すnodeへのポインタ 右側の子がない場合はnil

nodeとnodeへのポインタの関係を図2に示す。図2では，変数pはnode0へのポインタであり，また，node0の変数left, rightは，それぞれnode1, node2へのポインタである。

このとき，node0の三つの変数はそれぞれp->value, p->left, p->rightと表す。また，図2に示す状況で，p->leftの値をpへ代入すると，変数pはnode1へのポインタとなる。

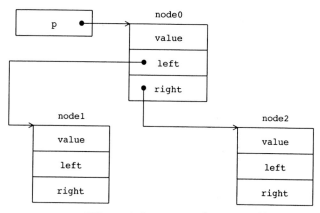

図2 nodeとnodeへのポインタの関係

3 プログラミング（アルゴリズム）

　操作lookupでは，2分探索木を根から葉の方向へ順次たどりながら探索を行う。ま
ず，探索するデータと木の根がもつデータとを比べて，等しければ探索は終了する。
探索するデータの方が小さければ左の子のノードに，大きければ右の子のノードに移
動する。ここで，移動しようとした先に子のノードが存在しない場合，探索するデー
タが2分探索木内に見つからなかったことになり，探索終了となる。移動した先のノー
ドでも同様にデータを比較し，探索するデータが見つかるか，又は見つからないこと
が分かるまで繰り返す。

　ループを用いてポインタを順にたどる方法で操作lookupを実現するプログラムを図
3に示す。

```
function lookup( x, t )
/* x:探索するデータ，t:探索を始めるノードへのポインタ */
  while (    ア    )
    if ( x が t->value に等しい )
      return TRUE          /* 探索するデータが見つかり，探索終了 */
    else
      if ( x が t->value よりも小さい )
          イ    ←    ウ
      else
          エ    ←    オ
      endif
    endif
  endwhile
  return FALSE             /* 探索するデータが見つからず，探索終了 */
endfunction
```
　　図3　ループを用いてポインタを順にたどっていく操作lookupのプログラム

　図3では，操作lookupを，ループを用いてポインタを順にたどる方法で実現してい
るが，再帰呼出しを使って操作lookupを実現する方法も考えられる。その実現方法を
図4に示す。

195

```
function lookup( x, t )
/* x:探索するデータ，t:探索を始めるノードへのポインタ */
  if ( t が nil である )
    return FALSE          /* 探索するデータが見つからず，探索終了 */
  endif
  if (    カ    )
    return TRUE           /* 探索するデータが見つかり，探索終了 */
  else
    if ( x が t->value よりも小さい )
      return lookup( x,    キ    )
    else
      return lookup( x,    ク    )
    endif
  endif
endfunction
```

図4　再帰呼出しを使った操作lookupのプログラム

　操作insertのプログラムを図5に示す。insertはlookupと同様に，木を根から葉の
方向へ進みながら，指定されたデータをもつノードを挿入する適切な位置を探す。ノ
ードを挿入する適切な位置とは，あるノード（これを"A"とする）から移動すべき先の
ノードへのポインタがnilになり，どのノードも指さなくなるところである。この時点
で，指定されたデータをもつノードを新たに作成し，ノードAがもつ移動すべき先へ
のポインタが，新たに作成したノードを指すようにする。新たに作成されたノードは，
この時点では子のノードをもたない。図5のプログラムでは，戻り値として，新たにノ
ードが挿入された場合は挿入されたノードへのポインタを返し，ノードが挿入されな
かった場合には引数で渡されたポインタをそのまま返す。

3 プログラミング（アルゴリズム）

```
function insert( x, t )
/* x:挿入するデータ，t:挿入を始めるノードへのポインタ */
  if ( t が nil である )
    新たに node を作成し，node へのポインタを t に代入
    t->value ←  [ ケ ]
    t->left  ←  [ コ ]
    t->right ←  [ コ ]
  else                    /* t が nil でない */
    if ( x が t->value よりも小さい )
      [ サ ]  ← insert ( x, t->left )
    else
      if ( x が t->value よりも大きい )
        [ シ ]  ← insert ( x, t->right )
      endif
    endif
  endif
  return t
endfunction
```

図5　操作 insert のプログラム

設問1　図1の2分探索木に，操作 insert を使って40，34，38の順にデータを挿入したときの2分探索木を，解答欄に示せ。

設問2　図3，図4の操作 lookup のプログラム中の　ア　～　ク　に入れる適切な字句を答えよ。

設問3　図5の操作 insert のプログラム中の　ケ　～　シ　に入れる適切な字句を答えよ。

設問4　次の記述中の　ス　，　セ　に入れる適切な字句を答えよ。

　2分探索木では，データの探索時にノードの配置によってデータを比較する対象となるノードの個数が変わる。n（n＝2^d－1，dは0以上の整数）個のノードがある場合，データを比較する対象となるノードの個数は，最も多い場合　ス　個となる。しかし，

197

根からどの葉に向かって木をたどっても，途中で通るノードの数が同じである完全2分木の場合，データを比較する対象となるノードの個数は最も多くても セ 個となる。

解説

設問1 の解説

図1の2分探索木に，操作insertを使って40，34，38の順にデータを挿入したときの2分探索木が問われています。本設問は，2分探索木の性質の理解ができているかを確認するもので，2分探索木問題では必ず出題されるいわゆる得点源となる設問です。2分探索木の性質の理解ができていれば，解答は容易に得られます。まず挿入データ40は，どのようにノードをたどり（移動し）挿入されるのか，下記にその手順を示します。

Point! nodeを用いたノードへの参照

〔挿入データ40を挿入する手順〕
・「40＜44」なので左の子のノード⑳に進む。
・「40＞20」なので右の子のノード㊱に進む。
・「40＞36」であるがノード㊱には右の子のノードがないため，挿入データ40をもつノードを新たに作成し，㊱の右の子のノードの位置に挿入する。

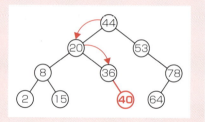

挿入データ34，38についても，上記と同様な手順で挿入が行われます。下図に，34，38の順にデータを挿入したときの様子を示します。

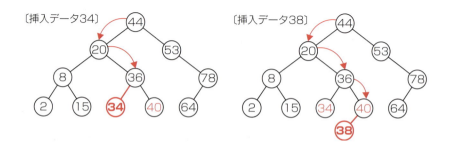

設問2 の解説

　図3，図4の操作lookupのプログラム中の空欄を埋める問題です。まず，ループを用いてポインタを順にたどる方法で探索を行う，図3の操作lookupを見ていきます。

　図3の操作lookupに渡されるポインタtは，探索を始めるノードへのポインタです。呼出し側のプログラムからは，探索対象となる2分探索木の根へのポインタが渡されますが，lookupプログラムの中でこのポインタtを，左の子のノードあるいは右の子のノードへと順に移動させながら探索データxを探索することになります。このことを念頭におき，本解説では，空欄イ～オに入れるものから考えます。ここでのポイントは，2分探索木を実現するデータ構造（nodeとnodeへのポインタの関係）の理解です。各自，書き慣れた図を書いて，ポインタtを左あるいは右の子のノードへ移動させるためには，どうすればよいかを考えましょう。

●空欄イ～オ

　操作lookupの説明に，「探索するデータと木の根がもつデータとを比べて，等しければ探索は終了する。探索するデータの方が小さければ左の子のノードに，大きければ右の子のノードに移動する」とあります。ここでいう探索するデータとはxであり，比較するノードのデータはポインタtが指すt->valueです。

　探索データxとt->valueとを比べて，「xがt->valueに等しい」場合は，探索データが見つかったことになり探索を終了しますが，「xがt->valueよりも小さい」場合は，ポインタtを左の子のノードに移動しなければいけません。そのためには，t->leftの値をポインタtへ代入し，ポインタtが左の子のノードを指すようにします（下右図参照）。つまり，**空欄イ**にはt，**空欄ウ**にはt->leftが入ります。

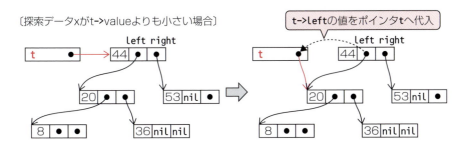

〔探索データxがt->valueよりも小さい場合〕

　一方，「xがt->valueよりも大きい」場合は，ポインタtを右の子のノードに移動しなければいけません。そのためには，t->rightの値をポインタtへ代入し，ポインタtが右の子のノードを指すようにします。つまり，**空欄エ**にはt，**空欄オ**にはt->rightが入ります。

● 空欄ア

　while文の繰返し条件が問われています。前ページに示した探索操作の繰り返しによりポインタtを順に移動していったとき，2分探索木内に探索データxが存在しなければ，いずれはポインタtの値はnilとなり，このとき探索を終了する必要があります。

　たとえば，図1の2分探索木（下記「参考」の図を参照）を探索するときの探索データxが40であるとします。この場合，ポインタtはノード㊱まで順に移動し，「x（＝40）がt->value（＝36）よりも大きい」ので，t->rightの値がポインタtへ代入されることになります。しかし，ノード㊱には右の子のノードが存在しないためt->rightの値はnilであり，ポインタtの値もnilとなります。ポインタtの値がnilになるとこれ以上探索は進められないので，この時点で探索を終了しなければなりません。

　以上，探索処理は「tがnilになった」とき終了することになりますが，問われているのはwhile文の繰返し条件であることに注意！です。つまり，**空欄ア**には「tがnilになった」の否定形である「**tがnilでない**」を入れます。

　では次に，図4の操作lookupを見ていきましょう。図4は，再帰呼出しを使って操作lookupを実現したプログラムです。これは，2分探索木のどのノードをとってみても，そのノードの左部分木および右部分木は，また2分探索木であるという，2分探索木の再帰的構造を利用したプログラムです。

参考　2分探索木の再帰的構造

　図1の2分探索木は，ノード㊹を根とし，ノード⑳を根とした左部分木とノード㊿を根とした右部分木から構成される2分探索木です。さらにノード⑳を根とした左部分木は，ノード⑧を根とした左部分木とノード㊱を根とした右部分木から構成される2分探索木です。このように，自分自身の一部が，自分自身と同じ形をしているという構造を**再帰的な構造**といいます。なお，2分探索木に限らず木構造はみな再帰的な構造となります。

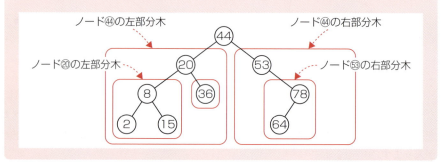

3 | プログラミング（アルゴリズム）

　2分探索木の再帰的な構造を利用すると，探索データと探索対象となる2分探索木の根のノードのデータとを比較し，探索データの方が小さい場合は左部分木を，大きい場合は右部分木を，次の探索対象の2分探索木ととらえ，自分自身を呼び出せばよいことになります。つまり，図1の2分探索木の場合，図4のlookupに，最初に渡されるポインタtは2分探索木の根のノード㊹へのポインタですが，次に渡される（自分自身から呼び出されたときの）ポインタtは，左右どちらかの部分木の根へのポインタとなります。以上のことを念頭に，空欄を埋めていきましょう。

●空欄カ

　if文の条件が問われています。プログラムの注釈に，「/* 探索するデータが見つかり，探索終了 */」とあることから，空欄カに入るのは，探索データが見つかったと判断できる条件だとわかります。図3のプログラム同様，探索するデータはxであり，比較するノードのデータはポインタtが指すt->valueなので，「xがt->valueに等しい」とき探索データが見つかったことになり，このとき探索を終了します。つまり，**空欄カ**には「x**が**t->value**に等しい**」が入ります。

●空欄キ

　「xがt->valueよりも小さい」場合，そのノードの左部分木に探索データxが存在する可能性があります。そのため，探索データxと左部分木の根のノードへのポインタt->leftを引数に，自分自身であるlookupを呼び出し左部分木を探索します。つまり，**空欄キ**にはt->leftが入ります。

●空欄ク

　「xがt->valueよりも大きい」場合，そのノードの右部分木に探索データxが存在する可能性があります。そのため，探索データxと右部分木の根のノードへのポインタt->rightを引数に，自分自身であるlookupを呼び出し右部分木を探索します。つまり，**空欄ク**にはt->rightが入ります。

設問3 の解説

　図5の操作insertのプログラム中の空欄を埋める問題です。図5の操作insertを見ると，図4の操作lookupと同様，再帰的に自分自身であるinsertを呼び出しています。つまり，図5の操作insertも2分探索木の再帰的な構造を利用したプログラムです。

●空欄ケ，コ

　操作insertに渡されたポインタtがnilであるときの処理です。空欄ケの直前に，「新たにnodeを作成し，nodeへのポインタをtに代入」する処理があることから，ここでは，新たに作成されたnodeがもつ変数（value，left，right）に設定する値が問われていることになります。

新たに作成されたノードのvalue(t->value)には挿入するデータxを設定すればよいことは容易にわかります。また操作insertの説明文に「新たに作成されたノードは、この時点では子のノードをもたない」とあるので、t->leftおよびt->rightにはnilを設定します。したがって、**空欄ケ**はx、**空欄コ**はnilとなります。

● **空欄サ，シ**

　操作insertに渡されたポインタtがnilでないときの処理です。図4の操作lookupと同様、挿入データと挿入対象となる（挿入を始める）2分探索木の根のノードのデータとを比較し、挿入データの方が小さい場合は左部分木を、大きい場合は右部分木を、次の挿入対象とするため自分自身であるinsertを再帰的に呼び出します。

　たとえば、図1の2分探索木にデータ40を挿入する場合、ポインタtが指すノード㊱の位置において、「挿入データx（=40）が36よりも大きい」ので、右部分木を次の挿入対象とするためinsert(x, t->right)により自分自身を再帰的に呼び出します。

　このとき、ノード㊱には右の子のノードが存在しない（t->rightがnilである）ため、insertに渡されるポインタtはnilです。したがって、この時点で新たにnodeが作成され、先に解答したように、作成されたnodeのvalueにはx（=40）、leftおよびrightにはnilが設定されます。そして、この作成されたnodeへのポインタがreturn文により戻されます。

　問われているのは、この戻された値をどこへ設定するかです。ここで、ノード㊵はノード㊱の右の子のノードとして挿入されることに注意！です。つまり、ノード㊵をノード㊱の右の子のノードとして挿入するためには、insertから戻されたノード㊵へのポインタを、ノード㊱のrightに設定する必要があります。したがって、**空欄シ**にはt->rightを入れます。また、「xがt->valueよりも小さい」場合についても同様に考え、**空欄サ**にはt->leftを入れます。

〔データ40を挿入する場合〕

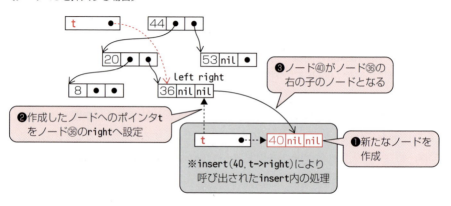

3 プログラミング（アルゴリズム）

補足　挿入データxがすでに存在する場合

操作insertが呼び出されたとき，挿入データxと挿入を始める（挿入対象となる）ノードへのポインタtが指すt->valueとが等しい場合は，何も処理を行わずに引数で渡されたポインタtをそのまま返すことになります。ポインタtをそのまま返すのは，挿入したいデータと同じ値をもったノードが存在した場合でも，呼出し側においては，それを意識することなく新たにノードが挿入された場合と同じ処理を行えるようにするためです。

たとえば，データ36を挿入する場合，ノード⑳の位置においてinsert(36, t->right)により自分自身を呼び出しますが，t->rightが指すのはノード㊱であり，すでにデータ36が存在するため，insertからはt->rightがそのまま戻されます。呼出し側では，insertから戻された値を意識することなくt->rightに設定しますが，このときの処理は，「t->right ← t->right」となり，何ら問題は起こりません。

設問4 の解説

　ノード数がn（n = 2^d - 1, dは0以上の整数）の2分探索木を探索するとき，探索が終了するまでに最大いくつのノードと比較することになるのかが問われています。本設問も設問1と同様に，2分探索木問題ではよく出題される設問です。2分探索木の比較回数を問う問題の解答は，「すべてのノードが片方のみに偏った2分探索木」と「完全2分木」にあります。それぞれにおける探索の比較回数を押さえておきましょう。

● 空欄ス

　データを比較する対象となるノードの個数が最も多くなるのは，すべてのノードが片方のみに偏った2分探索木の場合です。この場合，ノード数がn個であれば，最大n個のノードと比較することになります。したがって，**空欄ス**には**n**が入ります。

参考　2分探索木における探索の比較回数①

すべてのノードが片方のみに偏ったノード数nの2分探索木の場合，最大比較回数はnとなります。たとえば下図の2分探索木では，データ18を探索するとき比較回数が最大となり，このときの比較回数は4回です。

● 空欄セ

「完全2分木の場合，データを比較する対象となるノードの個数は最も多くても セ 個となる」とあります。ノード数nが2^d-1個（dは0以上の整数）である完全2分木は，根から葉までの深さがd－1で，階層数がdとなります（下記「参考」を参照）。このような完全2分木である2分探索木において，葉がもつデータを探索する場合，1回目の比較で，次の探索対象は階層数がd－1である左右どちらかの部分木となり，さらに2回目の比較で階層数がd－2である左右どちらかの部分木となります。そしてさらに比較を進めると，d－1回目の比較後には，次に探索する部分木の階層数がd－(d－1)＝1となり，d回目の比較で探索データが存在するか否かがわかります。

つまり，完全2分木である2分探索木の場合，比較回数が最も多くなるのは葉がもつデータを探索するときであり，その比較回数はd回です。したがって，**空欄セ**には**d**が入ります。

参考　2分探索木における探索の比較回数②

根から葉までの深さがH，階層数がH＋1である完全2分木のノード数は$2^{H+1}-1$です。

- 根から葉までの深さがHならば，葉の数は2^H
- 葉の数が2^Hならば，葉以外のノード数は2^H-1　（※次ページ「参考」を参照）
- 葉を含むすべてのノード数は，$2^H+2^H-1=2\cdot 2^H-1=2^{H+1}-1$

完全2分木である2分探索木における比較回数のオーダは，
$$\log_2 n = \log_2(2^{H+1}-1)$$
$$\log_2(2^{H+1}-1) < \log_2 2^{H+1} = H+1$$

となり，最も多くてもH＋1回の比較で探索は終了します。たとえば，下図の2分探索木は，深さ（H）＝3，階層数（H＋1）＝4の完全2分木で，ノード数は$2^4-1=15$です。この完全2分木において，比較回数が最も多くなるのは葉がもつデータを探索する場合で，その比較回数は4回です。

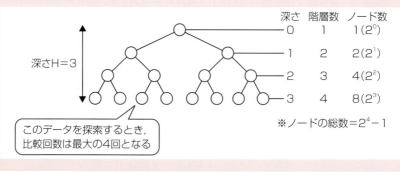

3 プログラミング（アルゴリズム）

解 答

設問1

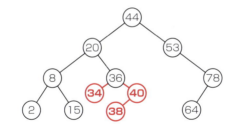

設問2 ア：tがnilでない

イ：t　　　ウ：t->left

エ：t　　　オ：t->right

カ：xがt->valueに等しい

キ：t->left　ク：t->right

設問3 ケ：x　　　コ：nil

サ：t->left　シ：t->right

設問4 ス：n　　　セ：d

参考 完全2分木における葉以外のノード数

完全2分木における葉以外のノード数 2^H-1 の求め方は，次のとおりです。

葉を除いた深さH−1までのノード数Sは，「$S=2^0+2^1+\cdots+2^{H-1}$」で表すことができます。この式Sは，初項が 2^0（=1）で，公比が2の等比数列の和なので，葉以外のノード数Sは，次の公式で求めることができます。

$$S=\frac{初項\times(1-公比^H)}{1-公比}=\frac{2^0\times(1-2^H)}{1-2}=2^H-1$$

なお，上記の公式を用いなくても，Sの式から2×S（Sの式に2を乗じた式）を減算することで，次のようにS（葉以外のノード数）を求めることができます。

$$\begin{array}{r}S=2^0+2^1+2^2+\cdots+2^{H-1}\\-\quad 2\times S=2^1+2^2+\cdots+2^{H-1}+2^H\\\hline(1-2)\,S=2^0\phantom{+2^1+2^2+\cdots+2^{H-1}}-2^H\end{array}$$ ←上式に2を乗じた式

$$S=\frac{2^0-2^H}{1-2}=\frac{1-2^H}{1-2}=2^H-1$$

Try! （H27秋午後問3抜粋）

プログラミング（アルゴリズム）問題で扱われる題材の中には，数年～10年周期で出題されるものが多くあります。たとえば，先の問題3では「連結リストを使用したマージソート（H26秋午後問3）」を学習しましたが，マージソートに関してはH20春試験に出題されていて，問題の図1がほとんど同じです。また，問題4の「2分探索木（H18秋午後問5）」に関しては，H27年秋試験に出題されています。

本Try!問題は，H27年秋試験に出題された「2分探索木」問題の一部です。問われる内容は，問題4より簡単です。挑戦してみましょう！

2分探索木とは，全てのノードNに対して，次の条件が成立している2分木のことである。
・Nの左部分木にある全てのノードのキー値は，Nのキー値よりも小さい。
・Nの右部分木にある全てのノードのキー値は，Nのキー値よりも大きい。

ここで，ノードのキー値は自然数で重複しないものとする。2分探索木の例を図1に示す。図中の数はキー値を表している。

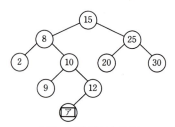

図1　2分探索木の例

2分探索木を実現するために，ノードを表す構造体Nodeを定義する。構造体Nodeの構成要素を表1に示す。

表1　構造体Nodeの構成要素

構成要素	説明
key	キー値
left	左子ノードへの参照
right	右子ノードへの参照

構造体の実体を生成するためには，次のように書く。
```
new Node(key)
```

3 | プログラミング（アルゴリズム）

生成した構造体への参照が戻り値となる。構造体の構成要素のうち，keyは引数keyの値で初期化され，leftとrightはnullで初期化される。

変数pが参照するノードをノードpという。ノードを参照する変数からそのノードの構成要素へのアクセスには“.”を用いる。例えば，ノードpのキー値には，p.keyでアクセスできる。なお，変数pの値がnullの場合，木は空である。

〔2分探索木でのノードの探索〕

与えられたキー値をもつノードを探索する場合，親から子の方向へ，木を順次たどりながら探索を行う。

探索する2分探索木にノードがない場合は，目的のノードが見つからず，探索は失敗と判断して終了する。探索する2分探索木にノードがある場合は，与えられたキー値と木の根のキー値を比較し，等しければ，目的のノードが見つかったので探索は成功と判断して終了する。与えられたキー値の方が小さければ左部分木に，大きければ右部分木に移動する。移動先の部分木でも同様に探索を続ける。

この手順によって探索を行う関数searchのプログラムを図2に示す。このプログラムでは，探索が成功した場合は見つかったノードへの参照を返し，失敗した場合はnullを返す。

```
//ノード p を根とする 2 分探索木から，キー値が k であるノードを探索する
function search(k, p)
    if(p と null が等しい)
        return null                //探索失敗
    elseif(k と p.key が等しい)
        return p                   //探索成功
    elseif(      イ      )
        return search(k, p.left)   //左部分木を探索する
    else
        return search(k, p.right)  //右部分木を探索する
    endif
endfunction
```

図2　関数searchのプログラム

〔2分探索木へのノードの挿入〕

2分探索木にノードを挿入する場合，探索と同様に，親から子の方向へ，木を順次たどりながら，適切な位置にノードを挿入する。

挿入する2分探索木にノードがない場合は，挿入するキー値のノードを作成する。挿入する2分探索木にノードがある場合は，挿入するキー値と木の根のキー値を比較し，挿入するキー値の方が小さければ左部分木に，大きければ右部分木に移動する。移動先の部分木でも同様の処理を続ける。

207

この手順によって挿入を行う関数addNodeのプログラムを図3に示す。このプログラムでは，挿入の結果として得られた2分探索木の根のノードへの参照を返す。ただし，このプログラムは，挿入するキー値と同じキー値をもつノードが2分探索木に既に存在するときは何もしない。

```
//ノードpを根とする2分探索木に，キー値がkであるノードを挿入する
function addNode(k, p)
    if(p と null が等しい)
        p ← │ ウ │              //ノードを生成する
    elseif(k と p.key が等しくない)
        if( │ イ │ )
            p.left ← addNode(k, p.left)   //左部分木に移動し挿入を続ける
        else
            p.right ← addNode(k, p.right) //右部分木に移動し挿入を続ける
        endif
    endif
    │ エ │
endfunction
```

図3　関数addNodeのプログラム

(1) 図1中の │ ア │ に入れる適切な数を答えよ。
(2) 図2及び図3中の │ イ │ ～ │ エ │ に入れる適切な字句を答えよ。

解説

(1) 図1中の空欄アのノード（以降，「ア」のノードという）のキー値が問われています。問題文に定義されている条件に照らし合わせると，「ア」のノードは，⑮の左部分木なので「15より小さい」値をキー値にもちます。また，⑧の右部分木なので「8より大きい」値をキー値にもちます。このように見ていくと，「10より大きい」値をもち，「12より小さい」値をもつことがわかります。したがって，「ア」のノードのキー値，すなわち**空欄ア**は**11**です。

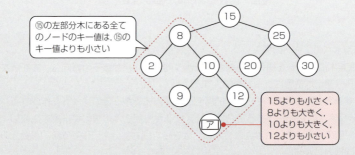

(2) 関数searchおよび関数addNodeのプログラム中の空欄を埋める問題です。関数searchは、問題4の再帰呼び出しを使った操作lookupとほぼ同じです。また、関数addNodeは、操作insertとほぼ同じですから、ここではポイント事項のみ解説していきます。

● **空欄イ**：空欄イの条件を満たしたときの注釈に、「//左部分木を探索する」とあります。ノードの探索処理では、与えられたキー値と木の根のキー値を比較して、与えられたキー値の方が小さければ左部分木に移動し、探索を続けるわけですから、空欄イには「与えられたキー値が木の根のキー値より小さい」という条件が入ります。ここで、与えられたキー値は、関数searchの引数kです。また、現在探索しているのはノードpを根とする2分探索木なので、木の根のキー値はp.keyです。したがって、空欄イには「kがp.keyより小さい」が入ります。

● **空欄ウ**：ノードpを根とする2分探索木に、キー値がkであるノードを挿入するとき、「pとnullが等しい」場合、すなわち挿入する2分探索木にノードがない場合の処理です。ノードの挿入処理では、挿入する2分探索木にノードがない場合は、挿入するキー値のノードを作成します。このことは、プログラムの注釈に「//ノードを生成」とあることからもわかります。したがって、空欄ウにはnew Node(k)が入ります。

● **空欄エ**：この空欄は、関数addNodeの一番最後にあります。「えっ、何が入るの？」と一瞬迷ってしまいますが、ここで、関数addNodeにはreturn文がないことに気付きましょう。関数addNodeの説明に、「挿入の結果として得られた2分探索木の根のノードへの参照を返す」とあるので、空欄エはreturn文です。そして、この関数addNodeは、ノードpを根とする2分探索木にノードを挿入する関数ですから、「挿入の結果として得られた2分探索木の根のノードへの参照」はpです。したがって、空欄エにはreturn pが入ります。下図に、「キー値が20であるノードを挿入する場合」を示しました。関数addNodeの処理を再度確認しておきましょう。

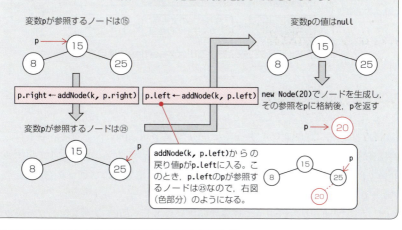

解答 （1）ア：11　（2）イ：kがp.keyより小さい　ウ：new Node(k)　エ：return p

問題5　データ圧縮前処理のBlock-sorting （H27春午後問3）

データ圧縮の前処理として用いられるBlock-sortingに関する問題です。本問は，ソートのアルゴリズム自体を問うものではなく，一般的なアルゴリズム能力および理解力を問う問題になっています。問題文とプログラムとを照らし合わせ，処理内容をしっかり把握することがポイントです。

問 データ圧縮の前処理として用いられるBlock-sortingに関する次の記述を読んで，設問1〜4に答えよ。

Block-sortingは，文字列に対する可逆変換の一種である。変換後の文字列は，変換前の文字列と比較して同じ文字が多く続く傾向があるので，その後に行う圧縮処理において圧縮率を向上させることができる。

Block-sortingは，変換処理と復元処理の二つの処理で構成される。変換処理は，入力文字列を受け取って，変換結果の文字列と，入力文字列がソート後のブロックで何行目にあるか（以下，入力文字列の行番号という）を出力する。一方，復元処理は，変換結果の文字列と入力文字列の行番号を受け取って入力文字列を出力する。

データ圧縮におけるBlock-sortingの使用方法を図1に示す。

図1　データ圧縮におけるBlock-sortingの使用方法

〔Block-sortingの変換処理〕

例として"papaya"を入力文字列としたときの変換処理を図2に示す。図2では，入力文字列を1文字左に巡回シフトすること（①）で文字列"apayap"となる。さらに，もう1文字左に巡回シフトすること（②）で文字列"payapa"となる。同様に1文字ずつ左に巡回シフトした（③〜⑤）結果の文字列を縦に並べて正方形のブロック（巡回シフト後のブロック）を作成する。

次に，このブロックを行単位で辞書式順にソートし（⑥），ソート後のブロックを得る。ソート後のブロックの各行の文字列から一番右の文字を行の順に取り出して並べ

た文字列と，ソート後のブロックにおいて入力文字列に一致する行の行番号を変換結果とする（⑦）。

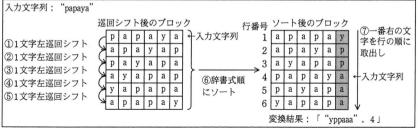

図2　Block-sortingの変換処理

〔Block-sortingの復元処理〕

図2の変換結果「"yppaaa"，4」を復元する手順を表1に示す。

表1　Block-sortingの復元手順

手順	処理	内容
1	変換結果の文字列に対して，各文字に1から順に添字を付ける。	"yppaaa" → "y(1),p(2),p(3),a(4),a(5),a(6)"
2	文字をソートする。同じ文字の場合は添字の順に並べる。	"y(1),p(2),p(3),a(4),a(5),a(6)" → "a(4),a(5),a(6),p(2),p(3),y(1)"
3	手順2でソートした文字を次の手順で並べる。 ・変換結果の行番号"4"から，ソート後の文字列"a(4),a(5),a(6),p(2),p(3),y(1)"の4番目の要素"p(2)"を取り出して並べる。 ・"p(2)"の添字が2であることから，2番目の要素"a(5)"を取り出して並べる。 ・"a(5)"の添字が5であることから5番目の要素"p(3)"を取り出して並べる。以降，並べた要素の個数が変換結果の文字列の長さと同じになるまで，要素を取り出して並べることを繰り返す。	→ "p(2)" → "p(2),a(5)" → "p(2),a(5),p(3)" → "p(2),a(5),p(3),a(6)" → "p(2),a(5),p(3),a(6),y(1)" → "p(2),a(5),p(3),a(6),y(1),a(4)"
4	手順3の結果から添字を取り除く。	"p(2),a(5),p(3),a(6),y(1),a(4)" → "papaya"

〔Block-sortingの実装〕

Block-sortingのプログラムを作成するために使用する配列，関数及び変数を，表2に示す。

表2 使用する配列，関数及び変数

名称	種類	内容
EncodeArray[n]	配列	巡回シフト後のブロックを格納する。ブロックの1行を文字列として，配列の一つの要素に格納する。配列の添字は1から始まる。 例 "papaya" "apayap" "payapa" "ayapap" "yapapa" "apapay"
DecodeArray[2][n]	配列	復元用の文字と添字の組を格納する。配列の添字は1から始まる。 例 "y" "p" "p" "a" "a" "a" / 1 2 3 4 5 6
sort1(Array[ ])	関数	1次元配列 Array[ ]の要素を辞書式順にソートする。
sort2(Array[ ][ ])	関数	2次元配列 Array[ ][ ]を，Array[1]の要素をキーにしてソートする。 例 "y" "p" "p" "a" "a" "a" / 1 2 3 4 5 6 → "a" "a" "a" "p" "p" "y" / 4 5 6 2 3 1
rotation(String)	関数	文字列 String を1文字左に巡回シフトした結果を返す。
InputString	変数	入力文字列。この文字列の長さを"InputString の長さ"とする。他の文字列変数についても，長さを同様に表す。
BlockSortString	変数	変換結果の文字列。
Line	変数	ソート後のブロックでの入力文字列の行番号。
OutputString	変数	復元処理の出力文字列。

注記 nは入力文字列の長さを表す。

〔変換処理関数encode〕

変換処理を実装した関数encodeのプログラムを図3に示す。

```
function encode(InputString)
  rString ← InputString
  for( i を   ア   から   イ   まで1ずつ増やす )
    EncodeArray[i] ← rString
    rString ← rotation(rString)
  endfor
  sort1(EncodeArray)
  BlockSortString を空文字列に初期化する
  for( k を   ア   から   イ   まで1ずつ増やす )
    BlockSortString の末尾に EncodeArray[k]の末尾の1文字を追加する
    if(   ウ   )
      Line ← k
    endif
  endfor
endfunction
```

図3 関数encodeのプログラム

〔復元処理関数decode〕

復元処理を実装した関数decodeのプログラムを図4に示す。

212

3 | プログラミング（アルゴリズム）

```
function decode(BlockSortString, Line)
  for( i を 1 から BlockSortString の長さまで 1 ずつ増やす )
    DecodeArray[1][i] ← BlockSortString の i 文字目
    DecodeArray[2][i] ← i
  endfor
  sort2(DecodeArray)
  OutputString を空文字列に初期化する
  OutputString の末尾に  ┃  エ  ┃ に格納されている 1 文字を追加する
  n ←  ┃  オ  ┃
  while(  ┃  カ  ┃ )
    OutputString の末尾に DecodeArray[1][n]に格納されている 1 文字を追加する ◀ (α)
    n ← DecodeArray[2][n]
  endwhile
endfunction
```

図4　関数decodeのプログラム

〔関数sort2(Array[][])の実装〕

　関数decodeの処理時間は，使用する関数sort2(Array[][])の計算量に大きく依存する。処理時間を短くするためには，sort2(Array[][])の内部で計算量が少ないソートのアルゴリズムを使用して実装する必要がある。

　処理時間の違いを確認するために複数のソートアルゴリズムを使用して関数sort2(Array[][])を実装したところ，Array[1]の要素をキーにしてクイックソート（不安定なソート）を使用した場合には復元処理の結果が入力文字列と一致しなかった。

　この場合，sort2(Array[][])が表1の手順2を正しく実装できていないので，(β)ソートアルゴリズム，ソートキーのいずれかを見直す必要がある。

設問1　文字列 "kiseki" に対してBlock-sortingを適用して変換した結果を答えよ。変換結果は図2の記法に合わせて記述すること。

設問2　図3中の ┃ ア ┃ ～ ┃ ウ ┃ に入れる適切な字句を答えよ。

設問3　〔復元処理関数decode〕について，(1)，(2)に答えよ。
(1) 図4中の ┃ エ ┃ ～ ┃ カ ┃ に入れる適切な字句を答えよ。
(2) BlockSortStringの長さがpのとき，図4中の下線(α)の処理の実行回数を答えよ。

設問4　本文中の下線(β)について，ソートアルゴリズムを見直す場合とソートキーを見直す場合のそれぞれについて，どのように見直せばよいかを30字以内で述べよ。

解説

設問1 の解説

　Block-sortingの変換処理が理解できているかどうかを確認するための問題です。本設問では，文字列"kiseki"に対してBlock-sortingを適用した結果が問われています。問題文の〔Block-sortingの変換処理〕に示された手順および図2を参考に，落ち着いて解答を進めましょう。

　まず，文字列"kiseki"を1文字左に巡回シフトすると，一番左の文字"k"が一番右にくるので"isekik"となります。さらに，もう1文字左に巡回シフトすると"sekiki"となり，この操作を繰り返した結果（巡回シフト後のブロック）は，下左図のようになります。

　次に，このブロックを行単位で辞書式順にソートします。英和辞典における英単語の順番に並べると考えればよいでしょう。つまり，巡回シフト後のブロックの一番左の文字を比べて並べ，同じ文字だったら2文字目を比べて並べるという操作を行えば，辞書式順に並べ替えることができます。並べ替えた結果は下右図のようになります。

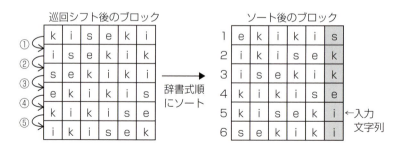

　以上，上右図のソート後のブロックから一番右の文字（網掛け部分）を，行の順に取り出して並べた文字列は"skkeii"です。また，入力文字列"kiseki"に一致する行は5行目にあるので，変換結果は「**"skkeii", 5**」になります。

参考　辞書式順

　辞書式順は辞書式の並べ方ともいいます。たとえば，a，b，c，d，eの5文字を重複を許して3文字並べる並べ方を全部考えると，右図のようになります。このような並べ方を辞書式の並べ方といいます。

```
aaa  aab  aac  aad  aae
aba  abb  abc  abd  abe
aca  acb  acc  acd  ace
ada  adb  adc  add  ade
 …    …    …    …    …
```

3 プログラミング（アルゴリズム）

設問2 の解説

　関数encodeのプログラムを完成させる問題です。関数encodeは，Block-sortingの変換処理を実装したプログラムです。使用する配列や変数が多いためゴチャゴチャしますが，ポイントは，まずプログラム全体を見ることです。つまり，〔Block-sortingの変換処理〕に示された手順とプログラムとを照らし合わせ，「どこで，何をしているのか」を把握することがポイントになります。

　Block-sortingの変換処理は，大きく3つの処理に分けられます。これとプログラムとを照らし合わせると，下図のようになります。

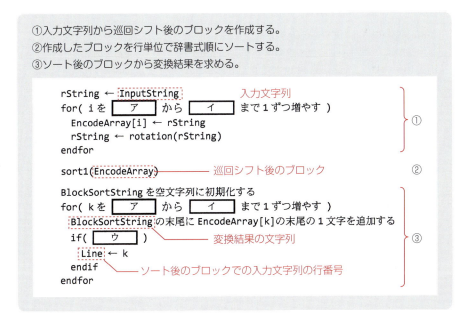

●空欄ア，イ

　このfor文により，入力文字列を1文字左に巡回シフトし，さらにもう1文字左に巡回シフトするという操作を繰返し，巡回シフト後のブロックを作成します。ここで，巡回シフト後のブロックを格納する1次元配列EncodeArrayには，入力文字列の長さと同じ数の文字列が格納されることに気付きましょう。たとえば，入力文字列が"kmi"なら，格納されるのは"kmi"，"mik"，"ikm"の3つです。このことに気付けば，入力文字列の長さがNの場合，まずEncodeArray[1]に入力文字列InputStringを格納し，次にEncodeArray[2]〜EncodeArray[N]に1文字左巡回シフトした文字列を順に格納すればよいことがわかります。そして，これを行うための繰返し条件は，「iを1からNまで

1ずつ増やす」となります。したがって，**空欄ア**には**1**，そして入力文字列の長さは"InputStringの長さ"と表すので，**空欄イ**には**InputStringの長さ**が入ります。

●空欄ウ

空欄ウが含まれるfor文では，sort1(EncodeArray)により辞書式順にソートされたEncodeArrayをもとに変換結果を求めます。具体的には，変数kを1からInputStringの長さまで1ずつ増やしながら次の2つの処理を行うことで変換結果の文字列をBlockSortStringに，また入力文字列に一致する行の行番号をlineに求めます。

①BlockSortStringの末尾にEncodeArray[k]の末尾の1文字を追加する。
　⇒これは，ソート後のブロックの各行の文字列から一番右の文字を行の順に取り出してBlockSortStringに追加する処理です。
②空欄ウの条件を満たしたとき，「line ← k」を行う。
　⇒これは，入力文字列に一致する行の行番号を変数Lineに格納する処理です。

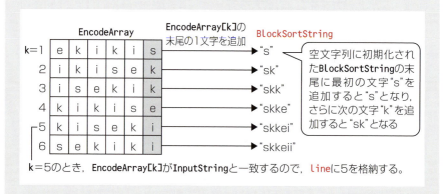

空欄ウの条件を満たしたとき，「line ← k」を行うということは，EncodeArrayのk番目の文字列（EncodeArray[k]）が入力文字列に一致したということです。したがって，**空欄ウ**には「EncodeArray[k]**が**InputString**と等しい**」または「EncodeArray[k]**が**InputString**と同一**」といった条件を入れればよいでしょう。

設問3 の解説

(1) 関数decodeのプログラムを完成させる問題です。関数decodeは，Block-sortingの復元処理を実装したプログラムです。表1に，Block-sortingの復元手順が示されているので，この手順とプログラムを照らし合わせることがポイントです。

3 | プログラミング（アルゴリズム）

空欄エ〜オを含む部分は，手順3，4に該当する処理です。たとえば，表1の例にあるように変換結果が「"yppaaa"，4」のとき，まず手順1により下左図の配列DecodeArrayを作成します。次に，手順2（sort2）により左図のDecodeArrayを右図のDecodeArrayに並べ替えます。

配列DecodeArray

"y"	"p"	"p"	"a"	"a"	"a"
1	2	3	4	5	6

→

配列DecodeArray（sort2でソート後）

"a"	"a"	"a"	"p"	"p"	"y"
4	5	6	2	3	1

そして手順3，4（空欄エ〜オを含む部分）で，この並べ替えられた上右図の配列DecodeArrayをもとに，復元後の文字列を作成します。

補足　表1に示された手順3，4の処理

〔手順3〕

・変換結果の行番号 "4" から，ソート後の文字列 "a(4),a(5),a(6),p(2),p(3),y(1)" の4番目の要素 "p(2)" を取り出して並べる。

・"p(2)" の添字が2であることから，2番目の要素 "a(5)" を取り出して並べる。

・"a(5)" の添字が5であることから，5番目の要素 "p(3)" を取り出して並べる。

・以降，並べた要素の個数が変換結果の文字列の長さと同じになるまで，要素を取り出して並べることを繰り返す。

手順3の結果→

"p"	"a"	"p"	"a"	"y"	"a"
2	5	3	6	1	4

〔手順4〕

手順3の結果から添字を取り除く。手順4の結果→　"papaya"

● 空欄工

「OutputStringの末尾に エ に格納されている1文字を追加する」とあります。OutputStringは，復元処理の出力文字列です。つまり，復元後の文字列をOutputStringに格納するわけです。

ここでのポイントは，手順3に示された1番目の処理と2番目以降の処理の違いに気付くことです。2番目以降の処理は繰返し処理で実現できますが，1番目の処理はそれとは独自に行う必要があります（繰返し処理には含められません）。では，プロ

217

グラムを見てみましょう。「OutputStringの末尾に〜に格納されている1文字を追加する」という処理（以降，処理Aという）が2つあります。1つ目はwhile文の前にあり，2つ目はwhile文の中にあります。このことから，while文の前の処理Aで手順3の1番目の処理を行い，while文の中の処理Aで2番目以降の処理を行うことが推測できると思います。

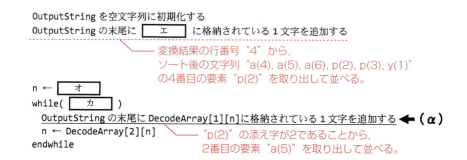

では，空欄エを考えましょう。この処理は，「ソート後の文字列の，変換結果の行番号番目の要素を取り出して並べる」に該当する処理です。「取り出して並べる」とはOutputStringの末尾に追加するということです。そこで，ソート後の文字列は配列DecodeArrayの1行目に格納されていて，変換結果の行番号はLineに格納されているのでDecodeArray[1][Line]をOutputStringの末尾に追加することになります。したがって，**空欄エ**にはDecodeArray[1][Line]が入ります。

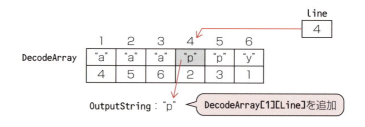

●空欄オ

　変数nの初期値が問われています。ここで着目すべきは，次の図に示したように，配列DecodeArrayから取り出した文字の添字を使って，次の文字を取り出していることです。このことに気付けば，変数nの初期値には，while文の前にある「OutputStringの末尾に〜に格納されている1文字を追加する」によって取り出した

文字(DecodeArray[1][Line])の添字DecodeArray[2][Line]を，設定すればよいことがわかります。

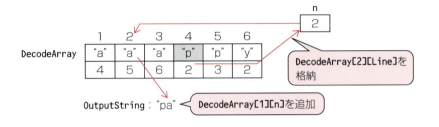

●空欄カ

while文の繰返し条件が問われています。この繰返し処理は，配列DecodeArrayから取り出して並べた要素の個数(OutputStringの長さ)が，変換結果の文字列(BlockSortString)の長さと同じになるまで繰り返します。つまり，長さが同じになったら繰返しを終了するわけです。

そこで，配列DecodeArrayから取り出して並べた要素の個数は"OutputStringの長さ"，変換結果の文字列の長さは"BlockSortStringの長さ"と表すので，繰返し条件(**空欄カ**)を「OutputString**の長さが**BlockSortString**の長さより小さい**」とし，OutputStringの長さがBlockSortStringの長さと同じになったとき繰返しを終了するようにします。

(2) 図4中の(α)の処理の実行回数が問われています。(α)は，while文の中にあるので，「(α)の処理の実行回数＝繰返し回数」ということになります。また，このwhile文は，先に解答したように「OutputStringの長さがBlockSortStringの長さより小さい」間，繰り返されることになります。

ここで，OutputStringの最初の1文字は，while文に入る前の処理で格納されることに注意すると，繰返し回数は「BlockSortStringの長さ－1」になります。したがって，BlocksortStringの長さがpのときの(α)の実行回数は**p－1**回です。

設問4 の解説

ソートアルゴリズムおよびソートキーの見直しに関する設問です。「Array[1]の要素をキーにしてクイックソート(不安定なソート)を使用した場合には復元処理の結果が入力文字列と一致しなかった」とあります。"不安定なソート"とは，同じキー値をもつデータの順序が，ソートの前とソートの後で変わってしまうソートのことです。手

順2を見ると，「同じ文字の場合は添字の順に並べる」とあります。添字の順に並べるとは，元の順序に並べることをいいます。

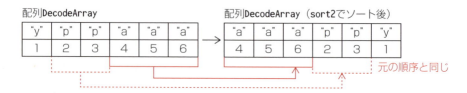

つまり，Block-sortingの復元処理においては，同じ文字の場合は添字の順（元の順序）に並べる必要があるのに，クイックソートは不安定なソートであり，同じ文字の場合に添字の順（元の順序）に並べることができないため，手順2を正しく実装できなかったということです。したがって，ソートアルゴリズムを見直す場合は，手順2を正しく実装できる"安定なソート"すなわち，同じ文字の場合に元の順序を保持するソートを使用する必要があります。

また，ソートキーを見直す場合は，Array[1]の要素（文字）だけをキーにしてソートするのではなく，1番目のソートキーをArray[1]の要素（文字）にして，2番目のソートキーをArrya[2]の要素（添字）にすれば，同じ文字の場合，添字の順に並べることができ，"安定なソート"を実現できます。

以上，ソートアルゴリズムについては，「**同じ文字の場合に元の順序を保持するソートを使用する**」，ソートキーについては「**2番目のソートキーにArray[2]の要素を加える**」と解答すればよいでしょう。

解答

設問1 "skkeii", 5

設問2 ア：1
イ：InputStringの長さ
ウ：EncodeArray[k]がInputStringと同一

設問3 (1) エ：DecodeArray[1][Line]
オ：DecodeArray[2][Line]
カ：OutputStringの長さがBlockSortStringの長さより小さい

(2) p−1

設問4 ソートアルゴリズム：同じ文字の場合に元の順序を保持するソートを使用する
ソートキー：2番目のソートキーにArray[2]の要素を加える

第4章 システムアーキテクチャ

システムアーキテクチャに関する問題は，午後試験の**問4**に出題されます。選択解答問題です。

出題範囲

方式設計・機能分割，提案依頼書（RFP），要求分析，信頼性・性能，Web技術（Webサービス・SOAを含む），仮想化技術，主要業種における業務知識，ソフトウェアパッケージ・オープンソースソフトウェアの適用，その他の新技術動向 など

4 システムアーキテクチャ

基本知識の整理

〔学習項目〕
① 稼働率
② M/M/1の待ち行列モデル
③ M/M/Sの待ち行列モデル
④ システムの性能向上
⑤ 仮想化技術

①稼働率

　稼働率（信頼性）計算における基本公式は，直列接続・並列接続における稼働率公式です。午後問題を解答するためには，基本公式を暗記するのではなく，公式の意味をしっかり理解したうえで，さまざまな問題に対応できる応用力が必要です。

●直列接続の稼働率

　稼働率がp_1，p_2，…，p_nであるn個の要素が**直列**に接続されているシステムの稼働率は，次の算式で求めます。直列システムは冗長構成を含まないため，どれか1つの要素が稼働しなければシステムは稼働しません。

システムの稼働率＝$p_1 \times p_2 \times \cdots \times p_n = \prod_{i=1}^{n} p_i$　Π（パイ）は項の積（総乗）の記号

●並列接続の稼働率

　これに対して，すべての構成要素が**並列**に接続されている場合，これを並列冗長といい，システムの稼働率は次ページの算式で求めます。並列冗長で

は，どれか1つの要素が稼働していればシステムは稼働するため，システム全体の稼働率は，構成要素単体の稼働率よりも高くできます。

重要

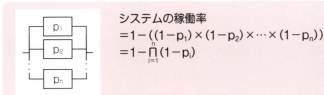

システムの稼働率
$= 1 - ((1-p_1) \times (1-p_2) \times \cdots \times (1-p_n))$
$= 1 - \prod_{i=1}^{n}(1-p_i)$

午前でよくでる 稼働率比較の問題

3台の装置X～Zを接続したシステムA，Bの稼働率について，適切なものはどれか。ここで，3台の装置の稼働率は，いずれも0より大きく1より小さいものとする。

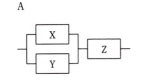
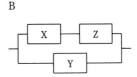

ア　各装置の稼働率の値によって，AとBの稼働率のどちらが高いかは変化する。
イ　常にAとBの稼働率は等しい。
ウ　常にAの稼働率が高い。
エ　常にBの稼働率が高い。

解説

まず，装置X，Y，Zの稼働率をx, y, zとして，システムA，Bの稼働率を求めます。
　システムAの稼働率 $= (1-(1-x)(1-y))z = (1-(1-x-y+xy))z$
　　　　　　　　　　 $= xz + yz - xyz$
　システムBの稼働率 $= 1-(1-xz)(1-y) = 1-(1-xz-y+xyz)$
　　　　　　　　　　 $= xz + y - xyz$
次に，システムAの稼働率とシステムBの稼働率の差をとります。
　$(xz+yz-xyz) - (xz+y-xyz) = yz - y = y(z-1)$
ここで，求めた差の符号（正負）を判断すると，$y>0$，$z-1<0$なので，$y(z-1)<0$となり，システムBの稼働率のほうが高いことが分かります。

解答　エ

●**冗長構成**

システムに冗長性を持たせて信頼性を高める方式には次の2つがあります。

1つは**アクティブ／アクティブ構成**です。たとえば2台のサーバで負荷分散し，どちらかのサーバで障害が発生した場合でも，残ったサーバによって継続稼働させるという方式です。信頼性と処理能力の向上が図れます。

もう1つは，**アクティブ／スタンバイ構成**です。通常，アクティブ側だけで処理を行い，アクティブ側に障害が発生した場合にスタンバイ側にフェールオーバし（処理を引き継ぎ），継続稼働させるという方式です。

下図は，「APサーバはアクティブ／アクティブの2台構成で負荷分散し，DBサーバは共有ディスク方式のアクティブ／スタンバイ構成でDBを管理している」といったシステムです。このシステムの稼働率はいくらになるでしょうか？　ここでAPサーバ，DBサーバそれぞれ1台の稼働率をpとし，DBサーバ障害時のフェールオーバに要する時間は考えないものとします。

チェック

午後問題では，このようなシステムの稼働率を問う問題がよく出題されます。このシステムの場合，APサーバ系，DBサーバ系のどちらも並列接続と考えることができるので，信頼性モデルは下図のようになり，システムの稼働率は「$(1-(1-p)^2)^2$」です。

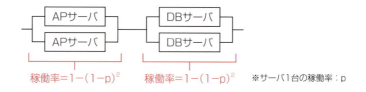

午後問題の題材となるシステムの構成は複雑です。そのため，稼働率の算出方法も難易度が高くなります。稼働率問題の攻略法は，まず問題文に示されたシステムの条件から，どの部分が直列なのか並列なのかを明らかにして，稼働率計算がしやすいよう図を描くことです。当然，試験本番では時間が気になりますからフリーハンドでOKです。図を描くことは時間の無駄ではありません。急がば回れ！です。勘違いや計算ミスを防ぐためにも重要です。

②M/M/1の待ち行列モデル

M/M/1の待ち行列モデルは,「客はランダムに到着し(M),1人の客がサービスを受ける時間はバラバラで(M),サービスを行う窓口は1つ(1)」という待ち行列の最も代表的なモデルです。

●M/M/1の待ち行列モデルが適用される条件

M/M/1は,ケンドール記法ではM/M/1(∞)と表記されます。各記号の意味は下記のとおりで,これは同時にM/M/1の待ち行列モデルが正確に適用される条件を示しています。また,待ち行列理論では,待ち行列への途中割込みや途中離脱がないことも暗黙の条件となっています。

> **重要**
>
> M/M/1(∞)
>   ┃ ┃ ┃ ┗━ 待ち行列の長さは**十分大きく**あふれることはない
>   ┃ ┃ ┗━━ 窓口数は**1つ**で処理(サービス)は1つずつ先着順に行う
>   ┃ ┗━━━ 窓口でのトランザクションの処理時間はランダム
>   ┗━━━━ トランザクションの到着はランダム

●トランザクションの到着分布と処理分布

確率分布には,確率変数が1,2,3,…といった離散的な値をとる離散型確率分布と,時間などのように連続的な値をとる連続型確率分布があります。待ち行列モデルにおいて,トランザクションの到着間隔や1トランザクション当たりの処理時間は,連続型確率分布である**指数分布**に従いますが,単位時間当たりのトランザクション到着数や処理数は,離散型確率分布である**ポアソン分布**に従います。

> **重要**
>
> 〔トランザクションの到着分布〕
> ・単位時間当たりのトランザクション到着数→**ポアソン分布**
> ・トランザクションの到着間隔→**指数分布**
> 〔トランザクションの処理分布〕
> ・単位時間当たりのトランザクション処理数→**ポアソン分布**
> ・トランザクションの処理時間→**指数分布**

「○○は何分布に従うか?」と問われたら,問われている分布が"時間"なのか"数"なのかを明確にしてから解答しましょう。

●待ち行列で用いられる要素

M/M/1の待ち行列モデルを適用し，平均待ち時間や平均応答時間を求めるためには，次の要素が必要になります。

重要

平均到着率	単位時間当たりに到着する平均トランザクション数 一般に，記号 λ（ラムダ）を用いる
平均到着間隔	トランザクションの平均到着時間間隔 **平均到着間隔＝1÷平均到着率＝1÷λ**
平均サービス率	単位時間当たりに処理可能な平均トランザクション数 一般に，記号 μ（ミュー）を用いる
平均サービス時間 （平均処理時間）	トランザクションの平均処理時間 **平均サービス時間＝1÷平均サービス率＝1÷μ**
利用率	単位時間当たりの窓口利用率 一般に，記号 ρ（ロー）を用いる **利用率＝平均到着率÷平均サービス率＝λ÷μ**

●平均待ち時間と平均応答時間

平均待ち時間は，待ち行列に到着してからサービスを受けるまでの時間です。また**平均応答時間**は，平均待ち時間に処理（サービス）時間を加えた時間です。それぞれ次の算式で求めることができます。

重要

$$平均待ち時間 = \frac{利用率(\rho)}{1-利用率(\rho)} \times 平均サービス時間$$

$$平均応答時間 = 平均待ち時間＋平均サービス時間$$

チェック

問題文に，「平均待ち時間を求めよ」とあっても，「到着してから処理が終了するまで」といった但し書きがある場合があります。この場合には，平均応答時間を求めなければなりません。問われているのが，処理時間を除いた平均待ち時間なのか，それとも処理時間を含めた平均応答時間なのかを明確にしてから解答するようにしましょう。

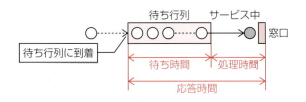

4 | システムアーキテクチャ

午前でよくでる M/M/1の待ち行列モデルの計算問題

　M/M/1の待ち行列モデルを用いて，二つのネットワークを接続するゲートウェイの1方向のデータ転送を考える。1秒間にゲートウェイ内で転送処理できるパケット数が150，ゲートウェイに到着するパケット数が120とすると，各パケットのゲートウェイ内平均待ち時間（処理時間を含まない）は約何ミリ秒か。

ア　8.3　　　イ　213　　　ウ　26.7　　　エ　33.3

解説

　上記問題における平均到着率（λ），平均サービス率（μ），平均サービス時間（T）は，次のようになります。

・平均到着率（λ）：1秒間にゲートウェイに到着するパケット数＝120
・平均サービス率（μ）：1秒間にゲートウェイ内で転送処理できるパケット数＝150
・平均サービス時間（T）：平均サービス率の逆数＝1／150［秒］

　以上から，利用率（ρ），平均待ち時間（W）は，次のように求めることができます。

$$利用率（\rho）=\frac{\lambda}{\mu}=\frac{120}{150}=0.8$$

$$平均待ち時間（W）=\frac{\rho}{1-\rho}\times T=\frac{0.8}{1-0.8}\times\frac{1}{150}≒0.0267［秒］=26.7［ミリ秒］$$

解答　ウ

③M/M/Sの待ち行列モデル

　M/M/Sの待ち行列モデルは，複数の窓口をもつ待ち行列モデルです。Webサーバを複数用意し，それを並列に用いて負荷分散するシステムのアクセス待ち行列などに適用されます。

　M/M/Sの"S"は窓口数です。したがって，利用率は，M/M/1の待ち行列モデルにおける利用率を窓口数Sで除算した値になります。なお，M/M/Sの待ち行列モデルにおける平均待ち時間を求める算式は少し難解なため，問題文に提示されたグラフや表を用いて，解答を導き出すという問題になっています。

重要

利用率（ρ）＝（平均到着率÷平均サービス率）÷S
　　　　　　＝（平均到着率×平均サービス時間）÷S

└── 平均サービス率の逆数

227

④システムの性能向上

　「システムの性能向上策を適用した部分（あるいは性能向上策が及ぶ範囲）の割合によって，システムの性能向上率が決まる」という法則があります。この法則を**アムダールの法則**といいます。アムダールの法則では，性能向上策による性能向上率をV，性能向上策を適用した部分の割合をaとしたとき，システムの性能向上率Pは次の算式で求められるとしています。

重要

$$P=\dfrac{1}{(1-a)+\dfrac{a}{V}}$$

　P：システムの性能向上率
　V：性能向上策による性能向上率
　a：性能向上策を適用した部分の割合（0≦a≦1）

　"アムダールの法則"そのものが問われることはありません。この法則で重要なのは，次の2つです。押さえておきましょう。

重要

〔ボトルネック〕
・性能向上率Pは，性能向上策を適用した部分の割合aにより決まる
〔限界〕
・性能向上策による性能向上率Vを高くしても，性能向上には限界がある

●サーバの性能向上策

　サーバの処理能力を向上させる施策には，次の2つがあります。

スケールアップ	サーバを構成する各装置をより高性能なものに交換したり，あるいはプロセッサの数やメモリを増やすなどして，サーバ当たりの処理能力を向上させる
スケールアウト	接続されるサーバの台数を増やすことでサーバシステム全体としての処理能力や可用性を向上させる

午前でよくでる　サーバ性能向上策の問題

　物理サーバのスケールアウトに関する記述はどれか。

ア　サーバに接続されたストレージのディスクを増設して冗長化することによって，サーバ当たりの信頼性を向上させること

イ　サーバのCPUを高性能なものに交換することによって，サーバ当たりの処理能力を向上させること
ウ　サーバの台数を増やして負荷分散することによって，サーバ群としての処理能力を向上させること
エ　サーバのメモリを増設することによって，単位時間当たりの処理能力を向上させること

解説

　物理サーバのスケールアウトとは，サーバの台数を増やすことで，サーバ群全体の処理能力を向上させることです。したがって，〔ウ〕が正しい記述です。なお，〔ア〕のディスクを増設して冗長化するのはRAIDです。また，〔イ〕，〔エ〕はスケールアップの説明です。

解答　ウ

---

⑤仮想化技術

仮想化技術とは，物理構成とは異なる論理構成を提供する技術の総称です。代表的な仮想化技術を整理しておきましょう。

シンプロビジョニング	ストレージ資源を仮想化することにより，利用者には希望する磁気ディスク容量を割り当てたように見せかけ，実際には利用している容量だけを割り当てることでストレージ資源を有効活用する
ストレージ自動階層化	異なる性能のストレージで構成されるストレージ階層を仮想化し，アクセス頻度が高いデータは上位の高速なストレージ階層に，アクセス頻度が低いデータは下位の低速階層にというように，データを格納するのに適したストレージへ自動的に配置することで情報活用とストレージ活用を高める
サーバ仮想化	1台の物理サーバ上で複数の仮想的なサーバを動作させるための技術
ライブマイグレーション	仮想サーバ上で稼働しているOSやアプリケーションを停止させずに，別の物理サーバへ移し処理を継続させる
クラスタソフトウェア	仮想サーバを冗長化したクラスタシステムを管理／制御するソフトウェア。OS，アプリケーションおよびハードウェアの障害に対応し，障害発生時には，障害が発生していない別のサーバに自動的に処理を引き継ぐので切替え時間の短い安定した運用が求められる場合に有効

問題 1 システム構成の見直し　(H31春午後問4)

電子書籍サービスにおけるシステム構成の見直しを題材とした問題です。本問は，システム方式設計に関する基本的な理解，およびWeb APIを用いたシステム処理方式設計に関する基本知識を問う問題になっています。

設問1は，現状のシステムと新システムにおける各機器の機能を理解できれば，解答は難しくありません。設問2では，システム稼働率が問われます。直列接続・並列接続を意識し，落ち着いて解答することがポイントです。本問で，一番難しいのは設問3です。Webブラウザ，およびスマートフォン用のアプリケーション（スマホアプリ）が，それぞれデータを取得してから画面に表示するまで，どのような処理が行われるのか，その違いを理解した上で，設問の主旨に合わせた解答文を考えましょう。

問 システム構成の見直しに関する次の記述を読んで，設問1〜3に答えよ。

　S社は，電子書籍をPCやタブレット，スマートフォンのWebブラウザで購読するサービスを提供している。利用者数の増加に伴うシステムの応答性能の低下や，近年のWebブラウザの機能の向上に対応するために，現状のシステム構成を見直すことになった。

〔現状のシステム構成と稼働状況〕

　現状のシステム構成を図1に，各機器の機能と稼働状況を表1に示す。

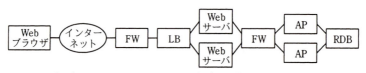

FW：ファイアウォール　　LB：ロードバランサ
AP：アプリケーションサーバ　　RDB：関係データベースサーバ

図1　現状のシステム構成

表1　各機器の機能と稼働状況（抜粋）

機器名	機能と稼働状況
Webサーバ	Webブラウザからの要求をAPに引き渡して，その処理結果をWebコンテンツとしてWebブラウザに返す。WebコンテンツをTLSによって暗号化する機能を兼ねているので，CPU負荷が高い。
AP	利用者の認証，電子書籍情報を検索する処理，端末の種別に応じて電子書籍データを変換する処理及び利用者にポイントを定期的に付与するバッチ処理など，複数の処理を担っている。利用者数の多い時間帯は，CPU使用率が80％を超える状態が続くことがあり，その時間帯にバッチ処理が実行されると，Webブラウザからのリクエストに対する応答待ちが極端に長くなってしまうことがある。
RDB	利用者の情報，電子書籍の書籍名や著者などの書籍情報と書籍の本文や画像情報を保持する。CPU負荷は低いが，ディスクの読込み負荷が常に高い。

〔新システムの構成の検討〕

　現状のシステムへの負荷の問題を解消するために，次の方針に沿った新システムの構成を検討する。
・費用や変更容易性を考慮し，仮想環境上に新システムを構築する。
・WebサーバのCPU負荷を軽減するために専用の機器を導入する。
・Webブラウザよりも操作性に優れたスマートフォン用のアプリケーションプログラム（以下，スマホアプリという）を開発して，それにも対応するようにAP上の処理を見直す。
・電子書籍データをRDB上に集中配置する方式から，KVS (Key-Value Store)を用いて複数のサーバに分散配置する方式に変更する。

　新システムの構成を図2に，各機器の機能を表2に示す。

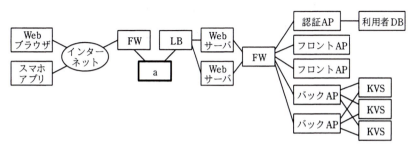

図2　新システムの構成

表2　各機器の機能（抜粋）

機器名	機能
認証 AP	利用者の認証を行う Web API を提供する。Web API はフロント AP 又はバック AP から Web サーバを介して呼び出される。
利用者 DB	利用者の情報を保持するデータ管理システムである。
フロント AP	___b___ を行い，バック AP から電子書籍データを取得し，Web ブラウザの種類に応じた Web コンテンツとして変換して Web サーバに返す。
バック AP	___b___ を行い，KVS から電子書籍情報の検索や電子書籍データの取得を行う Web API を提供する。Web API はフロント AP 又はスマホアプリから Web サーバを介して呼び出される。また，利用者にポイントを定期的に付与するバッチ処理も行う。
KVS	電子書籍の書籍名や著者などの書籍情報と，書籍の本文や画像情報をキーバリュー形式で保持するデータ管理システムである。複数台のサーバで同じデータを保持することによって，現状のシステムで高かった ___c___ を分散する。

〔新システムの構成の評価〕

新システムの構成の評価を行う。

・フロント AP とバック AP のスケーリング

スマホアプリの優位性から，利用者は Web ブラウザの利用からスマホアプリの利用に移行していくことが予想される。この変化に応じて，①フロント AP とバック AP の台数を見直すことが可能である。

将来的には，Web ブラウザの機能の向上に伴い，フロント AP で変換されたコンテンツを表示する方式から，Web ブラウザ上で実行されるアプリケーションプログラムが処理する方式に変更することで，②スマホアプリと同様のデータ処理を Web ブラウザだけで実現することができる。

・バック AP の課題

現状のシステムの AP 上の問題が新システムの構成でも解消されておらず，バック AP へのリクエストに対する③応答待ちが極端に長くなってしまうおそれがある。

設問1　〔新システムの構成の検討〕について，(1)，(2) に答えよ。

(1) 図2中の ___a___ に入れる適切な字句を答えよ。

(2) 表2中の ___b___ ，___c___ に入れる適切な字句を答えよ。

4 | システムアーキテクチャ

設問2 システムの稼働率について，(1)，(2) に答えよ。なお，各機器及びサービスの稼働率は次のとおりとして，図1と図2で同名のものは同じ稼働率，記載のないものは1とする。

Webサーバ＝w，AP＝a，フロント AP＝f，バック AP＝b，
RDB＝r，KVS＝k

(1) 図1のシステム全体の稼働率を解答群の中から選び，記号で答えよ。

解答群

ア w^2a^2r　　　　　　　　　　　　イ $(1-w^2)(1-a^2)(1-r)$

ウ $(1-(1-w^2))(1-(1-a^2))r$　　エ $(1-(1-w)^2)(1-(1-a)^2)r$

(2) 図2中のスマホアプリを用いた場合のシステムの稼働率を解答群の中から選び，記号で答えよ。

解答群

ア $w^2b^2k^3$　　　　　　　　　　　　イ $w^2f^2b^2k^3$

ウ $(1-w^2)(1-b^2)(1-k^3)$　　　　エ $(1-w^2)(1-f^2)(1-b^2)(1-k^3)$

オ $(1-(1-w)^2)(1-(1-b)^2)(1-(1-k)^3)$

カ $(1-(1-w)^2)(1-(1-f)^2)(1-(1-b)^2)(1-(1-k)^3)$

設問3 〔新システムの構成の評価〕について，(1) ～ (3) に答えよ。

(1) 本文中の下線①にあるフロント AP とバック AP の台数はそれぞれどのように変化するか。解答群の中から選び，記号で答えよ。ただし，システム全体へのリクエスト数は変わらないものとし，機器の台数は必要かつ最も少ない台数にすること。

解答群

ア 少なくなる　　　イ 多くなる　　　ウ 変わらない

(2) 本文中の下線②とはどのような処理か。40字以内で述べよ。

(3) 本文中の下線③の問題を回避するためには，表2中の機器の機能に変更を加える必要がある。対象となる機器を表2から選び，加える変更について，30字以内で述べよ。

233

解説

設問1 の解説

(1) 図2中の空欄aに入れる字句（機器名）が問われています。空欄aは，FWとLBの間に導入・設置する機器です。

〔新システムの構成の検討〕の2つ目に，「WebサーバのCPU負荷を軽減するために専用の機器を導入する」との記述があります。この記述に着目し，現状システムにおけるWebサーバの稼働状況を表1で確認すると，「WebコンテンツをTLSによって暗号化する機能を兼ねているので，CPU負荷が高い」とあります。この記述から，WebブラウザとWebサーバ間では，HTTPS（HTTP over TLS）などTLSを利用した暗号化通信が行われていることが分かります。

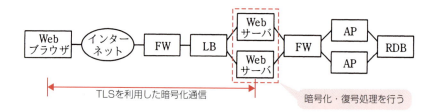

TLSの暗号化および復号処理は，Webサーバにとって大きな負担になります。この負担を軽減するため導入されるのが，TLSの暗号化・復号機能を備えたTLSアクセラレータです。暗号化と復号の処理をTLSアクセラレータに肩代わりさせることでWebサーバの負担を軽減できます。したがって，FWとLBの間に導入・設置する**空欄a**の機器は，**TLSアクセラレータ**です。

(2) 表2中の空欄b，cに入れる字句が問われています。

● 空欄b

空欄bは，フロントAPとバックAPの機能説明文中にあります。ここで着目すべきは，現状のシステムにおけるAPの機能です。表1には，APが担う処理として次の4つが記載されています。

- 利用者の認証
- 電子書籍情報の検索
- 端末の種類に応じた電子書籍データの変換
- 利用者にポイントを定期的に付与するバッチ処理

新システムにおける各機器の機能（表2）を見ると，「利用者の認証」を認証APが担い，「データ変換処理」をフロントAP，「電子書籍情報の検索」と「ポイント付与処理」をバックAPが担うことが分かります。

そして，認証APの機能説明には，「利用者の認証を行うWeb APIを提供する。Web APIはフロントAP又はバックAPからWebサーバを介して呼び出される」とあります。つまり，フロントAPとバックAPは，まず最初に，認証APのWeb APIを呼び出して利用者の認証を行い，その後，それぞれの処理を実行することになります。したがって，**空欄b**には，**利用者の認証**が入ります。

●空欄c

空欄cは，KVSの機能説明文中の，「複数台のサーバで同じデータを保持することによって，現状のシステムで高かった　c　を分散する」との記述中にあります。

KVSについては，〔新システムの構成の検討〕の4つ目に，「電子書籍データをRDB上に集中配置する方式から，KVSを用いて複数のサーバに分散配置する方式に変更する」と記載されています。そこで，表1のRDBの稼働状況を確認すると，現状のシステムでは，「ディスクの読込み負荷が常に高い」ことが分かります。

複数台のサーバで同じデータを分散して保持することによって，ディスクの読込み負荷は分散されますから，**空欄c**には**ディスクの読込み負荷**を入れればよいでしょう。

設問2 の解説

図1および図2のシステム稼働率を求める問題です。各機器およびサービスの稼働率は，次のとおりです。なお，記載のないものは1として計算します。

Webサーバ	AP	フロントAP	バックAP	RDB	KVS
w	a	f	b	r	k

(1) 図1のシステムを構成する機器およびサービスのうち，稼働率が示されているものは，Webサーバ，AP，RDBだけです。その他の機器については1とするので，下図の稼働率を求めればよいことになります。

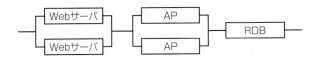

Webサーバと APサーバは，それぞれ2台が並列に接続された構成になっているので，各並列構成部分の稼働率は，次のようになります。
　　　　Webサーバ部分の稼働率 ＝ 1－(1－w)²
　　　　AP部分の稼働率　　　 ＝ 1－(1－a)²
　　次に，Webサーバ部分と AP部分，RDBが直列に接続されています。したがって，システム全体の稼働率は，
　　　　Webサーバ部分の稼働率 × AP部分の稼働率 × RDBの稼働率
　　　　＝ (1－(1－w)²) × (1－(1－a)²) × r
　　となり，〔エ〕の**(1－(1－w)²)(1－(1－a)²)r**が正解です。

(2) 図2中のスマホアプリを用いた場合のシステムの稼働率が問われています。ここでのポイントは，「スマホアプリを用いた場合，フロントAPは使用しない！」と気付くことです。
　　表2のバックAPの機能説明に，「KVSから電子書籍情報の検索や電子書籍データの取得を行うWeb APIを提供する。Web APIはフロントAP又はスマホアプリからWebサーバを介して呼び出される」とあります。つまり，スマホアプリを用いた場合の処理は次のようになり，フロントAPは使用されません。

〔スマホアプリを用いた場合〕
① Webサーバは，スマホアプリからの要求を受理すると，バックAPのWeb APIを呼び出す。
② バックAPは，利用者の認証（空欄b）を行い，KVSから電子書籍情報の検索や電子書籍データの取得を行い，Webサーバに返す。
③ Webサーバは，バックAPから返された結果をスマホアプリに返す。

したがって，下図の稼働率を求めればよいことになります。

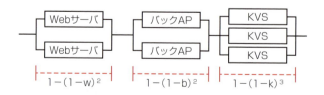

4 │ システムアーキテクチャ

左ページの図中にも示しましたが，Webサーバ，バックAP，KVSはそれぞれ並列構成になっていて，稼働率は，Webサーバ部分が「$1-(1-w)^2$」，バックAP部分が「$1-(1-b)^2$」，KVS部分が「$1-(1-k)^3$」です。したがって，システム全体の稼働率は，

Webサーバ部分の稼働率 × バックAP部分の稼働率 × KVS部分の稼働率
$$= (1-(1-w)^2) \times (1-(1-b)^2) \times (1-(1-k)^3)$$

となり，〔**オ**〕の **$(1-(1-w)^2)(1-(1-b)^2)(1-(1-k)^3)$** が正解です。

設問3 の解説

(1) 下線①の「フロントAPとバックAPの台数を見直す」ことについて，それぞれの台数がどのように変化するか問われています。

　下線①の直前に，「スマホアプリの優位性から，利用者はWebブラウザの利用からスマホアプリの利用に移行していくことが予想される」とあります。そして，この変化に応じて，フロントAPとバックAPの台数の見直しを行うわけです。

　ここで，Webブラウザを用いた場合の処理を確認しておきましょう。

〔Webブラウザを用いた場合〕

① Webサーバは，Webブラウザからの要求をフロントAPに引き渡す。

② フロントAPは，利用者の認証（空欄b）を行い，**バックAP**から電子書籍データを取得し，Webブラウザの種類に応じたデータに変換した後，Webサーバに返す。

③ Webサーバは，フロントAPから返された結果をWebブラウザに返す。

　Webブラウザの利用からスマホアプリの利用に移行していくと，Webサーバが受理する，Webブラウザからの要求数が少なくなります。その結果，フロントAPが行う処理件数も少なくなるため，台数見直しの際には，フロントAPの台数を減らす必要があります。つまり，**フロントAPの台数**は〔**ア**〕の**少なくなる**です。

　次に，バックAPの台数です。設問文中に，「システム全体へのリクエスト数は変わらないものとする」とあるので，現リクエスト数を，仮に10,000件として考えます。

　10,000件のリクエストすべてがWebブラウザ利用であった場合，フロントAPの処理件数は10,000件，またバックAPの処理件数も10,000件です。逆に，すべてがスマホアプリの利用であった場合，フロントAPの処理件数は0となりますが，バックAPの処理件数は10,000件と変わりません。このことから，システム全体へのリク

237

エスト数が変わらないのであれば，**バックAPの台数**は〔**ウ**〕の**変わらない**ことが分かります。

(2) 下線②の「スマホアプリと同様のデータ処理」とはどのような処理か問われています。ここで着目すべきは，Webブラウザ利用時とスマホアプリ利用時の処理の違いです。

　Webブラウザを利用した場合，フロントAPが，バックAPから電子書籍データを取得し，Webブラウザの種類に応じたWebコンテンツに変換して，Webサーバに返します。一方，スマホアプリ利用の場合，バックAPは，KVSから取得した電子書籍データをそのまま（変換しないで）Webサーバに返します。これは，スマホアプリ側で自身に合ったコンテンツに変換できるためです。

　下線②の直前に，「Webブラウザの機能の向上に伴い，フロントAPで変換されたコンテンツを表示する方式から，Webブラウザ上で実行されるアプリケーションプログラムが処理する方式に変更する」とあります。この記述中の，Webブラウザ上のアプリケーションプログラムが行う処理とは，スマホアプリが行っているコンテンツ変換です。つまり，この方式に変更することで，Webブラウザだけでも（フロントAPなしでも），Webコンテンツへの変換処理が実現できるということです。

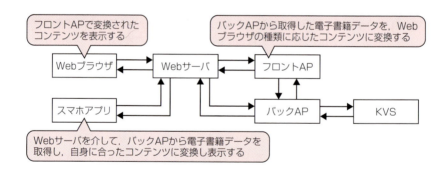

　したがって，Webブラウザだけで実現することができる，スマホアプリと同様のデータ処理とは，「バックAPから電子書籍データを取得し，自身に合ったWebコンテンツに変換する処理」です。解答としては，この旨を記述すればよいでしょう。なお，試験センターでは解答例を「**バックAPから電子書籍データを取得しWebコンテンツに変換する処理**」としています。

4 │ システムアーキテクチャ

(3) 下線③の「応答待ちが極端に長くなってしまう」ことに関する問題です。この問題を回避するためには，表2中の，どの機器の機能に，どのような変更を加える必要があるか問われています。

　下線③の直前に，「現状のシステムのAP上の問題が新システムの構成でも解消されていない」ことが記述されています。そこで，現状のシステムにおけるAPの稼働状況を表1で確認すると，「利用者の多い時間帯にバッチ処理が実行されると，Webブラウザからのリクエストに対する応答待ちが極端に長くなってしまう」とあります。つまり，「応答待ちが極端に長くなってしまう」原因は，利用者の多い時間帯に実行するバッチ処理です。新システムにおいては，バックAPがバッチ処理を担います。また，バックAPは，電子書籍情報の検索や電子書籍データの取得といった処理も担っています。

　したがって，下線③の「応答待ちが極端に長くなってしまう」問題を解決するためには，バックAPの機能からバッチ処理機能を外し，バッチ処理は別の機器で実行するように変更する必要があります。

　以上，解答としてはこの旨を30字以内にまとめればよいでしょう。なお，試験センターでは解答例を「**バッチ処理とその他の処理が実行される機器を分ける**」としています。

解答

設問1 (1) a：TLSアクセラレータ
　　　　 (2) b：利用者の認証　　　c：ディスクの読込み負荷
設問2 (1) エ
　　　　 (2) オ
設問3 (1) **フロントAPの台数**：ア
　　　　　　 バックAPの台数　：ウ
　　　　 (2) バックAPから電子書籍データを取得しWebコンテンツに変換する処理
　　　　 (3) **機器**：バックAP
　　　　　　 変更：バッチ処理とその他の処理が実行される機器を分ける

Try! （H26春午後問4抜粋・本試験においては解答群あり）

稼働率の算出問題は頻出です。本Try!問題にチャレンジし確実に解答できる実力をつけておきましょう！

医薬品商社であるX社は，顧客に医薬品の最新情報を提供することを目的として，Webサイトを開設している。（…途中省略…）X社は，他の医薬品商社と連携して医薬品の情報を提供することになり，各社のWebサイトをX社のWebサイトに統合し，医薬品共同Webサイトとして運営することになった。共同サイトのシステム構成案は，次のとおりである。

・Webサーバは，共同サイトの要件を満たすために必要な台数を設置する。
・負荷分散装置が，インターネットからのアクセス要求を監視し，各Webサーバの状況に基づいて，いずれかのWebサーバに振り分ける。
・2台のDBサーバは，クラスタ構成とする。

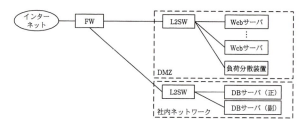

Webサーバの台数をnとしたときの共同サイトの構成案の稼働率を答えよ。なお，FW及び各サーバの稼働率をpとし，L2SW，負荷分散装置及び他のネットワーク機器の稼働率は1とする。

解 説

Webサーバn台のうちいずれか1台が稼働していればよいので，Webサーバ全体の稼働率は，

　　1－Webサーバ全体が稼働しない確率＝1－（1－p）×（1－p）×…×（1－p）
　　　　　　　　　　　　　　　　　　＝1－（1－p）^{n}

DBサーバ部分は，2台のDBサーバ（正と副）のクラスタ構成になっていて，どちらか一方が稼働していればよいので，DBサーバ全体の稼働率は，

　　1－DBサーバ全体が稼働しない確率＝1－（1－p）×（1－p）＝1－（1－p）^{2}

以上から，共同サイトの稼働率は，

　　FWの稼働率×Webサーバ全体の稼働率×DBサーバ全体の稼働率
　　＝p×（1－（1－p）^{n}）×（1－（1－p）^{2}）

解答　p×（1－（1－p）^{n}）×（1－（1－p）^{2}）

問題2　Webシステムの性能評価　(H22秋午後問4)

社内向けWebシステムのシステム設計を題材に，プロトタイププログラムによる負荷テストと待ち行列理論による性能評価に関する知識と理解度，さらにテストの計測結果から，発生している現象を特定する能力を問う問題です。
本問では，M/M/S (M/M/4) の待ち行列モデルが問われます。M/M/Sの待ち行列モデルを題材にした問題は一見難しく感じますが，問題文や表，あるいはグラフに従って考えていけば解答が導き出せる問題が多くあります。本問においては，窓口利用率の算式と表「窓口数4の場合の正規化した平均待ち時間」が提示されているので，これを参考に，あせらず落ち着いて解答を進めることがポイントです。

問　Webシステムの性能評価に関する次の記述を読んで，設問1～3に答えよ。

P社は，社内業務システム（以下，本システムという）を開発中である。本システムは，社内にあるクライアントからのリクエストを受信すると，リクエストに応じた処理を行い，処理結果をリクエスト元のクライアントに返すWebシステムである。その際，必要に応じてデータベースサーバ（以下，DBサーバという）にアクセスする。システム構成を図に示す。

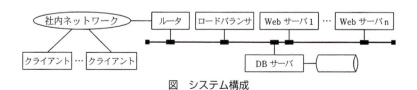

図　システム構成

クライアントからのリクエストは，Webサーバ上のリクエストキューにいったん入れられ，そこから業務スレッドに渡されて処理が行われる。Webサーバの設定で業務スレッド数を指定することができ，業務スレッドが複数存在する場合は，並行して処理が行われる。本システムの性能要件は，最大スループットが60件／秒で，そのときの平均応答時間が0.5秒以内である。
Webサーバの必要台数を，次の手順で決定することにした。
① プロトタイププログラムを作成して負荷テストを実施し，リクエスト1件当たりの平均処理時間と，Webサーバ1台当たりの業務スレッド数の最適値を求める。
② ①の結果と待ち行列理論を用いて，Webサーバの必要台数を算出する。

〔プロトタイプによる計測〕

　Webサーバ1台，DBサーバ，テスト用クライアントの構成で，テスト用クライアント上の負荷テストツールから，Webサーバへリクエストを送信して，処理時間を計測する。処理時間は，リクエストが業務スレッドに渡された時点から，業務スレッドが処理結果をテスト用クライアントに返す直前までを計測する。Webサーバの設定で，業務スレッド数を1から順に増加させて，最適値を求める。このとき，業務スレッドがアイドル状態にならないように，負荷テストツールから十分な数のリクエストを送信する。

　計測結果を表1に示す。この結果から，Webサーバ1台当たりの業務スレッド数の最適値は4で，そのときの平均処理時間は0.2秒であることが分かった。

表1　プロトタイプでの計測結果

Web サーバの業務スレッド数		1	2	3	4	5	6
平均処理時間（秒）		0.2	0.2	0.2	0.2	0.6	0.6
Web サーバ	OS 以外の CPU 使用率（％）	10	20	30	40	5	5
	メモリ使用率（％）	24	48	72	96	100	100
	ディスク入出力（M バイト／秒）	0	0	0	0	10	10
DB サーバ	OS 以外の CPU 使用率（％）	3	5	8	10	2	2
	メモリ使用率（％）	20	20	20	20	20	20
	ディスク入出力（M バイト／秒）	5	10	15	20	3	3

〔待ち行列理論による算出〕

　計測結果から，Webサーバの業務スレッド数を4に設定することにした。この状態は，サービス窓口が四つの待ち行列モデルに相当し，M/M/4モデルを用いて解析できる。窓口数が4で，平均処理時間を1に正規化した場合の窓口利用率と平均待ち時間の関係を表2に示す。

　ここで，窓口利用率＝平均到着率×平均処理時間／窓口数とする。

242

4 システムアーキテクチャ

表2　窓口数4の場合の正規化した平均待ち時間

窓口利用率	平均待ち時間	窓口利用率	平均待ち時間
0.05	0.000	0.55	0.126
0.10	0.000	0.60	0.179
0.15	0.001	0.65	0.253
0.20	0.003	0.70	0.357
0.25	0.007	0.75	0.509
0.30	0.013	0.80	0.746
0.35	0.023	0.85	1.149
0.40	0.038	0.90	1.969
0.45	0.058	0.95	4.457
0.50	0.087	0.98	11.950

　ネットワーク上の転送時間は無視し，DBサーバでの処理時間は平均処理時間に含まれるものとして，Webサーバが1台，スループットが18件／秒の場合を考える。このとき，平均到着率は18件／秒，平均処理時間は0.2秒，窓口数は4なので，窓口利用率は　a　となる。表2から，窓口利用率が　a　で，平均処理時間が1の場合の平均待ち時間は　b　であるので，平均処理時間が0.2秒の場合の平均待ち時間は　c　秒となり，平均応答時間は　d　秒となる。

　次に，本システムの性能要件を満たす，Webサーバの最小必要台数を考える。

　本システムのロードバランサは，システム全体での平均到着率をλとすると，Webサーバがn台の場合，1台当たりの平均到着率がλ／nとなるようにリクエストをWebサーバに振り分ける。ロードバランサのオーバヘッドは無視するものとする。

　本システムの最大スループットは60件／秒であるので，Webサーバが　e　台の場合，Webサーバ1台当たりの平均到着率は　f　件／秒となる。そして，窓口利用率は　g　で，平均応答時間は　h　秒となり，性能要件である平均応答時間0.5秒以内を満たしている。

設問1　本文中の　a　〜　d　に入れる適切な数値を答えよ。答えは，小数第3位を四捨五入して小数第2位まで求めよ。

設問2　本文中の　e　に入れる最小の整数を答えよ。

　また，そのとき　f　〜　h　に入れる適切な数値を答えよ。答えは，小数第3位を四捨五入して小数第2位まで求めよ。

設問3 表1のプロトタイプでの計測結果から，業務スレッド数を5または6にした際に，Webサーバでどのような現象が発生していると推測できるか。その現象名を解答群の中から選び，記号で答えよ。また，このWebサーバにどのような改善を施せば，その現象が発生しなくなるかを10字以内で述べよ。

解答群
   ア　ガーベジコレクション　　　イ　スイッチング
   ウ　スラッシング　　　　　　　エ　フラグメンテーション
   オ　メモリリーク

解 説

設問1 の解説

　M/M/Sの待ち行列モデルを題材にした問題の多くは，本設問のように文章中の空欄を埋めて文章を完成させるというパターンで出題されます。M/M/Sの待ち行列モデルは少々難しいので，「なぜ？　どうして？」と考えていると無駄に時間を浪費してしまいます。計算に使用する算式や表，グラフは問題文に提示されているので，難しく考えず，問題文に従って解答していきましょう。

　さて本設問では，下記の記述中にある空欄a〜dが問われています。

　Webサーバが1台，スループットが18件／秒の場合を考える。このとき，平均到着率は18件／秒，平均処理時間は0.2秒，窓口数は4なので，窓口利用率は a となる。表2から，窓口利用率が a で，平均処理時間が1の場合の平均待ち時間は b であるので，平均処理時間が0.2秒の場合の平均待ち時間は c 秒となり，平均応答時間は d 秒となる。

●空欄a

　問題文の〔待ち行列理論による算出〕に，窓口利用率を求める算式が提示されています。この算式に，平均到着率18件／秒，平均処理時間0.2秒，窓口数4を代入して，窓口利用率を求めると，

    窓口利用率＝平均到着率×平均処理時間／窓口数

              ＝$18 \times 0.2 ／ 4 = 0.9$

となりますが，「小数第3位を四捨五入して小数第2位まで求めよ」という指示に注

意！ です。0.9を0.900と捉え，小数第3位を四捨五入すると0.90となるので，空欄aは0.9ではなく**0.90**です。

● 空欄b

　表2は，窓口数が4で，平均処理時間を1に正規化した場合の窓口利用率と平均待ち時間の関係を表したものです。「平均処理時間を1に正規化した」とは，「平均処理時間を1秒とした」という意味です。

　したがって，窓口利用率が0.90（空欄a）で，平均処理時間が1の場合の平均待ち時間は，表2の窓口利用率が0.90である行に示されている1.969です。これを，小数第3位を四捨五入して小数第2位まで求めると**1.97**（空欄b）秒となります。

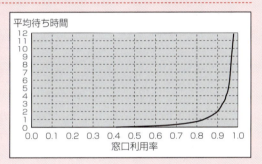

　右のグラフは，窓口数4の待ち行列モデルにおいて，平均処理時間を単位として正規化した場合の，窓口利用率と平均待ち時間の関係を表したものです。本問では表が提示されていますが，問題によっては，このようなグラフが提示され，およその平均待ち時間が問われることもあります。

● 空欄c，d

　平均処理時間が0.2秒の場合の平均待ち時間と平均応答時間が問われています。平均処理時間を1秒としたときの平均待ち時間が1.97（空欄b）秒なので，平均処理時間が0.2秒の場合，

　　平均待ち時間＝1.97×0.2＝0.394

となり，小数第3位を四捨五入すると**0.39**（空欄c）秒となります。

　また，平均応答時間は，平均処理時間と平均待ち時間の和で求められるので，

　　平均応答時間＝0.2＋0.39＝**0.59**（空欄d）[秒]

となります。

設問2 の解説

　本システムの性能要件（最大スループットが60件／秒で，そのときの平均応答時間が0.5秒以内）を満たす，Webサーバの最小必要台数に関する設問です。問題文に，「ロードバランサは，システム全体での平均到着率をλとすると，Webサーバがn台の場合，1台当たりの平均到着率がλ／nとなるようにリクエストをWebサーバに振り分ける」とあるので，うっかり，「これも待ち行列？　窓口数はn？」と勘違いしないようにしましょう。問題文の冒頭（図の下）に，「クライアントからのリクエストは，Webサーバ上のリクエストキューにいったん入れられ，そこから業務スレッドに渡されて処理が行われる」とあるので，待ち行列理論を適用するのは，下図の網掛けの部分です。

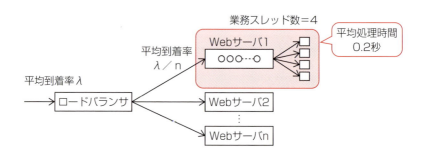

　さて，本設問で問われているのは，下記の記述中の空欄e～hです。空欄eには，本システムの性能要件を満たすWebサーバの最小必要台数を解答することになりますが，「Webサーバの最小必要台数」と言われても，どこから考えていけばよいのか迷います。このような設問の多くは，直前の設問にヒントあり！　です。つまり本問の場合，設問1が設問2への伏線となっているので，設問1をヒントに考えていきます。

> 　本システムの最大スループットは60件／秒であるので，Webサーバが　e　台の場合，Webサーバ1台当たりの平均到着率は　f　件／秒となる。そして，窓口利用率は　g　で，平均応答時間は　h　秒となり，性能要件である平均応答時間0.5秒以内を満たしている。

　設問1では，Webサーバが1台，スループット（平均到着率）が18件／秒の場合を考え，平均処理時間が0.2秒の場合，平均待ち時間は0.39（空欄c）秒，平均応答時間は0.59（空欄d）秒と求めました。性能要件の平均応答時間は0.5秒以内なので，平均到着率が18件／秒よりもうちょっと少なければ平均応答時間が0.5秒以内になりそうだと山

を張ることがポイントです。そこで，平均到着率を17件／秒，16件／秒，…と順に減少させて検証するという方法もありますが時間がかかるので，ここではWebサーバの台数をnとして，Webサーバ1台当たりの平均到着率を18件／秒未満にするnを求め，性能要件を満たすかどうか検証していきます。

●空欄e，f

最大スループットが60件／秒（システム全体での平均到着率が60件／秒）なので，

Webサーバ1台当たりの平均到着率＝60÷n[件／秒]

です。これを18件／秒未満にするnは，

60÷n＜18

n＞60÷18＝3.33…[台]

となり，最低**4**（**空欄e**）台のWebサーバが必要だと推測できます。また，このときのWebサーバ1台当たりの平均到着率は，

平均到着率＝60／4＝15[件／秒]

となり，「小数第2位まで求めよ」との指示に従うと**空欄f**は**15.00**です。

●空欄g，h

窓口利用率と平均応答時間が問われていますが，これは設問1と同じ手順で求めていけばOKです。

まず問題文に提示されている算式に，平均到着率15.00（空欄f）件／秒，平均処理時間0.2秒，窓口数4を代入して窓口利用率を求めます。

窓口利用率＝平均到着率×平均処理時間／窓口数

＝15.00×0.2／4＝**0.75**（**空欄g**）

次に表2から，窓口利用率が0.75（空欄g）である平均待ち時間を探すと，0.509とあります。これは，平均処理時間が1秒の場合の平均待ち時間なので，平均処理時間が0.2秒の場合の平均待ち時間は，

平均待ち時間＝0.509×0.2＝0.1018[秒]

です。また平均応答時間は，平均処理時間と平均待ち時間の和で求められるので，

平均応答時間＝0.2＋0.1018＝0.3018[秒]

となり，小数第3位を四捨五入すると**0.30**（**空欄h**）秒です。

以上，Webサーバが4台あれば，平均応答時間は0.30秒となり，性能要件である平均応答時間0.5秒以内を満たすことができます。

設問3 の解説

　プロトタイプでの計測結果から，Webサーバの業務スレッド数を5または6にした際に，Webサーバで発生していると思われる現象が問われています。

Web サーバの業務スレッド数		1	2	3	4	5	6
平均処理時間（秒）		0.2	0.2	0.2	0.2	0.6	0.6
Web サーバ	OS 以外の CPU 使用率（％）	10	20	30	40	5	5
	メモリ使用率（％）	24	48	72	96	100	100
	ディスク入出力（M バイト／秒）	0	0	0	0	10	10

注目！─

　上表（プロトタイプでの計測結果）の太枠部分に注目してください。Webサーバの業務スレッド数が5，6になると，OS以外のCPU使用率（％）が極端に低下し，メモリ使用率が100％になり，ディスク入出力が増加しています。

　一般に，メモリを大量に使用するアプリケーションを実行した場合や，過度の多重度でアプリケーションを同時実行した場合，メモリ容量が不足しページングが多発します。ページングが多発すると，主記憶（メモリ）と補助記憶の間のデータ転送量が多くなり，システムのオーバヘッドが増加するためアプリケーションのCPU使用率（システムの処理能力）が極端に低下し，レスポンスが悪化します。Webサーバで発生した現象は，まさにこの現象です。つまり，業務スレッド数を増やすことで並行処理度（多重度）が高くなり，メモリ容量が不足し，ページングが多発したものと考えられます。この現象を〔**ウ**〕の**スラッシング**といい，改善策は**メモリを増設する**ことです。

解　答

設問1　a：0.90　　　b：1.97　　　c：0.39　　　d：0.59

設問2　e：4　　　　f：15.00　　　g：0.75　　　h：0.30

設問3　**現象**：ウ

　　　　改善策：メモリを増設する

4 | システムアーキテクチャ

問題3 ▶ キャンペーンサイトの構築 (H27春午後問4)

PaaS（Platform as a Service）基盤を活用したキャンペーンサイトの構築を題材にした問題です。本問では，システムに必要なサーバの台数および各サービスの利用料金の試算能力が問われます。問題文をよく読み，システムの特性やPaaSの利用条件を適切に読み取ることがポイントです。

問 キャンペーンサイトの構築に関する次の記述を読んで，設問1〜3に答えよ。

L社は，清涼飲料の製造販売を手掛ける中堅企業である。夏の新商品を宣伝するために，新商品の紹介やプレゼントの応募受付を行うキャンペーンサイト（以下，本システムという）を構築することになった。

〔システム基盤の選定〕

本システムは，7〜9月の3か月間だけ公開する予定である。また，プレゼントの応募を受け付けることから，特定の日時に利用が集中すると見込まれる。これらの特性に対応できるシステム基盤として，仮想化技術を用いたM社のPaaS（Platform as a Service）を選定した。M社のPaaSが提供するサービスを表1に示す。

表1　M社のPaaSが提供するサービス

サービス名称	概要	サービス料金
Webサービス	10,000 MIPS 相当の CPU 処理能力をもつ Web サーバ	1台，1時間当たり 10 円 データ転送は無料
APサービス	20,000 MIPS 相当の CPU 処理能力をもつアプリケーション（AP）サーバ	1台，1時間当たり 20 円 データ転送は無料
ロードバランササービス	クライアントからのリクエストを Web サーバに均等に振り分けるサービス	無料
自動スケールサービス	Web サーバや AP サーバの CPU 負荷が 80％を超えない範囲で最適な台数に増減させるサービス	無料
DBサービス	40,000 MIPS 相当の CPU 処理能力をもつデータベース（DB）サーバ。スケールアウトやスケールアップはできない。	1台，1時間当たり 50 円 データ転送量 1T バイト当たり 1,000 円 データ保存量 1G バイト当たり，1 か月 50 円
ストレージサービス	データ保存領域を提供するサービス	データ転送量 1T バイト当たり 20 円 データ保存量 1T バイト当たり，1 か月 2,000 円

注記　1時間，1か月，1G バイト，1T バイトなど各単位に満たないものは全て切り上げて料金を計算する。データ転送とは，他サービスとの間のネットワークを介したデータの送受信を指す。

249

〔システム構成の検討〕

本システムには，次の二つの機能がある。

・新商品紹介機能

動画や写真，解説文などを用いて新商品を紹介する機能。

・プレゼント応募受付機能

新商品に貼り付けたプレゼント応募シールの裏に記載されたシリアル番号と応募者の情報を受け付ける機能。

まず，新商品紹介機能を実現するためのシステム構成について考える。この機能は，動画や写真などのコンテンツをWebブラウザへ配信する。そのために，コンテンツをストレージサービスに配置し，Webサーバを経由してWebブラウザへ配信する構成にする。

次に，プレゼント応募受付機能を実現するためのシステム構成について考える。この機能は，発行したシリアル番号の照合などを行い，受け付けた情報をDBサーバに保存する。DBサーバのデータを用いた動的なHTMLを配信するために，WebサーバとAPサーバを利用する。また，利用者の増減に対応するために，ロードバランササービス及び自動スケールサービスも併せて利用する。応募者の情報を暗号化する処理は，DBサーバ上にストアドプロシージャとして配置することを検討したが，①本システムの特性を考慮した結果，②APサーバ上の処理として実装することにした。

〔PaaS利用料金の試算〕

各機能における1トランザクション当たりのシステムリソース消費量を表2に，ピークとなる9月の時間帯ごとのトランザクション数の見込みを表3に示す。

表2　1トランザクション当たりのシステムリソース消費量

サーバ名称	新商品紹介機能	プレゼント応募受付機能
Web サーバ	CPU：80 百万命令	CPU：40 百万命令
AP サーバ		CPU：80 百万命令
DB サーバ		CPU：20 百万命令 データ転送量：10k バイト

表3　9月の時間帯ごとのトランザクション数の見込み

時間帯	新商品紹介機能	プレゼント応募受付機能
18:00〜22:00	800 TPS	500 TPS
それ以外	80 TPS	50 TPS

注記　TPS：1秒当たりのトランザクション数（Transactions Per Second）

必要になるWebサーバの台数を時間帯ごとに試算する。

Webサーバに求められる18:00～22:00の時間帯の1秒当たりの命令実行数は，二つの機能を合計すると　a　百万である。Webサーバ1台の能力の80%がトランザクション処理に使用できるとすると，Webサーバ1台について，トランザクション処理に使用できる1秒当たりの命令実行数は　b　百万である。したがって，必要なWebサーバの台数は　c　台である。

同様に，その他のサーバの台数も求めることができる。

続いて，各サービスの利用料金を試算する。

Webサーバ及びAPサーバの料金は，求めた台数に利用時間と1時間当たりの料金を掛けることで算出できる。DBサーバは，それに加えてデータ保存量とデータ転送量に対する料金が必要になる。DBサーバの9月のデータ転送量は，1,000kバイト＝1Mバイト，1,000Mバイト＝1Gバイト，1,000Gバイト＝1Tバイトとすると，　d　Tバイトである。したがって，このデータ転送に掛かる料金は　e　円となる。

〔システム運用開始後の問題と対策〕

予定どおりに本システムの運用が始まり，利用者が次第に増えてきた7月下旬，新商品紹介機能の応答が遅いというクレームが多く寄せられた。各サーバのアクセスログを解析したところ，ストレージサービスからWebサーバへのコンテンツの転送に想定以上の時間を要していることが判明した。そこで，システム構成を見直し，同じコンテンツが複数回利用される場合にはストレージサービスからの転送量を削減するように③コンテンツの配信方法を変更することで，問題を回避できた。

設問1 〔システム構成の検討〕について，(1)，(2)に答えよ。

(1) 本文中の下線①とはどのような特性か。25字以内で述べよ。

(2) 本文中の下線②のように処理を実装することで，どのような効果が得られるか。25字以内で述べよ。

設問2 本文中の　a　～　e　に入れる適切な数値を求めよ。

設問3 本文中の下線③について，コンテンツの配信方法をどのように変更したのか。30字以内で述べよ。

解説

設問1 の解説

〔システム構成の検討〕に関する設問です。(1) では下線①の「本システムの特性」，(2) では下線②の「APサーバ上の処理として実装」することで得られる効果が問われていて，(1) と (2) は関連する内容になっています。

つまり本設問では，応募者の情報を暗号化する処理を，DBサーバ上にストアドプロシージャとして配置するのではなく，APサーバ上の処理として実装することにした理由 (本システムの特性) と，それによって得られる効果が問われているわけです。ポイントとなるのは，問題文の冒頭にある「特定の日時に利用が集中すると見込まれる」という記述です。

応募者の情報を暗号化する処理を，APサーバ上の処理として実装することにしたのは，DBサーバ上にストアドプロシージャとして配置すると何らかの不都合があるからです。そこで，どのような不都合があるのか，表1のDBサービスの概要を見てみます。すると，「スケールアウトやスケールアップはできない」とあります。スケールアウトおよびスケールアップの意味は，次のとおりです。

> スケールアウト：サーバの台数を増やして，全体の処理性能の向上を図る
> スケールアップ：サーバ単体の処理能力を上げて，全体の処理性能の向上を図る

特定の日時に利用が集中する負荷に柔軟に対応するには，スケールアウトやスケールアップといった動的なスケール向上策が有効ですが，M社のPaaSが提供するDBサービスはこれが実施できない仕様になっています。そのため，応募者の情報を暗号化する処理を，DBサーバ上にストアドプロシージャとして配置すると，特定の日時に利用が集中したときの最大負荷に対応できない可能性があります。これに対して，APサーバは自動スケールサービスが利用できるため，利用が集中する最大負荷にも柔軟に対応できるわけです。

以上のことから，**(1)** で問われている，応募者の情報を暗号化する処理をAPサーバ上の処理として実装することにした理由 (本システムの特性) については，「**特定の日時に利用が集中すると見込まれる特性**」と解答すればよいでしょう。また，**(2)** で問われている，得られる効果については，「利用が集中する最大負荷に柔軟に対応できる」などと解答すればよいでしょう。なお，試験センターでは解答例を「**利用者の増加に対応できる**」としています。

252

4 | システムアーキテクチャ

設問2 の解説

　Webサーバの台数およびDBサーバのデータ転送に掛かる料金を試算する問題です。まず，Webサーバの台数を試算する空欄a〜cを順に見ていきましょう。

> 　Webサーバに求められる18:00〜22:00の時間帯の1秒当たりの命令実行数は，二つの機能を合計すると　a　百万である。Webサーバ1台の能力の80%がトランザクション処理に使用できるとすると，Webサーバ1台について，トランザクション処理に使用できる1秒当たりの命令実行数は　b　百万である。したがって，必要なWebサーバの台数は　c　台である。

●空欄a

　Webサーバに求められる18:00〜22:00の時間帯の1秒当たりの命令実行数が問われています。表2，3を見ると，Webサーバにおける1トランザクション当たりの命令実行数と18:00〜22:00のトランザクション数は，次のようになっています。

> ・新商品紹介機能　　　　→CPU：80百万命令，トランザクション数：800TPS
> ・プレゼント応募受付機能→CPU：40百万命令，トランザクション数：500TPS

　TPSとは，1秒当たりのトランザクション数のことなので，新商品紹介機能およびプレゼント応募受付機能それぞれの命令実行数は，次のように求めることができます。

　　新商品紹介機能の命令実行数＝80百万×800＝64,000百万

　　プレゼント応募受付機能の命令実行数＝40百万×500＝20,000百万

　したがって，この2つの機能の命令実行数を合計すると，**84,000**（**空欄a**）百万になります。

●空欄b

　Webサーバ1台について，トランザクション処理に使用できる1秒当たりの命令実行数が問われています。Webサーバ1台の能力については，表1に，「10,000MIPS相当のCPU処理能力をもつWebサーバ」と記述されています。MIPSとは1秒当たりの命令実行数を10^6（百万）単位で表したものです。

　10,000MIPS相当の処理能力の80%，すなわち10,000×0.8＝8,000MIPS相当の処理能力をトランザクション処理に使用できるわけですから，トランザクション処理に使用できる1秒当たりの命令実行数は**8,000**（**空欄b**）百万です。

●空欄c

必要なWebサーバの台数が問われています。Webサーバに求められる18:00〜22:00の時間帯の1秒当たりの命令実行数が84,000（空欄a）百万であるのに対し，Webサーバ1台で処理できるのは8,000（空欄b）百万命令です。したがって，必要なWebサーバの台数は，

必要なWebサーバの台数＝84,000÷8,000＝10.5

となり，**空欄c**には10.5を切り上げた**11**が入ります。

では，次の空欄d，eを見ていきましょう。空欄d，eは，次の記述中にあります。

DBサーバの9月のデータ転送量は，1,000kバイト＝1Mバイト，1,000Mバイト＝1Gバイト，1,000Gバイト＝1Tバイトとすると， d Tバイトである。したがって，このデータ転送に掛かる料金は e 円となる。

●空欄d

DBサーバの9月のデータ転送量が問われています。DBサーバは，プレゼント応募受付機能で使用されるサーバです。表2を見ると，「データ転送量：10kバイト」とあるので，データ転送量は1トランザクション当たり10kバイトです。また表3の，プレゼント応募受付機能のトランザクション数は，次のようになっています。

・18:00〜22:00（4時間）　→トランザクション数：500TPS
・それ以外（20時間）　　　→トランザクション数：50TPS

まず，1日当たりのトランザクション数を求めましょう。18:00〜22:00のトランザクション数は，

500TPS×4時間×3600秒/時間＝7,200,000［トランザクション］

また，それ以外の時間帯のトランザクション数は，

50TPS×20時間×3600秒/時間＝3,600,000［トランザクション］

なので，これを合計すると7,200,000＋3,600,000＝10,800,000トランザクションです。

次に，1日当たりのデータ転送量を求めると，

10,800,000×10k＝108Gバイト

となります。したがって，9月（30日間）のデータ転送量は，次のようになります。

108Gバイト×30＝3,240Gバイト＝**3.24（空欄d）**Tバイト

4 | システムアーキテクチャ

●空欄e

データ転送に掛かる料金が問われています。DBサーバのデータ転送に掛かる料金については表1に,「データ転送量1Tバイト当たり1,000円」とありますが,ここで「9月のデータ転送量が3.24Tバイトだから,答は3.24×1,000＝3,240円」と解答してはいけません。表1の注記に注意！です。この注記には,「1Tバイトなど各単位に満たないものは全て切り上げて料金を計算する」とあるので,データ転送量3.24Tバイトは,切り上げた4Tバイトで計算しなければなりません。つまり,DBサーバのデータ転送に掛かる料金は,4×1,000＝**4,000**（**空欄e**）円になります。

設問3 の解説

コンテンツの配信方法をどのように変更したのか問われています。現在ボトルネックになっているのは,ストレージサービスからWebサーバへのコンテンツの転送なので,この転送量を削減できるコンテンツの配信方法を考えます。ここで,「同じコンテンツが複数回利用される場合には」という記述に着目すると,Webサーバのキャッシュを利用すればよいことに気付きます。つまり,コンテンツをWebサーバでキャッシュして配信するようにすれば,ストレージサービスからの転送量が削減でき,この問題を回避できます。解答としては,この旨を50字以内にまとめればよいでしょう。なお,試験センターでは解答例を「**コンテンツをWebサーバでキャッシュして配信する**」としています。

解 答

設問1　（1）特定の日時に利用が集中すると見込まれる特性
　　　　（2）利用者の増加に対応できる

設問2　a：84,000　　　b：8,000　　　c：11
　　　　d：3.24　　　　e：4,000

設問3　コンテンツをWebサーバでキャッシュして配信する

問題 4　仮想環境の構築　(H29春午後問4)

　会計事務所の業務システム基盤の再構築を題材に，仮想システムの構築に関する基礎知識と理解度を確認する問題です。具体的には，仮想化システムの主な機能の理解，リソース（CPU，メモリ）使用率の算出，さらに業務システム基盤の構成案について，物理サーバと各システムの組合せを採用した理由が問われます。
　なお，サーバ仮想化問題では，必ずといってよいほどリソース使用率が問われます。サーバの数が多いため，一見，計算が難しいように思えますが，問題文から計算に必要な数値を適切に読み取ることができれば，それほど複雑な計算をしなくても正解は求められます。落ち着いて計算することがポイントです。

問　仮想環境の構築に関する次の記述を読んで，設問1～4に答えよ。

　N会計事務所は，数十人の公認会計士，税理士，司法書士を有する，中堅の公認会計士事務所である。所内では，業務用の会計システム，法務システム，契約管理システム及び総務システムが稼働している。業務拡大に合わせて所内システムの改修を行ってきたが，サーバ類の老朽化が顕著になってきたことから，サーバなどの業務システム基盤を再構築することになった。

〔現行システムの構成〕
　N会計事務所の所内システムは，各業態の顧客経理支援業務に利用されるので24時間稼働している。業務要件として，会計システムは24時間無停止での稼働が必要で，業務が集中したときでも一定の性能が求められる。法務システムは30分以内の停止が許容されている。
　会計システムと法務システムは，それぞれアプリケーションサーバ（以下，APサーバという）とデータベースサーバ（以下，DBサーバという）の2種類のサーバで構成されており，契約管理システムと総務システムは，それぞれAPサーバとDBサーバを兼用するサーバで構成されている。会計APサーバは負荷分散装置によるアクティブ／アクティブ方式，法務APサーバは手動によるアクティブ／スタンバイ方式で冗長化され，DBサーバは両システムともアクティブ／アクティブ方式のクラスタリング構成となっている。会計APサーバで処理するトランザクションは，会計APサーバ1と会計APサーバ2に均等に分散される。法務APサーバで現用系サーバが故障した場合，20分以内に待機系を手動で起動し，アクティブな状態にできる。現行システムの構成を図1に示す。

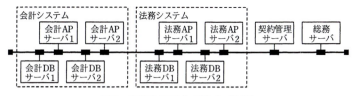

図1　現行システムの構成（抜粋）

システム課のB課長は，現行システムのそれぞれのサーバの稼働状況を調査した。現行システムは，10台のサーバから構成されており，いずれのサーバもCPU数は1でコア数が2の機器である。現行システムのリソース使用状況を表1に示す。

表1　現行システムのリソース使用状況

	システム	サーバ種類	1コア当たり 周波数(GHz)	1コア当たり 平均使用率(%)	メモリ 容量(Gバイト)	メモリ 平均使用率(%)	ストレージ 容量(Tバイト)	ストレージ 平均使用率(%)
サーバ1	会計	AP	3	60	8	70	2	70
サーバ2	会計	AP	3	60	8	70	2	70
サーバ3	会計	DB	3	60	6	60	4	65
サーバ4	会計	DB	3	60	6	60	4	65
サーバ5	法務	AP	2	70	8	70	2	70
サーバ6	法務	AP	2	5	8	5	2	70
サーバ7	法務	DB	2	60	6	60	4	50
サーバ8	法務	DB	2	60	6	60	4	50
サーバ9	契約管理	AP，DB	2	50	8	70	2	40
サーバ10	総務	AP，DB	2	50	8	70	2	40

〔仮想化システムの機能〕

B課長は，仮想化システムを利用して仮想サーバ環境を構築し，現行サーバ群を仮想サーバ上で稼働させることを検討した。各現行サーバは，再構築後の仮想サーバ環境において，いずれかの物理サーバに仮想サーバとして割り当てる。このとき仮想化システムの機能である，複数の物理サーバのリソースをグループ化して管理するリソースプールと呼ぶ仕組みを利用する。例えば，ある仮想サーバにCPUやメモリといったリソースを追加する場合，1台の物理サーバのリソースの制限にとらわれることなく，リソースプールからリソースを割り当てればよい。表2は，仮想化システムの機能の説明を抜粋したものである。

表2　仮想化システムの機能の説明（抜粋）

機能名	説明
オーバコミット	各仮想サーバに割り当てるリソース量の合計が，物理サーバに搭載された物理リソース量の合計を超えることができるようにする機能である。
自動再起動	物理サーバに障害が発生した場合に，その物理サーバ上で稼働していた仮想サーバを，別の物理サーバで自動的に再起動させる機能である。再起動には数分の時間を要する。処理中のトランザクションは破棄される。
ライブマイグレーション	稼働中の仮想サーバを，停止させることなく別の物理サーバ上に移動させる機能である。
シンプロビジョニング	ストレージを仮想化することによって，実際に使用している量だけを割り当てる機能である。この機能を利用することによって，物理的な容量を超えるストレージ容量を仮想サーバに割り当てることができる。

　仮想化システムでは，各仮想サーバに割り当てるリソース量に上限値と下限値を設定できる。上限値を設定した場合は，設定されたリソース量までしか使用できない。下限値を設定した場合は，設定されたリソース量を確保し，占有して使用できる。上限値も下限値も設定しない場合は，起動時にリソースを均等に分け合う。

〔業務システム基盤の構成〕

　B課長は仮想化システムの処理能力を次のように仮定して，業務システム基盤の構成を設計した。

・物理サーバで仮想サーバを動作させるための仮想化システムに必要なCPUとメモリは，十分な余裕をもたせて，物理サーバのCPUとメモリ全体の50%と想定する。CPUとメモリ以外のリソースの消費は無視する。

・仮想サーバのCPUの1コア1GHz当たりの処理能力は，現行システムのCPUの1コア1GHz当たりの処理能力と同等とする。

・CPUの処理能力は，コア数に比例する。

・CPU使用量は処理能力とその平均使用率の積とする。これをGHz相当として表す。

　B課長は，業務システム基盤の拡張性を考慮し，クロック周波数が4.0GHzの8コアプロセッサを1個と64Gバイトのメモリを搭載した物理サーバを3台同一機種で用意することにした。また，2台以上の物理サーバが同時に停止しない限りは，システム性能の低下は発生させないことにし，全業務無停止でのメンテナンスを可能とする。現行システムの業務要件を踏襲し，今回導入する仮想サーバの構成から，各物理サーバのCPUとメモリの使用率は，65%以下の目標値を定めた。

　共有ディスクは，RAID5構成のストレージユニットとし，20Tバイトの実効容量をもたせることにした。

会計システムの冗長化構成は維持する。具体的には会計システムを負荷分散装置によるアクティブ／アクティブ方式の構成とする。法務APサーバの待機系であるサーバ6は廃止する。サーバ6以外の全ての仮想サーバのリソース使用量は，対応する現行サーバと同じとするが，上限値と下限値の設定は行わずに，仮想サーバに移行することにした。B課長の考えた業務システム基盤の構成案を図2に示す。

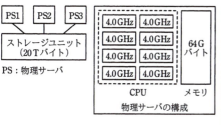

図2　業務システム基盤の構成案

〔CPU，メモリの使用率について〕
(1) 業務システム基盤は，仮想化システムの稼働に必要なリソースを差し引いて，CPUの処理能力の合計が48GHz相当，メモリ容量の合計が96Gバイトのリソースプールで構成される。現行システムのCPU使用量は26.2GHz相当，メモリ使用量は42.8Gバイトとなるが，サーバ6を廃止することからリソースプールの使用率は，CPU使用率が　a　％，メモリ使用率が　b　％となる。
(2) ストレージユニットは物理サーバの共有ディスクとして接続する。各仮想サーバには現行システムと同容量をストレージユニットから割り当てるので，各仮想サーバに割り当てるストレージ容量の合計はストレージユニットの容量を超える。

〔資産査定システムの追加について〕
　B課長が業務システム基盤の構成の設計を完了した後に，会計業務を統括する事務所長から，資産査定システムの追加を検討してほしいとの要望があった。B課長は資産査定システムを会計システムと同様なサーバ構成で構築することにし，必要なリソース量を調査した。資産査定システムのリソース使用量の見込みを表3に示す。

表3　資産査定システムのリソース使用量の見込み

追加サーバ	システム	サーバ種類	CPU 使用量（GHz 相当）	メモリ使用量（G バイト）	ストレージ使用量（T バイト）
サーバ 11	資産査定	AP	1.2	6.5	1
サーバ 12	資産査定	AP	1.2	6.5	1
サーバ 13	資産査定	DB	1.2	6.5	1
サーバ 14	資産査定	DB	1.2	6.5	1
		合計	4.8	26	4

　資産査定システムを業務システム基盤に加えた場合，メモリ使用量は68.4Gバイトとなることから，リソースプールのメモリ使用率が　 c 　％となり，物理サーバが1台停止すると，N会計事務所の全システムの処理性能が低下してしまうことが判明した。B課長は，当面の間，会計以外のシステムについては，障害発生時の性能低下を容認し，①1台の物理サーバが停止したとしても，物理サーバの増設やリソースの拡張をせずに，会計システムの性能を低下させないための対策を採ることにした。

設問1　業務システム基盤の次の（1）～（4）の各項目について，仮想化システムの機能を利用して実現している項目はその機能名を，それ以外の方法で実現している項目はその方法を，表2又は本文中の用語を用いて答えよ。
（1）全業務無停止でのメンテナンス
（2）会計システムの24時間無停止稼働
（3）法務APサーバ（サーバ6）の廃止
（4）ストレージユニットの容量を超えた各仮想サーバへのストレージ容量の割当て

設問2　本文中の　 a 　～　 c 　に入れる適切な数値を答えよ。答えは小数第1位を四捨五入して，整数で求めよ。

設問3　図2の業務システム基盤の構成案の右表について，物理サーバと各システムの組合せを採用した理由を解答群の中から全て選び，記号で答えよ。

解答群
　ア　CPUの負荷を最小化する。
　イ　各物理サーバのリソース使用量を平均化する。
　ウ　ストレージユニットの容量を最小化する。
　エ　物理サーバの障害時に備えてシステムを冗長化する。
　オ　物理サーバの増設を容易にする。

4 | システムアーキテクチャ

設問4 本文中の下線①について，資産査定システム追加後も会計システムの性能を低下させない適切な対応方法を，40字以内で述べよ。

解 説

設問1 の解説

設問文に示されている業務システム基盤（1）～（4）について，それを実現するために利用する仮想化システムの機能，あるいはその実現方法が問われています。

(1)「全業務無停止でのメンテナンス」

　物理サーバのメンテナンスを行う場合，通常，電源を落とすなどの措置が必要になりますから，メンテナンス対象となる物理サーバ上では仮想サーバ（業務システム）を動作させることができません。しかし，当該の物理サーバ上で動作している仮想サーバを，停止させることなく利用可能な状態のまま，別の物理サーバ上に移動することができれば，メンテナンス中であっても業務システムの稼働は可能です。ここで，このような機能がないかを表2から探すと，ライブマイグレーションの説明に，「稼働中の仮想サーバを，停止させることなく別の物理サーバ上に移動させる機能」と記述されています。したがって，全業務無停止でのメンテナンスを実現するために利用する機能は，**ライブマイグレーション**です。

(2)「会計システムの24時間無停止稼働」

　この項目に関する記述を問題文中から探すと，〔現行システムの構成〕に，「業務要件として，会計システムは24時間無停止での稼働が必要で，業務が集中したときでも一定の性能が求められる」とあります。またその後述には，これを実現するため，「会計システムのAPサーバを負荷分散装置によるアクティブ／アクティブ方式に，DBサーバをアクティブ／アクティブ方式のクラスタリング構成としている」旨が記述されています。次に，〔業務システム基盤の構成〕を見ると，「現行システムの業務要件を踏襲する」こと，そして，「会計システムの冗長化構成は維持する。具体的には会計システムを負荷分散装置によるアクティブ／アクティブ方式の構成とする」と記述されています。

　つまりこれらの記述から，会計システムは，仮想サーバ環境においても**アクティブ／アクティブ方式**を採用し，24時間無停止での稼働を実現することが分かります。

(3)「法務APサーバ（サーバ6）の廃止」

　〔現行システムの構成〕に，「業務要件として，…。法務システムは30分以内の停止が許容されている」とあります。つまり，法務システムの許容停止時間は最大30分ということです。そして，これを実現するため現行システムでは，法務APサーバ

261

を手動によるアクティブ／スタンバイ方式で冗長化し，現用系サーバが故障した場合は，20分以内に待機系を手動で起動し，アクティブな状態にするとしています。これに対し仮想サーバ環境に移行した後は，法務APサーバの待機系であるサーバ6を廃止し，現用系であるサーバ5だけを物理サーバ（PS2）上で動作させるとしています。

　したがって，業務要件を満たすためには，サーバ5すなわち物理サーバ（PS2）が故障した場合でも，30分以内にサーバ5を再起動できる機能がなければなりません。ここで表2を見ると，「物理サーバに故障が発生した場合に，その物理サーバ上で稼働していた仮想サーバを別の物理サーバで自動的に再起動させる機能」である**自動再起動**があります。再起動には数分の時間を要するだけなので，この**自動再起動**を利用すれば，業務要件（法務システムの許容停止時間：最大30分）を満たすことができ，待機系サーバ6の廃止は可能です。

(4)「ストレージユニットの容量を超えた各仮想サーバへのストレージ容量の割当て」

　これを実現できる機能は，表2にある**シンプロビジョニング**です。現行システムにおける各サーバのストレージ容量の合計は，サーバ6を除いて26Tバイト（表1より）です。これに対して，仮想サーバ環境では20Tバイトのストレージユニットから各仮想サーバに現行システムと同容量を割り当てるわけですから，当然のことながら，その合計はストレージユニットの容量を超えます。しかし，現行システムにおける実際の使用量を，各サーバごとに「容量（Tバイト）×平均使用率」で計算すると，その合計は15Tバイトです。したがって，各仮想サーバには，現行システムと同容量を仮想的に割り当てておいて，実際には使用している分だけを割り当てればよいわけです。そして，これを実現できる機能がシンプロビジョニングです。

設問2 の解説

●空欄a，b

　仮想サーバ環境へ移行した後の，リソースプールのCPU使用率およびメモリ使用率が問われています。空欄a，bは，〔CPU，メモリの使用率について〕の(1)の記述中にあり，そこには次の事項が記述されています。

・業務システム基盤は，仮想化システムの稼働に必要なリソースを差し引いて，CPUの処理能力の合計が48GHz相当，メモリ容量の合計が96Gバイトのリソースプールで構成される。
・現行システムのCPU使用量は26.2GHz相当，メモリ使用量は42.8Gバイト。

ポイントは,「仮想サーバ環境への移行に伴いサーバ6を廃止する」ことと,「各仮想サーバのリソース使用量は,対応する現行サーバと同じ」であることの2つです。このことに着目すれば,仮想サーバ環境におけるリソースプール使用率は,次の式で算出できることが分かります。つまり,サーバ6の使用量(CPU使用量,メモリ使用量)がわかれば,リソースプールの使用率が求められるわけです。

リソースプール使用率
= 仮想サーバ環境におけるリソース使用量 ÷ リソースプールの容量
= (現行システムの使用量 − サーバ6の使用量) ÷ リソースプールの容量

まず,サーバ6のCPU使用量を求めてみましょう。表1を見ると,サーバ6の1コア当たりの周波数は2GHz,平均使用率は5%です。CPU使用量とは,処理能力と平均使用率の積であり,処理能力とは動作周波数(GHz)のことです。したがって,CPU使用量は,「動作周波数(GHz)×平均使用率」で求められますが,表1の直前に,「いずれのサーバもCPU数は1でコア数が2の機器である」と記述されているので,サーバ6のCPU使用量は,

サーバ6のCPU使用量 = (2GHz×0.05)×2 = 0.2GHz相当

です。次に,サーバ6のメモリ使用量を求めます。表1を見ると,メモリ容量は8Gバイト,平均使用率は5%なので,メモリ使用量は,次のようになります。

サーバ6のメモリ使用量 = 8Gバイト×0.05 = 0.4Gバイト

以上,計算に必要な数値を下記に整理します。

リソースプール ⇒ CPUの処理能力:48GHz相当,メモリ容量:96Gバイト
現行システム ⇒ CPU使用量:26.2GHz相当,メモリ使用量:42.8Gバイト
サーバ6 ⇒ CPU使用量:0.2GHz相当,メモリ使用量:0.4Gバイト

上記より,リソースプールのCPU使用率とメモリ使用率を求めると,
・リソースプールのCPU使用率 = (26.2 − 0.2) ÷ 48 = 0.54166···
・リソースプールのメモリ使用率 = (42.8 − 0.4) ÷ 96 = 0.44166···
となります。空欄a,bに入れる数値はパーセント(%)で表された割合です。また,「答えは小数第1位を四捨五入して整数で求めよ」との指示があるので,**空欄a**に入れるCPU使用率は**54**%,**空欄b**に入れるメモリ使用率は**44**%です。

●空欄c

　資産査定システムを追加した場合の，リソースプールのメモリ使用率が問われています。空欄cの直前の記述に，「資産査定システムを業務システム基盤に加えた場合，メモリ使用量は68.4Gバイトとなる」とあります。また，リソースプールのメモリ容量は96Gバイトなので，リソースプールのメモリ使用率は，次のようになります。

　　資産査定システム追加後のメモリ使用率＝68.4Gバイト÷96Gバイト

　　　　　　　　　　　　　　　　　　　　＝0.7125　→　**71**（**空欄c**）％

設問3 の解説

　図2の業務システム基盤の構成案の右表について，物理サーバと各システムの組合せを採用した理由が問われています。解答群の中からすべて選べとの指示なので，解答群の各記述を1つひとつ見ていきましょう。

ア：「CPUの負荷を最小化する」

　　〔仮想化システムの機能〕の記述にあるように，本問においては，複数の物理サーバのリソースをグループ化したリソースプールから，各仮想サーバにCPUやメモリといったリソースを割り当てます。また，〔CPU，メモリの使用率〕では，CPU使用率を物理サーバに対する使用率ではなく，リソースプールに対する使用率で評価しています。これらのことから，物理サーバと各システムの組合せ（すなわち，仮想サーバの配置）によってCPUの負荷（CPU使用率）が決まるものではなく，仮想サーバの配置とCPUの負荷は無関係です。したがって，理由としては適切ではありません。

イ：「各物理サーバのリソース使用量を平均化する」

　　各物理サーバのリソース使用量が平均化されているかどうかを，表1を基に，計算すると次ページ補足表のようになります。この表を見ると，各物理サーバのCPU使用量やメモリ使用量に，それほど大きな偏りはありませんから，理由として適切です。

ウ：「ストレージユニットの容量を最小化する」

　　ストレージユニットは物理サーバの共有ディスクとして接続されるため，ストレージユニットの容量と仮想サーバの配置（物理サーバと各システムの組合せ）とは無関係です。したがって，理由としては適切ではありません。

エ：「物理サーバの障害時に備えてシステムを冗長化する」

　　〔業務システム基盤の構成〕の記述（図2の手前）に，「会計システムの冗長化構成は維持する」とあり，図2を見ると，会計APは物理サーバPS1とPS2に，会計DBはPS1とPS3に冗長化されています。また，法務システムについては，法務DBがPS1とPS3に冗長化されています。つまり，冗長化が必要なシステムはすべ

て冗長化されていることから，理由として適切です。

オ：「物理サーバの増設を容易にする」

　問題文中に，物理サーバの増設に関する記述はありません。また，物理サーバの
増設と仮想サーバの配置とは無関係なので，理由としては適切ではありません。

以上，図2（右表）の組合せを採用した理由として適切なのは〔**イ**〕と〔**エ**〕です。

〔補足〕各物理サーバのリソース使用量

物理サーバ	仮想サーバ		CPU使用量 （GHz相当） 周波数(GHz)×平均使用率(%)×2(コア数)	メモリ使用量 （Gバイト） メモリ容量(Gバイト)×平均使用率(%)
	システム	現行サーバ		
PS1	会計AP	サーバ1	3.6	5.6
	会計DB	サーバ4	3.6	3.6
	法務DB	サーバ7	2.4	3.6
	合計		9.6	12.8
PS2	会計AP	サーバ2	3.6	5.6
	法務AP	サーバ5	2.8	5.6
	契約管理	サーバ9	2.0	5.6
	合計		8.4	16.8
PS3	会計DB	サーバ3	3.6	3.6
	法務DB	サーバ8	2.4	3.6
	総務	サーバ10	2.0	5.6
	合計		8.0	12.8

設問4 **の解説**

　下線①「1台の物理サーバが停止したとしても，物理サーバの増設やリソースの拡張
をせずに，会計システムの性能を低下させないための対策」について問われてます。

　物理サーバが1台停止すると，使用できるリソースプールの容量が2／3に減少しま
す。仮想化システムでは，リソースプールから各仮想サーバにリソースを割り当てる
わけですが，その際，各仮想サーバに割り当てるリソース量に上限値と下限値を設定
していないため，2／3に減少したリソースプールから各仮想サーバに，リソースを均
等に割り当てることになります。このことに着目すると，下線①の前文にある，「物理
サーバが1台停止すると，全システムの処理性能が低下してしまう」理由が推測できま
す。すなわち，処理性能低下の原因はリソース不足です。

　1台の物理サーバが停止したとしても，会計システムだけは性能を低下させたくない
わけですから，このような障害が発生した場合でも，会計システムを構成する各仮想

サーバには，通常通りの（必要な）リソース量を割り当てればよいわけです。そして，これを実現できる機能は，仮想サーバに割り当てるリソース量の下限値の設定です。下限値を設定すれば，起動時にそのリソース量を確保し，占有して使用できるので，1台の物理サーバが停止したとしても，会計システムの性能は低下しません。

　以上，解答としては「会計システムを構成する各仮想サーバに割り当てるリソース量の下限値を設定する」とすればよいでしょう。なお，試験センターでは解答例を「**会計システムを構成する各サーバに割り当てるリソースの下限値を設定する**」としています。

参考　物理サーバが1台停止すると，全システムの処理性能が低下する理由

　業務システム基盤は物理サーバ3台で構成され，リソースプールの容量は，CPUの処理能力が48GHz相当，メモリ容量が96Gバイトです。これに対して，仮想サーバ環境へ移行した後の，リソースプールのCPU使用量は26GHz相当，メモリ使用量は42.4Gバイトです。資産査定システムのCPU使用量は4.8GHz相当，メモリ使用量は26Gバイトですから，資産査定システムを追加すると，リソースプールのCPU使用量は26+4.8＝30.8GHz相当になり，またメモリ使用量は42.4+26＝68.4Gバイトになります。このときの，リソースプールの使用率は，

　・CPU使用率　＝ 30.8GHz÷48GHz＝0.64166…　→　64%
　・メモリ使用率 ＝ 68.4Gバイト÷96Gバイト＝0.7125　→　71%（空欄c）

です。そこで，物理サーバが1台停止するとリソースプールの容量は2／3になるので，リソースプール使用率は，

　・CPU使用率　＝ 30.8GHz÷(48GHz×(2／3))＝0.9625　→　96.25%
　・メモリ使用率 ＝ 68.4Gバイト÷(96Gバイト×(2／3))＝1.06875　→　106.875%

となり，CPU使用率は100%に近く，またメモリ使用率は100%を超えてしまいます。これが，全システムの処理性能が低下する理由です。

解 答

設問1　(1) ライブマイグレーション　　(2) アクティブ／アクティブ方式
　　　　　(3) 自動再起動　　　　　　　　(4) シンプロビジョニング

設問2　a：54　　b：44　　c：71

設問3　イ，エ

設問4　会計システムを構成する各サーバに割り当てるリソースの下限値を設定する

4 システムアーキテクチャ

Try! （H25秋午後問3抜粋）

本Try!問題は，食品卸売業における新情報システム基盤の構築を題材に，情報システムの冗長構成に関する基本的な知識と，仮想化技術を用いたシステム構成能力を問う問題です。仮想化技術に関する部分だけを抜粋しました。挑戦してみましょう！

E社は，関東地区を中心に事業を営む食料品の卸業者である。E社の顧客はスーパーマーケットであり，E社のWebサイトで顧客からの注文を24時間365日受け付けている。Webサイトで受け付けた注文は，E社の受注担当者が毎日8時～18時の間に受注確認を行い，受注確認ができた注文の商品を翌日の7時に出荷している。

E社のシステムは，顧客からの注文を受け付ける受注システム，仕入先へ商品の発注を行う発注システム，従業員の給与計算を行う総務システムの三つの情報システムから成る。各情報システムは，アプリケーションサーバ（以下，APサーバという）とデータベースサーバ（以下，DBサーバという）から構成されている。三つの情報システムは，個別のハードウェアによって構成されており，サーバの保守費用が高くなっている。

E社では，受注システムのハードウェアの保守期間満了を契機に，サーバの保守費用の削減を目的として，仮想化技術によって三つの情報システムのハードウェアを統合した新情報システム基盤を構築することにした。新情報システム基盤の構築は，E社の情報システム部のF君が担当することになった。

〔現行情報システムの構成〕

F君は，新情報システム基盤の構築に向けて，現行の三つの情報システムのハードウェア構成と，ピーク時におけるCPU利用率とメモリ利用率を調査した（表1）。

受注システムは，顧客が24時間365日注文できるように，冗長構成にしている。APサーバは，二つのAPサーバに負荷を分散して，一方のAPサーバにハードウェア障害が発生しても他方のAPサーバだけで縮退運転可能な ［ a ］ 方式としている。また，DBサーバは，受注DBサーバ1を利用しており，受注DBサーバ1のハードウェア障害時には，あらかじめ起動してある受注DBサーバ2に自動的に切り替える ［ b ］ 方式としている。

発注システムは，APサーバについては受注システムと同様の ［ a ］ 方式とし，DBサーバについては発注DBサーバ1のハードウェア障害時に手動で発注DBサーバ2を起動する ［ c ］ 方式としている。

総務システムは，社外の顧客や仕入先に影響を与えないので，APサーバ，DBサーバそれぞれ1台の構成としている。

発注システムと総務システムについては，利用者がE社の社員であるので，ハードウェア点検やセキュリティパッチ適用のために，情報システムを停止させることが許容されている。

表1　現行情報システムのハードウェア構成とピーク時利用率

情報システム名	サーバ名	CPU周波数(GHz)	CPU数(個)	メモリ量(Gバイト)	CPU利用率(%)	メモリ利用率(%)
受注システム	受注APサーバ1	2.0	2	8	20	40
	受注APサーバ2	2.0	2	8	20	40
	受注DBサーバ1	2.0	4	32	40	20
	受注DBサーバ2	2.0	4	32	40	20
発注システム	発注APサーバ1	1.5	2	8	40	40
	発注APサーバ2	1.5	2	8	40	40
	発注DBサーバ1	1.5	4	32	40	30
	発注DBサーバ2	1.5	4	32	40	30
総務システム	総務APサーバ	1.0	2	4	20	40
	総務DBサーバ	1.0	2	4	20	40

〔新情報システム基盤の構成案〕

　F君は，現行情報システムのハードウェア構成とピーク時利用率を基に，サーバ仮想化による新情報システム基盤の構成案を作成した（図1）。

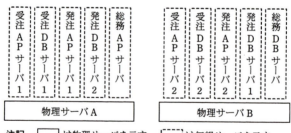

注記　□は物理サーバを示す。□(破線)は仮想サーバを示す。

図1　新情報システム基盤の構成案

　この構成案を採用した場合，ピーク時に物理サーバAとBに最低限必要なCPU数は同数になり，それぞれ d 個となる。メモリ量についても同じになり，それぞれ24Gバイトとなる。ここで，物理サーバAとBには，3.0GHzのCPUを用いることにする。

〔冗長構成の検討〕

　E社が導入を予定している仮想化システムには，情報システムが利用可能な状態のまま仮想サーバを他の物理サーバに移動させる機能と，障害が発生した物理サーバで動作していた仮想サーバを他の物理サーバで自動的に再起動させる機能がある。ただし，他の物理サーバで自動的に再起動させる場合は，情報システムが再び利用可能になるまでに一定の

4 システムアーキテクチャ

時間を要する。なお，複数の仮想サーバを並行して再起動させる場合の再起動時間は，単一の仮想サーバの再起動時間と同等であるとする。

F君は，物理サーバのハードウェア障害時にも，片方の物理サーバで全仮想サーバが動作可能なように，物理サーバのCPU数とメモリ量を，ピーク時に必要な数量の2倍にする構成案をまとめた。

〔新情報システム基盤の構成案のレビュー〕

F君がまとめた新情報システム基盤の構成案をF君の上司にレビューしてもらったところ，次の2点の指摘を受けた。

指摘1　新情報システム基盤の導入によって，発注DBサーバ2は不要になる。

指摘2　総務システムが利用する仮想サーバの配置を見直すだけで，総務システムが利用できなくなる頻度を，F君がまとめた構成案よりも低下させることができる。

F君は，レビューの指摘を反映させ，新情報システム基盤の構成案を確定させた。

（…以降省略…）

(1) 本文中の a ～ c に入れる適切な字句を解答群の中から選び，記号で答えよ。
解答群
ア　コールドスタンバイ　　　イ　シェアードエブリシング
ウ　シェアードナッシング　　エ　フェールセーフ
オ　ホットスタンバイ　　　　カ　ロードシェア

(2) 本文中の d に入れる適切な数値を整数で答えよ。ここで，物理サーバのCPUの1GHz当たりの処理能力は，現行情報システムのCPUの1GHz当たりの処理能力と同等とする。CPUの処理能力は，CPU周波数に比例するものとする。また，物理サーバで仮想サーバを動作させるための仮想化システムに必要なCPU数，メモリ量は考慮しないものとする。

(3) 〔新情報システム基盤の構成案のレビュー〕について，次の①，②に答えよ。
①指摘1について，発注DBサーバ2が不要な理由を40字以内で述べよ。
②指摘2について，総務システムが利用できなくなる頻度を低下させるためには，仮想サーバの配置をどのように変更すればよいか。35字以内で述べよ。

解 説

(1) **●空欄 a**：「二つのAPサーバに負荷を分散して，一方のAPサーバにハードウェア障害が発生しても他方のAPサーバだけで縮退運転可能な　a　方式」とあり，この方式に該当するのは〔**カ**〕の**ロードシェア**方式です。ロードシェア方式は，複数のサーバで処理を負荷分散するシステム構成で，1台のサーバが停止した場合でも，残りのサーバで処理を稼働させることができる方式です。

●空欄 b：「DBサーバは，受注DBサーバ1を利用しており，受注DBサーバ1のハードウェア障害時には，あらかじめ起動してある受注DBサーバ2に自動的に切り替える　b　方式としている」とあるので，この場合，受注DBサーバ1が現用系サーバ，受注DBサーバ2が待機系サーバです。現用系と待機系で構成される方式には，ホットスタンバイ方式とコールドスタンバイ方式がありますが，「あらかじめ起動してある…」という文言から，該当するのは〔**オ**〕の**ホットスタンバイ**方式です。ホットスタンバイ方式とは，待機系をあらかじめ起動しておき，現用系に障害が発生したときは，待機系に自動的に切り替える方式です。

●空欄 c：「発注DBサーバ1のハードウェア障害時に手動で発注DBサーバ2を起動する　c　方式」とあります。つまり，現用系（発注DBサーバ1）に障害が発生したとき，手動で待機系（発注DBサーバ2）を起動し切替える方式なので，該当するのは〔**ア**〕の**コールドスタンバイ**方式です。

(2) 図1の構成案を採用した場合における，ピーク時の物理サーバAとBに最低限必要なCPU数が問われています。

物理サーバAとBのCPU周波数は3.0GHzですから，ピーク時に必要な処理能力（GHz相当）がわかれば解答できます。

では，設問文にある，「物理サーバのCPUの1GHz当たりの処理能力は，現行情報システムのCPUの1GHz当たりの処理能力と同等とする。CPUの処理能力は，CPU周波数に比例するものとする」との記述をもとに，物理サーバAのピーク時における必要処理能力を計算してみましょう。なお，物理サーバBについては，空欄dの前後に，「ピーク時に物理サーバAとBに最低限必要なCPU数は同数になり，メモリ量についても同じ24Gバイトになる」と記述されているので，ここでは省略します。

物理サーバA	CPU処理能力「周波数（GHz）×CPU個数」	ピーク時に必要な処理能力「CPU処理能力×ピーク時利用率」
受注APサーバ1	2.0×2＝4.0	4.0×0.2＝0.8
受注DBサーバ1	2.0×4＝8.0	8.0×0.4＝3.2
発注APサーバ1	1.5×2＝3.0	3.0×0.4＝1.2
発注DBサーバ2	1.5×4＝6.0	6.0×0.4＝2.4
総務APサーバ	1.0×2＝2.0	2.0×0.2＝0.4
合計		8.0（GHz相当）

４ システムアーキテクチャ

左ページの表から，ピーク時に必要な処理能力は8.0GHz相当です。物理サーバの
CPU周波数は3.0GHzですから，物理サーバに最低限必要なCPU数は，「8÷3＝
2.66…」，小数以下を切り上げて**3（空欄d）**個です。

(3)-①：指摘1の「新情報システム基盤の導入によって，発注DBサーバ2は不要になる」
について，発注DBサーバ2が不要な理由が問われています。

　発注DBサーバ2は，発注DBサーバ1に障害が発生したとき手動で起動される待機
系サーバです。図1の構成案では，発注DBサーバ1は物理サーバBに，発注DBサー
バ2は物理サーバAに配置されていますが，仮想化システムには，「障害が発生した
物理サーバで動作していた仮想サーバを他の物理サーバで自動的に再起動させる機
能」があります。つまり，**物理サーバBの障害発生時には，物理サーバAで発注DB
サーバ1が起動するため**，待機系である発注DBサーバ2は不要です。

(3)-②：指摘2の「総務システムが利用する仮想サーバの配置を見直すだけで，総務シ
ステムが利用できなくなる頻度を，F君がまとめた構成案よりも低下させることがで
きる」について，総務システムが利用できなくなる頻度を低下させるためには，仮
想サーバの配置をどのように変更すればよいか問われています。

　図1の構成案では，総務APサーバと総務DBサーバが別々の物理サーバに配置され
ています。これに対して，「この配置を見直すだけで…」ということなので，同一物
理サーバに配置すればよいことが推測できます。では，別の視点で考えてみましょ
う。

　総務システムのAPサーバとDBサーバは冗長化されていないため，両サーバが正
常に動作していないと総務システムは稼働しません。ここで仮に，物理サーバAとB
の稼働率を0.9とすると，両サーバを別々の物理サーバに配置した場合の稼働率は
0.9×0.9＝0.81ですが，同一物理サーバであれば0.9です。つまり，**総務APサーバ
と総務DBサーバを同一物理サーバに配置する**ことで，総務システムの稼働率は，
別々の物理サーバに配置した場合より高くなり，利用できなくなる頻度を低下させ
ることができます。

解答　(1) a：カ　b：オ　c：ア

　　　(2) d：3

　　　(3) ①：物理サーバBの障害発生時には，物理サーバAで発注DBサーバ1
　　　　　　　が起動するため

　　　　　②：総務APサーバと総務DBサーバを同一物理サーバに配置する

問題5　並列分散処理基盤を用いたビッグデータ活用　（H30秋午後問4）

並列分散処理基盤を用いたビッグデータの活用を題材とした問題です。本問は，並列処理基盤の利用に関する基本的な理解，および性能目標達成に向けた施策の理解を問う問題ではありますが，"ビッグデータ"や"並列処理基盤"をそれほど意識しなくても解答できる問題になっています。問題文中の記述を，提示されている表やグラフと照らし合わせながら丁寧に理解していくことで，正解を導き出すことができます。あせらず落ち着いて解答を進めましょう。

問 並列分散処理基盤を用いたビッグデータ活用に関する次の記述を読んで，設問1〜4に答えよ。

S社は，スーパーマーケットやドラッグストアなどの小売チェーン（以下，チェーンという）で販売されている衣料用洗剤や食器用洗剤などを製造する大手消費財メーカである。商品企画部による商品力強化や，営業部による拡販施策検討のために，取引先である複数のチェーンから匿名化されたPOSデータを週次で購入し，独自に集計・分析することになった。購入するPOSデータの件数は約10億件／週と予想されるので，情報システム部のTさんをリーダとして，並列分散処理基盤を利用したPOSデータ集計・分析システムを構築することになった。

〔並列分散処理基盤のシステム構成〕

Tさんは，S社が保有している並列分散処理基盤のシステム構成を調査した。並列分散処理基盤のシステム構成を図1に示す。

図1　並列分散処理基盤のシステム構成

4 システムアーキテクチャ

処理対象のデータはブロック単位に分割され，物理的には，各スレーブサーバの内部パスに接続されたローカルストレージに分散して格納されているが，論理的には，単一のファイルシステム（以下，分散ファイルシステムという）で管理されている。分散ファイルシステムのブロックサイズは128Mバイトに設定されている。任意のスレーブサーバ1台に障害が生じた場合でも処理を継続できるように，ブロックは2台のスレーブサーバのローカルストレージに非同期で複製して格納されている。ファイル名，ブロック位置，所有者，権限などのメタデータは，マスタサーバが保持している。

マスタサーバはクライアントからジョブの実行依頼を受け付け，ジョブを複数の実行単位（以下，タスクという）に分割し，処理対象のデータを格納しているスレーブサーバに対してタスクの実行を依頼する。データを分割した際にデータサイズのばらつきが小さいほど，タスクが均等に分散される。また，同一ジョブ内のタスク間で処理するデータが依存しており，タスクが逐次的に処理される場合，それらのタスクは分散されない。各スレーブサーバで同時に実行可能なタスクの数は，CPUの物理コア数－1を上限とする。並列分散処理基盤全体で同時に実行するタスクの数を多重度という。

マスタサーバの仕様は，CPU物理コア数2，メモリ容量8Gバイト，ローカルストレージのディスクI/O速度60Mバイト／秒である。スレーブサーバの仕様は，CPU物理コア数4，メモリ容量16Gバイト，ローカルストレージのディスクI/O速度60Mバイト／秒である。

Tさんが調査結果を上司のU課長に報告したところ，①可用性の観点からリスクがあるとの指摘を受けた。本リスクを評価した結果，それを受容してシステム構築を進めることになった。

〔POSデータ集計・分析システムのジョブ構成〕

POSデータ集計・分析システムを構成するジョブの一覧を表1に示す。

表1　POSデータ集計・分析システムを構成するジョブの一覧

記号	ジョブ名	処理内容	処理対象のデータ	ジョブの特性				目標処理時間（時間）
				平均ファイルサイズ（Mバイト）	ファイル数（個）	ファイルの分割単位	データサイズのばらつき	
(A)	データ形式統一	POSデータを統一のデータ形式に変換する。	購入するPOSデータ	300	1,400	チェーン別・日別	大	2.0
(B)	店舗別売上集計	売上数量を店舗別に集計する。	(A)の処理結果	100	6,300	店舗別	中	0.5
(C)	商品別売上集計	売上数量を商品別に集計する。	(A)の処理結果	20	10,000	a	小	1.0
(D)	売上予測	重回帰分析の偏回帰係数を求め、求めた偏回帰係数を用いて自社商品別の売上数量を予測する。	(C)の処理結果	1	600	商品別	小	6.0

注記　データサイズのばらつきとは、データサイズの偏差（ファイルの分割単位で処理対象のデータを分割した際の各分割データのサイズとその平均との差）から求めた指標であり、各ジョブにおけるデータサイズの散らばりの度合いを意味する。

　POSデータの購入元は200チェーンあり、POSデータは日別にファイル分割されている。1週間分のPOSデータのファイル数は1,400個であり、総データサイズは420Gバイトとなる。店舗数は全チェーン合わせて6,300店舗であり、取り扱われている商品数は10,000点である。そのうち、S社の商品は600点である。

　ジョブの実行順序は（A）、（B）、（C）、（D）の順であり、各ジョブは同時には実行されない。

　毎週月曜日23時までには、前週月曜日から日曜日までの全てのPOSデータが分散ファイルシステムに格納される。商品企画部や営業部からは、毎週火曜日の9時には最新の分析結果を見られるようにしてほしいとの要望が挙がっているので、月曜日23時から火曜日9時までの間に一連のジョブを完了させる必要がある。

〔性能テスト〕

　POSデータ集計・分析システムを開発し、性能テストを実施したところ、②ジョブ（B）が目標処理時間内に完了しないことが判明した。ジョブ（B）実行中のマスタサーバ及びスレーブサーバ#1のリソース使用状況を図2に示す。

　なお、スレーブサーバ#2及びスレーブサーバ#3のリソース使用状況もスレーブサーバ#1のリソース使用状況と類似している。

274

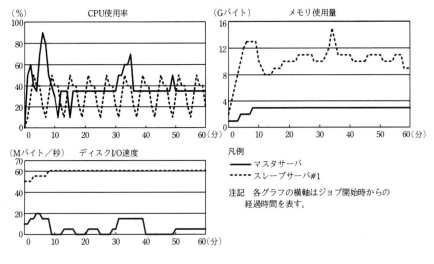

図2　各サーバのリソース使用状況

　Tさんは，ボトルネックとなったリソースを特定して適切な対策を講じることによって，ジョブ（B）を目標処理時間内に完了させることができた。

〔スケールアウトの計画〕
　今後はPOSデータの購入元を増やし，分析精度を高めることを検討している。1年後には取り扱うPOSデータの件数を現在の10億件／週から30億件／週に増大させることが目標である。処理対象のデータ件数が増えると一部のジョブが目標処理時間内に完了しなくなる懸念があるので，並列分散処理基盤のスレーブサーバの増設（以下，スケールアウトという）を計画しておくことになった。性能テストにおいて調査した，POSデータの件数と処理時間の関係，及び多重度と処理時間の関係を図3に示す。Tさんは，1年後のスケールアウトに向けて予算を確保するために，図3を基に追加が必要となるスレーブサーバの台数を試算した。

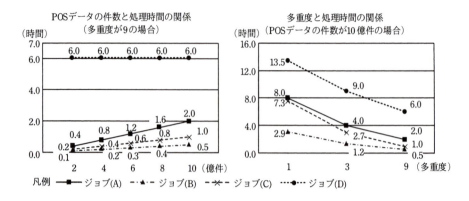

図3　性能テストにおいて調査した性能特性

　1年後にPOSデータの件数が3倍になること，及び図3のPOSデータの件数と処理時間の関係におけるジョブ(A)～(C)の傾向から，1年後の並列分散処理基盤に要求されるスループットは現行の並列分散処理基盤の3倍と推定される。処理時間がPOSデータの件数に依存しないジョブ(D)はスケールアウトにおいて考慮する必要がない。図3の多重度と処理時間の関係から，スケールアウトにおいて考慮する必要があるジョブのうち，多重度を増やしても処理時間が最も短縮されにくいジョブはジョブ(A)である。多重度を3倍にした場合，ジョブ(A)におけるスループットは2倍となる。並列分散処理基盤のスループットを3倍にするために最低限必要な多重度は，現行の並列分散処理基盤の　b　倍にあたる　c　である。したがって，1年後までに少なくとも　d　台のスレーブサーバを追加する必要がある。

設問1　〔並列分散処理基盤のシステム構成〕について，(1)，(2)に答えよ。
(1) 図1のシステム構成での多重度の上限を答えよ。
(2) 本文中の下線①について，どのようなリスクを指摘されたか。30字以内で述べよ。

設問2　〔POSデータ集計・分析システムのジョブ構成〕について，(1)，(2)に答えよ。
(1) 表1中の　a　に入れる適切な字句を答えよ。
(2) 並列分散処理を行わない場合と比較して，並列分散処理を行う場合のスループットの変化の比率が最も大きくなると見込めるジョブの記号を答えよ。

4 | システムアーキテクチャ

設問3 〔性能テスト〕について，(1)，(2) に答えよ。

(1) 本文中の下線②が発生した際にボトルネックとなった原因を，図2中の各サーバの
リソース使用状況から判断して答えよ。

(2) ボトルネックの解消に有効な対策を解答群の中から二つ選び，記号で答えよ。

解答群

ア　スレーブサーバのCPUを物理コア数が多いモデルに換装する。

イ　スレーブサーバのローカルストレージを高速なモデルに換装する。

ウ　スレーブサーバを増設し，1台当たりで同時実行するタスク数を減らす。

エ　分散ファイルシステムのブロックサイズを64Mバイトに変更する。

オ　マスタサーバのメモリを増設する。

設問4 〔スケールアウトの計画〕について，本文中の　b　～　d　に入れる適切な
数値を答えよ。　c　，　d　の数値は小数点以下を切り上げて，整数で答えよ。こ
こで，各ジョブの目標処理時間は変更しないものとし，図3における処理時間の変化の
比率は，測定範囲外においても測定範囲内とほぼ等しくなることを前提とする。また，
ボトルネックを解消するために講じた対策によって，多重度やスレーブサーバの台数は
変化していないものとする。

解 説

設問1 の解説

(1) 図1のシステム構成での多重度の上限が問われています。多重度とは，問題文中に
あるとおり，「並列分散処理基盤全体で同時に実行するタスクの数」のことです。

並列分散処理基盤におけるタスク処理については，「マスタサーバはクライアントか
らジョブの実行依頼を受け付け，ジョブを複数の実行単位であるタスクに分割し，
スレーブサーバに対してタスクの実行を依頼する」との記述があり，この記述から，
タスクを実行するのはスレーブサーバであることが分かります。

また，スレーブサーバについては，「各スレーブサーバで同時に実行可能なタスク
の数は，CPUの物理コア数－1を上限とする」と記述されています。スレーブサー
バのCPU物理コア数は4なので，1台のスレーブサーバが同時に実行できるタスク数
は3です。そして，図1のシステム構成を見ると，スレーブサーバが3台並列に構成
されているので，システム全体で同時に実行できるタスク数，すなわち多重度の上
限は3×3＝**9**になります。

277

(2) 下線①の「可用性の観点からリスクがあるとの指摘を受けた」について, どのようなリスクを指摘されたか問われています。

可用性とは, 「障害が発生してもシステムに求められる機能, およびサービスを提供できる状態である」という特性を意味します。そこで, 障害が発生した際の対応策に関する記述を探すと, スレーブサーバについては, 「任意のスレーブサーバ1台に障害が生じた場合でも処理を継続できるように, ブロックは2台のスレーブサーバのローカルストレージに非同期で複製して格納されている」との記述があります。一方, マスタサーバについては障害対策に関する記述がありません。また, 図1を見ても, マスタサーバだけ冗長化されていません。

マスタサーバは, 並列分散処理基盤の処理動作に必要なメタデータを保持し, かつクライアントから受け付けたジョブを複数のタスクに分割してスレーブサーバに実行依頼するサーバです。そのため, マスタサーバに障害が発生して機能提供ができなくなると, 処理を継続することができません。つまり, 指摘されたリスクとは, 「マスタサーバが冗長化されていないため, そこが単一障害点になる」というリスクです。単一障害点とは, その箇所に障害が発生するとシステム全体が停止となるような箇所のことです。SPOF (Single Point of Failure) ともいいます。

以上, 解答には, 上記の旨を記述すればよいでしょう。なお, 試験センターでは解答例を「**マスタサーバが冗長化されておらず, 単一障害点である**」としています。

設問2 の解説

(1) 表1中の空欄aに入れる, ファイルの分割単位が問われています。

空欄aは, ジョブ (C) の「商品別売上集計」におけるファイルの分割単位ですから, "商品別"が入ることは容易に推測できます。念のため, 問題文 (表1の下) の記述と表1に記載された数値を確認してみましょう。

問題文に, 「取り扱われている商品数は10,000点である」とあります。商品数が10,000点であれば, 商品別のファイル数は10,000個ということになり, これは, 表1のジョブ (C) のファイル数と一致します。したがって, **空欄aは商品別**です。

(2) 並列分散処理を行わない場合と比較して, 並列分散処理を行う場合のスループットの変化の比率が最も大きくなると見込めるジョブが問われています。

並列分散処理では, 各スレーブサーバに対するタスク分散が均等であるほど, スループットの向上が見込めます。ここで着目すべきは, 〔並列分散処理基盤のシステム構成〕に記述されている, 次の2つです。

4 │ システムアーキテクチャ

> ・データを分割した際にデータサイズのばらつきが小さいほど，タスクが均等
> に分散される。
> ・同一ジョブ内のタスク間で処理するデータが依存しており，タスクが逐次的
> に処理される場合，それらのタスクは分散されない。

　1つ目の記述から，各スレーブサーバに対してタスクが均等に分散されるのは，データサイズのばらつきが小さいジョブであることが分かります。表1を見ると，データサイズのばらつきが「小」であるジョブは，（C）と（D）の2つです。つまり，このいずれかが正解となります。

　次に，2つ目の記述から，たとえば，「ジョブをタスク1，2，3に分割したとき，タスク1で処理したデータを，タスク2で処理し，さらにタスク3で処理する」といった場合は，タスク分散は行われないことが分かります。そこで，ジョブ（C）とジョブ（D）の処理内容を確認すると，ジョブ（D）は，「重回帰分析の偏回帰係数を求め，求めた偏回帰係数を用いて自社商品別の売上数量を予測する」という処理なので，まさにタスク分散されないジョブであると判断できます。

　以上，データサイズのばらつきが小さいジョブは（C）と（D）ですが，（D）はタスク分散されないジョブです。したがって，スループットの向上が見込めるのは，ジョブ **(C)** です。

設問3 の解説

(1) 下線②中にある「ジョブ（B）が目標処理時間内に完了しない」ことについて，そのボトルネックとなった原因を図2中の各サーバのリソース使用状況から考える問題です。図2は，ジョブ（B）実行中のマスタサーバ，およびスレーブサーバ#1のリソース使用状況です。

　まず，各サーバのリソース（仕様）を整理しておきましょう。

> ・マスタサーバ　：CPU物理コア数2，メモリ容量8Gバイト，
> 　　　　　　　　　ローカルストレージのディスクI/O速度60Mバイト／秒
> ・スレーブサーバ：CPU物理コア数4，メモリ容量16Gバイト，
> 　　　　　　　　　ローカルストレージのディスクI/O速度60Mバイト／秒

　図2のCPU使用率のグラフを見ると，マスタサーバのCPU使用率が一時的に上昇している時間がありますが，各サーバともほぼ20〜50%程度の使用率で推移しているため，サーバのCPUがボトルネックとは考えられません。

279

次に，メモリ使用量のグラフを見ます。マスタサーバのメモリ使用量が10分より少し手前から一定値（3Gバイト程度）になっていますが，マスタサーバのメモリ容量は8Gバイトなので，まだ余裕があります。また，スレーブサーバはメモリ容量が16Gバイトであるのに対し，一時的に12Gバイト（使用率75%）を超える時間がありますが，ほぼ8〜12Gバイトの使用量（使用率75%以下）で推移しているため，メモリがボトルネックとは考えられません。

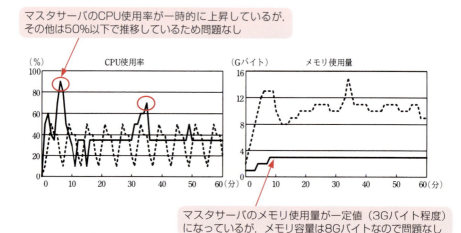

したがって，疑わしいのはディスクI/O速度です。グラフを見ると，10分より少し手前からスレーブサーバ#1のディスクI/O速度が一定値（60Mバイト／秒）になっています。スレーブサーバのディスクI/O速度仕様は，60Mバイト／秒なので，使用率100%の状態，すなわち上限に達した状態が継続していることが分かります。これが，「ジョブ（B）が目標処理時間内に完了しない」原因です。そして，ボトルネックとなったのは，**スレーブサーバのディスクI/O速度**です。

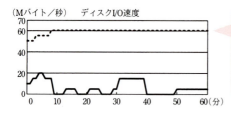

スレーブサーバ#1のディスクI/O速度が上限に達した状態が継続している

〔補足〕
ボトルネックを探す際，リソース使用率が時間の経過とともに上下せずに一定となっているリソースに着目することがポイント

4 システムアーキテクチャ

(2) ボトルネックの解消に有効な対策が問われています。ボトルネックの原因は，スレーブサーバのディスクI/O速度なので，CPUやメモリに関連する〔ア〕と〔オ〕の対策は消去できます。したがって残りの〔イ〕，〔ウ〕，〔エ〕の対策を検討していきます。

イ：「スレーブサーバのローカルストレージを高速なモデルに換装する」
　　この対策は，ディスクI/O速度の直接の解決策になります。

ウ：「スレーブサーバを増設し，1台当たりで同時実行するタスク数を減らす」
　　ジョブ（B）が扱う平均ファイルサイズは100Mバイト，ファイル数は6,300個です。1台のスレーブサーバで扱うデータ量を単純計算すると，
　　　　100Mバイト×6,300÷3＝210,000Mバイト
　　になります。これを目標処理時間0.5時間（30分）で処理するためには，
　　「210,000Mバイト÷（30×60）秒」以上，すなわち117Mバイト／秒以上のディスクI/O速度が必要です。現在の仕様は60Mバイト／秒なので，ボトルネックになるのは当然です。そこで，スレーブサーバを増設し，1台当たりで同時実行するタスク数を減らせば，1台のスレーブサーバが扱うデータ量を少なくできるため，ディスクI/O速度の改善が期待できます。したがって，ボトルネックの解消に有効な対策です。

エ：「分散ファイルシステムのブロックサイズを64Mバイトに変更する」
　　〔並列分散処理基盤のシステム構成〕に，「分散ファイルシステムのブロックサイズは128Mバイトに設定されている」との記述があります。データの転送はブロック単位で行われるため，ブロックサイズを64Mバイトに小さくしてしまうとディスクI/Oが増え，スループットが低下します。また，ジョブ（B）で扱うデータ量は変わらないため，ディスクI/O速度の改善は期待できません。

以上，ボトルネックの解消に有効な対策は，〔**イ**〕と〔**ウ**〕です。

設問4 の解説

〔スケールアウトの計画〕について，並列分散処理基盤のスループットを3倍にするために最低限必要な多重度，およびスレーブサーバの追加台数を考える問題です。問われている空欄b〜dは，次の記述中にあります。

　並列分散処理基盤のスループットを3倍にするために最低限必要な多重度は，現行の並列分散処理基盤の　b　倍にあたる　c　である。したがって，1年後までに少なくとも　d　台のスレーブサーバを追加する必要がある。

281

この記述の前に，「図3の多重度と処理時間の関係から，スケールアウトにおいて考慮する必要があるジョブのうち，多重度を増やしても処理時間が最も短縮されにくいジョブはジョブ（A）である。多重度を3倍にした場合，ジョブ（A）におけるスループットは2倍となる」とあるので，本設問では，ジョブ（A）のスループットに着目し，空欄b〜dを考えていくことになります。

　まず，「多重度を3倍にした場合，ジョブ（A）におけるスループットは2倍となる」との記述を基に，多重度を何倍にすべきかを次の比例式から求めると，

　　$3 : 2 = M : 3$

　　$2M = 9$

　　$M = 4.5$

となり，スループットを3倍にするためには，多重度を**4.5（空欄b）**倍にする必要があることが分かります。

　次に，現行の並列分散処理基盤の多重度は9ですから，空欄cには，その4.5倍した数値「$9 \times 4.5 = 40.5$」を入れたいところですが，設問文に「数値は小数点以下を切り上げて，整数で答えよ」との指示があるため，**空欄c**に入れる数値は**41**となります。

　空欄dは，スレーブサーバの追加台数です。各スレーブサーバで同時に実行可能なタスクの数は，CPUの物理コア数−1，すなわち3です。したがって，多重度41（空欄c）を確保するために必要なスレーブサーバの台数は，

　　$41 \div 3 = 13.666\cdots$　（小数点切り上げ）→14［台］

となり，現行（既存）のスレーブサーバ3台を差し引くと，$14 - 3 = $ **11（空欄d）**［台］になります。

解答

設問1　(1) 9

　　　　　(2) マスタサーバが冗長化されておらず，単一障害点である

設問2　(1) a：商品別

　　　　　(2)（C）

設問3　(1) スレーブサーバのディスクI/O速度

　　　　　(2) イ，ウ

設問4　b：4.5　　c：41　　d：11

第5章 ネットワーク

ネットワークに関する問題は，午後試験の問5に出題されます。選択解答問題です。

出題範囲

ネットワークアーキテクチャ，プロトコル，インターネット，イントラネット，VPN，通信トラフィック，有線・無線通信 など

5 ネットワーク

── 基本知識の整理

〔学習項目〕　　　　　　　　　　　　　　　　　　チェック
① OSI基本参照モデルとTCP/IPモデル
② TCPとUDP
③ IP (Internet Protocol)
④ ルーティング
⑤ LANに関連するIEEE規格
⑥ 代表的なLAN間接続装置

①OSI基本参照モデルとTCP/IPモデル

OSI基本参照モデルは，ISOが策定したネットワークアーキテクチャです。OSI基本参照モデルでは，データ通信を行うために必要な通信機能を7つに階層化しています。現在，通信ネットワークで広く利用されている**TCP/IP** (Transmission Control Protocol/Internet Protocol)をOSI基本参照モデルの7階層と対比させながら各層が果たす役割を確認しておきましょう。また，TCP/IP通信におけるトランスポート層のTCPとUDPの違いや，アプリケーション層の主なプロトコルも確認しておきましょう。

重要

OSI基本参照モデル		TCP/IP	主なプロトコル
第7層	アプリケーション層	アプリケーション層	DHCP, DNS, FTP, HTTP, IMAP4, LDAP, NTP, POP3, SMTP, SNMP, SSH, TELNETなど
第6層	プレゼンテーション層		
第5層	セション層		
第4層	トランスポート層	トランスポート層	**TCP**, **UDP**
第3層	ネットワーク層	インターネット層	**IP**, ICMPなど
第2層	データリンク層	ネットワークインタフェース層	IEEE 802.3, IEEE 802.11, PPP, PPPoE, ATMなど
第1層	物理層		

284

OSI基本参照モデル	機能
アプリケーション層	通信関連の機能をアプリケーションに提供。ファイル転送や電子メールなどの機能が実現されている
プレゼンテーション層	データ（コード）変換と表現形式制御。アプリケーション間で使用するデータの表現形式を規定し，アプリケーション固有の表現形式を共通の表現形式に変換する機能を提供する
セション層	会話制御と管理。アプリケーション間における会話の制御や管理（順序制御，同期点制御など）を行い，順序正しいデータ通信と効率のよいデータ通信を提供する
トランスポート層	データの信頼性確保。下位層のサービス品質の差異を補完し，データの信頼性確保と透過的なデータ転送を行う
ネットワーク層	経路選択・中継。経路選択機能や中継機能をもち，透過的なデータ転送を行う
データリンク層	隣接ノード間の伝送制御（誤り制御，再送制御）を行う
物理層	物理的な通信媒体の特性の差を吸収し，上位の層に透過的な伝送路を提供する

②TCPとUDP

　TCP（Transmission Control Protocol）は，**コネクション型**のプロトコルです。通信相手と，**TCPコネクション**と呼ばれる論理的な通信路を確立してから通信を行います。TCPは，ACKによる確認応答，確認応答がない場合の再送処理，またシーケンス番号による順序制御，さらに確認応答を待たずに先送りでデータを送信できるウィンドウ制御などの機能をもち，信頼性が高い通信を提供します。そのためデータが確実に通信相手に転送されることが要求されるプロトコルFTP，HTTP，SMTPなどに利用されています。なお，TCPコネクションは，「あて先IPアドレス，あて先TCPポート番号，送信元IPアドレス，送信元TCPポート番号」の4つによって識別され，コネクションの確立は，**3ウェイハンドシェイク手順**により行われます。

　UDP（User Datagram Protocol）は，コネクションを確立しない**コネクションレス型**のプロトコルです。TCPとは異なり通信の高速性を重視したプロトコルなので，TCPでやり取りしていたシーケンス番号やACK番号などの情報は扱いません。また，データ落ちが発生した場合の再送なども行わないので，高速な分，信頼性は低くなります。UDPは，DHCP，NTP，SNMPなどに利用されています。

午前でよくでる TCPの問題

TCP/IPのネットワークにおいて，TCPのコネクションを識別するために必要なものの組合せはどれか。

ア あて先IPアドレス，あて先TCPポート番号

イ あて先IPアドレス，あて先TCPポート番号，送信元IPアドレス，送信元TCPポート番号

ウ あて先IPアドレス，送信元IPアドレス

エ あて先MACアドレス，あて先IPアドレス，あて先TCPポート番号，送信元MACアドレス，送信元IPアドレス，送信元TCPポート番号

解説

IPパケットのヘッダ（p.289参照）には，送信元IPアドレスとあて先IPアドレスが，またTCPヘッダ（p.334参照）には，送信元ポート番号とあて先ポート番号があり，TCPのコネクションを識別するためには，この4つが使用されます。

〔補足〕

ポート番号は，通信先ホスト内のアプリケーションを識別するための番号です。指定できる番号の範囲は，TCPやUDPなどの通信プロトコル毎に0〜65535と決まっています。このうち，**0〜1023番ポート**はFTPやHTTPといったTCP/IPの主なプロトコルで使用されるポートです。これを**ウェルノウンポート**（well-known ports）といいます。また，**1024〜49151番ポート**は個々のアプリケーションに割り当てられているポート，**49152〜65535番ポート**は動的（自由）に使えるポートになっています。

＊覚えておきたい（代表的な）ウェルノウンポート

TCP/20：FTP（データ）	UDP/53：DNS	UDP/123：NTP
TCP/21：FTP（制御）	UDP/67：DHCP（サーバ）	TCP/143：IMAP
TCP/22：SSH	UDP/68：DHCP（クライアント）	UDP/161：SNMP
TCP/23：TELNET	TCP/80：HTTP	UDP/162：SNMP TRAP
TCP/25：SMTP	TCP/110：POP3	TCP/443：HTTPS

解答 **イ**

③IP（Internet Protocol）

IP（Internet Protocol）はTCP/IPモデルでの**ネットワーク層**プロトコルです。IPでは，**IPアドレス**によってTCP/IPネットワークに接続しているコンピュータを識別しています。ここでは，IPアドレス（IPv4，IPv6）やサブネットマスクなどIPアドレスに関連する重要事項を確認しておきましょう。

●IPv4

重要

IPv4（Internet Protocol version 4）のIPアドレスは32ビットです。ネットワークを識別するためのネットワークアドレス部と，ネットワーク内のホストを識別するためのホストアドレス部から構成されます。IPアドレスにクラスという概念がありますが，これはネットワークアドレス部の長さを8ビットの倍数で区切って，IPアドレスをいくつかのカテゴリに分類するものです。上位ビットのパターンによってクラスA〜C（下表参照），そしてクラスD（上位4ビットが1110：マルチキャスト用）などに分けられます。

	ネットワーク アドレス部の長さ	上位ビットのパターンと ホストアドレス部の長さ
クラスA	8ビット	0 ／ 24ビット（ホストアドレス部）
クラスB	16ビット	10 ／ 16ビット
クラスC	24ビット	110 ／ 8ビット

〔特殊なIPアドレス〕
①ホストアドレス部がすべて0：ネットワーク自身を表すアドレス
②ホストアドレス部がすべて1：ブロードキャストアドレス
③127.0.0.1：ローカルループバックアドレス（自分自身を表す）

●IPv6

参照
p.354

アドレス空間を128ビットに拡張したのが**IPv6**（Internet Protocol version 6）です。IPv6におけるIPv4からの最も大きな変更はアドレス空間ですが，その他にもいくつかの内容が変更されています。これについては，本章最後のページに示した「参考」（p.354）を確認しておきましょう。なお，IPv4とIPv6を共存させる技術には，IPv4とIPv6の相互変換を行う**IPv4/IPv6トランスレーション**やIPv4ネットワーク上でIPv6パケットを通過させるIPv6 over IPv4トンネル方式（**6to4**）などがあります。

● サブネットマスク

 サブネットマスクは，ネットワークアドレスを表す部分のビットを1に，ホストアドレスを表す部分のビットを0にした32ビットのビット列です。IPアドレスと論理積をとることで，そのホストが属するサブネットワークのアドレスを得ることができます。

● CIDR

 CIDR（Classless Inter-Domain Routing）は，IPv4のアドレス割当てを行う際，ネットワークアドレス部とホストアドレス部を任意の長さに区切り，IPアドレスを無駄なく効率的に割り当てる方式です。サブネットマスクにより，どこまでがネットワークアドレス部なのかを示すことで，1ビット単位でネットワークアドレス部の長さの設定を可能にしています。

午前でよくでる　CIDRの問題

ネットワークアドレス192.168.10.192/28のサブネットにおけるブロードキャストアドレスはどれか。

ア　192.168.10.199　　イ　192.168.10.207　　ウ　192.168.10.223　　エ　192.168.10.255

解説

ブロードキャストとは，同一ネットワーク内のすべてのノードに対して同時に同じデータを送信することをいいます。このとき使用されるのが，ホストアドレス部をすべて1にしたブロードキャストアドレスです。

192.168.10.192**/28**の"/28"は，先頭から28ビット目までがネットワークアドレス部であることを示しているので，ホストアドレス部は29ビット目以降の下位4ビットです。つまり，下位4ビットを1にしたものがブロードキャストアドレスとなります。

192.168.10.**192**の第4オクテットにある192を2進表記すると11000000です。この下位4ビットをすべて1にすると11001111（10進表記では207）になるので，ブロードキャストアドレスは192.168.10.207です。なお，オクテットとは8ビットを1とした数のことです。"."で区切られたIPアドレスは，左から順に第1，第2，第3，第4オクテットと表現されます。

解答　イ

④ルーティング

異なるネットワーク同士で通信を行うとき，ルータなどの機器がIPパケットの中継を行います。**ルータ**は，IPパケットに含まれる送信先IPアドレスのネットワークアドレス部と，ルータに設定された**ルーティングテーブル**のあて先ネットワークとを比較し，転送先のルータ（ネクストホップ）を決定します。ネクストホップが決定したら，IPヘッダのパケット**生存時間**（TTL：Time To Live）を1つ減らしてパケットを転送します。生存時間とは，通過ルータ数です。生存時間が0になるとIPパケットを破棄すると同時に，送信元に**ICMPタイプ11**（Time Exceeded Message：時間切れ通知）を送り「時間切れによりパケットを破棄した」ことを伝えます。

ルーティングテーブルの例

IPアドレス (あて先ネットワーク)	転送先のルータ (ネクストホップ)
1XX.64.10.8/29	1xx.64.10.3
1XX.64.10.16/28	1xx.64.10.2
0.0.0.0/0	1xx.64.10.4

「デフォルトルート」
他のネットワークと一致しないすべてのあて先を表す

IPv4ヘッダ

0	3	7	15	18	31（ビット）
バージョン	ヘッダ長	サービスタイプ	パケット長		
識別子			フラグ	フラグメントオフセット	
生存時間（TTL）		プロトコル番号	ヘッダチェックサム		
送信元IPアドレス				
あて先IPアドレス				
オプション（可変長）				パディング	

なお，経路情報を互いに交換しあうことでルーティングテーブルを動的に更新し，それに基づいて経路制御を行なうことを**ダイナミックルーティング**といいます。次の2つのルーティングプロトコルを押さえておきましょう。

RIP	**距離ベクトル型**のルーティングプロトコル。ルーティングテーブルの情報を一定間隔で交換しあい，宛先までの**ホップ数**を基に最適経路を決定する
OSPF	**リンク状態型**のルーティングプロトコル。**リンクステート型**ルーティングプロトコルともいう。リンクステート（ルータがもつインタフェース情報など）を交換し，宛先までの**コスト値**が最小となる最適経路を計算し，ルーティングテーブルを作成する

⑤LANに関連するIEEE規格

●IEEE 802.3規格

　　IEEE 802.3は媒体アクセス制御にCSMA/CD（Carrier Sense Mulitiple Access with Collision Detection）方式を使うLANの規格です。主な規格には100BASE-T，1000BASE-TXなどがあります。

　　CSMA/CD方式は，"搬送波感知多重アクセス／衝突検出"と呼ばれる方式です。送信を開始する前に，伝送路が使用中かどうかを調べ，使用中でなければ送信を行い，衝突（コリジョン：collision）を検知したら送信を中断し，その後ランダムな時間を待ってから再度送信を行います。

規格名	伝送媒体	備考
100BASE-TX	2対4線のUTP/STPケーブル（カテゴリ5以上）	IEEE 802.3uで規定
1000BASE-T	4対8線のUTPケーブル（カテゴリ5以上）	IEEE 802.3ab

※規格名の冒頭の数字：伝送速度を表す（100＝100Mビット／秒，1000＝1Gビット／秒）
　STPケーブル：電磁遮蔽シールド処理が施されたツイストペアケーブル
　UTPケーブル：シールド処理が施されていないツイストペアケーブル

●IEEE 802.11規格

　　IEEE 802.11は，無線LANの標準規格です。IEEE 802.11では，媒体アクセス制御に**CSMA/CA**（Carrier Sense Multiple Access with Collision Avoidance）方式を採用しています。この方式は"搬送波感知多重アクセス／衝突回避"と呼ばれる方式で，CSMA/CD方式と同様，送信開始前に送信できるかを確認しますが，送信できるとわかっても直ぐには送信せず，ランダムな時間だけ待ってから送信を開始します。そして，通信相手からのACK応答を受信することで正常であることを確認します。無線LANでは，フレーム衝突を検出できないため，この手法で衝突を回避します。

規格名	周波数帯	最大伝送速度	備考
IEEE 802.11b	2.4GHz	11Mビット／秒	
IEEE 802.11a	5GHz	54Mビット／秒	
IEEE 802.11g	2.4GHz	54Mビット／秒	11bと互換
IEEE 802.11n	5GHz／2.4GHz	600Mビット／秒	11a，11b，11gと互換
IEEE 802.11ac	5GHz	約7Gビット／秒	

●その他のIEEE 802規格

　　IEEE 802規格には，この他さまざまな規格があります。次の表に，応用情報や高度午前試験に出題されている規格をまとめました。確認しておきましょう。

規格名	概要
IEEE 802.1Q	VLAN (Virtual LAN) を識別する識別情報を付加するための規格。試験では，IEEE802.1Qで規定されたVLANのVLAN識別子 (VID) のビット長が問われる。答えは「12ビット」
IEEE 802.1X	イーサネットや無線LANにおけるユーザ認証のための規格。アクセスポイントが**EAP**を使用して，利用者を認証する枠組みを定めている。EAPはPPPを拡張したプロトコル。ハッシュ関数MD5を用いたチャレンジレスポンス方式で認証する**EAP-MD5**や，クライアント証明書で認証する**EAP-TLS**などがある。試験では，IEEE 802.1Xの構成要素が問われる。構成要素は「サプリカント (LANクライアント)，オーセンティケータ (認証装置)，認証サーバ (RADIUSサーバ)」の3つ
IEEE 802.3ad	スイッチングハブ同士を接続する際に，複数の物理ポート (リンク) を束ねて1つの論理ポートとして扱う技術 (**リンクアグリゲーション**仕様)。なお，リンクアグリゲーションによるリンクの集約を自動化するプロトコルが**LACP** (Link Aggregation Control Protocol)

参照
p321

午前でよくでる　無線LANに関する問題

　無線LANの規格であるIEEE 802.11b及びIEEE 802.11gに関する記述のうち，適切なものはどれか。

- ア　IEEE 802.11b同士の最大伝送速度の方が，IEEE 802.11g同士の最大伝送速度よりも高速である。
- イ　IEEE 802.11gの一つのアクセスポイントの配下に，IEEE 802.11bとIEEE 802.11gの両方の端末が混在できる。
- ウ　いずれも屋外では利用できない。
- エ　いずれも最大伝送速度は1Mビット/秒である。

解説

IEEE 802.11gはIEEE 802.11bの上位互換として開発された規格です。同じネットワーク内にIEEE 802.11bとIEEE 802.11gの両方の端末を混在させられるのが最大の特徴です。

解答　イ

⑥代表的なLAN間接続装置

ここでは，ネットワークを構成する各装置の機能・特徴など，また関連する技術を確認しておきましょう。

重要

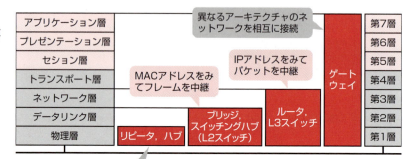

重要

リピータ	伝送中に減衰した電気信号を再生・増幅する装置。伝送距離を延長するときに用いられる。同等の機能をもったものに，複数のポートをもつハブ（リピータハブ）がある
ブリッジ	LAN上を流れるフレームを中継する装置。フレームの**MACアドレス**をチェックして，ほかのセグメントに流すか否かの判断を行う
L2スイッチ	ブリッジと同等の機能をもった中継装置。従来のリピータハブとは異なり，受信したフレームのあて先MACアドレスをもとに送信先のノードがつながっているポートにだけフレームを送出する
ルータ	ネットワーク層での中継を行う装置。主な機能は，中継とルーティング（経路選択）。パケットのあて先**IPアドレス**をもとに，ルータがもつルーティングテーブルから転送先のルータ（ネクストホップ）を決定しパケットを転送する
L3スイッチ	ルータと同様，パケットのあて先IPアドレスをもとに，パケットの行き先を判断して転送を行う。ルータがIPパケットの転送処理をソフトウェアで行っているのに対し，L3スイッチでは転送処理をハードウェア化し高速化している

午前でよくでる LAN間接続装置に関する問題

問1 コンピュータとスイッチングハブ，又は2台のスイッチングハブの間を接続する複数の物理回線を論理的に1本の回線に束ねる技術はどれか。

ア	スパニングツリー	イ	ブリッジ
ウ	マルチホーミング	エ	リンクアグリゲーション

問2 図のようなIPネットワークのLAN環境で，ホストAからホストBにパケットを送信する。LAN1において，パケット内のイーサネットフレームのあて先とIPデータグラムのあて先の組合せとして，適切なものはどれか。ここで，図中のMACn/IPmはホスト又はルータがもつインタフェースのMACアドレスとIPアドレスを示す。

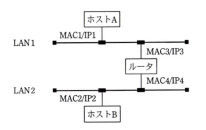

	イーサネットフレームのあて先	IPデータグラムのあて先
ア	MAC2	IP2
イ	MAC2	IP3
ウ	MAC3	IP2
エ	MAC3	IP3

解説

問1 スイッチングハブによる接続で，複数のポートを束ねて1つの論理ポートとして扱う技術を**リンクアグリゲーション**といいます。リンクアグリゲーションを使用する利点は，高速化と冗長性の確保（信頼性の向上）です。たとえば，100Mビット／秒の回線4本で400Mビット／秒の仮想的な1本の回線が実現でき，仮に1本に不具合が生じても通信を継続できます。

なお〔ア〕の**スパニングツリー**は，ブリッジやスイッチングハブを用いて冗長化させた（ループ状に構成した）LANにおいて，フレームが永遠に廻り続けることを防止するための技術です。LANを冗長構成にすることで可用性は向上しますが，ブロードキャストフレームなどのループ問題が発生します。この問題を回避するためのプロトコルを**スパニングツリープロトコル**（STP）といいます。STPの適用によって，正常稼働時にはメイン経路以外のポートをブロック状態にして（論理的に切断して）スパニング木を構成することでフレームのループを回避し，メイン経路がダウンしたらブロック状態にしていたポートを接続状態に戻して通信を継続させることが可能です。スパニング木とは閉路（ループ）を持たない木のことです。

問2 異なるLAN間では，ルータが通信を中継します。ホストAからホストBにデータを送信する場合，あて先IPアドレスは最終的な送信先であるホストB（IP2）を指定しますが，あて先MACアドレスは中継を行うルータ（MAC3）を指定します。

解答 問1：エ 問2：ウ

問題1　TCPとUDP　　(H19秋午後問1)

IP電話による通信や映像配信するシステムを題材にした，TCPとUDPに関する基本問題です。具体的には，TCPとUDPの特徴，パケットシーケンス，IP電話の通信障害対策などが問われます。本問を通して，TCPとUDP，ポート番号，アプリケーション層のプロトコル，3ウェイハンドシェイクなど，基本知識を確認しておきましょう。

問 TCPとUDPに関する記述を読んで，設問1～4に答えよ。

L社では，図1に示す構成のシステムを用いて，各拠点内及び拠点間で，IP電話による通話や映像配信を行っている。このシステム構成において，IP電話機同士での通話中に，音声パケットの滞留による音声の遅延や，音声パケットの損失による音声の途切れが発生した。この音声パケット通信障害について原因を追究する準備のために，TCPとUDPについて調査した。

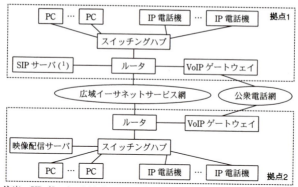

注(^{1})　SIP (Session Initiation Protocol) サーバ：電話番号とIPアドレスを管理してIP電話の呼制御を行う。

図1　システム構成

TCPとUDPは，OSI参照モデルの　a　層のプロトコルである。その下位層である　b　層のプロトコルにIPがある。TCPとUDPでは，　c　で識別される　d　間の通信を行う。IPでは，IPアドレスで識別されるネットワーク機器間の通信を行う。

TCPとUDPを比較すると，TCPは通信の信頼性を確保するため，データパケットを確実に送信するための機能を備えている。その一つとして，TCPはコネクション確立を必要とし，1対1の通信だけを行う。例えば，クライアント／サーバ間でデータパケ

ットの送信を交互に1パケットずつ行う場合，コネクション確立から切断までのパケットシーケンスは図2のようになる。それに対して，UDPは c の管理以外は行わないので，信頼性はTCPに比べて低下するが，通信処理の負荷は小さい。また，UDPはコネクションレスであり，1対多の通信も可能である。

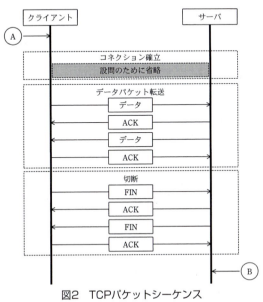

図2　TCPパケットシーケンス

このような特徴から，TCPは e ，HTTP，FTPなどデータがすべて確実に伝わることが要求されるプロトコルに利用されている。一方，UDPは音声通話，映像配信などで多く利用されている。音声通話の一つであるIP電話では，データがすべて確実に伝わることよりも，リアルタイム性が優先されるので，UDPが利用されている。また，UDPはネットワーク内で不特定多数の相手に向かって同じデータを送信する f や，ある特定の複数の相手を対象に同じデータを送信する g を使用した放送型の配信に利用されている。

原因追究の結果，本システムでは映像配信サーバから f パケットがPCに大量に送信された結果，拠点1，2間の帯域が圧迫されたり，IP電話機に映像配信サーバからのデータパケットが入り込んだりすることによって，IP電話機同士での音声パケット通信に障害が発生していたことが分かった。

設問1 本文中の a , b に入れる適切な字句を，カタカナで答えよ。

設問2 本文中の c ～ g に入れる適切な字句を解答群の中から選び，記号で答えよ。

解答群

ア IPアドレス	イ SMTP	ウ SNMP
エ SNTP	オ アプリケーション	カ エニーキャスト
キ シーケンス番号	ク セッション	ケ ブロードキャスト
コ ポート番号	サ マルチキャスト	シ ユニキャスト
ス ルーティング		

設問3 図2のTCPパケットシーケンスについて，次の (1)，(2) のパケット数をそれぞれ答えよ。

(1) 図2において，AからBまでの間でやり取りされるパケット総数

(2) 図2と同じデータの通信をUDPで実装した場合にやり取りされるパケット総数。
   ただし，パケットの破損や損失への対応は行わないものとする。

設問4 本文中の下線の障害を改善するために有効な対策を解答群の中から二つ選び，記号で答えよ。

解答群

ア IP電話機の登録台数を考慮してSIPサーバの処理能力を確保する。

イ IP電話機のパケットを優先して送り出すようにルータを設定する。

ウ IP電話機を追加してIP電話機の音声チャネル数を増やす。

エ SIPサーバを運用系と待機系に冗長化する。

オ VLANでIP電話機間のネットワークとPC間のネットワークに分割する。

カ VoIPゲートウェイを複数設置して冗長化する。

キ 無停電電源装置などでIP電話機のバックアップ電源を確保する。

5 | ネットワーク

解説

設問1 の解説

「TCPとUDPは，OSI参照モデルの ┌─ a ─┐層のプロトコルである。その下位層である
┌─ b ─┐層のプロトコルにIPがある」とあり，空欄a，bに入れる字句が問われています。

OSI基本参照モデルの7階層とTCP/IPの関係を思い出しましょう。TCPとUDPは，
OSI基本参照モデルのトランスポート層のプロトコルです。またトランスポート層の下
位にあるのはネットワーク層で，IPはネットワーク層の代表的なプロトコルです。つ
まり，**空欄aにはトランスポート**，**空欄bにはネットワーク**が入ります。

設問2 の解説

●空欄c，d

「TCPとUDPでは，┌─ c ─┐で識別される┌─ d ─┐間の通信を行う。IPでは，IPアドレ
スで識別されるネットワーク機器間の通信を行う」とあり，空欄c，dに入れる字句が
問われています。

先に解答したように，TCPとUDPはトランスポート層のプロトコルです。ネットワ
ーク層のIPでは，IPアドレスを基に通信先のコンピュータを特定し通信を行いますが，
トランスポート層のTCPとUDPでは，コンピュータ上で動作している複数のアプリケ
ーションのうちの1つを指定するためにポート番号を用います。つまり，**空欄cには**
〔コ〕のポート番号，**空欄dには〔オ〕のアプリケーション**が入ります。

●空欄e

「TCPは ┌─ e ─┐，HTTP，FTPなどデータがすべて確実に伝わることが要求される
プロトコルに利用されている」とあり，空欄eに入るプロトコルが問われています。解
答群をみると，プロトコルはSMTP，SNMP，SNTPの3つです。これらはみなHTTP
やFTPと同じアプリケーション層のプロトコルですが，「データがすべて確実に伝わる
ことが要求される」のは，利用者からメールを送信するときやメールサーバ間でメー
ルを転送するときに利用されるSMTP（Simple Mail Transfer Protocol）だけです。し
たがって，**空欄eには〔イ〕のSMTP**が入ります。

なお，〔ウ〕のSNMP（Simple Network Management Protocol）は，ネットワークを
構成する機器や障害時の情報収集を行うために使用されるネットワーク管理プロトコ
ルです。また，〔エ〕のSNTP（Simple Network Time Protocol）は，コンピュータの時
刻を同期させるためのプロトコルNTPの簡易版です。両プロトコル（SNMP，SNTP）
ともトランスポート層のプロトコルにUDPを使用します。

●空欄f，g

「UDPはネットワーク内で不特定多数の相手に向かって同じデータを送信する　f　や，ある特定の複数の相手を対象に同じデータを送信する　g　を使用した放送型の配信に利用されている」とあります。

ネットワークアドレスが同じ1つのネットワーク内で，不特定多数の相手に向かって同じデータを送信することをブロードキャストといい，ある特定の複数の相手を対象に同じデータを送信することをマルチキャストといいます。したがって，**空欄f**には〔**ケ**〕の**ブロードキャスト**，**空欄g**には〔**サ**〕の**マルチキャスト**が入ります。

参考　マルチキャスト

マルチキャストアドレスというグループに対してデータを送信するのが**マルチキャスト**です。これに対し，1つの特定ノードにデータを送信することを**ユニキャスト**といいます。IPv4でマルチキャストを行う場合は，224.0.0.0～239.255.255.255の範囲にあるIPアドレス（上位4ビットが1110のクラスDのIPアドレス）が使用され，IPv6では上位8ビットが11111111のアドレス（FF00::/8）が使用されます。

ここで，IPv4のマルチキャストプロトコル**IGMP**（Internet Group Management Protocol）を知っておきましょう。IGMPは，マルチキャストグループへの参加や離脱をホストがルータに通知したり，マルチキャストグループに参加しているホストの有無をルータがチェックするときに用いられるプロトコルです。午前問題の選択肢によく出てきます。

設問3 の解説

(1) 図2の「TCPパケットシーケンス」において，AからBまでの間でやり取りされるパケット総数が問われています。

「データパケット転送」で4パケット，「切断」で4パケットがやり取りされていることは示されていますが，「コネクション確立」部分が網掛けになっているため，「コネクション確立」で何パケットやり取りされるのかがわからなければ解答できません。ポイントは，「TCPのコネクション確立＝3ウェイハンドシェイク」です。TCPでは，コネクションを確立するため，次ページ「参考」に示す3ウェイハンドシェイクと呼ばれる方法を使用します。この方法をとることで，単にクライアント側からの通信経路を確立するだけでなく，サーバ側からもコネクションを確立し，双方向で信頼性のある通信を可能にします。

以上，AからBまでの間でやり取りされるパケットの総数は，「コネクション確立」で3パケット，「データパケット転送」で4パケット，「切断」で4パケットの，全部

で**11**パケットです。

参考 3ウェイハンドシェイクの手順

①通信要求者（クライアント）が相手（サーバ）に対して，「通信開始OKか？」を意味するSYNパケットを送信する。
②通信相手は，「通信OK。そちらも通信開始OKか？」を意味するSYN＋ACKパケットを送信する。
③通信要求者は，「OK」を意味するACKパケットを送信する。

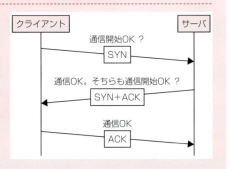

(2) 図2と同じデータの通信をUDPで実装した場合にやり取りされるパケット総数が問われています。

　UDPはコネクションレス型のプロトコルです。UDPでは通信の信頼性確保の部分が省かれるため，「コネクション確立」も「切断」もありません。またACK応答も行わないので，AからBまでの間でやり取りされるパケットは，データパケットだけとなり，パケット総数は**2**パケットとなります。

設問4 の解説

　「IP電話機同士での通話中に，音声パケットの滞留による音声の遅延や，音声パケットの損失による音声の途切れが発生した」ことに対する対策が問われています。

　障害内容である，「IP電話機同士での通話中における，音声の遅延や途切れ」は，呼（calling）が確立した後の通信障害です。そして，その原因に関しては，問題文の最後に「原因追究の結果，映像配信サーバからブロードキャスト（空欄f）パケットがPCに大量に送信された結果，拠点1，2間の帯域が圧迫されたり，IP電話機に映像配信サーバからのデータパケットが入り込んだりすることによって，IP電話機同士での音声パケット通信に障害が発生していたことが分かった」と記述されています。つまり，映像配信サーバからの大量のブロードキャストパケットが障害原因なので，映像配信サーバからのブロードキャストパケットの影響を受けないようにすることが有効な対策となります。

　この観点から解答群を吟味すると，有効な対策となるのは，〔イ〕の「IP電話機のパ

ケットを優先して送り出すようにルータを設定する」と,〔**オ**〕の「**VLANでIP電話機間のネットワークとPC間のネットワークに分割する**」です。

なお,IP電話機同士での通話中つまり呼(calling)が確立した後の通信障害なので,〔ア〕の「SIPサーバの処理能力を確保する」ことや,〔ウ〕の「IP電話機の音声チャネル数を増やす」ことは有効ではありません。また障害内容は「音声の遅延や途切れ」なので,〔エ〕,〔カ〕の冗長化や〔キ〕の「バックアップ電源を確保する」など信頼性・可用性を向上させる対策も有効ではありません。

解 答

設問1　a:トランスポート　　b:ネットワーク
設問2　c:コ　d:オ　e:イ　f:ケ　g:サ
設問3　(1) 11
　　　　(2) 2
設問4　イ,オ

参考　VLAN（仮想LAN）

VLAN(Virtual LAN)は,物理的な接続形態とは独立して,仮想的なLANセグメントを作る技術です。通常,同じL2SWに接続する機器は同一LANとなりますが,VLAN機能を使用すると,1つのL2SWの中に複数のLANを構成できます。VLANの主な方式に,ポートベースVLANとダイナミックVLANがあります。

ポートベースVLANは,スイッチのポートごとにVLANを割り当てVLANグループを設定する方式です。**スタティックVLAN**とも呼ばれます。この方式では,ポートとVLANの対応が固定されるため,端末を接続するポートを変更すると,所属するVLANも変わってしまう可能性があります。一方,**ダイナミックVLAN**は,ポートの先に接続される端末に応じてポートに割り当てられるVLANを動的に決定する方式です。端末を接続するポートを変更しても,自動的に同じVLANに割り当てられるようになります(p.325の「参考」を参照)。

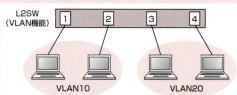

ポートベースVLAN（スタティックVLAN）

5 ネットワーク

Try! （H28秋午後問5抜粋）

　本Try!問題は，IP電話の導入に関する問題の一部です。音声パケットに関連する計算問題のみを抜粋しました。問題文の内容を十分に理解し，落ち着いて（単位に注意しながら）解答を進めることがポイントです。なお，本Try!の問題文を通して，IP電話の仕組みを学習しておくとよいでしょう。

　P社は，中堅の商社であり，東京の本社と大阪の支社の2拠点に約200名の社員が勤務している。社内の内線電話で使用しているPBX（構内電話交換機）が老朽化し，製品の保守期限が近づいているので，新システムへの更改が必要となっている。P社では，PBX更改コストと運用コストを抑制するため，IP電話の導入を検討している。

　P社の社内LANは，電子メールとファイル共有，社外Webサイトへのアクセスに利用されている。拠点内のLANは100Mビット／秒のイーサネットで構築されており，本社と支社の間は広域イーサネットで接続されている。利用している広域イーサネットのサービス品目には，1Mビット／秒から10Mビット／秒まで1Mビット／秒ごとに10種類あり，現在は2Mビット／秒の品目で契約している。

〔IP電話の仕組み〕

　IP電話は，発信や着信，応答，切断などの呼制御にSIP（Session Initiation Protocol）を，通話にRTP（Real-time Transport Protocol）を使用して実現される。発信時は，IP電話機からSIPサーバを介して相手のIP電話機と接続し，接続が確立された後の通話はIP電話機間で直接行う。RTPで使用するポート番号は，SIPサーバからの呼制御時に動的に値が割り当てられる。IP電話機とSIPサーバの関係を図1に示す。なお，IP電話による通話はIP電話機間だけで行われる。

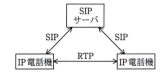

図1　IP電話機とSIPサーバの関係

　P社では，通話中の音声をディジタル化するコーデックにITU-T G.711規格を採用する。今回使用するコーデックでは，1パケットの音声データは160バイトで，付加されるヘッダはイーサネットヘッダ18バイト，IPヘッダ20バイト，UDPヘッダ8バイト，RTPヘッダ12バイトである。このパケットが20ミリ秒ごとに送出される。

〔IP電話の導入方針〕

　情報システム部のQ君がIP電話の導入について検討することになり，方針を次のとおり

整理した。
- 電話機はVoIP (Voice over Internet Protocol) に対応したIP電話機を使用し，本社にSIPサーバを設置する。
- 同時接続数は，拠点内では最大で50，本社と支社の間では最大で10とする。
- 本社と支社の間で，IP電話以外の通常の利用に必要なネットワーク帯域は2Mビット／秒とする。

Q君が設計した，IP電話の導入方針に基づくP社のネットワーク構成を図2に示す。

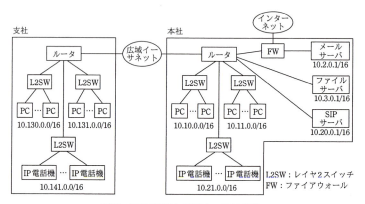

図2　IP電話機とSIPサーバの関係

〔広域イーサネット上での必要な帯域〕
　1パケット当たりのデータサイズは，音声データとヘッダをあわせて　a　バイトである。20ミリ秒ごとにパケットを送出するので，1秒当たりのパケット数は　b　となり，必要な広域イーサネット上での帯域は1通話当たり　c　kビット／秒である。
　本社と支社の間で必要な広域イーサネット上での帯域は，
　　IP電話以外で必要な帯域＋IP電話で必要な帯域
　　＝2Mビット／秒＋　c　kビット／秒×　d　
　　＝　e　kビット／秒
となり，サービス品目を最低限　f　Mビット／秒に変更する必要がある。

　本文中の　a　～　f　に入れる適切な数値を答えよ。計算結果は，四捨五入などせず，結果をそのまま記載せよ。なお，1kビット／秒は1,000ビット／秒，1Mビット／秒は1,000kビット／秒とする。

解説

●空欄a：1パケット当たりのデータサイズ，すなわち音声データとヘッダをあわせたバイト数が問われています。各データサイズに関しては，図1の直後に，「1パケット

の音声データは160バイトで，付加されるヘッダはイーサネットヘッダ18バイト，IPヘッダ20バイト，UDPヘッダ8バイト，RTPヘッダ12バイトである」と記述されています。この条件に従って計算すると，

> 音声データのサイズ＋各種ヘッダサイズ
> ＝160＋（18＋20＋8＋12）＝**218**［バイト］

となります。

● **空欄b**：空欄bは，1秒当たりのパケット数（1秒当たりに送出可能なパケット数）です。20ミリ秒ごとにパケットを送出するので，1秒当たりのパケット数は，

> 1秒÷20ミリ秒＝1,000ミリ秒÷20ミリ秒＝**50**

です。

● **空欄c**：1通話当たりに必要な広域イーサネット上での帯域（kビット／秒）が問われています。218（空欄a）バイトのパケットを，1秒当たり50（空欄b）パケット送出するので，1秒間に送出されるビット数は，

> 218×8×50＝87,200［ビット］

となります。これを転送するためには，87,200ビット／秒＝**87.2**kビット／秒の帯域が必要です。

● **空欄d，e**：空欄d，eは，本社と支社の間で必要な広域イーサネット上での帯域を計算する，次の式中にあります。

> IP電話以外で必要な帯域＋IP電話で必要な帯域
> ＝2Mビット／秒＋ c：87.2 kビット／秒× d
> ＝ e kビット／秒

IP電話以外で必要な帯域については，〔IP電話の導入方針〕の3つ目に，「本社と支社の間で，IP電話以外の通常の利用に必要なネットワーク帯域は2Mビット／秒」とあるので，上式の最初の項がこれに該当します。つまり，問われているのはIP電話で必要な帯域です。これについては，〔IP電話の導入方針〕の2つ目にある，「同時接続数は，本社と支社の間では最大で10とする」との記述に着目します。同時接続数とは，同時に通話できる数のことです。したがって，1通話当たり必要な帯域に，最大接続数である10を乗じた値が，IP電話で必要な帯域となります。以上，上式は次のようになります。

> 2Mビット／秒＋87.2（空欄c）kビット／秒×**10（空欄d）**
> ＝2×1,000kビット／秒＋87.2kビット／秒×10
> ＝**2,872（空欄e）**kビット／秒

● **空欄f**：問題文の冒頭に，「広域イーサネットのサービス品目には，1Mビット／秒から10Mビット／秒まで1Mビット／秒ごとに10種類あり，現在は2Mビット／秒の品目で契約している」と記述されています。先に計算したように，本社と支社の間で必要な帯域は2,872kビット／秒，すなわち2.872Mビット／秒なので，サービス品目を最低限**3（空欄f）**Mビット／秒に変更する必要があります。

解答 a：218　b：50　c：87.2　d：10　e：2,872　f：3

問題2　DHCPの利用　(H21春午後問5)

DHCPの利用に関する問題です。本問では、DHCPの基本動作および基本機能（特に、DHCPリレーエージェント機能）が問われますが、難易度はそれほど高くありません。本問を通して、DHCPの基本事項を確認しておきましょう。

問　DHCPの利用に関する次の記述を読んで、設問1～4に答えよ。

　A社は、ある製品の開発、販売を手掛ける会社であり、企画部の社員30名及び営業部の社員50名はXビル、開発部の社員40名はYビルで勤務している。各社員は、PCを1台ずつ所持し、出社時には、空き机のLANポートにPCを接続し、1日の勤務終了後には、LANポートからPCを外す。

　A社では、　a　ために、DHCP（Dynamic Host Configuration Protocol）を利用している。DHCPは、IPアドレスなどのネットワーク接続に必要な情報、IPアドレスの有効時間を示すリース期間及びサブネットマスクなどのオプション情報をDHCPサーバから自動的に取得し、PCに設定するためのプロトコルである。DHCPでは、リース期間を設定することによって、　b　を行うので、　c　ができる。

　A社のシステム構成は、図のとおりである。XビルとYビルの間を広帯域回線で接続し、ネットワーク管理をしやすくするために、ビルごとにネットワークを分割している。

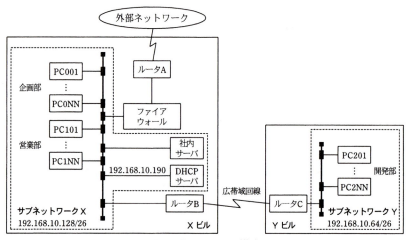

図　A社のシステム構成

Xビルに設置されているDHCPサーバとYビルに設置されているDHCPクライアントであるPCとの間でメッセージのやり取りが行えるように，あらかじめ，ルータCのDHCPリレーエージェント機能を有効にするとともに，ルータCに　d　のIPアドレスを登録している。DHCPサーバには，　e　ごとにネットワーク設定情報を登録している。ルータCは，DHCPクライアントからネットワーク接続に必要な情報などの取得要求を受けると，DHCPリレーエージェント機能によって，DHCPサーバにその要求を転送する。また，DHCPサーバからの応答をDHCPクライアントに転送する。

現在，A社では，DHCPサーバからPCに設定が可能なIPアドレスの総数を96個と設定している。就業時間中，DHCPによってIPアドレスが設定されているPCの平均台数は，両ビルとも24台である。

PCをネットワークに接続すると，表1の1〜4の手順でDHCPサーバとDHCPクライアントであるPCとの間でIPアドレスの設定に必要なメッセージのやり取りが行われる。また，リース期間を延長する場合には，表1の3と4の手順で必要なメッセージのやり取りが行われる。

表1　DHCPでのメッセージのやり取りの手順

手順	動作
1	DHCP クライアントは，ネットワーク上の DHCP サーバを探すために，"DHCP ディスカバ"を送信する。
2	DHCP サーバは，提供できる IP アドレスなどのネットワーク設定情報を DHCP クライアントに通知するために，"DHCP オファー"を送信する。
3	DHCP クライアントは，ネットワーク設定情報の使用要求をネットワーク上の DHCP サーバに伝えるために，"DHCP リクエスト"を送信する。
4	DHCP サーバは，ネットワーク設定情報の使用要求が認められたことを DHCP クライアントへ通知するために，"DHCP アック"を送信する。

ルータCは，YビルのDHCPクライアントからブロードキャストで送信された"DHCPディスカバ"を受信すると，　f　でDHCPサーバに転送する。DHCPサーバはユニキャストで"DHCPオファー"をルータCに送信し，ルータCは，このメッセージを，　g　でDHCPクライアントに転送する。"DHCPリクエスト"と"DHCPアック"も，同様な送受信が行われる。

設問1　本文中の　a　～　e　に入れる適切な字句を解答群の中から選び，記号で答えよ。また，　f　，　g　に入れる適切な送信方法が，ブロードキャストの場合はB，ユニキャストの場合はUの記号で答えよ。

aに関する解答群

　　ア　IPアドレスなどを手作業で設定する煩雑さをなくす

　　イ　IPアドレスの利用状況をリアルタイムに管理する

　　ウ　IPアドレスを基にしてホスト名を求める

　　エ　IPアドレスを基にしてルーティング情報を求める

　　オ　ホスト名を基にしてIPアドレスを求める

b，cに関する解答群

　　ア　DHCPサーバに登録するIPアドレス数の削減

　　イ　DHCPサーバの故障検出

　　ウ　IPアドレスの重複設定の防止

　　エ　一定期間ごとのIPアドレスの再利用

　　オ　ネットワーク設定情報の未送達検出

d，eに関する解答群

　　ア　DHCPインフォーム　　　イ　DHCPサーバ

　　ウ　DHCPデクライン　　　　エ　広帯域回線

　　オ　サブネットワーク　　　　カ　社内サーバ

　　キ　セキュリティポリシ　　　ク　送信方法

　　ケ　メッセージ　　　　　　　コ　ルータ

設問2　表2は，PC001にIPアドレス192.168.10.150が設定されるとき及びリース期間を延長するときに，PC001とDHCPサーバから送信されるメッセージ内のIPアドレスをまとめたものである。表2中の　h　～　j　に入れる適切なIPアドレスを答えよ。

5 ネットワーク

表2　PC001とDHCPサーバから送信されるメッセージ

DHCP メッセージの種別		送信方法	送信元 IP アドレス	送信先 IP アドレス
設定	DHCP ディスカバ	ブロードキャスト	0.0.0.0	255.255.255.255
	DHCP オファー	ブロードキャスト	h	255.255.255.255
	DHCP リクエスト	ブロードキャスト	0.0.0.0	255.255.255.255
	DHCP アック	ブロードキャスト	192.168.10.190	255.255.255.255
期間 延長	DHCP リクエスト	ユニキャスト	i	j
	DHCP アック	ユニキャスト	192.168.10.190	192.168.10.150

設問3　DHCPサーバによってPC201に設定される可能性のあるIPアドレスの範囲を答えよ。ただし、次の条件があるものとする。

(1) 最も若いアドレスは、サブネットアドレスとする。

(2) 次に若いアドレスは、ルータに設定している。

(3) PCに設定可能なIPアドレスとして、ルータに設定しているアドレスの次に若いアドレスから連続した48個のIPアドレスをDHCPサーバに登録している。

設問4　DHCPサーバの故障に備えるためには、サブネットワークXにDHCPサーバを1台追加し、現在DHCPサーバに登録されているIPアドレスを2分割して、2台のDHCPサーバに半分ずつ登録することが考えられる。しかし、この信頼性向上策だけでは、不十分である。どのようなときにどのような問題が生じるか、35字以内で答えよ。ただし、いずれか一方のDHCPサーバの故障以外は、考えないものとする。

▌▌▌ 解 説 ▌▌▌

設問1 の解説

●空欄a

　「A社では、　a　ために、DHCPを利用している」とあるので、空欄aにはDHCPを利用することによる利点・効果を入れればよいでしょう。

　DHCPは、IPアドレスの設定を自動化するためのプロトコルです。ネットワーク内のIPアドレスを一元管理し、クライアントに自動的に割り当てるので、IPアドレスを手作業で設定するといった煩わしさが軽減できます。したがって、**空欄a**には〔ア〕の**「IPアドレスなどを手作業で設定する煩雑さをなくす」**が入ります。

●空欄b，c

「DHCPでは，リース期間を設定することによって，　b　を行うので，　c　ができる」とあり，空欄bとcに入れる適切な字句が問われています。

リース期間とは，IPアドレスの貸し出し期間のことです。DHCPでは，リース期間を設定することによって，DHCPクライアントに割り当てた（払い出した）IPアドレスを自動的に回収するようにしています。これは，IPアドレスを一定期間ごとに回収し，他のクライアントに割り当てることで，必要最小限のIPアドレスを使いまわそうという機能です。以上をもとに空欄bおよびcに入れるものを考えると，**空欄bは〔エ〕の「一定期間ごとのIPアドレスの再利用」，空欄cは〔ア〕の「DHCPサーバに登録するIPアドレス数の削減」**となります。

●空欄d

「ルータCのDHCPリレーエージェント機能を有効にするとともに，ルータCに　d　のIPアドレスを登録している」とあり，その後方に「ルータCは，DHCPクライアントからの要求を，DHCPサーバに転送する」旨の記述があります。ルータCがDHCPサーバに要求を転送するためには，あらかじめルータCにDHCPサーバのIPアドレスを登録しておく必要があります。したがって，**空欄dには〔イ〕のDHCPサーバ**が入ります。

●空欄e

「DHCPサーバには，　e　ごとにネットワーク設定情報を登録している」とあります。ネットワーク設定情報とは，サブネットマスクやIPアドレスなどネットワーク接続に必要となる情報のことです。A社のシステムは，サブネットワークXとサブネットワークYに分割されているため，これらの設定情報もサブネットワークごとに異なります。このためDHCPサーバには，サブネットワークごとにネットワーク設定情報を登録しておく必要があります。以上，**空欄eには〔オ〕のサブネットワーク**が入ります。

●空欄f，g

DHCPリレーエージェント機能を利用したときのメッセージのやり取りが問われています。表1の直後にある記述を整理しておきましょう。

①DHCPクライアントは，ブロードキャストで"DHCPディスカバ"を送信する。
②ルータCは，受信した"DHCPディスカバ"を，　f　でDHCPサーバに転送する。
③DHCPサーバは，ユニキャストで"DHCPオファー"を，ルータCに送信する。
④ルータCは，このメッセージを，　g　でDHCPクライアントに転送する。

ルータCは受信した"DHCPディスカバ"を，DHCPサーバに転送するのですから，当然，送信先IPアドレスはDHCPサーバの192.168.10.190です。このように，1つのアドレスを指定して特定のノードにデータを送信することを**ユニキャスト**といいます。そして，DHCPサーバからの"DHCPオファー"を受信したルータCは，これを要求元であるDHCPクライアントに**ブロードキャスト**で転送します。したがって，**空欄f**には**U**，**空欄g**には**B**を入れます。

参考 DHCPリレーエージェント機能

　DHCPクライアントは，自身が接続したネットワークのアドレスも，DHCPサーバのIPアドレスも知らないのでブロードキャストを利用してDHCPディスカバパケットを送信します。ところが，DHCPサーバがルータを介して別のネットワークにある場合，通常，ルータはブロードキャストパケットを他のネットワークに中継しないため，DHCPディスカバパケットはDHCPサーバには届きません。そこで，これをDHCPサーバまで中継するというのが**DHCPリレーエージェント機能**です。

　DHCPリレーエージェント機能を利用した場合，DHCPサーバは，DHCPクライアントからの要求に対して，「どのサブネットワークのIPアドレス」を割り当てればよいのか判断する必要があります。このためルーターは，DHCPパケット内のリレーエージェントアドレス（GIADDR）に，DHCPクライアントが接続されたインターフェースのIPアドレスを設定し転送します。DHCPサーバは，このIPアドレスを見てどのサブネットワークのIPアドレスを割り当てればよいのかを判断します。

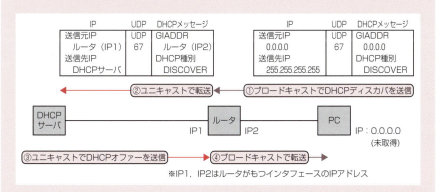

〔補足〕
　DHCPはトランスポート層のプロトコルに**UDP**を使用します。DHCPクライアントからDHCPサーバへはUDPの67番のポート（"DHCP server" port）が使用され，DHCPサーバからクライアントへはUDPの68番のポート（"DHCP client" port）が使用されます。

設問2 の解説

PC001とDHCPサーバから送信されるメッセージに関する設問です。

●空欄h

"DHCPオファー"の送信元IPアドレスが問われています。"DHCPオファー"は，"DHCPディスカバ"に対する応答としてDHCPサーバが送信するメッセージなので，送信元IPアドレスはDHCPサーバの**192.168.10.190**（**空欄h**）です。

●空欄i，j

リース期間の延長を要求する"DHCPリクエスト"の送信元IPアドレスと送信先IPアドレスが問われています。この"DHCPリクエスト"は，DHCPクライアント（PC001）がDHCPサーバに対してユニキャストで送信するわけですから，送信元IPアドレスはPC001の**192.168.10.150**（**空欄i**），送信先IPアドレスはDHCPサーバの**192.168.10.190**（**空欄j**）です。

設問3 の解説

DHCPサーバによってPC201に設定される可能性のあるIPアドレスの範囲が問われています。設問文に示された条件に従って，解答していきましょう。

PC201はサブネットワークYに接続されたPCです。サブネットワークYのサブネットアドレスが192.168.10.64/26なので，このネットワークに接続されるPCのIPアドレスは，先頭から26ビット目までがネットワークアドレス，下位6ビットがホストアドレスとなります（下図を参照）。

6ビットで表現できる範囲は000000_2〜111111_2で，このうち最も若いアドレス（下位6ビットが000000のアドレス）はサブネットアドレスです。また，次に若いアドレス（下位6ビットが000001のアドレス）はルータに設定しているので，PCに設定可能なIPアドレスとしてDHCPサーバに登録されているのは，下位6ビットが000010のアドレス，すなわち192.168.10.66からの48個（**192.168.10.66〜192.168.10.113**）です。したがって，PC201に設定されるIPアドレスもこの範囲のIPアドレスとなります。

IPアドレス

11000000 10101000 00001010 01000000	192.168.10.64	サブネットアドレス
11000000 10101000 00001010 01000001	192.168.10.65	ルータ
11000000 10101000 00001010 01000010	**192.168.10.66**	48個
⋮	⋮	
11000000 10101000 00001010 01110001	**192.168.10.113**	

◀━━ネットワークアドレス部━━▶
（26ビット）
└ホストアドレス部（6ビット）

5 | ネットワーク

設問4 の解説

　DHCPサーバを2台構成とし，それぞれのDHCPサーバに現状のIPアドレスの半分を登録した場合，「どのようなとき，どのような問題」が生じるのかが問われています。設問文に「いずれか一方のDHCPサーバの故障以外は考えないものとする」とあるので，いずれか一方が故障した場合にどのような問題が生じるのかを考えます。

　現在，DHCPサーバに登録されているIPアドレスの総数は96個なので，これを2分割し，2台のDHCPサーバに登録すると，1台当たりの登録数は48（＝96÷2）個となります。DHCPサーバを2台構成とした場合，一方が故障してもIPアドレスの提供はできるため1台構成の場合より可用性は向上しますが，提供可能なIPアドレス数は48個（サブネット毎に24個）に半減してしまいます。問題文には，「就業時間中，DHCPによってIPアドレスが設定されているPCの平均台数は，両ビルとも24台である」とあるので，平均的には48（＝24×2）個のIPアドレスが提供できれば問題はなさそうです。では何が問題となるのでしょうか？

　ここで，現状の提供可能数（DHCPサーバに登録されているIPアドレス）が96個であることに着目します。96個の提供可能なIPアドレスを登録しているということは，それに近い台数のPCがネットワークに接続する場合があるからです。A社の社員数は120名（企画部30名，営業部50名，開発部40名）で，各社員はPCを1台ずつ所持しています。たとえば業務のピーク時や繁忙期に，多くの社員がPCを使用するとしたらどうなるでしょう。2台のうちいずれか一方のDHCPサーバが故障すると，提供可能なIPアドレスは48個しかないのでIPアドレスの不足といった問題が生じます。以上，解答としては，「業務のピーク時（または繁忙期）に，DHCPが故障すると，IPアドレスが不足する」旨を35字以内にまとめればよいでしょう。なお，試験センターでは解答例を「**繁忙時にDHCPが故障すると，IPアドレスが不足する**」としています。

解答

設問1　a：ア　　b：エ　　c：ア　　d：イ　　e：オ
　　　　　f：U　　g：B

設問2　h：192.168.10.190
　　　　　i：192.168.10.150
　　　　　j：192.168.10.190

設問3　192.168.10.66～192.168.10.113

設問4　繁忙時にDHCPが故障すると，IPアドレスが不足する

Try! (H27春午後問5抜粋)

> 本Try!問題は，DHCPを利用したサーバの冗長化に関する問題の一部です。挑戦してみましょう！

P社は，社員100名の調査会社である。P社では，インターネットから様々な情報を収集し，業務で活用している。顧客との情報交換には，ISPのQ社が提供するWebメールサービスを利用している。Webの閲覧や電子メールの送受信などのインターネットの利用は，全てプロキシサーバ経由で行っている。現在のP社のネットワーク構成を図1に示す。

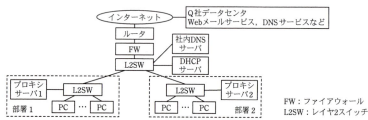

図1　現在のP社のネットワーク構成

部署1のPCはプロキシサーバ1を，部署2のPCはプロキシサーバ2を経由してインターネットを利用している。PCは，(ア) DHCPサーバから，自身のIPアドレスを含むネットワーク関連の構成情報（以下，構成情報という）を取得して自動設定している。ただし，使用するプロキシサーバと社内DNSサーバのIPアドレスは，あらかじめPCに設定されている。プロキシサーバ1，2は，優先DNSとして社内DNSサーバを，代替DNSとしてQ社のDNSサービスを利用している。

先般，プロキシサーバ1に障害が発生し，部署1で半日の間インターネットが利用できなくなり，業務が混乱した。この事態を重視した情報システム部のR課長は，ネットワーク担当のS君に，次の2点の要件を満たす対応策の検討を指示した。
- プロキシサーバとDHCPサーバを冗長構成にして，サーバ障害発生時のインターネット利用の中断を短時間に抑えられるようにすること。
- 費用をできるだけ抑えられる構成とすること。

〔冗長化方式の検討〕
S君は，PCの構成情報を自動設定するためのDHCPの仕組みに注目した。
同一サブネットに2台のDHCPサーバがあっても，PCによる自動設定は問題なく行われるので，DHCPサーバを2台導入して冗長化する。

PCは，使用するDNSサーバのIPアドレスをDHCPサーバから取得できる。そこで，DNSサーバとプロキシサーバを2台ずつ導入して，2台のDHCPサーバからそれぞれ異なるDNSサーバのIPアドレスを取得させるようにする。そして，2台のプロキシサーバに同じホスト名を付与し，それぞれのDNSサーバのAレコードに，プロキシサーバのホスト名に対して，異なるプロキシサーバの　a　を登録する。

　この構成にすれば，どちらのDHCPサーバから取得した構成情報をPCが自動設定するかによって，使用するDNSサーバが変わる。そこで，PCのWebブラウザの設定情報の中に，プロキシサーバの　b　を登録すれば，PCが使用するプロキシサーバを変えることができる。

　DHCPサーバによる構成情報の付与シーケンスを図2に示す。DHCPメッセージは，OSI基本参照モデル第4層の　c　プロトコルで送受信される。

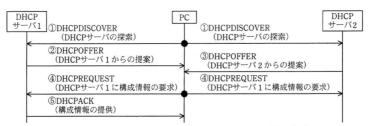

注記1　本シーケンスは，PCが，先に受信した提案を受け入れるという仕様に基づいている。
注記2　●は，PCが送出するフレームが一つであることを示す。

図2　DHCPサーバによる構成情報の付与シーケンス

　S君はこのようなDHCPとDNSの仕組みを利用し，DHCPサーバ及びプロキシサーバの冗長化を実現することにした。

(1) 本文中の　a　～　c　に入れる適切な字句を解答群の中から選び，記号で答えよ。

解答群
　　ア　ICMP　　　イ　IPアドレス　　　ウ　MACアドレス
　　エ　TCP　　　　オ　UDP　　　　　　カ　ドメイン名　　　キ　ホスト名

(2) 本文中の下線（ア）について，自動設定できる構成情報を解答群の中から二つ選び，記号で答えよ。

解答群
　　ア　DNSキャッシュ時間　　　　　　　イ　サブネットマスク
　　ウ　デフォルトゲートウェイのIPアドレス　　エ　プロキシサーバのIPアドレス

(3) 〔冗長化方式の検討〕について, (ⅰ), (ⅱ) に答えよ。
　(ⅰ) 図2中の①DHCPDISCOVERと④DHCPREQUESTは, 全てのDHCPサーバで受信される。その通信方式を答えよ。
　(ⅱ) 図2中の④DHCPREQUESTの内容から, 2台のDHCPサーバが知ることができるDHCPOFFERの結果について, 20字以内で述べよ。

解説

(1) ●**空欄 a**：「それぞれのDNSサーバのAレコードに, プロキシサーバのホスト名に対して, 異なるプロキシサーバの　 a 　を登録する」とあります。
　　DNSサーバは, 問合せに関するさまざまな情報をリソースレコードという形で管理しています。リソースレコードにはいろいろありますが, DNSの最も基本となるのは, ドメイン名とそれに対応するIPアドレスを記述するAレコードで, これはドメイン名とIPアドレスを変換するために使用されます。したがって, **空欄a**には〔**イ**〕の**IPアドレス**が入ります。

●**空欄 b**：「どちらのDHCPサーバから取得した構成情報をPCが自動設定するかによって, 使用するDNSサーバが変わる。そこで, PCのWebブラウザの設定情報の中に, プロキシサーバの　 b 　を登録すれば, PCが使用するプロキシサーバを変えることができる」とあります。
　　下図に示したように, 2台のプロキシサーバに同じホスト名を付与し, DNSサーバ1のAレコードにはプロキシサーバ1のIPアドレスを, DNSサーバ2のAレコードにはプロキシサーバ2のIPアドレスを登録します。こうすることによって, DNSサーバ1に問い合わせたPCはプロキシサーバ1のIPアドレスを, DNSサーバ2に問い合わせたPCはプロキシサーバ2のIPアドレスを取得できるようになります。

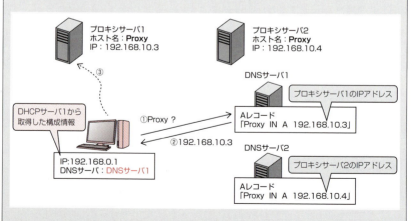

つまり, PCのWebブラウザの設定情報の中に, プロキシサーバのホスト名を

登録するだけで，PCが使用するプロキシサーバを変えることができるわけです。したがって，空欄bは〔キ〕の**ホスト名**です。
- 空欄c：「DHCPメッセージは，OSI基本参照モデル第4層の｜　c　｜プロトコルで送受信される」とあります。OSI基本参照モデルの第4層はトランスポート層であり，そこで動作するプロトコルはTCPとUDPです。したがって，空欄cにはTCPかUDPのいずれかが入るわけですが，ここで，DHCPはトランスポート層のプロトコルに〔オ〕の**UDP**を使用することを押さえておきましょう。PC（DHCPクライアント）からDHCPサーバへはUDPの67番のポートを使用し，DHCPサーバからPCへはUDPの68番のポートを使用します。

(2) DHCPサーバから自動取得し，PCに設定できる構成情報には，IPアドレスやIPアドレスの有効時間を示すリース期間のほか，〔イ〕の**サブネットマスク**，〔ウ〕の**デフォルトゲートウェイのIPアドレス**，DNSのIPアドレスなどがあります。

(3) - ⅰ：図2中の①DHCPDISCOVERと④DHCPREQUESTの通信方式が問われています。PCは，①DHCPDISCOVERを送信する時点では，まだDHCPサーバのIPアドレスを知りません。そこでPCは，DHCPサーバを探すためDHCPDISCOVERをブロードキャストします。つまり，通信方式は**ブロードキャスト**です。

(3) - ⅱ：図2中の④DHCPREQUESTの内容から，2台のDHCPサーバが知ることができるDHCPOFFERの結果が問われています。PCからブロードキャストされたDHCPDISCOVERを受信したすべてのDHCPサーバは，PCにDHCPOFFERを送信します。DHCPOFFERは，DHCPサーバが提供できるIPアドレスなどの構成情報をPCに通知（提案）するためのメッセージです。そして，PCは，先に受信したDHCPサーバからの提案を受け入れ，その構成情報を正式に取得するためのDHCPREQUESTをブロードキャストで送信します。ブロードキャスト送信するのは，どのDHCPサーバからの提案を受け入れたのかを，DHCPOFFERを送信したすべてのDHCPサーバに知らせるためです。したがって，DHCPサーバは，DHCPREQUESTを受信することにより**自身の提案が受け入れられたかどうか**を知ることができるわけです。

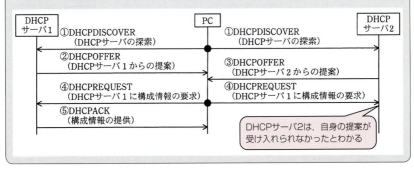

解答　(1) a：イ　b：キ　c：オ　(2) イ，ウ
　　　　(3) ⅰ：ブロードキャスト　ⅱ：自身の提案が受け入れられたかどうか

問題3　無線LANの導入　(H31春午後問5)

無線LANの導入に関する問題です。本問では，無線LANの基本技術と導入構成，および運用に関する基礎知識が問われます。

問　無線LANの導入に関する次の記述を読んで，設問1～3に答えよ。

　E社は，社員数が150名のコンピュータ関連製品の販売会社であり，オフィスビルの2フロアを使用している。社員は，オフィス内でノートPC（以下，NPCという）を有線LANに接続して，業務システムの利用，Web閲覧などを行っている。社員によるインターネットの利用は，DMZのプロキシサーバ経由で行われている。現在のE社LANの構成を図1に示す。

　E社の各部署にはVLANが設定されており，NPCからは，所属部署のサーバ（以下，部署サーバという）及び共用サーバが利用できる。DHCPサーバからIPアドレスなどのネットワーク情報をNPCに設定するために，レイヤ3スイッチ（以下，L3SWという）でDHCP　a　を稼働させている。

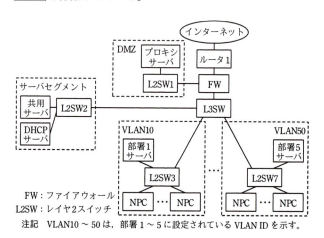

図1　現在のE社LANの構成

　総務，経理，情報システムなどの部署が属する管理部門のフロアには，オフィスエリアのほかに，社外の人が出入りできる応接室，会議室などの来訪エリアがある。E社を訪問する取引先の営業員（以下，来訪者という）の多くは，NPCを携帯している。一

部の来訪者は，モバイルWi-Fiルータを持参し，携帯電話網経由でインターネットを利用することもあるが，多くの来訪者から，来訪エリアでインターネットを利用できる環境を提供してほしいとの要望が挙がっていた。また，社員からは，来訪エリアでもE社LANを利用できるようにしてほしいとの要望があった。そこで，E社では，来訪エリアへの無線LANの導入を決めた。

情報システム課のF課長は，部下のGさんに，無線LANの構成と運用方法について検討するよう指示した。F課長の指示を受けたGさんは，最初に，無線LANの構成を検討した。

〔無線LANの構成の検討〕

Gさんは，来訪者が無線LAN経由でインターネットを利用でき，社員が無線LAN経由でE社LANに接続して有線LANと同様の業務を行うことができる，来訪エリアの無線LANの構成を検討した。

無線LANで使用する周波数帯は，高速通信が可能なIEEE 802.11acとIEEE 802.11nの両方で使用できる　b　GHz帯を採用する。データ暗号化方式には，　c　鍵暗号方式のAES（Advanced Encryption Standard）が利用可能なWPA2を採用する。来訪者による社員へのなりすまし対策には，IEEE　d　を採用し，クライアント証明書を使った認証を行う。この認証を行うために，RADIUSサーバを導入する。来訪者の認証は，RADIUSサーバを必要としない，簡便なPSK（Pre-Shared Key）方式で行う。

無線LANアクセスポイント（以下，APという）は，来訪エリアの天井に設置する。APは　e　対応の製品を選定して，APのための電源工事を不要にする。

これらの検討を基に，Gさんは無線LANの構成を設計した。来訪エリアへのAPの設置構成案を図2に，E社LANへの無線LANの接続構成案を図3に示す。

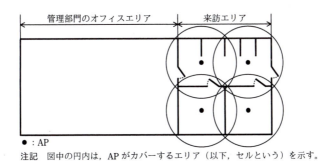

● : AP
注記　図中の円内は，APがカバーするエリア（以下，セルという）を示す。

図2　来訪エリアへのAPの設置構成案

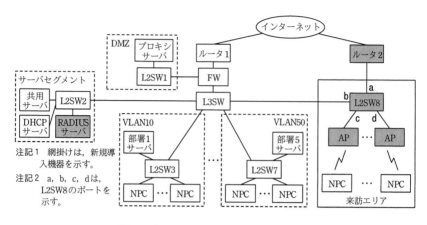

図3　E社LANへの無線LANの接続構成案

　図2中の4台のAPには，図3中の新規導入機器のL2SW8から　e　で電力供給する。APには，社員向けと来訪者向けの2種類のESSIDを設定する。図3中の来訪エリアにおいて，APに接続した来訪者のNPCと社員のNPCは，それぞれ異なるVLANに所属させ，利用できるネットワークを分離する。

　社員のNPCは，APに接続するとRADIUSサーバでクライアント認証が行われ，認証後にVLAN情報がRADIUSサーバからAPに送信される。APに実装されたダイナミックVLAN機能によって，当該NPCの通信パケットに対して，APでVLAN10〜50の部署向けのVLANが付与される。一方，来訪者のNPCは，APに接続するとPSK認証が行われる。①認証後に，NPCの通信パケットに対して，APで来訪者向けのVLAN100が付与される。

　社員と来訪者が利用できるネットワークを分離するために，図3中の②L2SW8のポートに，VLAN10〜50又はVLAN100を設定する。ルータ2では，DHCPサーバ機能を稼働させる。

　次に，Gさんは，無線LANの運用について検討した。

〔無線LANの運用〕

　RADIUSサーバは，認証局機能をもつ製品を導入して，社員のNPC向けのクライアント証明書とサーバ証明書を発行する。クライアント証明書は，無線LANの利用を希望する社員に配布する。来訪者のNPC向けのPSK認証に必要な事前共有鍵（パスフレーズ）は，毎日変更し，無線LANの利用を希望する来訪者に対して，来訪者向けESSIDと一緒に伝える。

5 ネットワーク

来訪者のNPCの通信パケットは，APでVLAN IDが付与されるとルータ2と通信できるようになり，ルータ2のDHCPサーバ機能によってNPCにネットワーク情報が設定され，インターネットを利用できるようになる。社員のNPCの通信パケットは，APでVLAN IDが付与されるとサーバセグメントに設置されているDHCPサーバと通信できるようになり，DHCPサーバによってネットワーク情報が設定され，E社LANを利用できるようになる。

Gさんは，検討結果を基に，無線LANの導入構成と運用方法を設計書にまとめ，F課長に提出した。設計内容はF課長に承認され，実施されることになった。

設問1 本文中の　a　〜　e　に入れる最も適切な字句を解答群の中から選び，記号で答えよ。

解答群

ア 2.4	イ 5	ウ 802.11a	エ 802.1X
オ PoE	カ PPPoE	キ 共通	ク クライアント
ケ 公開	コ パススルー	サ リレーエージェント	

設問2 〔無線LANの構成の検討〕について，(1) 〜 (3) に答えよ。

(1) 図2中のセルの状態で，来訪エリア内で電波干渉を発生させないために，APの周波数チャネルをどのように設定すべきか。30字以内で述べよ。

(2) 本文中の下線①を実現するためのVLANの設定方法を解答群の中から選び，記号で答えよ。

解答群

ア ESSIDに対応してVLANを設定する。

イ IPアドレスに対応してVLANを設定する。

ウ MACアドレスに対応してVLANを設定する。

(3) 本文中の下線②について，一つのVLANを設定する箇所と複数のVLANを設定する箇所を，それぞれ図3中のa〜dの記号で全て答えよ。

設問3 〔無線LANの運用〕について，社員及び来訪者のNPCに設定されるデフォルトゲートウェイの機器を，それぞれ図3中の名称で答えよ。

319

解説

設問1 の解説

本文中の空欄a〜eに入れる字句が問われています。

●空欄a

空欄aは，「DHCPサーバからIPアドレスなどのネットワーク情報をNPCに設定するために，レイヤ3スイッチ（L3SW）でDHCP____a____を稼働させている」との記述中にあります。

現在のE社LANの構成（図1）を見ると，DHCPサーバと各部署のNPCは，L3SWを介して別のネットワークにあります。NPCは，DHCPサーバからIPアドレスなどのネットワーク情報を取得するためにDHCPDISCOVERパケットをブロードキャストで送信しますが，通常L3SWは，ブロードキャストパケットを他のネットワークに中継しません。そこで，NPCからのDHCPDISCOVERパケットをDHCPサーバに届ける（中継する）ためには，L3SWでDHCPリレーエージェントを稼働させる必要があります。したがって，**空欄a**には，〔**サ**〕の**リレーエージェント**が入ります。

●空欄b

空欄bは，「無線LANで使用する周波数帯は，高速通信が可能なIEEE 802.11acとIEEE 802.11nの両方で使用できる____b____GHz帯を採用する」との記述中にあります。

IEEE 802.11acで使用する周波数は5GHzです。また，IEEE 802.11nで使用する周波数は2.4GHzと5GHzです（「基本知識の整理」p.290を参照）。したがって，両方で使用できる周波数は5GHzなので，**空欄b**には〔**イ**〕の**5**が入ります。

●空欄c

空欄cは，「データ暗号化方式には，____c____鍵暗号方式のAES（Advanced Encryption Standard）が利用可能なWPA2を採用する」との記述中にあります。

データ暗号化方式は，一般に，共通鍵暗号方式と公開鍵暗号方式の2つに分類されます。このうち，AESは，共通鍵暗号方式の代表的な暗号化アルゴリズムなので，**空欄c**には〔**キ**〕の**共通**が入ります。

なお，WPA2は，暗号化方式にCCMP（Counter-mode with CBC-MAC Protocol）を採用した無線LANセキュリティ規格です。CCMPでは，暗号化アルゴリズムとして，共通鍵暗号方式の，強固なAESを採用しているためWPA2の先行規格であるWPA（暗号化方式：TKIP，暗号化アルゴリズム：RC4）より格段に安全性が高くなっています。

320

●空欄d

　空欄dは，「来訪者による社員へのなりすまし対策には，IEEE ｜ d ｜を採用し，クライアント証明書を使った認証を行う。この認証を行うために，RADIUSサーバを導入する」との記述中にあります。

　RADIUSサーバを導入して認証を行う規格はIEEE 802.1Xです。IEEE 802.1Xは，無線LANや有線LAN（イーサネット）において，利用者を認証する規格として標準化されたもので，認証のしくみにRADIUS（Remote Authentication Dial-InUser Service）を採用し，認証プロトコルにはEAP（Extended Authentication Protocol）が使われます。なお，RADIUSとは，利用者の認証と利用記録（アカウンティング）を，ネットワーク上の認証サーバ（RADIUSサーバ）に一元化することを目的としたプロトコルです。

　以上，**空欄d**には〔**エ**〕の**802.1X**が入ります。

参考　IEEE 802.1Xの構成

　IEEE 802.1Xの構成要素は，「サプリカント（認証要求するクライアント），オーセンティケータ，認証サーバ（RADIUSサーバ）」の3つです。無線LANの場合，AP（アクセスポイント）がオーセンティケータに該当しますが，この場合，APには，IEEE 802.1Xのオーセンティケータを実装し，かつRADIUSクライアントの機能をもたせる必要があります。

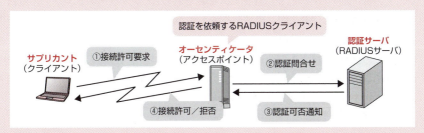

〔補足〕
- RADIUSサーバで認証を行う方法を**IEEE 802.1X認証（エンタープライズモード）**といいます。認証の方式には，クライアント証明書を使って認証するEAP-TLSや，ユーザのID/パスワードで認証するPEAPなど，いくつかの認証方式があります。
- 無線LAN端末とAPの双方にPSK（Pre-Shared Key：事前共有鍵）を設定し，PSKが一致するかどうかによって認証を行う方法を**PSK認証（パーソナルモード）**といいます。

● 空欄 e

空欄 e は,「AP は ┌─e─┐ 対応の製品を選定して,AP のための電源工事を不要にする」という記述,および図3直後の「図2中の4台の AP には,図3中の新規導入機器の L2SW8 から ┌─e─┐ で電力供給する」という記述中にあります。

図3を見ると,L2SW8 と AP は LAN ケーブルで接続されています。当初,LAN ケーブルでは,データの送受信だけしかできませんでしたが,PoE (Power over Ethernet) と呼ばれる,IEEE 802.3af 規格が制定されたことによって,データと同時に電力の供給ができるようになりました。したがって,PoE に対応した AP を選定すれば,LAN ケーブルから電力の供給ができ,電源工事も不要になります。以上,**空欄 e** には〔**オ**〕の **PoE** が入ります。

なお,消費電力が大きい機器を想定して電力供給を拡張した規格に IEEE 802.3at があります。通常 IEEE 802.3at は,PoE plus と呼ばれています。

> 設問2 の解説

〔無線 LAN の構成の検討〕に関する設問です

(1) 図2中のセルの状態で,来訪エリア内で電波干渉を発生させないために,AP の周波数チャネルをどのように設定すべきか問われています。

周波数チャネルとは,データの送受信に必要な周波数の幅のことです。NCP(無線 LAN 端末)と AP 間では同じ周波数チャネルを使用してデータの送受信を行いますが,その際,別の AP が近くに存在し,それぞれの AP がカバーするエリアに重複する部分がある場合,AP に同じ周波数チャネルが設定されていると,電波干渉が発生します。図2を見ると,4台の AP,それぞれがカバーするエリア(下図,セル1～セル4)に,互いに重複する部分が存在していることがわかります。したがて,図2中のセルの状態で電波干渉を防止するためには,「**4台の AP に,それぞれ異なる周波数チャネルを設定する**」必要があります。

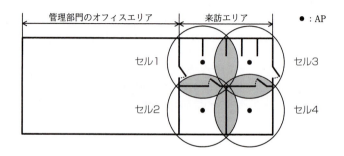

5 ネットワーク

(2) 下線①を実現するためのVLANの設定方法が問われています。下線①には,「認証後に,NPCの通信パケットに対して,APで来訪者向けのVLAN100が付与される」とあります。つまり,この設問では,「来訪者NCPの通信パケットに対してVLAN100を付与するためには,来訪者のNPCと社員のNPCをどのような情報にもとづいて区分すればよいか」が問われているわけです。

着目すべきは,図3の直後にある「APには,社員向けと来訪者向けの2種類のESSIDを設定する」という記述と,〔無線LANの運用〕にある「無線LANの利用を希望する来訪者に対して,来訪者向けESSIDを伝える」との記述です。

ESSID(Extended Service Set Identifier)とは,無線LANのネットワークで使われる識別子のことです。無線LAN端末は,APがもつESSIDを使い,APに接続します。本問では,社員向けと来訪者向けの2種類のESSIDをAPに設定し,来訪者に対しては来訪者向けESSIDを伝えるわけですから,来訪者のNPCがAPに接続する際には,来訪者向けESSIDが用いられることになります。そこで,APにおいて来訪者向けESSIDとVLAN100の対応付けを行っておけば,来訪者のNPCからの通信であると判断された通信パケットに対してVLAN100が付与できます。

以上,AP接続時のESSIDをもとに,来訪者のNPCと社員のNPCの区別ができるので,下線①を実現するためのVLANの設定方法として,適切なのは,〔ア〕の「**ESSIDに対応してVLANを設定する**」です。

(3) 下線②の記述,「L2SW8のポートに,VLAN10〜50又はVLAN100を設定する」について,図3中のa〜dの中で,一つのVLANを設定する箇所と複数のVLANを設定する箇所が問われています。ここで,社員のNPCおよび来訪者のNPCについて,整理しておきましょう。

〔社員のNPC〕
　認証が成功すると,APに実装されたダイナミックVLAN機能によって,NPCの通信パケットに対して,APでVLAN10〜50の部署向けのVLANが付与される。APでVLAN IDが付与されると,E社LANを利用できるようになる。
〔来訪者のNPC〕
　認証が成功すると,NPCの通信パケットに対して,APで来訪者向けのVLAN100が付与される。APでVLAN IDが付与されるとルータ2と通信できるようになり,インターネットを利用できるようになる。

323

では，整理した内容に基づいて考えます。まず，来訪エリアにあるNPCがAPを経由してL2SW8に送信する通信パケットには，VLAN10～50あるいはVLAN100というVLAN IDが付与されています。そのため，L2SW8のcとdでは，VLAN10～50およびVLAN100のいずれのVLAN IDも処理できるようにVLANの設定を行う必要があります。

次に，L2SW8のaは，来訪者のNPCがルータ2を経由してインターネットへ接続するためだけに使用されるポートなので，L2SW8のaには，VLAN100だけを設定します。一方，L2SW8のbは，社員のNPCがE社LAN（それぞれの部署）と通信できるようにVLANを設定する必要があります。つまり，L2SW8のbには，VLAN10～50を設定します。

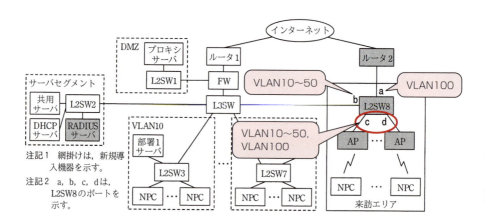

以上，**一つのVLANを設定する箇所**は「a」，**複数のVLANを設定する箇所**は「b，c，d」になります。

設問3 の解説

社員のNPCおよび来訪者のNPCに設定されるデフォルトゲートウェイの機器（図3中の名称）が問われています。

デフォルトゲートウェイとは，異なるネットワーク（サブネット）と通信する際に必ず利用される，通信の"出入り口"となるネットワーク機器のことです。つまり，通信パケットをレイヤ3（ネットワーク層）で処理するルータ，またはL3SWがデフォルトゲートウェイになります。

まず，社員のNPCがE社LAN（それぞれの部署）と通信する場合，その経路は，「NCP→AP→L2SW8→L3SW→各部署のLAN（VLAN10～50）」となります。この

経路におけるデフォルトゲートウェイはL3SWです。したがって，**社員のNPC**に設定されるデフォルトゲートウェイは**L3SW**です。

一方，来訪者のNPCがインターネットへ接続する場合，「NPC→AP→L2SW8→ルータ2→インターネット」となるので，デフォルトゲートウェイはルータ2です。したがって，**来訪者のNPC**に設定されるデフォルトゲートウェイは**ルータ2**です。

解 答

設問1　a：サ　　b：イ　　c：キ　　d：エ　　e：オ
設問2　(1) 4台のAPに，それぞれ異なる周波数チャネルを設定する
　　　　　(2) ア
　　　　　(3) **一つのVLANを設定する箇所**：a
　　　　　　　　複数のVLANを設定する箇所：b，c，d
設問3　**社員のNPC**：L3SW
　　　　　来訪者のNPC：ルータ2

参　考　**ダイナミックVLAN**

　VLAN (Virtual LAN) は，物理的な接続形態とは独立して，仮想的なLANセグメントを作る技術です。スイッチのポートを単位にVLANを割り当て，VLANグループを構成しますが，**ダイナミックVLAN**では，ポートの先に接続される端末に応じて，ポートに割り当てられるVLANを動的に決定します。つまり，ポートが所属するVLANを動的に変更できる方式がダイナミックVLANです。

　VLANを決定するための情報として，端末のMACアドレスやIPアドレス，利用するユーザ名などがありますが，いずれの場合もダイナミックVLANではユーザ認証を経て，どのVLANに所属するかが決まります。そのため**認証VLAN**とも呼ばれます。

問題4　アプリケーションサーバの増設　（H25春午後問5）

アプリケーションサーバ（APサーバ）の増設を題材とした，システム再構築の問題です。具体的には，サーバロードバランサ（SLB）を導入してAPサーバを複数台構成にすることで，APサーバの能力を増強するという内容になっています。

本問で問われるのは，ロードバランサの機能（方式），データリンク層とネットワーク層の通信（TCP/IP通信の基本技術），NAT機能などですが，難易度はそれほど高くありません。解答のヒントが問題文や図にありますから，問題文をよく読み，落ち着いて解答しましょう。なお，TCP/IP通信の基本技術は必須ですし，ロードバランサの機能や方式も重要事項です。本問を通して理解を深めましょう。

問　アプリケーションサーバの増設に関する次の記述を読んで，設問1～3に答えよ。

M社は，コンピュータ関連製品の販売会社である。M社では，販売を支援する業務システムを稼働させている。業務システムは，アプリケーションサーバ（以下，APサーバという），データベースサーバ（以下，DBサーバという）などから構成されている。現在の業務システムのネットワーク構成を，図1に示す。

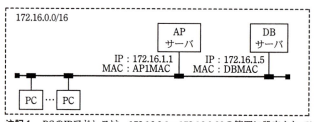

注記1　PCのIPアドレスは，172.16.0.1～172.16.0.99の範囲に設定されている。
注記2　PCとサーバのIPアドレスは，固定値が設定されている。

図1　現在の業務システムのネットワーク構成

〔障害の発生と対応〕
業務システムに新機能を追加してから数日後，多くの社員から情報システム部に，業務システムの応答が遅くなり，業務に支障を来すというクレームが入った。クレームを受けた情報システム部では，N主任とJ君が対応した。

J君がサーバの稼働状態を調査したところ，APサーバのCPU使用率が高い値を示していた。稼働中のプロセスをチェックした結果，新機能のプログラムが，設計時に予想した以上の負荷をCPUに与えていることが分かった。

　この状況について報告を受けたN主任は，APサーバの能力増強が必要と判断した。今後も，更なる新機能の追加による負荷の増大が予測できたので，N主任は，サーバロードバランサ（以下SLBという）を用いてAPサーバを2台構成にする方法の検討を，J君に指示した。

〔SLB の機能〕

　J君は，まず，SLBの機能と使用方法を調査した。

　一般にSLBには，サーバへの処理要求の振分け機能，クライアントとサーバの間のセッション維持機能，サーバの稼働監視機能などがある。セッション維持の方式は，OSI基本参照モデルのレイヤを基に，三つの方式に分類される。レイヤ3方式では送信元IPアドレスを基に，レイヤ4方式では送信元IPアドレスとポート番号を基に，レイヤ7方式ではクッキー又はURL情報に埋め込まれた　a　を基に，セッション維持が行われる。サーバの稼働監視については，レイヤ3では　b　パケットによる装置監視，レイヤ4では　c　確立要求に対する応答を確認するサービス監視，レイヤ7ではアプリケーション監視が行われる。

〔SLBの導入構成案1〕

　今回は，導入が容易なレイヤ4方式を採用し，SLBをPCとサーバの間に設置する。APサーバは，1台増設してAPサーバ1とAPサーバ2の構成にする。

　SLBには，それ自体のIPアドレスの他に，負荷分散対象の2台のAPサーバを代表する，仮想的な一つのIPアドレス（以下，VIPという）を設定する。PCがVIP宛てに処理要求を行うと，その処理要求は，SLBによって最適なサーバに転送される。その際，SLBは，送信元IPアドレスの変換は行わない。

　SLB導入時の構成（構成案1）と，PCとAPサーバ1の間の通信の順序を図2に，その時のPCとAPサーバ1の間のフレーム内のアドレス情報を表1に示す。

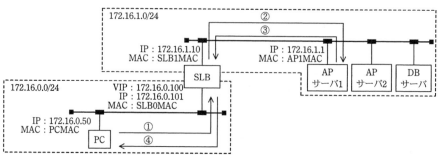

注記 ①~④は，APサーバ1に処理要求が振り分けられたときの，PCとAPサーバ1の間の通信の順序を示す。

図2　SLB導入時の構成と，PCとAPサーバ1の間の通信の順序

表1　SLB導入時のPCとAPサーバ1の間のフレーム内のアドレス情報

番号	送信元アドレス MACアドレス	送信元アドレス IPアドレス	宛先アドレス MACアドレス	宛先アドレス IPアドレス
①	PCMAC	172.16.0.50	SLB0MAC	172.16.0.100
②	d	e	AP1MAC	172.16.1.1
③	AP1MAC	172.16.1.1	d	e
④	SLB0MAC	172.16.0.100	PCMAC	172.16.0.50

　J君が構成案1の内容をN主任に報告したときの会話を，次に示す。

J君　　：SLBを，図2の構成で導入します。その際，PCのアクセス先のAPサーバのIPアドレスをVIPに変更します。また，通信は，表1のようになります。
N主任　：よく調べたね。しかし，図2の構成では，大きな変更が必要になってしまう。現在の業務システムの，PC，APサーバ及びDBサーバのサブネットマスク値は，　f　となっているから，これを，　g　に変更するとともに，(i)サーバのその他のネットワーク情報も変更することになる。
J君　　：変更の少ない方法があるのでしょうか。
N主任　：SLBのソースNAT機能を使用する方法を調べてみなさい。

〔SLBの導入構成案2〕
　SLBには，PCから送信されたパケットをAPサーバに転送するとき，送信元IPアドレスを，SLB自体に設定されたIPアドレスに変換してサーバ宛てに送信する，ソースNAT機能がある。

ソースNAT機能使用時の構成（構成案2）と，PCとAPサーバ1の間の通信の順序を図3に，その時のPCとAPサーバ1の間のフレーム内のアドレス情報を表2に示す。

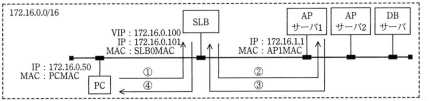

注記 ①～④は，APサーバ1に処理要求が振り分けられたときの，PCとAPサーバ1の間の通信の順序を示す。

図3　ソースNAT機能使用時の構成と，PCとAPサーバ1の間の通信の順序

表2　ソースNAT機能使用時のPCとAPサーバ1の間のフレーム内のアドレス情報

番号	送信元アドレス		宛先アドレス	
	MACアドレス	IPアドレス	MACアドレス	IPアドレス
①	PCMAC	172.16.0.50	SLB0MAC	172.16.0.100
②	h	i	AP1MAC	172.16.1.1
③	AP1MAC	172.16.1.1	h	i
④	SLB0MAC	172.16.0.100	PCMAC	172.16.0.50

J君が構成案2の内容をN主任に報告したときの会話を，次に示す。

J君　　：ソースNAT機能を使用すると，図3の構成になります。その際，通信は，表2のようになります。この方式では，現在の構成を変更する必要がありません。

N主任　：そうだね。図3の構成では，APサーバとDBサーバのネットワークケーブルの接続変更が必要ないだけでなく，PC，APサーバ及びDBサーバのネットワーク情報の変更も必要ない。ただし，ソースNAT機能を使うと，(ii) APサーバのログを基にAPサーバの利用状況を調査するときに，制約が生まれる。しかし，運用管理に支障を来すわけではないので，図3の方法で進めてくれないか。

N主任の指示を受け，J君は，APサーバの増設作業を開始した。

設問1 本文中の $\boxed{\text{a}}$ ～ $\boxed{\text{c}}$ に入れる適切な字句を解答群の中から選び，記号で答えよ。

解答群

 ア ICMPエコー要求   イ ICMPリダイレクト
 ウ TCPコネクション   エ アプリケーションセッション
 オ シーケンス番号   カ セッションID

設問2 〔SLBの導入構成案1〕について，(1) ～ (3) に答えよ。

(1) 表1中の $\boxed{\text{d}}$，$\boxed{\text{e}}$ に入れる適切なアドレスを，図2中の表記で答えよ。

(2) 本文中の $\boxed{\text{f}}$，$\boxed{\text{g}}$ に入れるサブネットマスクの値を，10進表記で答えよ。

(3) 本文中の下線 (i) のネットワーク情報とは何か。適切な字句を答えよ。

設問3 〔SLBの導入構成案2〕について，(1)，(2) に答えよ。

(1) 表2中の $\boxed{\text{h}}$，$\boxed{\text{i}}$ に入れる適切なアドレスを，図3中の表記で答えよ。

(2) 本文中の下線 (ii) の制約とは何か。25字以内で述べよ。

||| 解 説 |||

設問1 の解説

●空欄a

SLB（サーバロードバランサ）のセッション維持の方式に関する問題です。空欄aが含まれる記述を整理しておきましょう。

〔**セッション維持の方式**〕
・レイヤ3方式では送信元IPアドレスを基にセッション維持を行う。
・レイヤ4方式では送信元IPアドレスとポート番号を基にセッション維持を行う。
・レイヤ7方式ではクッキー又はURL情報に埋め込まれた $\boxed{\text{a}}$ を基にセッション維持を行う。

セッション維持機能とは，接続（ログイン）してから切断（ログオフ）するまでの一連の通信において，クライアントからのリクエストを前と同じサーバに振り分け，クライアントとサーバの両者にとって矛盾のない通信を提供する機能のことです。クライアントからのリクエストの，どの情報を基にセッションを識別し，振り分け先のサー

バを決めるのか，その方式には「レイヤ3方式，レイヤ4方式，レイヤ7方式」の3つの方式があるわけです。このうち，レイヤ7方式は，アプリケーションプロトコルの情報によってセッションを識別する方式です。一般にクッキー（Cookie）やURL情報に記述されたセッションIDによってセッションを識別します。セッションIDとは，クライアントからの初回アクセス時にサーバ側で自動的に割り振った識別コードで，次回以降そのセッションIDによってクライアントを特定するというものです。したがって，**空欄a**には〔**カ**〕の**セッションID**が入ります。

●空欄b，c

SLBのサーバ稼働監視機能に関する問題です。空欄b，cが含まれる記述を整理すると次のようになります。

〔**サーバの稼働監視**〕
- レイヤ3では b パケットによる装置監視
- レイヤ4では c 確立要求に対する応答を確認するサービス監視
- レイヤ7ではアプリケーション監視

　まず，**空欄c**を考えます。レイヤ4（トランスポート層）で"確立要求"ときたら，該当するのは〔**ウ**〕の**TCPコネクション**です。

　空欄bは，"レイヤ3（ネットワーク層）"，"パケット"というキーワードから，「IPパケット」と答えたいところですが，解答群にIPパケットはありません。そこで，ネットワーク層で動作するものを考えます。ここで思い出したいのがpingです。pingは，ネットワーク上の任意の機器の接続状態を調べるコマンドであり，これを実現するためICMP（Internet Control Message Protocol）のエコー要求／エコー応答メッセージを利用します。レイヤ3レベルの稼働監視ではpingコマンドを発行し，サーバから応答が返ってくるかどうかを確認することで，サーバがネットワークに接続されていない状態やサーバ上のOSが稼働していない状態を検出します。以上，**空欄b**には〔**ア**〕の**ICMPエコー要求**が入ります。なお，その他の選択肢〔**イ**〕のICMPリダイレクトや〔**オ**〕のシーケンス番号については本問解答の後の「参考」（p.334，p.335）を参照してください。

設問2 の解説

(1) PCとAPサーバ1の間の通信の順序（図2）をもとに，PCとAPサーバ1の間のフレーム内のアドレス情報を考える問題です。問われているのは，②の通信における送

信元のMACアドレスとIPアドレス，および③の通信における宛先のMACアドレスとIPアドレスです。③の通信は②の通信に対する応答なので，宛先アドレスには②の通信の送信元アドレスが設定されます。したがって，ここでは②の通信から空欄dと空欄eを考えていきます。

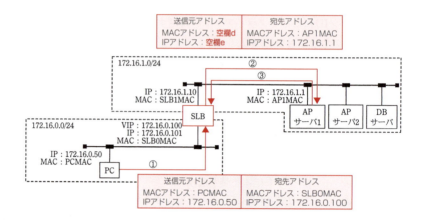

●空欄d，e

　SLBは，PCから受け取ったフレーム（パケット）の宛先MACアドレスをAPサーバ1のAP1MACに，そして宛先IPアドレスを172.16.1.1に付け替えて，APサーバ1に転送しますが，その際，送信元MACアドレスを自身のMACアドレス（ネットワーク172.16.1.0/24側のMACアドレス）SLB1MACに付け替えます。したがって，**空欄d**には**SLB1MAC**が入ります。

　空欄eについては，問題文の〔SLBの導入構成案1〕に，「PCからVIP宛てに送信された処理要求を最適なサーバに転送する際，送信元IPアドレスの変換は行わない」旨の記述があるので，送信元IPアドレスは，PCのIPアドレス172.16.0.50のままです。つまり，**空欄e**には**172.16.0.50**が入ります。

(2)「現在の業務システムの，PC，APサーバ及びDBサーバのサブネットマスク値は　f　となっているから，これを　g　に変更する」とあります。

　現在（図1では），PC，APサーバ，DBサーバは同一のネットワーク（172.16.0.0/16）に接続されています。"/16"はネットワーク部のビット長を示すので，先頭から16ビット目までがネットワークアドレスです。つまり，サブネットマスク値は，先頭から16ビット目までを1にした「11111111 11111111 00000000 00000000（10進表記で**255.255.0.0**）」が設定されているはずです。

5 | ネットワーク

図2の構成では，PCは172.16.0.0/24のネットワーク，APサーバとDBサーバは172.16.1.0/24のネットワークです。両ネットワークとも"/24"となっているので，この2つのネットワークのサブネットマスク値は，先頭から24ビット目までを1にした「11111111 11111111 11111111 00000000（10進表記で**255.255.255.0**）」です。したがって，現在のシステムを図2の構成にした場合，PC，APサーバおよびDBサーバに設定されているサブネットマスク値**255.255.0.0（空欄f）**を**255.255.255.0（空欄g）**に変更する必要があります。

(3) 下線（i）は「サーバのその他のネットワーク情報も変更することになる」との記述中にあり，ここでは，サブネットマスク値の他に，どのようなネットワーク情報を変更する必要があるのかが問われています。

現在（図1では），PCとAPサーバは同一のネットワークに属するので直接パケットのやり取り（直接ルーティング）ができますが，図2の構成では，PCとAPサーバは異なるネットワークに属し，PCとAPサーバ間でやり取りされるパケットはSLBが中継します。ここで問題となるのが，③の通信（②の通信に対する応答）です。宛先IPアドレスにPCのIPアドレス172.16.0.50が設定された，③の通信パケットをSLBに中継してもらうためには，APサーバのデフォルトゲートウェイをSLBのIPアドレス172.16.1.10（ネットワーク172.16.1.0/24側のIPアドレス）に設定するか，あるいはAPサーバがもつ経路表（ルーティングテーブル）に，PCのネットワーク172.16.0.0を指定し，転送先（経路）となるSLBを登録しなければなりません。したがって，サブネットマスク値の他に，変更が必要なのは**デフォルトゲートウェイ**または**経路表（ルーティングテーブル）**です。

設問3 の解説

(1) 設問2と同様，PCとAPサーバ1の間の，②の通信における送信元のMACアドレスとIPアドレスが問われています。

送信元MACアドレスについては，先の空欄dと同様に考えます。つまり，**空欄h**にはSLBのMACアドレス**SLBのMAC**が入ります。

送信元IPアドレスについては，〔SLBの導入構成案2〕に，「PCから送信されたパケットをAPサーバに転送するとき，送信元IPアドレスを，SLB自体に設定されたIPアドレスに変換する」との記述があるので，**空欄i**には**172.16.0.101**が入ります。

(2) ソースNAT機能を使うと，APサーバのログを基にAPサーバの利用状況を調査するときに，どのような制約が生まれるのかが問われています。

ここでのポイントは，ソースNAT機能を使用すると，APサーバへ転送されるパケットの送信元IPアドレスが，SLB自体に設定されたIPアドレスに付け替えられるということです。つまり，ソースNAT機能を使うと，送信元IPがすべてSLBとなるため，APサーバのログからは，APサーバにアクセスしたPCの特定ができず，PCごとの利用状況を調査することができなくなります。以上，解答としては「APサーバにアクセスしたPCが特定できなくなる」あるいは「PCごとの利用状況の調査ができなくなる」といった記述でよいでしょう。なお，試験センターでは解答例を「**APサーバを使用したPCが特定できなくなる**」としています。

解答

設問1　a：カ　　b：ア　　c：ウ
設問2　(1) d：SLB1MAC　　e：172.16.0.50
　　　　(2) f：255.255.0.0　　g：255.255.255.0
　　　　(3) デフォルトゲートウェイ　又は　経路表（ルーティングテーブル）
設問3　(1) h：SLB0MAC　　i：172.16.0.101
　　　　(2) APサーバを使用したPCが特定できなくなる

参考　シーケンス番号（TCPヘッダ）

　シーケンス番号は，TCPヘッダに含まれる「送信したセグメントの位置」を表す番号です。TCPは，コネクション型の通信プロトコルです。通信に先立って，TCPコネクションと呼ばれる論理的な通信路を確立し，そのTCPコネクション上でデータのやり取りを行いますが，データが長い場合はセグメントという単位に分割して送信されます。そのためTCPでは，送信したセグメントの番号を管理して欠落したセグメントの再送などの制御を行うことで，信頼性が高い通信を提供しています。

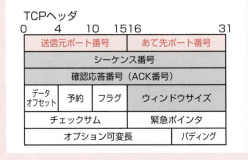

〔補足〕
・**確認応答番号（ACK番号）**：受信側が期待する（次に受信すべき）セグメントのシーケンス番号。
・**ウィンドウサイズ**：受信ノードからの確認応答（ACK）を待たずに，連続して送信することが可能なオクテット数の最大値。

参考 ICMP（ICMPリダイレクト）

ICMP（Internet Control Message Protocol）は，IPパケットの送信処理におけるエラーの通知や制御メッセージを転送するためのプロトコルです。ICMPメッセージの種類（ICMPヘッダの種類）には，次のものがあります。

- タイプ0 ：エコー応答（Echo Reply）
- タイプ5 ：経路変更要求（Redirect）
- タイプ11：時間超過（TTL equals 0）
- タイプ3：到達不能（Unreachable）
- タイプ8：エコー要求（Echo Request）

ICMPリダイレクト（Redirect）は経路変更要求通知とも呼ばれ，一時的にルーティング先の変更を伝えるためのICMPメッセージ（タイプ5）です。

TCP/IPネットワークでは，他のネットワークと通信する際に利用するデフォルトゲートウェイを設定します（デフォルトゲートウェイは，通信の"出入り口"です）。この設定によって，自身が存在するローカルネットワーク以外の，他のネットワークに存在する通信相手へパケットを送信する場合は必ずこのデフォルトゲートウェイに送信されることになっています。

一般に，デフォルトゲートウェイは1つしか定義することができません。たとえば，PC1が属しているネットワークに2台のルータが存在している場合は，どちらかをデフォルトゲートウェイに設定することになります。仮に，PC1のデフォルトゲートウェイを，ルータAに設定したとします。すると，宛先がローカルネットワーク以外であるPC2へのパケットは，ルータAに送信され，ルータAによりルータBに転送されます。このときルータAは，送信元のPC1に対して「適切な送り先はルータBだよ！」といったメッセージを送ります。このメッセージがICMPリダイレクトです。

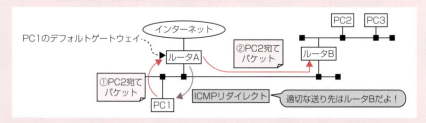

〔補足〕
午後対策としてICMPやpingは必須ですが，次のコマンドも押さえておくとよいでしょう。
- **ifconfig**：自身のIPアドレス，サブネットマスク，デフォルトゲートウェイなど，IPに関する設定情報を表示する。
- **netstat**：ネットワークの通信状況を調べる。
- **nslookup**：DNSサーバの動作状態（名前解決ができるかなど）を確認する。

問題 5　Webシステムの負荷分散と不具合対策　(H30秋午後問5)

Webシステムの負荷分散と不具合対応に関する問題です。本問では，Webアプリケーションを用いた社内情報システムにおけるネットワーク管理を題材に，不具合原因の切り分けや復旧作業に関する基礎知識が問われます。

問　Webシステムの負荷分散と不具合対応に関する次の記述を読んで，設問1～3に答えよ。

D社は，小売業を営む社員数約300名の中堅企業であり，取り扱う商品の販売数が順調に増加している。D社では，共通基盤となるWeb業務システム上で販売管理や在庫管理，財務会計などの複数の業務機能がそれぞれ稼働している。

Web業務システムは，Webサーバ機能とアプリケーションサーバ機能の両方を兼ね備えたサーバ（以下，Webサーバという）3台と負荷分散装置（以下，LBという）1台，データベースサーバ（以下，DBサーバという）1台で構成される。

D社では総務部がWeb業務システムとネットワークの運用管理を所管しており，情報システム課のEさんが運用管理を担当している。Web業務システムを含むD社のネットワーク構成を図1に示す。

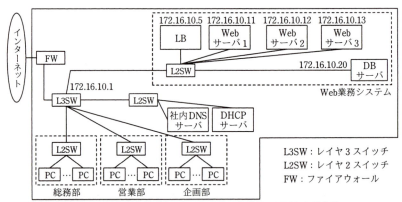

図1　D社のネットワーク構成（抜粋）

各部署のPCは起動時に，DHCPサーバから割り当てられたIPアドレスなどでネットワーク設定が行われる。PCから販売管理機能を利用する場合，販売管理機能を提供するプログラムに割り当てられたURLを指定し，Webブラウザでアクセスする。

〔LBによるWebサーバの負荷分散の動作〕

LBは，各部署のPCからWebサーバに対するアクセスをラウンドロビン方式でWebサーバ1～3に分散して接続する。LBを利用することによって，Webサーバ1台で運用した場合と比較して，応答性能と可用性の向上を実現している。

WebブラウザでWeb業務システムのURLを指定してアクセスすると，LBは，Webサーバを一つ選択して，当該サーバ宛てにパケットを送出する。例えば，Webサーバ2が選択された場合，LBはパケットの送信元のIPアドレスを　a　，送信先のIPアドレスを　b　に置き換えてパケットを送出する。

またLBは，pingコマンドを用いたヘルスチェック機能を有しており，pingコマンドに対して応答しなかったWebサーバへのアクセスを停止する。

〔不具合事象の発生〕

ある日，Web業務システムの定期保守作業において，販売管理機能のプログラムをバージョンアップしたところ，応答時間が急に遅くなり，Webブラウザにエラーが表示される，という報告が営業部から情報システム課に多く寄せられた。

〔不具合事象の切分け〕

営業部の多くのPCで同様な事象が発生していたので，EさんはPCが原因ではないと考え，PCとWebサーバ間の通信に不具合が発生したと考えた。

Eさんは，営業部のPCを利用して，原因の切分けを行った。確認項目と確認結果を表1に示す。

表1　確認項目と確認結果

項番	確認項目	確認結果
1	PC から LB への ping テストの結果は良好か。また，LB から Web サーバ 1～3 への ping テストの結果は良好か。	ping テストの結果は全て良好だった。
2	L2SW，L3SW，LB の各システムログファイルに問題となるメッセージがあるか。	問題となるメッセージはなかった。
3	PC で　　c　　コマンドを用いた，社内 DNS サーバの名前解決テストの結果は良好か。	名前解決テストの結果は良好だった。
4	Web サーバ 1～3 の HTTP 通信ログファイルに問題となるメッセージがあるか。	Web ブラウザにエラーが表示されたときの Web サーバと PC 間における HTTP 通信メッセージそのものが存在しなかった。そのとき以外のメッセージには，問題となるメッセージはなかった。
5	Web サーバ 1～3 への同時アクセス数が設定最大値を超えていないか。	同時アクセス数は設定最大値以内であることを通信ログから確認できた。
6	Web サーバ 1～3 のシステムログファイルに問題となるメッセージがあるか。	Web サーバから DB サーバへのアクセスエラーメッセージ，及び TCP ポートが確保できないという内容のエラーメッセージがあった。
7	DB サーバのシステムログファイルに問題となるメッセージがあるか。	問題となるメッセージはなかった。

　Eさんはここまでの調査結果を整理して，今回の不具合の原因として想定される被疑箇所について次のような仮説を立てた。

　項番1と2の結果から，PCとWebサーバ1～3の間のIP層のネットワーク通信には問題がない。また，項番3の結果から，Web業務システムのURLに対する名前解決にも問題はない。項番4と6の結果から，①特定のWeb画面を表示するときだけ，WebブラウザでHTTP通信がタイムアウトとなり，タイムアウトエラーを表示していると考えた。

　Eさんは，ネットワーク通信の不具合についての仮説に対する確認テストを行うために，Web業務システムを開発したF社のテスト環境を利用して不具合を再現させ，ネットワークモニタとシステムリソースモニタを利用して状況を詳細に調べたところ，Webサーバ1～3で利用可能なTCPポートが一時的に枯渇する事象が発生していることが分かった。

　F社から，Webサーバ1～3での利用可能なTCPポート数の増加，②Webサーバ1～3でのTCPコネクションが閉じるまでの猶予状態であるTIME_WAIT状態のタイムアウト値の短縮，及び販売管理機能のプログラムの実行環境においてWebサーバからDB

338

サーバへの通信時のTCPポート再利用について，Eさんは改善項目の回答をもらった。

〔改善すべき問題点〕

　Eさんは，不具合の修正が終わった後に，不具合の切分け作業の問題点を考えた。③Webサーバ1〜3やL3SW，LBのそれぞれに記録されたログメッセージの対応関係の特定を推測に頼らざるを得ず難しかった。また，Webサーバで通信ログを調べる際に④送信元のPCがすぐに特定できなかった。

　Eさんは，ネットワーク運用の観点から改善策の検討を進めた。

設問1　本文中の　a　，　b　に入れる適切なIPアドレスを答えよ。

設問2　〔不具合事象の切分け〕について，(1)〜(3)に答えよ。

(1) 表1中の　c　に入れる適切な字句を答えよ。

(2) 本文中の下線①について，具体的にどのような不具合が生じていると考えたかを30字以内で述べよ。

(3) 本文中の下線②によって得られる改善の効果を35字以内で述べよ。

設問3　〔改善すべき問題点〕について，(1)，(2)に答えよ。

(1) 本文中の下線③について，適切な解決方法を解答群の中から選び，記号で答えよ。

解答群

　ア　NTPによる時刻同期機能を導入する。

　イ　ウイルス対策ソフトを導入する。

　ウ　各機器で取得したログファイルを個々に確認する。

　エ　各機器のデバッグログも表示されるようにする。

(2) 本文中の下線④について，送信元のPCをすぐに特定できない理由を25字以内で述べよ。

解　説

設問1 の解説

　本文中の空欄a，bに入れるIPアドレスが問われています。空欄a，bは，〔LBによるWebサーバの負荷分散の動作〕の中にある，「Webサーバ2が選択された場合，LBはパケットの送信元のIPアドレスを　a　，送信先のIPアドレスを　b　に置き換えてパケットを送出する」という記述中にあります。

　〔LBによるWebサーバの負荷分散の動作〕に記述されている内容によると，各部署のPCがWeb業務システムのURLを指定してWebサーバにアクセスすると，まず最初にLBに接続され，LBはWebサーバ1～3のいずれかを選択して，当該サーバ宛てにパケットを送出することになります。したがって，Webサーバ2が選択された場合，LBは，Webサーバ2に対してパケットを送出するので，パケットの送信元はLB，送信先はWebサーバ2になります。図1を見ると，LBのIPアドレスは172.16.10.5，またWebサーバ2のIPアドレスは172.16.10.12になっていますから，**空欄a**には**172.16.10.5**，**空欄b**には**172.16.10.12**が入ります。

設問2 の解説

　〔不具合事象の切分け〕に関する設問です。

(1) 表1中の空欄cが問われています，空欄cは，項番3の確認項目である「PCで　c　コマンドを用いた，社内DNSサーバの名前解決テストの結果は良好か」という記述中にあります。名前解決とは，たとえば"www.gihyo.co.jp"といったFQDN（完全修飾ドメイン名）などから，それに対応するIPアドレスを問い合わせる（取得する）ことを指します。

　　PCからDNSサーバに名前解決を問い合わせるとき，通常，nslookupコマンドまたはdigコマンドを使用します。両コマンドは，DNSサーバが正常に動作しているかどうかを確認する際にも利用されるコマンドなので，**空欄c**には**nslookup**または**dig**を入れればよいでしょう。なお，nslookupとdigの一番の違いは，問合せ結果の表示形式です。digコマンドが比較的そのまま表示するのに対し，nslookupコマンドは見やすいように加工・編集して表示します。

(2) 下線①の「特定のWeb画面を表示するときだけ，WebブラウザでHTTP通信がタイムアウトとなり，タイムアウトエラーを表示していると考えた」ことについて，具体的にどのような不具合が生じていると考えたか問われています。下線①の直前に「項番4と6の結果から」とあるので，項番4および項番6の内容を確認します。

項番4では，Webサーバ1～3のHTTP通信ログファイルを調査した結果，Webブラウザにエラーが表示されたときのWebサーバとPC間におけるHTTP通信メッセージそのものが存在しなかったことが確認されています。

項番6では，Webサーバ1～3のシステムログファイルを調査した結果，WebサーバからDBサーバへのアクセスエラーメッセージ，及びTCPポートが確保できないという内容のエラーメッセージがあったことが確認されています。

これら項番4と6の結果から，「PCがWebブラウザでHTTP通信によるアクセスを行ったとき，WebサーバからDBサーバへアクセスする際に，TCPポートが確保できなかった。そのため，DBサーバへのTCP通信ができずアクセスエラーとなり，結果として，HTTP通信がタイムアウトとなった」との推測ができます。

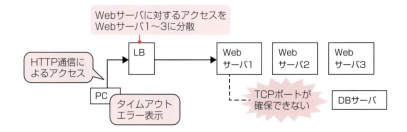

したがって，解答としては，「WebサーバからDBサーバへアクセスする際に，TCPポートが確保できず，DBサーバへのアクセスがエラーとなった」旨を記述すればよいのですが，これを30字以内でまとめるのは少々困難です。そこで，WebブラウザでHTTP通信がタイムアウトとなったのは，そもそもWebサーバからDBサーバへのアクセスがエラーとなったからであり，その原因がTCPポートであると考えます。つまり，ここでの解答は，TCPポートについては触れず，単に「**WebサーバからDBサーバへのアクセスがエラーとなった**」としてよいでしょう。

(3) 下線②の「Webサーバ1～3でのTCPコネクションが閉じるまでの猶予状態であるTIME_WAIT状態のタイムアウト値の短縮」によって得られる改善効果が問われています。

TIME_WAIT状態とは，TCP通信が終了しても，一定時間，TCPポートの解放を保留している状態のことです。TCPでは，コネクション確立後，TCP通信が行われ，コネクション切断によりTCP通信が終了します。しかし，TCP通信が終了しても，すぐにはTCPポートを解放しません。TCPポートが完全に解放されるのは，TCP通信が終了し，一定時間すなわちTIME_WAIT状態のタイムアウト値が経過したとき

です。したがって，タイムアウト値を長く設定すれば，TIME_WAIT状態が長くなり，当該TCPポートの空き待ちが発生します。逆に，タイムアウト値を短くすれば，その分TCPポートが早く解放されるので，あまり待つことなく当該TCPポートが再利用できます。つまり，利用可能なTCPポート数が増えるわけです。

以上，解答としては，「Webサーバ1～3で利用するTCPポートが早く再利用できるようになる」，あるいは「Webサーバ1～3で利用可能なTCPポート数が増える」などとすればよいでしょう。なお，試験センターでは解答例を「**Webサーバ1～3で再利用できるTCPポート数を増やせること**」としています。

参考 TCPコネクション切断

TCPのコネクション切断のシーケンスは，右図のようになります。FINは，接続の終了を通知するパケットです。AがBへFINパケットを送り，BからACK，およびFINパケットを受け取ると，Aは，FINに対するACKを返した後，TIME_WAIT状態に移行します。そして，タイムアウト値（通常，120秒）を経過した後，TCPコネクションが閉じられ，TCPポートの解放が行われます。

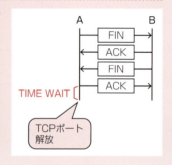

設問3 の解説

〔改善すべき問題点〕に関する設問です。

(1) 下線③の「Webサーバ1～3やL3SW，LBのそれぞれに記録されたログメッセージの対応関係の特定を推測に頼らざるを得ず難しかった」ことについて，その解決方法が問われています。

本問の状況のように，複数の機器から構成されるシステムで発生した，不具合事象の切り分けを行うときには，各機器のログファイルに記録された時刻情報をもとに，ログ内容の突合せを行います。通常，時刻情報には各機器がもつシステム時刻が使われますが，このシステム時刻にズレが生じていた場合，ログ内容の突合せが難しくなります。つまり，下線③の「Webサーバ1～3やL3SW，LBのそれぞれに記録されたログメッセージの対応関係の特定を推測に頼らざるを得ず難しかった」理由は，各機器のログファイルに記録された時刻情報，すなわち各機器がもつシステム時刻のズレが原因です。

5 | ネットワーク

したがって，各機器がもつシステム時刻の同期を取り，ズレを生じさせないようにすることが解決策になります。そして，これを行うためにはNTPを使います。NTP（Network Time Protocol）は，ネットワークに接続されたコンピュータや各種機器の時刻同期に用いられるプロトコルです。**NTPによる時刻同期機能を導入する**ことで，各機器のログファイルに記録される時刻情報が正確に合わせられ，ログ内容の突合せが容易になります。以上，解決方法として適切なのは〔ア〕です。

(2) 下線④の「送信元のPCがすぐに特定できなかった」理由が問われています。下線④の直前に「Webサーバで通信ログを調べる際に」とあるので，ここで問われているのは，送信元のPCが特定できるような情報が，Webサーバの通信ログに記録されていない理由です。

各部署のPCからWebサーバへのアクセスは，LBに集約され，LBがWebサーバ1～3のいずれかを選択して，当該サーバ宛てにパケットを送出します。その際，パケットの送信元のIPアドレスは，LBのIPアドレスに書き換えられるので，Webサーバが受け取るパケットの送信元IPアドレスは，すべてLBのIPアドレスになっています。このため，Webサーバの通信ログには，送信元のPCが特定できる情報は記録されません。

以上，解答としては「送信元IPアドレスがLBのIPアドレスだから」とすればよいでしょう。なお，試験センターでは解答例を「**送信元のIPアドレスはLBのものになるから**」としています。

解答

設問1　**a**：172.16.10.5　　**b**：172.16.10.12
設問2　(1) **c**：nslookup または dig
　　　　(2) WebサーバからDBサーバへのアクセスがエラーとなった
　　　　(3) Webサーバ1～3で再利用できるTCPポート数を増やせること
設問3　(1) ア
　　　　(2) 送信元のIPアドレスはLBのものになるから

問題6　レイヤ3スイッチの故障対策　(H29春午後問5)

レイヤ3スイッチ（L3SW）の故障対策を題材とした問題です。L3SWは複数のサブネットを構成するため，故障による影響は大きく，冗長化の理解は欠かせません。本問では，L3SWの冗長化に関連して，動的経路による経路変更など，LANにおける通信の基本動作が問われます。正解を得るためには，VLAN（Virtual LAN：仮想LAN）やpingコマンドのほか，ルーティングプロトコルであるOSPF，デフォルトゲートウェイ，さらにVRRP（ルータの冗長化技術）など，多くの知識が必要になります。そのため，難易度的には若干高めの問題かもしれません。本問を通して，L3SWの冗長化の方法や，動的経路による経路変更など，LANにおける通信の基本動作を学習するつもりで取り組みましょう。

問　レイヤ3スイッチの故障対策に関する次の記述を読んで，設問1～4に答えよ。

R社は，社員50名の電子機器販売会社であり，本社で各種のサーバを運用している。本社のLAN構成とL3SW1の設定内容を図1に示す。

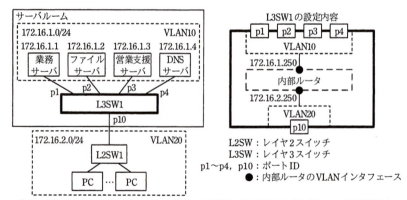

図1　本社のLAN構成とL3SW1の設定内容（抜粋）

〔障害の発生と対応〕

ある日，社員のK君は顧客先から帰社した後，自席のPCで営業支援サーバとファイルサーバを利用して提案資料を作成した。その後，在庫を確認するために業務サーバを利用しようとしたが，利用できなかった。そこで，K君は情報システム課のJ君に，

ファイルサーバと営業支援サーバは利用できるが，業務サーバが利用できないことを報告した。J君は，J君の席のPCからは業務サーバが利用できるので，業務サーバに問題はないと判断した。そこで，J君は①K君の席に行き，K君のPCでpingコマンドを172.16.1.1宛てに実行した。業務サーバからの応答はあったものの，利用できないままであった。しばらくすると，一部の社員から，業務サーバだけでなくファイルサーバや営業支援サーバも利用できないという連絡が入ってきた。

これらの連絡を受け，J君は②DNSサーバの故障又はDNSサーバへの経路の障害ではないかと考え，J君の席のPCでpingコマンドを　a　宛てに実行したところ応答がなかった。そこで，J君はサーバルームに行って調査し，L3SW1のp4が故障していることを突き止め，保守用のL3SWと交換して問題を解消した。

〔J君が考えた改善策〕

故障による業務の混乱が大きかったので，J君は，L3SW故障時もサーバの利用を中断させない改善策を検討した。J君が考えた，L3SWの冗長構成を図2に示す。

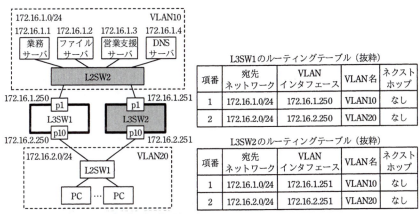

図2　J君が考えたL3SWの冗長構成

図2では，L3SWを冗長化するためのL3SW2と，サーバを接続するためのL2SW2を新規に導入する。L3SW1とL3SW2に必要な設定を行い，L3SW1とL3SW2の間でOSPFによる　b　経路制御を稼働させる。PCとサーバに設定されたデフォルトゲートウェイなどのネットワーク情報は，図1の状態から変更しない。

J君は，図2に示した冗長構成案を上司のN主任に説明したところ，サーバが利用できなくなる問題は解消されないとの指摘を受けた。N主任の指摘内容を次に示す。

　PCのデフォルトゲートウェイには，L3SW1の内部ルータのVLANインタフェースアドレス　c　が設定されており，PCによるサーバアクセスは，L3SW1のp10経由で行われる。L3SW1のp1故障時には，③図2中のL3SW1のルーティングテーブルが更新され，ネクストホップにIPアドレス　d　がセットされる。その結果，PCから送信されたサーバ宛てのパケットがL3SW1の内部ルータに届くと，L3SW1は当該PC宛てに，経路の変更を指示する　e　パケットを送信する。PCは　e　パケットの情報によって，サーバに到達可能な別経路のゲートウェイのIPアドレスを知り，サーバ宛てのパケットを　d　に送信し直すことによって，パケットはサーバに到達する。しかし，サーバからの応答パケットは，L3SW1の内部ルータのVLANインタフェースに届かないので，サーバは利用できない。L3SW1のp10の故障の場合，又はp10への経路に障害が発生した場合も，同様にサーバが利用できなくなる。

　このような問題を発生させないために，N主任は，VRRP（Virtual Router Redundancy Protocol）を利用する改善策を示した。

〔N主任が示した改善策〕

　VRRPは，ルータを冗長化する技術である。L3SWでVRRPを稼働させると，L3SWの内部ルータのVLANインタフェースに仮想IPアドレスが設定される。本社LANでVRRPを稼働させるときの構成を，図3に示す。

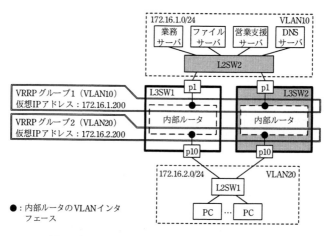

図3　本社でLANでVRRPを稼働させるときの構成

5 ネットワーク

　図3に示したように，L3SW1とL3SW2の間で二つのVRRPグループを設定する。VRRPグループ1，2とも，L3SW1の内部ルータの優先度をL3SW2の内部ルータよりも高くして，L3SW1の内部ルータのVLANインタフェースに仮想IPアドレスを設定する。L3SW1の故障の場合，又はL3SW1への経路に障害が発生した場合は，VRRPの機能によって，L3SW2の内部ルータのVLANインタフェースに仮想IPアドレスが設定される。PC及びサーバは，パケットを仮想IPアドレスに向けて送信することによって，L3SW1経由の経路に障害が発生してもL3SW2経由で通信できるので，PCによるサーバの利用は中断しない。

　図3の構成にするときは，④PCとサーバに設定されているネットワーク情報の一つを，図1の状態から変更することになる。

　J君は，N主任から示された改善策を基に，本社LANのL3SWの故障対策案をまとめ，N主任と共同で情報システム課長に提案することにした。

設問1　本文中の　a　～　e　に入れる適切な字句を解答群の中から選び，記号で答えよ。

解答群

ア	172.16.1.1	イ	172.16.1.4	ウ	172.16.1.250
エ	172.16.1.251	オ	172.16.2.250	カ	172.16.2.251
キ	GARP	ク	ICMPリダイレクト	ケ	静的
コ	動的	サ	プロキシARP		

設問2　〔障害の発生と対応〕について，(1)，(2)に答えよ。
(1) 本文中の下線①の操作の目的を，30字以内で述べよ。
(2) 本文中の下線②について，DNSサーバが利用できなくても，業務サーバ，ファイルサーバ及び営業支援サーバの利用を正常に行えている社員がいるのはなぜか。その理由を，25字以内で述べよ。

設問3　本文中の下線③について，更新が発生する図2中のL3SW1のルーティングテーブルの項番を答えよ。また，VLANインタフェースとVLAN名の更新後の内容を，それぞれ答えよ。

設問4　本文中の下線④について，変更することになる情報を答えよ。また，サーバにおける変更後の内容を答えよ。

解 説

設問1 の解説

●空欄a

「J君の席のPCでpingコマンドを ａ 宛てに実行したところ応答がなかった」とあり，空欄aに入れる，pingコマンドの宛先が問われています。

pingコマンドは，IPパケットが通信先のIPアドレスに到着するかどうか，通信相手との接続性（疎通）を確認するために使用されるコマンドです。ここで空欄aの直前にある，「J君はDNSサーバの故障又はDNSサーバへの経路の障害ではないかと考えた」との記述に着目すると，J君がpingコマンドを実行したのは，DNSサーバとの接続性を確認するためだとわかります。つまり，pingコマンドの宛先はDNSサーバです。そして，図1を見ると，DNSサーバのIPアドレスは172.16.1.4になっているので，**空欄a**には〔**イ**〕の**172.16.1.4**が入ります。

●空欄b

「L3SW1とL3SW2に必要な設定を行い，L3SW1とL3SW2の間でOSPFによる ｂ 経路制御を稼働させる」とあり，空欄bに入れる字句が問われています。OSPFは，ダイナミックルーティング（すなわち，動的経路制御）で用いられるルーティングプロトコルです。したがって，**空欄b**には〔**コ**〕の**動的**が入ります。

なお，OSPF（Open Shortest Path First）は，最小コストルーティングプロトコルです。ルータ間で交換した情報をもとに，ネットワーク地図であるリンクステートデータベース（LSDB）を作成し，それをもとに最適パスツリーを計算してルーティングテーブルを作成・更新します。

参 考 **ルーティング（経路制御）**

ルーティング（経路制御）とは，パケットを宛先ノードまで配送するために，パケットの転送経路，すなわち最適なルートを決定する制御のことです。パケットの転送先は，各ルータが保持するルーティングテーブルに基づいて決定されるわけですが，このルーティングテーブルの作成方法によって，ルーティングには次の2つの方式があります。

- **スタティックルーティング**（静的経路制御）：あらかじめ手動で作成・登録されたルーティングテーブルに基づいて制御する方式です。
- **ダイナミックルーティング**（動的経路制御）：経路に関する情報を他のルータと交換し合い，動的に作成・更新されるルーティングテーブルに基づいて制御する方式です。代表的なルーティングプロトコルには，**RIP**や**OSPF**などがあります。

●空欄c

「PCのデフォルトゲートウェイには，L3SW1の内部ルータのVLANインタフェースアドレス c が設定されており，PCによるサーバアクセスは，L3SW1のp10経由で行われる」とあります。つまり，問われているのは，PCのデフォルトゲートウェイに設定されているアドレスです。

図2を見ると，L3SW1の内部ルータのVLANインタフェースに設定されているIPアドレスは，172.16.1.250と172.16.2.250の2つです。このうち，「PCによるサーバアクセスは，L3SW1のp10経由で行われる」と記述されていることから，PCのデフォルトゲートウェイに設定されているアドレスは172.16.2.250です。したがって，空欄cには〔オ〕の**172.16.2.250**が入ります。

●空欄d

「L3SW1のp1故障時には，図2中のL3SW1のルーティングテーブルが更新され，ネクストホップにIPアドレス d がセットされる」とあります。

図2のL3SW1のルーティングテーブルを見ると，宛先ネットワークが172.16.1.0/24のとき（項番1）のネクストホップが"なし"になっています。これは，172.16.1.0/24（VLAN10）のサーバ宛てへのパケットは，p1ポートから直接（中継ルータを介さず）送信されるということです。そこで，p1が故障するとp1ポートからの送信ができなくなりますが，L3SW1とL3SW2はOSPFにより互いに経路情報を交換し合っているため，L3SW1は，L3SW2のp10ポートを経由すれば，サーバにパケットを届けられることを知っています。したがって，L3SW1のp1が故障した際には，L3SW2のp10ポートに割り当てられている172.16.2.251がネクストホップにセットされるので，空欄dには〔カ〕の**172.16.2.251**が入ります。

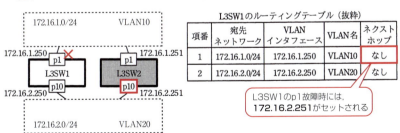

●空欄e

空欄eは，先の空欄dが含まれる記述の後にある，「その結果，PCから送信されたサーバ宛てのパケットがL3SW1の内部ルータに届くと，L3SW1は当該PC宛てに，経路の変更を指示する e パケットを送信する」という記述中にあります。キーワード

となるのは，「経路の変更を指示する」という文言です。ここで，"経路変更"ときたら"ICMPリダイレクト"だと気付きましょう。ICMPリダイレクト（Redirect）は，経路変更要求メッセージです。たとえば，転送されてきたパケットを受信したルータが，そのネットワークの最適なルータを送信元に通知して経路の変更を要請するときなどに使用されます。

本問では，L3SW1のp1が故障した時，L3SW1のルーティングテーブルの，項番1のネクストホップが172.16.2.251（空欄d）に更新されます。そして，PCからサーバ宛てのパケットを受信したL3SW1は，送信元のPC宛てに，「サーバ宛てのパケットは172.16.2.251に送って！」といったICMPリダイレクト（経路変更要求メッセージ）を送信します。これにより，PCはサーバ宛てのパケットを172.16.2.251に送信すればよいことを知るというわけです。以上，**空欄e**には〔**ク**〕の**ICMPリダイレクト**が入ります。

参考 GARP，プロキシARP

設問1の解答群にある，GARPとプロキシARPも押さえておきましょう。

- **GARP**："Gratuitous ARP" の略で，**ARP**（Address Resolution Protocol）の1つです。通常のARPは，通信相手のIPアドレスに対するMACアドレスを取得するために使用されますが，GARPでは，目的IPアドレスに自身のIPアドレスを指定して，自身のIPアドレスに対するMACアドレスを問い合わせます。主に，次の目的で使用されます。
  - ・自身に設定する（あるいは設定された）IPアドレスの重複確認
  - ・同一セグメントのネットワーク機器上のARPテーブル（ARPパケットのやり取りで得られた情報を格納するためのテーブル）の更新
- **プロキシARP**：ARP要求パケットの目的IPアドレスに設定されたノードに代わって，ルータがARP応答を行うことをいいます。

〔補足〕－ARPによるIP取得手順－
①目的IPアドレスを指定したARP要求パケットをLAN全体に流す（ブロードキャスト）。
②各ノードは，自分のIPアドレスと比較し，一致したノードだけがARP応答パケットに自分のMACアドレスを入れて返す（ユニキャスト）。

設問2 の解説

〔障害の発生と対応〕についての設問です。

(1) 下線①の操作の目的が問われています。つまり，ここで問われているのは，J君が，K君のPCでpingコマンドを172.16.1.1宛てに実行した理由です。

アドレス172.16.1.1は，業務サーバです。また先の設問1（空欄a）で考えました

が，J君は，DNSサーバが故障していないか，あるいはDNSサーバへの経路に障害が発生していないかを確認するためにpingコマンドを172.16.1.4（空欄a）宛てに，すなわちDNSサーバ宛てに実行しています。

　ここでは，下線①の直前にある，「J君は，J君の席のPCからは業務サーバが利用できるので，業務サーバに問題はないと判断した」との記述に着目しましょう。業務サーバに問題がないのに，K君のPCからは業務サーバが利用できないわけですから，疑わしいのは，K君のPCから業務サーバへの経路です。つまり，K君のPCから業務サーバが利用できないのは，業務サーバへの経路に障害があるのではないかと考え，それを確認するため，J君は，K君のPCでpingコマンドを172.16.1.1（業務サーバ）宛てに実行したわけです。したがって，解答としては，この旨を30字以内にまとめればよいでしょう。なお，試験センターでは解答例を「**業務サーバへの経路に障害があるかどうかを確認するため**」としています。

(2) DNSサーバが利用できなくても，業務サーバ，ファイルサーバ及び営業支援サーバの利用を正常に行えている社員がいる理由が問われています。

　通常，業務サーバやファイルサーバなど各サーバを利用する（アクセスする）際には，IPアドレスではなくサーバ名を指定します。そして，サーバ名からIPアドレスへの名前解決はDNSサーバが行います。そのため，DNSサーバが利用できなければ，基本的には各サーバへのアクセスはできません。しかし，PCは，名前解決の際に得られたIPアドレスをDNSリゾルバキャッシュに一定期間保持していますから，この期間は，DNSサーバが利用できなくても，各サーバへのアクセスは可能です。したがって，解答としては「PCにDNSリゾルバキャッシュが残っているから」などとすればよいでしょう。なお，試験センターでは解答例を「**PCにDNSのキャッシュが残っているから**」としています。

設問3 の解説

　L3SW1のp1故障時に，更新が発生するL3SW1のルーティングテーブルの項番，および，その項番のVLANインタフェースとVLAN名の更新後の内容が問われています。

　設問1の空欄dで解答しましたが，L3SW1のp1故障時には，L3SW1のルーティングテーブルの，宛先ネットワーク172.16.1.0/24のときのネクストホップが"なし"から172.16.2.251に更新されます。したがって，更新が発生するL3SW1のルーティングテーブルの項番は**1**です。

　次に，更新後のVLANインタフェースとVLAN名を考えます。更新前のVLANインタフェースは172.16.1.250で，これはL3SW1のp1ポートに割り当てられたアドレス

です。これに対して，L3SW1のp1故障時には，ネクストホップが172.16.2.251に更新されるため，パケットを172.16.2.251に向けて送信することになります。また，そのためにはL3SW1のp10から出力する必要があるので，VLANインタフェースは**172.16.2.250**，VLAN名は**VLAN20**に更新されます。

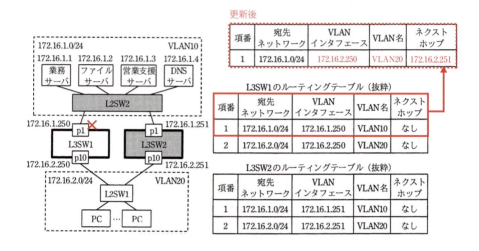

設問4 の解説

　図3の構成にした場合，PCとサーバに設定されているネットワーク情報のうち，図1の状態から変更することになる情報，およびサーバにおける変更後の内容が問われています。

　ヒントとなるのは，図2の後にある，「図2では，……PCとサーバに設定されたデ・フ・ォ・ルトゲートウェイなどのネットワーク情報は，図1の状態から変更しない」との記述です。つまり，この"デフォルトゲートウェイ"を念頭に，〔N主任が示した改善策〕を読んでいきます。すると，「L3SW1の内部ルータのVLANインタフェースに仮想IPアドレスを設定する。…　PC及びサーバは，パケットを仮想IPアドレスに向けて送信する」との記述が見つかります。この記述をもとに図3を見ると，PCからサーバへのパケットはVRRPグループ2の仮想IPアドレス172.16.2.200に向けて送信され，サーバからPCへのパケットはVRRPグループ1の仮想IPアドレス172.16.1.200に向けて送信されることがわかります。したがって，このときの，PCのデフォルトゲートウェイアドレスは172.16.2.200，サーバのデフォルトゲートウェイアドレスは172.16.1.200でなければいけないので，変更することになる情報は「**デフォルトゲートウェイアドレス**」，サーバにおける変更後の内容は「**172.16.1.200**」です（次ページの図を参照）。

5　ネットワーク

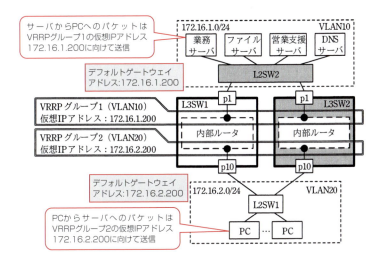

参考　VRRP

VRRP（Virtual Router Redundancy Protocol）は，ルータの冗長構成を実現するプロトコルです。同一LAN上の複数のルータをまとめ（これをVRRPグループという），VRRPグループごとに仮想IPアドレスを割り当て，仮想的に1台のルータとして見えるようにします。通常時は，VRRPグループのマスタルータが仮想ルータのIPアドレス（仮想IPアドレス）を保持し，各ノードは，この仮想ルータに対して通信を行いますが，マスタルータに障害が発生した時には，バックアップルータが仮想アドレスを引き継ぎ処理を続行します。

解答

設問1　a：イ　b：コ　c：オ　d：カ　e：ク
設問2　(1) 業務サーバへの経路に障害があるかどうかを確認するため
　　　(2) PCにDNSのキャッシュが残っているから
設問3　ルーティングテーブルの項番　　　　　：1
　　　VLANインタフェースの更新後の内容　：172.16.2.250
　　　VLAN名の更新後の内容　　　　　　　：VLAN20
設問4　変更することになる情報　　　　：デフォルトゲートウェイアドレス
　　　サーバにおける変更後の内容　：172.16.1.200

参考 IPv6の特徴

午後問題で扱われているIPアドレスはIPv4ですが，午前問題ではIPv6を問う問題が出題されています。下記に，IPv4からの変更点などIPv6の特徴を示します。押さえておきましょう。

〔IPv6の特徴〕
① IPアドレスが32ビットから**128ビット**に拡張された。
② 拡張ヘッダを使用することによって，セキュリティ機能である認証と改ざん検出機能（**IPsec**）のサポートが必須となった。
③ チェックサムなど付加的な情報の多くを拡張ヘッダに移し，基本ヘッダをシンプルかつ**固定長40バイト**にすることによって，中継機器（ルータなど）の負荷が軽減された。
④ IPv4ヘッダにおける生存時間（TTL）がホップ・リミットに改称された。
⑤ 特定グループのノードのうち，「経路上最も近いところにあるノード」あるいは「最適なノード」にデータを送信する**エニーキャスト**が追加された。

下図に，IPv4ヘッダとIPv6ヘッダを示します。**IPv4**ヘッダ内にあるオプションには，暗号化をはじめとした様々な付加サービスの情報が書き込まれます。このため，IPv4ではヘッダ長が可変となり，ルータでのハードウェア処理がしにくいという欠点があります。
IPv6では，これらの付加的な情報には拡張ヘッダが使用されます。拡張ヘッダはその種別ごとに用意されていて，次に続くヘッダ種別（拡張ヘッダがない場合はTCPあるいはUDP）を次ヘッダフィールドに示すことで，各種拡張ヘッダを数珠つなぎに続けられる構造になっています。

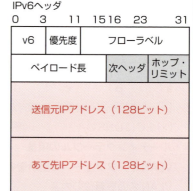

第6章 データベース

データベースに関する問題は、午後試験の**問6**に出題されます。選択解答問題です。

出題範囲

データモデル，正規化，DBMS，データベース言語（SQL），データベースシステムの運用・保守 など

6 データベース

基本知識の整理

〔学習項目〕 チェック
① E-R図
② 正規化
③ 表定義とデータ更新処理
④ SELECT文の基本構文と実行順序
⑤ 結合操作
⑥ 副問合せ
⑦ 集合演算とSQL文

E-R図は、業務で扱う情報を抽象化し、エンティティ（実体）およびエンティティ間のリレーションシップ（関連）を表現するデータモデル（**E-Rモデル**）を図式化したものです。午後問題では、エンティティに含まれる属性やエンティティ間のリレーションシップが問われます。

E-R図の問題

部品在庫管理台帳における、部品、仕入先、在庫の三つのエンティティの関係をデータモデルとして記述した。エンティティa～cの組合せとして、適切なものはどれか。

部品在庫管理台帳

部品コード	部品名	仕入先コード	仕入先名	仕入日付	仕入価格	在庫数
001	R部品	Z010	A商会	9月 1日	1,500	1,000
001	R部品	Z010	A商会	10月15日	1,400	1,500
002	S部品	Z010	A商会	9月20日	800	500
003	T部品	Z015	B商店	10月 8日	1,600	1,450
003	T部品	Z020	C商店	9月15日	1,200	800

6 データベース

```
[a] 1──*[b]*──1[c]
```

	a	b	c
ア	在庫	仕入先	部品
イ	在庫	部品	仕入先
ウ	仕入先	部品	在庫
エ	部品	在庫	仕入先

※ 図中の，1──*は1対多の関連を表す。

解説

　まず項目間の関数従属性に着目し，部品と仕入先エンティティの属性を見ていきます。部品名は，部品コードに関数従属しているので，部品コードを主キーとした部品エンティティの属性です。仕入先名は，仕入先コードに関数従属しているので，仕入先コードを主キーとした仕入先エンティティの属性です。つまり，データベースの関係表は次のようになります（実線の下線は主キーを表す）。

　　部品（部品コード，部品名）　　仕入先（仕入先コード，仕入先名）

　残った項目（仕入日付，仕入価格，在庫数）は，在庫エンティティの属性となりますが，部品コードと仕入先コードが同じでも，仕入日付によって仕入価格，在庫数が異なるので，在庫エンティティは，部品コードと仕入先コードそして仕入日付を主キーとしたエンティティとなります。

　　在庫（部品コード，仕入先コード，仕入日付，仕入価格，在庫数）

　次に，3つのエンティティの対応関係を見ていきます。1つの部品，たとえば部品コード"001"に対して在庫は2行あるので，部品と在庫の対応関係は1対多です。また，1つの仕入先，たとえば，仕入先コード"Z010"に対して在庫は3行あるので，仕入先と在庫の対応関係は1対多となります。以上から，データモデル（E-R図）は次のようになります。

解答　エ

②正規化

正規化は，データベースの論理的なデータ構造を導き出す手法であり，その目的は，データの重複を排除して，重複更新を避け，矛盾の発生を防ぐことです。午後問題では，主キーや外部キーを含め，正規化された関係表が問われます。

● 正規形

繰返し属性をもつ表は，まずそれを排除する**第1正規化**を行い第1正規形にしますが，第1正規形にはデータの重複が残るため，データベースの更新時に更新時異状（データ矛盾）が発生する可能性があります。そこで，属性間の関数従属性に基づいた表の分割，すなわち**第2正規化**および**第3正規化**を行い，表を第2正規形，第3正規形にします。第1，第2，第3正規形の特徴（定義）は次のとおりです。

重要

第1正規形	繰返し属性が存在しない
第2正規形	どの非キー属性も，主キーの真部分集合に対して関数従属（部分関数従属）しない。つまり，すべての非キー属性は主キーに完全関数従属する 完全関数従属　　　　　部分関数従属 主キー　　　　　　　　主キー
第3正規形	どの非キー属性も，主キーに推移的に関数従属しない。つまり，すべての非キー属性間に関数従属性が存在しない

● 非正規形

重要
　正規化が進められると表が複数に分割されるため，データ取り出しの際には多くの時間がかかってしまいます。そこで，更新が少なく更新時異状が発生する可能性が低い場合には，正規化を行わないか，あるいは正規化した表を戻す**非正規化**が行われることがあります。

● 更新時異状

では次に示す，教員の担当科目と給与を管理する"科目－教員"表を更新するとき，どのような問題が発生するでしょうか？　ここで，科目番号を主キーとし，基本給は科目によらず教員ごとに決まっているものとします。

科目番号	科目名	教員番号	担当教員	単位	基本給
2761	一般システム理論	8823	田中亮	2	180
2762	問題形成と問題解決	6673	佐藤永吉	2	250
2763	情報システム開発の経済性	6654	小林正路	2	400
2864	一般システム理論	7890	大野俊郎	2	230
2865	情報システムの都市計画法	4664	斉藤秀夫	4	320
3966	UMLモデリング	8823	田中亮	4	180

"科目-教員"表には,「科目番号 → (科目名, 教員番号, 担当教員, 単位)」,また「教員番号 → (担当教員, 基本給)」という関数従属性があり,非キー属性である担当教員と基本給は,主キーである科目番号に推移的関数従属しています。したがって,"科目-教員"表は第3正規形ではないため,「教員番号 → (担当教員, 基本給)」に関わる更新時異状の問題を内在しています。たとえば,複数の科目を担当する教員の基本給を変更するときは,担当するすべての科目について変更しないとデータ矛盾が生じます。

午前でよくでる 正規化の問題

次の表はどこまで正規化されたものか。

従業員番号	氏名	入社年	職位	職位手当
12345	情報 太郎	1971	部長	90,000
12346	処理 次郎	1985	課長	50,000
12347	技術 三郎	1987	課長	50,000

ア 第2正規形　　イ 第3正規形　　ウ 第4正規形　　エ 非正規形

解説

　表は繰返し属性がないので第1正規形です。また,従業員番号を主キーと考えた場合,従業員番号にすべての非キー属性が関数従属するので第2正規形です。しかし,職位手当は職位にも関数従属し,「従業員番号→職位→職位手当」という推移的関数従属が存在するため,表は第3正規形ではありません。

解答 ア

③表定義とデータ更新処理

ディスク装置上に実在し，データが格納される表を**実表**といいます。実表は**CREATE TABLE文**を用いて定義します。基本構文は，次のとおりです。

```
CREATE TABLE 表名
(   列名1    データ型    [ 列制約 ],
    列名2    データ型    [ 列制約 ],
           :
    [ 表制約 ] )
```
　　　　　　　　　　　　　　　列の定義
※ [ ] は省略可能

●列制約

1つの列に対する制約です。制約には，次のものがあります。

一意性制約	PRIMARY KEY ⇒ 主キー列に指定
	UNIQUE ⇒ 他の行との重複を認めない列に指定
非ナル制約	NOT NULL ⇒ 空値（NULL）を認めない列に指定
参照制約	REFERENCES 被参照表（参照する列）※ ⇒ 外部キー列に指定 ※主キーを参照する場合，参照列指定は省略可
検査制約	CHECK（列名　探索条件） ※探索条件には，列に格納できる値や範囲を指定

●表制約

表レベルで定義する制約です。主キーや外部キーが複数の列から構成される場合，列制約では定義できないため**表制約**として定義します。なお，1つの列から構成される場合であっても，それを表制約として定義しても構いません。

主キー	PRIMARY KEY（主キー列）
外部キー	FOREIGN KEY（外部キー列）REFERENCES 被参照表（外部キーが参照する列）※ ※主キーを参照する場合は省略可

【例】表制約定義

```
CREATE TABLE 社員            主キー                    外部キー
(社員コード CHAR(3), 社員名 CHAR(20), 部門コード CHAR(3),
    PRIMARY KEY(社員コード),
    FOREIGN KEY(部門コード) REFERENCES 部門(部門コード))
                                                被参照表
```

午前でよくでる CREATE文とUPDATE文の問題

"商品"表に対してデータの更新処理が正しく実行できるUPDATE文はどれか。ここで，"商品"表は次のCREATE文で定義されている。

```
CREATE TABLE 商品
( 商品番号 CHAR(4), 商品名 CHAR(20), 仕入先番号 CHAR(6), 単価 INT,
    PRIMARY KEY(商品番号))
```

商品

商品番号	商品名	仕入先番号	単価
S001	A	XX0001	18000
S002	A	YY0002	20000
S003	B	YY0002	35000
S004	C	ZZ0003	40000
S005	C	XX0001	38000

ア　UPDATE 商品 SET 商品番号 = 'S001' WHERE 商品番号 = 'S002'
イ　UPDATE 商品 SET 商品番号 = 'S006' WHERE 商品名 = 'C'
ウ　UPDATE 商品 SET 商品番号 = NULL WHERE 商品番号 = 'S002'
エ　UPDATE 商品 SET 商品名 = 'D' WHERE 商品番号 = 'S003'

解説

PRIMARY KEY(商品番号)とあるので，商品番号が主キーです。したがって，商品番号が重複したり，空値(NULL)となるような更新(UPDATE)は実行できません。正しく実行できるのは，〔エ〕のUPDATE文だけです。

解答　エ

●挿入（INSERT文）

新たな行（データ）の挿入はINSERT文を用いて，次の形式で指示します。試験では，挿入する列の値を値リストにより明示的に指定する方法①と，副問合せ（SELECT文）の結果を用いる方法②が出題されます。

重要

①INSERT INTO 表名 ［（列リスト）］VALUES（値リスト）
②INSERT INTO 表名 ［（列リスト）］ SELECT文
※［ ］は省略可。省略した場合，CREATE TABLE文で定義した列順となる

●変更（UPDATE文）

表中のデータの変更は**UPDATE文**を用いて，次の形式で指示します。どの列の値を変更するのか，SET句に列単位で「列名＝変更値」と指定します。試験では，列の変更値を直接指定する方法①と，副問合せ（SELECT文）の結果を変更値とする方法②，さらに列の変更値をCASE文によって決める方法③が出題されます。

重要

① UPDATE 表名 SET 列名 = 変更値 [WHERE 更新データの条件]
② UPDATE 表名 SET 列名 = (SELECT文) [WHERE 更新データの条件]
③ UPDATE 表名 SET 列名 = CASE文 [WHERE 更新データの条件]
※ [ ] は省略可能。省略した場合，表中の全ての行が更新される
変更列が複数ある場合，「列名＝変更値」をカンマ(,)で区切って指定する

ここで，CASE文を確認しておきましょう。次のUPDATE文は，販売価格が決められていない"商品"表に，販売価格を設定するSQL文です。販売ランクがaなら「単価×0.9」，bなら「単価－500」，cなら「単価×0.7」，それ以外の販売ランクなら単価そのものを販売価格に設定します。

"商品"表　　　　　　　　　　　　　　　　NULL値が設定されている

商品番号	商品名	販売ランク	単価	販売価格

```
UPDATE 商品 SET 販売価格 =
    CASE
        WHEN 販売ランク='a' THEN 単価 * 0.9
        WHEN 販売ランク='b' THEN 単価 - 500
        WHEN 販売ランク='c' THEN 単価 * 0.7
        ELSE 単価
    END
```

●削除（DELETE文）

表中のデータの削除は**DELETE文**を用いて，次の形式で指示します。

重要

DELETE FROM 表名 [WHERE 削除データの条件]
※ [ ] は省略可。省略した場合，表中の全ての行が削除される

DELETE文と勘違いしやすいのがDROP文です。DELETE文を用いて表中のすべての行を削除しても表そのものは残りますが，「DROP TABLE 表名」を実行すると指定された表そのものが削除されます。

6 データベース

午前でよくでる データ更新の問題

R表に，(A，B) の2列で一意にする制約 (UNIQUE制約) が定義されているとき，R表に対するSQL文のうち，この制約に違反するものはどれか。ここで，R表には主キーの定義がなく，また，すべての列は値が決まっていない場合 (NULL) もあるものとする。

R

A	B	C	D
AA01	BB01	CC01	DD01
AA01	BB02	CC02	NULL
AA02	BB01	NULL	DD03
AA02	BB03	NULL	NULL

ア　DELETE FROM R WHERE A = 'AA01' AND B = 'BB02'
イ　INSERT INTO R(A, B, C, D) VALUES ('AA01', NULL, 'DD01', 'EE01')
ウ　INSERT INTO R(A, B, C, D) VALUES (NULL, NULL, 'AA01', 'BB02')
エ　UPDATE R SET A = 'AA02' WHERE A = 'AA01'

解説

　UNIQUE制約とは，すでにある他の行との値の重複を認めない制約です。〔エ〕のUPDATE文は，A列の値が'AA01'である行の，A列の値を'AA02'に変更するSQL文です。このUPDATE文を実行すると，1行目と2行目のA列の値が'AA02'に変更され，1行目と3行目の (A，B) 列の値が重複してしまうため制約に違反します。
ア：A列の値が'AA01'かつB列の値が'BB02'である行を削除するSQL文です。
イ：行 ('AA01', NULL, 'DD01', 'EE01') を挿入するSQL文です。
ウ：行 (NULL, NULL, 'AA01', 'BB02') を挿入するSQL文です。
　いずれのSQL文も，(A，B) 列の値に重複が起きないため制約違反とはなりません。

解答　エ

　午前問題においては，データの挿入 (INSERT)，変更 (UPDATE)，削除 (DELETE) が直接に問われることはありません。問題の多くは，「正しく実行できるSQL文は？」，「制約なしで実行できるSQL文は？」といった一意性制約や参照制約に関連する知識を問う問題です。

　午後問題ではこれらの午前知識があることを前提に，データ更新のSQL文 (INSERT, UPDATE, DELETE) の記述問題や完成問題が出題されます。また，出題されるデータ更新のSQL文の多くが，副問合せ (SELECT文) を用いているため，SELECT文の理解は必要不可欠です。

④SELECT文の基本構文と実行順序

実表あるいはビューからデータを取り出す場合は，**SELECT文**を用います。SELECT文の基本構文は，次のとおりです。

```
SELECT     ←取り出す列，集合関数，式，定数など導出表の列となる項目を指定
FROM       ←処理対象となる表やビューを指定（副問合せも可）
[WHERE]    ←抽出条件を指定
[GROUP BY] ←グループ化列を指定
[HAVING]   ←グループ抽出条件を指定
[ORDER BY] ←並べ替えのキー(列，グループ値)とASCまたはDESCを指定
            (ASC：昇順，DESC：降順，指定なしの場合は昇順となる)
```
※[ ]は省略可能

●SELECT文の実行順序

SELECT文は，「FROM句→WHERE句→GROUP BY句→HAVING句→SELECT句」の順に実行(評価)した結果を，ORDER BY句で指定したキー項目で並べ替えたものを導出表として出力します。各句では，直前の句により生成された表(導出表)を入力して処理を行い，結果表を次の句へ出力します。

●GROUP BY

GROUP BY句を指定したとき，SELECT句に記述できるのは，グループを代表する値(GROUP BY句で指定した列および集合関数)と定数だけです。このことの理解ができているかを確認するため，午後問題ではときどき，GROUP BY句に指定する項目が問われます。

たとえば，売上データを商品コードでグループ化し，商品コード，商品名，売上金額の合計を求める次のSQL文が問われたら，迷わず空欄a，bには「商品コード，商品名」を入れましょう。商品コードだけを記述すればよさそうですが，SELECT句に商品名があるため商品名を記述しないと構文エラーになります。

```
SELECT 商品コード，商品名，SUM(売上金額)
FROM 売上
GROUP BY   a  ,   b  
```
a：商品コード，b：商品名

⑤結合操作

結合は、2つの表が共通にもつ項目で結合を行い、新しい表を導出する操作です。午後問題では、以下に示す3つの結合方法が出題されています。次の"商品"表と"販売"表を例に、それぞれの結合の特徴を見ておきましょう。

商品

商品番号	商品名	単価
A5023	シャンプー	500
A5025	リンス	400
A5026	洗顔石けん	300
A5027	石けん	100

販売

得意先	商品番号	販売数量
K商会	A5023	100
S商会	A5023	150
K商会	A5025	120
K商会	A5027	100
S商会	A5027	160

●従来型の結合

FROM句に指定した表を結合するための条件（結合条件）を、WHERE句に指定します。"商品"表と"販売"表を商品番号で結合して、下図の結果を得るSQL文は、次のようになります。

商品番号	商品名	単価	得意先	販売数量
A5023	シャンプー	500	K商会	100
A5023	シャンプー	500	S商会	150
A5025	リンス	400	K商会	120
A5027	石けん	100	K商会	100
A5027	石けん	100	S商会	160

```
SELECT 商品.商品番号，商品名，単価，得意先，販売数量
FROM 商品，販売
WHERE 商品.商品番号 = 販売.商品番号
```

●内結合（INNER JOIN）

参照
p404

内結合（内部結合ともいう）は、**INNER JOIN**を使用した結合です。結合する表をINNER JOINを使って指定し、結合条件をON句で指定することで、従来型の結合と同等な操作ができます。上記SQL文をINNER JOINを用いて記述すると次のようになります。

```
SELECT 商品.商品番号，商品名，単価，得意先，販売数量
 FROM 商品 INNER JOIN 販売 ON 商品.商品番号 = 販売.商品番号
```

●外結合（OUTER JOIN）

先の2つの結合は，結合条件を満たした行のみを結合しますが，**OUTER JOIN**を使用した**外結合**（外部結合）では，結合相手の表に該当データが存在しない場合は，それをNULLとして結合します。外結合には，"OUTER JOIN"の左側の表を基準に結合する左外結合，右側の表を基準にする結合する右外結合，両方の表を基準に外結合する完全外結合の3つがあります。

たとえば，"商品"表と"販売"表から，「どの商品がどのくらい売れたのか」を見たい場合，先の2つの結合では，販売がない商品（この場合，洗顔石けん）は出力されません。販売がない商品のデータも出力したい場合は，左外結合あるいは右外結合を使用します。

```
SELECT 商品.商品番号，商品名，単価，得意先，販売数量
FROM 商品 LEFT OUTER JOIN 販売 ON 販売.商品番号 = 商品.商品番号
```
「販売 RIGHT OUTER JOIN 商品」としても同じ結果になる

商品番号	商品名	単価	得意先	販売数量
A5023	シャンプー	500	K商会	100
A5023	シャンプー	500	S商会	150
A5025	リンス	400	K商会	120
A5026	洗顔石けん	300	NULL	NULL
A5027	石けん	100	K商会	100
A5027	石けん	100	S商会	160

午後問題で，INNER JOINを使用したSQL文の不具合が問われたら，「該当データがない場合は出力されない」こと，またそれを改善するためには「OUTER JOINを使用する」ことを思い出しましょう。

●表の相関名

FROM句に指定する表に別名（**相関名**という）を付けることができます。「FROM 商品 S, 販売 H」とすることで，FROM句以降の句では，"商品"表をS，"販売"表をHとして扱います。

また，FROM句には副問合せ（次ページ参照）も記述できますが，副問合せで得られる導出表には名前がないため，「(副問合せ) AS 表名」と記述し，得られる導出表に名前を付けます。"AS"は省略可能です。午後問題のSQL文では，"AS"がある場合とない場合があるので注意しましょう。

⑥副問合せ

　1つのSQL文の中に，括弧で囲って記述されるSELECT文を**副問合せ**といいます。副問合せには，単一値（1行1列）を戻すスカラ副問合せや，表値（行列とも1以上）を戻す表副問合せがあります。

> ・問合せの結果が単一値
> 　（SELECT 商品名 FROM 商品 WHERE 商品番号 = 'A5023'）
> ・問合せの結果が表値
> 　（SELECT 商品番号, 商品名 FROM 商品 WHERE 単価 ＞ 300）

●エラーになる副問合せ

　単一値が要求される場合に，複数の列や複数の行を戻す副問合せを指定するとエラーになります。では次のSQL文はどうでしょうか？

```
SELECT 商品名 FROM 商品
WHERE 商品番号 = (SELECT 商品番号 FROM 販売 WHERE 販売数量 ＞ 30)
```

　"販売"表に，販売数量が30より多いデータが1件しかないなら問題はありませんが，複数存在する場合は実行時エラーになります。午後問題ではこのようなSQL文が提示され，「SQL文を実行したところエラーとなった。実行時にエラーを起こした理由は？」と問われることがあります。この場合の解答キーワードは「副問合せが複数行を戻すから」です。

●IN述語

　上記SQL文の"="を"IN"に変更することで，副問合せからの結果が複数件あってもエラーにならず，販売数量が30より多い商品の商品名をすべて出力することができます。次の午前問題で，IN述語を使ったSQL文を確認しておきましょう。

午前でよくでる　INを使用した副問合せの問題

"社員"表と"プロジェクト"表に対して，次のSQL文を実行した結果はどれか。

```
SELECT プロジェクト番号, 社員番号 FROM プロジェクト
WHERE 社員番号 IN (SELECT 社員番号 FROM 社員 WHERE 部門 <= '2000')
```

社員

社員番号	部門	社員名
11111	1000	佐藤一郎
22222	2000	田中太郎
33333	3000	鈴木次郎
44444	3000	高橋美子
55555	4000	渡辺三郎

プロジェクト

プロジェクト番号	社員番号
P001	11111
P001	22222
P002	33333
P002	44444
P003	55555

ア
プロジェクト番号	社員番号
P001	11111
P001	22222

イ
プロジェクト番号	社員番号
P001	22222
P002	33333

ウ
プロジェクト番号	社員番号
P002	33333
P002	44444

エ
プロジェクト番号	社員番号
P002	44444
P003	55555

――――― 解 説 ―――――

部門が'2000'以下の社員の社員番号は'11111'と'22222'なので，副問合せである「SELECT 社員番号 FROM 社員 WHERE 部門 <= '2000'」を実行すると，('11111'，'22222')が戻されます。したがって問題のSQL文は，次のSQL文と同等になり，〔ア〕の結果を導出します。

```
SELECT プロジェクト番号, 社員番号 FROM プロジェクト
WHERE 社員番号 IN ('11111', '22222')
```

解答 ア

● 限定比較述語（ALL，ANY），EXISTS述語

SQLにはIN述語のほか，さまざまな述語があります。下表に，午後問題に出題されている述語をまとめておきます。

重要

ALL	構文：X 比較演算子 ALL（副問合せ）
	副問合せの結果が空（0行）か，あるいはXが，副問合せの結果のすべての値に対して比較条件を満たすとき真となる
ANY	構文：X 比較演算子 ANY（副問合せ）
	副問合せの結果が空（0行）でなく，Xが，副問合せの結果の少なくとも1つに対して比較条件を満たすとき真となる
EXISTS	構文：EXISTS（副問合せ）
	副問合せの結果が空（0行）でないときに限り真となる

⑦集合演算とSQL文

列数（次数ともいう）と列属性が等しい同じ構造の表に対して，和，共通，差の3つの集合演算が適用できます。各演算の特徴は，次のとおりです。

参照
p424

UNION演算 (和演算:∪)	2つの表の少なくとも一方に存在する行（タプル）を戻す	A○○B
INTERSECT演算 (共通演算:∩)	2つの表の共通部分に存在する，すなわち両方の表に存在するすべての行を戻す	A○○B
EXCEPT演算 (差演算:−)	たとえばA−Bは，A表の行の中で，B表にも現れる行を除いたすべての行を戻す	A○○B

ここで，差演算はNOT EXISTSを用いても実現できることを紹介しておきましょう。たとえば，"社員番号"と"氏名"を列としてもつ下記のA表とB表に対して，差A−Bを求めるSQL文は，次のようになります。

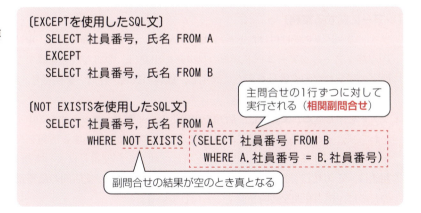

〔EXCEPTを使用したSQL文〕
　　SELECT 社員番号, 氏名 FROM A
　　EXCEPT
　　SELECT 社員番号, 氏名 FROM B

〔NOT EXISTSを使用したSQL文〕
　　SELECT 社員番号, 氏名 FROM A
　　　　　　　WHERE NOT EXISTS (SELECT 社員番号 FROM B
　　　　　　　　　　　　　　　　　WHERE A.社員番号 = B.社員番号)

主問合せの1行ずつに対して実行される（**相関副問合せ**）

副問合せの結果が空のとき真となる

NOT EXISTSを用いたSQL文では，主問合せ（A表）の1行ずつに対して副問合せが実行され，A表の社員番号と合致する社員番号がB表になければ真となるので，その社員番号が結果表に出力されます。

問題1　旅行業務用データベースの設計　(H21秋午後問6)

旅行業務における「予約」および「ダイレクトメール発送業務」を題材に，データベースシステムの設計における正規化の考え方の理解度を確認する問題です。
本問を通して，候補キー（主キー）ならびに正規化の概念，正規化操作，さらに業務要件を満たすデータベース設計（E-R図）の理解を深めましょう。

問　旅行業務用データベースの設計に関する次の記述を読んで，設問1～3に答えよ。

旅行会社であるZ社では，四半期ごとにパッケージツアー（以下，ツアーという）の計画を作成し，発売開始後，申込みを受け付ける。Z社には，本社のほかに，地域ごとに支店があり，ツアーの申込みは，インターネットと支店店頭の両方で行える。また，ツアーの申込みに関するデータは，本社のデータベースで一括して管理する。

〔ツアー〕
・ツアーにはツアーコードが付けられている。ツアーの内容が同じであれば，出発日が異なってもツアーコードは同じであるが，日数が異なればツアーコードは異なる。
・ツアーは，ツアーコードが同じでも，出発日によって価格が異なることがある。

〔ツアーに関する業務〕
・ツアーの申込みを受け付けたときには，申込番号，申込者の顧客番号，申込日，申し込んだツアーのツアーコード，そのツアーの出発日，参加人数を登録する。新規の顧客の場合には顧客番号を新たに設定し，顧客の氏名，住所，郵便番号，電話番号，電子メールアドレスを登録する。
・ツアーを申し込んだ顧客には，店頭での申込みかインターネットからの申込みかにかかわらず，それ以降，支店から四半期ごとにツアーなどに関する情報をダイレクトメールで送付する。顧客を担当する支店は，顧客の郵便番号によって決めている。発送は，その時点で担当になっている支店が行う。なお，支店間の業務量の均等化のために，担当範囲を随時見直すことにしている。

〔データベースの設計〕
・E-R図を作成してテーブル設計を行った結果，ツアーテーブル，申込テーブル，顧客テーブル，支店テーブルの四つのテーブルから成るデータベースを作成することに

した。
- E-R図を図1に，設計したテーブルを表1に示す。なお，表1において，下線の引かれた列名は，主キーである。

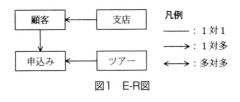

図1　E-R図

表1　テーブル設計

テーブル名	列　名
ツアー	<u>ツアーコード</u>，<u>出発日</u>，日数，ツアー名称，価格
申込み	<u>申込番号</u>，顧客番号，申込日，ツアーコード，出発日，参加人数
顧客	<u>顧客番号</u>，氏名，住所，郵便番号，電話番号，電子メールアドレス，担当支店コード
支店	<u>支店コード</u>，支店名

〔データベースの運用〕
- ツアーテーブルには，四半期ごとにその期のツアー商品を追加する。当該四半期の間にツアーテーブルの内容が変更されることはない。
- ツアーの申込みを受け付けるごとに，申込テーブルに行を1行追加する。申込番号は，ツアーの申込み1件ごとに設定する。

〔正規化に関する検討〕
　ツアーテーブルの非キー属性の中には，候補キーに完全関数従属していない属性が存在するので，ツアーテーブルは第二正規形ではない。すなわち，非キー属性である　a　と　b　が，候補キーの一部である　c　だけに関数従属している。
　顧客テーブルの非キー属性の中には，ほかの非キー属性を介して候補キーに関数従属（推移関数従属）している属性があるので，顧客テーブルは，第三正規形ではない。具体的には，非キー属性である　d　は，やはり非キー属性である　e　に関数従属している。ただし，Z社では，入力間違いなどの可能性を考慮し，顧客テーブルの郵便番号は住所に関数従属しないものと考えている。

設問1 本文中の a ～ e に入れる適切な字句を解答群の中から選び，記号で答えよ。

解答群

ア　価格　　　　イ　顧客番号　　　ウ　氏名
エ　住所　　　　オ　出発日　　　　カ　担当支店コード
キ　ツアーコード　ク　ツアー名称　　ケ　電子メールアドレス
コ　電話番号　　サ　日数　　　　　シ　郵便番号

設問2 正規化に関する検討について，(1) ～ (3) に答えよ。

(1) テーブルが第二正規形ではない場合，一般的には様々な問題が発生する可能性がある。しかし，ツアーテーブルの場合にはそのような問題は発生しないと考えられる。その理由を，本文の記述に照らし合わせて35字以内で述べよ。

(2) 顧客テーブルが第三正規形でないために発生する問題を，本文の記述に照らし合わせて60字以内で述べよ。

(3) 顧客テーブルを第三正規形になるように分解せよ。新規に追加するテーブルには適切なテーブル名を付け，表1に倣って列名を記述し，主キーを示す下線を引くこと。

設問3 現在の設計では，ツアーに参加した人全員の情報をデータベースに保持しているわけではないので，参加者全員にダイレクトメールを送ることはできない。そこで，それぞれのツアーの参加者全員の情報をデータベースに格納することを検討する。そのために，図1のE-R図にエンティティを一つ追加する。また，それに従って，申込者に加えて全参加者の情報を顧客テーブルに格納するとともに，新たなテーブルを追加して，申込番号ごとに，そのツアーに参加するすべての顧客の顧客番号を保持するようにする。これを実現するために，図1に対して，適切な名称を付したエンティティを追加し，リレーションシップを記入せよ。

解 説

設問1 の解説

　設計されたテーブル（ツアーテーブル，顧客テーブル）に含まれる部分関数従属性や推移的関数従属性を見つけ出す問題です。解答にあたっては，完全関数従属，部分関数従属，推移関数従属など，午前知識が必要になります。少しでも不安があれば「基本知識の整理」に戻り復習しておきましょう。

6　データベース

●空欄a，b，c

空欄a，b，cを含む記述およびツアーテーブルの構造は，次のとおりです。

　ツアーテーブルの非キー属性の中には，候補キーに完全関数従属していない属性が存在するので，ツアーテーブルは第二正規形ではない。すなわち，非キー属性である　a　と　b　が，候補キーの一部である　c　だけに関数従属している。

ツアー（<u>ツアーコード</u>，<u>出発日</u>，日数，ツアー名称，価格）

　ツアーテーブルの部分関数従属性について問われているので，問題文〔ツアー〕の記述を参考に，非キー属性（日数，ツアー名称，価格）の中で，候補キー（この場合，主キーと読み替えてもOK）の一部の属性だけに関数従属するものを調べます。

　まず，「ツアーの内容が同じであれば，出発日が異なってもツアーコードは同じであるが，日数が異なればツアーコードは異なる」という記述から，「ツアー内容と日数が同じであれば，ツアーコードは同じである」と解釈でき，ツアー内容と日数は，ツアーコードに関数従属することになります。ここで，ツアー内容をツアー名称と置き換えれば，ツアーテーブルには，次の図に示す部分関数従属が存在することになります。

【例】

ツアーコード	出発日	日数	ツアー名称	価格
T550-5	3月30日	5日間	パリ・フリーの旅	30万円
T550-5	3月31日	5日間	パリ・フリーの旅	38万円
T550-6	3月30日	6日間	パリ・フリーの旅	35万円
T550-6	3月31日	6日間	パリ・フリーの旅	40万円

　この時点で，空欄a，b，cに何が入るのかがほぼ決まりますが，「念には念を！」です。問題文〔ツアー〕のもう1つの記述も確認しておきましょう。

　「ツアーは，ツアーコードが同じでも，出発日によって価格が異なることがある」とあります。これは，価格は候補キーであるツアーコードと出発日に関数従属している，つまり候補キーに完全関数従属していることを意味します。

　以上，候補キーの一部であるツアーコードだけに関数従属しているのは，ツアー名称と日数です。したがって，**空欄a**には〔**ク**〕の**ツアー名称**，**空欄b**には〔**サ**〕の**日数**，**空欄c**には〔**キ**〕の**ツアーコード**が入ります。なお，空欄aと空欄bは順不同です。

●空欄d，e

空欄d，eを含む記述および顧客テーブルの構造は，次のとおりです。

顧客テーブルは，第三正規形ではない。具体的には，非キー属性である　d　は，やはり非キー属性である　e　に関数従属している。ただし，Z社では，入力間違いなどの可能性を考慮し，顧客テーブルの郵便番号は住所に関数従属しないものと考えている。

顧客（顧客番号，氏名，住所，郵便番号，電話番号，電子メールアドレス，
　　　担当支店コード）

顧客テーブルの推移的関数従属性について問われているので，顧客テーブルの非キー属性の中で，関数従属が存在するものを調べます。

一般的に考えて，住所が決まれば郵便番号が決まるので，「郵便番号は住所に関数従属する」と早合点しがちですが注意しましょう。上記の記述にあるように，本問においては，郵便番号は住所に関数従属しません。そこで，その他の属性を調べることになりますが，ここで担当支店コードが怪しいと気付くことがポイントです。担当支店コードについては，問題文〔ツアーに関する業務〕の2つ目の記述中に「顧客を担当する支店は，顧客の郵便番号によって決めている」とあります。つまりこの記述から，担当支店コードは郵便番号に関数従属することになります。以上，**空欄d**には〔**カ**〕の**担当支店コード**，**空欄e**には〔**シ**〕の**郵便番号**が入ります。

設問2 の解説

本設問における（1）および（2）は正規化の定番問題です。下記に示すポイントを参考に，解答を考えていきましょう。

☞Point! 正規化問題のポイント

- **正規化の目的は？**
  → データの重複を排除して，重複更新を避け，矛盾の発生を防ぐこと
- **正規化を行っていない（正規形でない）理由は？**
  → 変更がない（少ない）から
- **表が正規形ではない場合，どのような問題が生じる可能性があるか？**
  → 更新時異状（データ矛盾）

6 データベース

(1) 一般に，テーブルが低次の正規形（第一正規形，第二正規形）である場合，データの更新に伴って，データ矛盾といった問題が発生する可能性があります。しかし，第二正規形ではない，すなわち第一正規形であるツアーテーブルには，このような問題は発生しないと考えられ，その理由が問われています。

そもそもこのような問題が発生するのは，データ更新があるからであり，データ更新がなければ，このような問題は発生しません。そこで問題文中に，「ツアテーブルは更新されない」といった記述がないか探してみます。すると，〔データベースの運用〕に，「ツアーテーブルには，四半期ごとにその期のツアー商品を追加する。当該四半期の間にツアーテーブルの内容が変更されることはない」との記述があります。つまり，この記述が正解になります。解答としては，「ツアーテーブルの内容が変更されることはない」旨を35字以内にまとめればよいでしょう。なお，試験センターでは解答例を「**ツアーテーブルに追加された行がその後変更されることはないから**」としています。

(2) 顧客テーブルが第三正規形でないために発生する問題が問われています。先述したように，発生する問題とは，データ更新に伴うデータ矛盾の発生です。ここで，顧客テーブルには非キー属性間に，「郵便番号 → 担当支店コード」という関数従属が存在していることを思い出しましょう。つまり，データ更新に伴うデータ矛盾の発生は，この関数従属が原因だということです。

そこで，郵便番号と担当支店コードに関連してどのようなデータ更新があるのかを，問題文中から探してみます。すると，〔ツアーに関する業務〕の2つ目の記述に，「顧客を担当する支店は，顧客の郵便番号によって決めている。なお，支店間の業務量の均等化のために，担当範囲を随時見直すことにしている」との記述があります。たとえば，担当範囲の見直しにより，郵便番号が"162-0846"である顧客の担当支店を変更することになった場合はどうでしょうか。データ矛盾を起こさないためには，郵便番号が"162-0846"であるすべての顧客データの担当支店コードを修正しなければなりません。もし，1つでも修正漏れがあればデータ矛盾が発生してしまいます。これが，第三正規形ではないために発生する問題です。

以上，解答としては，「担当範囲が変更されると，当該データをすべて変更しなければならない」ことを中心に60字以内でまとめればよいでしょう。なお，試験センターでは解答例を「**支店の担当範囲が変更されると，顧客テーブルの該当するすべての行の担当支店コードを修正しなければならない**」としています。

(3) 顧客テーブルを第三正規形になるように分解する問題です。第三正規形とは，非キー属性間の関数従属が存在しない正規形なので，顧客テーブルに存在する「郵便

375

番号→担当支店コード」という関数従属を排除すれば，顧客テーブルは第三正規形になります。具体的には，郵便番号を主キーとして担当支店コードを別のテーブルに分割します。ここで，新たに分割したテーブル名を担当支店とすると，顧客テーブルは次のようになります。

設問3 の解説

E-R図の作成問題です。新たなテーブル（エンティティ）を追加しなければいけないため，設問1，2に比べると若干難易度が高い問題です。具体的なデータをイメージしながら，設問状況を1つひとつ紐解いていきましょう。

まず，現在の設計における"顧客"対"申込み"の対応関係を確認しておきましょう。申込みテーブルには，ツアー申込みを行った顧客番号を登録し，顧客テーブルには，その顧客情報を登録します。したがって，"顧客"対"申込み"は1対多です。

しかし，これではツアー参加者全員にダイレクトメールを送ることができないため，次の2つの変更を行うとしています。

①申込者に加えて全参加者の情報を顧客テーブルに格納する。
②新たなテーブルを追加して，申込番号ごとに，そのツアーに参加するすべての顧客の顧客番号を保持するようにする。

ここでのポイントは，ツアー参加者全員の情報を"顧客"にもたせた場合，"顧客"対"申込み"の対応関係が多対多になるということです。このことに気付けば，多対多の

関係を1対多の関係にするため，"顧客"と"申込み"の間に，連関エンティティを介入させればよいことがわかると思います（p.382の「参考」を参照）。

そこで，この介入させる連関エンティティ名を"参加"とすると，"参加"の主キーは，申込番号と顧客番号の複合キーになり，E-R図は次のようになります。

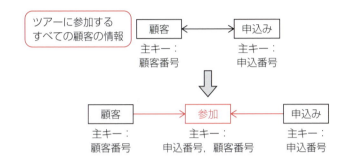

この連関エンティティ"参加"に対応するのが，変更②に示した"新たなテーブル"です。このテーブルには，たとえば，AさんがT550-5（パリ・フリーの旅5日間）のツアーを申込み，申込み番号が5番，AさんのほかにBさんとCさんが参加するといった場合，{5, A}，{5, B}，{5, C}のデータが格納されることになり，「申込番号ごとに，そのツアーに参加するすべての顧客の顧客番号の保持」が可能です。

以上，図1のE-R図に追加すべきエンティティは上図の"**参加**"です。

解答

設問1 a：ク　b：サ　c：キ　d：カ　e：シ　（a，bは順不同）

設問2 (1) ツアーテーブルに追加された行がその後変更されることはないから

(2) 支店の担当範囲が変更されると，顧客テーブルの該当するすべての行の担当支店コードを修正しなければならない

(3)

設問3

Try!　(H27秋午後問6抜粋)

　本Try!問題は，人事システムを題材に，再帰的なデータ構造と履歴管理の考え方を問う問題の一部です。リレーションシップと正規化に関連する部分を抜粋していますから，この問題を通して，リレーションシップや正規化操作を再度確認しておきましょう。なお，再帰的なデータ構造とは，自分自身と関連をもつ構造のことです。具体的なデータをイメージすることがポイントです。

　R社では，人事システムの改善を検討している。現行システムでは，現時点での情報しか管理していないが，過去の履歴や将来の発令予定も管理できるようにしたいと考えている。

　現行システムでの社員と部署のE-R図を図1に示す。部署の階層は木構造になっており，再帰リレーションシップで表現している。最上位は会社で，下に向かって本部，部，課などが配置されている。上位部署IDには，上位部署の部署IDを保持し，最上位である会社の上位部署IDにはNULLを設定する。社員は必ず一つの部署だけに所属している。部署には部署長が必ず一人存在するが，一人の社員が複数の部署の部署長を兼任している場合もある。また，各社員に携帯電話機を1台ずつ配布しており，電話番号は部署にではなく，社員に割り当てられている。

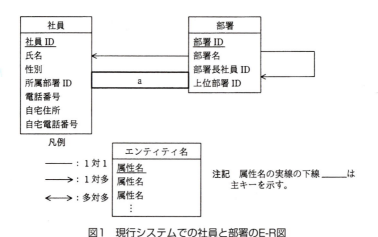

図1　現行システムでの社員と部署のE-R図

　図1のリレーションシップが，どの属性と関連しているかを表1に示す。表1の1行目は，エンティティ"社員"の属性"所属部署ID"がエンティティ"部署"の属性"部署ID"を参照する外部キーとなっていて，"社員"と"部署"の間には多対1のリレーションシ

6 │ データベース

ップがあることを示している。多対1のリレーションシップの多側が外部キーの属性，1
側が主キーの属性と対応している。

表1　社員と部署のリレーションシップ

エンティティ名と属性名		リレーションシップ	エンティティ名と属性名	
社員	所属部署 ID	←	部署	部署 ID
社員	社員 ID	a	部署	部署長社員 ID
部署	b	→	部署	c

〔新システムでの履歴管理〕

　新システムでは，(1) ～ (4) の要件を実現したいと考えている。

(1) 指定した社員が，今までに所属していた部署の履歴が分かる。

(2) 指定した日の，会社全体の部署構造が分かる。

(3) 人事異動後の部署，所属の情報をあらかじめ入力しておき，異動が発生したらすぐに
　　有効とする。

(4) 所属情報以外の社員の情報は履歴管理する必要はなく，最新の情報だけを管理すれば
　　よい。

　これらの要件を実現するために，エンティティ"社員"と"部署"に，属性"適用開始
年月日"と"適用終了年月日"を追加して，各タプルの有効期間を管理する方法を考え
た。指定した日が適用開始年月日から適用終了年月日までの範囲内であれば，その日の時
点で有効なタプルである。適用終了年月日が未定の場合は，'9999-12-31'を設定する。
エンティティ"社員"と"部署"を図3に示す。

社員
社員 ID
適用開始年月日
適用終了年月日
氏名
性別
所属部署 ID
電話番号
自宅住所
自宅電話番号

部署
部署 ID
適用開始年月日
適用終了年月日
部署名
部署長社員 ID
上位部署 ID

図3　履歴管理を考慮した社員と部署

　しかし，①図3のエンティティ"社員"は十分に正規化されていないとの指摘を受け，
エンティティ"所属"を新たに追加し，エンティティ"社員"を第3正規形とした。新シ
ステムでの社員と部署と所属のE-R図を図4に示す。

379

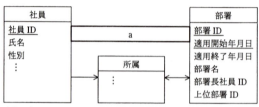

注記　社員と所属の属性は省略している。

図4　新システムでの社員と部署と所属のE-R図

(1) 図1及び表1中の　a　に入れる適切なリレーションシップを答え，E-R図を完成させよ。図1の凡例に倣って解答すること。
(2) 表1中の　b　，　c　に入れる適切な属性名を答えよ。
(3) 本文中の下線①で，エンティティ"社員"は第1正規形，第2正規形，第3正規形のうち，どこまで正規化されているか答えよ。また，その理由を30字以内で述べよ。
(4) 図4中のエンティティ"所属"の属性を，本文中又は図中の字句を用いて答えよ。属性が主キーの一部となる場合は，実線の下線を付けること。

解 説

(1) "社員"と"部署"のリレーションシップが問われています。図4にも空欄aがありますが，「図1及び表1中の」とあるので，図4の空欄aは気にせず考えていきましょう。

問題文の「部署には部署長が必ず一人存在するが，一人の社員が複数の部署の部署長を兼任している場合もある」との記述から，"社員"と"部署"には1対多の関係があり，エンティティ"部署"の属性"部署長社員ID"が，"社員"の属性"社員ID"を参照する外部キーになることがわかります。したがって，**空欄a**には「——→」が入ります。

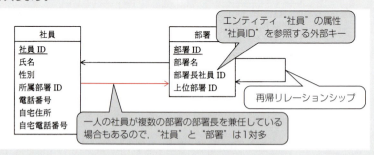

(2) 表1の3行目にある空欄b，cに入る属性名が問われています。表1の3行目は，"部署"と"部署"との関連，すなわち再帰リレーションシップを表しています。ここで問題文にある，「上位部署IDには，上位部署の部署IDを保持する」との記述に着目し，具体例で考えてみます。たとえば，「開発本部，開発第1部，開発1課」といった

階層であれば，開発1課の上位部署IDには開発第1部の部署IDが設定され，開発第1部の上位部署IDには開発本部の部署IDが設定されることになります。このことから，エンティティ"部署"の属性"**上位部署ID（空欄c）**"がエンティティ"部署"の属性"**部署ID（空欄b）**"を参照する外部キーとなっていることがわかります。

(3) まず，各正規形の特徴を確認しておきましょう。

・第1正規形：繰返し属性が存在しない。

・第2正規形：どの非キー属性も，主キーの真部分集合に対して関数従属しない。

・第3正規形：どの非キー属性も，主キーに推移的に関数従属しない。

　図3のエンティティ"社員"には繰返し属性がないので第1正規形の条件は満たしています。しかし，非キー属性である"氏名"，"性別"，"電話番号"，"自宅住所"，"自宅電話番号"が，主キーの一部である"社員ID"によって決まる（"社員ID"に関数従属している）ため第2正規形ではありません。したがって，エンティティ"社員"は，**第1正規形**です。理由としては，「**主キーの一部に関数従属している属性があるから**」などと解答すればよいでしょう。

(4) 図4のエンティティ"所属"は，図3のエンティティ"社員"を第3正規形にするために追加されたエンティティです。言い換えれば，第1正規形であるエンティティ"社員"を，第3正規形に正規化したときに得られるエンティティが"所属"ということになります。

　では，エンティティ"社員"を第3正規形にしていきましょう。まず第2正規形にするため，主キーの一部である"社員ID"に関数従属している非キー属性を，"社員ID"を主キーとした別エンティティに分割します。分割後は，次のようになります。

元のエンティティ"社員"（<u>社員ID</u>，<u>適用開始年月日</u>，適用終了年月日，氏名，性別，所属部署ID，電話番号，自宅住所，自宅電話番号）

⬇

分割後のエンティティ1（<u>社員ID</u>，<u>適用開始年月日</u>，適用終了年月日，所属部署ID）
分割後のエンティティ2（<u>社員ID</u>，氏名，性別，電話番号，自宅住所，自宅電話番号）

　次に，第3正規形にします。第3正規形にするためには，非キー属性間に存在する関数従属に着目する必要がありますが，上記2つのどちらのエンティティにも非キー属性間に関数従属は存在しません。つまり，どちらも既に第3正規形です。したがって，上記「分割後のエンティティ2」が図4のエンティティ"社員"であり，「分割後のエンティティ1」がエンティティ"所属"ということになるので，エンティティ"所属"の属性は，**社員ID**，**適用開始年月日**，**適用終了年月日**，**所属部署ID**です。

〔補足〕

　階層構造をもつ（再帰的リレーションシップで表現される）データに対して行う，**再帰クエリ**については，本章の最後（p.430）の「参考」を参照してください。

解答　(1) a：⟶　(2) b：部署ID　c：上位部署ID

(3) 第1正規形理由：主キーの一部に関数従属している属性があるから

(4) <u>社員ID</u>，<u>適用開始年月日</u>，適用終了年月日，所属部署ID

参考　リレーションシップと連関エンティティ

データベース問題では，E-R図を完成させる問題がよく出題されます。下記に示す，リレーションシップの考え方や連関エンティティを押さえておきましょう。

●リレーションシップ
- 両方のエンティティに共通に存在する属性に着目する。
- リレーションシップは，主キー側が「1」，外部キー側が「多」となる。

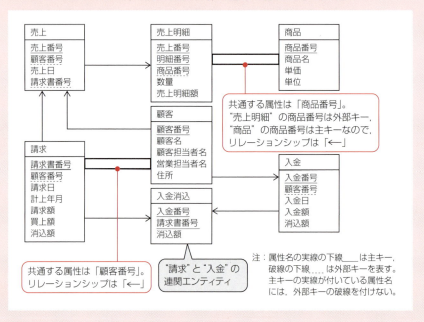

●連関エンティティ
- 「多対多」の対応関係は，連関エンティティを介在させ「1対多」，「多対1」に分解する。
- 連関エンティティの主キーは，両方の主キー属性から構成される複合キーとなる。

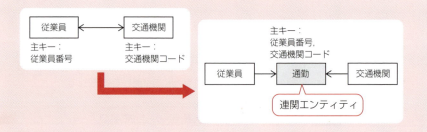

6 データベース

問題2 ／ データベースの設計と実装 (H23春午後問6)

　書籍販売サイトの注文管理システムの構築を題材に，データベース設計に関する基本的な理解，および具体的な処理方式の設計と実装を確認する問題です。E-R図のエンティティに対応するテーブルを作成するCREATE TABLE文のほか，データ挿入のINSERT文やデータ更新のUPDATE文が問われますが，いずれも副問合せ（SELECT文）を含んだSQL文なので，SELECT文の理解は必須です。

問 データベースの設計と実装に関する次の記述を読んで，設問1，2に答えよ。

　Y社は，インターネットで個人向けに書籍を販売する書籍販売サイトを運営している。書籍販売サイトでの顧客からの注文を受け付ける注文管理システム（以下，現行システムという）では，書籍情報，注文情報に加えて，顧客の会員情報を管理している。現行システムのE-R図を図1に示す。現行システムでは，E-R図のエンティティ名を表名，属性名を列名にして，適切なデータ型で表定義した関係データベースによって，データを管理している。

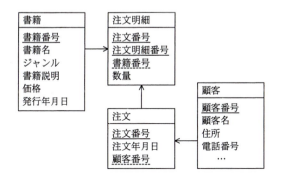

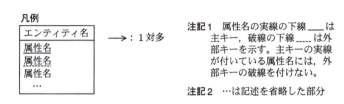

図1　現行システムのE-R図

〔新刊お薦め機能の追加について〕

　Y社では，販売促進のために“新刊お薦め機能”を書籍販売サイトに追加することにした。新刊お薦め機能は，顧客の購入履歴から顧客が興味をもつ書籍ジャンルを推定し，そのジャンルで過去60日以内に発行された書籍（以下，新刊という）をすべてお薦め商品として表示する機能である。ここで，過去180日間に購入した書籍の“総冊数に占めるジャンルごとの冊数の割合”（購入割合）が10%を超えているものを，その顧客が興味をもつ書籍ジャンルとする。同一書籍を複数購入した場合も，その冊数をそのまま集計する。新刊お薦め機能は，次の三つの手順によって実現するものとする。

[手順1] 全書籍から新刊だけを抽出する。
[手順2] 今日を含めて過去180日以内の購入履歴から，顧客ごと，書籍ジャンルごとの購入冊数を求める。
[手順3] 今日を含めて過去180日以内の，その顧客の購入割合が10を%超えているジャンルについて，そのジャンルの新刊をお薦め商品として表示する。

　[手順1] を実現するために，新しいエンティティ“新刊”を追加し，“新刊”に対応するテーブルを作成するためのSQL文と，データを挿入するためのSQL文を作成した。エンティティとSQL文を図2に示す。ここで，“:今日”は，SQL実行時の年月日を格納するホスト変数である。図2中の“発行年月日 + 60 > :今日”は，発行年月日がSQL実行時の年月日を含めて過去60日以内であることを示す。また，現行システムで年月日を格納する列と，年月日を格納するホスト変数は，基準日からの日数を値としている。

エンティティ　テーブル作成用SQL文

新刊
書籍番号
ジャンル

```
  a    新刊 (書籍番号 INTEGER, ジャンル INTEGER,
  b   (書籍番号),
 FOREIGN KEY(書籍番号)
 REFERENCES 書籍(書籍番号))
```

データ挿入用SQL文

```
DELETE FROM 新刊;
INSERT INTO 新刊 (書籍番号, ジャンル)
 SELECT 書籍番号, ジャンル FROM 書籍 WHERE 発行年月日 + 60 > :今日;
```

図2　エンティティ“新刊”とそのSQL文

6 | データベース

　［手順2］を実現するために，新しいエンティティ"購入傾向"を追加し，"購入傾向"
に対応するテーブルを作成するためのSQL文と，データを挿入するためのSQL文を作
成した。エンティティとSQL文を図3に示す。

エンティティ　テーブル作成用SQL文

購入傾向
顧客番号
ジャンル
購入冊数

```
    a    購入傾向
   (顧客番号 INTEGER, ジャンル INTEGER, 購入冊数 INTEGER,
     b    (顧客番号, ジャンル),
   FOREIGN KEY(顧客番号)
   REFERENCES 顧客(顧客番号))
```

データ挿入用SQL文

```
DELETE FROM 購入傾向;
INSERT INTO 購入傾向 (顧客番号, ジャンル, 購入冊数)
  SELECT 注文.顧客番号, 書籍.ジャンル,    c
  FROM 注文, 注文明細, 書籍
  WHERE          d
  AND 注文.注文番号 = 注文明細.注文番号
  AND 注文明細.書籍番号 = 書籍.書籍番号
  GROUP BY    e   ,    f    ;
```

図3　エンティティ"購入傾向"とそのSQL文

　［手順3］を実現するために，お薦め商品の情報を抽出するSQL文を作成した。SQL
文を図4に示す。ここで，":顧客番号"は指定された顧客の顧客番号を，":購入総冊数"
は指定された顧客が今日を含めて過去180日以内に購入した総冊数を格納するホスト変
数である。

```
SELECT 書籍.書籍番号, 書籍.書籍名, 書籍.書籍説明 FROM 書籍, 新刊, 購入傾向
  WHERE 書籍.書籍番号 = 新刊.書籍番号
  AND 購入傾向.顧客番号 = :顧客番号
  AND 書籍.ジャンル = 購入傾向.ジャンル
  AND           g           > :購入総冊数
```

図4　お薦め商品の情報を抽出するSQL文

〔新刊お薦め機能の改善について〕

Y社では新刊お薦め機能を構築し，一部の顧客に対して試験的に導入した。しばらく試験運用を続けた結果，新刊お薦め機能を利用している複数の顧客から，"商品購入後にすぐにお薦め商品が更新された方が使いやすい"との指摘を受けた。

そこで，毎日バッチ処理で実行していた［手順2］の処理に加えて，顧客が商品を購入したタイミングで，その顧客に対する"購入傾向"にその時購入した商品の情報を追加することにした。その更新処理のためのSQL文を図5に示す。ここで，":顧客番号"はその顧客の顧客番号を，":注文番号"はその顧客の直前の注文に対する注文番号を，":注文明細番号"はその注文のうちの一つの注文明細に対応する注文明細番号を格納するホスト変数である。

```
UPDATE 購入傾向 SET 購入冊数 =
  (SELECT 購入傾向.購入冊数 + 注文明細.数量 FROM 注文明細，書籍
    WHERE 注文明細.注文番号 = :注文番号 AND 注文明細.注文明細番号 = :注文明細番号
      AND 注文明細.書籍番号 = 書籍.書籍番号 AND 書籍.ジャンル = 購入傾向.ジャンル)
WHERE 購入傾向.顧客番号 = :顧客番号
AND 購入傾向.ジャンル IN
  (SELECT 書籍.ジャンル FROM 注文明細，書籍
    WHERE 注文明細.注文番号 = :注文番号 AND 注文明細.注文明細番号 = :注文明細番号
      AND 注文明細.書籍番号 = 書籍.書籍番号)
```

図5　商品購入時に購入傾向テーブルの情報を更新するSQL文

図5の更新処理の動作確認のために，図6及び図7に示すテストデータを用意した。図6は［手順2］の結果として"購入傾向テーブル"に格納するテストデータである。図7は，顧客が新たに購入した書籍に関するテストデータである。

顧客番号	ジャンル	購入冊数
100010	1	3
100010	2	1
100010	3	4
100020	1	1
100020	3	2

図6　購入傾向テーブルに
　　　格納するテストデータ

顧客番号	注文番号	注文明細番号	書籍番号	ジャンル	数量
100010	101	1	902011	2	1
100020	102	1	803023	2	1
100020	102	2	502063	3	1

図7　顧客が新たに購入した書籍に関する
　　　テストデータ

6 データベース

設問1 三つの手順を実現するためのエンティティとSQL文について，(1)～(3)に答えよ。

(1) 図2中の a ， b に入れる適切な字句を答えよ。

(2) 図3中の c ～ f に入れる適切な字句を答えよ。ここで，SQL実行時の年月日はホスト変数 ":今日" に格納されているものとする。

(3) 図4中の g に入れる適切な字句を答えよ。

設問2 図6及び図7のテストデータで図5の更新処理の動作確認を行った結果について，(1)，(2)に答えよ。

(1) 図6のテストデータが格納された購入傾向テーブルに対して，図7のテストデータを用いて図5の更新処理を行った結果，図6のテストデータのうち，更新されたすべてのレコードの更新後の内容(顧客番号，ジャンル，購入冊数)を答えよ。

(2) (1)の結果から，図5の更新処理では一部の商品を購入したときに購入傾向テーブルが変更されていないことが分かった。どのような商品を購入したときにこの問題が起こるか。35字以内で述べよ。

解 説

設問1 の解説

(1) [手順1] を実現するための，エンティティ"新刊"に対応するテーブル作成用のSQL文が問われています。テーブル作成用のSQL文なので，**空欄a**には「**CREATE TABLE**」が入ることは容易にわかります。では空欄bは？　本問のSQL文(下図を参照)では，列の定義が1行に記述されているので少しわかりづらくなっていますが，これに惑わされないようにしましょう。エンティティ"新刊"の属性には書籍番号とジャンルがあり，書籍番号が主キーとなっています。つまり，CREATE TABLE文において「書籍番号が主キーである」旨の記述が必要なので，**空欄bには「PRIMARY KEY」**を入れます。

```
エンティティ   テーブル作成用SQL文              列の定義

 新刊         [ a ] 新刊 (書籍番号 INTEGER, ジャンル INTEGER,
 書籍番号       [ b ] (書籍番号),          書籍番号が主キー (PRIMARY KEY)
 ジャンル       FOREIGN KEY(書籍番号)       であることの定義
              REFERENCES 書籍(書籍番号))
```

387

(2) 図3のデータ挿入用SQL文は，今日を含めて過去180日以内の購入履歴から，顧客ごと，書籍ジャンルごとの購入冊数をSELECT文により求め，それをテーブル"購入傾向"に挿入(INSERT)するSQL文です。問われている空欄c～fは，SELECT文(副問合せ)の中にありますが，このSELECT文自体はそれほど難しくありません。まずは，SELECT文の対象となっているテーブル"注文"，"注文明細"，"書籍"と"購入傾向"の関係，およびSELECT文の各句で何を指定すればよいのかを下図で確認し，SELECT文の実行順に従って空欄を見ていきましょう。なお，SELECT文の実行順序は，「FROM句→WHERE句→GROUP BY句→SELECT句」の順です。

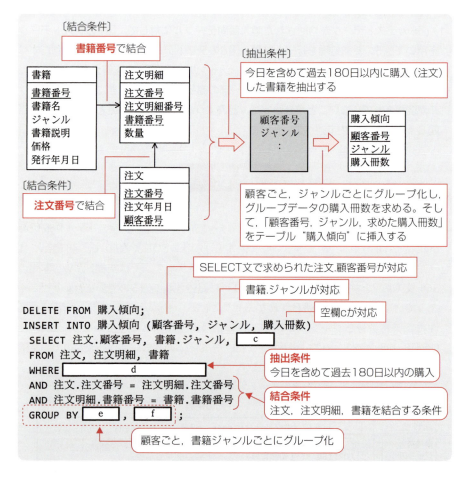

●空欄d

WHERE句では，FROM句に記述されている"注文"，"注文明細"，"書籍"の3つのテ

ーブルを結合条件で結合して得られたデータの中から，「今日を含めて過去180日以内に購入（注文）した書籍」を抽出します。したがって空欄dには，この抽出条件を入れます。ここで，［手順1］の図2の説明に「"発行年月日＋60＞：今日"は，発行年月日がSQL実行時の年月日を含めて過去60日以内であることを示す」とあるので，これをヒントに抽出条件を作ります。

購入（注文）した日は，テーブル"注文"の注文年月日でわかるので，**空欄d**に入れる抽出条件は「**注文.注文年月日＋180＞：今日**」です。

●空欄e，f

SELECT文の定番中の定番問題です。「〜ごと」ときたら「GROUP BY」です。つまり，WHERE句により抽出したデータを「顧客ごと，書籍ジャンルごと」にグループ化するので，**空欄e**には**注文.顧客番号**，**空欄f**には**書籍.ジャンル**（e，fは順不同）を入れます。

●空欄c

空欄cには，テーブル"購入傾向"の購入冊数に対応するものを入れます。購入冊数は，顧客ごと，書籍ジャンルごとにまとめたグループデータの，注文数量を集計した値なので，**空欄c**には「**SUM（注文明細.数量）**」を入れます。

(3) 図4は，「指定された顧客が今日を含めて過去180日以内に購入した総冊数に占めるジャンルごとの割合が10%を超えるジャンル」の新刊情報（書籍番号，書籍名，書籍説明）をお薦め商品として表示するSQL文です。ホスト変数"：購入総冊数"には，「指定された顧客が今日を含めて過去180日以内に購入した総冊数」が格納されています。また，ジャンルごとの購入冊数は，テーブル"購入傾向"の購入冊数にあります。したがって，抽出条件は「購入傾向.購入冊数÷：購入総冊数 ＞ 0.1」となります。ここまでわかれば，あとはこの式を「 g ＞：購入総冊数」に合わせるだけです。

購入傾向.購入冊数÷：購入総冊数 ＞ 0.1

→購入傾向.購入冊数 ＞ 0.1 ＊ ：購入総冊数

→購入傾向.購入冊数 ＊ 10 ＞ ：購入総冊数

以上，**空欄g**には「**購入傾向.購入冊数 ＊ 10**」を入れます。

```
SELECT  書籍.書籍番号，書籍.書籍名，書籍.書籍説明 FROM  書籍，新刊，購入傾向
  WHERE  書籍.書籍番号 ＝ 新刊.書籍番号
  AND  購入傾向.顧客番号  ＝：顧客番号              指定された顧客が今日を含めて
  AND  書籍.ジャンル ＝ 購入傾向.ジャンル            過去180日以内に購入した総冊数
  AND  ┌─────── g ───────┐ ＞：購入総冊数
```

設問2 の解説

本設問では，図6，7のテストデータを用いて図5の更新処理（下記のUPDATE文）を実行した結果が問われています。このUPDATE文は，顧客が書籍を購入したタイミングで，その顧客に対する"購入傾向"の購入冊数にその時購入した書籍の数量を加算するというものです。少し複雑なSQL文なので，下図を参考にE-R図とSQL文を対応させながら処理内容を確認しておきましょう。

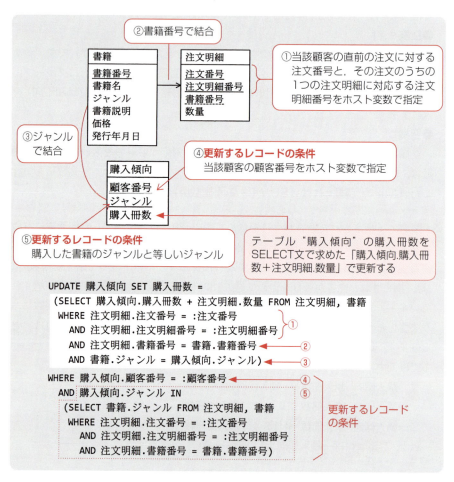

(1) 図6の購入傾向テーブルおよび図7のテストデータを用いて，上記UPDATE文を実行すると，テストデータの顧客番号およびジャンルと等しい購入傾向テーブルの購入冊数が更新されます（次ページ図を参照）。つまり，更新されたレコードの更新前および更新後の内容（顧客番号，ジャンル，購入冊数）は，次のとおりです。

更新前：(100010，2，1)→ 更新後：(100010，2，2)

更新前：(100020，3，2)→ 更新後：(100020，3，3)

顧客番号	ジャンル	購入冊数
100010	1	3
100010	2	1
100010	3	4
100020	1	1
100020	3	2

図6　購入傾向テーブルに
格納するテストデータ

顧客番号	注文番号	注文明細番号	書籍番号	ジャンル	数量
100010	101	1	902011	2	1
100020	102	1	803023	2	1
100020	102	2	502063	3	1

図7　顧客が新たに購入した書籍に関する
テストデータ

(2) 購入傾向テーブルが変更されないのは，どのような商品（書籍）を購入したときなのかが問われていますが，そもそも図5の更新処理は，顧客が新たに購入した書籍データの顧客番号とジャンルをもとに，購入傾向テーブルのレコードを更新するものです。したがって，購入傾向テーブルにないジャンルの商品を購入した場合，購入傾向テーブルの更新は行われません。

以上，正解は「購入傾向テーブルにないジャンルの商品」ということになりますが，購入傾向テーブルは，過去180日以内の購入履歴をもとに作成されるので，「過去180日以内に購入していないジャンルの商品」としてもよいでしょう。なお，試験センターでは解答例を「**過去180日以内にその顧客が購入したことがないジャンルの商品**」，あるいは「**購入傾向テーブルにその顧客のデータがないジャンルの商品**」としています。

解 答

設問1　(1) a：CREATE TABLE　　　　b：PRIMARY KEY

　　　　(2) c：SUM（注文明細.数量）　　d：注文.注文年月日 + 180 ＞：今日

　　　　　　 e：注文.顧客番号　　　　　f：書籍.ジャンル　（e，fは順不同）

　　　　(3) g：購入傾向.購入冊数 ＊ 10

設問2　(1)

顧客番号	ジャンル	購入冊数
100010	2	2
100020	3	3

　　　　(2) ・過去180日以内にその顧客が購入したことがないジャンルの商品

　　　　　　・購入傾向テーブルにその顧客のデータがないジャンルの商品

Try! （R01秋午後問6抜粋）

　　本Try!問題は，健康応援システムの構築に関する問題です。E-R図作成とINSERT
文およびUPDATE文の作成に関する部分のみ抜粋しました。本Try!問題を通して，
再度，E-R図とINSERT文およびUPDATE文を確認しておきましょう！

　W社は，ソフトウェアパッケージの開発を行う企業である。デスクワークが多いことか
ら，従業員が生活習慣病に陥る比率が高く問題となっていた。そこでW社の人事部では，
従業員の健康増進のために，通信機能をもつ体重計と，歩数や睡眠時間を記録するリスト
バンド型活動量計（以下，リストバンドという）を配布し，そのデータを活用する健康応
援システム（以下，本システムという）を構築することになった。

〔本システムのシステム構成〕
　本システムは，次の二つのサブシステムから構成される。
・健康応援データサービス
　　本システムのデータを管理するプログラム。各データを登録・更新・削除するための
　インタフェースと定期的にデータを集計する機能をもつ。
・健康応援スマホアプリ
　　スマートフォン用のアプリケーションプログラム。体重計やリストバンドとデータ通
　信を行い，健康応援データサービスとデータ連携させる機能をもつ。

〔本システムの機能概要〕
　本システムでは，従業員の日々の体重や歩数，睡眠時間などを記録して，その推移を可
視化する。さらに，従業員間で記録を競わせるイベントを開催することで，従業員の積極
的な利用を狙う。その機能概要は次のとおりである。
・手動データ登録機能　：電子メールアドレスや身長をスマートフォンの画面から登録
　　　　　　　　　　　　　する。
・データ連携機能　　　：体重計やリストバンドから取得したデータを登録する。
・データ公開機能　　　：身長や体重などのそれぞれの情報について，自分以外の従業員
　　　　　　　　　　　　　にも閲覧を許可する場合，公開情報として設定する。
・月次レポート作成機能：毎月，従業員ごとのBMI（肥満度を表す体格指数）と肥満度判
　　　　　　　　　　　　　定，月間総歩数，平均睡眠時間を集計する。
・歩数対抗戦イベント　：部署ごとの従業員一人当たり平均の月間総歩数を競う。

　検討した健康応援データサービスで用いるデータベースのE-R図を図1に示す。
　このデータベースでは，E-R図のエンティティ名を表名にし，属性名を列名にして，適
切なデータ型で表定義した関係データベースによって，データを管理する。

6 データベース

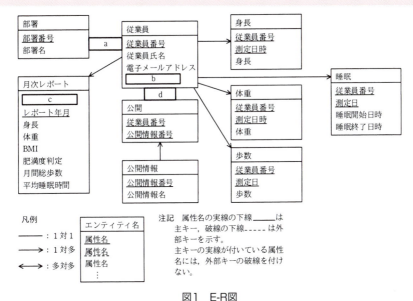

図1 E-R図

〔月次レポート作成機能の実装〕
　月次レポートを作成する処理手順を次に示す。
(1) 月次レポート表に従業員番号と集計する対象年月だけがセットされたレコードを挿入する。
(2) (1)で挿入したレコードについて，次の処理を行う。
　① 身長と体重を，最新の測定値で更新する。
　② BMIを算出して更新する。
　③ BMIから肥満度を判定してその結果を更新する。
　④ 対象年月の月間総歩数を集計して更新する。
　⑤ 対象年月の睡眠時間を集計して1日当たりの平均睡眠時間を求め，その値で更新する。

　処理手順 (1) 及び (2) ④で用いるSQL文を，図2及び図3にそれぞれ示す。ここで，":レポート年月"は，集計する対象年月を格納する埋込み変数である。
　なお，関数COALESCE(A, B)は，AがNULLでないときはAを，AがNULLのときはBを返す。関数TOYMは，年月日を年月に変換する関数である。

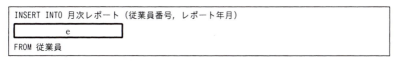

図2 処理手順 (1) で用いるSQL文

```
UPDATE 月次レポート
SET 月間総歩数 =
    (SELECT COALESCE(            f            , 0)
     FROM 歩数
      WHERE              g
        AND TOYM(歩数.測定日) = :レポート年月 )
WHERE レポート年月 = :レポート年月
```

図3 処理手順（2）④で用いるSQL文

(1) 図1中の ┌ a ┐ 〜 ┌ d ┐ に入れる適切なエンティティ間の関連及び属性名を答え，
　　E-R図を完成させよ。なお，エンティティ間の関連及び属性名の表記は，図1の凡例に
　　倣うこと。
(2) 図2中の ┌ e ┐ に入れる適切な字句又は式を答えよ。
(3) 図3中の ┌ f ┐, ┌ g ┐ に入れる適切な字句又は式を答えよ。

■ **解 説** ■

(1) ●**空欄a**：“部署”と“従業員”の関連（リレーションシップ）が問われています。
　〔本システムの機能概要〕に，「部署ごとの従業員1人当たり平均の月間総歩数を
　競う」とあることから，1つの部署には複数の従業員が所属し，1人の従業員は1
　つの部署に所属することがわかります。したがって，“部署”と“従業員”の関
　係は「1対多」となり，**空欄a**には「→」が入ります。
　●**空欄b**：“部署”と“従業員”を「1対多」で関連づけるためには，“従業員”の
　属性に，“部署”の主キー（部署番号）を参照する外部キー属性が必要です。した
　がって，**空欄b**には「**部署番号**」が入ります。
　●**空欄c**：空欄cは，“月次レポート”の属性です。“従業員”と“月次レポート”の
　関係が「1対多」であることから，空欄cには，“従業員”の主キー（従業員番号）
　を参照する外部キー，すなわち従業員番号が入ることがわかります。ここで「従
　業員番号」と解答してはいけません！ エンティティ“月次レポート”は，デー
　タベースの月次レポート表に該当します。月次レポート表は，毎月，従業員ごと
　のBMIや月間総歩数などを集計した表です。したがって，“月次レポート”の主
　キーは，「従業員番号とレポート年月」の複合キーとなるので，**空欄c**は「**従業員
　番号**」です。なお図1の注記に，「主キーの実線が付いている属性名には，外部キ
　ーの破線を付けない」とあるので，「従業員番号」といった解答もNGです。
　●**空欄d**：“従業員”と“公開”のリレーションシップが問われています。本システ
　ムでは，身長や体重などの情報を，自分以外の従業員にも閲覧を許可する場合，
　公開情報表に設定しますが，これらの情報は都度変わります。そのため，1人の
　従業員の公開情報は複数あると考えられます。このことから，“従業員”と“公
　開情報”の関係は「多対多」です。そして，この「多対多」の関係を「1対多」，

「多対1」に分解するエンティティが"公開"です。したがって，"従業員"と"公開"は「1対多」であり，**空欄d**は「↓」です。

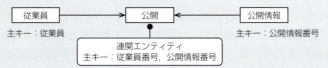

(2) 処理手順(1)「月次レポート表に従業員番号と集計する対象年月だけがセットされたレコードを挿入する」ためのINSERT文が問われています。従業員番号は，従業員表を全検索すれば得られます。また，集計対象年月は，埋込み変数":レポート年月"で指定されるので，INSERT文は次のようになります。つまり，**空欄e**には「**SELECT 従業員番号,:レポート年月**」が入ります。

```
INSERT INTO 月次レポート（従業員番号，レポート年月）
  SELECT 従業員番号, :レポート年月
  FROM 従業員
```

副問合せで抽出された従業員番号と埋込み変数":レポート年月"の値を月次レポート表に挿入する

(3) 処置手順(2) ④「対象年月の月間総歩数を集計して更新する」ためのUPDATE文が問われています。WHERE句に，「レポート年月 = :レポート年月」と指定されていることから，":レポート年月"と等しいレコードを対象に月間総歩数の更新を行うことがわかります。また，「SET 月間総歩数 = (SELECT ……)」となっているので，月間総歩数の更新値は，SELECT文で得られた値です。

つまり，このSELECT文では，「月間総歩数の更新対象となる従業員で，測定日が":レポート年月"に該当する」レコードを歩数表から抽出し，その歩数を集計すればよいことになります。したがって，**空欄g**には「**歩数.従業員番号 = 月次レポート.従業員番号**」，**空欄f**には**SUM(歩数.歩数)**が入ります。なお，「COALESCE(SUM(歩数.歩数), 0)」としているのは，歩数表に該当レコードがない場合や，該当レコードの歩数がすべてNULL（登録されていない）の場合が考えられるからです。

「2019/12」が指定されたときに更新の対象となるレコード

月次レポート表

従業員番号	レポート年月	…	月間総歩数	…
100	2019/10	…	123,456	
100	2019/11		135,790	
100	2019/12			
101	2019/11		204,100	
101	2019/12			
:	:			

歩数表から，「従業員番号が100で，測定日が":レポート年月"に該当する」レコードを抽出し，歩数を集計した値で更新する

解答 (1) a：→ b：部署番号   c：従業員番号   d：↓
(2) e：SELECT 従業員番号, :レポート年月
(3) f：SUM(歩数.歩数)   g：歩数.従業員番号 = 月次レポート.従業員番号

問題3 > アクセスログ監査システムの構築 （H27春午後問6）

> ファイルサーバのアクセスログを管理するシステム（ログ監査システム）の構築を題材にしたデータベース問題です。本問では，業務要件から求められるE-R図やSQL文に関する基本知識，さらにデータベース表へのデータ挿入時における不具合発生の原因とその解決に関する知識が問われます。問題自体はシンプルにできているので，あせらず問題文をよく読み解答していきましょう。

問 アクセスログ監査システムの構築に関する次の記述を読んで，設問1〜4に答えよ。

　K社は，システム開発を請け負う中堅企業である。セキュリティ強化策の一つとして，ファイルサーバのアクセスログを管理するシステム（以下，ログ監査システムという）を構築することになった。
　現在のファイルサーバの運用について，次に整理する。
- ファイルサーバの利用者はディレクトリサーバで一元管理されている。
- 利用者には，社員，パートナ，アルバイトなどの種別がある。
- 利用者はいずれか一つの部署に所属する。
- 部署はファイルサーバを1台以上保有している。
- ファイルサーバ上のファイルへのアクセス権は，利用者やその種別，部署，操作ごとに設定される。
- 操作には，読取，作成，更新及び削除がある。
- ファイルサーバ上のファイルに対して操作を行うと，操作を行った利用者の情報や操作対象のファイルの絶対パス名，操作の内容がファイルサーバ上にアクセスログとして記録される。
- ファイルサーバのフォルダごとに社外秘や部外秘などの機密レベルが設定されている。

　ログ監査システムの機能を表1に，E-R図を図1に示す。

6 データベース

表1　ログ監査システムの機能

機能名	機能概要
アクセスログインポート	各ファイルサーバに記録されたアクセスログにファイルサーバの情報を付与してログ監査システムに取り込む機能
非営業日利用一覧表示	非営業日にファイル操作を行った利用者，操作対象，操作元のIPアドレス，操作日時などを一覧表示する機能
部外者失敗一覧表示	他部署のファイルサーバ上のファイルへの操作のうち，その操作が失敗した利用者，操作対象，操作元のIPアドレス，操作日時などを一覧表示する機能

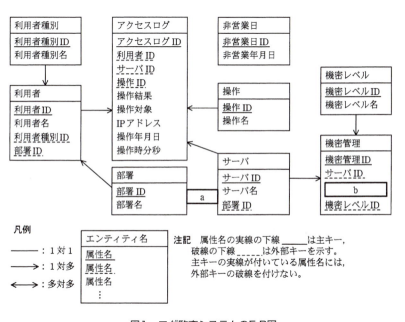

図1　ログ監査システムのE-R図

ログ監査システムでは，E-R図のエンティティ名を表名にし，属性名を列名にして，適切なデータ型と制約で表定義した関係データベースによって，データを管理する。なお，外部キーには，被参照表の主キーの値かNULLが入る。

〔非営業日利用一覧表示機能の実装〕

非営業日利用一覧表示機能で用いるSQL文を図2に示す。なお，非営業日表の非営業年月日列には，K社の非営業日となる年月日が格納されている。

```
SELECT AC.*
FROM アクセスログ AC
WHERE    c
    (SELECT * FROM 非営業日 NS
     WHERE         d            )
```

図2　非営業日利用一覧表示機能で用いるSQL文

〔部外者失敗一覧表示機能の実装〕

　部外者失敗一覧表示機能で用いるSQL文を図3に示す。なお，アクセスログ表の操作結果列には，ファイル操作が成功した場合には'S'が，失敗した場合には'F'が入っている。

```
SELECT AC.*
FROM アクセスログ AC
    INNER JOIN 利用者 US ON AC.利用者ID = US.利用者ID
    INNER JOIN サーバ SV ON AC.サーバID = SV.サーバID
WHERE          e
  AND          f
```

図3　部外者失敗一覧表示機能で用いるSQL文

〔アクセスログインポート機能の不具合〕

　アクセスログインポート機能のシステムテストのために準備したアクセスログの一部が取り込めない，との指摘を受けた。テストで用いたアクセスログを図4に示す。このログはCSV形式であり，先頭行はヘッダ，**ア**の行は操作対象のファイルへの削除権限がない社員（'USR001'）が削除を試みた場合のデータ，**イ**の行はディレクトリサーバにログオンせずにファイル更新を試みた場合のデータ，**ウ**の行は存在しない利用者ID（'ADMIN'）を指定してファイル削除を試みた場合のデータである。アクセスログ表のデータを確認したところ，　g　の行のデータが表に存在しなかった。この問題を解消するために，①テーブル定義の一部を変更することで対応した。

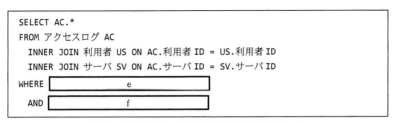

図4　テストで用いたアクセスログ

6　データベース

設問1　図1のE-R図中の ⬚a⬚，⬚b⬚ に入れる適切なエンティティ間の関連及び属性名を答え，E-R図を完成させよ。なお，エンティティ間の関連及び属性名の表記は，図1の凡例に倣うこと。

設問2　図2中の ⬚c⬚，⬚d⬚ に入れる適切な字句又は式を答えよ。なお，表の列名には必ずその表の別名を付けて答えよ。

設問3　図3中の ⬚e⬚，⬚f⬚ に入れる適切な字句又は式を答えよ。なお，表の列名には必ずその表の別名を付けて答えよ。

設問4　〔アクセスログインポート機能の不具合〕について，(1)，(2)に答えよ。
(1) 本文中の ⬚g⬚ に入れる適切な文字を**ア〜ウ**の中から選んで答えよ。なお，アクセスログ中の空文字 ('') はデータベースにNULLとしてインポートされる。
(2) 本文中の下線①の対応内容を，35字以内で述べよ。

▮▮▮　解　説　▮▮▮

設問1 の解説

●空欄a

　問われているのは，エンティティ“部署”と“サーバ”のリレーションシップです。“サーバ”は，ファイルサーバの情報を格納するエンティティです。問題文の冒頭にある，「部署はファイルサーバを1台以上保有している」との記述から，“部署”対“サーバ”は1対多であることがわかりますが，ここであわてず両方のエンティティに共通する属性“部署ID”を確認してみましょう。エンティティ“部署”の“部署ID”は主キー，“サーバ”の“部署ID”は外部キーになっているので，“部署”対“サーバ”は1対多です。したがって，**空欄a**には「──→」が入ります。

●空欄b

　エンティティ“機密管理”の属性が問われています。“機密管理”は，“サーバ”と“機密レベル”に関連するエンティティです。そこで，「ファイルサーバと機密レベル」に関する記述を探すと，「ファイルサーバのフォルダごとに社外秘や部外秘などの機密レベルが設定されている」とあります。この記述から，エンティティ“機密管理”にはフォルダを示す属性，すなわち“フォルダ名”が必要なのがわかります。したがって，空欄bには「フォルダ名」と入れればよいでしょう。ここで，「えっ?! “フォルダごと”ってあるから，“フォルダ名”は主キーでしょ。実線の下線を付けなくてもいいの？」と

399

迷わないでください。図1のE-R図では，機密管理IDが主キーになっています。本来，エンティティ"機密管理"の主キーは，サーバIDとフォルダ名の複合キーです。しかし，フォルダ名を主キーにすると運用面で都合が悪いことは推測できると思います。そこで，機密管理IDを追加して，これを主キーにしたわけです。主キーを構成する属性が多い場合や，属性の内容が今後変更される可能性がある場合など，よくこの方法が採られます。

以上，**空欄b**には，実線の下線を付けずに単に「フォルダ名」と入れればよいでしょう。なお，試験センターでは解答例を「**フォルダパス名**」としています。

設問2 の解説

非営業日利用一覧表示機能で用いる図2のSQL文が問われています。非営業日利用一覧表示は，非営業日にファイル操作を行った利用者，操作対象，操作元のIPアドレスなどを一覧表示する機能です。まず，次のポイントを押さえましょう。

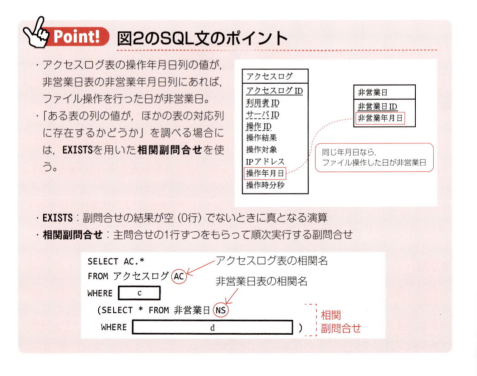

図2のSQL文は，EXISTSを用いた相関副問合せを使うというのがポイントです。つまり，アクセスログ表の操作年月日列の値が，非営業日表の非営業年月日列に存在す

るかを調べ，存在したならそのデータを抽出すればよいわけですから，**空欄c**には「**EXISTS**」，**空欄d**には「**AC.操作年月日 = NS.非営業年月日**」を入れます。下図に図2のSQL文の実行順序を示しました。どのような順で，どのように実行されるのか確認しておきましょう。

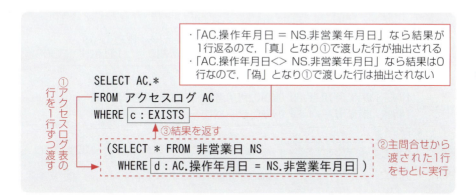

設問3 の解説

部外者失敗一覧表示機能で用いる図3のSQL文が問われています。部外者失敗一覧表示は，他部署のファイルサーバ上のファイルへの操作のうち，その操作が失敗した利用者，操作対象，操作元のIPアドレスなどを一覧表示する機能です。ここでは，次のポイントを押さえましょう。

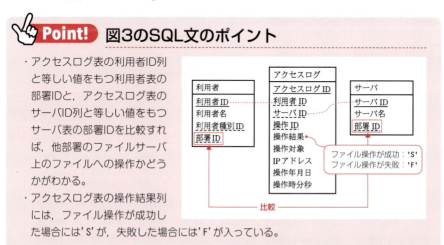

では，図3のSQL文を見てみましょう。このSQL文では，FROM句においてアクセスログ表，利用者表，サーバ表をINNER JOINを使って結合しています。したがって，この3つの表を結合して得られた表から，「①他部署のファイルサーバ上のファイルへの操作」で，「②操作が失敗した」データを抽出すればよいわけです。ここまでわかれば後は，空欄e，fに，①，②を判断する条件を入れるだけです。

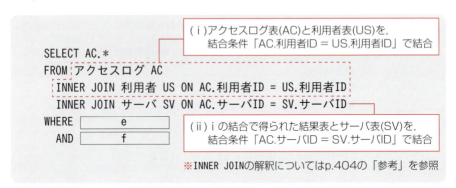

　他部署のファイルサーバ上のファイルへの操作の場合，利用者表の部署ID列の値とサーバ表の部署ID列の値は一致しないので，「①他部署のファイルサーバ上のファイルへの操作」であるという条件は，「US.部署ID<>SV.部署ID」になります。また，操作失敗ならアクセスログ表の操作結果列の値は'F'なので，「②操作が失敗した」という条件は，「AC.操作結果='F'」になります。したがって，空欄e，fには，これらの条件を入れればよいでしょう。なお，試験センターでは，**空欄e**を「**AC.操作結果='F'**」，**空欄f**を「**US.部署ID<>SV.部署ID**」とし，eとfは順不同としています。

設問4 の解説

〔アクセスログインポート機能の不具合〕に関する設問です。

(1) テストで用いたアクセスログのうち，アクセスログ表に挿入(INSERT)できなかった行が問われています。図4のアクセスログを見ると，アクセスログ表に挿入する列（利用者ID，操作名，操作結果，操作対象，IPアドレス，操作日時）のうち，利用者ID以外は特に問題なさそうです（正常に挿入できそうです）。

```
"利用者ID","操作名","操作結果","操作対象","IPアドレス","操作日時"
'USR001','削除','F','/home/test1.txt',192.168.1.98,2015-4-1 9:30:00      ← ア
'','更新','F','/home/test2.txt',192.168.1.98,2015-4-1 10:00:00           ← イ
'ADMIN','削除','F','/home/test3.txt',192.168.1.98,2015-4-1 10:30:00      ← ウ
```

6 | データベース

　ここでのポイントは，「アクセスログ表にデータが挿入できなかった → 制約違反でエラーになった」と，気付くことです。アクセスログ表の利用者ID列は，利用者表の利用者ID列 (主キー) を参照する外部キーになっています。このため，アクセスログ表の利用者IDの値が，利用者表の利用者ID列に存在しない'ADMIN'は，参照制約違反になります。つまり，挿入できなかったのは**ウ**の行です。

　なお，利用者IDの値が"(NULL)である**イ**の行が怪しいと早合点しないよう注意！です。問題文 (図1の直後) に，「外部キーには，被参照表の主キーの値かNULLが入る」とあるので，**イ**の行はエラーにはなりません (正常に挿入できます)。

6

データベース

(2) この問題 (**ウ**の行が挿入できない問題) を解消するための対応が問われています。**ウ**の行が挿入できなかったのは，アクセスログ表の利用者ID列を，利用者表の利用者ID列を参照する外部キーに設定している (参照制約を定義している) ためです。**アクセスログ表の利用者ID列に定義された参照制約を削除する**ことで，この問題は解消できます。

参 考　参照制約

　図1の直後の記述に，「適切なデータ型と制約で表定義した関係データベースによって，データを管理する」とありますが，通常 (他の出題問題では)，「適切なデータ型で表定義した」と記述されます。つまり，この記述中の"制約"が伏線になっているわけです。このことに気付けば，アクセスログが取り込めなかった理由として何らかの制約違反を疑い，「利用者ID'ADMIN'が参照制約違反だ！」と解答を進めることができます。

　参照制約とは，外部キーの値が被参照表の主キー (候補キー) に存在することを保証する制約です。アクセスログ表を下記のように定義することで，アクセスログ表の利用者ID列に対する参照制約が設定されます。

【例】アクセスログ表の定義例 (列のデータ型は省略)
```
CREATE TABLE アクセスログ (アクセスログID, 利用者ID, … (略) …,
  PRIMARY KEY (アクセスログID),
  FOREIGN KEY (利用者ID) REFERENCES 利用者 (利用者ID))
```
　　　　└ アクセスログ表の利用者ID列を,
　　　　　利用者表の利用者ID列を参照する外部キーに設定 (**参照制約**)

403

解 答

設問1 a：→　　　　　　　　　b：フォルダパス名

設問2 c：EXISTS

d：AC.操作年月日 = NS.非営業年月日

設問3 e：AC.操作結果 = 'F'

f：US.部署ID<>SV.部署ID　（e, fは順不同）

設問4 (1) g：ウ

(2) アクセスログ表の利用者ID列に定義された参照制約を削除する

参考　INNER JOINの解釈

　近年，INNER JOINを使用した複雑なSQL文の出題が多くなっています。ここでは，過去に出題されたSQL文をもとに，INNER JOINの解釈方法を学習しておきましょう。

　下記SQL文は，"店舗"，"受注"，"受注明細"の3つのテーブルをもとに店舗ごとの売上を月次で集計するSQL文です。": 指定月開始日"，": 指定月終了日"は，それぞれ集計対象月の開始日，終了日を表す埋込み変数（ホスト変数）です。また，各テーブルの構造は，次のとおりです。

　　店舗（<u>店舗番号</u>，店舗名，店舗住所）　　　　　　※下線は主キーを表す。
　　受注（<u>受注番号</u>，受注日付，受注店舗番号，顧客コード）
　　受注明細（<u>受注番号</u>，<u>明細番号</u>，商品番号，出荷店舗番号，受注数，受注金額）

〔店舗ごとの売上を月次で集計するSQL文〕

```
SELECT t.店舗番号, t.店舗名, SUM(m.受注金額) AS 金額
FROM ( 店舗 t INNER JOIN (SELECT j.受注店舗番号, j.受注番号 FROM 受注 j
            WHERE j.受注日付 BETWEEN :指定月開始日 AND :指定月終了日) p
          ON t.店舗番号 = p.受注店舗番号)
          INNER JOIN 受注明細 m ON p.受注番号 = m.受注番号
GROUP BY t.店舗番号, t.店舗名
ORDER BY t.店舗番号
```

集計対象期間における店舗ごとの売上集計の例

店舗番号	店舗名	金額
T100	新宿店	1,300,000
T200	立川店	1,050,000
T300	八王子店	600,000

では，SQL文を「FROM句→GROUP BY句→SELECT句」の順に見ていきましょう。

FROM句では，まずテーブル"店舗"をt，「SELECT j.受注店舗番号，j.受注番号 FROM 受注 j WHERE j.受注日付 BETWEEN :指定月開始日 AND :指定月終了日」で導出される表をpとして，tとpを「t.店舗番号 = p.受注店舗番号」でINNER JOIN（内結合）しています。次に，テーブル"受注明細"をmとし，tとpの内結合の結果とmを「p.受注番号 = m.受注番号」でINNER JOIN（内結合）しています。したがって，FROM句から導出されるのは，集計の対象となる期間（指定月開始日～指定月終了日）に受注があった店舗の情報とその受注情報です。

GROUP BY句では，FROM句から導出された表を「t.店舗番号，t.店舗名」でグループ化し，SELECT句では，グループ化された店舗番号ごとの受注金額の合計を求めています。

以上のことを図で表すと，次のようになります。

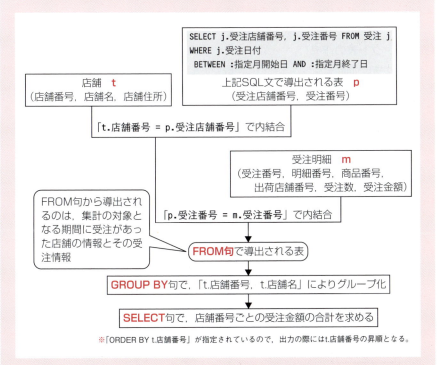

INNER JOINを使った複雑なSQL文でも，SQLの実行（評価）順に従い1つひとつ解釈していくことで，その処理概要の把握ができます。また，上記のような図を描くことでさらに処理が明確になります。複雑なSQL文こそ，「実行（評価）順に従って1つひとつ解釈すること」が重要です。

問題4 データウェアハウス構築及び分析 (H28春午後問6)

コンビニエンスストアにおけるデータウェアハウス(DWH)の構築及び分析を題材に，E-R図やSQL文に関する基本的な理解度を確認する問題です。

問 コンビニエンスストアにおけるデータウェアハウス構築及び分析に関する次の記述を読んで，設問1〜4に答えよ。

W社は，コンビニエンスストアを全国展開する企業である。店舗ごとの売上を分析するために，データウェアハウスを構築することになった。

〔売上ファクト表の作成〕

売行きが悪い商品を見つけるために，販売実績と在庫実績のデータを1日単位で集計して売上ファクト表を作成する。販売実績と在庫実績のデータは一つのデータベースによって管理されており，新たに追加するデータウェアハウスのデータも同じデータベース内に格納する。データベースのE-R図の抜粋を図1に，各エンティティの概要を表1に示す。

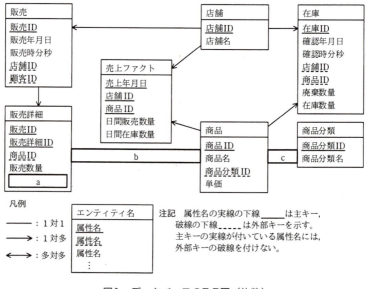

図1　データベースのE-R図（抜粋）

6 データベース

表1 各エンティティの概要

エンティティ名	概要
店舗	コンビニエンスストアの店舗マスタ
商品分類	弁当,清涼飲料,雑誌などの商品分類マスタ
商品	商品の単価や商品分類などを管理する商品マスタ
販売	顧客に商品を販売した実績を記録
販売詳細	顧客に販売した商品の数量や販売時単価を記録
在庫	1日3回,商品の入荷及び廃棄を行い,店舗が取り扱う商品の一覧と照らして,廃棄数量と在庫数量を記録
売上ファクト	販売実績と在庫実績のデータを1日単位で集計したデータを記録

　このデータベースでは,E-R図のエンティティ名を表名にし,属性名を列名にして,適切なデータ型で表定義した関係データベースによって,データを管理する。

　売上ファクト表に挿入するデータを抽出するSQL文を図2に示す。なお,店舗に在庫はあるが販売実績がない商品は日間販売数量を0とする。関数COALESCE(A,B)は,AがNULLでないときはAを,AがNULLのときはBを返す。

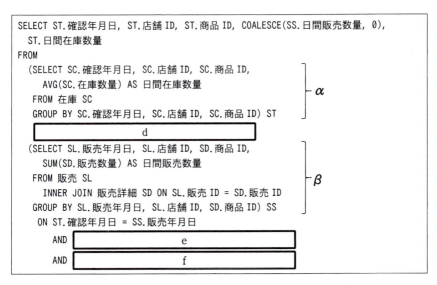

図2　売上ファクト表に挿入するデータを抽出するSQL文

〔売行きが悪い商品分類の一覧の作成〕

　店舗ごとの月間の売行きが悪い商品分類の一覧を作成するために，図3のSQL文を作成した。一覧は，売上年月が新しいものから，店舗IDを昇順にして，平均在庫数量が多い順に表示させる。

　なお，関数TO_YYYYMMは日付型の引数を受け，年月を6文字の文字列として返す。

```
SELECT SF.売上年月, SF.店舗ID, IT.商品分類ID,
  AVG(SF.日間販売数量) AS 平均販売数量, AVG(SF.日間在庫数量) AS 平均在庫数量
FROM
  (SELECT TO_YYYYMM(SA.売上年月日) AS 売上年月, SA.店舗ID, SA.商品ID,
    SA.日間販売数量, SA.日間在庫数量
  FROM 売上ファクト SA) SF
  INNER JOIN 商品 IT ON SF.商品ID = IT.商品ID
GROUP BY SF.売上年月, SF.店舗ID, IT.商品分類ID
                          g
```

図3　売行きが悪い商品分類の一覧を作成するSQL文

〔売行きが悪い商品分類の一覧を作成するSQL文の不具合〕

　図3のSQL文を，過去の実績データを用いてテストしたところ，複数の商品分類の平均販売数量に誤った値が見つかった。そこで，幾つかの店舗における販売及び在庫管理の運用方法を確認したところ，店舗や商品によって在庫数量を記録する頻度にばらつきがあることが判明した。ある店舗では，販売実績が少ない商品は1日3回ではなく，1週間に1回だけ，在庫数量を記録していた。この点に注目して，処理を見直すことにした。まず，①図2中のある副問合せを抜き出して，その結果を新たに作成した表に格納する。次に，この表に②不足しているデータを追加する。図2中のある副問合せをこうして得られた表と置き換えることで，問題を解決することができた。

設問1　図1のE-R図中の　a　～　c　に入れる適切なエンティティ間の関連及び属性名を答え，E-R図を完成させよ。
　なお，エンティティ間の関連及び属性名の表記は，図1の凡例に倣うこと。

設問2　図2中の　d　～　f　に入れる適切な字句又は式を答えよ。
　なお，表の列名には必ずその表の別名を付けて答えよ。

6 データベース

設問3 図3中の g に入れる適切な字句又は式を答えよ。

なお，表の列名には必ずその表の別名を付けて答えよ。

設問4 〔売行きが悪い商品分類の一覧を作成するSQL文の不具合〕について，(1)，(2)に答えよ。

(1) 本文中の下線①に該当する副問合せは図2中のどの位置にあるか。α又はβで答えよ。

(2) 本文中の下線②とはどのようなデータか。40字以内で述べよ。

なお，販売及び在庫管理の運用方法は変更しないこと。

6

データベース

■■■ **解 説** ■■■

設問1 の解説

　図1のE-R図を完成させる問題です。表1に示されている各エンティティの概要や，関連するエンティティの主キーと外部キーに着目しましょう。

●空欄a

　エンティティ"販売詳細"の属性が問われています。表1の"販売詳細"の概要を見ると，「顧客に販売した商品の数量や販売時単価を記録」とあります。しかし，図1を見ると，"販売数量"はありますが，"販売時単価"がありません。したがって，**空欄a**には**販売時単価**が入ります。

●空欄b

　エンティティ"販売詳細"とエンティティ"商品"のリレーションシップが問われています。この2つのエンティティに共通する属性は"商品ID"です。そこで，この"商品ID"に着目すると，エンティティ"販売詳細"では外部キー，"商品"では主キーになっています。このことから，"販売詳細"対"商品"は「多対1」であることがわかります。したがって，**空欄b**には「←」が入ります。

●空欄c

　エンティティ"商品"とエンティティ"商品分類"のリレーションシップが問われています。先の空欄bと同様，2つのエンティティに共通する属性に着目しましょう。2つのエンティティに共通する属性は"商品分類ID"です。そして，エンティティ"商品"では外部キー，"商品分類"では主キーになっています。したがって，"商品"対"商品分類"は「多対1」なので，**空欄c**には「←」が入ります。

409

設問2 の解説

売上ファクト表に挿入するデータを抽出するSQL文（図2）が問われています。このSQL文はFROM句が少し複雑なので，SQL文全体の構造がわかりにくいと感じた方も多いと思います。しかし，ここで諦めてはいけません。"("と")"の対（つい）に着目して，1つひとつ丁寧に見ていきましょう。すると，SQL文の構造が，次の図のようになっていることがわかってきます。

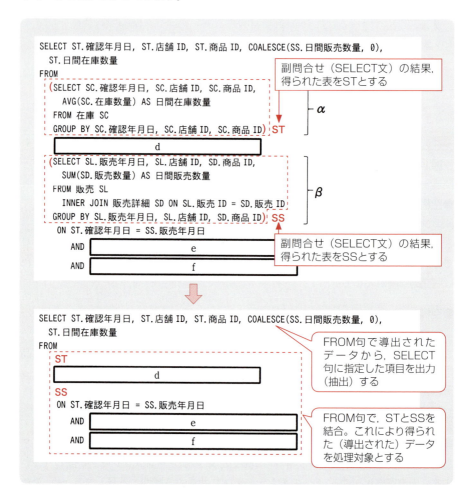

このようにSQL文の構造が明確になれば，空欄d，e，fにはどのような字句を入れればよいのか，おおよそ推測ができるようになります。

6 | データベース

> ## 👆 Point! 図2のSQL文の空欄ポイント
>
> ●空欄d：「INNER JOIN」あるいは「LEFT OUTER JOIN」，「RIGHT OUTER JOIN」といった，結合演算が入る。
> ●空欄e，f：STとSSを結合する結合条件が入る。

では，FROM句に記述されているαとβ部分のSELECT文を見ていきましょう。

α部分のSELECT文では，在庫表（SC）を，確認年月日，店舗ID，商品IDでグループ化し，グループごとに在庫数量の平均（日間在庫数量）を求めています。したがって，このSELECT文で得られるデータ，すなわちSTは，「年月日，店舗ID，商品ID」ごとの在庫実績ということになります。

一方，β部分のSELECT文では，販売表（SL）と販売詳細表（SD）を，結合条件「SL.販売ID = SD.販売ID」で等結合（INNER JOIN）しています。そして，これにより得られたデータを，販売年月日，店舗ID，商品IDでグループ化し，グループごとに販売数量の合計（日間販売数量）を求めています。したがって，このSELECT文で得られるデータ，すなわちSSは，「年月日，店舗ID，商品ID」ごとの販売実績ということになります。

【例】ST と SS のイメージ

ST

確認年月日	店舗ID	商品ID	日間在庫数量
2018/01/22	S001	A100	100
2018/01/22	S002	A100	200
2018/01/22	S003	A100	50
:	:	:	:

SS

販売年月日	店舗ID	商品ID	日間販売数量
2018/01/22	S001	A100	10
2018/01/22	S003	A100	3
:	:	:	:

ここまでわかれば，あとは空欄に何を入れればよいのかを考えていくだけです。まず，考えやすい（解答しやすい）空欄e，fから考えていきましょう。

●空欄e，f

この空欄には，STとSSを結合する結合条件が入ります。STとSSを結合し，得られたデータから「確認年月日，店舗ID，商品ID，日間販売数量，日間在庫数量」を出力するわけですから，「年月日，店舗ID，商品ID」が等しいものを結合しなければなりません。つまり，結合条件は次の3つです。

① ST.確認年月日 = SS.販売年月日
② ST.店舗ID = SS.店舗ID
③ ST.商品ID = SS.商品ID

　このうち①の条件は既に記述されていますから，空欄e，fには，②，③の条件を入れればよいでしょう。つまり，**空欄e**には「**ST.店舗ID = SS.店舗ID**」，**空欄f**には「**ST.商品ID = SS.商品ID**」を入れます。なお，空欄e，fは順不同です。

●空欄d

　空欄dには，INNER JOINあるいはLEFT OUTER JOIN，RIGHT OUTER JOINといった結合演算が入ります。ここでのポイントは，図2の直前にある「店舗に在庫はあるが販売実績がない商品は日間販売数量を0とする」との記述です。では，STとSSが次のデータであった場合を考えましょう。

ST

確認年月日	店舗ID	商品ID	日間在庫数量
2018/02/19	S001	X100	100
2018/02/19	S001	Y100	200
2018/02/19	S001	Z100	300

SS

販売年月日	店舗ID	商品ID	日間販売数量
2018/02/19	S001	X100	10
2018/02/19	S001	Z100	20

商品ID "Y100" の販売実績がない

　この場合，STとSSを上記①，②，③の条件で等結合（INNER JOIN）すると，店舗に在庫があって販売実績がない商品（"Y100"）のデータは結合（導出）されません。これに対し，本問では，このような商品も導出しなければいけないわけです。そこで，STに存在し，SSに存在しないデータも結合（導出）するために，STを基準に外結合するLEFT OUTER JOINを使用します。LEFT OUTER JOINは，結合相手の表（LEFT OUTER JOINの後に記述されている表）に該当データが存在しない場合，それをNULLとして結合するので，「ST **LEFT OUTER JOIN** SS」により導出されるデータは次のようになります。

ST				SS			
確認年月日	店舗ID	商品ID	日間在庫数量	販売年月日	店舗ID	商品ID	日間販売数量
2018/02/19	S001	X100	100	2018/02/19	S001	X100	10
2018/02/19	S001	Y100	200	NULL	NULL	NULL	NULL
2018/02/19	S001	Z100	300	2018/02/19	S001	Z100	20

6 | データベース

図2のSQL文では，このようにSTとSSをLEFT OUTER JOINにより外結合し，導出されたデータから，「ST．確認年月日，ST．店舗ID，ST．商品ID，COALESCE（SS．日間販売数量，0），日間在庫数量」を出力します。COALESCE（SS．日間販売数量，0）は，SS．日間販売数量がNULLのときは0を返すので，店舗に在庫があって販売実績がない商品（"Y100"）の日間販売数量は0として出力されます。以上，**空欄d**には，「**LEFT OUTER JOIN**」が入ります。

【例】 図2のSQL文の実行結果

SS．日間販売数量がNULLでない場合　→　SS．日間販売数量
SS．日間販売数量がNULLの場合　　　→　0

ST．確認年月日	ST．店舗ID	ST．商品ID	COALESCE（SS．日間販売数量，0）	日間在庫数量
2018/02/19	S001	X100	10	100
2018/02/19	S001	Y100	0	200
2018/02/19	S001	Z100	20	300

設問3 の解説

図3のSQL文中の空欄gに入れる字句が問われています。問題文の〔売行きが悪い商品分類の一覧の作成〕に，「一覧は，売上年月が新しいものから，店舗IDを昇順にして，平均在庫数量が多い順に表示させる」と記述されています。また，図3のSQL文のSELECT句には，次の5つの項目が指定されています。

```
SF．売上年月，SF．店舗ID，IT．商品分類ID，
AVG（SF．日間販売数量）AS 平均販売数量，AVG（SF．日間在庫数量）AS 平均在庫数量
```

つまり，SELECT句によって抽出されたこれらのデータを，売上年月が新しいものから，店舗IDを昇順にして，平均在庫数量が多い順に表示すればよいわけですから，空欄gには，次のようなORDER BY句を入れればよいでしょう。

```
ORDER BY SF．売上年月 新しいもの順，SF．店舗ID 昇順，平均在庫数量 多い順
```

売上年月の新しいもの順とは，たとえば，「"20180306"，"20180305"，"20180304" …」という順です。したがって，この順に並べ替えるためには降順指定であるDESCを指定します。また，昇順指定はASC，多い順（降順）指定はDESCですから，**空欄g**には，

413

「ORDER BY SF.売上年月 DESC，SF.店舗ID ASC，平均在庫数量 DESC」を入れます。なお，ASCは"ascending"，DESCは"descending"の略です。解答の際は，ASC，DESCのスペルを間違わないよう注意しましょう。また，設問文にある「表の列名には必ずその表の別名を付けて答えよ」との指示も忘れてはいけません。解答を「ORDER BY 売上年月 DESC，店舗ID ASC，平均在庫量 DESC」としてしまうとNGです。

設問4 の解説

　図3のSQL文の不具合に関する設問です。図3のSQL文は，売上ファクト表（SA）と商品表（IT）をもとに，売れ行きが悪い商品分類の一覧を作成するSQL文です。不具合とは，「店舗や商品によって在庫数量を記録する頻度にばらつきがあったため，複数の商品分類の平均販売数量が誤った値になった」というものです。そして，この問題を解決するため，売上ファクト表に挿入するデータを抽出する処理を，次のように変更するとしています。

- ①図2中のある副問合せを抜き出し，その結果を新たに作成した表に格納する。
- 次に，この表に②不足しているデータを追加する。
- 図2中のある副問合せをこうして得られた表と置き換える。

　本設問の（1）では「下線①の副問合せに該当するのは，図2中のα，βのどちらか」が問われ，（2）では「下線②はどのようなデータか」，すなわち「どのようなデータを追加すればよいのか」が問われています。（1）と（2）は関連する内容なので一緒に考えていきます。

　まず，下線②に着目し，どのようなデータが不足するのかを考えます。本来，在庫数量は1日に3回記録しなければいけないところ，「ある店舗では，販売実績が少ない商品は1日3回ではなく，1週間に1回だけ，在庫数量を記録していた」とあります。たとえば，ある店舗での，ある商品の在庫数量記録日が"20180219"，"20180226"，…であった場合，この商品の"20180220"～"20180225"の在庫数量データはありません。このことを念頭に，図2のSQL文を再度見てみましょう。

　図2のSQL文では，結合条件「ST.確認年月日 = SS.販売年月日 AND ST.店舗ID = SS.店舗ID AND ST.商品ID = SS.商品ID」で，STとSSを，STを基準にLEFT OUTER JOINで結合しています。そのため，基準となったSTに存在しない日の商品のデータは，それがSSに存在していても結合されないため導出されません（次ページの図を参照）。

6 データベース

ST

確認年月日	店舗ID	商品ID	日間在庫数量
2018/02/19	S001	X100	100
2018/02/26	S001	X100	90

└ 2018/02/20〜2018/02/25の在庫数量データが不足

SS

販売年月日	店舗ID	商品ID	日間販売数量
2018/02/19	S001	X100	3
2018/02/20	S001	X100	5
2018/02/23	S001	X100	2

STに，2018/02/20と2018/02/23のデータがないので，結合(導出)されない

ST ・ SS

確認年月日	店舗ID	商品ID	日間在庫数量	販売年月日	店舗ID	商品ID	日間販売数量
2018/02/19	S001	X100	100	2018/02/19	S001	X100	3
2018/02/26	S001	X100	90	NULL	NULL	NULL	NULL

　つまり，不足しているデータとは，在庫数量を記録していない日の商品の在庫数量データであり，このデータが不足していたために，上図太枠部分のデータが結合されず，平均販売数量が誤った値になってしまったわけです。したがって，正しい結果を得るためには，図2中のα部分のSELECT文で得られた結果（ST）を新たな表として作成し，その表に不足しているデータを追加したものと，SSとを結合する必要があります。

　以上，**(1)** で問われている，下線①の副問合せに該当するのは **α** です。また，**(2)** で問われている，どのようなデータを追加すればよいのかについては，「在庫数量を記録していない日の商品の在庫数量データ」などと解答すればよいでしょう。なお，試験センターでは解答例を「**在庫数量を記録していない日の商品の在庫数量を実績から導出したデータ**」としています。

参考　図3のSQL文

```
SELECT SF.売上年月, SF.店舗ID, IT.商品分類ID,
    AVG(SF.日間販売数量) AS 平均販売数量, AVG(SF.日間在庫数量) AS 平均在庫数量
FROM
    (SELECT TO_YYYYMM(SA.売上年月日) AS 売上年月, SA.店舗ID, SA.商品ID,
        SA.日間販売数量, SA.日間在庫数量
    FROM 売上ファクト SA) SF
    INNER JOIN 商品 IT ON SF.商品ID = IT.商品ID
GROUP BY SF.売上年月, SF.店舗ID, IT.商品分類ID
    g: ORDER BY SF.売上年月DESC, SF.店舗ID ASC, 平均在庫量DESC
```

誤った値が見つかった

SFと商品(IT)を，結合条件「SF.商品ID=IT.商品ID」で等結合する

415

解答

設問1 a：販売時単価　　b：←　　c：←

設問2 d：LEFT OUTER JOIN
　　　　　e：ST.店舗ID＝SS.店舗ID
　　　　　f：ST.商品ID＝SS.商品ID　　（e, fは順不同）

設問3 g：ORDER BY SF.売上年月 DESC, SF.店舗ID ASC, 平均在庫数量 DESC

設問4 (1) α
　　　　　(2) 在庫数量を記録していない日の商品の在庫数量を実績から導出したデータ

参考　スタースキーマ

　関係データベースを利用して，データウェアハウスをスタースキーマ構造で作成することがあります。**スタースキーマ**とは，中央に分析対象のファクトテーブルを置き，その周りに外部キーを介して関連付けられるディメンションテーブルを配置したスキーマです。**ファクトテーブル**は事実テーブルとも呼ばれ，数量や売上金額といった事実（数値）を，商品，顧客などの単位（この属性項目を次元という）で集約したテーブルです。また，**ディメンションテーブル**は次元テーブルとも呼ばれ，商品，顧客などの次元に関するマスタテーブルです。午前試験では，次のように問われます。
・分析の対象とするトランザクションデータを格納するテーブルはどれか？
・一定期間内に発生した取引などを分析対象データとして格納するテーブルはどれか？
どちらも答えは「ファクトテーブル」ですね。

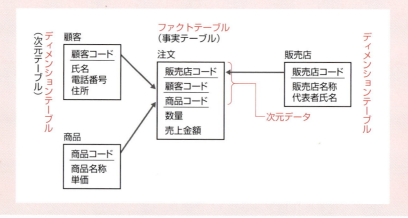

問題 5 　注文管理システムの設計と実装　(H21春午後問6)

園芸用品の注文管理システムを題材にした問題です。本問では，既存システムへの機能追加を行う際に求められるデータモデリング（E-R図），およびSQL文による問合せ記述能力が問われます。問題の分量はそれほど多くありませんが，出題されているSQL文が高度であるため，全体的には難易度の高い問題となっています。
SQL文攻略のポイントは，句ごと，ブロックごとの解釈です。何を求める（何を行う）SQL文であるのかを念頭に，SQL文の実行順に（場合によっては，具体例をイメージしながら）解釈を進めていきましょう。

問 　注文管理システムの設計と実装に関する次の記述を読んで，設問1～3に答えよ。

S社は，園芸用品の製造及び販売を行う中堅企業である。顧客である農家やホームセンタから電話やファックスで注文を受け，注文管理システム（以下，現行システムという）で管理している。現行システムの機能概要を表1に，E-R図を図1に示す。

表1　現行システムの機能概要

機能名	概要
顧客管理	顧客番号，顧客名，住所，電話番号，ファックス番号を登録，変更する。
商品管理	商品番号，商品名，標準単価，商品説明を管理する。標準単価や商品説明は定期的に見直され，更新される。
注文管理	注文を受けると，在庫数量を確認した上で，注文日，顧客番号，担当社員番号，商品番号と数量及び販売単価を登録する。各商品の販売単価は，商品管理機能で照会できる標準単価を参考に，担当社員の権限範囲内で決められる。
出荷指示	注文情報から，注文番号ごとに商品番号と数量を一覧にした出荷指示書を作成する。

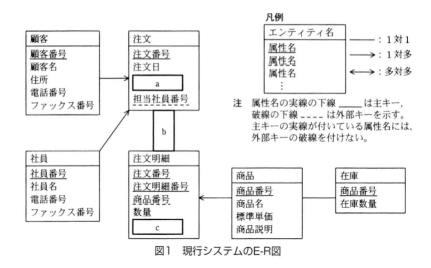

図1　現行システムのE-R図

〔新注文管理システムについて〕
　近年，家庭菜園やガーデニングの流行などによって，園芸用品の個人需要が高まってきた。そこで，販売力強化と顧客満足度向上を目的に，次の機能強化を行った新注文管理システム（以下，新システムという）を開発することになった。
(1) セット商品の導入
　　目的別に複数の商品を組み合わせたセット商品を導入する。さらに，単品で商品を購入しようとしている顧客に，その商品が含まれているセット商品を案内することによって，セット商品を購入するように誘導し，顧客単価の向上をねらう。
　　セット商品も，通常の商品と一緒に商品エンティティに登録する。両者を区別するために商品エンティティの属性に"セットフラグ"を追加し，通常の商品の場合は，"0"を，セット商品の場合は"1"を設定する。そして，セット商品エンティティを追加し，セットに含まれる商品の商品番号とその数量を管理する。
(2) 新モデルお知らせ機能の追加
　　毎年新しいモデル（以下，新モデルという）が出る商品では，その履歴を管理し，顧客が古いモデルの商品を発注しようとした場合に，アドバイスする機能を追加する。具体的には，図2のような注文確認画面を設け，担当社員が注文内容を確認するとともに，備考欄のような表示で，新モデルがあることを知ることができる。
　　さらに，注文明細一覧の各行末にある"詳細情報"ボタンから，各商品の詳細な情報を照会することができ，新モデルに関する情報もそこから照会できる。

図2　注文確認画面の例

なお，注文内容の確認時点では，まだ注文が確定していないので，確定した注文との区別がつくように，注文エンティティに属性"仮登録フラグ"を追加する。このフラグが"1"の場合は確認中の注文，"0"の場合は確定した注文と定義する。

新システムのE-R図を図3に示す。図3中の a ～ c には，図1中の a ～ c と同一のものが入る。

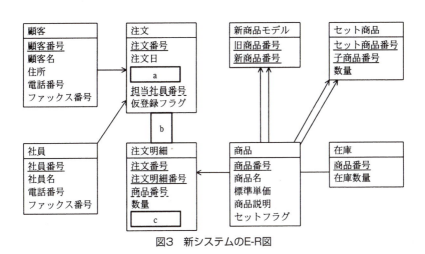

図3　新システムのE-R図

現行システム及び新システムでは，E-R図のエンティティ名を表名，属性名を列名にして，適切なデータ型で表定義した関係データベースによって，データを管理する。

設問1 図1中の a ～ c に入れる適切な属性名及びエンティティ間の関連を答え，図を完成させよ。図1の凡例に倣うこと。属性名は表1又は図1から選び，必要に応じて下線を付けること。

設問2 本文中の"(1) セット商品の導入"で記述されているセット商品を導入するためには，現行システムの出荷指示機能を修正する必要がある。新システムにおいて，指定された注文番号の出荷指示を出力するSQL文を図4に示す。図4中の d ～ f に入れる適切な字句又は式を答えよ。ここで，":注文番号"は，指定された注文番号を格納するホスト変数である。

```
SELECT TempTbl.商品番号,    d
FROM (SELECT 注文明細.商品番号, 注文明細.数量 AS 小計
        FROM 注文明細
            INNER JOIN 商品 ON 注文明細.商品番号 = 商品.商品番号
        WHERE 注文明細.注文番号 = :注文番号
            AND 商品.セットフラグ = '0'
            e
        SELECT セット商品.子商品番号 AS 商品番号,
                   セット商品.数量 * 注文明細.数量 AS 小計
        FROM 注文明細
            INNER JOIN 商品 ON 注文明細.商品番号 = 商品.商品番号
            INNER JOIN セット商品 ON     f
        WHERE 注文明細.注文番号 = :注文番号
            AND 商品.セットフラグ = '1') TempTbl
GROUP BY TempTbl.商品番号
```

図4　出荷指示書の作成で使用するSQL文

設問3 図2中の注文明細一覧を出力するために，図5に示すSQL文を作成した。ところが，このSQL文を実行したところ，同じ注文明細番号の行が複数出力されてしまった。どのような場合にこの問題は発生するのか，25字以内で述べよ。また，その解決策として，(あ)～(う)のいずれかの場所に字句を追加する必要がある。その場所と追加する字句を答えよ。ここで，":注文番号"は，指定された注文番号を格納するホスト変数である。図5中の c には，図1中の c と同一のものが入る。

420

6 │ データベース

```
SELECT  （ あ ）  注文明細.注文明細番号, 注文明細.商品番号, 商品.商品名,
    注文明細.数量, 注文明細.│  c  │, 注文明細.数量 * 注文明細.│  c  │,
    CASE WHEN 新商品モデル.新商品番号 IS NOT NULL THEN '新モデルあり'
    ELSE '' END
FROM 注文明細
    LEFT OUTER JOIN 新商品モデル
        ON 注文明細.商品番号 = 新商品モデル.旧商品番号
    INNER JOIN 商品 ON 注文明細.商品番号 = 商品.商品番号
WHERE 注文明細.注文番号 = :注文番号 （ い ）
ORDER BY 注文明細.注文明細番号 （ う ）
```

図5　図2中の一覧を出力するSQL文

解 説

設問1 の解説

　現行システムのE-R図を完成させる問題です。E-R図完成問題は，超頻出かつ得点源
となる問題なのでケアレスミスがないよう解答しましょう。

●空欄a

　"顧客"と"注文"の対応関係は1対多です。1対多のエンティティ間においては，主キ
ー側が「1」，外部キー側が「多」となることに着目し，「多」側である"注文"の属性
に，「1」側である"顧客"の主キー（顧客番号）を参照する外部キーがあるかを見ます。
すると，空欄aが"顧客"の主キー（顧客番号）を参照する外部キーであるとわかります。
つまり，**空欄aは顧客番号**です（破線の下線を忘れないこと！）。

●空欄b

　"注文"の主キーは注文番号，"注文明細"の主キーは注文番号と注文明細です。この
ことから，1つの注文に対して複数の注文明細が存在することになり，"注文"と"注文
明細"の対応関係は1対多，すなわち**空欄bには「↓」**が入ることがわかります。

　なお，「多」側である"注文明細"には，「1」側である"注文"の主キー（注文番号）を
参照する外部キーがあるはずですが注文番号とはなっていません。ここであせっては
いけません。図1の「注」に，「主キーの実線が付いている属性名には，外部キーの破
線を付けない」とあります。つまり，注文番号は"注文"の主キーを参照する外部キー
ですが，主キーでもあるので注文番号となっているだけです。

●空欄c

　空欄cは，注文明細の属性なので，「注文」に関する記述を問題文から探します。す
ると，表1の注文管理に，「注文を受けると，…（途中省略）…商品番号と数量及び販売

421

単価を登録する」とあります。このことから，**空欄c**には，**販売単価**を入れればよいことがわかります。

設問2 の解説

図4は，出荷指示書作成のためのSQL文です。出荷指示書とは，注文番号ごとに商品番号と数量を一覧にしたものです。通常の商品のみが注文された場合の出荷指示書はおおよそ下左図のようになります。また，セット商品が含まれる場合，セット商品は複数の商品を組み合わせたものなので，たとえば，商品番号IS034の商品を1個，IG045の商品を5個組み合わせたものをセット商品ST100としたとき，その注文数量が2個であれば，出荷指示書は下右図のようになるはずです。

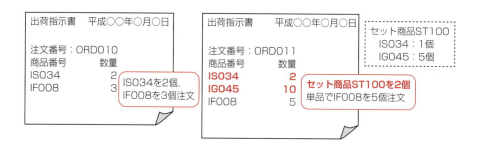

本設問で問われているのは，セット商品導入後の出荷指示書（上右図）です。ここで，図4のSQL文（次ページの図を参照）を見ると，FROM句に2つのSELECT文（副問合せ）があります。そして，それぞれのSELECT文により導出された表を空欄eで演算し，それをTempTblとしています。各SELECT文のWHERE句に着目すると，1つ目のSELECT文のWHERE句には「商品.セットフラグ='0'（通常の商品）」，2つ目のSELECT文のWHERE句には「商品.セットフラグ='1'（セット商品）」とあります。このことから，出荷指示書に必要な商品番号とその数量を，次の手順でTempTblに求めているだろうと予測できます。

---

① 通常の商品の場合，その商品番号と注文数量，すなわち注文明細の商品番号と数量を求める。
② セット商品の場合，セットに含まれる商品の商品番号（セット商品.子商品番号）と，その子商品の数量に注文数量を乗じた値（セット商品.数量*注文明細.数量）を求める。
③ ①と②をまとめる。

6 データベース

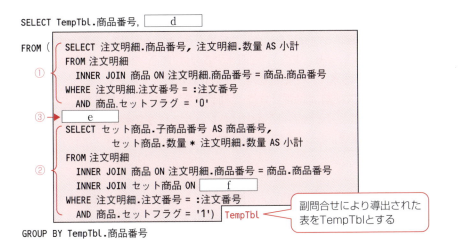

GROUP BY TempTbl.商品番号

　では，下図（処理に関連するE-R図，および"商品"と"セット商品"の具体的なデータをイメージしたもの）を参考にしながら，もう少し詳しく2つのSELECT文を見ていきましょう。1つ目のSELECT文では，INNER JOINを用いて，"注文明細"と"商品"を結合条件「**注文明細.商品番号 = 商品.商品番号**」で結合（内結合）し，その中から注文明細.注文番号が":注文番号"と一致し，かつセットフラグが'0'（通常の商品）のデータの，注文明細.商品番号と注文明細.数量を求めています。

　2つ目のSELECT文では，"注文明細"と"商品"を「**注文明細.商品番号 = 商品.商品番号**」で結合（内結合）したものに，さらに"セット商品"を空欄fの結合条件で結合し，その中から":注文番号"と一致し，かつセットフラグが'1'（セット商品）のデータの，セット商品.子商品番号とセット商品.数量*注文明細.数量を求めています。

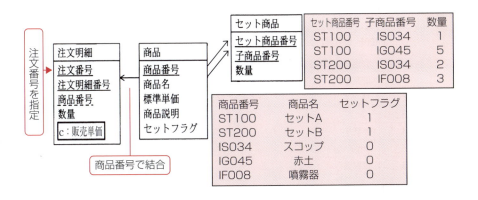

●空欄f

空欄fは，"注文明細"と"商品"を結合した結果表と"セット商品"とを結合する条件です。E-R図を見ると，"セット商品"と関連するのは"商品"なので，空欄fに「**商品.商品番号 = セット商品.セット商品番号**」を入れれば結合できます。また，"注文明細"と"商品"を「注文明細.商品番号 = 商品.商品番号」で結合した結果表においては，当然，注文明細.商品番号と商品.商品番号は等しいので，「**注文明細.商品番号 = セット商品.セット商品番号**」としても結合できます。

●空欄e

空欄eは，先に示した手順③に相当する処理です。つまり，1つ目のSELECT文の結果と2つ目のSELECT文の結果をまとめる演算子が入ります。2つの結果を"まとめる"ときたら"UNION"ですが，"UNION"だけでよいのか，それとも"UNION ALL"としなければいけないのか，処理内容から判断する必要があります。

参考 UNIONとUNION ALL

UNIONは，2つのSELECT文で導出された表を統合（マージ）するときに用いられるもので，集合演算の和（∪）に相当する操作です。

UNIONとだけ指定すると，2つのSELECT文で全く同じ行が導出された場合，その重複行を削除します。たとえば，"科目"表と"実習"表に対して次のSQL文を実行すると，1つ目のSELECT文では「2, 5」が，2つ目のSELECT文では「1, 2, 3」が導出されるので，結果表は「1, 2, 3, 5」となります。一方，UNION ALLと指定すると，全く同じ行が導出された場合でも重複行を削除しないため，結果表は「1, 2, 2, 3, 5, 5」となります。

```
SELECT  科目.科目番号  FROM  科目, 実習
        WHERE 科目.科目番号 = 実習.科目番号
UNION
SELECT  科目.科目番号  FROM  科目
        WHERE 単位数 >= 5
```

科目番号	科目名	単位数
1	国文学	5
2	物理学	6
3	数学	6
4	英文学	4
5	化学	3
6	世界史	3

実習番号	実習名	科目番号
A1	重力実験	2
A2	発光反応	5

科目番号
1
2
3
5

6 データベース

　先述したように，FROM句にある1つ目のSELECT文では通常の商品の商品番号と数量を，2つ目のSELECT文ではセット商品に含まれる商品の商品番号と数量（セット商品.数量*注文明細.数量）を求めているため，出荷指示書作成のためには，この2つの結果をUNIONあるいはUNION ALLを用いて統合する必要があります。

　ここでFROM句の副問合せにより導出されるTempTblを，具体的にイメージしてみましょう。TempTblには，商品番号と小計（数量）の2つの列があります。たとえば，商品番号IS034の商品を単品で4個，セット商品ST100（IS034：1個，IG045：5個のセット）を4個注文された場合，TempTblは次のようになります。注意したいのは，通常の商品とセット商品に含まれる商品でたまたま商品番号と小計（数量）が同じであった場合です。この場合，重複行を削除してはいけない（そのまま残さなければいけない）ため，**空欄e**は「UNION」ではなく「**UNION ALL**」でなければいけません。

TempTbl

商品番号	小計
IS034	4
IS034	4
IG045	20

　　単品
　　セット商品　IS034：1個×4＝　4個
　　　　　　　　IG045：5個×4＝20個

●空欄d

　空欄dは，FROM句をTempTblのみとした下記のSQL文で考えるとわかりやすくなります。

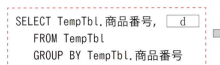

　このSQL文は，出荷指示書（商品番号と数量の一覧）を作成するものなので，空欄dには「数量」に相当するものが入ることは容易にわかります。ここであわてて「TempTbl.小計」と解答しないでください。「GROUP BY TempTbl.商品番号」と指定されているので，TempTblのデータを商品番号でグループ化し，商品番号ごとに「TempTbl.小計」の合計を求める必要があります。つまり，**空欄d**には「**SUM(TempTbl.小計)**」を入れます。

設問3 の解説

"(2) 新モデルお知らせ機能の追加"に関しての設問です。図2中の注文明細一覧（下図を参照）では，顧客が発注した商品に新モデルがある場合，備考欄に"新モデルあり"と表示します。この注文明細一覧を出力するのが図5のSQL文ですが，設問文に「同じ注文明細番号の行が複数出力されてしまった」とあり，このような問題が発生する原因と，その解決策が問われています。

注文番号：ODR001

注文明細番号	商品番号	商品名	数量	販売単価（円）	金額（円）	備考	
1000A	IS034	スコップ	2	1,200	2,400	新モデルあり	詳細情報
1000B	IG045	赤土	10	500	5,000		詳細情報
1000C	IF008	噴霧器	1	32,000	32,000		詳細情報
⋮	⋮	⋮	⋮	⋮	⋮	⋮	

図5のSQL文（下記）では，指定された注文番号の注文明細一覧を出力するため，FROM句において"注文明細"と"新商品モデル"，そして"商品"を結合し，WHERE句で，注文明細.注文番号が":注文番号"と一致するデータを抽出しています。したがって，問題の発生原因を探るためには，FROM句で行われる処理と，その処理でどのようなデータが導出されるのかを確認する必要があります。

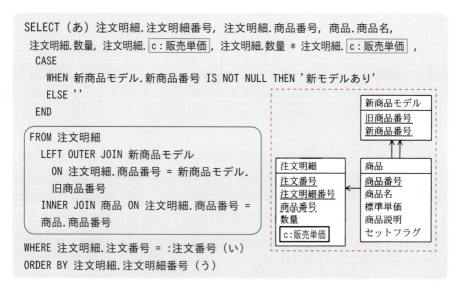

```
SELECT （あ）注文明細.注文明細番号, 注文明細.商品番号, 商品.商品名,
  注文明細.数量, 注文明細. c:販売単価 , 注文明細.数量 * 注文明細. c:販売単価 ,
  CASE
    WHEN 新商品モデル.新商品番号 IS NOT NULL THEN '新モデルあり'
    ELSE ''
  END
FROM 注文明細
  LEFT OUTER JOIN 新商品モデル
    ON 注文明細.商品番号 = 新商品モデル.旧商品番号
  INNER JOIN 商品 ON 注文明細.商品番号 = 商品.商品番号
WHERE 注文明細.注文番号 = :注文番号 （い）
ORDER BY 注文明細.注文明細番号 （う）
```

では，図5のSQL文を，FROM句を中心にもう少し詳しく見ていきましょう。

FROM句では，まず"注文明細"と"新商品モデル"を結合条件「**注文明細.商品番号 = 新商品モデル.旧商品番号**」で外結合（LEFT OUTER JOIN）します。これにより，注文明細の商品番号と一致する旧商品番号が，"新商品モデル"にない場合は，NULLとして結合することになります。

注文明細

注文番号	注文明細番号	商品番号
ODR001	1000A	IS034
ODR001	1000B	IG045
ODR001	1000C	IF008
:	:	:

新商品モデル

旧商品番号	新商品番号
IS034	IS134

※図は必要項目のみを記載しています。

注文明細.注文番号	注文明細.注文明細番号	注文明細.商品番号	新商品モデル.旧商品番号	新商品モデル.新商品番号
ODR001	1000A	IS034	IS034	IS134
ODR001	1000B	IG045	NULL	NULL
ODR001	1000C	IF008	NULL	NULL
:	:	:	:	:

次に，外結合した上記の結果表と"商品"を結合条件「**注文明細.商品番号 = 商品.商品番号**」で内結合（INNER JOIN）しますが，"注文明細"と"商品"は多対1です。"注文明細"の商品番号に一致する商品番号は，"商品"にただ1つしかないので，内結合して得られる結果表のデータ数（行数）は，上記の結果表と変わりません。

したがって，ホスト変数":注文番号"に「ODR001」が指定された場合，WHERE句において抽出されるデータ（必要項目のみの抜粋）は，次のようになります。

注文明細.注文番号	注文明細.注文明細番号	注文明細.商品番号	新商品モデル.旧商品番号	新商品モデル.新商品番号	商品.商品番号
ODR001	1000A	IS034	IS034	IS134	IS034
ODR001	1000B	IG045	NULL	NULL	IG045
ODR001	1000C	IF008	NULL	NULL	IF008

さて，WHERE句で抽出されたデータを見ると，同じ注文明細番号の行は複数ありません。では，どのような場合に複数出力されるのでしょう。着目すべきは，問題文の"(2)新モデルお知らせ機能の追加"にある，「新モデルが出る商品では，その履歴を管理する」との記述です。たとえば，商品番号IS034の新モデルとしてIS134とIS134-1があれば，その履歴が管理されているため，この場合は，次の結果が得られるはずです。

注文明細. 注文番号	注文明細. 注文明細番号	注文明細. 商品番号	新商品モデル. 旧商品番号	新商品モデル. 新商品番号	商品.商品番号
ODR001	1000A	IS034	IS034	IS134	IS034
ODR001	1000A	IS034	IS034	IS134-1	IS034
ODR001	1000B	IG045	NULL	NULL	IG045
ODR001	1000C	IF008	NULL	NULL	IF008

SELECT句に指定されていない

　そして，SQL文のSELECT句に指定されていない「新商品モデル．新商品番号」は出力の対象になりませんから，上図の場合，注文明細番号が"1000A"の同じデータ行が2行出力されることになります。

注文明細番号	商品番号	商品名	数量	販売単価（円）	金額（円）	備考
1000A	IS034	スコップ	2	1,200	2,400	新モデルあり
1000A	IS034	スコップ	2	1,200	2,400	新モデルあり
1000B	IG045	赤土	10	500	5,000	
1000C	IF008	噴霧器	1	32,000	32,000	
⋮	⋮	⋮	⋮	⋮	⋮	⋮

　以上，「同じ注文明細番号の行が複数出力される」という問題は，**1つの商品に複数の新モデルが存在する場合**に発生します。解決策としては，SQL文中の**(あ)**の場所に**DISTINCT**を追加すればよいでしょう。DISTINCTを指定すると，重複した行（同じ注文明細番号の行）を取り除き，1行だけ出力することができます。

解答

設問1　a：顧客番号　　　b：↓　　　c：販売単価

設問2　d：SUM(TempTbl.小計)　　　e：UNION ALL

　　　　f：商品．商品番号 ＝ セット商品．セット商品番号

　　　　（別解：注文明細．商品番号 ＝ セット商品．セット商品番号）

設問3　場合：1つの商品に複数の新モデルが存在する場合

　　　　場所：(あ)

　　　　字句：DISTINCT

参考 CASE式とDISTINCT

●CASE式

図5のSQL文では，SELECT句にCASE式が用いられています。SELECT句に指定された項目は，順に，注文明細一覧の項目に対応しますから，CASE式が返す値が"備考"の値となります。このCASE式では，新商品モデル.新商品番号がNULLでなければ'新モデルあり'を返し，NULLであれば''を返します。

注文明細番号	商品番号	商品名	数量	販売単価（円）	金額（円）	備考
1000A	IS034	スコップ	2	1,200	2,400	新モデルあり
1000B	IG045	赤土	10	500	5,000	
1000C	IF008	噴霧器	1	32,000	32,000	
⋮	⋮	⋮	⋮	⋮	⋮	⋮

```
SELECT DISTINCT 注文明細.注文明細番号, 注文明細.商品番号, 商品.商品名,
    注文明細.数量, 注文明細. c :販売単価, 注文明細.数量 * 注文明細. c :販売単価,
    CASE
        WHEN 新商品モデル.新商品番号 IS NOT NULL THEN '新モデルあり'
        ELSE ''
    END
```

●DISTINCT

DISTINCTは，SELECT文の実行結果の重複レコード（データ行）を取り除き，1行だけ出力するための便利な述語です。たとえば，下記の受講表から，講座を受講している学生番号を得る場合，期待するデータは「100と101」ですが，(A)のSELECT文を実行すると，学生番号「100」の行が複数出力されてしまいます。そこで，SELECT文の実行結果から重複するものを除きたい場合は，DISTINCTを用いて(B)のように記述します。

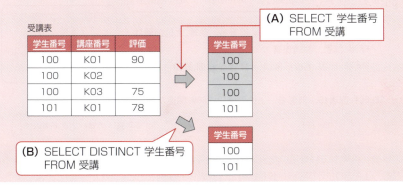

参考 再帰クエリ

本章の最後に，再帰クエリを紹介しておきます。**再帰クエリ**とは，階層構造をもつデータに対して行う再帰的な問合せのことです。たとえば，会社の部署の階層が次のような木構造になっていて，エンティティ"部署"が再帰リレーションシップで表現される場合，指定した部署とその配下のすべての部署の部署ID，部署名，上位部署IDを出力するといったSQL文が再帰クエリになります。

※最上位である会社の上位部署IDにはNULLが設定されている。

再帰クエリには，WITH RECURSIVE構文を用います。では，SQL文を見てみましょう。このSQL文では，まず最初のSELECTで，埋込み変数":部署ID"で指定した部署の「部署ID，部署名，上位部署ID」を表"関連部署"として導出します。次に2つ目のSELECTで，"関連部署"の部署IDと一致する上位部署IDをもつ部署の「部署ID，部署名，上位部署ID」を求め，それを"関連部署"に統合（追加）します。この処理を結果行が0行になるまで繰返し，最後に一番下にあるSELECTで，"関連部署"のすべての行「部署ID，部署名，上位部署ID」を出力します。

```
WITH RECURSIVE 関連部署（部署ID, 部署名, 上位部署ID）AS （
①   SELECT 部署.部署ID, 部署.部署名, 部署.上位部署ID
    FROM 部署
        WHERE 部署.部署ID = :部署ID
```
最初に1回だけ実行。結果を"関連部署"として導出

③ UNION ALL ← ②の結果行を"関連部署"に統合（追加）

```
②   SELECT 部署.部署ID, 部署.部署名, 部署.上位部署ID
    FROM 部署, 関連部署
        WHERE 部署.上位部署ID = 関連部署.部署ID
）
④ SELECT 部署ID, 部署名, 上位部署ID FROM 関連部署
```
2回目以降，次の階層データを求めるためこのSELECTを実行。なお，結果行が0行なら繰返しを終了

"関連部署"のすべての行を出力

今後，再帰クエリを用いたSQL問題が増えるかもしれません。理解しておきましょう。なお，上記SQL文の解釈が難しい場合は，具体的な例をもとにトレースしてみましょう。

第7章
組込みシステム開発

組込みシステム開発に関する問題は,午後試験の**問7**に出題されます。選択解答問題です。

出題範囲

リアルタイムOS・MPUアーキテクチャ,省電力・高信頼設計・メモリ管理,センサ・アクチュエータ,組込みシステムの設計,個別アプリケーション(携帯電話,自動車,家電ほか)など

7 組込みシステム開発

基本知識の整理

〔学習項目〕　　　　　　　　　　　　　　　　　　チェック
① リアルタイムOS（RTOS）
② 同期制御・排他制御

　"組込みシステム開発"問題は，問題の題材となるテーマが毎回異なり，どのような組込みシステムを題材としているかによって難易度にバラツキがあります。しかし，問題を解くにあたって必要な知識は，問題文に記載されていますし，解答を考える際のポイント事項や解答のアプローチなど共通した部分が多くあります。どの分野の問題もそうですが，「まずは，問題に慣れる！」ことが重要です。
　ここでは，組込みシステム問題に取り組むにあたり必要不可欠な基礎知識（リアルタイムOS，そしてタスク間の同期制御や排他制御の代表的な手法）を確認しておきましょう。

①リアルタイムOS（RTOS）

　処理要求が発生したとき，即座に処理して結果を返す方式をリアルタイム処理といいます。**リアルタイムOS**は，このリアルタイム処理のための機能を実装したOSです。非同期に発生する複数の要求（事象）に対して，定められた時間内に処理を実行するための機能を備えています。

　リアルタイムOSの多くは，優先度に基づくイベントドリブンプリエンプション方式を採用し，リアルタイム性を実現しています。**イベントドリブンプリエンプション方式**とは，発生した事象（イベント）をトリガとして，タスクの切替えを行う方式です。"ドリブン"は「〜を起点にした」，「〜をもとにした」という意味です。"プリエンプション"とは，実行中のタスクからCPU使

用権を奪って他のタスクにCPUを割り当てることをいいます。

重要 リアルタイムOSにおけるタスク実行のきっかけは割込みです。つまり，割込みをトリガにタスク切替えが起こります。

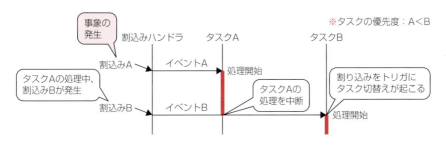

割込みハンドラとは，割込み信号の受信をきっかけに起動される処理ルーチンのことです。割込みには，タイマ割込み，キー入力割込みなど様々な割込みがあり，それぞれに対して異なる処理ルーチンが用意されています。

● 割込みの種類

重要 割込みは，その性質からマスカブル割込みとノンマスカブル割込みに大別できます。**マスカブル割込み**とは，割込みの発生を抑制（マスク，禁止）できる割込みのことです。たとえば，キー入力割込み，タイマ割込みなどは，マスカブル割込みに分類されます。

一方，**ノンマスカブル割込み**は，割込みを抑制できない（マスク不可能な）割込みです。代表的なものに，午前試験でもよく出題されるウォッチドッグタイマがあります。**ウォッチドッグタイマ**は，システムの異常動作を検知するためのタイマ機構（回路）です。最初にセットされた値から，一定時間間隔でタイマ値を減少させ，タイマ値が下限値に達するとタイムアウトとなり，このとき割込みを発生させて例外処理ルーチンを実行します。一般に，この例外処理ルーチンによりシステムをリセットあるいは終了させます。

参照
p443

②同期制御・排他制御

● イベントフラグ

同期制御を実現する代表的な手法に**イベントフラグ**があります。イベントフラグは，カーネルやOSの共通領域内に用意される，16個あるいは32個のフラグで構成されるビットの集合体です。イベント（事象）の有無を，ビット

ごとのフラグで表現することでタスク間の同期をとります。たとえば，タスクAの入出力要求によって，入出力処理を行うタスクBが起動され，タスクBが要求された処理を終えたとき，イベントフラグを使って入出力要求元のタスクAに入出力完了を通知します。

●メッセージバッファとメールボックス

複数のタスクがデータをやり取りすることで同期をとる場合があります。たとえば，タスクAが作成したデータをタスクBが処理する場合，タスクBは，タスクAのデータ作成を待つ必要があります。このようにタスク間でのデータ受け渡しと同期制御を合わせて行う場合には，データそのものを渡す**メッセージバッファ**や，データは共有メモリに格納し，格納アドレスのみを渡す**メールボックス**といったタスク間通信機能を利用します。

●セマフォ

排他制御を実現する代表的な手法に**セマフォ**があります。セマフォは，P操作とV操作，およびセマフォ変数Sから構成されます。

重要

P操作は，共有資源に対するアクセス権を獲得するときに行う操作です。セマフォ変数Sの値が1以上ならアクセス権が獲得でき，Sの値を1つ減らして実行します。0なら待ち状態になります。一方，**V操作**は，資源解放時に行う操作です。

セマフォには，セマフォ変数Sの値を0または1に限るバイナリセマフォ（2値セマフォ）と，0〜Nの値をとることができる計数型セマフォ（ゼネラルセマフォ）があります。共有する資源が1つの場合はバイナリセマフォが用いられ，複数の場合は計数型セマフォが用いられます。

チェック

午後問題では，問題文や流れ図の空欄を埋めるという形式で，セマフォの種類やセマフォの初期値が問われます。初期値には，同時に使用可能な資源の個数を設定することを覚えておきましょう。

・バイナリセマフォの初期値 → 1
・計数型セマフォの初期値 → N（資源数）

また，「タスクがともに動作しなくなった。原因は何か？」ともよく問われます。解答キーワードは「セマフォの取得待ちによるデッドロックの発生」です。押さえておきましょう。

午前でよくでる セマフォの問題

優先度に基づくプリエンプティブスケジューリングのリアルタイムOSを使用した組込みシステムで，入力装置及び出力装置にアクセスする二つのタスクX，Yがある。XはYより優先度が低く，Yが待ち状態になったときにXに処理が戻る。X，Yのアクセスを排他制御するために，入力装置及び出力装置それぞれに資源数1のセマフォを用意し，X，Yを図のように実装したとき，デッドロックが発生するのはXが処理中のどのタイミングでYが起床したときか。ここで，Yは起床すると α から処理を行うこととする。

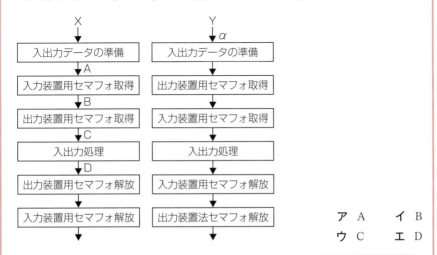

ア A　　イ B
ウ C　　エ D

解説

「入力装置及び出力装置それぞれに資源数1のセマフォを用意し」とあるので，入力装置用，出力装置用の2つの**バイナリセマフォ**を使って，それぞれに排他制御を行うことになります。

デッドロックとは，複数のタスクが，複数の資源に対して異なる順で資源獲得を行ったとき，互いに相手のタスクが資源を解放するのを待ち合い，永久に処理が中断してしまう状態です。この問題の場合，タスクXが入力装置用セマフォを取得後（P操作で入力装置用セマフォ変数を0にした後），BのタイミングでタスクYが起床すると，実行権は優先度の高いタスクYに移ります。タスクYでは，出力装置用セマフォの取得はできますが，入力装置用セマフォ変数の値が0であるため，入力装置用セマフォの取得はできません。このとき，タスクX，Yともに処理が中断しデッドロック状態となります。

解答 イ

問題1　自動車用衝突被害軽減システム　(H27春午後問7)

　自動車用衝突被害軽減ブレーキシステムを題材に，タイマ割込みによるリアルタイム設計能力を問う問題です。問題のタイトルから，難しい問題のように感じますが，タイマ割込みのメカニズムやクロック分周，ウォッチドッグタイマの役割（機能）が理解できていれば，解答はそれほど難しくはありません。ただし，「速度，距離，時間」の関係（速度＝距離÷時間）といった，一般的な知識は必要です。また，どの分野の問題でもそうですが，解答の際には"単位"に注意する必要があります。

問　自動車用衝突被害軽減ブレーキシステムに関する次の記述を読んで，設問1～3に答えよ。

　G社は，自動車用衝突被害軽減ブレーキシステム（以下，自動ブレーキという）を開発している。自動ブレーキ装着車両は，車体の前部に設置されているミリ波レーダ装置（以下，レーダという）によって，前を走行している車両との距離を測定し，衝突のおそれがあるときにブレーキ操作を行う。自動ブレーキの動作環境を，図1に示す。

図1　自動ブレーキの動作環境

〔自動ブレーキの構成と動作〕
　自動ブレーキの構成を，図2に示す。

図2　自動ブレーキの構成

自動ブレーキの処理手順は次のとおりである。

① 自動ブレーキ制御部（以下，制御部という）は，20ミリ秒周期でレーダに測定開始信号を出力する。
② レーダは，測定開始信号が入力されると，前を走行している車両との距離測定を開始し，10ミリ秒後に測定完了信号と距離データを制御部に出力する。
③ 制御部は，測定完了信号が入力されると，距離データを0.01m単位で読み取り，相対速度を算出する。相対速度s（m／秒）は，前回測定した距離d1（m），今回測定した距離d2（m）及び経過時間（20ミリ秒）を用いて，次の式で計算することができる。

$$s = \frac{d1 - d2}{\boxed{a}}$$

④ 制御部は，衝突までの予測時間（以下，予測時間という）を算出する。予測時間t（秒）は，次の式で計算することができる。

$$t = \frac{\boxed{b}}{\boxed{c}}$$

⑤ 制御部は，算出した予測時間によって次の処理を行う。
・予測時間が0秒以上3秒未満のとき，制御部は警告信号を出力し，表示パネルに警告表示を行わせる。
・予測時間が0秒以上1.5秒未満のとき，制御部は緊急ブレーキ信号を出力して，ブレーキを作動させる。

〔制御部の構成とタイマ割込みソフトウェア〕

制御部のMCUブロック図を，図3に示す。

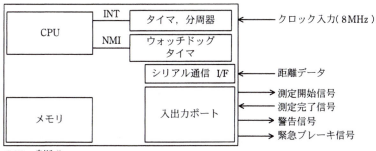

INT：割込み
NMI：ノンマスカブル割込み

図3　制御部のMCUブロック図

MCUは，クロック入力を8分周したクロックで内蔵されたタイマをダウンカウントし，カウント値が0になるとCPUに割込みを発生させる。タイマ割込みソフトウェアは，次の割込みが20ミリ秒後に発生するようにタイマのカウント値を設定する。
　タイマ割込みソフトウェアのフロー図を，図4に示す。

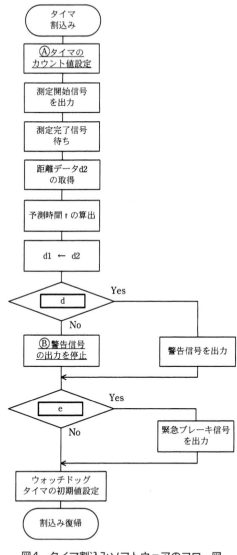

図4　タイマ割込みソフトウェアのフロー図

7 組込みシステム開発

自動ブレーキには安全設計が求められるので，ウォッチドッグタイマを使って，タイマ割込みソフトウェアが動作しているかを周期的に監視する。

設問1 〔自動ブレーキの構成と動作〕について，(1) ～ (3) に答えよ。

(1) 式中の a ～ c に入れる適切な数値又は字句を答えよ。

(2) 相対速度sが負数になる場合の，自動ブレーキ装着車両と前を走行する車両との関係を，15字以内で述べよ。

(3) 時速18km／時で走行している自動ブレーキ装着車両の前方に停止している車両がある。このとき，ブレーキが作動してから停止するまでの走行距離を6mとすると，停止している車両の何m前で停止することができるか。答えは小数第2位を切り上げ，小数第1位まで求めよ。ここで，測定周期及び測定に掛かる時間の影響は，無視できるものとする。

設問2 図4中の処理及び条件式について，(1) ～ (3) に答えよ。

(1) 下線Ⓐにおいて，タイマのカウント値に設定する値を10進数で答えよ。ここで，割込み発生からタイマのカウント値設定までの処理時間は，無視できるものとする。

(2) d ， e に入れる適切な条件式を解答群の中から選び，記号で答えよ。

解答群

ア　0秒≦t＜1.5秒　　　　イ　0秒≦t＜3秒

ウ　1.5秒≦t＜3秒　　　　エ　t＜3秒

(3) 下線Ⓑを行わないときに発生する不具合を，20字以内で述べよ。

設問3 ウォッチドッグタイマによって割込みを発生させる間隔（ミリ秒）として適切な数値を解答群の中から選び，記号で答えよ。

解答群

ア　5　　　　　　　イ　15　　　　　　　ウ　25

解 説

設問1 の解説

(1) 自動ブレーキの処理手順にある，式中の空欄を埋める問題です。

●空欄a

　前回測定した距離がd1（m），今回測定した距離がd2（m），そして経過時間（20ミリ秒）であるときの相対速度が問われています。「相対速度って？」と不安になっても，「速度＝距離÷時間」という公式を思い出せれば解答できます。

　問題文の式を見ると，「s=（d1－d2）÷空欄a」となっています。「d1－d2」は，「前回測定した距離－今回測定した距離」すなわち移動した距離です。したがって，空欄aには，この移動に要した時間を入れればよいわけです。移動に要した時間（経過時間）は20ミリ秒なので，**空欄a**には単位を"秒"に換算した**0.02**が入ります。

●空欄b，c

　衝突までの予測時間t（秒）を算出する式が問われています。「速度＝距離÷時間」を変形すると「時間＝距離÷速度」です。このことから，予測時間t（秒）は，「前を走行している車両との距離（m）÷相対速度s（m／秒）」で算出できることがわかります。現時点で，前を走行している車両との距離はd2（今回測定した距離）なので，予測時間t（秒）を求める式は「**d2（空欄b）÷s（空欄c）**」になります。

(2) 相対速度sが負数になる場合の，自動ブレーキ装着車両と前を走行する車両との関係が問われています。相対速度sが負数になるのは，「d1－d2」が負数，すなわち「d1＜d2」のときです。前回測定した距離d1よりも，今回測定した距離d2が大きいということは，前を走行している車両との距離が広がっていることを意味するので，解答としては「車両間隔が広がっている」旨を記述すればよいでしょう。なお，試験センターでは解答例を「**車間距離が広がっている**」としています。

(3)「時速18km／時で走行している車両の前方に停止している車両があり，ブレーキが作動してから停止するまでの走行距離が6mであるとき，停止している車両の何m前で停止できるか」が問われています。

　問題文の自動ブレーキの処理手順⑤には，「予測時間が0秒以上1.5秒未満のとき，制御部は緊急ブレーキ信号を出力して，ブレーキを作動させる」とあるので，ブレーキが動作するのは，衝突までの予測時間が1.5秒未満になったときです。

　では，問題の条件を整理しておきましょう。まず時速18km／時を秒速（m／秒）に変換すると，18km／時＝18000m／3600秒＝5m／秒です。

次に，予測時間が1.5秒未満になったときというのは，「前を走行している車両との距離（d2）÷相対速度（s）＜1.5秒」になったときですが，本設問では，前方の車両は停止しているので，「前方に停車している車両との距離÷速度」が1.5秒未満になったときブレーキが動作することになります。

以上のことから，5m／秒で走行すると1.5秒後には，5m／秒×1.5秒＝7.5m走行することに気付けば解答できます。ブレーキが作動してから停止するまでの走行距離が6mなので，停止するのは停止車両の7.5－6＝**1.5m**前です。

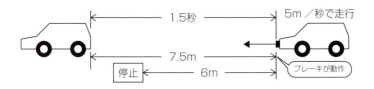

設問2 の解説

タイマ割込みソフトウェアに関する設問です。

(1) 下線Ⓐにおいて，タイマに設定するカウント値が問われています。タイマのカウント値に関しては，次のように記述されています。

> ・クロック入力を8分周したクロックで内蔵されたタイマをダウンカウントし，カウント値が0になるとCPUに割込みを発生させる。
> ・タイマ割込みソフトウェアは，次の割込みが20ミリ秒後に発生するようにタイマのカウント値を設定する。

タイマのカウント値が0になると割込みが発生し，図4の「タイマ割込みソフトウェア」が動作（起動）することがポイントです。つまり，タイマ割込みソフトウェアは，測定開始信号を20ミリ秒周期で出力するため，20ミリ秒後にカウント値が0になるようカウント値を設定するわけです。したがって，20ミリ秒後に0になるカウント値（初期値）を考えればよいことになります。

ここで，クロック入力を8分周したクロックで，タイマをダウンカウントすることに注意します。分周とは，クロック周波数を1／2，1／4，…，というように，元の（入力）周波数を1／nに下げることをいいます。「n」を分周比といい，8分周とは周波数を1／8にするということです。そこで，図3を見ると，クロック入力周波数は

8MHzとあります。これを8分周した周波数は，8MHz÷8＝1MHzになるので，10^{-6}秒（10^{-3}ミリ秒）ごとにタイマをダウンカウントすることになります。したがって，20ミリ秒後にカウント値が0になるようにするためには，カウント値（初期値）を，20ミリ秒÷10^{-3}ミリ秒＝**20,000**に設定する必要があります。

(2) 図4の「タイマ割込みソフトウエアのフロー図」中の空欄d，eが問われています。問題文の自動ブレーキの処理手順⑤の記述を参考に考えていきます。

●空欄d

この空欄が"Yes"のとき，「警告信号を出力」しています。警告信号を出力するのは，衝突までの予測時間tが0秒以上3秒未満のときなので，**空欄dには〔イ〕の0秒≦t＜3秒**が入ります。

●空欄e

この空欄が"Yes"のとき，「緊急ブレーキ信号を出力」しています。緊急ブレーキ信号を出力するのは，予測時間tが0秒以上1.5秒未満のときなので，**空欄eには〔ア〕の0秒≦t＜1.5秒**が入ります。

(3) 下線⑧にある「警告信号の出力を停止」しないと，どのような不具合が発生するのかが問われています。

衝突までの予測時間が3秒未満なら警告信号を出力しますが，3秒以上なら警告信号は不要です。ここで，「じゃあ，何もしなくてもいいんじゃないの？」と考えてしまうと解答が見えてきません。ポイントは，このタイマ割込みは20ミリ秒周期で起動されるということです。図4の処理が，ただ1回だけ行われるのであれば，下線⑧はいりません。しかし，20ミリ秒周期で起動されるわけですから，前回の処理で警告信号を出力しても，その後速度が減速し，今回の処理で予測時間が3秒以上と判断されれば，警告信号の出力を停止しなければなりません。もし，これを行わなければ，予測時間が3秒以上になっても表示パネルに警告が表示されたままになります。以上，解答としては「予測時間が3秒以上になっても警告のまま」である旨を記述すればよいでしょう。なお，試験センターでは解答例を「**衝突を回避しても警告が止まらない**」としています。

設問3 の解説

ウォッチドッグタイマによって割込みを発生させる間隔（ミリ秒）が問われています。ウォッチドッグタイマとは，システム異常を検知するためのタイマ機構です。

442

参考 ウォッチドッグタイマ

最初にセットされた値から，一定時間間隔でタイマ値を減少させ，タイマ値の下限値に達するとタイムアウトとなり，このとき割込みを発生させて例外処理ルーチンを実行します。一般に，この例外処理ルーチンによりシステムをリセットあるいは終了させます。

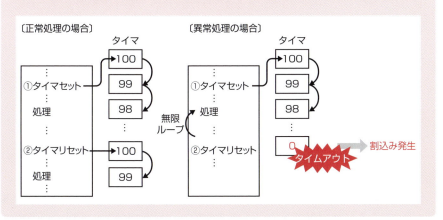

本問では，ウォッチドッグタイマ（以降，WDTという）を使って，タイマ割込みソフトウェアが動作しているかを周期的に監視します。図4のフロー図を見ると，処理の最後に「WDTの初期値設定」を行っているので，タイマ割込みソフトウェアが動作していれば，WDTは初期値設定（クリア）されますが，何らかの異常が発生し動作していなければクリアされません。

したがって，タイマ割込みソフトウェアの起動周期である20ミリ秒を経過してもWDTがクリアされなければ異常発生と判断すればよいので，WDTの割込み発生間隔は，20ミリ秒より少し多い〔**ウ**〕の**25**ミリ秒に設定するのが適切です。

解答

設問1　(1) a：0.02　　b：d2　　c：s
　　　(2) 車間距離が広がっている
　　　(3) 1.5
設問2　(1) 20,000
　　　(2) d：イ　　e：ア
　　　(3) 衝突を回避しても警告が止まらない
設問3　ウ

問題2　家庭用浴室給湯システム

(H31春午後問7)

　家庭用浴室給湯システムを題材にした組込みシステムの問題です。本問では，センサの出力仕様を理解する能力と，「センサの出力を読み出すタスク」，および「複数のセンサの出力から状態を判定するタスク」を設計・実装する基礎的な能力が問われます。
　浴室給湯システムといった身近な題材ということもあり，全体的に解答しやすい問題になっています。計算の際に単位の変換を誤ったり，問題文にある記載事項をうっかり見落としてしまうことがないよう，注意しながら解答を進めましょう。

問　家庭用浴室給湯システムに関する次の記述を読んで，設問1～3に答えよ。

　G社は，家庭用浴室給湯システム（以下，浴室給湯システムという）を開発している。浴室給湯システムは，設定された給湯温度で浴槽に給湯を行う機能と，浴室に入った人が洗い場又は浴槽で動かなくなる事象（以下，異常事象という）を監視して，異常事象が発生したらブザーで同居人に知らせる機能をもつ。浴室給湯システムは，浴室内に設置されるリモコン，浴室の出入口に設置される出入りセンサ，及び浴室外に設置される給湯器で構成される。浴室給湯システムの構成を図1に，浴室給湯システムの構成要素の概要を表1に示す。

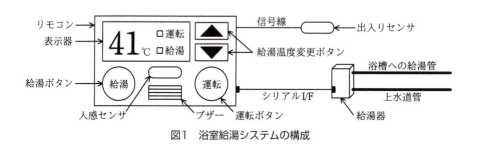

図1　浴室給湯システムの構成

7 | 組込みシステム開発

表1　浴室給湯システムの構成要素の概要

構成要素名	概要
リモコン	・表示器，人感センサ，ブザー，運転ボタン，給湯ボタン，給湯温度変更ボタン，及びMCUで構成される。 ・表示器は，設定された給湯温度と，給湯器の運転状態を表示する。 ・人感センサは，人の動きを検出したときは1を，検出しなかったときは0を，1秒ごとに出力する。人の動きを検出する範囲は，浴室内に限られる。 ・出入りセンサと接続され，出入りセンサの出力を読み出すことができる。 ・給湯器と接続され，給湯器に指示を送信することができる。
出入りセンサ	・人が浴室の出入口を横切っていることを検出している間は1を，それ以外の間は0を出力する。人が浴室に入ったのか，浴室から出たのかは判別できない。 ・非常に短い間隔で0と1を交互に出力する現象が発生することがある。
給湯器	・リモコンからの指示に従い，運転，停止，給湯，及び給湯温度の変更を行う。 ・リモコンからの各指示のデータ長は，いずれも3バイトの固定長である。 ・シリアルI/Fの通信速度は，9,600ビット／秒である。

注記　人感センサの出力，出入りセンサの出力，及びリモコンの各ボタンの入力は，MCUの入力ポートで読み出すことができる。

〔出入りセンサの出力の確定方法〕

　MCUは，出入りセンサの出力を1回の読出しでは確定せず，10ミリ秒周期で出力を読み出して，5回連続で同じ値が読み出せたときに確定し，その値を確定値とする。

〔リモコンの動作〕

（1）リモコンは，各ボタンによって操作を受け付け，給湯器に指示を送信する。

　・運転ボタンが押されたら給湯器の運転又は停止，給湯ボタンが押されたら給湯，給湯温度変更ボタンが押されたら給湯温度の変更というように，ボタンに応じた指示を給湯器に送信する。

（2）リモコンは，人の浴室の出入り及び異常事象を監視する。

　・人感センサの出力が1であれば，人が浴室に入ったと判定する。

　・人が浴室に入ったと判定した後，出入りセンサの確定値が1となった後で人感センサの出力が0となれば，人が浴室から出たと判定する。

　・人が浴室に入ったと判定した後，出入りセンサの確定値が1となる前に，人感センサの出力が連続して3分以上0であれば，異常事象と判定する。

　・異常事象と判定したら，いずれかのボタンが押されるまでブザーを鳴動する。

〔リモコンのソフトウェア構成〕

リモコンの組込みソフトウェアには、リアルタイムOSを使用する。異常事象の監視に関係する主なタスクの一覧を表2に示す。

表2　異常事象の監視に関係する主なタスクの一覧

タスク名	処理概要
メイン	・リモコン全体の管理及びブザーの鳴動制御を行う。 ・監視タスクから“異常”が通知されたら、ブザーを鳴動させる。 ・ブザーの鳴動を停止したときは、“解除”を監視タスクに通知する。
出入り検出	・10ミリ秒周期で出入りセンサの出力を読み出す。 ・確定値が1となったら、“出入り”を監視タスクに通知する。 ・一度“出入り”を通知したら、次に“出入り”を通知するのは、確定値が一度0となった後で、再び確定値が1となったときである。
人検出	・500ミリ秒周期で人感センサの出力を読み出す。 ・出力が1であれば“検出”を、出力が0であれば“未検出”を監視タスクに通知する。
監視	・出入り検出タスク及び人検出タスクの通知から、異常事象を判定する。 ・異常事象と判定した場合は、メインタスクに“異常”を通知する。

設問1　浴室給湯システムの仕様について、(1)、(2)に答えよ。

(1) 次の記述中の　a　～　c　に入れる適切な字句を答えよ。

　　浴室給湯システムは、　a　センサと　b　センサを併用して異常事象を監視している。これは、　a　センサだけでは、　a　センサの出力が1の状態から連続して0となった場合において、人が　c　ときの事象か、異常事象が発生したときの事象かを判別できないからである。

(2) リモコンが給湯器に指示を一つ送信するとき、シリアルI/Fにおける通信時間は何ミリ秒か。答えは小数第2位を切り上げて、小数第1位まで求めよ。ここで、1バイトのデータは10ビットで送信され、ソフトウェアの動作時間は考慮しなくてよいものとする。

設問2　出入りセンサの出力と、出入り検出タスクの動作タイミングの例を図2に示す。図2について、(1)、(2)に答えよ。

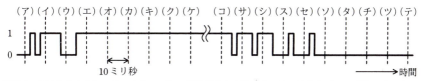

注記1　実線は出入りセンサの出力を示し，破線は出入り検出タスクの動作タイミングを示す。出入り検出タスクの実行時間は，無視できるほど小さいものとする。
注記2　出入り検出タスクは，(ア) のタイミングでは，出力を0で確定している。
注記3　(ケ) から (コ) の間，実線は常に1であり，この間の破線の表記は省略している。

　　　図2　出入りセンサの出力と，出入り検出タスクの動作タイミングの例

(1) 出入り検出タスクが，"出入り" を通知するタイミングを，(ア) ～ (テ) の記号で答えよ。
(2) 出入り検出タスクが "出入り" を通知した後，出力を0で確定する最初のタイミングを，(ア) ～ (テ) の記号で答えよ。

設問3　監視タスクの状態遷移を図3に示す。(1)，(2) に答えよ。

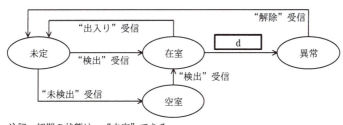

　　　注記　初期の状態は，"未定" である。
　　　　　　図3　監視タスクの状態遷移

(1) 図3中の　d　に入れる適切な遷移条件を，他タスクからの通知名を用いて20字以内で答えよ。
(2) 次の記述中の　e　，　f　に入れる適切な状態名を答えよ。

　"空室" 状態のときに，1人の人が浴室に入った。その後，別の1人の人が浴室に入った。このときの監視タスクの状態遷移は，"空室" → "　e　" → "　f　" → "在室" となった。

解 説

設問1 の解説

(1) 設問文中の空欄a〜cに入れる字句が問われています。記述冒頭に,「浴室給湯システムは, ▢a▢ センサと ▢b▢ センサを併用して異常事象を監視している」とあります。給湯システムには, 人感センサと出入りセンサの2つしかないので, 空欄aと空欄bに入るのは,「人感」と「出入り」のいずれかです。

次に,「これは, ▢a▢ センサだけでは, ▢a▢ センサの出力が1の状態から連続して0となった場合において, 人が ▢c▢ ときの事象か, 異常事象が発生したときの事象かを判別できないからである」とあります。異常事象とは, 浴室に入った人が洗い場または浴槽で動かなくなる事象のことです。

人が浴室に入り, その人の動きを検出すれば人感センサは1を出力しますが, 動きが検出されない場合は0を出力します。「動きが検出されない」という事象, すなわち, 人感センサの出力が1の状態から連続して0となる事象は,「人が浴室を出た」か「異常事象が発生した」かのどちらかです。しかし, 人感センサだけでは, この2つの事象を判別できません。そこで, 出入りセンサを使います。出入りセンサは, 人が浴室の出入り口を横切っていることを検出している間は1を, それ以外の間は0を出力します。したがって, 人感センサと出入りセンサを併用することで,「人が浴室を出た」のか「異常事象が発生した」のか判別できます。

以上, **空欄a**には「**人感**」, **空欄b**には「**出入り**」が入ります。また, **空欄c**には「**人が浴室を出た**」と入れればよいでしょう。

(2) リモコンが給湯器に指示を送信するときの通信時間(ミリ秒)が問われています。

まず, 計算に必要な要素を確認しましょう。表1の"給湯器"の概要を見ると,
・リモコンからの各指示のデータ長は3バイト(固定長)
・シリアルI/Fの通信速度は9,600ビット/秒

です。次に, 設問文にある,「1バイトのデータは10ビットで送信される」との記述に注意! です。通常,「1バイト=8ビット」で計算しますが, 本設問では「1バイト=10ビット」です。したがって, 通信時間は, 次のようになります。

$$\text{通信時間} = \frac{3 \times 10}{9,600} = 3.125 \times 10^{-3} \, [\text{ビット／秒}] = 3.125 \, [\text{ミリ秒}]$$

なお,「小数第2位を切り上げて, 小数第1位まで求めよ」との指示があるので, 解答は, **3.2**ミリ秒となります。

設問2 の解説

(1) 図2について，出入り検出タスクが"出入り"を通知するタイミングが問われています。表2の出入り検出タスクの概要に，「10ミリ秒周期で出入りセンサの出力を読み出し，確定値が1になったら，"出入り"を監視タスクに通知する」とあります。出入りセンサの出力の確定値については，〔出入りセンサの出力の確定方法〕に，「5回連続で同じ値が読み出せたときに確定する」旨が記述されています。

図2を見ると，(エ)～(ク)で出力1が5回連続しています。したがって，監視タスクに"出入り"を通知するタイミングは **(ク)** です。

(2) 出入り検出タスクが"出入り"を通知した後，出力を0で確定する最初のタイミングが問われています。出力を0と確定するタイミングとは，5回連続で0が読み出せたときです。ここで「答えは(テ)だ！」と早合点してはいけません。図2を見ると，下図のαとβ部分において，0と1を交互に出力する現象が発生しています。この現象をチャタリングといい，出力の状態が変わるとき0と1が不安定になる現象のことです。チャタリングが発生していても，出入り検出タスクは，出入りセンサの出力を読み出します。つまり，図2においては，(ス)，(セ)の出力も読み出すため，出力を0と確定するタイミングは **(チ)** となります。

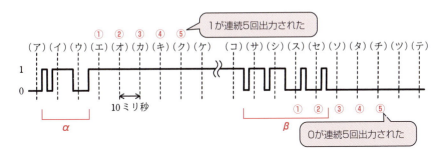

設問3 の解説

(1) 図3中の空欄dが問われています。空欄dは，"在室"状態から"異常"状態への遷移条件です。つまり本設問では，"在室"状態（「人が浴室に入った」という状態）から"異常"状態への遷移が起こる条件，すなわち異常事象と判定する条件が問われているわけです。

異常事象と判定する条件については，〔出入りセンサの出力の確定方法〕(2)の3つ目の項目に，「人が浴室に入ったと判定した後，出入りセンサの確定値が1となる前に，人感センサの出力が連続して3分以上0であれば，異常事象と判定する」とあ

ります。このことから，空欄dには「人感センサの出力が連続して3分以上0のとき」と入れたいところですが，設問文に「他タスクからの通知名を用いて20字以内で答えよ」とあるので，もう少し具体的に考えていきます。

人感センサの出力を読み出すタスクは人検出タスクです。500ミリ秒周期で出力を読み出して，1であれば"検出"を，0であれば"未検出"を監視タスクに通知します。したがって，人感センサの出力が連続して3分間0であった場合，人検出タスクは，「3分÷500ミリ秒＝180秒÷0.5秒＝360」回，連続して"未検出"を監視タスクに通知することになります。しかし，この時点では，まだ異常事象との判定はしません。3分経過した時点，すなわち361回目に通知される0で異常事象と判定することになります。

以上のことから，空欄dには，「361回連続して"未検出"受信」と入れればよいでしょう。なお，試験センターでは解答例を「**連続して361回"未検出"受信**」としています。

(2) 設問文中にある，「"空室"状態のときに，1人の人が浴室に入った。その後，別の1人の人が浴室に入った。このときの監視タスクの状態遷移は，"空室"→" e "→" f "→"在室"となった」という記述中の空欄e，fが問われています。

"空室"状態のときに，1人の人が浴室に入ると，人検出タスクから"検出"が通知され，監視タスクは"在室（空欄e）"状態に遷移します。そして，"在室"状態のとき，別の人が浴室に入ると，出入り検出タスクから"出入り"が通知されるので，監視タスクは"未定（空欄f）"状態に遷移します。その後，人感センサが，浴室に入っている人の動きを検出すると，人検出タスクから"検出"が通知され，監視タスクの状態は"在室"状態に遷移します。

以上，監視タスクの状態遷移は，「"空室"→**在室（空欄e）**"→"**未定（空欄f）**"→"在室"」となります。

解 答

設問1 　(1) a：人感　　b：出入り　　c：浴室を出た
　　　　 (2) 3.2（ミリ秒）

設問2 　(1)（ク）
　　　　 (2)（チ）

設問3 　(1) d：連続して361回"未検出"受信
　　　　 (2) e：在室　　f：未定

問題3 タクシーの料金メータの設計 (H22春午後問7)

　タクシーの料金メータの設計を題材に，組込み用のRTOS（リアルタイムOS）におけるタスクと割込みハンドラの関係の基礎的な理解，および不具合発生のメカニズムとそれを回避するための対策方法に対する理解度を問う問題です。
　具体的には，イベントフラグの制御（イベントフラグのセット待ち方法）と割込み禁止制御による不具合とその対策が問われます。イベントフラグを用いた問題は，難易度が高いためイベントフラグの基本的な仕組みを理解しておいたほうがよいでしょう。

問　タクシーの料金メータの設計に関する次の記述を読んで，設問1～3に答えよ。

　S社は，タクシーの料金メータ（以下，タクシーメータという）を開発している。S社では，ソフトウェアの品質向上を図るために，設計後のレビューを強化することにした。実施したレビューにおいて，タクシーメータのソフトウェアに不具合が見つかった。

〔ソフトウェア構成〕
　タクシーメータは，リアルタイムOS（以下，RTOSという）を使用している。
　RTOS上では，表示タスク，料金計算タスク，操作パネルタスク，走行距離通知タスク及びRTOSのタイマタスクが動作する。これらのタスク実行中は，特に指定がない限り，すべての割込みが許可されている。
　タクシーメータは，タイマ割込み及び操作パネル割込みを使用している。これらの割込みは，タイマ割込みハンドラ及び操作パネルハンドラで処理される。各ハンドラは，それぞれタイマタスク及び操作パネルタスクを起動する。
　タクシーメータのタスク一覧を表に示す。

表　タクシーメーターのタスク一覧

タスク	処理内容	優先度
表示タスク	料金などを LCD に表示する。	低
料金計算タスク	走行距離と走行時間に応じた料金を計算する。	中
操作パネルタスク	操作パネルハンドラで起動される。操作パネルからの指示を受け取り，各タスクに通知する。	高
走行距離通知タスク	所定距離を走行したことを通知する。 ・料金計算タスクから"走行通知要求"を受け，指定された距離を走行したら，イベントフラグをセットする。 ・"走行通知要求"を受けた後，イベントフラグをセットするまでの間に取消し要求を受けた場合は，"走行通知要求"を取り消し，イベントフラグをセットしない。 ・既にイベントフラグをセットした要求に対する取消し要求があった場合，この取消し要求を無視する。	高
タイマタスク	タイマ割込みハンドラで起動される。このタスクは，RTOS に対する要求のうち，時間に関する処理を行う。	高

〔RTOSの仕様（一部）〕

（1）タスクは，優先度によって実行が決定される。優先度は変更することができる。

（2）タスク同期制御にイベントフラグを使用する。イベントフラグの操作にはセット及びクリアがある。

（3）タスクはイベントフラグのセット待ち要求を行うと，イベントフラグがセットされるまで待ち状態となる。既にイベントフラグがセットされている場合は，セット待ち要求を行っても，待ち状態にはならない。

　　セット待ち要求では，タイムアウトの設定ができる。タイムアウトになると，指定時間内にイベントフラグがセットされなくても，待ち状態が解除される。

（4）タスクごとに，特定又はすべての割込みに対して，割込み禁止及び割込み許可を指定できる。

〔タクシーメータの仕様〕

　操作パネルで"賃走"を指定すると，最初に"L_0メートル走行するまで"又は"T_0秒経過するまで"料金はP_0円である。これを初乗りという。

　初乗りの条件を過ぎると"L_1メートル走行する"又は"T_1秒経過する"ごとに，料金がP_1円ずつ加算される。L_0，T_0，P_0，L_1，T_1及びP_1は特別な装置によって設定可能である。

　料金の計算は，操作パネルで"支払い"ボタンが押されるまで続けられる。

〔料金計算タスク〕

　料金計算タスクの処理の流れを図に示す。料金計算タスクは，初乗りから"支払い"ボタンが押されるまでの間，図の②～⑦の処理を続ける。

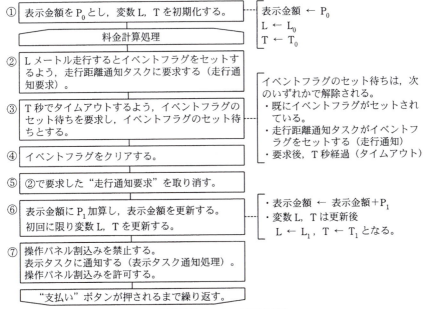

図　料金計算タスクの処理の流れ

〔不具合の指摘〕

　レビューを実施したところ，次の二つの指摘があった。
（1）イベントフラグのセット待ち方法の不具合とその対策

　　料金計算タスクにおいて，イベントフラグのセット待ちを要求しても，待ち状態にならないことがある。その結果，表示金額の計算が過大となってしまう。

　　この不具合は，　a　の直後に，　b　が起きると発生する。

　　　a　によって　c　が解除され，料金計算タスクは実行状態となり，イベントフラグを　d　する。この直後に　b　があると，イベントフラグがセットされてしまい，次のイベントフラグのセット待ちで待ち状態にならない。

　　この不具合は，図中の　e　と⑤とを入れ替えることで回避できる。

（2）操作パネル割込み制御の不具合とその対策

　　図中の処理⑦では，表示タスク通知処理の開始から終了までの間，操作パネル割
込みは禁止されているので，操作パネル割込みは実行されないはずである。しかし，
次のような場合に，操作パネル割込みを実行してしまう。

　　操作パネル割込みを禁止した直後に　f　が発生すると，　f　ハンドラによっ
て　g　が起動され，料金計算タスクは処理が中断される。

　　起動されたタスクは，操作パネル割込みを許可しているので，　h　が発生する
と受け付けてしまう。

　　現在の処理を大きく変更せずにこの不具合を回避するには，表示タスク通知処理
実行中は，タスクの優先度をタイマタスクの優先度と同じにするか，又は表示タス
ク通知処理を行う間は，すべての割込みを禁止すればよい。

設問1　イベントフラグのセット待ち方法の不具合について，(1)，(2)に答えよ。た
だし，表示タスク通知処理では，ほかのタスクを起動することはないものとする。
(1) 本文中の　a　〜　d　に入れる適切な字句を答えよ。
(2) 本文中の　e　に入れる，図中の処理の番号を答えよ。

設問2　操作パネル割込み制御の不具合について，　f　〜　h　に入れる適切な字
句を答えよ。

設問3　操作パネル割込み制御の不具合とその対策で示したように対処する場合，表
示タスク通知処理の実行時間をできるだけ短くしなければならない。その理由を30字
以内で述べよ。

||| **解　説** |||

設問1　の解説

　料金計算タスクにおけるイベントフラグのセット待ち方法の不具合（イベントフラグ
のセット待ちを要求しても，待ち状態にならないこと）の発生原因とその対策が問われ
ています。記述中の空欄を埋めるという形式ではありますが，空欄の数も多く難易度
が高い設問です。

　RTOS（リアルタイムOS）ではタスクそれぞれに優先度が与えられ，タスクを切替え
ながら並行動作させます。そのため，単なる処理の流れ図だけを考えても解答を見つ
けることができません。そこで，問題文に示されている条件を整理するつもりで，料

金計算タスクの流れ図をもう少しわかりやすいシーケンス図に書き換えてみます。下図は，料金計算タスクと走行距離通知タスク間の，タイムアウトを考慮しない（タイムアウトにならない）シーケンスです。

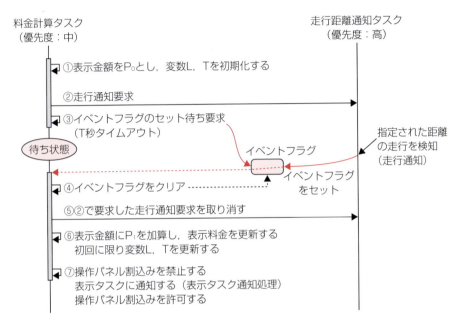

では，上図を見ながら処理内容を確認していきましょう。

②で行う走行通知要求は，「Lメートル走行したらイベントフラグをセットして！」と，走行距離通知タスクに要求するものです。料金計算タスクは，走行通知要求を送信すると，③でイベントフラグのセット待ちをT秒のタイムアウト付きで要求し，その後，待ち状態となります。一方，走行距離通知タスクは，走行通知要求を受けた後，指定された距離（Lメートル）の走行を検知した時点でイベントフラグをセットします。なお問題文には明記されていませんが，走行距離通知タスクは，何らかの信号（走行通知だと思われます）により指定距離の走行を検知するものと考えれば，信号を受信するまでは待ち状態に置かれることになります。

さて，イベントフラグがセットされると，料金計算タスクは待ち状態が解除され，④でイベントフラグをクリアし，⑤，⑥，⑦と処理を進めます。

以上，タイムアウトを考慮しないシーケンスでは，何ら問題はないと思われます。では，どのような場合に，イベントフラグのセット待ちを要求しても，待ち状態にならず，表示金額の計算が過大となってしまうのでしょうか？　待ち状態にならないと

いうのは，イベントフラグのセット待ち要求後，直ちにセット待ちが解除されるということです。ここで，イベントフラグのセット待ちが解除される条件は，次の3つであることを確認しておきましょう。

①既にイベントフラグがセットされている
②走行距離通知タスクがイベントフラグをセットする（走行通知）
③要求後，T秒経過（タイムアウト）

では，タイムアウトを考慮したシーケンスを考えてみましょう。下図に，走行距離通知タスクがイベントフラグをセットする前に，T秒経過（タイムアウト）となるシーケンス（⑥，⑦は除く）を示します。図中の①〜④は処理の順番です。

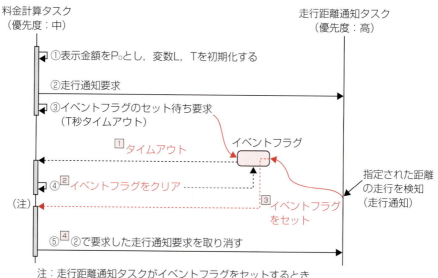

注：走行距離通知タスクがイベントフラグをセットするとき，
料金計算タスクはいったんプリエンプションされる。

料金計算タスクにタイムアウトが通知されると，料金計算タスクは待ち状態が解除され，④でイベントフラグをクリアします。この直後，走行距離通知タスクが指定された距離の走行を検知してイベントフラグをセットしたとしたら，⑤で行う走行通知要求の取消しは無視され，次に実行される②で，イベントフラグのセット待ち要求を出してもイベントフラグはセットされたままなので，直ちにセット待ちが解除されてしまいます。では，以上のことをもとに空欄を埋めていきましょう。

7 | 組込みシステム開発

本設問で問われている空欄a〜eを含む記述は，次のとおりです。

　この不具合は，　a　の直後に，　b　が起きると発生する。

　　a　によって　c　が解除され，料金計算タスクは実行状態となり，イベントフラグを　d　する。この直後に　b　があると，イベントフラグがセットされてしまい，次のイベントフラグのセット待ちで待ち状態にならない。

　この不具合は，図中の　e　と⑤とを入れ替えることで回避できる。

---

(1)「　a　によって　c　が解除され」とあるので，**空欄aはタイムアウト**，**空欄c**は**イベントフラグのセット待ち**（**待ち状態**でも可）です。イベントフラグのセット待ちが解除されると，料金計算タスクは実行状態となり，イベントフラグを**クリア**（**空欄d**）します。そして，この直後に**走行通知**（**空欄b**）があるとイベントフラグがセットされてしまい，次のイベントフラグのセット待ちで待ち状態にはなりません。

(2) この不具合は，「タイムアウト→④イベントフラグのクリア→イベントフラグのセット→⑤走行通知要求の取消し」という順に処理が行われた場合に発生します。そこで，④（**空欄e**）と⑤とを入れ替え，タイムアウト後，直ちに走行通知要求の取消しを行うことで，走行距離通知タスクはイベントフラグをセットしないため，この問題は回避できます。

設問2 の解説

　操作パネル割込み制御の不具合とその対策が問われていますが，本設問は先の設問1ほど難しくありません。問題文に与えられた条件を整理しながら順に解答していきましょう。

　「操作パネル割込みを禁止した直後に　f　が発生すると，　f　ハンドラによって　g　が起動され，料金計算タスクは処理が中断される」とあり，空欄fの後ろに"ハンドラ"が続くので，空欄fには何らかの割込みが入ります。本問における割込みは，タイマ割込みと操作パネル割込みの2つですが，そもそもこのとき操作パネル割込みは禁止されているため，**空欄fに入るのはタイマ割込み**ということになります。また，タイマ割込みハンドラによって起動されるのはタイマタスクなので，**空欄gにはタイマタスク**が入ります。

　次に，「起動されたタスクは，操作パネル割込みを許可しているので，　h　が発生すると受け付けてしまう」とあります。「操作パネル割込みを許可しているので，受け付けてしまう」ということなので，**空欄hは操作パネル割込み**です。

457

補足 操作パネル割込み制御の不具合

問題文〔RTOSの仕様（一部）〕の (4) に，「タスクごとに，特定又はすべての割込みに対して，割込み禁止及び割込み許可を指定できる」とあります。そのため，料金計算タスクが，表示タスク通知処理の開始から終了までの間，操作パネル割込みを禁止しても，料金計算タスク実行中に，何らかの理由でタイマ割込みが発生すると，タイマタスクが起動され，料金計算タスクより優先度の高いタイマタスクに実行権が移り，料金計算タスクは処理が中断させられます。このとき，タイマタスクは操作パネル割込みを許可しているので，操作パネル割込みが受け付けられてしまいます。これが，本設問で問題となっている不具合です。

設問3 の解説

操作パネル割込み制御の不具合に対する対策（下記①，②）を施す場合，表示タスク通知処理の実行時間をできるだけ短くしなければいけない理由が問われています。

表示タスク通知処理実行中は，
①タスクの優先度をタイマタスクの優先度と同じにする
②すべての割込みを禁止する

①の対策では，料金計算タスクの優先度がタイマタスクと同じ"高"になるため，タイマ割込みが発生しても直ぐにはタイマタスクが実行されません。②の対策では，タイマ割込みを禁止しているためタイマタスクの実行が阻害され，割込み禁止時間分だけ遅れることになります。

タイマタスクは，RTOSに対する要求のうち，時間に関する処理を行うタスクです（表のタイマタスクの処理内容より）。そのため，①，②での対処により，タイマタスクの実行が遅れると，RTOSに必要なリアルタイム性が低下し，システムに不具合が発生する可能性があります。つまり，表示タスク通知処理の実行時間をできるだけ短くしなければいけないのは，タイマタスクの実行を遅れさせないためです。

以上，解答としては，「リアルタイム性を低下させないため」，「タイマタスクの実行を遅れさせないため」などを含め30字以内で記述すればよいでしょう。なお，試験センターでは解答例を「**タイマタスクの実行が遅れないようにするため**」としています。

解 答

設問1 (1) a：タイムアウト
　　　　　 b：走行通知
　　　　　 c：イベントフラグのセット待ち（別解：待ち状態）
　　　　　 d：クリア
　　　(2) e：④

設問2 f：タイマ割込み
　　　　 g：タイマタスク
　　　　 h：操作パネル割込み

設問3 タイマタスクの実行が遅れないようにするため

参考　タイムアウトを伴う同期制御

　本問では，タイムアウト付きのイベントフラグを用いて，"Lメートル走行"又は"T秒経過"で料金加算を行っています。このような，タイムアウトを伴う同期制御は旧来からよく用いられる方法です。

　たとえば，タスクAは，タスクBに処理を依頼するとき，処理が完了したら"完了通知"を送るよう要求します。ところが，タスクBが正常に完了しても，"完了通知"が送られてこなければ（送信に失敗すれば），タスクAは永久に"完了通知"を待ち続けてしまいます。このような事態の発生を回避するために，タスクBに処理を依頼するときにタイマを設定し，一定時間経過してもタスクBからの"完了通知"がこなければ，タイマ割込みハンドラにより起動されるようにします。

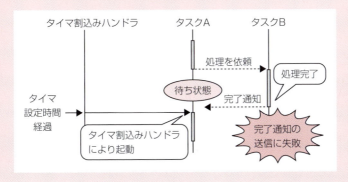

Try! （H30秋午後問7抜粋）

> 本Try!問題は，カードを使用した電子扉システムの設計に関する問題です（設問の一部を抜粋）。身近で考えやすいシステムですし，設問の難易度もそれほど高くありません。組込みシステムの問題では，「タイマ設定－イベント待ち」といった内容がよく出題されますから，本Try!問題を通して，タイマ処理の基本事項を確認しておきましょう！

　E社は，電子錠を開発している会社である。E社では，RFIDタグを内蔵したカード（以下，入退室カードという）を使用して，扉の電子錠を制御するシステム（以下，電子扉システムという）を開発することになった。

　電子扉システムは企業向けであり，従業員ごとに個別の入退室カードを配布して，従業員の入退室管理に用いる。

〔電子扉システムの構成〕

　電子扉システムは，扉，カードリーダ，制御部などから成る電子扉ユニットと，各電子扉ユニットとLANで接続されたサーバから構成される。電子扉システムの構成を図1に示す。

- ドアクローザは，扉の上部に有り，内蔵するばねの力で扉を自動的に閉める。
- レバーは扉の室内側と室外側に有り，電子錠で開錠／施錠される。開錠状態では，レバーを下に回して扉を開けることができ，手を放すとレバーは元に戻り扉は閉まる。施錠状態では，扉は開けられない。また，扉を開けたまま施錠することができ，このときには扉が閉まると扉を開けることができなくなる。
- カードリーダは，室内側と室外側に取り付けられている。
- 電子扉ユニットには，扉識別コードが設定されている。

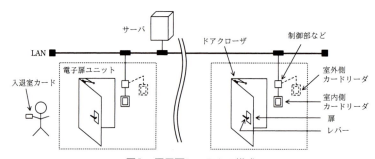

図1　電子扉システムの構成

〔電子扉ユニットのハードウェア構成〕

　電子扉ユニットのハードウェア構成を図2に示す。

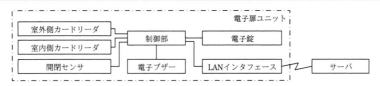

図2　電子扉ユニットのハードウェア構成

- 扉識別コードは，電子扉ユニットごとに割り当てられ，制御部が保持する。
- 入退室カードには，カードごとに割り当てられたカード識別コード，有効期限などの情報を格納する。
- 制御部は，MPUを内蔵しており，各ハードウェアを制御する。
- カードリーダは，室内側及び室外側に1台ずつ設置し，室内側を示すコードと，室外側を示すコード（以下，リーダ設置区分コードという）をそれぞれ割り当てる。カードリーダは，入退室カードの情報を読み込む。
- 開閉センサは，扉が開いたこと及び扉が閉まったことを検出する。
- 電子ブザーは，単発音の許可音・エラー音を発生したり，連続音の警告音を鳴動したりする。
- 電子錠は扉のレバーを開錠／施錠する。
- LANインタフェースは，LANに接続してサーバと通信する。

〔電子扉システムの動作〕
(1) 入退室カードをカードリーダにかざすと，入退室カードの情報を読み込み，電子扉ユニットの情報とあわせてサーバに送信する。
(2) サーバからの応答が開錠許可なら，許可音を発生して開錠する。開錠してからt_1秒以内に扉が開かないときは施錠する。
(3) サーバからの応答が開錠許可でないとき，エラー音を発生する。
(4) 扉が開いてから，t_2秒以内に扉が閉まらないとき，扉が閉まるまで警告音を鳴動し続ける。
　t_1及びt_2は，必要に応じて変更が可能で，$t_2 > t_1 > 1$秒とする。

〔制御部とサーバ間の通信〕
　サーバは，入退室可能な入退室カードの保有者の情報を扉ごとに管理する。
(1) 制御部は，カードリーダで入退室カードの情報を読み込んだとき，カード識別コード，扉識別コード及びリーダ設置区分コードをサーバに送信する。
(2) サーバは，カード識別コードで入退室カードの保有者を特定し，扉識別コードで入退室する扉を特定し，リーダ設置区分コードで入室又は退室を識別する。これらの情報から，入退室カードの保有者が入退室を許可されているか判定して，判定結果を制御部に送信する。

〔制御部のプログラムの処理〕

　制御部のプログラムの処理フローを図3に示す。この処理は，室内側又は室外側のカードリーダに入退室カードをかざすと開始される。また，この処理の間に新たに入退室カードがかざされても，終了するまで処理を続行する。

・タイマは，OSのタイマ機能を使用する。タイマに時間を設定すると計時が始まり，設定した時間が経過するとタイマ満了イベントが通知される。タイマが満了する前にタイマ取消しを行うと，タイマ満了イベントは通知されない。
・開閉センサは扉が開いたときに開扉イベントを通知し，扉が閉まったときに閉扉イベントを通知する。
・処理"カード情報を読み込む"では，入退室カードの情報を読み込む。
・処理"イベント待ち"では，開扉イベント，閉扉イベント，及びタイマ満了イベントを待ち受ける。
・処理"開錠する"及び処理"施錠する"では，制御部が電子錠に開錠又は施錠を通知する。その通知から実際に電子錠が開錠／施錠するのに1秒掛かり，その間，次の処理は行わない。

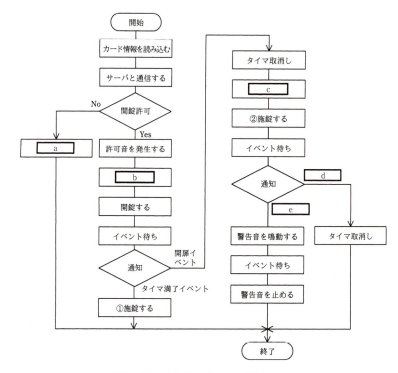

図3　制御部のプログラムの処理フロー

7 | 組込みシステム開発

〔不具合の発生〕

電子扉システムの動作をテストしていたところ，扉を開けたままt_2秒経過しても警告音が鳴動しない不具合が，図3の"①施錠する"を処理した後に発生した。

なお，不具合が発生したときに，入退室カードの情報は正しく読み込まれており，LAN及びサーバに問題はなく，ハードウェア及びソフトウェアは通常の処理をしていた。

(1) 図3中の　a　に入れる適切な処理を，本文中の字句を用いて答えよ。

(2) 図3中の　b　，　c　に入れる適切な処理を，解答群の中から選び，記号で答えよ。

解答群
ア　イベント待ち　　　　　イ　開錠する　　　　　　ウ　施錠する
エ　タイマ取消し　　　　　オ　タイマにt_1秒を設定する
カ　タイマにt_2秒を設定する

(3) 図3中の　d　，　e　に入れる適切なイベントを，本文中の字句を用いて答えよ。

(4) 〔不具合の発生〕について，不具合が発生する条件を35字以内で述べよ。

解説

(1) ●空欄a：空欄aの処理は，サーバからの応答が「"開錠許可"でない」ときの処理です。サーバからの応答に対する処理については，〔電子扉システムの動作〕(3) に，「サーバからの応答が開錠許可でないとき，エラー音を発生する」と記述されています。したがって，**空欄aにはエラー音を発生する**が入ります。

(2) ●空欄b：空欄bの処理は，サーバからの応答が「"開錠許可"である」ときの処理です。〔電子扉システムの動作〕(2) に，「サーバからの応答が開錠許可なら，許可音を発生して開錠する。開錠してからt_1秒以内に扉が開かないときは施錠する」と記述されています。

　着目すべきは，「t_1秒以内に扉が開いたかどうか」を，何で（どのように）判定しているかです。ヒントとなるのは，"イベント待ち"で受け取った通知がタイマ満了イベントであるとき，"①施錠する"を行っている点です。タイマ満了イベントは，設定した時間が経過したときに通知されるイベントですから，タイマ設定を行わなければ発生しません。したがって，t_1秒以内に扉が開いたかどうかを判断する処理の流れは，「タイマにt_1秒を設定→イベント待ち→通知イベントの判断」となります。つまり，**空欄b**で行う処理は，〔**オ**〕の**タイマにt_1秒を設定する**です。

463

●**空欄c**：空欄cの処理は，"イベント待ち"で開扉イベントを受け取った後の処理です。開扉イベントは，扉が開いたとき通知されるイベントです。扉が開いたときの処理については，〔電子扉システムの動作〕(4) に，「扉が開いてから，t_2秒以内に扉が閉まらないとき，扉が閉まるまで警告音を鳴動し続ける」と記述されています。「t_2秒以内に扉が閉まったかどうか」の判定は先と同様，タイマ機能を使って行うので，**空欄c**には，〔カ〕の**タイマにt_2秒を設定する**が入ります。

(3) ●**空欄d，e**：空欄cで「タイマにt_2秒を設定」した後，"②施錠する"を行い，"イベント待ち"でイベント通知を待ちます。そして，受け取った通知が，空欄eの場合は"警告音を鳴動する"を行い，空欄dの場合は"タイマ取消し"を行っています。

警告音を鳴動するのは，t_2秒以内に扉が閉まらないとき，すなわち，タイマ満了イベントを受け取ったときなので，**空欄eはタイマ満了**イベントです。

一方，タイマ満了イベントを受け取る前に，扉が閉まったことを知らせる閉扉イベントを受け取った場合は，タイマ取消しを行う必要があるので，**空欄dは閉扉**イベントです。

(4) 〔不具合の発生〕について，不具合が発生する条件が問われています。不具合とは，「図3の"①施錠する"を処理した後，扉を開けたままt_2秒経過しても警告音が鳴動しない」という現象です。

図3の"①施錠する"を処理した後で発生したということは，"イベント待ち"でタイマ満了イベントを受け取ったということです。そしてこれは，開錠してからt_1秒以内に扉を開けなかったことを意味します。通常，入退室カードをカードリーダにかざし，許可音が鳴ったら直ぐに（時間を空けずに）扉を開けますが，場合によっては，扉を開けるまでにt_1秒以上掛かることも考えられます。この場合，タイマ満了イベントが発生します。

制御部は，タイマ満了イベントを受け取ると，電子錠に施錠を通知しますが，実際に施錠されるまでに1秒掛かります。したがって，施錠を通知してから1秒以内であれば扉を開けることができますし，開けたままt_2秒経過しても警告音は鳴動しません。

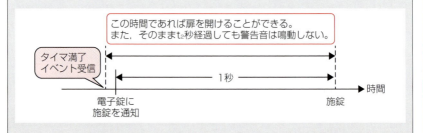

以上，不具合が発生する条件は，「①で施錠を通知してから1秒以内に扉を開け，そのままt_2秒経過したとき」です。解答としては，この旨を記述すればよいでしょう。なお，試験センターでは解答例を**"①施錠する"処理中に扉を開き，そのままt_2秒経過したとき**」としています。

制御部のプログラムの処理フロー（完成版）を下図に示すので，もう一度，処理の流れを確認しておきましょう。

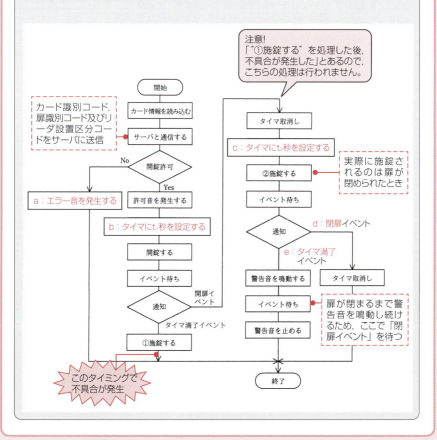

解答　(1) a：エラー音を発生する
　　　　(2) b：オ　c：カ
　　　　(3) d：閉扉　e：タイマ満了
　　　　(4) "①施錠する"処理中に扉を開き，そのままt_2秒経過したとき

問題4　園芸用自動給水器
(H26春午後問7)

園芸用自動給水器を題材にした組込みシステム開発の問題です。本問では，排他制御に用いられるセマフォ，操作パネルのキースキャン（キーマトリックス）回路，そしてセキュリティ対策といった幅広い知識が問われます。

セマフォおよびセキュリティ対策に関する設問の難易度は，それほど高くありませんが，スキャン回路についてはハードウェア知識が必要なので少し難しいかもしれません。本問を通して"学習する"という気持ちで挑戦してみましょう。

問 園芸用自動給水器に関する次の記述を読んで，設問1～4に答えよ。

G社は，園芸用自動給水器（以下，給水器という）を開発している。

〔給水器の概要〕

給水器は庭に設置し，設定した時刻に庭の植物に霧状の水を噴射（以下，給水という）する。開発中の給水器の構成を，図1に示す。

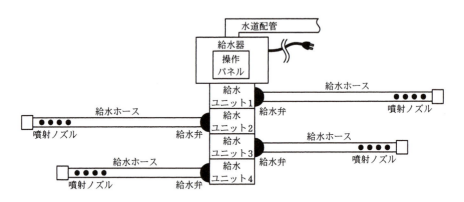

図1　給水器の構成

給水器は，給水ユニット（以下，ユニットという）を最大四つまで接続することができる。ただし，給水に必要な水圧を維持するために，同時に給水できるのは最大2ユニットまでである。給水器の給水設定は，操作パネルで行う。図2に示すように，操作パネルは表示部とキーから構成される。

図2 操作パネルと表示例

一つの給水設定では,ユニット番号,予約番号,給水を開始する時刻(以下,給水時刻という),給水を継続する時間(以下,給水時間という)を入力する(給水時間の単位は"分")。予約番号を指定することで,ユニットごとに1日最大4回まで給水することができる。また,給水時間は最大20分まで設定できる。

〔給水器の組込みソフトウェア〕

給水器の組込みソフトウェアには,リアルタイムOSを用いる。タスクには,実行状態,実行可能状態,待ち状態及び休止状態があり,イベントドリブンによるプリエンプティブ方式で状態遷移が行われる。各タスクの動作内容を,表1に示す。

表1 タスクの動作内容

タスク名	動作内容
初期化	・システムの初期化を行い,不揮発性メモリに記憶されている全ての給水設定を給水スケジュールタスクに通知する。その後,給水設定タスクを起動し,終了する。
給水設定	・キースキャンタスクからのキーコードを待ち,キーコードを取得すると表示部に表示する。 ・設定操作の最後に確定キーが押されると,入力された給水設定を給水スケジュールタスクに通知するとともに,不意の電源断に備えて,不揮発性メモリに記憶する。このとき,一つの給水設定は8バイト構成とする。
キースキャン	・10ミリ秒周期で起動し,操作パネルのキーをスキャンする。 ・スキャンした結果,キーが押されたと判断したときは,押されたキーに対応するキーコードを生成し, a タスクに送信する。 ・前回に生成したキーコードを記憶しており,今回のキーコードが前回と同じ場合はキーが押し続けられていると判断し,送信しない。 ・キーが離された場合は,前回のキーコードをクリアする。
給水スケジュール	・1分周期で起動し,各ユニットの給水時刻と現在時刻を比較し,一致すれば,給水時間を指定して, b タスクを起動する。
給水弁操作	・ユニットごとに起動され,次の順序で操作を行う。 ①ユニットに設置された給水弁を開いて,給水を開始する。 ②現在時刻と指定された給水時間から給水終了時刻を算出し,給水終了時刻まで待ち状態に移行する。 ③待ち状態が解除されると,給水弁を閉じて終了する。

給水器では，同時に給水できるのは2ユニットまでなので，計数型セマフォを用いて次のように排他制御を行う。

- 初期化タスクにおいて，セマフォの初期値を c に設定する。
- 給水弁操作タスクにおいて，給水弁を開く操作の前に d を獲得する。獲得できたときは給水弁を開き，獲得できないときは獲得できるまで待ち状態に移行する。

〔操作パネルのキースキャン動作〕

図3に示すキースキャン回路を用いて，操作パネルのキーを読み取る。この回路は給水器を制御するMCUに接続されており，MCUに内蔵されている4個の出力ポートで列を選択し，4個の入力ポートを読むことによって，16個のキーの状態を読み取る。

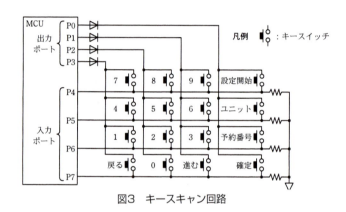

図3　キースキャン回路

〔機能拡張の検討〕

インターネットを経由して，外出先から給水器の設定を変更したり，状態を監視したりする機能を，給水器に追加することを検討した。この通信はインターネットを経由することから，"通信相手の e を行い，なりすましによる不正な給水器操作を防止する"，"通信内容が漏えいしないように，通信データを f する"などのセキュリティ対策が必要である。

設問1 〔給水器の組込みソフトウェア〕について，(1)〜(3)に答えよ。

(1) 表1中の a ， b に入れる適切なタスク名を答えよ。
(2) 全ての給水設定を記憶するのに必要な，不揮発性メモリのサイズは何バイトか。整数で答えよ。
(3) 本文中の c ， d に入れる適切な字句を答えよ。

7 | 組込みシステム開発

設問2 〔操作パネルのキースキャン動作〕について，(1)，(2)に答えよ。

(1) あるキーを押したときの，P0〜P3の出力値に対するP4〜P7の入力値を表2に示す。このときの押されたキーを，図2のキー名称で答えよ。

表2　P0〜P3の出力値と，P4〜P7の入力値

P0	P1	P2	P3	P4	P5	P6	P7
1	0	0	0	0	0	0	0
0	1	0	0	0	1	0	0
0	0	1	0	0	0	0	0
0	0	0	1	0	0	0	0

注記　ハイレベルを1，ローレベルを0と表す。

(2) 図3中のダイオードは，出力ポートP0〜P3の短絡を防止するためのものである。ダイオードがない場合に，短絡する要因となるキー操作を，15字以内で述べよ。

設問3 給水中に，他の予約番号の給水時刻になり，連続して給水が行われた。そこで給水設定時に，同一ユニットの設定済給水時刻から60分以内の給水時刻を，設定できないようにしたい。この処理はどのタスクに追加するのがよいか。タスク名を答えよ。

設問4 〔機能拡張の検討〕について，本文中の　e　，　f　に入れる適切な字句を答えよ。

‖‖‖　解　説　‖‖‖

設問1　の解説

(1) 給水器の組込みソフトウェアを構成するタスクの動作に関する問題です。空欄に入れるタスク名が問われています。表1に記述されている各タスクの動作内容から，タスク間のやり取り（シーケンス）をイメージし，解答を進めましょう。

●空欄a

「キーが押されたと判断したときは，押されたキーに対応するキーコードを生成し，　a　タスクに送信する」とあります。つまり，問われているのは，生成したキーコードをどのタスクに送信するかです。

そこで"キーコード"をキーワードに表1中の記述を探すと，給水設定タスクの説明に，「キースキャンタスクからのキーコードを待ち…」との記述が見つかります。

469

この記述から，キーコードの送信先タスクは，**給水設定（空欄a）**タスクであることがわかります。

●空欄b

「各ユニットの給水時刻と現在時刻を比較し，一致すれば，給水時間を指定して，　b　タスクを起動する」とあります。これは，「給水を開始する時刻になったから空欄bのタスクを起動する」ということなので，一般的に考えても，空欄bに入るタスク名は給水弁操作です。ここで，給水弁操作タスクの説明を確認すると，操作手順②に「現在時刻と指定された給水時間から給水終了時刻を算出し…」とあります。この"指定された給水時間"とは，給水スケジュールタスクが給水弁操作タスクを起動するときに指定した時間のことです。このことからも，**空欄bは給水弁操作**であることがわかります。

(2) 全ての給水設定を記憶するのに必要な，不揮発性メモリのサイズ（バイト）が問われています。まずは，計算に必要な条件を確認しておきましょう。

・〔給水器の概要〕より
　①給水ユニットは最大四つまで接続できる。
　②ユニットごとに1日最大4回まで給水できる。
・表1の給水設定タスクの説明より
　③一つの給水設定は8バイト構成とする。

上記をもとに，全ての給水設定を記憶するのに必要なメモリのサイズを計算すると，

給水ユニット数×ユニットごとの設定数×一つの給水設定のバイト数

$= 4 \times 4 \times 8$

$= \textbf{128}$ バイト

となります。

(3) セマフォを用いた排他制御に関する問題です。セマフォとは，資源の排他制御やタスクの同期（事象の待ち合わせ）を実現する代表的なメカニズムです。セマフォの仕組みを完全に理解するのは難しいので，ここではセマフォを，「負の値をとらない整数のカウンタ」と考え，値が1以上のときには資源獲得ができ，値が0なら資源獲得ができない（待ちになる）と考えればよいでしょう。

470

●空欄c

「初期化タスクにおいて，セマフォの初期値を c に設定する」とあり，セマフォの初期値が問われています。

本問で用いられているセマフォは，複数の資源を排他的に制御できる計数型セマフォです。計数型セマフォは，0～nの値をとることができるセマフォで，初期値には，同時に使用可能な資源の数，すなわち資源へのアクセスを許可する最大タスク数を設定します。したがって，本問の場合，同時に給水できるユニット（制御対象の資源）が2ユニットなのでセマフォの初期値には**2**（空欄c）を入れます。

では，計数型セマフォを使ってどのように制御するのか，下図で確認しましょう。

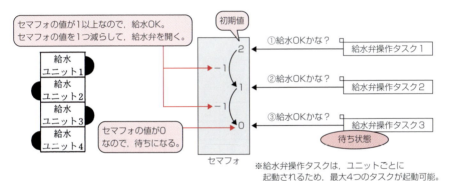

●空欄d

「給水弁操作タスクにおいて，給水弁を開く操作の前に d を獲得する」とあり，給水弁を開く操作の前に何を獲得するのかが問われています。

給水弁操作タスクは，給水弁を開く操作の前に「給水OKか？」を確認する操作（厳密には，この操作をP操作という）を行います。このときセマフォの値が1以上なら給水弁を開くことができ，0なら待ち状態になります。すなわち，この操作により資源（給水ユニット）へのアクセス権を獲得し，獲得できれば給水弁を開くわけですから，**空欄d**には**アクセス権**を入れればよいでしょう。

参考　P操作とセマフォの値

P操作とは，資源を獲得しようという操作です。セマフォの値は，その時点で使用可能な資源の個数ですから，1以上なら資源へのアクセス権が獲得できます。そこで，P操作を行い，資源へのアクセス権が獲得できたタスクは，セマフォの値を1減じた後，資源へのアクセスを開始します。

設問2 の解説

〔操作パネルのキースキャン動作〕に関しての設問です。本設問では，ハードウェアの知識が問われています。

(1) 表2に示されたP0～P3の出力値に対するP4～P7の入力値を基に，押されたキーを求める問題です。

まず，問題文〔操作パネルのキースキャン動作〕の記述内容を確認すると，「4個の出力ポートで列を選択し，4個の入力ポートを読むことによって，16個のキーの状態を読み取る」とあります。4個の出力ポートとは，P0～P3のことです。

次に，表2（下図を参照）を見ると，最初にP0の出力を1（ハイレベル）に，次にP1，P2，P3と順に出力を1にしています。つまり，この出力により列を選択しているわけです。ここでのポイントは，P1の出力が1のときP5が1になっていることです。

	出力ポート				入力ポート			
	P0	P1	P2	P3	P4	P5	P6	P7
	1	0	0	0	0	0	0	0
	0	1	0	0	0	1	0	0
	0	0	1	0	0	0	0	0
	0	0	0	1	0	0	0	0

- P0，P1，P2，P3の順にハイレベル(1)にする →列を選択
- P1が1のときP5が1

では，下図を見てください。P1が1（ハイレベル）のときP5が1になるということは，P1のライン（下図破線）とP5のライン（下図太線）が交差する「6」のスイッチがONになったということです。つまり，押されたのは「**6**」のキーです。

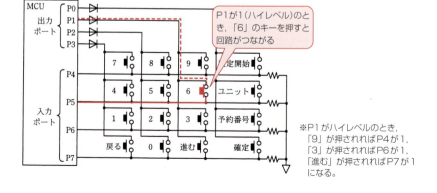

※P1がハイレベルのとき，「9」が押されればP4が1，「3」が押されればP6が1，「進む」が押されればP7が1になる。

7 | 組込みシステム開発

(2) 図3において，出力ポートP0～P3の短絡を防止するためのダイオードがない場合に，どのようなキー操作を行うと短絡が生じるのかが問われています。

ダイオード（─▷│─）は，矢印の方向にしか電流が流れないようにするための部品（半導体）です。出力ポートP0～P3にダイオードを取り付けるのは，出力ポートへの逆電流を防止するためです。このことに気付き，どの場合に逆電流が生じるのかを考えれば解答が見えてきます。

先の(1)で解答したように，P0の出力が1（ハイレベル）のとき「6」のキーを押すとP5が1になります。このとき同時に「5」のキーを押したらどうでしょう？　P2のラインがつながりP1からの電流がP2に逆流してしまいます。また，「4」のキーを同時に押せば，電流がP3に逆流してしまいます。つまり，同じ入力ポート（この場合P5）に接続されたキーを同時に押すとショートによる電流の逆流が生じ，これにより出力ポートを壊してしまう可能性があるわけです。以上，解答としては「**複数のキーを同時に押す**」とすればよいでしょう。

設問3 の解説

「給水設定時に，同一ユニットの設定済給水時刻から60分以内の給水時刻を，設定できないようにする処理」をどのタスクに追加すればよいのかが問われています。

給水設定を行うのは給水設定タスクなので，正解は「給水設定」だと容易に推測できます。ここで表1を見ると，「設定操作の最後に確定キーが押されると，入力された給水設定を給水スケジュールタスクに通知するとともに，不意の電源断に備えて，不揮発性メモリに記憶する」とあります。この記述から，給水設定タスクは，入力された給水設定を不揮発性メモリに記憶して管理していることがわかります。また，設定済給水時刻から60分以内の給水時刻を設定できないようにするためには，不揮発性メモリに記憶された設定済給水時刻をチェックする必要があり，これができるのは**給水設定**タスクです。以上のことからも，給水設定タスクに追加するのが適切です。

設問4 の解説

〔機能拡張の検討〕に関する設問です。インターネットを経由して給水器を操作する場合のセキュリティ対策が問われています。空欄e，fを含む記述は，次のようになっています。

- "通信相手の　e　を行い，なりすましによる不正な給水器操作を防止する"
- "通信内容が漏えいしないように，通信データを　f　する"

●空欄e

　なりすましによる不正な操作を防止するためには，通信相手が正当な利用者かどうかの認証が必要です。したがって，**空欄e**には「本人認証」などといった"認証"を含む用語を入れればよいでしょう。なお，試験センターでは解答例を「**機器認証**」としています。

●空欄f

　通信内容が漏えいしないようにするためには，通信データを暗号化すればよいので**空欄fは暗号化**です。

解　答

設問1　(1) a：給水設定

　　　　　　　b：給水弁操作

　　　　(2) 128

　　　　(3) c：2

　　　　　　　d：アクセス権

設問2　(1) 6

　　　　(2) 複数のキーを同時に押す

設問3　給水設定

設問4　e：機器認証

　　　　f：暗号化

第8章 情報システム開発

情報システム開発に関する問題は，午後試験の**問8**に出題されます。選択解答問題です。

出題範囲

外部設計，内部設計，テスト計画・テスト，標準化・部品化，開発環境，オブジェクト指向分析（UML），ソフトウェアライフサイクルプロセス（SLCP），個別アプリケーションシステム（ERP, SCM, CRM ほか）など

8 情報システム開発

-------- 基本知識の整理

学習ナビ

〔学習項目〕
① UMLの代表的なモデリングツール
② オブジェクト指向の基本用語
③ アジャイル型開発の基本用語
④ テストの手法

チェック

①UMLの代表的なモデリングツール

チェック

　UML（Unified Modeling Language）は，オブジェクト指向分析や設計のための，統一（標準化された）モデリング言語です。13種類のダイアグラム（モデル図法）がありますが，その中で午後問題に多く出題されているダイアグラムは，クラス図，シーケンス図，ステートマシン図（ステートチャート図ともいう），アクティビティ図の4つです。

●クラス図

　システム対象領域の構成要素であるクラスの属性と操作，クラス間の静的な相互関係を表した図です。

重要

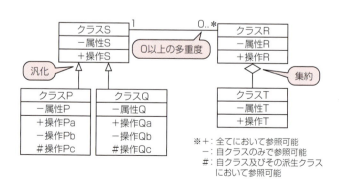

476

クラス間の関係には，次のものがあります。

関連	A───B	クラスAとクラスBの間に何らかの関係がある
汎化	A──◁──B	クラスBはクラスAの一種であり，クラスAを継承している
集約	A──◇──B	クラスBはクラスAの部品。ただし，クラスBは他のクラスの集約部品であってもよい（複数のクラスでクラスBを共有できる）
コンポジション	A──◆──B	集約より強い関係。クラスAからクラスBを切り離せない。クラスAが削除されるとクラスBも削除される
依存	A──┈◁──B	クラスBはクラスAに依存している。クラスBはクラスAの変更の影響を受ける

● シーケンス図

オブジェクト間の協調関係を時系列に表した図です。横方向にオブジェクトを並べ，縦方向で時間の経過を表します。そして，オブジェクト間で送受信するメッセージを矢印で表します。他のオブジェクトの操作（メソッド）を呼び出すメッセージは実線矢印，応答メッセージは破線矢印です。

チェック　午後問題では，クラス図やシーケンス図の空欄を埋める問題がよく出題されます。解答ポイントは，問題文に示されたシナリオに合わせて両者を照らし合わせることです。これによって空欄に入れるものが絞り込めます。

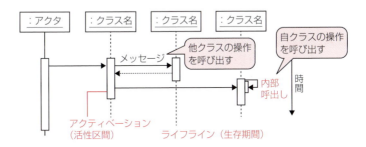

● ステートマシン図

オブジェクトの状態遷移図です。オブジェクトが受け取ったイベントとそれに伴う状態の遷移やアクションを表します。

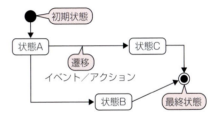

●**アクティビティ図**

　システムやユースケースの動作（処理）の流れを表す図（フローチャートのUML版）です。順次処理や分岐処理のほかに，並行処理や処理の同期などを表現できるのが特徴です。

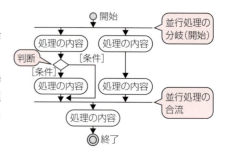

②オブジェクト指向の基本用語

　オブジェクト指向の基本概念であるカプセル化，クラス，抽象化，継承などを中心に，オブジェクト指向における基本用語を整理しておきましょう。

●**カプセル化とオブジェクト**

　属性（データ）とそれに働きかけるメソッドを一体化することを**カプセル化**といい，カプセル化したものがオブジェクトです。カプセル化により，オブジェクトの内部構造はブラックボックス化され，外部からは見えなくなります（これを**情報隠ぺい**という）。オブジェクトに対する唯一のアクセス手段が**メッセージ**です。メッセージは，オブジェクトのメソッドを駆動したり，オブジェクト間の相互作用のために使われます。

●**クラスと抽象化**

　共通の特性をもつ同種のオブジェクトをまとめてテンプレート（雛形）としたのが**クラス**です。いくつかの類似なクラス（オブジェクト）の共通する性質を抜き出し，これを**抽象化**すると上位のクラスができます。

●**継承（インヘリタンス）**

　下位クラスの共通する性質を抽出して上位クラスを定義することを**汎化**といい，上位クラスの性質を具体化して下位クラスを定義することを**特化**といいます。クラス間が汎化 - 特化の関係（is-a関係）をもつ場合，上位クラスの属性やメソッドは，下位クラスに引き継がれます。これを**継承（インヘリタンス）**といいます。継承により，新たなサブクラスを定義する場合でも，上位クラスとの差分だけを定義すればよいので開発生産性が高められます。

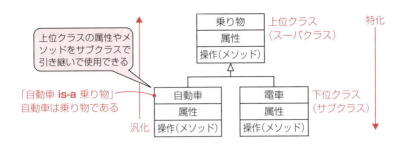

●抽象クラス

メソッドの名前だけを定義し，実際の動作は定義しないことがあります。このように実装が行われないメソッドを**抽象メソッド**といい，抽象メソッドをもつクラスを**抽象クラス**といいます。抽象クラスは，継承して使うことを前提としたクラスです。インスタンスの生成はできません。抽象クラスを利用する利点は，複数のクラスに対して共通性をもたせることです。具体的な操作（メソッド）は，これを継承するクラス（**具象クラス**という）で定義します。

●多相性

同じメッセージに対して異なる振舞いをする特性を**多相性**（Polymorphism）といいます。また，多相性を実現するため，スーパクラスから引き継いだメソッドをそれぞれのサブクラスに合った内容で定義し直すことを**オーバーライド**といいます。

午前でよくでる オブジェクト指向の問題

オブジェクト指向における抽象クラスで，**できない**ことはどれか。

- ア　インスタンスを生成すること
- イ　サブクラスをもつこと
- ウ　スーパクラスをもつこと
- エ　属性をもつこと

解説

抽象クラスは，メソッドの名前だけが定義され，その内容は記述されないためインスタンスを生成できません。

解答　ア

③アジャイル開発の基本用語

●アジャイル開発

アジャイル開発は，ソフトウェアに対する要求の変化やビジネス目標の変化に迅速かつ柔軟に対応できるよう，開発サイクル「計画→実行→評価」を短い期間（一般に1週間から1か月）単位で繰り返す反復型の開発手法です。アジャイル開発において，反復する1つの開発サイクルを**イテレーション**といいます。超短期リリースを成功させるためには，各イテレーションの最後に，イテレーション内での実施事項をチーム全員で振り返り，次のイテレーションに向けて改善を図る"**ふりかえり（レトロスペクティブ）**"が欠かせません。

●エクストリームプログラミング

アジャイル開発のアプローチ方法の1つに**エクストリームプログラミング**（**XP**：eXtreme Programming）があります。XPは，アジャイル開発における開発手法やマネジメントのプラクティス（実践手法）をまとめたものです。「共同，開発，管理者，顧客」の4つのカテゴリに分けて，全部で19の具体的なプラクティスが定義されています。試験で出題されている"開発のプラクティス"は次のとおりです。

ペアプログラミング	品質の向上や知識の共有を図るために，2人のプログラマがペアとなり，その場で相談したりレビューしたりしながら，1つのプログラム開発を行う
リファクタリング	外部から見た振る舞いを変更せずに保守性の高いより良いプログラムに書き直す。なお，改良後には，改良により想定外の箇所に悪影響を及ぼしていないかを検証するため**回帰テスト**を行う
コードの共同所有	誰が作成したコードであっても，開発チーム全員が改善，再利用を行える
テスト駆動開発	最初にテストケースを設計し，テストをパスする必要最低限の実装を行った後，コード（プログラム）を洗練させる
継続的インテグレーション	コードの結合とテストを継続的に繰り返す。すなわち，単体テストをパスしたらすぐに結合テストを行い問題点や改善点を早期に発見する

●スクラム

スクラムは，アジャイル開発チームに適用されるプロダクト管理のフレー

ムワークです。スクラムでは，**スプリント**と呼ばれる反復期間を繰り返すことで継続的に機能をリリースしていきます。スプリントは，次の表に示す4つのアクティビティと開発作業から構成されます。なお，スプリント内の開発の進め方は，「テスト駆動開発」に基づくことが基本となります。

重要

スプリントプランニング	スプリントの開始に先立って行われるミーティング。**プロダクトバックログ**（今後のリリースで実装するプロダクトの機能一覧）の中から，優先順位の順に今回扱うバックログ項目を選び出し，その項目の見積りを行う。そして，前回のスプリントでの開発実績を参考に，どこまでを今回のスプリントに入れるかを決める
デイリースクラム	スタンドアップミーティングまたは朝会ともいわれる，立ったまま，毎日，決まった場所・時刻で行う15分程度の短いミーティング。進行状況や問題点などを共有し，今日の計画を作る
スプリントレビュー	スプリントの最後に成果物をレビューし，フィードバックを受ける
スプリントレトロスペクティブ	スプリントレビュー終了後，スプリントのふりかえりを実施し，次のスプリントに向けての改善を図る

午前でよくでる アジャイル開発の問題

エクストリームプログラミング（XP：eXtreme Programming）における"テスト駆動開発"の特徴はどれか。

ア　最初のテストで，なるべく多くのバグを抽出する。
イ　テストケースの改善を繰り返す。
ウ　テストでのカバレージを高めることを重視する。
エ　プログラムを書く前にテストケースを作成する。

解説

テスト駆動開発は，「動作するソフトウェアを迅速に開発するために，最初にテストケースを作成し，テストをパスする必要最低限な実装を行った後，コードを洗練させる」という開発手法です。

解答　**エ**

④テストの手法

ソフトウェアユニットテスト（単体テストともいう）の手法には，ブラックボックステストとホワイトボックステストがあります。

●ブラックボックステストとホワイトボックステスト

重要 **ブラックボックステスト**は，プログラムの入出力に着目したテストで，仕様どおりの機能が実現されているかを確認するテストです。代表的なテストケース設計法は，次のとおりです。

同値分割	入力条件の仕様から，有効な（正常処理となる）入力値を表す**有効同値クラス**と誤った（異常処理となる）入力値を表す**無効同値クラス**を挙げ，それぞれを代表する値をテストケースとして選ぶ
限界値分析 （境界値分析）	正常処理と異常処理の判定条件での**境界値**からテストケースを選ぶ。たとえば，入力値が0〜100のとき正常処理，それ以外は異常処理とする場合，有効同値クラスは「0〜100」，無効同値クラスは「−∞〜−1」，「101〜∞」なので，「−1，0，100，101」をテストケースとする
原因結果グラフ	入力条件や環境条件などの原因と，出力などの結果との関係分析によってテストケースを選ぶ。テストケースの作成には，**決定表**（デシジョンテーブル）を利用する
実験計画法	**直交表**を用いて，テストする機能の組合せに偏りのない，少ないテストケースを作成する。機能の組合せによるテストケースの数が膨大になる場合に有効

重要 **ホワイトボックステスト**は，プログラムの内部構造に注目したテストです。一般には，次に示す網羅基準に従ってテストケースを設計します。

網羅率

低	命令網羅	すべての命令が，少なくとも1回は実行されるようにテストケースを設計する
	分岐網羅 （判定条件網羅）	すべての判定条件文において，結果が真になる場合と偽になる場合の両方がテストされるようにテストケースを設計する
	条件網羅	すべての判定条件文を構成する各条件式が，真になる場合と偽になる場合の両方がテストされるようにテストケースを設計する。なお，判定条件網羅と条件網羅を組み合わせたものを**判定条件／条件網羅**という
高	複数条件網羅	すべての判定条件中にある個々の条件式の起こり得る真と偽の組合せと，それに伴う判定条件を網羅するようにテストケースを設計する

●制御パステスト

網羅基準に従って、プログラムの動作を検証するテストです。ここでは、条件網羅を例に、制御パステストの概要を説明します。今後、出題される可能性があるので押さえておきましょう。

制御パステストでは、プログラムを**フローグラフ**に置き換え、テストすべき経路(パス)を求めます。たとえば、下左図のプログラムを条件網羅でテストする場合、フローグラフは下右図のようになります。開始Ⓢから、同一エッジ(辺)を複数回通過しないで出口Ⓔに達するノードの列が1つの経路です。また、すべての経路の数を**サイクロマチック数**といい、サイクロマチック数Nは、フローグラフのエッジ数Eとノード数Vから、「$N = E - V + 2$」で求めることができ、下右図のサイクロマチック数は3です。したがって、この3つの経路を通るテストケースを作成し、テストを行うことですべての経路(パス)を網羅できます。

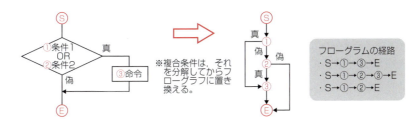

午前でよくでる テストケース設計法の問題

次のテストケース設計法を何と呼ぶか。

読み込んだデータが正しくないときにエラーメッセージを出力するかどうかをテストしたい。プログラム仕様書を基に、正しくないデータのクラスを識別し、その中から任意の一つのデータを代表として選んでテストケースとした。

ア 原因結果グラフ　　**イ** 限界値分析　　**ウ** 同値分割　　**エ** 分岐網羅

解説

正しくないデータのクラスを識別し、その中から任意の1つのデータを代表として選んでテストケースとするのは、同値分割です。

解答　ウ

問題1　通信販売用Webサイトの設計　(H21春午後問8)

> 通信販売用Webサイトの設計を題材に，UMLを用いたソフトウェア設計に関する知識と理解を問う問題です。クラス図とアクティビティ図が出題されていますが，クラス図に関する設問では，抽象クラス，仮想関数といった一歩踏み込んだ知識が必要となり，全体としては難易度が高い問題となっています。

問 通信販売用Webサイトの設計に関する次の記述を読んで，設問1〜3に答えよ。

　P社では，新たな事業展開として，インターネットを用いた通信販売を開始することにした。通信販売のための販売用Webサイトは，新規に開発する。販売用Webサイト及び販売用Webサイト内で用いるショッピングカートに関する説明を次に示す。

〔販売用Webサイト〕

- ・インターネットに公開し，一般の顧客が買物に利用する。
- ・顧客は，P社から付与される顧客IDでログインしてから買物をする。
- ・顧客は，商品カタログを画面に表示し，ショッピングカートに商品を追加したり，ショッピングカートから商品を削除したりして，購入する商品を選ぶ。
- ・顧客は，商品を選び終わったら，ショッピングカート内の商品の購入手続を行う。
- ・商品には，通常商品と予約販売商品の2種類がある。
- ・通常商品を購入した場合の配送手続では，即座に商品の配送処理が行われる。
- ・予約販売商品を購入した場合の配送手続では，配送のための情報がデータベースに保存され，実際の配送処理は商品の発売開始日以降に行われる。
- ・商品の配送処理は，既存の配送処理システムと連携することによって行う。販売用Webサイトは，購入された商品の情報を配送処理システムに通知する。配送処理システムは，通知された商品の情報をとりまとめて，配送業者に集配依頼の情報を送る。

〔ショッピングカート〕

- ・顧客がショッピングカートに商品を追加すると，追加された商品の在庫数を，追加された数量分だけ減らす。ただし，商品の在庫数が不足している場合は，ショッピングカートに商品を追加せず，在庫数も減らさない。
- ・顧客がショッピングカートから商品を削除すると，削除された商品の在庫数を，削除

8 ｜ 情報システム開発

された数量分だけ増やす。

　販売用Webサイトの開発を行うに当たり，データベース及びショッピングカートの設計を次のように行った。

〔データベースの設計〕

　販売用Webサイトで使用するデータベースには，商品在庫情報テーブル，ショッピングカート情報テーブル及び販売明細テーブルを用意する。

　商品在庫情報テーブルには，商品名や単価などの商品に関する情報と，その在庫数を格納する。商品は，商品IDで一意に識別する。

　ショッピングカート情報テーブルには，ショッピングカートに入っている商品の商品IDと数量を格納する。ショッピングカートは，顧客IDで一意に識別する。

　販売明細テーブルには，顧客が購入した商品の情報を格納する。販売明細は，注文IDと商品IDの複合キーで一意に識別する。注文IDは，購入手続を行ったときに発行されるIDである。

　なお，販売用Webサイトに用いるデータベースでは，トランザクション内でテーブルに対する更新アクセスが発生するとテーブル単位のロックがかかり，トランザクション終了時に，すべてのロックが解除される仕組みになっている。

〔ショッピングカートの設計〕

　ショッピングカートに関連する部分のクラス図を図1に示す。また，顧客がショッピングカートに商品を追加してから，商品を購入するまでの流れを表したアクティビティ図を図2に示す。

　商品クラスと商品在庫管理クラスは，　　a　　クラスとして定義する。それを　　b　　する　　c　　クラスとして，通常商品用と予約販売商品用のクラスを定義する。

　このような設計にすることによって，ショッピングカートクラスでは，商品の種類を意識することなく，すべての商品の情報を　　d　　クラスで取り扱うことができる。

　例えば，予約販売商品をショッピングカートに追加する場合は，予約販売商品の商品IDと数量を指定して，ショッピングカートクラスの商品追加メソッドを実行する。

　商品追加メソッドでは，追加される商品が予約販売商品であることを判定し，予約販売商品在庫管理クラスのインスタンスを作成して在庫取得メソッドを呼び出す。在庫取得メソッドの中では，在庫数についてデータベースの書換えを行った後，　　e　　クラスのインスタンスを作成し，　　d　　クラスの型で返す。ショッピングカートは，返されたオブジェクトを属性に追加登録する。

商品の購入手続を行うとき，通常商品と予約販売商品では，処理の大まかな流れは同一だが，配送手続に関する処理が異なる。

ショッピングカートクラスの購入手続メソッドでは，最初に注文IDを発行する。次に，発行された注文IDを用いて，ショッピングカート内の商品の購入手続メソッドを個々に呼び出す。商品の購入手続メソッドの内部では，販売明細更新メソッドと，配送手続メソッドが順に呼び出される。このとき，販売明細更新メソッドは　d　クラスに実装されたメソッドが呼び出される。配送手続メソッドは，　d　クラスでは純粋　f　関数（　a　関数）として定義されているので，　b　先のクラスで実装されたメソッドが呼び出される。

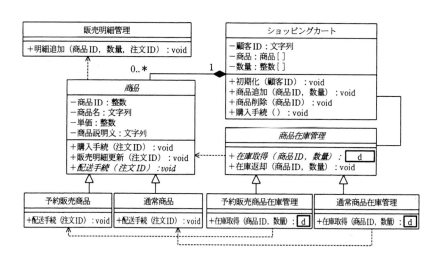

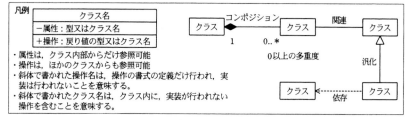

図1　クラス図

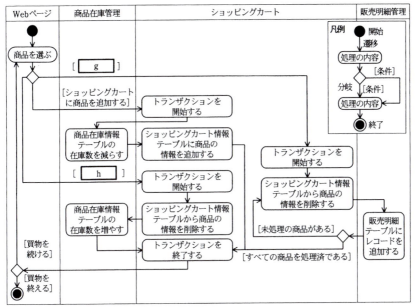

図2 アクティビティ図

設問1 本文中の a ～ f に入れる適切な字句を答えよ。ただし， a ～ c 及び f については解答群の中から選び，記号で答えよ。 d ， e については，図1中にあるクラス名から選び答えよ。

解答群

ア 依存　　　　イ インタフェース　　ウ 仮想
エ 具象　　　　オ 継承　　　　　　　カ 再帰
キ 集約　　　　ク スタイルシート　　ケ 抽象

設問2 図2中の g ， h に入れる適切な字句を答えよ。

設問3 設計レビューを実施したところ，図2のアクティビティ図のとおりにプログラムを書くと，複数人が同時にアクセスしたときに，処理のタイミングによっては問題が発生する可能性があるという指摘が出た。どのような場合に，どのような問題が発生する可能性があるか。45字以内で答えよ。

解 説

設問1 の解説

〔ショッピングカートの設計〕の記述中にある空欄を埋める問題です。空欄を考えるにあたり，図1の凡例に記述されている下記の事項を頭に入れておきましょう。

・斜体で書かれた操作名：操作の書式の定義だけ行われ，実装は行われない。
・斜体で書かれたクラス名：クラス内に，実装が行われない操作を含む。

●空欄a〜c

空欄a，b，cを含む記述は，次のとおりです。

商品クラスと商品在庫管理クラスは，　a　クラスとして定義する。それを
　b　する　c　クラスとして，通常商品用と予約販売商品用のクラスを定義する。

商品クラスは，予約販売商品クラスと通常商品クラスの2つのサブクラスを汎化したスーパクラスです。また，商品在庫管理クラスは，予約販売商品在庫管理クラスと通常商品在庫管理クラスの2つのサブクラスを汎化したスーパクラスです。サブクラスはスーパクラスを継承することから，空欄aにはスーパ，空欄bには継承，空欄cにはサブが入るだろうと解答群を見ても，スーパ，サブという用語はありません。そこで，「スーパクラス，サブクラス」に関連する用語，「抽象クラス，具象クラス」に着目し，「正解は，空欄a：抽象，空欄c：具象だ！」と決めてもOKですが，これではちょっと物足りないので，もう少し踏み込んで説明しましょう。ここでのポイントは，商品クラスと商品在庫管理クラスのクラス名が斜体で書かれていることです。

商品クラスには「＋*配送手続 (注文ID)*」，商品在庫管理クラスには「＋*在庫取得 (商品ID，数量)*」という実装が行われない操作があり，これらの操作はそれぞれのサブクラスで「＋配送手続 (注文ID)」，「＋在庫取得 (商品ID，数量)」として実装されています。このように，スーパクラス内では実装が行われない操作 (メソッド) を抽象メソッドといい，抽象メソッドをもつスーパクラスを抽象クラスといいます。また，抽象クラスを継承して実装するサブクラスのことを具象クラスといいます。

以上のことから，**空欄a**には〔**ケ**〕の**抽象**，**空欄b**には〔**オ**〕の**継承**，**空欄c**には〔**エ**〕の**具象**が入ります。

488

●空欄d

「ショッピングカートクラスでは，商品の種類を意識することなく，すべての商品の情報を d クラスで取り扱うことができる」とあります。商品の種類とは，通常商品と予約販売商品のことで，これに関連するクラスは商品クラスと商品在庫管理クラスです。

先に解答したように，商品クラスと商品在庫管理クラスは抽象クラスです。抽象クラスを利用する利点は，サブクラスの違いを意識することなく，抽象クラスのインスタンス（スーパクラスインスタンス）として共通に取り扱うことができる点です。このことから，空欄dに入るのは，商品か商品在庫管理のどちらかですが，空欄dの直前に「商品の情報」とあり，これは「商品名や単価などの商品に関する情報」と解釈できるので，**空欄dは商品**になります。

●空欄e

「予約販売商品をショッピングカートに追加する場合は，ショッピングカートクラスの商品追加メソッドを実行し，予約販売商品在庫管理クラスのインスタンスを作成して在庫取得メソッドを呼び出す」旨の記述があり，続いて「在庫取得メソッドの中では，在庫数についてデータベースの書換えを行った後， e クラスのインスタンスを作成し，商品（空欄d）クラスの型で返す」とあります。したがって，問われているのは，在庫取得メソッドで作成されるインスタンスは，どのクラスのインスタンスなのかです。

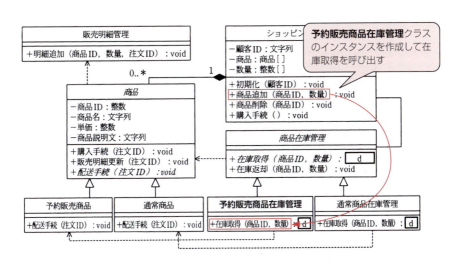

空欄eの後に「商品（空欄d）クラスの型で返す」とあるので，「作成されるのは商品クラスのインスタンスだ！」とうっかりミスをしないよう注意しましょう。商品クラスは抽象クラスなので，サブクラス（具象クラス）をまとめて同じクラスとして扱うことができますが，実際に作成されるインスタンスは具象クラスのものです。したがって，**空欄e**には**予約販売商品**が入ります。

●空欄f

空欄fの前後に多くの空欄がありますが，空欄dは商品，空欄aは抽象，空欄bは継承とわかっている（解答した）ので，これらの空欄を埋めると次のようになります。

> 販売明細更新メソッドは**商品**クラスに実装されたメソッドが呼び出される。配送手続メソッドは，**商品**クラスでは純粋□f□関数（**抽象**関数）として定義されているので，**継承**先のクラスで実装されたメソッドが呼び出される。

販売明細更新メソッドは「＋販売明細更新（注文ID）」と定義されているので商品クラスに実装されたメソッドですが，配送手続メソッドは「＋配送手続（注文ID）」と定義されているので，商品クラスでは実装が行われないメソッドです。空欄fでは，このようなメソッドを何関数と呼ぶかが問われているわけですが，解答群にある用語をヒントに，「実装が行われない→仮想」と連想できれば，**空欄f**には〔**ウ**〕の**仮想**が入ることがわかります。

参 考 仮想関数（純粋仮想関数）と抽象クラス

商品クラスの配送手続のように，関数の名前や書式だけしか定義されない中身のない関数を**仮想関数**といい，C++では，先頭に"virtual"という修飾子を付けて定義します。**純粋仮想関数**は，さらに末尾に"=0"を付けて，「**virtual** void func() = **0**;」といった形式で定義されます。

このような仮想関数（純粋仮想関数）を1つでも含む**抽象クラス**では，インスタンスを生成することができません。そのため，この定義のない関数は，それを継承する具象クラスでオーバライドして（定義し直して）インスタンス化することになります。

- ・抽象クラスは，継承して使うことを前提としたクラス。
- ・抽象クラスでは，インスタンスを生成することができない。
- ・実際のインスタンスは，抽象クラスを継承した具象クラスだけから生成可能。

8 | 情報システム開発

設問2 の解説

図2のアクティビティ図を完成させる問題です。アクティビティ図では，◇で分岐を表し，分岐条件は〔 〕内に記述します。

● 空欄 g

空欄gの場合の処理（→の先の処理）では，トランザクションを開始した後，「ショッピングカート情報テーブルから商品の情報を削除する→販売明細テーブルにレコードを追加する」という処理を，未処理の商品がなくなるまで繰り返しています。ここで問題文〔データベースの設計〕を見ると，「販売明細テーブルには，顧客が購入した商品の情報を格納する」とあるので，販売明細テーブルにレコードを追加するこの一連の処理は購入手続を行うものであることがわかります。そこで"購入手続"に関する記述を問題文から探すと，〔販売用Webサイト〕に，「顧客は，商品を選び終わったら，ショッピングカート内の商品の購入手続を行う」とあります。したがって，**空欄g**には**「ショッピングカート内の商品の購入手続を行う」**を入れればよいでしょう。

● 空欄 h

空欄hの場合の処理（→の先の処理）では，トランザクションを開始した後，「ショッピングカート情報テーブルから商品の情報を削除する→商品在庫情報テーブルの在庫数を増やす」という処理を行っています。問題文〔ショッピングカート〕の記述には，「顧客がショッピングカートから商品を削除すると，削除された商品の在庫数を，削除された数量分だけ増やす」とあります。つまり，この一連の処理はショッピングカート内の商品の削除を行うものなので，**空欄h**には**「ショッピングカート内から商品を削除する」**を入れればよいでしょう。

設問3 の解説

「図2のアクティビティ図のとおりにプログラムを書くと，複数人が同時にアクセスしたときに，処理のタイミングによっては問題が発生する可能性がある」とあり，どのような場合に，どのような問題が発生する可能性があるかが問われています。

「複数の人が同時にアクセスする」ということからすぐに思いつくのは，更新内容が他のトランザクションの更新によって上書きされる変更消失など，データ矛盾の発生ですが，本問の場合は，トランザクション内でテーブルに対する更新アクセスが発生するとテーブル単位のロックが掛けられるため，このようなデータ矛盾は発生しません。では，どのような問題が発生するのでしょうか？　ここで，ロックときたらデッドロックです！　デッドロックは，複数のトランザクションが異なる順番でテーブルをロックしたときに発生する可能性があります。では，図2のアクティビティ図において，デッドロックの発生を確認してみます。図2におけるトランザクションは3つなの

491

で，これを購入手続，商品追加，商品削除とします。また各トランザクションで使用するテーブルは，次のようになっています。

- ・購入手続：ショッピングカート情報テーブル，販売明細テーブル
- ・商品追加：ショッピングカート情報テーブル，商品在庫情報テーブル
- ・商品削除：ショッピングカート情報テーブル，商品在庫情報テーブル

　デッドロックが発生する可能性があるのは，同じテーブルをアクセスする商品追加と商品削除です。図2を見ると，商品追加では「商品在庫情報テーブル→ショッピングカート情報テーブル」の順にロックを掛けるのに対し，商品削除では「ショッピングカート情報テーブル→商品在庫情報テーブル」の順にロックを掛けています。したがって，商品追加と商品削除が同時に行われると，タイミングによってはデッドロックが発生する可能性があります。

　以上，解答としては「商品追加と商品削除が同時に行われた場合に，デッドロックが発生する可能性がある」とすればよいでしょう。なお，試験センターでは解答例を**「商品の追加と削除が同時に行われると，デッドロックが発生することがある」**としています。

解答

設問1　a：ケ　　　b：オ　　　　c：エ

　　　　　d：商品　e：予約販売商品　f：ウ

設問2　g：ショッピングカート内の商品の購入手続を行う

　　　　　h：ショッピングカート内から商品を削除する

設問3　商品の追加と削除が同時に行われると，デッドロックが発生することがある

参考　抽象クラスと多相性

　抽象クラスを利用する利点は，下位のサブクラスの違いを意識しないで，共通に取り扱うことができる点です。本問の場合，たとえばショッピングカート内の商品を購入した場合の配送手続きでは，その商品が通常商品なのか予約販売商品なのかを意識しないで扱うことができます。商品の配送手続メソッドは抽象メソッドなので，配送手続メソッドを呼び出したとき，通常商品であるか予約販売商品であるかによって，実際に実行される処理が異なるという仕組みです。このように，同じメソッドを呼び出しても異なる処理を行うという特性を**多相性**（Polymorphism）といいます。

8 情報システム開発

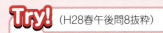
(H28春午後問8抜粋)

本Try!問題は，通信販売用Webサイトにおける決済処理の設計に関する問題です。アクティビティ図とクラス図を完成させる設問のみ抜粋しました。挑戦してみましょう！

　T社ではインターネットを用いた通信販売を行っている。通信販売用Webサイト（以下，Webサイトという）で利用できる決済方法は，クレジットカードを利用して決済するクレジット決済だけであったが，顧客の利便性向上を目的に，新たにU社が運営するコンビニエンスストア（以下コンビニという）での支払（以下，コンビニ決済という）の導入を検討することになった。顧客は，購入する商品を選択し，顧客IDを入力して商品の配送先を指定した後，決済方法選択画面から希望する決済方法を選択することが可能となる。Webサイトでのクレジット決済処理の処理内容を表1に，コンビニ決済処理の処理内容を表2，表3に示す。

表1　クレジット決済処理の処理内容

処理名称	処理内容
決済方法選択	顧客は，Webサイトが表示する決済方法選択画面で，決済方法としてクレジット決済を選択する。
カード情報入力	顧客は，購入代金の決済に使用するクレジットカードのカード情報（カード番号，有効期限，カード名義，セキュリティコード）を入力する。
カード情報送信	Webサイトは，クレジットカード会社へカード情報と支払情報を送信し，決済処理を依頼する。その後，Webサイトは，クレジットカード会社から，決済完了かカード利用不可かの回答を取得する。
商品発送	Webサイトは，クレジットカード会社の回答が決済完了の場合，配送センタに商品の発送を指示し，同時にWebサイトの画面で顧客に商品の発送を通知する。
再決済依頼	Webサイトは，クレジットカード会社の回答がカード利用不可の場合，再度カード情報入力の画面を表示する。

表2　コンビニ決済処理の処理内容（リアルタイム処理）

処理名称	処理内容
決済方法選択	顧客は，Webサイトが表示する決済方法選択画面で，決済方法としてコンビニ決済を選択する。
決済番号取得	Webサイトは，U社に購入情報（金額，入金期限日）を送信し，U社から決済番号を取得する。
決済情報通知	Webサイトは，U社から回答された決済番号と金額，入金期限日の情報（以下，決済情報という）を電子メール（以下，メールという）で顧客に通知する。
コンビニ支払	顧客は，U社コンビニへ行き，店頭で決済番号を提示して支払を行う。

表3 コンビニ決済処理の処理内容（バッチ処理）

処理グループ	処理名称	処理内容
入金データチェック	入金データ確認	Webサイトは，U社から1時間に1回送信される入金データファイルを1件ずつ読み込み，入金データの決済番号がWebサイトで保持している決済番号と一致するかどうかを確認する。
	商品発送	決済番号が一致し，決済番号に該当する購入情報が購入取消処理によって取り消されていない場合，Webサイトは，配送センタに商品の発送を指示し，同時にメールで顧客に商品の発送を通知する。
	エラーファイル作成	決済番号が一致しない，又は決済番号に該当する購入情報が取り消されている場合，Webサイトは，入金データの情報を入金エラーファイルに書き込む。
入金期限チェック	入金期限確認	Webサイトは，1日に1回，商品発送前かつ取消前の購入情報を1件ずつ読み込み，入金期限のチェックを行う。
	購入取消	Webサイトは，入金期限日が過ぎても入金されていない購入情報を取り消して，メールで顧客に通知する。

〔アクティビティ図〕

　現在のアクティビティ図を基に，コンビニ決済処理（リアルタイム処理）を加えたアクティビティ図を図1に，入金データチェック処理のアクティビティ図を図2に，入金期限チェック処理のアクティビティ図を図3に示す。

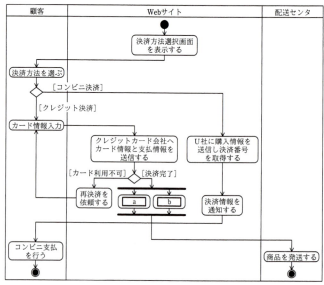

図1　クレジット決済処理とコンビニ決済処理のアクティビティ図

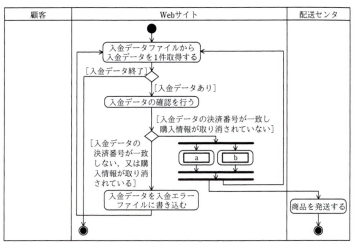

図2　入金データチェック処理のアクティビティ図

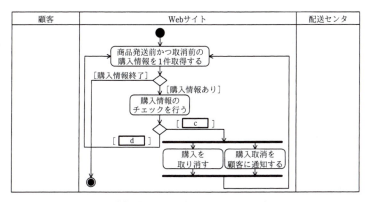

図3　入金期限チェック処理のアクティビティ図

〔クラス図〕

現在のクラス図を基に，コンビニ決済処理を加えた決済処理に関連するクラス図を図4に示す。

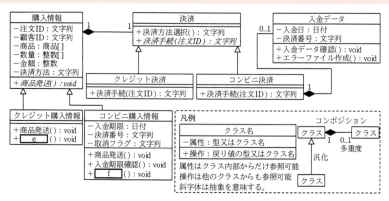

図4 クレジット決済処理,コンビニ決済処理に関連するクラス図

(1) 図1,2中の　a　,　b　に入れる適切な処理内容を20字以内で答えよ。また,図3中の　c　,　d　に入れる適切な条件を15字以内で答えよ。

(2) 図4中の　e　,　f　に入れる適切な操作名を解答群の中から選び,記号で答えよ。

解答群
ア　カード情報送信　　イ　カード情報入力　　ウ　決済情報通知
エ　購入取消　　　　　オ　コンビニ支払　　　カ　再決済依頼

―――――――――― 解 説 ――――――――――

(1) ●空欄a,b:図1の空欄a,bは,クレジットカード会社へカード情報と支払情報を送信した後の処理であり,条件［決済完了］を満たした場合に行う処理(並行処理)です。そこで,「決済完了」をキーワードに表1を見ると,"商品発送"の処理内容に,「クレジットカード会社の回答が決済完了の場合,配送センタに商品の発送を指示し,同時にWebサイトの画面で顧客に商品の発送を通知する」とあります。つまり,空欄a,bは,この処理(波線下線)に対応する処理なので,「配送センタに商品の発送を指示する」,「Webサイトの画面で顧客に商品の発送を通知する」が入りそうです。しかし,ここで解答を急いではいけません。空欄a,bは,図2にもあります。

図2は「入金データチェック処理のアクティビティ図」です。図2では,条件［入金データの決済番号が一致し購入情報が取り消されていない］場合に行う処理が,空欄a,bになっています。そこで表3を見ると,"入金データチェック"処理グループの,"商品発送"の処理内容に,「決済番号が一致し,決済番号に該当する購入情報が購入取消処理によって取り消されていない場合,配送センタに商品の発送を指示し,同時にメールで顧客に商品の発送を通知す

8 | 情報システム開発

る」とあります。

　したがって，図1と図2の空欄a，bに入る処理は，両者に共通する処理でなければいけないので，**空欄aには**「**配送センタに商品の発送を指示する**」，**空欄bには**「**顧客に商品の発送を通知する**」を入れます。なお，空欄aとbは順不同です。

●**空欄c，d**：図3は「入金期限チェック処理のアクティビティ図」なので，表3の"入金期限チェック"を確認します。すると，"入金期限確認"の処理内容に，「商品発送前かつ取消前の購入情報を1件ずつ読み込み，入金期限のチェックを行う」とあり，"購入取消"の処理内容には，「入金期限日が過ぎても入金されていない購入情報を取り消して，メールで顧客に通知する」とあります。そして，図3では，空欄cの条件を満たした場合の並行処理として，「購入を取り消す」と「購入取消を顧客に通知する」が記述されています。つまり，この2つの処理は上記の波線下線に対応する処理なので，**空欄cに入れる条件**としては，「**入金期限日を過ぎている**」とすればよいでしょう。また**空欄d**は，空欄cの条件を満たさなかった場合なので，空欄cの否定条件「**入金期限日を過ぎていない**」などとすればよいでしょう。

(2) ●**空欄e**：まず解答群を確認します。すると，選択肢にある操作名はいずれも表1〜3に記載されている処理に対応しています。また空欄eは，クレジット購入情報クラスの操作です。このことから，選択肢のうち，表1に記載されている「カード情報入力」，「カード情報送信」，「再決済依頼」のいずれかが空欄eに入ることがわかります。

　ここで，クレジット購入情報クラスの操作「商品発送」に着目します。「商品発送」は，図1において［決済完了］の場合に行う処理に相当することから，空欄eの操作は，［カード利用不可］の場合に行う「再決済を依頼する」に相当すると推測できます。そして，これに対応する処理は表1の"再決済依頼"ですから，**空欄eは〔カ〕の再決済依頼**です。

●**空欄f**：空欄fは，コンビニ購入情報クラスの操作なので，表2，3にある「決済情報通知」，「コンビニ支払い」，「購入取消」のいずれかですが，「決済情報通知」は，コンビニ決済クラスの操作「決済手続」に含まれると考えられますし，「コンビニ支払い」は，顧客がコンビニへ行き支払いをするという処理なので，Webサイトの処理ではありません。したがって，**空欄fに入る操作は〔エ〕の購入取消**です。

解答　(1) a：配送センタに商品の発送を指示する
　　　　　b：顧客に商品の発送を通知する（a，bは順不同）
　　　　　c：入金期限日を過ぎている
　　　　　d：入金期限日を過ぎていない
　　　　(2) e：カ　f：エ

問題2 ソフトウェアのテスト (H26秋午後問8)

販売管理システムのソフトウェア開発における単体テストおよび結合テストを題材に、ソフトウェアの品質管理に関する基本的な知識を確認する問題です。
管理図に対する分析結果など午前知識の応用力が要求される設問もありますが、その他は、問題文や図表を確認することで解答ができる問題になっています。

問 ソフトウェアのテストに関する次の記述を読んで、設問1〜3に答えよ。

　J社は、自社の販売管理システムを再構築するプロジェクトを実施している。プロジェクトでは、設計者が要件定義、方式設計を行った後、ソフトウェアコンポーネント(以下、コンポーネントという)の詳細設計を行う。その後、構築において、開発者がコンポーネントを構成するソフトウェアユニット(以下、ユニットという)のコード作成と単体テストを行う。そして、結合において、コンポーネント内のユニット間、及びコンポーネント間の結合テストを行う。K君はプロジェクトマネージャを務めている。
　販売管理システムは、出荷管理、顧客管理、受注管理、見積り管理の四つのコンポーネントから成る。表1に、これらのコンポーネントのステップ数を示す。

表1　販売管理システムのコンポーネントのステップ数

コンポーネント	ステップ数
出荷管理	20,000
顧客管理	10,000
受注管理	21,000
見積り管理	51,700

〔単体テストの実施と結果の分析〕
　J社では、単体テストとして、ホワイトボックステストとブラックボックステストを行う。テスト項目の件数は、ユニットへの入力の組合せ数でカウントし、その目標を1kステップ当たり100以上と定めている。ただし、回帰テストのために同じテスト項目を複数回実行しても重複してカウントしない。テストにおいて期待どおりの処理結果とならない場合には、その原因となる欠陥を特定し、ユニットごとにその欠陥件数をカウントする。

出荷管理，顧客管理，受注管理は，コンポーネントを構成するユニットの単体テストを予定どおりに完了し，結合テストを実施中である。見積り管理は，他よりも遅れて単体テストを完了し，K君がテスト結果を確認中である。表2は，見積り管理の各ユニットの単体テストで検出された欠陥件数である。

表2　見積り管理の単体テストで検出された欠陥件数

ユニットID	ステップ数	テスト項目数	欠陥件数	欠陥密度（件／kステップ）
P1	3,600	456	58	16.1
P2	5,500	490	55	10.0
P3	4,800	558	42	8.8
P4	5,400	730	27	5.0
P5	7,200	828	81	11.3
P6	6,300	660	89	14.1
P7	5,700	600	39	6.8
P8	4,200	450	42	10.0
P9	5,400	600	24	4.4
P10	3,600	390	63	17.5

　K君は表2を基に図1の欠陥密度の管理図を作成した。この図の縦軸は欠陥密度，横軸はユニットIDである。管理図分析では，しきい値モデルを使用し，データの分布がUCL（Upper Control Limit：上部管理限界）とLCL（Lower Control Limit：下部管理限界）に対してどの位置にプロットされるかを見て，データが正常値であるか異常値であるかを判断する。K君は，J社の単体テストで検出された欠陥密度の過去の実績値の四分位点を利用し，LCLに第1四分位点の値を，中央値に第2四分位点の値を，UCLに第3四分位点の値を置いた。J社の過去の実績値から中央値は11件／kステップ，UCLは14件／kステップ，LCLは8件／kステップである。

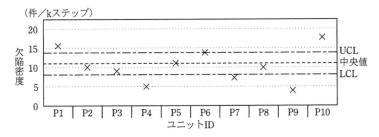

図1　見積り管理の単体テストで検出された欠陥密度の管理図

管理図から，K君は，欠陥密度がUCLを大きく超過しているユニットP10は，品質に問題がある可能性が高いと考えた。P10の構築を担当したのは，入社2年目のL君である。L君にヒアリングしたところ，テスト開始当初から多くの欠陥を検出し，テスト項目を50%消化した時点で，重大な欠陥を検出し，ユニット全体に影響するメイン機能の大きな修正を行っていた。そして，その修正を完了した後，直ちに，未消化のテスト項目を実施していた。K君は，①L君の単体テストの実施方法に問題があると考え，やり直しを指示した。

〔結合テストの実施と欠陥発生状況の分析〕
　見積り管理を除く三つのコンポーネントについて，結合テストを実施中である。K君は，結合テストにおいて，品質の低いコンポーネントを早い時点で検出して対策を取ることで，工程の遅延を防ぐことを考えた。そこで，テストの実施中から，欠陥の検出状況を，管理図を用いて確認することにした。図2は，結合テストで検出された累積欠陥密度の管理図である。この図の縦軸は，各コンポーネントの結合テストで検出された累積欠陥密度であり，横軸は，結合テストの日程である。結合テストは9月29日の週から開始し，11月17日の週に完了する予定である。J社の結合テストで検出された累積欠陥密度の過去の実績値から，中央値は1.4件/kステップ，UCLは1.7件/kステップ，LCLは1.2件/kステップである。現在，11月9日であり，週初日が11月3日の週を終えたところである。結合テストのテスト項目数はJ社の目標値を満たしており，消化状況も予定どおりである。

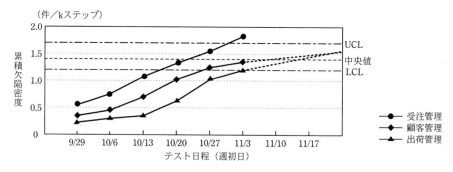

図2　結合テストで検出された累積欠陥密度の管理図

　K君は，受注管理が既にUCLを超えているので，原因を調査することにした。表3は，受注管理の結合テストで検出された欠陥の内訳である。

8 | 情報システム開発

表3 受注管理の結合テストで検出された欠陥の内訳

欠陥分類	欠陥内容	欠陥件数
仕様不良	要件定義漏れ	1
	詳細設計漏れ（詳細設計での機能定義漏れ）	3
	詳細設計誤り（詳細設計での機能の設計誤り）	4
	インタフェース誤り	12
ユニットの コード不良	コード漏れ（必要なコードの記述漏れ）	14
	コード誤り（コードの記述誤り）	0
その他	その他	4

　表3のインタフェース誤りは，全て受注管理から出荷管理へのデータ連携テストで検出されたもので，全て双方のコンポーネントのユニットに修正が必要な欠陥であったが，欠陥件数は，データの送出側である受注管理だけに計上していた。

　K君は，出荷管理と顧客管理について，図2の破線のように，10月27日と11月3日の週の累積欠陥密度を直線で結び，11月17日以降まで延長させて，11月17日の週の累積欠陥密度を推測した。そして，両コンポーネントの累積欠陥密度は，ともに，結合テストが完了する予定の11月17日の週でも，UCLとLCLの間に収まると予想した。

設問1 単体テストの方法について，ホワイトボックステスト，ブラックボックステストのテスト項目の作成方法に該当するものを，解答群の中からそれぞれ全て選び，記号で答えよ。

解答群
　ア　ユニット内の条件判定の組合せ全てを少なくとも1回は実行する。
　イ　ユニットの全ての分岐を少なくとも1回は実行する。
　ウ　ユニットの全ての命令を少なくとも1回は実行する。
　エ　ユニットへの入力データの値の範囲を分割し，各代表値で実行する。
　オ　ユニットへの入力と出力の因果関係を網羅するよう実行する。

設問2 見積り管理の単体テスト結果について，(1) 〜 (3) に答えよ。
(1) 図1の管理図に対する分析結果として正しいものはどれか。解答群の中から全て選び，記号で答えよ。

501

解答群

ア　P1は，UCLを超えており，調査が必要なユニットである。

イ　P2，P3，P5，P8は，管理限界に収まっているので，品質が保証される。

ウ　P4，P9は，欠陥が少なく，品質が高い。

エ　P6は，UCLをわずかに超えているだけなので，今は調査に時間を掛けず，結合テストで経過を監視する。

オ　P7は，テスト項目の精査を行うべきユニットである。

(2) 表2において，J社の基準に従うと，欠陥密度以外の観点でテストに問題があると考えられるユニットがある。そのユニットのユニットIDを答えよ。また，その理由を20字以内で述べよ。

(3) 本文中の下線①の，L君が行ったユニットP10の単体テストにおける問題点は何か。30字以内で具体的に述べよ。

設問3　見積り管理を除く三つのコンポーネントの結合テストにおいて，現状では，検出された欠陥件数が正しく計上されておらず，欠陥件数を修正すると，管理図分析の結果として問題があると考えられるコンポーネントがある。そのコンポーネントを答えよ。また，問題があると考えられる理由を，本文中の字句を用いて20字以内で述べよ。

解説

設問1　の解説

単体テストの方法について，ホワイトボックステスト，ブラックボックステストに該当する「テスト項目の作成方法」を解答群から選ぶ問題です。

本問のように，ソフトウェアのテストを題材とした問題では，テスト項目作成方法（テストケース作成方法）がよく問われます。午前試験でも出題される内容ですから，テスト手法における基本知識を再度確認しておきましょう。

さて，解答群にあるテスト項目作成方法をホワイトボックステストとブラックボックステストに分類すると，次ページの表のようになります。したがって，**ホワイトボックステスト**におけるテスト項目の作成方法に該当するのは〔**ア**〕，〔**イ**〕，〔**ウ**〕，**ブラックボックステスト**におけるテスト項目の作成方法に該当するのは〔**エ**〕，〔**オ**〕です。

8　情報システム開発

ホワイトボックステスト	ア	ユニット内の条件判定の組合せ全てを少なくとも1回は実行する →複数条件網羅
	イ	ユニットの全ての分岐を少なくとも1回は実行する →判定条件網羅（分岐網羅）
	ウ	ユニットの全ての命令を少なくとも1回は実行する →命令網羅
ブラックボックステスト	エ	ユニットへの入力データの値の範囲を分割し，各代表値で実行する →同値分割
	オ	ユニットへの入力と出力の因果関係を網羅するよう実行する →原因結果グラフ

設問2 の解説

　見積り管理の単体テスト結果に関する設問です。

(1) 図1の欠陥密度の管理図に対する正しい分析結果が問われています。下記に示したポイントを参考に，解答群の記述を順に吟味していきましょう。

> ・「管理限界内に収まっている→品質が保証される」とは限らない。
> ・欠陥が少ない場合は，テスト項目の網羅性やテスト項目自体の妥当性を改めて検証する必要がある。

ア：P1は，上部管理限界のUCLを超えているので品質に問題がある可能性があります。したがって，「調査が必要なユニットである」との判断は正しい判断です。

イ：P2，P3，P5，P8は，管理限界（UCLとLCLの間）に収まっていますが，「欠陥が少ない＝品質が高い」という等式は成り立ちません。欠陥が少なかったのは，本来行わなければいけないテスト項目が欠落していたり，テスト項目自体の妥当性に問題があったとも考えられます。したがって，「管理限界に収まっているので品質が保証される」との判断は誤った判断です。

ウ：P4，P9は，下部管理限界のLCLを下回っています。先にも説明したように，欠陥が少ない場合は，テスト項目の網羅性や妥当性に問題がある可能性があります。したがって，「欠陥が少なく，品質が高い」との判断は誤った判断です。

エ：P6は，UCLをわずかに超えているだけですが，ほんの少しでも管理限界を超えていれば（限界線上でも）調査は必要です。したがって，誤った判断です。

オ：P7は，LCLを下回っているので，テスト項目の網羅性や妥当性に問題がないか調査する必要があります。したがって，正しい判断です。

　以上，正しい分析結果は〔**ア**〕と〔**オ**〕です。

(2) 表2において，J社の基準に従うと，欠陥密度以外の観点でテストに問題があると考えられるユニットはどのユニットかが問われています。

　　J社の基準とはどのような基準なのか，問題文を探してみると，〔単体テストの実施と結果の分析〕に，「テスト項目の件数は，その目標を1kステップ当たり100以上と定めている」とあります。したがって，表2の中でこの基準（1kステップ当たり100以上）を満たしていないユニットを見つければよいことになります。

　　ユニットP2は，ステップ数5,500ステップに対して，テスト項目数が490です。1kステップ当たりのテスト項目数は89（490÷5.5k）になるので，J社の基準である100以上を満たしません。これに対して，P2以外のユニットは全てJ社の基準を満たします。したがって，テストに問題があると考えられるユニットは**P2**です。理由は，「テスト項目の件数が目標値に達していない」とすればよいでしょう。なお，試験センターでは解答例を「**テスト項目数が目標値よりも少ない**」としています。

(3) L君が行ったユニットP10の単体テストにおける問題点が問われています。ここでのポイントは，下線①の直前にある記述です。この記述によると，L君は，ユニット全体に影響するメイン機能の大きな修正を行った後，直ちに，未消化のテスト項目を実施しています。ユニット全体に影響するメイン機能の大きな修正を行ったわけですから，その修正によって，ほかの部分に影響が出ていないかどうかを確認すべきです。そのためには，メイン機能修正前に行ったテスト項目も再度実施する必要があります。したがって解答としては，「メイン機能修正後，消化済みテストを再実施していない」ことを記述すればよいでしょう。なお，試験センターでは解答例を「**メイン機能修正後に回帰テストを行っていない**」としていますが，ここでいう回帰テストとは，"消化済みテストの再実施"を意味するものと考えられます。

参考　回帰テスト

回帰テストとは，プログラムを修正したことによって，想定外の影響が出ていないかどうかを確認するためのテストです。**リグレッションテスト**，退行テストともいいます。

設問3 の解説

　　見積り管理を除く3つのコンポーネントのうち，結合テストで検出された欠陥件数を修正すると，管理図分析の結果として問題があると考えられるコンポーネントはどれか，またどのような理由で問題があると考えられるのかが問われています。

ポイントとなるのは，設問文にある「検出された欠陥件数が正しく計上されておらず」との記述です。これに関連する記述は，表3の後に「インタフェース誤りは，全て受注管理から出荷管理へのデータ連携テストで検出されたもので，欠陥件数は，受注管理だけに計上していた」旨の記述があります。このことに着目すれば，「出荷管理が怪しい！」と気付きます。

　インタフェース誤りは12件です。図2の管理図を見ると，現在，出荷管理の累積欠陥密度は，ほぼLCL上にあります。そこで，出荷管理のステップ数が20,000ステップ（20kステップ），LCLが1.2件／kステップであることから，出荷管理の累積欠陥数は，おおよそ1.2件×20＝24件と考えられます。これに，インタフェース誤り12件を加算すると，累積欠陥数は24＋12＝36件，累積欠陥密度は36件／20kステップ＝1.8件／kステップとなり，UCL（1.7件／kステップ）を超えてしまいます。

　以上のことから，問題があると考えられるコンポーネントは**出荷管理**です。理由としては，「修正後の累積欠陥密度がUCLを超えるから」とすればよいでしょう。なお，試験センターでは解答例を「**累積欠陥密度がUCLを超えるから**」としています。

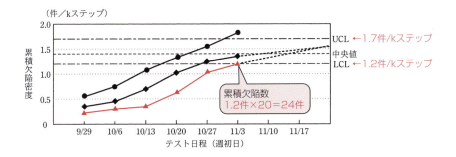

解答

設問1　ホワイトボックステスト：ア，イ，ウ
　　　　　ブラックボックステスト：エ，オ
設問2　(1) ア，オ
　　　　　(2) ユニットID：P2
　　　　　　　理由：テスト項目数が目標値よりも少ない
　　　　　(3) メイン機能修正後に回帰テストを行っていない
設問3　コンポーネント：出荷管理
　　　　　理由：累積欠陥密度がUCLを超えるから

問 題 3　ソフトウェア適格性確認テスト（H29秋午後問8）

　ソフトウェア適格性確認テストに関する問題です。本問では，4種類の試験の成績を基に合否を判定するシステムを例にとり，境界値分析（限界値分析）やドメイン分析，複数条件網羅に関する理解と，テストケース作成能力が問われます。難易度はやや高めの問題ではありますが，ゆっくり落ち着いて解答していけば，正解は導き出せます。また解答にあたっては，問題文をすべて読み終えてから設問に取りかかるのではなく，問題文に軽く目を通した後で設問を読み，問われている内容を確認し，解答していくことがポイントです。

> **問**　ソフトウェア適格性確認テストに関する次の記述を読んで，設問1～4に答えよ。

　W法人は技術者の国家資格認定試験を実施している団体である。グローバルに活躍できる技術者を育成するために，新たな技術者認定試験（以下，新試験という）を導入することが決まった。新試験は4種類の試験を組み合わせて合格者を決定する。そこで，4種類の試験の成績を基に合否を判定するシステム（以下，合否判定システムという）を開発して，そのシステムの動作を確認するためのテストを行うことにした。

〔新試験の実施方法〕

　新試験では，次の4種類の試験を組み合わせる。

Ⅰ　英語（筆記試験）：得点は1点刻みで100点満点
　　（以下，この筆記試験の得点をXとする）

Ⅱ　専門科目（筆記試験）：得点は1点刻みで100点満点
　　（以下，この筆記試験の得点をYとする）

Ⅲ　英語（面接試験）：得点は5点刻みで100点満点
　　（以下，この面接試験の得点をORAL_engとする）

Ⅳ　技術者適性（面接試験）：得点は1点刻みで1～4点
　　（以下，この面接試験の得点をORAL_tecとする）

　新試験は次の2段階で行われる。
　第1段階：筆記試験（Ⅰ 英語　と　Ⅱ 専門科目）
　第2段階：面接試験（Ⅲ 英語　と　Ⅳ 技術者適性）

8 情報システム開発

　第1段階の判定基準を満たした受験者だけが第2段階に進み，第2段階の判定基準を満たした受験者が新試験の合格者となる。

〔第1段階の判定基準〕

　次の二つの条件をともに満たす場合に，第1段階を通過とする。

　条件1：$X \geq 60$

　条件2：筆記合算点としてWRITTENを式WRITTEN $= X + Y$で算出し，
　　　　　WRITTEN ≥ 130

〔第2段階の判定基準〕

　1段階を通過し，かつ，次の二つの条件をともに満たす場合に，"新試験に合格"とする。

　条件3：英語合算点としてENGLISHを式ENGLISH $= X + $ ORAL_eng で算出し，
　　　　　ENGLISH > 140

　条件4：WRITTENとORAL_tecの組合せによって表1のように判定する。

表1　WRITTENとORAL_tecによる判定基準（条件4）

		ORAL_tec			
		1	2	3	4
WRITTEN	190 以上		○	○	○
	160 以上 190 未満			○	○
	130 以上 160 未満				○

注記　○は条件4を満たすことを表す。
　　　ブランクは条件4を満たさないことを表す。

　合否判定システムが，表1の判定基準どおりに動作するかをチェックするために，条件4を次の三つの連立不等式で表す。

$$\begin{cases} \text{WRITTEN} \geq 130 \\ \text{ORAL\_tec} \geq 2 \\ \text{WRITTEN} + m \times \text{ORAL\_tec} \geq n \\ \quad \text{ただし，} m = \boxed{\text{ a }}, \ n = \boxed{\text{ b }} \ (m, \ n \text{は整数}) \end{cases}$$

〔3変数のドメイン分析〕

　第2段階の判定基準（条件3，4）においてENGLISH，WRITTEN，ORAL_tecの3変数の境界値テストを行う。このように複数の変数の境界値が関係するテストケースの設定を見つけるために，Binderのドメイン分析を利用する。Binderのドメイン分析とは，ある変数の境界値についてテストを行うために，他の変数を有効同値の中の値とする方法である。それぞれのドメインは境界によって定義されるので，テストすべき値は，仕様で指定される境界上の値（onポイント），及び境界の近傍にあって境界を挟んでonポイントに最も近い値（offポイント）となる。offポイントは，境界が閉じていれば（等号を含む不等式の場合）ドメイン外の値になり，境界が開いていれば（等号を含まない不等式の場合）ドメイン内の値となる。一つの変数の境界をチェックするときに，他の変数は真偽に影響を与えないよう境界上でないドメイン内部の値（inポイント）を選ぶ。

　表2は，3変数のドメイン分析マトリクスとしてテストケースを定義したものである。異常値は別途テストするので表2には含まない。また，各変数のinポイントは全てのテストケースで同一の値を設定している。6件のテストケースは全て異なる。

表2　ドメイン分析マトリックス

変数	ポイント名	テストケースの目的					
		c		ORAL_tec の 境界値チェック		（略）	
		ケース1	ケース2	ケース3	ケース4	ケース5	ケース6
ENGLISH	on	140			（ア）		
	off		d		（イ）		
	in			160	（ウ）	160	160
ORAL_tec	on			2	（エ）		
	off				（オ）		
	in	4	4		（カ）	4	4
WRITTEN	on				（キ）	130	
	off				（ク）		e
	in	190	190	190	（ケ）		

〔判定基準の変更〕

　新試験の結果をシミュレーションした結果，Ⅰ 英語（筆記試験）が高得点で，Ⅱ 専門科目（筆記試験）の得点が低い場合（$X=100$，$Y=30$ など）でも合格するケースがあることが判明した。これは第1段階の判定基準で専門科目（筆記試験）の得点を十分に考

8 ｜ 情報システム開発

慮できていないからと考えて再検討し，第1段階の判定基準に，

　条件5：Y＞50

を追加した。すなわち条件1，条件2，条件5を全て満たす場合に，第1段階を通過とした。

　第1段階の判定基準の条件が増えたので，三つの条件（条件1，条件2，条件5）での複数条件網羅（multiple condition coverage）テストを計画した。各条件を満たすか否かによってテストケースを整理したところ，①複数条件網羅率を100％にするテストケースの数は本来8件であるが，本テストでは7件だけで済むことが分かった。

設問1 〔第1段階の判定基準〕においてX軸（横方向で右が正）とY軸（縦方向で上が正）を軸とした直交座標のグラフを考えたとき，条件1と条件2を満たし判定基準通過となる領域は4直線で囲まれた四角形になる。境界値テストを行うべき，この四角形の各頂点を座標（X，Y）で表す。このとき四つの頂点の座標を，右上の頂点から順に左回り（反時計回り）に答えよ。

設問2 本文中の ┃ a ┃，┃ b ┃ に入れる適切な数値を答えよ。

設問3 〔3変数のドメイン分析〕について，(1)～(3)に答えよ。

(1) ケース1とケース2のテストケースの目的として，表2中の ┃ c ┃ に入れる適切な字句を答えよ。

(2) 表2中の ┃ d ┃，┃ e ┃ に入れる適切な数値を答えよ。

(3) ケース4として値を設定すべき箇所が表2中の（ア）～（ケ）のうちに三つある。値を設定すべき箇所と設定すべき値を答えよ。

　　解答方法は，例えば（ア）に数値1が入る場合，（ア，1）と答えよ。

設問4 本文中の下線①となる理由を，40字以内で具体的に述べよ。

〰〰 **解　説** 〰〰

設問1 の解説

　〔第1段階の判定基準〕に関する設問です。本設問では，英語の得点をX軸，専門科目の得点をY軸とした直交座標のグラフを考えたときの，条件1と条件2を満たし判定基準通過となる領域（4直線で囲まれた四角形）の頂点座標が問われています。したがって，この領域がわかれば（図・グラフに描くことができれば）解答できます。

509

まず，前提条件および判定基準を整理しておきましょう。次のようになります。

〔前提条件〕
　英語の得点X，専門科目の得点Yは，1点刻みで100点満点
　→ 0≦X≦100, 0≦Y≦100
〔判定基準〕
　・条件1：X≧60
　・条件2：X+Y≧130

では，上記の条件を図（グラフ）に描いてみましょう。判定基準通過となる領域は下図の網掛け部分になります。そして，この領域の頂点は，右上の頂点から順に左回り（反時計回り）に，(100, 100), (60, 100), (60, 70), (100, 30) です。なお，不等式を満たす領域の求め方については，本問解答の後のp.515「参考」を参照してください。

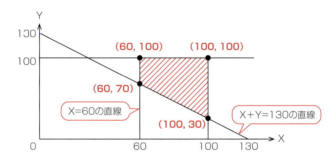

設問2 の解説

〔第2段階の判定基準〕に関する設問です。ここでは，条件4（表1）を表した，次の連立不等式が問われています。

$$\begin{cases} \text{WRITTEN} \geq 130 \\ \text{ORAL\_tec} \geq 2 \\ \text{WRITTEN} + m \times \text{ORAL\_tec} \geq n \\ \quad \text{ただし，m} = \boxed{a}, \ n = \boxed{b} \ (m, n は整数) \end{cases}$$

表1を見ると，条件4を満たすWRITTENの最小点は130，ORAL_tecの最小点は2です。つまり，この条件を表した不等式が「WRITTEN≧130」と「ORAL_tec≧2」

です。では，問われている「WRITTEN＋m×ORAL_tec≧n」は，どの条件を表したものなのでしょうか？

ここで，WRITTENが130であってもORAL_tecが2の場合は，条件4を満たさないことに着目します。つまり，「WRITTEN≧130」と「ORAL_tec≧2」は，それぞれ単体での条件ですから，WRITTENとORAL_tecを併せた条件が必要だということです。そして，その条件を表したのが「WRITTEN＋m×ORAL_tec≧n」です。

では，「WRITTEN＋m×ORAL_tec≧n」を考えていきましょう。表1を次のようにしてみると，少し考えやすくなります。

		ORAL_tec			
		1	2	3	4
WRITTEN	190 以上		○	○	○
	160 以上 190 未満			○	○
	130 以上 160 未満				○

網掛けしたところが条件4を満たす部分なので，太線で示した直線が「WRITTEN＋m×ORAL_tec＝n」になりそうです。そこで，WRITTENとORAL_tecを用いて，この直線の式を表してみます。「えっ!? 直線の式…。そんなの求められるの？」と思った方も多いと思いますが，ここでは擬似的に求めます。

WRITTENの判定区間の間隔は30です。この30を直線の傾き，すなわちmと考え，「WRITTEN＋30×ORAL_tec」に太線上の点を代入し，その値を求めてみます。すると次のようになります。なお，WRITTENの値には，各区間の最小点を用います。

・WRITTEN＝190，ORAL_tec＝2　⇒　190＋30×2＝250
・WRITTEN＝160，ORAL_tec＝3　⇒　160＋30×3＝250
・WRITTEN＝130，ORAL_tec＝4　⇒　130＋30×4＝250

この結果から太線の直線は，「WRITTEN＋30×ORAL_tec＝250」であり，問われている不等式は，「WRITTEN＋30×ORAL_tec≧250」であると推測できます。

では，表1中で○が付いていない（条件4を満たさない）点，たとえば「WRITTEN＝130，ORAL_tec＝2」をこの式に代入してみましょう。すると，「130＋30×2＝190＜250」となり，確かに条件4を満たしません。逆に，○が付いている点，たとえば「WRITTEN＝160，ORAL_tec＝4」は，「160＋30×4＝280≧250」となり，条件4を満たします。

以上，連立不等式の3つ目の式は「WRITTEN＋30×ORAL_tec≧250」なので，**空欄a**には**30**，**空欄b**には**250**が入ります。

設問3 の解説

〔3変数のドメイン分析〕に関する設問です。

(1) 表2「ドメイン分析マトリクス」の空欄c（テストケースの目的）に入れる字句が問われています。ここでのポイントは，変数ORAL_tecと変数WRITTENのケース1とケース2の値が同じになっていることです。このことに気付けば，ケース1，2は，変数ENGLISHの境界値についてのテストケースであると容易に推測できます。

ここで，問題文〔3変数のドメイン分析〕を確認してみます。すると，「Binderのドメイン分析とは，ある変数の境界値についてテストを行うために，他の変数を有効同値の中の値とする方法である」とあり，またその後方には，「一つの変数の境界をチェックするときに，他の変数は真偽に影響を与えないよう境界上でないドメイン内部の値（inポイント）を選ぶ」とあります。ORAL_tecとWRITTENのテストケース（ケース1，2）は，いずれもinポイントのテストケースです。したがって，境界値チェックを行う対象変数ではありません。このことからも，ケース1，2は変数ENGLISHの境界値についてのテストケースであることがわかります。

以上，**空欄cはENGLISHの境界値チェック**です。

(2) 表2中の空欄dと空欄eが問われています。空欄d，eは，いずれもoffポイントのテストケースです。では，offポイントについて整理しておきましょう。

> offポイント：境界の近傍にあって境界を挟んでonポイントに最も近い値
> →境界が閉じていれば（等号を含む不等式の場合）ドメイン外の値
> →境界が開いていれば（等号を含まない不等式の場合）ドメイン内の値

空欄dは，変数ENGLISHのoffポイントのテストケースです。そして，ENGLISHの判定基準（条件3）は「ENGLISH > 140」なので，テストケースにはドメイン内の値**141**を設定します（下左図参照）。

空欄eは，変数WRITTENのoffポイントのテストケースです。判定基準は，「WRITTEN ≧ 130」なので，テストケースにはドメイン外の値**129**を設定します（下右図参照）。

(3) ここでは，表2のORAL_tecの境界値チェックにおけるテストケースについて，ケース4として値を設定すべき3つの箇所と，設定すべき値が問われています。

「ある変数の境界値についてテストを行う場合，その変数のテストすべき値はonポイントとoffポイントである」こと，そして「その他の変数はinポイントを選ぶこと」をヒントに表2を見ると，値を設定すべき箇所は(ウ)，(オ)，(ケ)であることが容易にわかります。

(ウ)と(ケ)は，inポイントのテストケースですから，ケース3と同じ値，すなわち**(ウ)**には**160**，**(ケ)**には**190**を設定すればよいでしょう。(オ)は，変数ORAL_tecのoffポイントのテストケースです。判定基準は「ORAL_tec≧2」なので，**(オ)**にはドメイン外の値**1**を設定します。

以上，ケース4として値を設定すべき箇所と，設定すべき箇所と設定すべき値は，**(ウ，160)，(オ，1)，(ケ，190)** です。

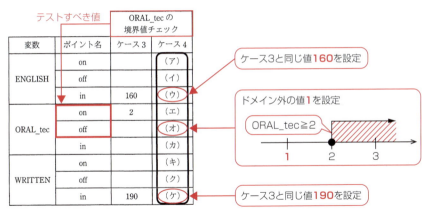

※上図は，「ORAL_tecの境界値チェック」のみを抜き出したもの。

設問4 の解説

下線①には，「複数条件網羅率を100%にするテストケースの数は本来8件であるが，本テストでは7件だけで済む」とあり，本設問では，テストケースの数が7件で済む理由が問われています。

複数条件網羅によるテストでは，各条件を満たすか否かのすべての組合せをチェックする必要があるため，条件が3つ(条件1，条件2，条件5)の場合であれば，テストケースの数は，次ページの表に示す$2^3 = 8$件になります。ここで，表中の"Y"は「条件を満たす(条件が"真"である)」ことを表し，"N"は「条件を満たさない(条件が"偽"である)」ことを表します。

テストケース	①	②	③	④	⑤	⑥	⑦	⑧
条件1 (X≧60)	Y	Y	Y	Y	N	N	N	N
条件2 (X+Y≧130)	Y	Y	N	N	Y	Y	N	N
条件5 (Y>50)	Y	N	Y	N	Y	N	Y	N

　通常，条件が3つの場合，複数条件網羅率を100%にするためには，この表のような8件のテストケースでテストを実施しなければなりません。しかし，本テストでは，このうち1件のテストケースでのテストは実施しないで済むというわけです。つまり，そのテストケースがなくても網羅率は100%になるということですから，考えられるのは，「そのテストケースに設定する値が存在しない（そのような条件を満たすケースがない）」という場合です。

　では，どのテストケースの値が存在しないのか，条件1と条件2，そして条件5それぞれの境界を示す直線をグラフに描いて考えてみましょう。各条件の境界を示す直線は下図のようになります。この図を見ると，各直線により区切られた領域は7つです。そこで，各領域と上記表のテストケースとを対応させてみると，⑥のテストケースに対応する領域がないことがわかります。

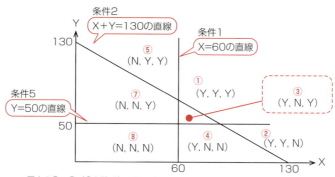

※図中の①～⑧（⑥を除く）の下に書かれている，たとえば（Y，Y，N）とは，「条件1が真，条件2が真，条件5が偽」であることを表す。

　つまり，⑥の「条件1が"N（偽）"，条件2が"Y（真）"，条件5が"N（偽）"」となるケースが存在しないわけです。では，本当に存在しないのか確認してみましょう。
　条件1は「X≧60」，条件2は「X+Y≧130」，条件5は「Y>50」なので，⑥のテストケースとしては「X<60，X+Y≧130，Y≦50」となるケースが該当します。しかし，「X<60かつY≦50」の場合，「X+Y≧130」は成立しません。したがって，⑥のケースが存在しないのは明らかです。

以上，テストケースが7件で済む理由は，「条件1が"N（偽）"，条件2が"Y（真）"，条件5が"N（偽）"となるケースが存在しないから」です。解答としては，この旨を40字以内にまとめればよいでしょう。また，「条件1と条件5を満たさない場合，条件2を満たさないから」としてもOKです。なお，試験センターでは解答例を「**条件1が偽，条件2が真，条件5が偽となる場合が成立しないから**」としています。

解 答

設問1 （100，100），（60，100），（60，70），（100，30）
設問2 a：30　　b：250
設問3 (1) c：ENGLISHの境界値チェック
　　　　 (2) d：141　　e：129
　　　　 (3) （ウ，160），（オ，1），（ケ，190）
設問4 条件1が偽，条件2が真，条件5が偽となる場合が成立しないから

参考　不等式を満たす領域の求め方

①直線（不等号を除いた式）が通る2点を求め，この2点を通る直線を描く。
　たとえばX＋Y≧130の場合，直線X＋Y＝130は，
　　・X＝0のとき，Y＝130
　　・Y＝0のとき，X＝130
であり，点 (0，130) と点 (130，0) の2点を通るので，この2点を通る直線を描く。
②X＋Yが130以上となるのは，直線X＋Y＝130より上の（直線上も含む）部分。
　逆に，X＋Y≦130であった場合，これを満たす領域は，直線X＋Y＝130より下の部分。

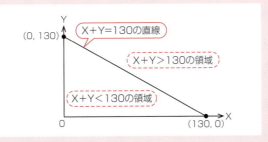

問題4 アジャイル型開発

(H29春午後問8)

> コンビニエンスストアにおけるSNSを題材に，アジャイル型開発のプラクティスに関する基本的な知識と，継続的インテグレーション（CI）の実装に関する知識を確認する問題です。設問1は，アジャイル型開発の用語知識が必要ですが，その他の設問については，問題文の記述を適切に読み取ることができれば解答できる問題になっています。

問 アジャイル型開発に関する次の記述を読んで，設問1〜4に答えよ。

U社は，コンビニエンスストアを全国展開する企業である。自社ブランド商品のファンを作るために，オリジナルのゲームなどが楽しめる専用のSNS（以下，本システムという）を開発することになった。

本システムでは，利用者を引き付け続けるために，コンテンツを頻繁にリリースしていく必要がある。そのため，ソフトウェア開発モデルとしてアジャイル型開発を採用する。

〔採用するプラクティスの検討〕

アジャイル型開発で用いられるチーム運営や開発プロセス，プログラミングなどの実践手法をプラクティスと呼ぶ。本システム開発における，システム要件や開発体制の特徴は次のとおりである。これに基づいて，採用するプラクティスを検討する。

・スコープの変動が激しい

　テレビやコマーシャルなどの影響によって，要求の変更が頻繁に発生する。そのために，本システムの品質に責任をもち，優先順位や仕様を素早く決める役割をもつプロダクトオーナを任命する。そして，本システムの要求全体と優先順位を管理するために　a　を採用し，反復する一つの開発サイクル（以下，イテレーションという）において，開発対象となる要求を管理するために　b　を採用する。

・求められる品質が高い

　一般消費者向けSNSという性質上，その不具合は利用者離れを引き起こしかねない。一定レベル以上の品質を保つために，継続的インテグレーション（以下，CIという）を採用する。

8 情報システム開発

・チームメンバの半数のスキルが未成熟

　アサインされたプロジェクトメンバにはアジャイル型開発のベテラン社員と，スキルが未成熟な若手社員が含まれる。チームの中で業務知識やソースコードについての知識をお互いに共有して，品質や作業効率を向上させるために，　　c　　を採用する。

　この検討結果のレビューを社内の有識者から受けたところ，チーム全体の状況を共有するために，その①作業状態を可視化した環境を作り，メンバ全員が集まって必要な情報を短い時間で共有する日次ミーティングも採用するように，との指摘を受けた。

〔開発環境の検討〕

　本システムは，不特定多数の一般消費者に対して速いレスポンスを提供するために，コンパイル型言語を用いてWebシステムとして開発する。

　想定される開発環境の構成要素を表1に示す。

表1　想定される開発環境の構成要素

要素名	概要
開発用 PC	IDE（統合開発環境）を用いて，オープンソースライブラリを活用したコーディングを行う。また，PC 内の Web/AP/DB サーバを用いて画面ごとのテストを行う。 Web 及び AP サーバはオープンソースソフトウェア，DB サーバは商用のソフトウェアを使用する。
結合テスト用サーバ	結合テストで用いる Web/AP/DB サーバが稼働する。
チケット管理サーバ	プロジェクトを構成する作業などを細分化し，チケットとして管理する。チケットには，設計やプログラム作成，テストなどを計画から実行，結果まで記録するものや，バグのように発生時にその内容を記録するものなどがある。
ソースコード管理サーバ	開発されたソースコードをバージョン管理する。
Web テストサーバ	登録されたシナリオに沿って機械的に Web クライアントの操作を行う。
ビルドサーバ	プログラムをコンパイルし，モジュールを生成する。
CI サーバ	システムのビルドやテスト，モジュールの配置を自動化し，その一連の処理を継続的に行う。

注記　AP：アプリケーション，DB：データベース

　表1のレビューを社内の有識者から受けたところ，開発用DBサーバは，ライセンス及び②構成管理上のメリットを考慮して，各開発用PC内ではなく，共用の開発用DB

517

サーバを用意し，その中にスキーマを一つ作成して共有した方がよい，との指摘を受けた。また，ベテラン社員から，③開発者が一つのスキーマを共有してテストを行う際に生じる問題を避けるためのルールを決めておくとよい，とのアドバイスを受け，開発方針の中に盛り込むことにした。

〔CIサーバの実装〕

　高い品質と迅速なリリースの両立のために，自動化された回帰テスト及び継続的デリバリを実現する処理をCIサーバ上に実装する。その処理手順を次に示す。

(1) ソースコード管理サーバから最新のソースコードを取得する。

(2) インターネットから最新のオープンソースライブラリを取得する。

(3) ＿d＿ に，(1) と (2) で取得したファイルをコピーして処理させて，モジュールを生成する。

(4) (3) で生成されたモジュールに，結合テスト環境に合った設定ファイルを組み込み，結合テスト用サーバに配置する。

(5) Webテストサーバに登録されているテストシナリオを実行する。

(6) (5) の実行結果を ＿e＿ に登録し，その登録した実行結果へのリンクを電子メールでプロダクトオーナとプロジェクトメンバに報告する。

(7) プロダクトオーナが (6) の報告を確認して承認すると，(3) で生成したモジュールに，本番環境に合った設定ファイルを組み込み，本番用サーバに配置する。

〔回帰テストで発生した問題〕

　イテレーションを複数サイクル行い，幾つかの機能がリリースされて順調に次のイテレーションを進めていたある日，CIサーバからテストの失敗が報告された。失敗の原因を調査したところ，インターネットから取得したオープンソースライブラリのインタフェースに問題があった。最新のメジャーバージョンへのバージョンアップに伴って，インタフェースが変更されていたことが原因であった。このオープンソースライブラリのバージョン管理ポリシによると，マイナーバージョンの更新ではインタフェースは変更せず，セキュリティ及び機能上の不具合の修正だけを行う，とのことであった。

　そこで，インターネットから取得するオープンソースライブラリのバージョンに④適切な条件を設定することで問題を回避することができた。

8　情報システム開発

設問1 〔採用するプラクティスの検討〕について，(1)，(2)に答えよ。

(1) 本文中の　a　～　c　に入れる適切な字句を解答群の中から選び，記号で答えよ。

解答群

　　ア　アジャイルコーチ　　　　　イ　インセプションデッキ

　　ウ　スプリントバックログ　　　エ　プランニングポーカー

　　オ　プロダクトバックログ　　　カ　ペアプログラミング

　　キ　ユーザストーリ　　　　　　ク　リファクタリング

(2) 本文中の下線①の環境を作るためのプラクティスを一つ答えよ。

設問2 〔開発環境の検討〕について，(1)，(2)に答えよ。

(1) 本文中の下線②にある，構成管理上のメリットを35字以内で述べよ。

(2) 本文中の下線③の問題を40字以内で述べよ。

設問3 〔CIサーバの実装〕について，本文中の　d　，　e　に入れる適切な字句を表1の要素名で答えよ。

設問4 〔回帰テストで発生した問題〕中の下線④の条件とは，どのような条件か。40字以内で述べよ。

⫶⫶⫶　解　説　⫶⫶⫶

設問1 の解説

(1) 〔採用するプラクティスの検討〕の記述中にある空欄a，bおよび空欄cを埋める問題です。

　　空欄a，bは，次の記述中にあります。

> 　本システムの要求全体と優先順位を管理するために　a　を採用し，反復する一つの開発サイクル（以下，イテレーションという）において，開発対象となる要求を管理するために　b　を採用する。

519

● 空欄 a

「本システムの要求全体と優先順位を管理する」という記述に着目します。アジャイル型開発では，作りたいプロダクトの提供すべき価値（機能）を，ユーザストーリ形式などユーザ（顧客）の分かる言葉で記述したリストを作成し，各ストーリ項目に優先順位をつけて，開発対象のバックログ項目を決めます。この開発対象のバックログ項目一覧をプロダクトバックログといいます。そして，プロダクトバックログの内容・実施有無・並び順（優先順位）を管理するのがプロダクトオーナです。したがって，**空欄a**には〔**オ**〕の**プロダクトバックログ**が入ります。

● 空欄 b

イテレーションにおいて，開発対象となる要求を管理するために用いられるのは，〔**ウ**〕の**スプリントバックログ**です。スプリントバックログは，プロダクトバックログから，今回のイテレーション（スプリント）で扱うバックログ項目を抜き出したものです。

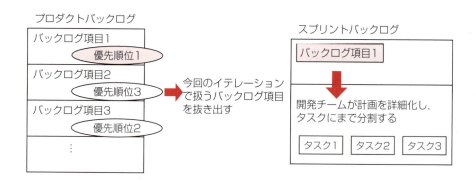

● 空欄 c

空欄cは，「チームの中で業務知識やソースコードについての知識をお互いに共有して，品質や作業効率を向上させるために，　c　を採用する」という記述中にあります。業務知識やソースコードについての知識を互いに共有し，品質や作業効率を向上させるプラクティスは〔**カ**〕の**ペアプログラミング**です。

(2) 下線①「作業状態を可視化した環境」を作るためのプラクティスが問われています。作業状態を可視化するとは，開発チーム全体の作業状況を全員が共有できるようにするということです。ここで，下線①の後述にある，「日次ミーティングも採用する」との記述に着目すると，問われているのは，日次ミーティングの際にメンバ全員が作業状況を確認し共有できるツールということになります。通常，日次ミー

8 │ 情報システム開発

ティングでは，タスクの状態を「ToDo：やること」，「Doing：作業中」，「Done：完了」で管理するタスクボードを使って，"昨日やったこと"，"今日やること"，"障害になっていること"を順に説明し，全員の作業状況を共有します。したがって，「作業状態を可視化した環境」を作るためのプラクティスとしては，**タスクボード**と解答すればよいでしょう。

【例】タスクボードのイメージ

担当	ToDo（やること）	Doing（作業中）	Done（完了）
Aさん	📝 📝 📝	📝	📝
Bさん	📝 📝	📝	📝 📝
Cさん	📝 📝	📝	

設問2 の解説

〔開発環境の検討〕における，開発用DBサーバに関する設問です。

(1) 開発用DBサーバを，各開発用PC内ではなく，共用の開発用DBサーバにした場合の構成管理上のメリットが問われています。通常，DBサーバを用いた運用では，DBサーバに用いるソフトウェアのバージョンやDBサーバに設定する内容，さらにデータベース（スキーマ）内に定義するテーブルなどの管理が発生します。そのため，開発用PC内に個別のDBサーバを用意すると，すべてのDBサーバに対して，これらの内容が同じになるように管理しなければなりません。一方，共用のDBサーバを用意すれば，これらの管理が一元化できます。これがメリットです。したがって，解答としては，「DBサーバのバージョンや設定内容，テーブル定義などを一元管理できる」旨を記述すればよいでしょう。なお，試験センターでは解答例を「**DBサーバの設定やテーブル定義などの構成を一元管理できる**」としています。

(2) 開発者が，共用の開発用DBサーバの中の1つのスキーマを共有して，テストを行う際，どのような問題が生じるのか問われています。複数の開発者が，スキーマを共有してテストを行うということは，1つのデータベース（スキーマ）の中に，複数の開発者のテストデータが混在するということです。この場合，自分のテストデータと他の開発者のテストデータとの区別がつかないといった問題が発生する可能性があります。したがって，1つのスキーマを共有してテストを行う場合，何らかのル

521

ールを定め，誰が使用するテストデータなのか見分けができるようにしておく必要
があります。以上，解答としては，「誰のテストデータなのか見分けがつかない」旨
を記述すればよいでしょう。なお，試験センターでは解答例を「**自身のテストデー
タと他の開発者のテストデータとの見分けがつかない**」としています。

設問3 の解説

〔CIサーバの実装〕の記述中にある空欄d，eを埋める問題です。

●空欄d

「　d　　に，（1）と（2）で取得したファイルをコピーして処理させて，モジュールを
生成する」とあるので，空欄dにはモジュールを生成するサーバが入ります。表1を見
ると，モジュールを生成するサーバはビルドサーバなので，**空欄d**は**ビルドサーバ**で
す。

●空欄e

「（5）の実行結果を　e　　に登録し，……」とあります。そこで，"実行結果"をキー
ワードに表1を見ます。すると，チケット管理サーバの概要に，「テストなどを計画か
ら実行，結果まで記録する」と記述されているので，**空欄e**は**チケット管理サーバ**で
す。

なお，チケット管理とは，プロジェクトを構成する「設計，プログラム作成，テス
ト」といった作業やプロジェクトで発生したバグ・障害などの対策作業を管理する方法
の1つです。チケット管理では，これらの作業の1つひとつについて，その作業内容や
作業日，担当者，進捗状況などを登録し，これを"チケット"として管理します。そし
て，これを行うサーバがチケット管理サーバです。

設問4 の解説

〔回帰テストで発生した問題〕に関する設問です。回帰テストで発生した問題とは，
インターネットから取得したオープンソースライブラリのインタフェースが，最新の
メジャーバージョンへのバージョンアップに伴って変更されていたことが原因で発生
した問題です。

メジャーバージョンへのバージョンアップは，既存バージョンからの大幅な改良や
修正を行うものです。通常，仕様や動作要件の変更が伴います。そのため，メジャー
バージョンアップされたソフトウェアをそのまま使用すると，他のソフトウェアとの
整合性がとれないという問題が発生します。本設問では，このような問題を回避する
ための対策，すなわちインターネットから取得するオープンソースライブラリの取得
条件が問われているわけです。

8 　情報システム開発

　ここで，問題文中にある，「このオープンソースライブラリのバージョン管理ポリシによると，マイナーバージョンの更新ではインタフェースは変更せず，セキュリティ及び機能上の不具合の修正だけを行う」との記述に着目します。この記述から，取得したオープンソースライブラリがマイナーバージョンアップされていても，今回のような問題は発生しないことがわかります。したがって，オープンソースライブラリを取得する際，現在利用しているオープンソースライブラリのメジャーバージョン番号が異なる場合は取得せず，同メジャーバージョンの中で最新のマイナーバージョンがあれば取得するようにすれば，今回のような問題は回避できます。

　以上，解答としては，この旨を40字以内にまとめればよいでしょう。なお，試験センターでは解答例を**「利用中のメジャーバージョンの中で最新のマイナーバージョンであること」**としています。

参考　マイナーバージョンアップ

　マイナーバージョンアップは，既存のバージョンの不具合や誤り修正，また小規模な機能追加や性能向上などを行うもので，一般に，既存バージョンの仕様や動作要件は維持されます。なお，バージョン番号は，一般に次のような形式になっています。

メジャーバージョン番号

バージョン番号 5 . 1

マイナーバージョン番号

解答

設問1　(1) a：オ　　b：ウ　　c：カ
　　　　　(2) タスクボード
設問2　(1) DBサーバの設定やテーブル定義などの構成を一元管理できる
　　　　　(2) 自身のテストデータと他の開発者のテストデータとの見分けがつかない
設問3　d：ビルドサーバ　　e：チケット管理サーバ
設問4　利用中のメジャーバージョンの中で最新のマイナーバージョンであること

Try! (H30秋午後問8抜粋)

> 本Try!問題は，フリマサービスの開発プロセスの改善を題材に，継続的インテグレーションの基本知識を問う問題の一部です。挑戦してみましょう！

　C社は，会員間で物品の売買ができるサービス（以下，フリマサービスという）を提供する会社である。出品したい商品の写真をスマートフォンやタブレットで撮影して簡単に出品できることが人気を呼び，C社のフリマサービスには，約1,000万人の会員が登録している。

　C社には，サービス部と開発部がある。サービス部では，フリマサービスに関する会員からの問合せ・クレーム・改善要望の対応を行っている。開発部は，フリマサービスを利用するためのスマートフォン用アプリケーション（以下，Xという），タブレット用アプリケーション（以下，Yという），及びサーバ側アプリケーション（以下，Zという）について，開発から運用までを担当している。

　競合のW社が新機能を次々にリリースして会員数を増加させていることを受け，C社でも新機能を早くリリースすることを目的に，開発プロセスの改善を行うことになった。開発プロセスの改善は，開発部のD君が担当することになった。

〔課題のヒアリング〕
　D君は，開発部とサービス部に現状の開発プロセスの課題をヒアリングした。

開発部　　：リリースするたびに，追加・変更した機能とは直接関係しない既存機能で障害が発生しており，会員からクレームが多数出ている。機能追加・機能変更に伴い，設計工程では既存機能に対する影響調査を，テスト工程ではテストの強化を行っている。しかし，①既存機能に対する影響調査とテストを網羅的に行うことは，限られた工数では難しい。

サービス部：会員からのクレームや改善要望は日々記録しているが，現在の開発サイクルでは改善要望の対応に最大6か月掛かる。改善要望をまとめて大規模に機能追加する開発方法から，短いサイクルで段階的に機能追加する開発方法に変更してほしい。

〔継続的インテグレーションの導入〕
　D君は，既存機能に対するテストを含めたテストの効率向上及び段階的な機能追加を実現するために，フリマサービスの開発プロジェクトに継続的インテグレーション（以下，CIという）を導入することにした。CIとは，開発者がソースコードの変更を頻繁にリポジトリに登録（以下，チェックインという）して，ビルドとテストを定期的に実行する手法であり，　a　に採用されている。CIの主な目的は　b　，　c　，及びリリースまでの時間の短縮である。

D君は，開発用サーバにリポジトリとCIツールをインストールし，図1に記載のワークフローとアクティビティを設定した。D君が設定したワークフローでは，リポジトリからソースコードを取得し，コーディング規約への準拠チェックとステップ数のカウントの後に，各アプリケーションのビルドと追加・変更箇所に対する単体テストを行い，テストサーバへ配備して，全アプリケーションを対象とするリグレッションテストを実行する。

　またD君は，このワークフローを2時間ごとに実行するように設定し，各アクティビティの実行結果は正常・異常にかかわらずX，Y，Zの担当チームメンバ全員に電子メール(以下，メールという)で送信するように設定した。

　なお，ワークフロー内のアクティビティは，前のアクティビティが全て正常終了した場合だけ，次のアクティビティが実行できるようにした。

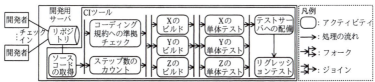

注記1　フォークとは，ここからアクティビティを並行に実行することを指す。
注記2　ジョインとは，並行に実行している全てのアクティビティの終了を待ち合わせてから次の処理に移ることを指す。

図1　D君が設定したワークフローとアクティビティ

(1) 本文中の　a　～　c　に入れる適切な字句を解答群の中から選び，記号で答えよ。

　解答群
　　ア　ウォータフォールモデル　　　イ　エクストリームプログラミング
　　ウ　設計の曖昧性の排除　　　　　エ　ソフトウェア品質の向上
　　オ　バグの早期発見　　　　　　　カ　プロトタイピングモデル
　　キ　網羅的なテストケースの作成　ク　要件定義と設計の期間短縮

(2) 本文中の下線①について，(ⅰ)，(ⅱ)に答えよ。
　(ⅰ) 既存機能に対するテストを行うために必要なCIツールのアクティビティを，図1中の字句を用いて答えよ。
　(ⅱ) 既存機能に対するテストについて，設定したテストケース数の妥当性を評価するために考慮すべき値を解答群の中から選び，記号で答えよ。

　　解答群
　　　ア　各アプリケーションのステップ数　　イ　設計書の変更ページ数
　　　ウ　対応する改善要望数　　　　　　　　エ　追加機能のステップ数

解　説

(1) ●**空欄a**：「CIとは……手法であり，　a　に採用されている」とあり，問われているのは，CI（継続的インテグレーション）が採用されている開発モデルです。解答群の中で開発モデルに該当するのは，ウォータフォールモデル，エクストリームプログラミング，プロトタイピングモデルの3つですが，このうちエクストリームプログラミング（XP）は，アジャイル開発手法の1つであり，そのプラクティス（実践手法）としてCIを採用しています。したがって，**空欄aには〔イ〕のエクストリームプログラミング**が入ります。

●**空欄b，c**：CIを導入する主な目的が問われています。CIとは，問題文中の記述にあるように，「開発者がソースコードの変更を頻繁にリポジトリに登録して，ビルドとテストを定期的に実行する手法」です。したがって，CIを導入すれば，ソースコードの変更後，すぐにビルドとテストを行うことができ，プログラムの誤りを早期に発見できます。また，ビルドとテストを定期的に（頻繁に）繰り返すことでソフトウェア品質の向上も期待できます。以上から，**空欄b，cには，〔オ〕のバグの早期発見，〔エ〕のソフトウェア品質の向上**を入れればよいでしょう。なお，解答は順不同です。

(2) ⅰ：既存機能に対するテストを行うために必要なCIツールのアクティビティが問われています。既存機能とは，追加・変更した機能とは直接関係しない機能のことです。ソフトウェアへの追加・変更を行った際，その変更によって，影響を受けないはずの箇所（すなわち既存機能）に影響を及ぼしていないかどうかを確認するテストをリグレッションテスト（回帰テスト，退行テスト）といいます。図1を見ると，「リグレッションテスト」アクティビティがあるので，正解は**リグレッションテスト**です。

(2) - ⅱ：既存機能に対するテスト（リグレッションテスト）について，設定したテストケース数の妥当性を評価するために考慮すべき値が問われています。リグレッションテストでは，追加・変更した部分だけでなく，既存部分も含め，アプリケーション全体のテストを行います。またアプリケーション開発時におけるテストケース数の妥当性は，通常，対象アプリケーションのステップ数を基準に評価されます。このことから，既存機能に対するテストにおいて，テストケース数の妥当性を評価するために考慮すべき値は，**〔ア〕の各アプリケーションのステップ数**です。なお，ほかの選択肢は，いずれも修正・追加に対する単体テストのテストケース数の評価に関連する値です。

> **解答**　(1) a：イ　b：エ　c：オ　(b, cは順不同)
> 　　　　(2) ⅰ：リグレッションテスト
> 　　　　　　 ⅱ：ア

第9章
マネジメント系

マネジメントに関する問題は，午後試験の**問9，問10，問11**に出題されます。選択解答問題です。

出題範囲

- **プロジェクトマネジメント**：プロジェクト全体計画（プロジェクト計画及びプロジェクトマネジメント計画），スコープの管理，資源の管理，プロジェクトチームのマネジメント，スケジュールの管理，コストの管理，リスクへの対応，リスクの管理，品質管理の遂行，調達の運営管理，コミュニケーションのマネジメント，見積手法 など
- **サービスマネジメント**：サービスマネジメントプロセス（サービスレベル管理，サービス継続及び可用性管理，サービスの予算業務及び会計業務，キャパシティ管理，インシデント及びサービス要求管理，問題管理，構成管理，変更管理，リリース及び展開管理ほか），サービスの運用（システム運用管理，仮想環境の運用管理，運用オペレーション，サービスデスクほか） など
- **システム監査**：ITガバナンス，IT統制，情報システムや組込みシステムの企画・開発（アジャイル開発を含む）・運用・利用・保守フェーズの監査，情報セキュリティ監査，個人情報保護監査，他の監査（会計監査，業務監査ほか）との連携・調整，システム監査の計画・実施・報告・フォローアップ，システム監査関連法規，システム監査人の行為規範 など

- 9-1　プロジェクトマネジメント
- 9-2　サービスマネジメント
- 9-3　システム監査

9-1 プロジェクトマネジメント

基本知識の整理

学習ナビ
プロジェクトマネジメント問題は，午後試験の**問9**に出題されます。出題が多い下記のマネジメントを中心に，プロジェクトマネジメントの基本知識を確認しておきましょう。

〔学習項目〕
① プロジェクトスコープマネジメント
② プロジェクトタイムマネジメント
③ プロジェクト調達マネジメント
④ プロジェクトリスクマネジメント

チェック

➡ ①プロジェクトスコープマネジメント

プロジェクトスコープマネジメントは，プロジェクトの遂行に必要な作業を，過不足なくかつ確実に実行するための一連の管理プロセスです。主なプロセスに，スコープ定義とWBS作成，スコープコントロールがあります。

●スコープ

重要

スコープとはプロジェクトの範囲であり，"成果物"およびそれを創出するために必要な"作業"を指します。プロジェクトマネジメントの知識体系である**PMBOK**（Project Management Body of Knowledge）においては，前者を"成果物スコープ"，後者を"プロジェクトスコープ"といいます。

●WBS作成（WBSとWBS辞書）

重要

WBS（Work Breakdown Structure）は，プロジェクトで作成する成果物や実行する作業を階層的に要素分解し，スコープ全体を定義し表現したものです。WBSの最下位レベルの要素は，スケジュール，コスト見積り，監視，コントロールの対象となる単位で，これを**ワークパッケージ**といいます。

9-1 | プロジェクトマネジメント

WBS辞書は，WBSを構成する各要素を詳細に記述したドキュメント群のことです。WBS辞書には，WBS識別番号や名前，作業の記述，担当者，必要な成果物やリソース，コスト見積り，品質要件などが記載されます。

●スコープコントロール

重要

　どんなに綿密な計画を立てても，計画通りに実行できないのがプロジェクトです。さまざまな理由により，プロジェクトスコープの拡張あるいは縮小の必要性が発生することは少なくありません。スコープコントロールでは，プロジェクトの状況を監視することにより，スコープに影響する変更を認識し，変更の必要性を検討します。そして，対応が必要な場合は，**変更要求**を作成して**統合変更管理プロセス**へ渡します。統合変更管理プロセスでは，渡された変更要求を速やかにレビューし，承認もしくは却下の判断を行います。なお，プロジェクトで発生する変更要求には，次のものがあります。

欠陥修正	プロダクト（成果物）の欠陥の修正
是正処置	プロジェクトの進捗やコストなどの実行状況を，プロジェクトマネジメント計画書で計画された状況に戻すために必要な処置
予防処置	プロジェクトがもつリスクの発生確率を低減するために必要な処置

9

マネジメント系

午前でよくでる **WBSの問題**

　WBSの構成要素であるワークパッケージに関する記述のうち，適切なものはどれか。

ア ワークパッケージは，OBSのチームに，担当する人員を割り当てたものである。

イ ワークパッケージは，関連ある要素成果物をまとめたものである。

ウ ワークパッケージは，更にアクティビティに分解される。

エ ワークパッケージは，一つ上位の要素成果物と1対1に対応する。

解説

　WBS作成では，プロジェクトで行う作業を階層的に要素分解したワークパッケージを定義します。**ワークパッケージ**は，通常，それを完了するために必要な**アクティビティ**と呼ばれるより小さな，よりマネジメントしやすい作業（構成要素）に分解されます。

解答 **ウ**

②プロジェクトタイムマネジメント

プロジェクトタイムマネジメントの目的は，プロジェクトを所定の時期に完了させることです。タイムマネジメントでは，アクティビティ定義後，アクティビティの順序，所要期間，資源に対する要求事項，スケジュールの制約条件などを分析して，プロジェクトスケジュールを作成し，それをコントロールします。

●アクティビティ順序設定

アクティビティ順序設定の代表的な手法に，**プレシデンスダイアグラム法**（**PDM**：Precedence Diagramming Method）があります。PDMは，箱型のノードでアクティビティ（以降，作業という）を表し，その順序・依存関係を矢線で表す表記法です。**AON**（アクティビティ・オン・ノード）とも呼ばれます。PDMでは，論理的順序関係を次に示す4つの関係で定義することができ，また**リード**（後続作業を前倒しに早める期間）と**ラグ**（後続作業の開始を遅らせる期間）を適用することで，より正確に定義できます。

終了―開始関係（FS関係）	先行作業が完了すると後続作業が開始できる
終了―終了関係（FF関係）	先行作業が完了すると後続作業も完了する
開始―開始関係（SS関係）	先行作業が開始されると後続作業も開始できる
開始―終了関係（SF関係）	先行作業が開始されると後続作業が完了する ※使用されることはほとんどない

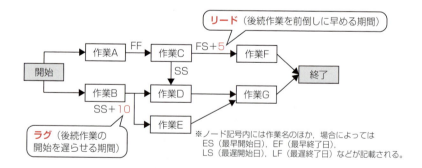

※ノード記号内には作業名のほか，場合によっては
ES（最早開始日），EF（最早終了日），
LS（最遅開始日），LF（最遅終了日）などが記載される。

PERT（Program Evaluation and Review Technique）は，作業の開始点および終了点を丸印のノードで表し，作業を矢線で示す表記法です。PERT図（**アローダイアグラム**）で表現できるのは，FS関係だけです。

9-1 プロジェクトマネジメント

●アクティビティ所要期間見積り

アクティビティ所要期間見積りの代表的な手法には，次のものがあります。

重要

類推見積法	過去の類似プロジェクトから得た実所要期間を参考に見積もる方法。簡易的な見積り方法であるが，アクティビティの類似性が高い場合は，信頼性が高い所要期間見積りとなる
係数見積法	過去のデータとその他の変数との統計的関係を使って，単位作業当たりの作業時間など作業の係数を算出し，その値をもとに見積もる方法。**パラメトリック見積法**ともいう。**ファンクションポイント法**，**COCOMO** (Constructive Cost Model)，**LOC** (Lines of Code) 法も係数見積法の一種
三点見積法	悲観値，最頻値，楽観値の3種の値を用いて見積もる方法。この方法による，作業期間の平均は次のように定義される 平均＝(悲観値＋4×最頻値＋楽観値)÷6

●予備設定分析

スケジュールの不確実性を補うために，プロジェクトスケジュール全体に対して**コンティンジェンシー予備**（時間予備，バッファともいう）を設けます。リスク発生に備えてコンティンジェンシー予備を設けることは，リスクマネジメントにおけるリスク対応策のうち，リスク受容策になります。

●スケジュール管理

スケジュール管理の代表的な手法には，次のものがあります。

重要

クリティカルパス法	プロジェクトネットワーク図を用いて求めた余裕のない作業を連ねた経路を**クリティカルパス**といい，クリティカルパスはプロジェクトの所要日数を決定する。**クリティカルパス法** (CPM：Critical Path Method) は，クリティカルパスによってスケジュール管理する
クリティカルチェーン法	作業の依存関係だけでなく，資源の依存関係も考慮して，資源の競合が起きないようにスケジュール管理する。クリティカルチェーン法において，プロジェクトの所要日数を決めている作業を連ねた経路を**クリティカルチェーン**といい，資源の競合がない場合は，「クリティカルチェーン＝クリティカルパス」となる
資源平準化	クリティカルパス法で分析し作成したスケジュールにおいて，共有もしくは欠かすことができない資源が，特定の期間または限られた量でしか使用できない場合，資源の使用を調整・均等化する。なお，資源平準化を行うことによりプロジェクト完了期限が延びる場合があるので，資源平準化後，スケジュールを見直す必要がある
クラッシング	クリティカルパス上の作業に，追加資源を投入することにより，プロジェクトの所要期間を短縮する
ファストトラッキング	通常は順を追って実行する作業を，並行して実行することにより，プロジェクトの所要期間を短縮する

9

マネジメント系

531

● スケジュールとコストの管理手法

重要

　スケジュールおよびコストの代表的な管理手法に，**EVM**（Earned Value Management）があります。EVMは，プロジェクトの進捗を出来高（成果物）の価値によって定量化し，プロジェクトの現在および今後の状況を評価する手法です。PV（計画価値），EV（出来高），AC（実コスト）の3つの指標をもとに，スケジュールやコストの差異ならびに効率を評価します。

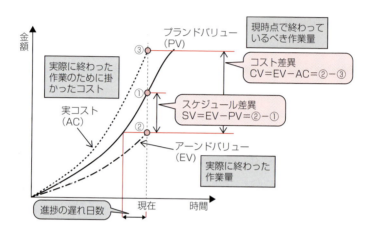

重要

SV（Schedule Variance：スケジュール差異）＝EV－PV
CV（Cost Variance：コスト差異）＝EV－AC
SPI（Schedule Performance Index：スケジュール効率指数）＝EV÷PV
CPI（Cost Performance Index：コスト効率指数）＝EV÷AC

午前でよくでる EVMの問題

　プロジェクト期間の80％を経過した時点での進捗率が70％，発生したコストは8,500万円であった。完成時総予算は1億円であり，プランドバリューはプロジェクトの経過期間に比例する。このときの適切な分析結果はどれか。

　ア　アーンドバリューは8,500万円である。
　イ　コスト差異は－1,500万円である。
　ウ　実コストは7,000万円である。
　エ　スケジュール差異は－500万円である。

> **解説**
>
> PV(プランドバリュー)=完成時総予算×0.8=1億円×0.8=8,000万円
> EV(アーンドバリュー)=完成時総予算×0.7=1億円×0.7=7,000万円
> AC(実コスト)=8,500万円
> CV(コスト差異)=EV-AC=7,000-8,500=-1,500万円
> SV(スケジュール差異)=EV-PV=7,000-8,000=-1,000万円
>
> 解答 イ

③プロジェクト調達マネジメント

プロジェクト調達マネジメントは，プロジェクトの遂行に必要な資源やサービスを外部から購入，調達するための一連の管理プロセスです。

たとえば，プロジェクト内部にない知識やノウハウが必要な成果物においては，その作成を外部に委託する(外部から調達する)場合があります。このような場合，調達マネジメントでは，いつ，どの部分を，どのような契約タイプで調達するのかを検討し，下図の流れに沿って，適切な調達先を選定し契約締結します。

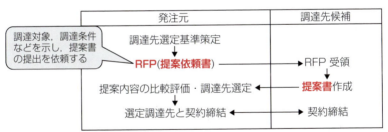

※RFPの作成に先だって，**RFI**(**情報提供依頼書**)を調達先候補に提示し，必要な情報提供を求める場合がある。

④プロジェクトリスクマネジメント

プロジェクトにはさまざまなリスクが潜在しています。プロジェクト目標の達成にマイナス(脅威)となるリスクもあれば，プラスとなるリスクもあります。**プロジェクトリスクマネジメント**では，これらプロジェクトに潜在するリスクを特定し，そのリスクが顕在化する確率や影響度を評価します。

そして，各リスクへの対策を検討・決定します。リスクマネジメントの目的は，好機を高め，脅威を軽減することです。

問題 1 ▶ プロジェクト計画 （H24秋午後問10）

> 販売予算システム開発のプロジェクト計画を題材に，プレシデンスダイアグラム法を用いたプロジェクトスケジュールネットワーク図，クリティカルパス，プロジェクト期間短縮策など，プロジェクト計画の基礎的能力を確認する問題です。

問 プロジェクト計画に関する次の記述を読んで，設問1～3に答えよ。

　文具類の販売を行うＺ社では，販売予算システムを開発することになった。販売予算システムは，予算登録，予算集計，承認ワークフローの三つのサブシステムから構成される。システム部のＹ君が，プロジェクトマネージャに任命され，スケジュールを立案することになった。

〔アクティビティリストとプロジェクトスケジュールネットワーク図の作成〕

　プロジェクトでは，販売予算システム全体を対象に基本設計を行った後，各サブシステムの詳細設計を開始する。詳細設計では，サブシステムを構成する全てのプログラムの画面項目や処理内容の詳細仕様を決定し，最後にレビューを行う。詳細設計，プログラム作成・テスト，結合テストは，サブシステムごとに行い，サブシステム同士は同時並行に開発を行うことができる。全てのサブシステムの結合テストが完了すると，システム結合テストを開始する。Ｙ君は，必要なアクティビティ，順序と所要期間を，表1のアクティビティリストにまとめた。

表1　アクティビティリスト

記号	サブシステム	アクティビティ	所要期間（日）	先行アクティビティ
A	（システム全体）	基本設計	75	－
B1	予算登録	詳細設計	30	A
B2		プログラム作成・テスト	30	B1
B3		結合テスト	20	B2
C1	予算集計	詳細設計	25	A
C2		プログラム作成・テスト	25	C1
C3		結合テスト	20	C2
D1	承認ワークフロー	詳細設計	15	A
D2		プログラム作成・テスト	15	D1
D3		結合テスト	10	D2
E	（システム全体）	システム結合テスト	30	B3, C3, D3

各サブシステムの作業は，表2のサブシステム作業要員リストに基づいて行う。

表2　サブシステム作業員リスト

記号	サブシステム	詳細設計	プログラム作成・テスト	結合テスト
B1, B2, B3	予算登録	P君	S君	P君
C1, C2, C3	予算集計	Q君	T君	Q君
D1, D2, D3	承認ワークフロー	R君	U君	R君

Y君は，表1を基に，図1のプロジェクトスケジュールネットワーク図を作成した。

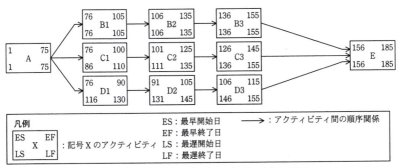

図1　プロジェクトスケジュールネットワーク図

アクティビティの最早開始日，最早終了日，最遅開始日，最遅終了日はプロジェクトの開始日を1日目とした日数で表し，休日は考慮しない。最早終了日と最遅終了日の差は余裕日数である。プロジェクトの完了予定日は，開始から185日目となった。

〔プロジェクト期間短縮の検討〕

Y君がプロジェクトの完了予定日を上司に報告したところ，多少コストが増えても構わないから，期間短縮を検討するよう指示された。そこでY君は，期間短縮策として，次の二つの方式を検討した。

方式1：他のプログラムと独立した機能については，サブシステムを構成する個々のプログラムの詳細設計を完了する都度，最後のレビューを待たずに，逐次プログラム作成・テストに着手する。詳細設計とプログラム作成・テストを並行して行うことによって期間を短縮する。予算登録サブシステムでは，設計者とプログラマの日程調整を行えば，この方式で，プログラム作成・テスト

の開始を20日間早められることが分かった。以後，表1の所要期間のままで，予算登録サブシステムのプログラム作成・テスト完了までの期間を20日間短縮できる。予算集計と承認ワークフローの各サブシステムについては，開発体制などの理由によって，この方式での期間の短縮はできないことが分かった。

方式2：プログラム作成・テストにプログラマを追加投入することによって，期間を短縮する。Y君は，各サブシステムの所要期間の短縮と必要なコストを検討し，表3のプログラム作成・テストの期間短縮策の候補一覧を作成した。表3の番号①～③の期間短縮策の候補は，複数を同時に実施することができる。ただし，それぞれは1回ずつしか実施できない。

表3 プログラム作成・テストの期間短縮策の候補一覧

番号	記号	サブシステム	アクティビティ	短縮前所要期間（日）	短縮後所要期間（日）	追加コスト（万円）
①	B2	予算登録	プログラム作成・テスト	30	15	200
②	C2	予算集計	プログラム作成・テスト	25	15	100
③	D2	承認ワークフロー	プログラム作成・テスト	15	10	50

〔プロジェクト実施要員変更の検討〕

Y君が部内の要員の作業計画を立案していたところ，上司から，R君をより優先度が高い別のプロジェクトに従事させたいので，期間短縮はできなくてもよいから，R君が担当する予定だった作業をQ君に担当させられないか，再検討するよう指示された。そこでY君は，R君と同等の能力をもつQ君が予算集計と承認ワークフローの作業を当初予定の所要期間で順次行うことにし，図1のプロジェクトスケジュールネットワーク図を見直した。見直し後のプロジェクトスケジュールネットワーク図を，図2に示す。

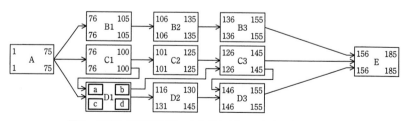

図2 見直し後のプロジェクトスケジュールネットワーク図

9-1 プロジェクトマネジメント

設問1 図1において，クリティカルパスを構成する一連のアクティビティは何か。
一連のアクティビティの記号を，順序に従って，","で区切って全て答えよ。

設問2 Y君の考えた期間短縮策について，図1を基に (1) ～ (3) に答えよ。
(1) 方式1及び方式2それぞれの所要期間短縮方法の名称を解答群の中から選び，記号
で答えよ。また，各方式によって，プロジェクトの完了予定日は，最短で開始から何
日目にすることが可能かを答えよ。

解答群
　　ア　クラッシング　　　　　　イ　シミュレーション
　　ウ　ファストトラッキング　　エ　平準化
　　オ　リードタイム

(2) 表3のプログラム作成・テストの期間短縮策の候補の中で，単独で実施しても，他
の候補と組み合わせて実施しても，プロジェクト期間の短縮に貢献しないものはどれ
か。①～③の番号で答えよ。

(3) 方式2において，プロジェクト全体の期間を最大限短縮するために最低限必要な追
加コストは何万円か。

設問3 図2中の　　a　　～　　d　　に入れる適切な数値を答えよ。

9

マネジメント系

解 説

設問1 の解説

　図1において，クリティカルパスを構成する一連のアクティビティが問われていま
す。クリティカルパスとは，プロジェクトの完了所要日数を決定する最も長い経路の
ことで，言い換えれば，余裕日数が0となるアクティビティ（遅延がプロジェクトの遅
延に直結するアクティビティ）を連ねた経路です。
　アクティビティの余裕日数については，問題文の図1の下に「最早終了日と最遅終了
日の差は余裕日数である」とあります。したがって，各アクティビティの余裕日数を，
「最遅終了日（LF）－最早終了日（EF）」により求め，求めた値が0となる一連のアクテ
ィビティを解答すればよいことになります。
　図1における各ノード（アクティビティ）記号内の右上の数字が最早終了日（EF），右

下の数字が最遅終了日（LF）です。したがって，「最遅終了日－最早終了日」が0となる余裕のない一連のアクティビティは**A**，**B1**，**B2**，**B3**，**E**で，このパスがクリティカルパスとなります。

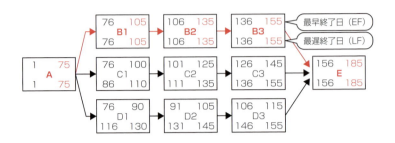

参考 アクティビティ（作業）の余裕日数

問題文に「最早終了日と最遅終了日の差は余裕日数である」と記述されています。作業が開始できる最も早い日を**最早開始日**（FS）といい，**最早終了日**（EF）は最早開始日に作業を開始したときの作業終了日のことです。一方，プロジェクトの完了を遅らせない条件のもとでの最も遅い開始日を**最遅開始日**（LS）といい，**最遅終了日**（LF）は最遅開始日に作業を開始したときの作業終了日のことです（下図参照）。

各作業における**余裕日数**は，次の式で求められます。

・余裕日数＝最遅終了日－最早終了日
　　または
・余裕日数＝最遅開始日－最早開始日

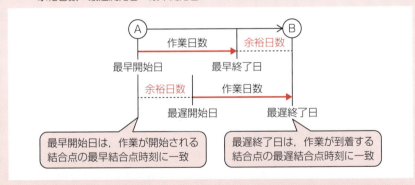

※クリティカルパス上の各作業は，開始可能になったら直ちに開始しなければならない（余裕日数が0）ので，最早開始日と最遅開始日，最早終了日と最遅終了日が一致します。

9-1 プロジェクトマネジメント

　設問2　の解説

(1) プロジェクトの期間短縮に関して，方式1および方式2それぞれの期間短縮方法の名称と，短縮後のプロジェクト完了予定日が問われています。

●**方式1**

　方式1の説明文に，「詳細設計とプログラム作成・テストを並行して行うことによって期間を短縮する」とあるので，方式1は〔**ウ**〕の**ファストトラッキング**です。ファストトラッキングでは，順番に行うべきアクティビティを並行して行うことにより，プロジェクトの所要期間を短縮します。

　では，方式1におけるプロジェクトの完了予定日（最短）を見ていきます。方式1では，「詳細設計とプログラム作成・テストを並行して行うことによって期間を短縮する」とあり，「予算登録サブシステムにおいてはこの方式で，プログラム作成・テストB2の開始を20日間早めることができ，完了までの期間が20日間短縮できる」旨の記述があります。下図を見てください。プログラム作成・テストB2の最早終了日が20日間短縮されると，次の結合テストB3の最早開始日が116日目，最早終了日が135日目となります。ここで，「B3が135日目に終了するなら，後続のシステム結合テストEを136日目には開始できる！」と早合点しないようにしましょう。結合テストB3が135日目に終了しても，予算集計サブシステムの結合テストC3の最早終了日が145日目なのでシステム結合テストEが開始できるのは早くても146日目です。したがって，プロジェクトの完了予定日は**175**（＝146＋Eの所要期間30－1）日目です。

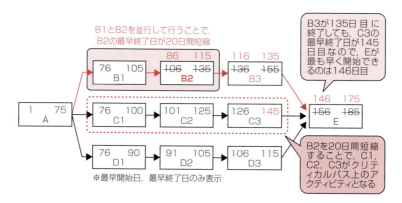

●**方式2**

　方式2の説明文に，「プログラム作成・テストにプログラマを追加投資することによって，期間を短縮する」とあるので，方式2は〔**ア**〕の**クラッシング**です。クラッ

シングでは，クリティカルパス上のアクティビティに追加資源を投入することにより，プロジェクトの所要期間を短縮します。たとえば，2人で6日かかる予定のアクティビティであれば，要員を2人追加して4人にし，半分の3日で終えようという方法がクラッシングです。

各サブシステムのプログラム作成・テストB2，C2，D2の所要期間を表3のとおり短縮すると，それぞれの最早終了日およびその後続である結合テストB3，C3，D3の最早開始日と最早終了日は，次表のようになります。

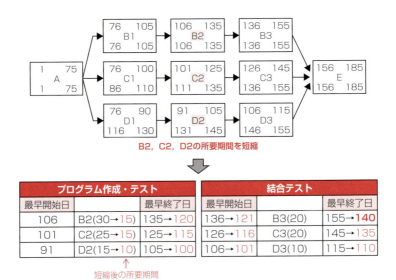

B2，C2，D2の所要期間を短縮

プログラム作成・テスト			
最早開始日			最早終了日
106	B2(30→15)		135→120
101	C2(25→15)		125→115
91	D2(15→10)		105→100

↑ 短縮後の所要期間

結合テスト			
最早開始日			最早終了日
136→121	B3(20)		155→140
126→116	C3(20)		145→135
106→101	D3(10)		115→110

したがって，システム結合テストEが最も早く開始できるのは，結合テストB3終了後の141日目であり，このときのプロジェクトの完了予定日は **170**（＝141＋Eの所要期間30－1）日目となります。

(2) 表3の期間短縮策の候補①，②，③の中で，プロジェクト期間の短縮に貢献しないものが問われています。プロジェクト期間を短縮するためには，クリティカルパス上のアクティビティを短縮する必要がありますが，この短縮によりほかの経路がクリティカルパスになってしまう（クリティカルパスが変わる）ことがあります。このような場合は，クリティカルパス上のアクティビティを，たとえば3日短縮しても，プロジェクト期間が3日短縮できるとは限りません。

本問の場合，設問1で解答したようにクリティカルパス上の作業はA，B1，B2，B3，Eです。このうち，B2の所要期間を30日から15日に短縮すると，その後続で

ある B3 の最早終了日が 140 日目となります（前ページの表参照）。しかし，このとき C2 を同時に短縮しなければ C3 の最早終了日が 145 日目のままなので，システム結合テスト E が最も早く開始できるのは 146 日目，プロジェクト完了予定日は 175 日目です。つまり，短縮前のプロジェクト完了予定日が 185 日目なので，B2 の所要期間を 15 日間短縮しても，C2 を同時に短縮しなければ，プロジェクト期間は 10 日しか短縮できないことになります。C2 を同時に短縮すれば，先に解答したように，プロジェクトの完了予定日は 170 日目となり，プロジェクト期間が 15 日短縮できます。

以上，プロジェクト期間を最大限短縮するためには，B2 と C2 を同時に短縮する，すなわち短縮策①と②を組み合わせて実施する必要があります。D2 については，現状での D3 の最早終了日が 115 日目なので，D2 の所要期間を短縮しても，プロジェクト期間は短縮されません。したがって，プロジェクト期間の短縮に貢献しないのは短縮策③です。

(3) プロジェクト全体の期間を最大限短縮するために最低限必要な追加コストが問われています。(2) で解答したように，プロジェクト期間を最大限短縮するためには，B2 と C2 を同時に短縮する必要があり，必要な追加コストは **300** (= 200 + 100) 万円となります。

参考 プロジェクト期間の短縮

クリティカルパス上の作業を 1 日短縮することによって，プロジェクト全体の所要期間を 1 日短縮することができます。プロジェクト全体の所要期間を経済的に短縮するには，クリティカルパス上の作業で短縮費用（短縮にかかる追加費用）が一番安い作業を 1 日ずつ短縮していきますが，それによりクリティカルパスが変わることに注意します。

たとえば，短縮の結果，下図に示すように複数のパスがクリティカルパスとなる場合があります。このような場合は，どの作業とどの作業を同時に短縮する必要があるのかを考え，短縮費用の合計が最も安くなる作業の組合せを見つける必要があります。

下図の場合であれば，作業 E, F は単独で短縮可能ですが，作業 A あるいは D を短縮する場合は，同時に作業 B を短縮する必要があります。

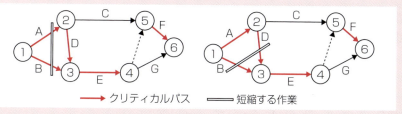

設問3 の解説

承認ワークフローの詳細設計(D1)と結合テスト(D3)の作業を，R君の代わりにQ君が当初予定の所要期間で順次行った場合のプロジェクトスケジュールネットワーク図(図2)を完成させる問題です。空欄a，b，d，cの順に埋めていきます。

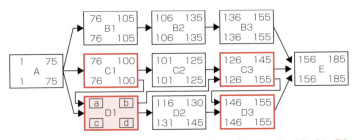

※Q君が担当するアクティビティは，C1，C3，D1，D3

● 空欄a

D1はAおよびC1が終了すれば開始できます。Aの最早終了日は75日目，C1の最早終了日は100日目なので，D1の最早開始日(**空欄a**)は**101**日目です。

● 空欄b

D1の所要期間は15日間なので，最早開始日の101(空欄a)日目から開始すれば**115**日目で終了します。したがって，D1の最早終了日(**空欄b**)は**115**日目です。

● 空欄d

D1の後続であるD2の最遅開始日は131日目ですが，C3の最遅開始日が126日目なので，D1は遅くとも125日目には終了しなければなりません。したがって，D1の最遅終了日(**空欄d**)は**125**日目です。

● 空欄c

D1を最遅終了日の125(空欄d)日目に終了するためには，遅くとも111日目には開始しなければなりません。したがって，D1の最遅開始日(**空欄c**)は**111**日目です。

解答

設問1　A，B1，B2，B3，E
設問2　(1) 方式1　名称：ウ　　完了予定日：175
　　　　　　　方式2　名称：ア　　完了予定日：170
　　　　(2) ③
　　　　(3) 300
設問3　a：101　　b：115　　c：111　　d：125

9-1 プロジェクトマネジメント

（H31春午後問9抜粋）

　本Try!問題は，クラウドサービス利用を前提とした，システム更改プロジェクトのスケジュール作成を題材に，作業工程の策定およびスケジュール短縮方法の基本知識を問う問題です。設問の一部を抜粋しました。挑戦してみましょう！

　P社は，家電製品の製造・販売を行う中堅企業である。これまでオンプレミスで運用してきた会計システムと人事給与システムが，更改時期を迎えた。P社では，開発コストと運用費用の削減，及び事業継続性の確保を図るために，両システムともクラウドサービスを利用して更改することになった。そこで，情報システム部のQ部長は，クラウドサービスを提供する発注先候補に対して，提案依頼書を発行し，具体的な提案を求めた。
　数社から提出された提案書を評価した結果，会計システムはR社が製造業向けに提供しているSaaSを，人事給与システムはR社の提供しているPaaSを，それぞれ利用することにした。R社のクラウドサービスでは，セキュリティが強化された新しいOS（以下，新OSという）と新しいミドルウェア（以下，新MWという）を採用している。
　Q部長は，両システムを更改するプロジェクトのプロジェクトマネージャにS課長を指名し，120日以内にシステム更改を完了させることをプロジェクト目標の一つとして，作業内容を整理して，スケジュールを作成するよう指示した。

〔システム更改の作業内容の整理〕
　更改する両システムを利用する部署からの要求は，次のとおりである。
・会計システムを主に利用する経営企画部と経理部は，各種の財務データを取得，集計，分析するSaaSの機能について，P社向けに一部の改修を要求している。両部は，"この改修を加えれば，十分に業務に適合可能である"と判断している。
・人事給与システムを主に利用する総務人事部は，"P社特有の人事制度及び職位に基づく給与体系への対応と，プログラムを改修することなく，人事評価区分及び給与区分の追加・削除ができること"を要求している。

　これらの要求は，情報システム部の支援の下，要件定義書としてまとめられた。S課長はまず，要件定義書に基づき，システム更改の作業内容を次のとおり整理した。
(1) 会計システムの更改
　・P社の経理業務に適合させるために，R社のSaaSに対して小規模なカスタマイズを行う。
(2) 人事給与システムの更改
　・総務人事部の要求に対応するために，現行の人事給与システムのソフトウェアを改修して，R社のPaaSに配置し，実行できるようにする。
　・ソフトウェアの改修は，R社のPaaSを利用し，P社の情報システム部の開発要員だけで，全ての作業を行う。

・ソフトウェアは，人事，給与及び共通の三つのモジュールで構成され，全てのモジュールのプログラムを改修する必要がある。各モジュールとも改修の規模及び改修の難易度は同等である。

〔システム更改スケジュールの作成〕
　次に，S課長は，システム更改スケジュールを明確にするために，プロジェクトで実施すべき作業項目と成果物（文書）を洗い出して，表1の作業一覧を作成した。

表1　作業一覧

作業ID	作業区分	作業項目	所要日数（日）	先行作業ID	担当 [（人）]	主な成果物（文書）
A1	会計システムの更改	フィット＆ギャップ分析	10	—	業務仕様チーム [2]，R社	フィット＆ギャップ分析報告書
A2		カスタマイズ	10	A1	R社	カスタマイズ完了報告書
A3		SaaSの設定・テスト	30	A2	業務仕様チーム [2]，R社	SaaS設定完了報告書 SaaSテスト完了報告書
B1	人事給与システムの更改	PaaSの設定・テスト	10	—	環境構築チーム [4]，R社	PaaS設定完了報告書 PaaSテスト完了報告書
B2		外部設計	30	—	設計チーム [12]	外部設計書
B3		ソフトウェア設計	24	B2	設計チーム [12]	ソフトウェア設計書
B4		プログラム製造・単体テスト	36	B1 B3	製造チーム [12]	プログラム製造・単体テスト完了報告書
B5		ソフトウェア適格性確認テスト	20	B4	設計チーム [12]	ソフトウェア適格性確認テスト完了報告書
C	共通	システム適格性確認テスト	10	A3 B5	環境構築チーム [4]，設計チーム [12]，業務仕様チーム [2]，R社	システム適格性確認テスト完了報告書

注記　[ ]内の数値は，P社の開発要員数を表す。

　人事給与システムの外部設計からプログラム製造・単体テストまでの各作業項目では，設計チーム及び製造チームは，三つのモジュールに対応して，両チームとも4人ずつの三つのグループに分ける。三つのグループとも，生産性は同じである。三つのグループは，同時に作業を開始し，それぞれ並行して作業を行う。作業が完了した後は，既に計画されている他のプロジェクトの作業を行う。
　また，ソフトウェア設計とプログラム製造・単体テストについては，各作業項目とも全グループの作業が完了した時点で，S課長が成果物の品質を判定する。良好と判定されると，各チームは次の作業に着手するルールにする。
　続いて，S課長は，表1の作業一覧に基づいて，図1の作業工程図を作成した。

544

9-1　プロジェクトマネジメント

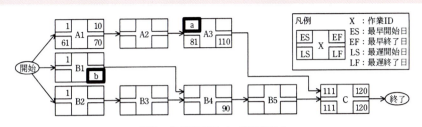

図1　作業工程図（一部未記入）

　S課長が，表1の作業一覧と図1の作業工程図について，Q部長に説明したところ，会計システムの更改においては，①フィット＆ギャップ分析が完了した時点で，必要に応じて作業一覧と作業工程図を修正するよう，指示があった。

〔システム更改スケジュールの見直し〕
　会計システムのフィット＆ギャップ分析が完了した時点で，作業一覧と作業工程図の見直しは，不要であると判断された。
　一方，人事給与システムの外部設計の途中で，総務人事部から，"人事評価区分及び給与区分の見直し時期を早めるので，開発期間を短縮してほしい"という要請があった。そこで，S課長は，作業IDのB3からB5までの連続する作業の経路が，　c　の一部となるので，人事給与システムのソフトウェア設計からソフトウェア適格性確認テストまでの作業を対象として，クラッシング及びファストトラッキングの考え方を用いて，開発期間を短縮することにした。開発期間を短縮できた場合には，P社の事業運営において，1日当たり5万円のコストの削減が見込まれる。開発期間の短縮案として，開発要員を追加して作業計画を見直す案（以下，案1という）と開発要員を追加しないで作業計画を見直す案（以下，案2という）を評価して，採用する案を決定することにした。
　S課長は，案1と案2の評価に当たっては，次の前提を置いた。
(1) 案1
　・新OSと新MWの環境でのシステム開発経験がある開発要員を設計チーム，製造チームにそれぞれ10人ずつ追加し，設計チーム，製造チームとも22人の体制で，ソフトウェア設計からソフトウェア適格性確認テストまでの作業を行う。
　・追加する開発要員の生産性は，業務要件を理解するのに必要な時間を考慮して，当初計画の80%で見積もる。
　・開発要員を追加した場合の三つのグループの生産性は同じである。
　・開発要員の追加によって増加するコストは，当初の開発要員と同じく，工数1人日当たり5万円とする。
(2) 案2
　・開発要員を追加しないで，設計チーム，製造チームとも12人の体制のまま，ソフトウェア設計からソフトウェア適格性確認テストまでの作業を行う。
　・人事給与システムの設計チーム，製造チームの開発要員は，既に計画されている他の

プロジェクトの作業に優先して，人事給与システムの作業に参加するように調整する。
・既に計画されている他のプロジェクトの作業が遅延し，P社の事業運営において増加するコストを150万円と見積もる。
・当初の予定どおり，人事給与システムのソフトウェア設計の作業は設計チームが担当し，プログラム製造・単体テストの作業は，製造チームが担当する。両チームとも，それぞれ一つのグループで作業を行う。当初の計画では，三つのモジュールについて，同時に作業を開始し，それぞれ並行して作業することにしていたが，この方式をやめて，両チームとも，人事，給与，共通のモジュールの順に作業を行う。一つのグループで行っても作業効率は，当初と変わらない。これによって，ソフトウェア設計の作業が全て完了する予定であった日の16日前から並行してプログラム製造・単体テストの作業を開始することができ，開発期間が短縮できる。

S課長は，これらの前提に基づき，案1と案2の評価を表2のように整理した。

表2　案1と案2の評価

開発期間の短縮案	短縮期間（日）	増加コスト（万円）
案1	d	320
案2	16	e

　S課長は，この評価を基に，総務人事部と話し合った結果，増加コストを考慮して，案2を採用することにした。そこで，S課長は，開発期間の短縮を確実に実現するために，設計変更が発生した場合には，プロジェクト内で直ちに情報を共有するルールを設定するとともに，ソフトウェア設計及びプログラム製造・単体テストの各作業項目において，成果物の品質判定のタイミングを見直すことにした。

(1) 図1中の　a　，　b　に入れる適切な数値を求めよ。
(2) 本文中の下線①について，どのような場合に，作業一覧と作業工程図を修正する必要があるか。30字以内で答えよ。
(3) 本文中の　c　に入れる適切な字句を，10字以内で答えよ。
(4) 表2中の　d　，　e　に入れる適切な数値を求めよ。

━━━━━━━━━━━━━ 解説 ━━━━━━━━━━━━━

(1) ●空欄a：作業ID "A3"（以下，作業A3という）の最早開始日が問われています。作業A3は，作業A2が完了すれば開始できます。そこでまず作業A2の最早終了日を求めます。作業A2は，作業A1が完了すれば開始できるので最早開始日は11日目，そして所要日数が10日なので最早終了日は20日目です。したがって，作業A3の最早開始日は**21**（**空欄a**）日目となります。

●空欄b：作業B1の最遅終了日が問われています。これを求めるため、作業B1の後続である作業B4および作業B5の、最遅開始日と最遅終了日を求めます。

〔作業B5〕作業B5の後続である作業Cの最遅開始日が111日目なので、作業B5の最遅終了日は110日目。また作業B5の所要日数は20日なので、最遅開始日は91日目です。

〔作業B4〕作業B5の最遅開始日が91日目なので、作業B4の最遅終了日は90日目。また作業B4の所要日数は36日なので、作業B4の最遅開始日は55日目です。

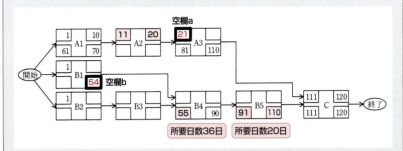

以上より、作業B1は遅くても54日目（作業B4の最遅開始日の前日）には完了していればよいので、作業B1の最遅終了日は**54（空欄b）**日目です。

(2) 会計システムのフィット＆ギャップ分析（作業A1）が完了した時点で、どのような場合に、作業一覧と作業工程図を修正する必要があるか問われています。

フィット＆ギャップ分析とは、ソフトウェアパッケージを利用するシステム開発において、企業の業務プロセス、およびシステム化要求などのニーズと、ソフトウェアパッケージが備える機能がどれだけ適合し、どれだけかい離しているかを分析する手法です。P社では、R社が提供するSaaSを利用して会計システムを更改するため、まず、フィット＆ギャップ分析を行い、SaaSで提供される機能と現行の会計システムとのかい離部分を明確にします。そして、カスタマイズが必要な部分を洗い出し、それに要する規模を見積もることになります。ここで、表1「作業一覧」を見ると、カスタマイズ（作業A2）の所要日数が10日と想定されています。しかし、フィット＆ギャップ分析の結果、カスタマイズ規模が事前の想定より大きかった場合には、カスタマイズ（作業A2）の所要日数の見直しが必要となります。また、それに伴って作業一覧と作業工程図の変更も必要になります。したがって、解答としては、「**カスタマイズの規模が事前の想定とかい離した場合**」などとすればよいでしょう。

(3) ●空欄c：「作業IDのB3からB5までの連続する作業の経路が、　c　の一部となる」とあり、続いて「人事給与システムのソフトウェア設計（B3）からソフトウ

ェア適格性確認テスト (B5) までの作業を対象として，開発期間を短縮する」旨の記述があります。開発期間の短縮は，余裕日数がある作業を短縮しても効果はなく，余裕のない作業，すなわちクリティカルパス上の作業を短縮しなければなりません。このことから考えると，開発期間の短縮対象となる「ソフトウェア設計 (B3)，プログラム製造・単体テスト (B4)，ソフトウェア適格性確認テスト (B5)」は，クリティカルパス上の作業ということになります。ちなみに，図1の作業工程図を完成させると次のようになり，クリティカルパスは，「B2-B3-B4-B5-C」であることがわかります。以上，**空欄c**には**クリティカルパス**が入ります。

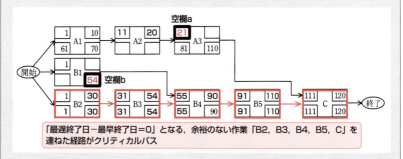

(4) ●**空欄d**：短縮案1における短縮期間が問われています。案1はクラッシングを用いた短縮案で，設計チーム，製造チームとも10人ずつ追加するとしています。現状の開発要員数は両チームとも12人なので，両チームとも22人体制で行うことになりますが，追加要員の生産性は80%なので実質8人増の20人として作業期間を計算します。

当初の12人体制での作業B3～B5の作業期間は，24+36+20=80日です。これを20人で行うと，80日×(12/20)=48日で実施可能です。したがって，短縮できる日数は80日-48日=**32**(**空欄d**)日です。

●**空欄e**：短縮案2はファストトラッキングを用いた短縮案です。ここでは，増加コストが問われています。

案2では，設計チームおよび製造チームの開発要員は，既に計画されている他のプロジェクトの作業に優先して，人事給与システムの作業に参加することになります。そして，これにより既に計画されている他のプロジェクトの作業が遅延した場合の増加コストが150万円と見積もられています。一方，開発期間を短縮できた場合には1日当たり5万円のコスト削減が見込まれていて，案2における短縮期間は16日です。したがって，実質的な増加コストは150-80=**70**(**空欄e**)万円です。

解答 (1) a：21　b：54
(2) カスタマイズの規模が事前の想定とかい離した場合
(3) c：クリティカルパス　(4) d：32　e：70

9-1 | プロジェクトマネジメント

問題2 EVM (H22春午後問10)

　CRMシステムの構築を題材としたEVM（アーンドバリューマネジメント）に関する問題です。EVMを用いたプロジェクトのモニタリングによって，プロジェクトの進行状況を適切に把握する能力が問われますが，アーンドバリュー分析自体について踏み込んだ設問はないので，この手法を知らなくても，問題文に示された具体例を検討することで正解を導くことができます。なおEVMの3つの指標PV，EV，ACと，この3つの指標から算出される評価指標SV，CV，SPI，CPIの算式は必須です。

問 EVM（Earned Value Management）に関する次の記述を読んで，設問1～4に答えよ。

　A社では，顧客のニーズにきめ細かく対応し，マーケティングを強化するために，CRM（Customer Relationship Management）システムを導入することを決定した。
　CRMシステムの構築プロジェクトでは，できるだけ早期の完了を目指し，プロジェクトにはA社のほかに，ITベンダとしてB社，C社が参加する。
　構築するCRMシステムにはソフトウェアパッケージを用いる。B社は導入するパッケージのカスタマイズと，開発完了後の操作説明会の実施を担当し，C社はインフラの構築とハードウェアの納入を担当する。

　作業の進捗は，A社で定期的に行われる進捗会議において，B社及びC社からの報告内容を基に，EVMで管理することにした。
　EVMでは，主にPV（計画価値），EV（出来高），AC（実コスト）を用いてプロジェクトの進捗を管理する。PV，EV及びACから，次の式で，コストとスケジュールのそれぞれに関する効率指数を算出できる。

　　CPI（コスト効率指数）＝ [a] ／ [b]
　　SPI（スケジュール効率指数）＝ [a] ／ [c]

　[a] はタスクごとの予算に進捗率をかけて算出する。進捗にわずかな遅れが生じた場合も含め，すべてに対応策をとることは効率が悪いので，今回のプロジェクトでは進捗に当初計画比15％よりも大きな遅れが認められたタスクがあるときに，計画変更などの対応策を検討することにした。

〔プロジェクトの計画〕

プロジェクトを完了させるために必要なタスクを表1に示す。各社について，表1のリソース欄に値が入っていないタスクは作業スコープ外である。

また，表1を基に作成したアローダイアグラムを，図に示す。

表1　タスク一覧

タスク		先行タスク	予定工数（人月）			リソース（人）		
			A社	B社	C社	A社	B社	C社
t1	要件定義，基本設計	なし	2.0	1.0	1.0	2.0	1.0	1.0
t2	ソフトウェア設計	t1		6.0			3.0	
t3	ライブラリ機能追加	t2		3.0			2.0	
t4	アプリケーション機能追加	t3		4.0			2.0	
t5	インフラ導入計画立案	t1	1.0		1.0	1.0		1.0
t6	ハードウェア選定，調達	t5			2.0			1.0
t7	機器設置，環境設定	t6			1.0			1.0
t8	インストール，テスト	t4, t7	3.0	3.0		1.0	1.0	
	合計		6.0	17.0	5.0			

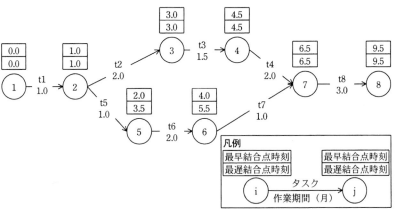

図　アローダイアグラム

今回のプロジェクトでは，工期を延ばすと開発完了後の操作説明会の日程調整に影響する危険性が高まってしまうので，計画を変更する必要がある場合でも，開発の工期はできるだけ延ばさない方針とした。

9-1 プロジェクトマネジメント

〔プロジェクトのコントロール〕

　プロジェクト開始から3か月の時点で，A社，B社，及びC社から報告された進捗率をもとに，EVMで用いる値を算出し，表2を作成した。

　なお，ACは実投入工数を人件費に換算したものであり，B社，C社の人月当たりの人件費は，B社スタッフが90万円，C社スタッフが　d　万円である。

　表2中で算出された値から，プロジェクトの計画変更などの対応策を検討する必要があると判断できる。

表2　プロジェクト開始3か月後の進行状況

	タスク	PV (万円)	進捗率（%）		EV (万円)	AC (万円)	CPI	SPI
			当初計画	実績				
t1	要件定義，基本設計	350	100	100	350	400	e	1.00
t2	ソフトウェア設計	540	100	80	432	450	0.96	0.80
t3	ライブラリ機能追加	0	0	0	0	0	−	−
t4	アプリケーション機能追加	0	0	0	0	0	−	−
t5	インフラ導入計画立案	190	100	100	190	190	1.00	1.00
t6	ハードウェア選定，調達	120	50	f	60	60	1.00	0.50
t7	機器設置，環境設定	0	0	0	0	0	−	−
t8	インストール，テスト	0	0	0	0	0	−	−
	プロジェクト全体	1,200			1,032	1,100	0.94	0.86

　プロジェクトの計画変更を検討するに当たって，表2の内容からは，次のことが分かる。

(1) B社，C社のいずれも，　g　が小さすぎるタスクは存在しないので，タスク自体の進め方を変える必要はない。

(2) C社のタスクのうち，進行中のものは，当初のスケジュールと比べて日程に遅れが出ていても，　h　上にはないので，全体のスケジュールに影響を与える状況には至っていない。

　これらを踏まえて，タスクt3，t4を並行作業で実施できるように調整することにした。それによって，コストが多少増大したとしても，期間内に作業を完了させることができる。

設問1 本文中の a ～ c に入れる適切な略号を答えよ。

設問2 本文中の d ～ f に入れる適切な数値を答えよ。答えは, d ,
f は整数で, e は小数第3位を四捨五入して小数第2位まで求めよ。

設問3 タスクt1～t8について, 本文中の下線部のように判断できる理由を, 表2中で
算出された値を根拠として35字以内で述べよ。

設問4 プロジェクトの計画変更について, 本文中の g , h に入れる適切な
字句を答えよ。

解説

設問1 の解説

CPI (コスト効率指数) とSPI (スケジュール効率指数) を算出する式が問われています。CPIは,「実際に終わった作業量をコスト換算したEV (出来高)」と「終わった作業のために掛かったコストAC (実コスト)」の比率です。算式は次のようになります。

CPI (コスト効率指数) = a : **EV** ／ b : **AC**

SPIは,「EV (出来高)」と「その時点で終わっているべき作業量をコスト換算したPV (計画価値)」の比率です。算式は次のようになります。

SPI (スケジュール効率指数) = a : **EV** ／ c : **PV**

設問2 の解説

●空欄d

C社スタッフの人月当たりの人件費が問われています。人月当たりの人件費をどのように算出すればよいのか, B社スタッフの人件費が90万円であることをヒントに考えていきます。

表1より, B社のみが担当するタスクはt2, t3, t4の3つです。このうち, 表2中で算出されている (数字が計上されている) タスクt2に着目し, その予定工数 (表1) とPVの値 (表2) を見ると, 予定工数が6.0人月, PVが540万円とあります。このことから, B社スタッフの人月当たりの人件費は,

540万円÷6.0人月＝90 (万円／人月)

と算出できることがわかります。

552

では，C社スタッフの人月当たりの人件費も同じように見ていきましょう。表1より
C社のみが担当するタスクはt6とt7です。このうち，表2中で算出されているのはt6だ
けで，t6の予定工数は2.0人月，PVは120万円です。ここで，進捗率（当初計画）が50
％であることに注意！です。これは，当初計画の50％時点でのPVが120万円というこ
となので，100％時点（タスクt6が完了した時点）でのPVは120×2＝240万円です。
したがって，C社スタッフの人月当たりの人件費は，

　　　240万円÷2.0人月＝120（万円／人月）

です。**空欄d**には**120**が入ります。

別解

　表1および表2から，タスクt1の予定工数は，A社が2.0人月，B社が1.0人月，C社が
1.0人月で，PV（計画価値）は350万円です。B社の人月当たりの人件費が90万円とわか
っているので，A社，C社の人月当たりの人件費をそれぞれx，yとすると，

　　2x＋y＝350－90＝260（万円）…①

ということになります。次にタスクt5の予定工数は，A社が1.0人月，C社が1.0人月，
PVが190万円なので，

　　x＋y＝190（万円）…②

ということになり，この①，②式から，yを求めていきます。
　②式からx＝190－yなので，これを①式に代入すると，

　　2×（190－y）＋y＝260

　　　　　380－y＝260

　　　　　　　　y＝120（万円）

となり，C社スタッフの人月当たりの人件費は**120**万円とわかります。

●空欄e

タスクt1のCPI（コスト効率指数）が問われています。設問1で解答したように，CPI
は「EV／AC」で求められます。t1のEVは350万円，ACは400万円なので，

　　CPI（コスト効率指数）＝EV／AC

　　　　　　　　　　　　＝350／400＝0.875

となりますが，「小数第3位を四捨五入して小数第2位まで求めよ」との指示に注意！
です。つまり，**空欄e**には小数第3位を四捨五入した**0.88**が入ります。

●空欄f

タスクt6の進捗率（実績）が問われています。進捗率（実績）とは，当初計画におけ
る実績のことなので，SPI（スケジュール効率指数）により「EV／PV」で求めること

ができます。表2に計上されているタスクt6のPVは120万円，EVは60万円ですが，進捗率（当初計画）が50%なので，タスクt6の進捗率（実績）は，

　　60万円／（120×2）万円＝0.25

です。**空欄f**にはパーセント（%）表示した**25**が入ります。

補足　タスクt6の進捗率

プロジェクト開始から3か月の時点での進捗率を，アローダイアグラムからみます。

タスクt6が開始される結合点⑤の最早結合点時刻が2.0（月）です。タスクt6の予定工数は2.0人月（リソース1.0人）なので，プロジェクト開始から3か月の時点では，丁度半分の作業が完了していなければなりません。しかし，当初計画では作業の50%が完了した時点でのPV（計画価値）が120万円であるのに対し，EV（出来高）は60万円です。このことから，タスクt6の進捗率は，60万円／（120×2）万円＝0.25（25%）です。

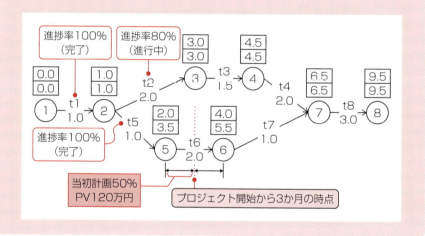

設問3 の解説

タスクt1〜t8について，「表2中で算出された値から，プロジェクトの計画変更などの対応策を検討する必要があると判断できる」理由が問われています。プロジェクトの計画変更については，問題文（CPI，SPIの算式の直後）に，「今回のプロジェクトでは進捗に当初計画比15%よりも大きな遅れが認められたタスクがあるときに，計画変更などの対応策を検討することにした」と記述されています。

タスクごとの進捗状況はSPI（スケジュール効率指数）で表されます。また当初計画比15%よりも大きな遅れが認められるのはSPIが0.85より小さい場合です。このことに気付き表2を見ると，タスクt2とt6のSPIが0.85を下回っていることがわかります。

つまり，このことが，プロジェクトの計画変更などの対応策を検討する必要があると判断される理由となります。したがって解答としては，「タスクt2とt6のSPIが0.85を下回っている」旨を35字以内で記述すればよいでしょう。なお，試験センターでは解答例を「**タスクt2とタスクt6のSPIが0.85を下回っているから**」あるいは「**現在進行中のタスクのSPIが0.85未満だから**」としています。

設問4 の解説

　プロジェクトの計画変更に関する設問です。

●空欄g

　「B社，C社のいずれも，　g　が小さすぎるタスクは存在しないので，タスク自体の進め方を変える必要はない」とあります。タスク自体の進め方を変える必要があるのは，生産性が低い場合です。ここで，CPI（コスト効率指数）は「EV／AC」で計算される値であり，CPIは「どれだけのコストを費やして，どれだけの実績値を生み出せたのか」という生産性を表すことに気付きましょう。つまり，CPIが高ければ生産性が高いということになり，タスク自体の進め方に問題はないと判断できますが，CPIが低ければ生産性が低いということなのでタスク自体の進め方を変える必要があります。表2を見ると，CPIの値が著しく低いタスクはありません。以上，**空欄gにはCPI**が入ります。

●空欄h

　「C社のタスクのうち，進行中のものは，当初のスケジュールと比べて日程に遅れが出ていても，　h　上にはないので，全体のスケジュールに影響を与える状況には至っていない」とあります。日程に遅れが出ても，全体のスケジュールに影響を与えないのはクリティカルパス上にないタスクです。このことから，空欄hにはクリティカルパスが入ることは容易に推測できます。

　クリティカルパスとは，遅延がプロジェクト全体の遅延に直結するタスクを連ねた経路のことです。クリティカルパス上のタスクが1日遅れれば，プロジェクト全体も1日遅れます。しかし，クリティカルパス上のタスクでなければ，そのタスクがもつ余裕日数までの遅れはプロジェクト全体に影響を与えません。

　本問のプロジェクトにおけるクリティカルパスは，結合点①，②，③，④，⑦，⑧を連ねた経路です。つまり，クリティカルパス上のタスクは「t1，t2，t3，t4，t8」であり，C社が担当する（進行中の）タスクt6は，クリティカルパス上のタスクではありません。このため，タスクt6に現在，遅延が発生していても，この遅れはプロジェクト全体のスケジュールに影響を与える状況には至っていないと判断したわけです。以上，**空欄hにはクリティカルパス**が入ります。

なお，空欄hを含む記述の後に，「これらを踏まえて，タスクt3，t4を並行作業で実施できるように調整することにした」とありますが，これは，クリティカルパス上のタスクであるt2において，現時点で作業が完了していなければいけないところ，進捗率が80%であり遅延が発生しているためです。つまり，このままいくとプロジェクトが期間内に完了できないため，後続のタスクであるタスクt3とt4を並行作業で実施できるように調整し，タスクt2での遅れを取り戻すということです。

参考 クリティカルパスの求め方

クリティカルパスは余裕のない作業を連ねた経路のことなので，本来，作業ごとに下記の式により余裕日数を求め，余裕日数が0となる経路を見つける必要があります。

余裕日数＝最遅終了日－最早終了日

＝最遅開始日－最早開始日

しかし，本問のように結合点における最早結合点時刻と最遅結合点時刻が示されている場合は，「最遅結合点時刻－最早結合点時刻」が0となる，余裕のない結合点を結ぶことで，容易にクリティカルパスを見つけることができます。

本問の場合，余裕のない結合点は①，②，③，④，⑦，⑧なので，これを連ねた経路がクリティカルパスです。

解答

設問1　a：EV　　b：AC　　c：PV

設問2　d：120　　e：0.88　　f：25

設問3　・タスクt2とタスクt6のSPIが0.85を下回っているから

　　　　・現在進行中のタスクのSPIが0.85未満だから

設問4　g：CPI

　　　　h：クリティカルパス

9-1 プロジェクトマネジメント

（R01秋午後問9抜粋）

> 本Try!問題は，プロジェクトマネジメントの方針，およびプロジェクトの進捗管理（EVM）の基礎知識を確認する問題の一部です。挑戦してみましょう！

　SI企業のS社は，住宅設備機器の販売を行うN社から，N社で現在稼働中の販売管理システム（以下，現行システムという）の機能を拡張する開発案件を受注した。現行システムは，S社の第一事業部が数年前に開発したものである。

　今回の機能拡張では，新たにモバイル端末を利用可能にするとともに，需要予測，及び仕入管理における自動発注機能を追加開発する。自動発注機能は，現行システムの発注処理の考え方に基づき開発する必要がある。

　東京に拠点がある第一事業部には，現行システムを開発した部門と，モバイル端末で稼働するアプリケーションソフトウェア（以下，モバイルアプリという）の開発に多数の実績をもつ部門がある。一方，大阪に拠点がある第二事業部には，需要予測などに関する数理工学の技術をもつ部門がある。

　この開発案件に対応するプロジェクト（以下，本プロジェクトという）には，S社の各部門が保有する技術を統合した開発体制が必要なので，事業部横断のプロジェクトチームを編成することが決定した。プロジェクトマネージャには，第一事業部のT主任が任命された。

　なお，本プロジェクトは1月に開始し，9月のシステム稼働開始が求められている。

〔開発対象システムと開発体制案〕
　本プロジェクトの開発対象システムを図1に示す。本プロジェクトでは，在庫管理と売上管理の改修はない。

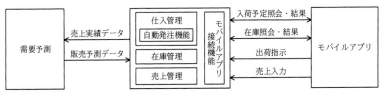

注記1　需要予測は，売上実績データを基に販売予測データを作成する。
注記2　自動発注機能は，販売予測データと在庫データを基に適正在庫を維持するための自動発注を行う。
注記3　モバイルアプリ接続機能は，モバイルアプリからの各要求に応答する。
注記4　モバイルアプリは，モバイルアプリ接続機能を介して，入荷予定照会と結果の取得，在庫照会と結果の取得，出荷指示，売上入力を行う。

図1　本プロジェクトの開発対象システム

　T主任は，本プロジェクトの開発体制を，全てS社の社員で構成される二つの開発チー

ムで編成する方針とした。モバイルアプリの開発，モバイルアプリ接続機能の開発及び自動発注機能を組み込むための仕入管理の機能拡張を，第一事業部の東京チームが担当する。また，需要予測と自動発注機能を，第二事業部の大阪チームが開発する。

　T主任の方針を受けて，各事業部は，本プロジェクトに割当て可能な開発要員案を提示した。T主任は，提示された案でプロジェクトの遂行に支障がないかを検証するために，各要員の開発経験などを確認するためのヒアリングを行った。提示された開発要員案とT主任が行ったヒアリングの結果は，表1のとおりである。

（…表1を省略…）

〔プロジェクトマネジメントの方針〕

　T主任は，開発要員案でプロジェクトの遂行に支障があれば，事業部間で必要な要員の異動を行う考えであった。

　T主任は，ヒアリングの結果を踏まえて，①不足するスキルを補うため，本プロジェクトの開発要員案の範囲内で，最小限の要員異動をして適切な開発チームを編成することにした。その上で，両開発チームが作成する成果物に対する品質保証の活動を徹底することにした。そこで，T主任は，次のプロジェクトマネジメントの方針を策定した。

・両拠点からアクセス可能なファイルサーバを導入し，成果物を格納する。
・各開発作業の成果物の　　a　　が明確になるように，成果物のサンプルを提示し，記述の詳細度，レビュー実施要領などについて，プロジェクト全体で認識を合わせる。
・モバイルアプリ開発ではプロトタイピングで，ソフトウェア要件を早期に確定する。ソフトウェア方式設計で作成した設計書に要件が反映されていることを確認するために，ソフトウェア詳細設計では，ソフトウェア結合のテスト設計に利用する　　b　　を作成する。
・両開発チームでソフトウェア要件定義の作業の進め方が異なるので，N社とのやりとりでは，ソフトウェア開発とその取引の明確化を可能とする　　c　　の用語を用い，開発作業の解釈について誤解が生じないようにする。

　T主任は，このプロジェクトマネジメントの方針を上司に説明した。その際，上司から，"複数拠点での開発であることを考慮し，拠点間でコミュニケーションエラーが発生するリスクへの対応を追加すること。"との指示を受けた。T主任は，上司の指示を受けて，次の開発方針及びプロジェクトマネジメントルールを作成して，本プロジェクトを開始した。

・②各機能モジュール間のインタフェースが疎結合となる設計とする。
・両開発チーム間の質問や回答は，文書や電子メールで行い，認識相違を避ける。
・③東京チーム内の取組を，プロジェクト全体に適用する。
・スケジュールとコストの進捗は，成果物の出来高を尺度とするEVM（Earned Value Management）で管理する。

9-1　プロジェクトマネジメント

〔プロジェクトの進捗状況〕
　両チームの開発作業のスケジュールは図2のとおりである。

月	1月	2月	3月	4月	5月	6月	7月	8月
開発作業	ソフトウェア要件定義[1]		ソフトウェア方式設計	ソフトウェア詳細設計	ソフトウェア構築		ソフトウェア結合[2]	システム結合[3]

注[1]　東京チームの"ソフトウェア要件定義"では，2月にプロトタイピングを実施する。
　[2]　"ソフトウェア結合"と"ソフトウェア適格性確認テスト"を実施する。
　[3]　"システム結合"と"システム適格性確認テスト"を実施する。

図2　開発作業のスケジュール

　また，開発チーム別・月別のPV（計画価値）は表2のとおりであり，1月及び2月のEVM指標値は表3のとおりである。

表2　開発チーム別・月別のPV

単位　万円

開発チーム	集計の分類[1]	月							
		1月	2月	3月	4月	5月	6月	7月	8月
東京	小計	240	400	400	700	700	700	580	440
	累計	240	640	1,040	1,740	2,440	3,140	3,720	4,160
大阪	小計	120	210	300	420	420	420	440	300
	累計	120	330	630	1,050	1,470	1,890	2,330	2,630

注[1]　小計は，当該月のPVの合計。累計は，1月から当該月までの小計を順次加えた合計。

表3　1月及び2月のEVM指標値

開発チーム	集計の分類	EVM指標値			
		EV[1]　（万円）	AC[1]　（万円）	CPI[1]	SPI[1]
東京	1月小計	240	240	1.00	1.00
	2月小計	360	400	0.90	d
	2月累計	600	640	0.94	（省略）
大阪	1月小計	120	120	1.00	1.00
	2月小計	210	200	e	1.00
	2月累計	330	320	（省略）	1.00

注記　CPI及びSPIは，小数第3位を四捨五入して小数第2位までの値を指標値としている。
注[1]　EV：出来高，AC：実コスト，CPI：コスト効率指数，SPI：スケジュール効率指数

　表3のEVM指標値によると，プロジェクトを開始して2か月が経過した時点で，東京チームは　f　であり，大阪チームは　g　である。東京チームのモバイルアプリ開発で，2月にN社から業務要件追加の変更要求があり，追加のソフトウェア要件定義の作業が必要になった。T主任は，N社と合意して，モバイルアプリの開発要員を追加し，コストの増加をPVに反映させた。この変更の結果，東京チームのBAC（完成時総予算）は250万円増加した。

559

T主任は，4月末時点で，東京チームの4月累計のEVは2,100万円，4月累計のACは2,000万円となったことを確認した。また大阪チームの4月累計のEVとACは計画どおりであることも確認した。T主任は，④4月累計のCPIを使ってEAC（完成時総コスト見積り）を計算して，コストは予算を超過せずにプロジェクトを完了できると判断した。

(1) 本文中の　a　～　c　に入れる適切な字句を解答群の中から選び，記号で答えよ。

解答群
　　ア　BABOK　　　　　　　イ　WBS　　　　　　ウ　アクティビティ
　　エ　アンケート　　　　　　オ　共通フレーム　　カ　作成基準
　　キ　チェックリスト　　　　ク　メトリックス　　ケ　ワークパッケージ

(2) 表3中の　d　，　e　に入れる適切な数値を答えよ。答えは小数第3位を四捨五入して，小数第2位まで求めよ。

(3) 本文中の　f　，　g　に入れるスケジュールとコストの状況を，解答群の中から選び，記号で答えよ。

解答群
　　ア　スケジュールは計画どおり，コストは計画値未満
　　イ　スケジュールは計画どおり，コストは計画値を超過
　　ウ　スケジュールは計画より遅れ，コストは計画値未満
　　エ　スケジュールは計画より遅れ，コストは計画値を超過
　　オ　スケジュールは計画より進み，コストは計画値未満
　　カ　スケジュールは計画より進み，コストは計画値を超過

(4) 本文中の下線④について，プロジェクト開始4か月後の東京チームのEACは何万円になるか。ここで，EACは次の式で求めるものとする。

$$EAC＝BAC／CPI$$

解説

(1) ●**空欄a**：「各開発作業の成果物の　a　が明確になるように，成果物のサンプルを提示する」とあります。成果物のサンプルを用いて記述の詳細度など，プロジェクト全体で認識を合わせることで，成果物の作成基準が明確になります。したがって，**空欄a**には〔**カ**〕の**作成基準**が入ります。

●**空欄b**：「ソフトウェア結合のテスト設計に利用する　b　を作成する」とあります。解答群の中で，テスト設計に利用するのは〔**キ**〕の**チェックリスト**だけです。

●**空欄c**：**空欄c**には〔**オ**〕の**共通フレーム**が入ります。共通フレームは，開発作業の解釈の違いによるトラブルを防止するため，ソフトウェア，システム，サービスに係わる人々が"同じ言葉"を話すことができるよう提供された"共通の物差し（共通の枠組み）"です。

(2) 表3中の空欄d，eが問われています。空欄dは東京チームの2月小計のSPI，空欄eは大阪チームの2月小計のCPIです。SPIおよびCPIは次の式で算出・評価できます。

560

9-1 | プロジェクトマネジメント

・SPI（スケジュール効率指数）＝EV÷PV
　・SPI＝1：予定どおり
　・SPI＞1：作業が早く進んでいる
　・SPI＜1：作業が遅れている
・CPI（コスト効率指数）＝EV÷AC
　・CPI＝1：予定どおり
　・CPI＞1：少ないコストで実績値を生み出すことができた（計画値未満）
　・CPI＜1：実績値に対してコストが多くかかった（計画値を超過）

●**空欄d**：東京チーム2月小計のEVは360万円，PVは400万円なので，
　　　　　　SPI＝360÷400＝**0.90（空欄d）**です。
●**空欄e**：大阪チーム2月小計のEVは210万円，ACは200万円なので，
　　　　　　CPI＝210÷200＝**1.05（空欄e）**です。

(3) プロジェクトを開始して2か月が経過した（2月末）時点での，各開発チームのスケジュールとコストの状況が問われています。
●**空欄f**：東京チームの2月累計のPVは640万円，EVは600万円，ACは640万円です。「SPI＝600÷640＜1」となるので，スケジュールは計画より遅れています。また，「CPI＝600÷640＜1」なので，コストは計画値を超過しています。したがって，**空欄f**には〔**エ**〕が入ります。
●**空欄g**：大阪チームの2月累計のPVは330万円，EVは330万円，ACは320万円です。「SPI＝330÷330＝1」となり，スケジュールは計画どおりです。一方，「CPI＝330÷320＞1」なので，コストは計画値未満です。したがって，**空欄g**には〔**ア**〕が入ります。

(4) プロジェクト開始4か月後（4月末時点）の東京チームのEAC（完成時総コスト見積り）が問われています。EACは「BAC÷CPI」で求められるので，まずBACとCPIそれぞれの値を求めます。
　　BAC（完成時総予算）は，プロジェクト完成時（8月末）のPV累計値と一致します。表2では，東京チームの8月累計のPVは4,160万円となっていますが，これは当初の累計値すなわちBACです。その後（2月に），モバイルアプリ開発の変更要求に伴うコストの増加をPVに反映しているため，BACは250万円増加しています。したがって，東京チームのBACは，4,160万円＋250万円＝4,410万円です。
　　次にCPIは「EV÷AC」で求められます。東京チームの4月累計のEVは2,100万円で，ACは2,000万円ですから，CPI＝2,100÷2,000＝1.05です。
　　以上より，プロジェクト開始4か月後（4月末時点）の東京チームのEACは，
　　　EAC＝4,410万円÷1.05＝**4,200**万円
になります。

解答　(1) a：カ　b：キ　c：オ　(2) d：0.90　e：1.05
　　　　　(3) f：エ　g：ア　(4) 4,200

問題3 会計パッケージの調達 （H23秋午後問10）

　会計パッケージの調達を題材に，ベンダとの契約形態と責任範囲についての理解およびパッケージ納入候補各社への提案依頼から提案評価，そして納入者決定までの基本的な流れの理解を確認する問題です。本問の解答にあたっては，請負契約と準委任契約の違い，ならびに情報システム開発の各フェーズにおける適切な契約形態を理解しておく必要があります。とはいっても本問の難易度はそれほど高くはなく，一部の設問を除いては，問題文に記述されている内容に基づいて正解を導くことができます。問題文に提示されている〔契約形態の検討〕から〔最終評価と決定〕までの流れをよく読み，落ち着いて解答しましょう。

問 会計パッケージの調達に関する次の記述を読んで，設問1〜4に答えよ。

　外食産業のC社は，関東地方にファミリーレストランのチェーンを展開している。C社は，月次決算導入のために，会計パッケージの更改を決定し，新会計システム導入プロジェクトを開始した。概要スケジュールは図1のとおりである。プロジェクトマネージャ（PM）には情報システム課のD氏が任命された。

　D氏は，会計パッケージの調達について，複数のベンダに提案を依頼し，提案内容の評価結果を比較した上で1社に決定することにした。

　なお，C社の社内規程には，調達の手続を公正・公平に進めるための条項が最近追加されている。

項目	月	1月	2月	3月	4月	5月	6月	7月	8月	9月	10月
要件定義	フィット&ギャップ分析	■									
	業務プロセス設計		■					▲：主要なマイルストーン			
	プロトタイプ検証			■							
	導入工程の正式見積り			▲							
導入工程	アドオン設計・開発				■	■					
	結合テスト					■	■				
	移行開発				■	■					
	マスタ設定						■				
	全体統合テスト							■			
受入・運用テスト									■		
本番稼働開始											▲

図1　新会計システム導入プロジェクトの概要スケジュール

9-1 プロジェクトマネジメント

〔契約形態の検討〕

　現行の会計パッケージを導入したときは，C社自らは管理責任を負わず，要件定義から本番稼働までを一括してベンダに委ねる体制とし，固定額の請負契約を結んだ。そのプロジェクトは，ベンダがスケジュール遵守を最優先に進めたので，要件定義の際に，利用部門の経理課の担当者から，C社独自の業務手順を十分聞き取らないまま，次の導入工程に進んでしまった。その結果，本番稼働後の業務効率を低下させ，改善に想定外の費用を要した。

　D氏は，今回のプロジェクトでは，①要件定義と受入・運用テストは，C社が完了を判断し，状況に応じて期間を延長するなど柔軟なスケジュールで実施する方針とした。導入工程は，ベンダに委ねる体制とし，請負契約を結ぶことにした。

〔提案の依頼〕

　D氏は，あらかじめC社の要件に近いと思われる会計パッケージの幾つかを調査した。有力と判断した3種類のパッケージそれぞれのベンダL社・M社・N社の3社を納入候補として，要件定義から本番稼働までの概算見積を含む提案を依頼した。

　提案依頼の数日後，L社から，C社固有の要件を盛り込んだ月次の管理帳票に関しての質問があった。D氏は，その回答として，経理課の内部検討資料から提示可能な部分を抜粋してL社に送付した。また，同時に，②同じ資料を他の納入候補2社にも送付した。

〔提案の1次評価〕

　C社では，過去のプロジェクトにおいて，不適切な提案評価が原因の幾つかのトラブルを経験していた。あるプロジェクトでは，提案を見積金額だけで評価した結果，業務知識が不足したベンダを選んでしまい，受入・運用テストで要件のくい違いが発覚して多大な手戻りが発生した。また，別のプロジェクトでは，PMが自分の意思を優先し，自分が強い関心をもつ一部の機能だけに注目してパッケージを選定した結果，パッケージの標準機能と要求機能とのギャップが想定以上に大きく，アドオンの開発費用が予算を大幅に超過した。このようなトラブルを避けるために，D氏は，提案内容をできるだけ客観的に評価できるように，提案評価表を作成した。提案評価表には，あらかじめ評価項目を選定し，評価項目ごとに評価の基準と重みを定めておいた。

　D氏は，納入候補の3社から届いた提案書について，提案書の記載内容から判断できる範囲で1次評価を実施した。提案評価表を用いた評価の結果は表1のとおりである。

表1　提案評価表（1次評価の結果）

評価項目	評価基準	重み	L社		M社		N社	
			提案内容	評点	提案内容	評点	提案内容	評点
要求機能に対するパッケージの標準機能の適合度	要求数50に対する適合数 80％以上：4，60％以上：2，60％未満：0	20	適合数：42	80	適合数：44	80	適合数：32	40
ベンダの業務知識	高：4，中：2，低：0	30	高	120	低	0	高	120
ベンダのプロジェクト管理能力	高：4，中：2，低：0	20	高	80	高	80	中	40
見積金額 ※パッケージの価格を含む要件定義から本番稼働までの概算見積り	C社予算上限5,000万円に対し，80％以下：4，100％以下：2，100％超：0	30	4,700万	60	3,800万	120	4,500万	60
総合評価				340		280		260

　提案の1次評価の結果は，パッケージの標準機能の適合度が高く，業務知識も豊富なL社が最も有力であった。

〔最終評価と決定〕

　続いてD氏は，提案内容の詳細確認と，それに基づく最終評価を実施した。

　C社固有の要件を盛り込んだ月次の管理帳票について，M社及びN社の提案はいずれもアドオンで開発するという内容であった。しかし，L社の提案は，オプション帳票によって代替する案となっていた。オプション帳票に出力する月次の経営指標の算出方法は，特殊なケースが発生した場合だけ手作業による補正を行えば，指標本来の目的は満たせるという内容であった。オプション帳票の価格は50万円で，L社の見積金額に含まれている。

　D氏が経理課に確認したところ，オプション帳票を採用するかどうかは，要件定義のフィット＆ギャップ分析で判断したいとの回答であった。D氏は，③今の時点で導入工程部分の見積金額の明細全てを確認する必要はないと考えていた。しかし，④オプション帳票を採用しないで，代わりに，C社固有の要件を盛り込んだ月次の管理帳票をアドオンで開発する場合の金額の確認だけは必要だと考えた。L社に確認し，提案評価表を再評価したところ，アドオンで開発する場合でも総合評価の評点は変わらなかったので，正式にL社を納入者に決定した。

設問1　本文中の下線①について，（1），（2）に答えよ。

（1）下線①の方針に対応して，要件定義と受入・運用テストの体制をどのようにすべきか，15字以内で答えよ。また，ベンダと締結する契約の形態をどのようにすべきか，"〜契約"の形式で答えよ。

9-1 | プロジェクトマネジメント

(2) 下線①の方針において，スケジュールを固定とした場合に比べて発生の確率が高まると考えられるリスクとして該当するものを，解答群の中から全て選び，記号で答えよ。

解答群
　ア　稼働後に障害が発生するリスク
　イ　コストが予算を超過するリスク
　ウ　本番稼働開始が計画よりも遅れるリスク
　エ　要件の取込み漏れが発生するリスク

設問2　〔提案の依頼〕において，D氏が，下線②の対応を行った目的は何か。本文中の表現を用いて20字以内で述べよ。

設問3　〔提案の1次評価〕について，(1)，(2)に答えよ。
(1) 表1のような提案評価表を用いるメリットとして最も適切なものはどれか。解答群の中から選び，記号で答えよ。

解答群
　ア　PMの意思を優先してベンダを決定できる。
　イ　判定の根拠を経営者など重要なステークホルダに対して明確に示すことができる。
　ウ　評価者の関心が強い重要な機能に絞ってパッケージを評価できる。
　エ　見積金額を低く抑えることができる。

(2) D氏が，仮に，見積金額の最も低いベンダを納入先として選択した場合，どのような問題の発生が懸念されるか。過去のトラブル事例から20字以内で述べよ。

設問4　〔最終評価と決定〕について，(1)，(2)に答えよ。
(1) D氏が下線③のように考えたのはなぜか。20字以内で述べよ。

(2) 下線④の確認の結果，月次の管理帳票をアドオンで開発する部分の金額について，L社の回答は何万円以下であったと考えられるか。

解 説

設問1 の解説

　本文中の下線①「要件定義と受入・運用テストは，C社が完了を判断し，状況に応じて期間を延長するなど柔軟なスケジュールで実施する方針とした」ことに関する設問です。〔契約形態の検討〕に，現行の会計パッケージを導入した際のC社の体制およびベンダとの契約形態，それによって発生した問題点が次のように記述されています。

> ・**C社の体制と契約形態**：C社自らは管理責任を負わず，要件定義から本番稼働までを一括してベンダに委ねる体制，固定額の請負契約。
> ・**発生した問題点**：ベンダがスケジュール遵守を最優先に進めたため，要件定義の検討が不十分のまま次の導入工程に進んでしまい，結果，本番稼働後の業務効率を低下させ，改善に想定外の費用を要した。

(1) 下線①の方針に対応して，今回のプロジェクトでは要件定義と受入・運用テストの体制およびベンダと締結する契約の形態をどのようにすべきかが問われています。

　今回のプロジェクトでの方針は，前回のプロジェクトの失敗を踏まえたものですが，そもそも要件定義は，ユーザの業務要件ならびにユーザがシステムに求める要件（機能要件，非機能要件）を明確に定義するプロセスで，本来，ユーザが主体となって作業を進めるべきものです。このフェーズでは，ユーザは必要に応じて，要件定義の作成支援を内容とする準委任契約をベンダと締結し，ベンダから作業支援を受けるのが基本とされています。受入・運用テストは，要件定義フェーズの内容の妥当性の検証を行うフェーズです。したがって，要件定義と受入・運用テストは，「**C社が管理責任を負う**」体制で行い，ベンダと締結する契約形態は「**準委任**」契約となります。

(2) 下線①の方針において，スケジュールを固定とした場合に比べてどのリスクの発生確率が高くなるのかが問われています。

　固定しない柔軟なスケジュールで実施することで，前回のプロジェクトで発生した「要件定義の検討が十分ではないまま次の導入工程に進む」といった問題は回避できますが，逆にスケジュール遅延やそれに伴うコスト超過といったリスクを負うことになります。したがって，考えられるリスクは，〔**イ**〕の「**コストが予算を超過するリスク**」と〔**ウ**〕の「**本番稼働開始が計画よりも遅れるリスク**」の2つです。

9-1 | プロジェクトマネジメント

参 考 請負契約と準委任契約

　自社以外の事業者に業務を委託する場合に締結する契約を**外部委託契約**といい，契約形態には請負契約と準委任契約があります。

　請負契約は，請負元が発注主に対し仕事を完成することを約束し，発注主がその仕事の完成に対し報酬を支払うことを約束する契約です。仕事を完成するまで，すべて請負元の責任とリスクで作業を行います。請負元に瑕疵担保責任があり，引き渡された成果物（目的物）に瑕疵があった場合には，発注主は瑕疵の修復や損害賠償の請求ができます。また，瑕疵により契約の目的を達成することができない場合は契約を解除することができます。

　請負契約と準委託契約の違いは，仕事を完成して目的物を引き渡す責任があるかないかという点です。請負契約では仕事の完成義務があり瑕疵担保責任を負いますが，**準委任契約**は「仕事の完成」を約束するものではなく，瑕疵担保責任は発生しません。

	請負契約	準委任契約
仕事の完成義務	仕事の完成義務を負う	仕事の完成義務は負わない
瑕疵担保責任	瑕疵担保責任を負う	瑕疵担保責任は生じない

設問2 の解説

　L社から受けた，C社固有の要件を盛り込んだ月次の管理帳票に関する質問に対する回答資料を，L社だけでなく他の納入候補2社にも送付した目的が問われています。

　問題文の冒頭に，「C社の社内規程には，調達の手続きを公正・公平に進めるための条項が最近追加されている」との記述があります。L社からの質問であっても，C社固有の月次の管理帳票に関する情報をL社だけに提供したのでは，調達の手続きを公正・公平に進めることができません。したがって，L社からの質問に対する回答資料を他の2社にも送付したのは，「**調達の手続を公正・公平に進めるため**」です。

設問3 の解説

　〔提案の1次評価〕に関する設問です。

(1) 提案評価表を用いるメリットが問われています。本設問においては，本文中に記述されている"D氏が提案評価表を用いた理由"をもとに，解答群にある各選択肢を吟味すればよく，消去法で解答が可能です。

　〔提案の1次評価〕に，「過去のプロジェクトにおいて経験した不適切な提案評価が原因のトラブルを避けるために，D氏は，提案内容をできるだけ客観的に評価できるよう，提案評価表を作成した」旨の記述があります。過去のプロジェクトでのトラブル事例は，次のとおりです。

〔過去のプロジェクトでのトラブル事例〕
・提案を見積金額だけで評価した結果，業務知識が不足したベンダを選んでしまい，受入・運用テストで要件のくい違いが発覚して多大な手戻りが発生した。
・PMが自分の意思を優先し，自分が強い関心をもつ一部の機能だけに注目してパッケージを選定した結果，パッケージの標準機能と要求機能とのギャップが想定以上に大きく，アドオンの開発費用が予算を大幅に超過した。

　選択肢のうち，上記のトラブル事例に当たる〔ア〕の「PMの意思を優先してベンダを決定できる」，〔ウ〕の「評価者の関心が強い重要な機能に絞ってパッケージを評価できる」，〔エ〕の「見積金額を低く抑えることができる」は不適切です。したがって正解は，〔**イ**〕の「**判定の根拠を経営者など重要なステークホルダに対して明確に示すことができる**」です。

(2) 見積金額の最も低いベンダを選択した場合，どのような問題の発生が懸念されるかが問われています。設問文に「過去のトラブル事例から」との指示があるので，上記に示したトラブル事例にある，「提案を見積金額だけで評価した結果，業務知識が不足したベンダを選んでしまい，受入・運用テストで要件のくい違いが発覚して多大な手戻りが発生した」が正解になります。したがって，解答としてはこの記述を20字以内にまとめればよいでしょう。なお，試験センターでは解答例を「**要件のくい違いによる多大な手戻り**」としています。

設問4 の解説

　〔最終評価と決定〕に関する設問です。

(1) D氏が，下線③「今の時点で導入工程部分の見積金額の明細全てを確認する必要はない」と考えた理由が問われています。

　前回のプロジェクトでは，要件定義から本番稼働までを一括してベンダに委ねる請負契約としましたが，今回のプロジェクトでは，要件定義，導入工程，受入・運用テストの各工程ごとに契約を締結する多段階契約としています。また，図1の概要スケジュールを見ると，導入工程の正式見積りが行われるのは，要件定義の最後の段階となっています。これは，曖昧さがある段階の見積りを，要件が明確になった段階で見積りなおすことを意味します。つまりD氏が下線③のように考えたのは，オプション帳票を採用するかアドオンで開発するかの判断は，要件定義のフィット＆ギャップ分析で判断し，その結果を導入工程の正式見積りに反映させればよいと考えたためです。したがって解答としては，「要件定義の結果を，導入工程の正式見積

りに反映させればよいため」といった内容を20字以内で記述すればよいでしょう。なお，試験センターでは解答例を「**要件定義の結果で正式見積りを行うため**」としています。

(2) L社が回答した，月次の管理帳票をアドオンで開発する場合の見積金額について問われています。問題文に，「アドオンで開発する場合でも総合評価の評点は変わらなかった」とあるので，L社が回答した見積金額での評価項目「見積金額」の評点は60と変わりません。このことをヒントに考えていきます。ここで，表1における評価項目「見積金額」の，評価基準と重みによる評点の算出方法を確認しておきましょう。

👆 Point! 「見積金額」の評点の算出方法

・評価基準：C社予算上限5,000万円に対し，80%以下：4，100%以下：2，100%超：0
・重み：30
・評点：評価基準×重み

L社		M社		N社	
提案内容	評点	提案内容	評点	提案内容	評点
4,700万	60	3,800万	120	4,500万	60

L社の評点：$(4,700 \div 5,000) \times 100 = 94\%$なので，評点$= 2 \times 30 = 60$
M社の評点：$(3,800 \div 5,000) \times 100 = 76\%$なので，評点$= 4 \times 30 = 120$
N社の評点：$(4,500 \div 5,000) \times 100 = 90\%$なので，評点$= 2 \times 30 = 60$

L社の提案は，「C社固有の要件を盛り込んだ月次の管理帳票については，これをオプション帳票（価格50万円）によって代替えする」というもので，現見積金額の4,700万円には，オプション帳票の価格が含まれています。この50万円を，アドオンで開発する部分の金額（A万円とする）に置き換えて考えると，L社が回答した見積金額は，「$(4,700-50)+A$」と表すことができます。また，評価項目「見積金額」の評点は60と変わらないので，見積金額はC社予算上限5,000万円に対し100%以下です。したがって，次の不等式からAを求めればよいことになります。

$$((4,700-50)+A) \div 5,000 \leqq 1 (100\%)$$
$$(4,700-50)+A \leqq 5,000$$
$$A \leqq 350$$

以上，L社が回答したアドオンで開発する部分の金額は**350万円**以下です。

解答

設問1 (1) 体制：C社が管理責任を負う
　　　　　契約形態：準委任
　　　(2) イ，ウ
設問2 調達の手続を公正・公平に進めるため
設問3 (1) イ
　　　　(2) 要件のくい違いによる多大な手戻り
設問4 (1) 要件定義の結果で正式見積りを行うため
　　　　(2) 350

参考　情報システム開発フェーズと契約形態

経済産業省の"**情報システム・モデル取引・契約書**"では，情報システム開発フェーズにおける推奨する契約形態（準委任型／請負型）は，次のとおりとしています。

請負型の契約が適するのは，システム内部設計やソフトウェア設計など，ベンダにとって成果物の内容が具体的に特定できるフェーズです。

一方，システム化計画や要件定義フェーズに適するのは，**準委任型**の契約です。システム化計画や要件定義では，情報システムの要求品質を確保するため，ユーザ内の役割分担（経営層，業務部門，情報システム部門）のもとに，ユーザが情報システムに求める要件（機能要件，非機能要件）を明確に定義する責任があります。しかし，ユーザ自身にとってもフェーズの開始時点では成果物が具体的に想定できません。このようなユーザ側の業務要件が具体的に確定していない段階で，ベンダが成果物の内容を具体的に想定することは通常不可能です。そのため，これらのフェーズでは，仕事の完成を目的としあらかじめ成果物の内容が具体的に特定できることを前提とする請負型ではなく，準委任型の契約が基本となります。

9-1 プロジェクトマネジメント

問題4 リスクマネジメント
(H26秋午後問9)

　人事管理システムの更新案件を題材としたリスクマネジメントの問題です。本問では，プロジェクトに潜在するリスクの洗出し方法やプラスのリスクに対する戦略などリスクマネジメントの基本用語が問われるほか，対応コストに基づいた対応策の選択や，対策案の実施によって発生する二次リスクが問われます。難しく考えず，"問題文の記述" + "一般的な知識"から解答を導き出しましょう。

問 リスクマネジメントに関する次の記述を読んで，設問1〜4に答えよ。

　システムインテグレータのA社は，得意先である精密機械メーカのB社から，人事管理システム更新の案件を受注した。B社の人事管理システムは，A社が開発した人事管理ソフトウェアパッケージを導入して2年前に構築したものである。プロジェクトマネージャ（PM）には，導入時の中核メンバであったA社の開発部のC君が任命されている。

　今回の案件は，B社が取り組んでいる，グループ会社再編に伴う人事制度の見直しに対応するものである。ユーザ部門であるB社の人事部からは，数名の部員が，要件定義のテーマ別検討会と受入テストに参画する予定になっている。今回の開発期間は6か月で，A社には，同様の案件・開発期間の数件の実績がある。

　C君は現在，プロジェクト計画を作成中で，その中のリスク対応計画の策定に着手した。

〔リスクの特定〕

　C君は，今回の案件のリスクを特定する作業を開始した。まず初めに，①これまでのA社における人事管理ソフトウェアパッケージの導入及び更新プロジェクトで発生したリスクの一覧を参照して，リスク情報を収集した。さらに，②これまでにA社が手掛けた会社再編に伴う更新案件を担当したPM数名に個別に会って，当時起こった様々な事象などを聞いてリスク情報を収集した。そのうち，PMのDさんが担当した案件では，異動履歴の全件を対象とする処理について，大量の履歴を自動生成して行ったテストでは問題がなかったが，本番でレスポンスが異常に悪化する事象が発生して苦労したとのことであった。今回の案件でも，確率は低いものの，同様なリスクが考えられることが分かった。C君は，それらの情報を基に，今回の案件に合致すると思われるリスクを洗い出し，リスク登録簿を作成した。

　C君が次の手順に進もうとしていたところ，B社から営業部に，納期を0.5か月前倒

ししたいが可能かとの打診が入った。営業部から開発部に，納期の0.5か月前倒しを達成した場合は，成果報酬として発注金額が300万円上積みされるとの連絡があった。C君は，その状況をプロジェクトにとって ___a___ となるリスクととらえ，リスク登録簿に追加した。

〔リスクの分析〕

　C君は，リスク登録簿に列挙したそれぞれのリスクについて，発生確率とプロジェクトへの影響度を査定して，高・中・低の3段階の優先度を付けた。また，リスクが発生した状況を想定して，影響度を金額に換算し，影響金額とした。

　次に，発生確率，影響金額及び優先度を考慮しながら，それぞれのリスクに対応する戦略（以下，戦略という）を検討し，優先度が高のリスクだけをまとめて，表1のリスク登録簿更新版を作成した。

表1　リスク登録簿更新版

リスクNo.	リスクの内容	発生確率	影響金額	優先度	戦略
1	納期の0.5か月前倒しを実現した場合，売上に成果報酬が上乗せされる。	50%	+300万円	高	b
2	異動履歴の全件を対象とする処理のレスポンスが本番稼働後に悪化する。	20%	−200万円	高	軽減
3	ユーザ部門の意思決定が，関連部署との調整のために時間を要し，検討が予定どおりに進まず，要件定義が遅延する。	75%	−100万円	高	回避

　表1を作成する際に，C君は，No.1のリスクについては，それを確実に実現させたいと考え， ___b___ の戦略を選択した。また，今回の案件は，納期の目標達成が必須要件なので，発生確率が高いNo.3のリスクについては，確実に回避したいと考えた。

　表1以外のリスクについては，その脅威を全て除去することは困難であり，かつ，発生確率も非常に低いことから，特に対策をしない ___c___ の戦略をとることにした。ただし，表1以外のリスクが発生した場合の対応コストを補うために，コンティンジェンシ予備を設けることにした。

　続いてC君は，今回の案件を担当するメンバに，表1の各リスクへの対策案を検討するよう指示をした。

572

9-1 プロジェクトマネジメント

〔リスクへの対策案〕

　No.1のリスクへの対策案としては，製造工程の要員数を増やして工程期間を0.5か月短縮する方法（クラッシング）と，設計工程が完了する0.5か月前から製造工程を開始する方法（ファストトラッキング）の2案が候補となった。

　設計，製造の工程に関する当初の計画の詳細，及び検討の想定は次のとおりである。

・製造工程の当初の計画期間は3か月で，工数は30人月の見積りである。当初計画したメンバ以外の要員を追加する場合，追加要員の生産性は，当初計画したメンバの2／3になる。

・過去のプロジェクトの実績から，設計工程と製造工程を0.5か月重ねた場合の手戻りコストの平均は，製造工程の全体コストの3％程度と見込まれる。

・要員の配置は0.5か月単位と決められており，配置されていた期間分の工数によって，プロジェクトのコストが算出される。

・製造工程の1人月当たりのコストは100万円である。

　これらを条件として，No.1のリスクの影響金額から，その対応コストを引いた金額を算出し，その値の大きい方を採用することにした。算出値は，クラッシングの場合は　d　万円，ファストトラッキングの場合は　e　万円であった。

　No.2，3のリスクに対して，メンバの考えた対策案は表2のとおりであった。

表2　リスク対策案

リスクNo.	対策案	対応コスト
2	案1：Dさんが担当した案件での事象を詳細に調査し，今回の案件の場合のシミュレーションを実施してリスクの有無を明らかにする。その結果をアプリケーションプログラムの設計に反映させて，発生を予防する。	調査及びシミュレーション実施のコスト80万円
	案2：システムテストで本番データを用いたテストを実施する。テストした結果，レスポンスの悪化が発生した場合だけ，Dさんが担当した案件での対応を参考にSQLをチューニングする。	SQLチューニングのコスト100万円
3	テーマ別検討会の中で挙がる，ユーザ部門の意思決定が必要な項目については，それぞれに回答期限と推奨案を決定する。期限までに回答が得られない場合は，この推奨案を意思決定の結果とする。	―

　③No.2のリスクに対して，案1はほぼ確実にリスクの発生を予防でき，案2よりも対応コストは低いが，C君は案2を選択した。

〔リスクのコントロール〕

　C君は，表2のNo.3のリスクに対して，対策案の内容どおりに実施することで，ユー

ザ部門の合意を得た。

要件定義工程が始まり，テーマ別検討会が開始された。工程の半ば頃，意思決定の結果の一部について，B社の関連部署から不満の声が上がっているとの話を，ユーザ部門の1人から耳にした。C君は，④新たなリスクを懸念した。

設問1 〔リスクの特定〕について，(1)，(2)に答えよ。

(1) 本文中の下線①，②の技法を何と呼ぶか。それぞれ解答群の中から選び，記号で答えよ。

解答群

　　ア　インタビュー　　　　　イ　根本原因分析　　　　　ウ　前提条件分析
　　エ　専門家の判断　　　　　オ　チェックリスト分析　　カ　デルファイ法
　　キ　ブレーンストーミング

(2) 本文中の　a　に入れる適切な字句を，5字以内で答えよ。

設問2 表1及び本文中の　b　，　c　に入れる適切な戦略の名称を解答群の中から選び，記号で答えよ。

解答群

　　ア　回避　　　イ　活用　　　ウ　強化　　　エ　共有
　　オ　軽減　　　カ　受容　　　キ　転嫁

設問3 〔リスクへの対策案〕について，(1)，(2)に答えよ。

(1) 本文中の　d　，　e　に入れる適切な数値を答えよ。ただし，対応コストは，当初見積りに対する，対策した場合の見積額の変動を表すものとし，金額は千円の位を四捨五入して万円単位とする。

(2) 本文中の下線③において，C君が表2のNo.2のリスクに対し，案2よりも対応コストが低い案1を選択しなかったのはなぜか。50字以内で述べよ。

設問4 本文中の下線④について，新たなリスクとはどのようなものか。30字以内で述べよ。

574

9-1 プロジェクトマネジメント

■■■ **解　説** ■■■

設問1 の解説

(1) 下線①，②の技法が問われています。下線①，②は，プロジェクトに潜在するリスクを洗い出すための（リスク特定のための）手法です。

●**下線①**

「これまでのA社における人事管理ソフトウェアパッケージの導入及び更新プロジェクトで発生したリスクの一覧を参照して，リスク情報を収集した」とあります。過去の類似プロジェクトやその他の情報源から得た情報を基に作成されるリスクの一覧をリスク識別チェックリストといい，これを基にプロジェクトにおけるリスクを特定する方法を〔**オ**〕の**チェックリスト分析**といいます。

●**下線②**

「これまでにA社が手掛けた会社再編に伴う更新案件を担当したPM数名に個別に会って，当時起こった様々な事象などを聞いてリスク情報を収集した」とあります。類似プロジェクトの経験者や経験が豊富なプロジェクトマネジャなどへの質疑応答によってリスクを特定する方法を〔**ア**〕の**インタビュー**といいます。

参考　リスク洗い出し技法

リスクの洗い出し（リスクの特定）に用いられる技法には，チェックリスト分析，インタビューの他，次のものがあります。

● **デルファイ法**：複数の専門家からの意見収集，得られた意見の統計的集約，集約された意見のフィードバックを繰り返して，最終的に意見の収束を図る技法です。
● **ブレーンストーミング**：プロジェクトチームや関係者を1つの場所に集め，進行役の下，参加者全員にリスクに関する意見を自由に出してもらうという手法です。出された意見の評価や批判をしないのが特徴です。

---

(2)「その状況をプロジェクトにとって　a　となるリスクととらえ，リスク登録簿に追加した」とあり，空欄aに入れる字句が問われています。"その状況"とは，直前の記述にある，「納期の0.5か月前倒しを達成した場合は，成果報酬として発注金額が300万円上積みされる」ことを指しています。

リスクには，発生した場合にマイナスの影響を及ぼす"マイナスのリスク（脅威）"と，プラスの影響を及ぼす"プラスのリスク（好機）"があります。発注金額が300万

9

マネジメント系

円上積みされることは，プロジェクトにとってプラスのリスクなので，**空欄aにはプラス**が入ります。

設問2 の解説

表1および本文中の空欄b，cに入れる戦略の名称が問われています。

●空欄b

№.1のリスク「納期の0.5か月前倒しを実現した場合，売上に成果報酬が上乗せされる」は，先に解答したとおりプラスのリスクです。プラスのリスクへの対応戦略には，活用，共有，強化，受容の4つがありますが，表1の直後の記述に，「№.1のリスクについては，それを確実に実現させたいと考え，　b　の戦略を選択した」とあります。リスク（好機）を確実に実現できるよう対応をとる戦略は，リスク活用なので，**空欄b**には〔**イ**〕の**活用**が入ります（下記「参考」を参照）。

●空欄c

「表1以外のリスクについては…，特に対策をしない　c　の戦略をとる」とあります。リスクの軽減や回避のための策を特に取らないのはリスク受容なので，**空欄cには**〔**カ**〕の**受容**が入ります。

参考 リスクへの対応戦略

●プラスのリスクへの対応戦略

活用	リスク（好機）を確実に実現できるよう対応をとる
共有	好機を得やすい能力の最も高い第三者と組む
強化	好機の発生確率やプラスの影響を増大させる
受容	特に何もせず好機が到来すれば受け入れる

●マイナスのリスクへの対応戦略

回避	リスク発生の要因を取り除いたり，プロジェクト目標にリスクの影響を与えないためにプロジェクト計画を変更する
転嫁	リスクの影響を第三者へ移す。たとえば，保険をかけたり，保証契約を締結するという方法がある
軽減	リスクの発生確率と発生した場合の影響度を受容できる程度まで低下させる
受容	リスクの軽減や回避のための策を取らない

9-1 プロジェクトマネジメント

設問3	の解説

(1) 〔リスクへの対策案〕の記述中にある空欄d, eに入れる数値が問われています。空欄d, eは，No.1のリスクの影響金額（＋300万円）から，クラッシングおよびファストトラッキングした場合の対応コストを引いて算出した金額（万円）です。

●空欄d

クラッシングでは，製造工程の要員数を増やして工程期間を0.5か月短縮します。製造工程の当初の計画期間は3か月で，工数は30人月の見積りになっているので，当初計画したメンバは30人月÷3＝10人です。また，製造工程の1人月当たりのコストは100万円なので，当初見積りの全体コストは，

当初見積りの全体コスト＝30人月×100万円＝3,000万円

ということになります。

そこで，工程期間を0.5か月短縮し2.5か月にすると，当初計画メンバの10人で消化できるのは10×2.5＝25人月なので，残りの5人月分を追加要員で補うことになります。追加要員の生産性は，当初計画メンバの2／3ですから，残り5人月分を消化するのに必要な追加要員数は，

追加要員数×（2／3）×2.5か月＝5人月
追加要員数＝5÷（2.5×（2／3））＝3人

です。このため，クラッシングした場合の要員数は13人になるので全体コストは，

全体コスト＝13人×100万円×2.5か月＝3,250万円

となり，対応コストは，

対応コスト＝3,250－3,000＝250万円

となります。したがって，No.1のリスクの影響金額（＋300万円）から対応コストを引くと，

300－250＝50万円

となるので，**空欄d**には**50**が入ります。

●空欄e

ファストトラッキングでは，設計工程が完了する0.5か月前から製造工程を開始します。「過去のプロジェクトの実績から，設計工程と製造工程を0.5か月重ねた場合の手戻りコストの平均は，製造工程の全体コストの3%程度と見込まれる」とあるので，ファストトラッキングした場合の対応コストは

対応コスト＝当初見積りの全体コスト3,000万円×0.03＝90万円

です。したがって，No.1のリスクの影響金額（＋300万円）から対応コストを引くと，

300－90＝210万円

となるので，**空欄e**には**210**が入ります。

(2) 表2のNo.2のリスクに対し，案2よりも対応コストが低い案1を選択しなかった理由が問われています。「案2は，レスポンスの悪化が発生した場合だけ，SQLのチューニングを行う」というのがポイントです。

案1はほぼ確実にリスクの発生を予防できますが，対応コストが必ず80万円発生します。これに対して案2の場合，対応コストが発生するのは，本番データを用いたテストにおいてレスポンスの悪化が発生した場合だけです。レスポンスの悪化が発生しなければ，対応コストは発生しません。そこで，テストにおいてレスポンスの悪化が発生する確率は，No.2のリスク（レスポンスが本番稼働後に悪化する）発生確率と同じと考えられるので20%です。そのため，案2における対応コストの期待値は100万円×0.2＝20万円となり，案1より低くなります。

したがって，案1を選択しなかったのは，「案1の対応コストが80万円であるのに対し，案2は対応コストの期待値が20万円で，案1より低い」からです。なお，試験センターでは解答例を「**案1はコストが必ず80万円掛かるが，案2はコストの期待値が20万円で，案1を下回るから**」としています。

参考　デシジョンツリー分析

案1，案2の対応コストをデシジョンツリーで表すと次のようになります。案1の対応コストが80万円であるのに対し，案2の対応コストの期待値は20万円なので，案2を選択するほうが好ましいという判断ができます。

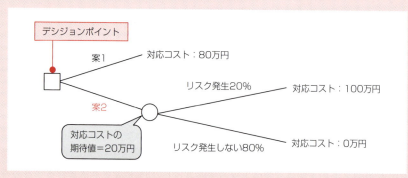

デシジョンツリー（決定木） は，関連づけられた意思決定の順序と，ある選択肢を選んだときに期待される結果を図に表したものです。デシジョンツリーでは，意思決定を行う点（これをデシジョンポイントという）を□印で表し，結果が不確定な点（不確定点という）を○印で表します。そして，不確定点における期待値を求め，デシジョンポイントで何を選択すればよいかを判断します。

9-1 プロジェクトマネジメント

設問4 の解説

　表2のNo.3のリスクに関して，C君が懸念した新たなリスクとはどのようなリスクなのかが問われています。ここで，No.3のリスクについて整理しておきましょう。

> ・**No.3のリスク**：「ユーザ部門の意思決定が関連部署との調整のために時間を要し，検討が予定どおりに進まず，要件定義が遅延する」というリスク
> ・**リスク対策案**：テーマ別検討会の中で挙がる，ユーザ部門の意思決定が必要な項目については，それぞれに回答期限と推奨案を決定する。期限までに回答が得られない場合は，この推奨案を意思決定の結果とする。

　No.3のリスクに対して上記の対策案をユーザ部門（B社の人事部）と合意して要件定義工程を進めてきた半ば頃，意思決定の結果の一部について，B社の関連部署から不満の声が上がっているとの話を耳にしたことで，C君は，新たなリスクの発生を懸念したわけです。B社の関連部署から不満の声が上がったのは，B社のユーザ部門（人事部）と関連部署との調整がなかなかできず，検討が不十分のまま，期限切れとなり推奨案を意思決定の結果としたためでしょう。関連部署と十分に検討できていれば，不満の声は上がらないはずです。
　このような場合，考えられるリスクは，決定した内容の覆しです。つまり，C君が懸念したのは，意思決定の結果が，関連部署からの反対によって覆される可能性があるというリスクです。したがって解答としては，このことを30字以内にまとめればよいでしょう。なお，試験センターでは解答例を「**関連部署の反対によって意思決定の結果が覆されるリスク**」としています。

解 答

設問1 （1）下線①：オ
　　　　　下線②：ア
　　　　（2）プラス
設問2 b：イ　　　　c：カ
設問3 （1）d：50　　　e：210
　　　　（2）案1はコストが必ず80万円掛かるが，案2はコストの期待値が20万円で，案1を下回るから
設問4 関連部署の反対によって意思決定の結果が覆されるリスク

579

9-2 サービスマネジメント

基本知識の整理

学習ナビ

サービスマネジメント問題は，午後試験の**問10**に出題されます。ここでは，SLAおよび問題管理や変更管理などサービスマネジメントのプロセスの概要を確認しておきましょう。

〔学習項目〕　　　　　　　　　　　　　　　　　　　　　チェック
① SLA（サービスレベル合意書）　　　　　　　　　　　☑
② サービスマネジメントプロセス　　　　　　　　　　　☑

①SLA（サービスレベル合意書）

重要

SLA（Service Level Agreement：**サービスレベル合意書**）は，サービスおよびサービスレベル目標値を定義して，顧客とサービス提供者の間で合意する文書です。**サービスレベル**とは，顧客に対してサービス提供者が提供するITサービスに関する品質のことです。一般に，サービスレベルを高くすれば，それに伴うコストも大きくなるため，顧客の要望とコストとのバランスを考慮して，サービスレベルを設定します。

②サービスマネジメントプロセス

サービスマネジメントは，サービスの要求事項を満たし，顧客のニーズに合致したサービスを設計，移行，提供し，その運用の維持管理ならびに継続的改善を行っていくための一連の活動です。

● ITIL

ITサービスマネジメントのベストプラクティス（成功事例）を集めたフレームワークに**ITIL**があります。試験で出題されるITIL 2011 editionでは，ITサービスをいかに効率よくかつ効果的に提供していくかだけでなく，ITサービスのライフサイクル（戦略→実行→改善）全般をカバーしています。

●ITサービスライフサイクルの「実行」段階の主なプロセス

重要

サービスレベル管理 (SLM：Service Level Management)	顧客との間で**SLA**を締結し，合意したサービスレベルを達成し，さらにPDCAマネジメントサイクルによってサービスの維持，向上を図る。SLAやプロセスは，サービスレベル監視の結果に応じて見直す
サービス継続管理及び 可用性管理	平時の状況から重大なサービスの中止に至るあらゆる状況において，顧客と合意したサービス継続および可用性についてのコミットメント（誓約）を確実に実施する
キャパシティ管理	容量・能力などの必要なキャパシティを管理し，最適な費用で，現在および将来の合意された需要を満たしたサービスを提供する
インシデント管理及び サービス要求管理	顧客と合意したサービスを可能な限り迅速に回復するためにインシデントの対応を行う
問題管理	インシデントの根本原因を調査・識別・分析し，問題の終了まで管理することにより，事業への悪影響を最小限に抑制するとともに，インシデントの再発防止のための解決策を提示する。また，インシデントの根本原因および当該インシデントの解決方法が識別された場合は，それを**既知の誤り**として分類し，根本原因の解決が決定された場合は**変更要求**（**RFC**）を作成し，変更管理プロセスを経由して解決を進める
構成管理	サービスを構成するハードウェア，ソフトウェア，ドキュメントなどの**構成品目**（**CI**）に関する情報を**構成管理データベース**（**CMDB**）に記録し，正確な構成情報を維持することにより，他のプロセスの確実な実施を支援する
変更管理	すべての変更を制御された方法で，「評価→変更要求（**RFC**）の承認→変更スケジュールに従った変更の展開」を行う。また，その成功または失敗についてレビューし記録する
リリース管理及び 展開管理	変更管理で承認された変更を稼働環境に展開する。また，新たなバージョンの導入計画から実際の導入，万一リリース展開に失敗したときの切り戻し作業などを行う

午前でよくでる ITILの問題

(1)～(4)はある障害の発生から本格的な対応までの一連の活動である。(1)～(4)の各活動とそれに対するITILの管理プロセスの組合せのうち，適切なものはどれか。

(1) 利用者からサービスデスクに"特定の入力操作が拒否される"という連絡があったので，別の入力操作による回避方法を利用者に伝えた。

(2) 原因を開発チームで追究した結果，アプリケーションプログラムに不具合があることが分かった。

(3) 原因となったアプリケーションプログラムの不具合を改修する必要があるのかどう
か，改修した場合に不具合箇所以外に影響が出る心配はないかどうかについて，関係者
を集めて確認し，改修することを決定した。

(4) 改修したアプリケーションプログラムの稼働環境への適用については，利用者への周
知，適用手順及び失敗時の切戻し手順の確認など，十分に事前準備を行った。

		(1)	(2)	(3)	(4)
ア		インシデント管理	問題管理	変更管理	リリース管理及び展開管理
イ		インシデント管理	問題管理	リリース管理及び展開管理	変更管理
ウ		問題管理	インシデント管理	変更管理	リリース管理及び展開管理
エ		問題管理	インシデント管理	リリース管理及び展開管理	変更管理

解説

(1) インシデント管理では，インシデントの発生により低下したサービスレベルを迅
速に回復させ，業務への悪影響を最小限に抑えることを目標に，インシデントに対
するワークアラウンド（応急処置，暫定処置）を行います。そして，原因究明に調査
が必要だったり，時間がかかるものは，これを問題として問題管理にエスカレーシ
ョンします。"特定の入力操作が拒否される"というインシデントに対して，"別の
入力操作"という回避方法を伝える活動はインシデント管理に対応します。

(2) 問題管理では，根本原因を追究し，再発防止の解決策を提示します。また根本原
因を追究した結果，ITシステムの変更が必要と判断された場合は，変更要求
（RFC：Request For Change）を作成し，変更管理にエスカレーションします。
原因を追究する活動は問題管理に対応します。

(3) 変更管理では，変更要求（RFC）の内容を記録し，変更内容についてさまざまな
観点から検討して変更実施の可否を判断します。そして，承認された変更を安全で
確実に実行します。障害の原因となったプログラムの不具合の改修の必要性や影響
を確認し，改修を決定する活動は変更管理に対応します。

(4) リリース管理及び展開管理では，変更管理で承認された変更を稼働環境へ適用（リ
リース）します。改修したプログラムの稼働環境への適用について，利用者への周
知，失敗時の切戻しをする活動はリリース管理に対応します。

解答 **ア**

9-2 サービスマネジメント

問題 1 ▶ 販売管理システムの問題管理 (H26秋午後問10)

販売管理システムのディスク障害の対応を題材にした，問題管理に関する問題です。本問では，問題管理とつながりが深いインシデント管理や変更管理の基本的な知識も問われます。本問を通して，問題管理での活動内容，および「インシデント管理→問題管理→変更管理」の一連の流れを確認しておくとよいでしょう。

問 販売管理システムの問題管理に関する次の記述を読んで，設問1〜3に答えよ。

M社は，西日本の複数の地域で営業を展開している食品流通卸業者である。

M社は，基幹システムである販売管理システムを5年前に再構築した。取引量の多い食品スーパー数社との協業によるインターネット経由の共通EDIの導入をきっかけに，それまでの地域別の分散システムを，単一システムに統合した。その際にサーバや周辺機器も全面刷新し，食品スーパーからのPOSデータ連携を新たに始め，取扱いデータ量の大幅な増加に対応できるように，新規に多数のハードディスクドライブ（以下，ディスクという）を導入した。

再構築後の3年間は，目立った障害もなく安定して稼働したが，一昨年度と昨年度に1度ずつディスク障害が発生し，ディスクを交換した。今年度は，上半期に既に2度ディスクを交換している。

販売管理システムの運用及びサービスデスクは，情報システム部の運用課が担っている。先月から問題管理を担当することになったN君は，情報システム部長の指示を受けて，ディスク障害についての調査を開始した。

情報システム部長の今回の指示は，先日行われたシステム監査の報告会が契機となっている。システム監査において，販売管理システムのディスク障害の対応についてはインシデントの管理に絡始しているので，予防処置について検討するようにとの指摘を受けていた。

〔運用課の問題管理手順〕

運用課では，これまでに発生した問題に関して，事象の詳細，問題を調査・分析して a を特定した経緯と結果，暫定的な解決策（以下，暫定策という），恒久的な解決策（以下，恒久策という）などの項目を問題管理データベースに記録して，新たに問題が発生した際の調査及び診断に使用している。

N君はまず，運用課での問題管理手順を確認した。

・問題の特定は，サービスデスクからの問題の通知によることが多いが，異常を示す

システムメッセージのメール通知など,サービスデスクを経由しない場合もある。特定した問題は,問題管理データベースに記録する。
- 記録した問題を分類し,緊急度と影響度を評価して優先度を割り当てる。
- 問題の a を特定するための調査及び診断を行う。初めに,問題管理データベースから b を参照して,過去に特定された問題でないか確認する。
- 調査及び診断の結果,問題に対する暫定策又は恒久策は,問題管理データベースに, b として記録する。
- 問題の恒久策実施のために,何らかの変更が必要な場合,変更要求(RFC)を発行する。
- 問題の恒久策が有効で,再発防止を確認できたら,問題を終了する。
- 問題のうち重大なものは,将来に向けた学習のためのレビューを行う。
 上述の内容をフロー図にまとめると図1のとおりとなる。

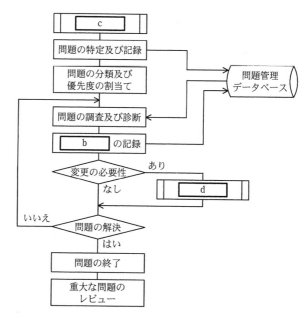

図1　運用課の問題管理フロー図

〔ディスク障害の記録の確認〕
　N君は,問題管理データベースを参照し,これまでのディスク障害の記録を調査した。記録の内容はいずれも類似しており,障害の事象は,RAIDコントローラがディス

クの書込み時のエラーを検出したというもので，分析の結果は，ディスクの経年不良となっていた。恒久策として，障害を起こしたディスクを交換すると記載されていた。交換後，データ再構築処理の完了を確認して，問題は終了とされていた。N君は，①ディスク障害の問題に対して，障害を起こしたディスクの交換は恒久策にはならないと考えた。

〔ディスクの運用管理の確認〕

　続いてN君は，販売管理システムを中心に，M社でのディスクの運用管理について，運用課メンバへのヒアリングなどの調査を行い，次の情報を得た。

- 販売管理システムのディスク装置は，ホットスワップ対応機器によるRAID6構成を採っており，同一構成内で2台までのディスク障害であれば，システムを停止せずにディスクの交換が可能である。これまでに発生したディスク障害では，即時の対応を重視し，定期保守を待たず，日中，システムを停止せずにディスクを交換し，データ再構築処理を行っていた。なお，販売管理システムの定期保守は，週次に，システムを停止して実施している。
- 販売管理システム再構築時に多数導入したディスクは，M社がそれまで使用してきた，メインフレームにも用いられる高信頼性モデルではなく，PCなどにも使用される汎用のモデルであった。機器単体では，高信頼性モデルの半分程度の寿命と言われている。
- N君は，これまでに確認した，機器メーカや利用者からの報告などから，販売管理システムのディスクのように，同一の製造ロットで，同じように使用されているディスクは，障害も同時期に起こす確率が高いという情報を得ていた。また，これまで障害回復として実施していた，RAID6構成でシステムを停止せずにディスク交換した場合のデータ再構築処理は，高頻度のディスクアクセスを伴うので，機器に対する負荷が高く，二次的な障害の危険性が増すという情報も得ていた。
- N君が，販売管理システムのシステムメッセージを記録したログを調べると，ディスクの読取りエラーや書込みエラーの障害が発生したディスクに，障害の兆候を示す不良セクタの代替処理発生のメッセージが，障害発生の数日前から頻発していた。販売管理システムのメッセージ監視機能は，ディスクの読取りエラーと書込みエラーのエラーメッセージを検出すると問題管理担当者にメールで通知する設定になっているが，不良セクタの代替処理発生のメッセージを検出してもメールで通知する設定にはなっていなかった。

　N君は，情報システム部長に，販売管理システムのディスクについては，これまで

の，ディスク障害が発生してから交換するやり方を改め，②障害の兆候を検出して，障害が発生する前に交換する方式を提案しようと考えた。また，同時に，③障害の兆候を検出したディスクの交換の実施時期についての改善も必要と考えた。

設問1 〔運用課の問題管理手順〕について，(1)，(2)に答えよ。

(1) 本文中の　a　に入れる適切な字句を，5字以内で答えよ。

(2) 本文及び図1中の　b　～　d　に入れる適切な字句を解答群の中から選び，記号で答えよ。なお，　c　及び　d　には，サービスマネジメントのプロセス名称が入る。

解答群

　ア　インシデント及びサービス要求管理

　イ　既知の誤り　　　　ウ　キャパシティ管理　　　エ　記録

　オ　構成管理　　　　　カ　暫定策　　　　　　　　キ　情報セキュリティ管理

　ク　変更管理　　　　　ケ　リリース及び展開管理

設問2　本文中の下線①で，N君が，ディスク交換は恒久策にならないと考えたのはなぜか。40字以内で述べよ。

設問3 〔ディスクの運用管理の確認〕について，(1)，(2)に答えよ。

(1) 本文中の下線②を実現するために必要となる，販売管理システムのメッセージ監視機能の設定に関する変更点を40字以内で述べよ。

(2) 本文中の下線③について，N君が考えた改善とはどのようなことか。30字以内で述べよ。

解　説

設問1 の解説

(1) 本文中の空欄aに入れる字句が問われています。

●空欄a

　空欄aは本文中に2つあります。1つ目は「問題を調査・分析して　a　を特定」とあり，2つ目は「問題の　a　を特定するための調査及び診断を行う」とあります。これらの記述から，問題の調査，分析，診断を行うことによって何が特定できるかを考えれば，**空欄a**には**根本原因**を入れればよいことがわかります。

586

9-2 | サービスマネジメント

参考 問題管理

　"問題"とは，1つあるいは複数のインシデントを引き起こす可能性がある，未知の解決すべき原因のことです。問題管理の最終目標は，インシデントの根本原因を特定し，恒久的な解決策を提示することです。たとえば，「業務システムの停止」といったインシデントが発生した場合，インシデント管理では，サービスの復旧を最優先して業務システムを再起動しますが，業務システムが停止してしまった根本的な原因が取り除かれたわけではないので，再び業務システムが停止してしまう可能性があります。そこで，何が原因で業務システムが停止してしまったのか，その根本原因を追究し，恒久的な対応策を見いだす活動を行うのが問題管理です。

---

(2) 本文及び図1中の空欄b，c，dが問われています。空欄c，dには，サービスマネジメントのプロセス名称が入ることに注意しましょう。

●空欄b

　空欄bは3つあり，2つ目の記述に「調査及び診断の結果，問題に対する暫定策又は恒久策は，問題管理データベースに，　b　として記録する」とあります。解答群を見ると，サービスマネジメントのプロセス名称以外の字句は，「既知の誤り，記録，暫定策」の3つです。そこで，この3つの字句を空欄bに当てはめてみると，「記録として記録する」では意味が通じません。「暫定策として記録する」は一見よさそうですが，「問題に対する暫定策又は恒久策は」とあるので，暫定策だけの登録ではないことがわかります。したがって，**空欄b**に入るのは〔**イ**〕の**既知の誤り**です。

　既知の誤り（既知のエラー）とは，根本原因が特定されているか，あるいはワークアラウンド（問題に対する暫定的処置）が明らかになっている問題のことをいいます。問題管理では，問題の根本原因を特定するため，まず初めに，問題管理データベースにアクセスして過去に特定された既知の誤りかどうか確認します。そして，調査及び診断の結果，問題に対する暫定策又は恒久策が見つかったら，既知の誤りとして，その情報を問題管理データベースに記録します。

参考 既知のエラーデータベース

　既知の誤りに関する情報を格納するデータベースを，一般に，**既知のエラーデータベース（KEDB：Known Error DataBase）**といいます。KEDBは，問題管理によって作成され，インシデント管理および問題管理において，新たに発生した問題が過去に発生した問題かどうかの確認に用いられるデータベースです。

●空欄c

空欄cには，サービスマネジメントのプロセス名称が入ります。ここでのポイントは，図1は問題管理フロー図であり，空欄c以降の処理が問題管理における処理であることです。このことに着目すれば，**空欄c**は，問題管理の前に実施するプロセス，すなわち〔**ア**〕の**インシデント及びサービス要求管理**であることがわかります。「えっ！？インシデント管理じゃないの？」と思った方もいるかと思いますが，インシデント及びサービス要求管理はISO/IEC 20000（JIS Q 20000規格）での名称です。ITILにおけるインシデント管理にほぼ該当すると考えればよいでしょう。

●空欄d

空欄dは，"変更の必要性"がある場合に実施されるサービスマネジメントのプロセスです。問題管理において，根本原因を追究した結果，恒久的な解決のためにはITサービスを構成する要素（CI）の何らかの変更が必要な場合は，変更要求（RFC）を発行し，変更管理プロセスを経由して，その解決を進めます。したがって，**空欄d**には〔**ク**〕の**変更管理**が入ります。

設問2 の解説

N君が，ディスク交換は恒久策にならないと考えた理由が問われています。ディスク障害の原因は，ディスクの経年不良です。〔ディスク運用管理の確認〕の2つ目と3つ目の項目に，「販売管理システム再構築時に多数導入したディスクは，機器単体では，高信頼性モデルの半分程度の寿命であり，また障害も同時期に起こす確率が高い」旨が記述されています。このことから，障害を起こしたディスクを交換しても，経年不良によるディスク障害は他のディスクにも起こる確率が高いことがわかります。恒久策とは，問題の再発を防ぐための根本的な対策を意味します。障害を起こしたディスクの交換は，暫定的な対策であり恒久策ではありません。

以上，解答としては，「障害を起こしたディスクを交換しても，経年不良によるディスク障害は他のディスクにも起こる確率が高く，再発防止にならない」旨を40字以内にまとめればよいでしょう。なお，試験センターでは解答例を「**故障したディスクを交換しても，他のディスクが故障する可能性があるから**」としています。

設問3 の解説

（1）下線②の「障害の兆候を検出して，障害が発生する前に交換する方式」を実現するためには，販売管理システムのメッセージ監視機能の設定をどのように変更すればよいかが問われています。ヒントとなるのは，〔ディスク運用管理の確認〕の4つ目の項目にある次の記述です。

588

9-2 サービスマネジメント

> ・ディスクの読取りエラーや書込みエラーの障害が発生したディスクに，障害の兆候を示す不良セクタの代替処理発生のメッセージが，障害発生の数日前から頻発していた。
> ・販売管理システムのメッセージ監視機能は，ディスクの読取りエラーと書込みエラーのエラーメッセージを検出すると問題管理担当者にメールで通知する設定になっているが，不良セクタの代替処理発生のメッセージを検出してもメールで通知する設定にはなっていなかった。

　障害の兆候を示す不良セクタの代替処理発生のメッセージが，障害発生の数日前から出されるわけですから，このメッセージを検出したら，問題管理担当者にメールで通知する設定に変更すれば下線②が実現ができます。したがって，解答としては，「不良セクタの代替処理発生のメッセージを検出したら問題管理担当者にメールで通知する」とすればよいでしょう。なお，試験センターでは解答例を「**不良セクタの代替処理発生のメッセージの検出をメールで通知する**」としています。

(2) 下線③の「障害の兆候を検出したディスクの交換の実施時期」について，N君が考えた改善案が問われています。

　〔ディスク運用管理の確認〕の3つ目に記述されている，「システムを停止せずにディスク交換した場合のデータ再構築処理は，機器に対する負荷が高く，二次的な障害の危険性が増す」という点から，改善案としては，「システムを停止してディスク交換を行う」ことが挙げられます。また1つ目の記述に「販売管理システムの定期保守は，週次に，システムを停止して実施している」とあるので，ディスク交換はこのとき行うのがベストです。

　以上，解答としては，「定期保守実施時のシステム停止中にディスクを交換する」とすればよいでしょう。なお，試験センターでは解答例を「**ディスク交換を定期保守時のシステム停止中に実施する**」としています。

解答

設問1　(1) a：根本原因
　　　　(2) b：イ　　　c：ア　　　d：ク
設問2　故障したディスクを交換しても，他のディスクが故障する可能性があるから
設問3　(1) 不良セクタの代替処理発生のメッセージの検出をメールで通知する
　　　　(2) ディスク交換を定期保守時のシステム停止中に実施する

問題2　キャパシティ管理　　　　　　　　　　　　　(H30秋午後問10)

　　顧客管理を支援するシステムを題材に，キャパシティ管理の基本知識，およびキャパシティ管理における問題への対策立案に関する理解を問う問題です。本問を通して，キャパシティ管理の活動内容を確認しておくとよいでしょう。

問　キャパシティ管理に関する次の記述を読んで，設問1～3に答えよ。

　K社は，ガス会社G社の情報システム子会社であり，G社に顧客管理サービス（以下，本サービスという）を提供している。本サービスは，G社が家庭用電力事業に新規参入したときに，K社がその事業の顧客管理を支援するためのシステム（以下，本システムという）を導入して開始されたものである。G社は本サービスを利用して，営業部門の電力料金計算・請求業務，及びコールセンタでの顧客からの問合せ対応・新規顧客受付業務を行っている。

　K社では，年に数回の計画停止期間以外は，毎日9時から22時まで，本サービスのオンラインサービスを提供している。

〔本システムの概要〕

　本システムは，サーバ1台で稼働し，表1に示す五つの機能をオンライン処理又はバッチ処理で実現している。

表1　本システムの機能

項番	機能名称	処理形態	概要
1	顧客情報照会	オンライン処理	顧客データベース（以下，顧客DBという）を参照する。
2	検針データ取込み	日中バッチ処理 1)	検針会社のシステムから検針データを受信し，顧客DBを更新する。
3	顧客DBバックアップ	夜間バッチ処理 2)	顧客DBのバックアップを取得する。
4	電力料金計算・請求	夜間バッチ処理 2)	顧客ごとの電力料金計算及び請求処理を行い，顧客DBを更新する。
5	顧客情報登録・変更	オンライン処理	新規顧客の登録や既存顧客の情報の変更などで顧客DBを更新する。

注記　項番の数字は，本サービスにおける機能の重要度を高い順に1～5で表す。

注 1)　日中バッチ処理は，オンラインサービス提供時間帯の9～22時に1時間間隔で起動され，数分間で完了する。日々の検針データが料金に影響する契約もあるので，障害が発生した場合でも，当処理は，当日の当初予定から3時間以内に実行する必要がある。

注 2)　夜間バッチ処理は，オンライン処理終了後の22時から，顧客DBバックアップ機能，電力料金計算・請求機能の順番に実行する。通常，全ての夜間バッチ処理が終了してからオンライン処理を開始する。夜間バッチ処理中は，他の処理では顧客DBの参照はできるが更新はできない。

9-2 サービスマネジメント

〔本サービスのキャパシティ管理〕

K社のL氏は，ITサービスマネージャとして本サービスのキャパシティ管理を担当し，具体的には次の業務を行っている。

(1) キャパシティ計画

　① 毎年1回，G社営業部門から本サービスに対する需要予測を入手し，G社と合意したサービスを考慮して資源の使用量を見積もる。これを基に，キャパシティを拡充するための期間，監視項目，監視項目のしきい値などのキャパシティ計画を作成し，G社に説明している。

(2) キャパシティ監視

　① オンライン処理の監視項目は，サーバのCPU使用率，オンライン応答時間及びオンライン処理件数であり，1分間隔で集計し，測定値として収集する。ここで，オンライン応答時間とは，サーバが要求を受け付けてから応答するまでの時間のことである。バッチ処理の監視項目は，1分間隔で集計するサーバのCPU使用率及び毎日のバッチ処理時間である。

　② 監視項目の測定値が，あらかじめ決められたしきい値を超えた場合は，インシデントとして対応する。

　なお，社内及び社外のネットワークには十分なキャパシティがあり，サービス提供に支障がないので，監視項目を設定していない。

(3) 分析及び対策

　① 監視項目の測定値について，キャパシティ計画で見積もったとおりに資源が使用されているかなどの視点から毎月1回分析を行う。また，夜間バッチ処理時間については，毎月1回妥当性を確認する。

　② キャパシティに関わるインシデントの対応を終了した後は，キャパシティ計画の妥当性を検討し，必要に応じてキャパシティ計画を見直す。

〔オンライン応答時間の悪化〕

本サービスの提供を開始してから6か月後のある日，9時15分にオンライン応答時間の測定値がしきい値を超えたことから，K社はインシデント対応を開始した。また，コールセンタからK社に"オンライン処理の応答が遅い"というクレームがあった。このときは，数分後にオンライン応答時間の悪化は解消されたので，K社では解決策は必要ないと判断し，インシデント対応を終了した。

翌日L氏は，前日のオンラインサービス提供時間帯のサーバの資源使用状況について分析することにした。このときのサーバのCPU使用率とオンライン処理件数は図1に示すとおりである。

591

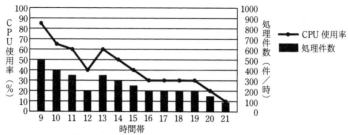

注記　CPU使用率は，サーバのCPU使用率の1時間当たりの平均値である。
　　　処理件数は，オンライン処理の1時間当たりの合計件数である。

図1　サーバのCPU使用率とオンライン処理件数

CPU使用率が高い9～11時を詳細に調査したところ，一時的にCPU使用率が100%となっているときがあることが判明した。9～11時の120分間の1分間隔のCPU使用率は，図2に示すとおりである。

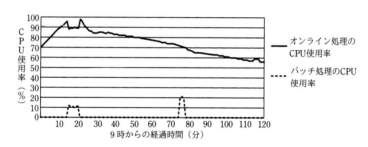

図2　9～11時の120分間のCPU使用率

調査結果から，CPU使用率が100%に達している時間帯が，   a   機能の処理を実行している時間帯と一致した。また，過去1か月の状況を調査したところ，9～11時の時間に100%に近いCPU使用率を記録することが数回あったので，L氏はすぐに実施する暫定策として，午前中は，   a   機能の処理を実行せず，12時に実行することにした。また，恒久策として，3か月後にサーバのCPU能力向上を行うことにした。

〔夜間バッチ処理の終了時刻の遅延〕

オンライン応答時間の悪化から数日後に，夜間バッチ処理の終了時刻が遅延するインシデントが発生し，オンラインサービスの開始が遅れた。その結果，顧客情報照会ができないことから，コールセンタの業務に支障を来した。

そこで，インデント対応の　b　として，機能を縮退してオンライン処理を行うことをG社と合意し，　c　機能だけでオンライン処理を行うことにした。その間，コールセンタで顧客情報登録・変更があった場合は，夜間バッチ処理が終了し，オンラインサービスが正常に回復した後に対応することにした。

L氏は，インシデントの発生原因を調査し，次のように整理した。

- 夜間バッチ処理では，顧客DBに登録された全顧客を対象に処理を行っている。夜間バッチ処理の設計では，顧客の登録数（以下，顧客登録数という）が50万件になるまでは処理が9時までに終了するとしていた。
- 本年度当初にG社営業部門が提示したシステム要件では，顧客登録数が前述の50万件に達するのは1年半後となっていた。しかし，G社営業部門では2か月前から臨時キャンペーンを行い，顧客登録数が予測よりも早く50万件を超えたので，夜間バッチ処理の終了時刻に遅延が発生した。

そこで，L氏は，<u>①顧客DBの顧客登録数を監視項目として追加し</u>，日常的に監視することにした。さらに，G社の協力を得て不要な顧客情報を顧客DBから削除し，顧客登録数を減らした。

L氏は，今後の顧客登録数の増加について，次のように整理した。

- G社営業部門の見通しでは，2年後に顧客登録数が100万件に達する。
- 顧客登録数が100万件に達するまでは，9時までに夜間バッチ処理を終了できるように検討し，3か月後に予定しているサーバのCPU能力向上計画に反映する。

〔キャパシティ管理の強化〕

L氏は，サーバのCPU能力を向上させるまで，オンライン応答時間の悪化が起きない方策を検討した。CPU使用率とオンライン応答時間の関連性を分析した結果，CPU使用率が95％を超えるとオンライン応答時間が急激に悪化する傾向があることが分かった。そこで，L氏は，オンラインサービスへの影響を軽減するためにCPU使用率のしきい値を，95％よりも低い値に設定し，応答時間の遅延が発生する前に　d　として対応することにした。また，今回の夜間バッチ処理の終了時刻の遅延に関連して，今後は<u>②G社営業部門と定期的に打合せを行い，本サービスに対する需要予測に影響を与える，G社のキャンペーンの実施などに関する情報を事前に入手する</u>ことにした。

設問1 〔オンライン応答時間の悪化〕について，(1)，(2) に答えよ。

(1) 本サービスにおけるインシデント管理の目的を解答群の中から選び，記号で答えよ。

解答群

ア　G社営業部門やコールセンタと合意したサービスを迅速に回復するため

イ　応答時間の悪化の傾向分析を通じてインシデントの再発を防止するため

ウ　応答時間の悪化の根本原因を特定し，恒久的な解決策を提案するため

エ　コールセンタからの苦情に関するサービス報告書を作成するため

(2) 本文中の　 a 　に入れる適切な字句を表1中の機能名称から選べ。解答欄には表1中の機能名称に対応する項番を答えよ。

設問2 〔夜間バッチ処理の終了時刻の遅延〕について，(1) ～ (3) に答えよ。

(1) 本文中の　 b 　に入れる適切な字句を解答群の中から選び，記号で答えよ。

解答群

ア　恒久策　　　イ　暫定策　　　ウ　奨励策　　　エ　リスク軽減策

(2) 本文中の　 c 　に入れる適切な字句を表1中の機能名称から選べ。解答欄には表1中の機能名称に対応する項番を答えよ。

(3) 本文中の下線①で顧客登録数を監視項目として追加する目的を，25字以内で述べよ。

設問3 〔キャパシティ管理の強化〕について，(1)，(2) に答えよ。

(1) 本文中の　 d 　に入れる適切な字句を，10字以内で答えよ。

(2) 本文中の下線②でG社営業部門との打合せで情報を入手する目的を，キャパシティ管理の観点から25字以内で具体的に述べよ。

| | | **解　説** | | |

設問1 の解説

(1) 本サービスにおけるインシデント管理の目的が問われています。インシデント管理とは，インシデントの発生により低下したサービスレベルを迅速に回復させるこ

とを目的とするプロセスです。したがって，〔ア〕の「**G社営業部門やコールセンタと合意したサービスを迅速に回復するため**」が正解になります。

イ，オ：「インシデントの再発防止」と「恒久的な解決策の提案」は，問題管理の目的です。インシデント管理ではサービスの回復に主眼を置き，インシデントに対する暫定処理（応急処理）を行います。そして，問題管理で，インシデントの根本原因を調査・分析し，再発防止のための恒久的な解決策の提案を行います。

エ：「サービス報告書の作成」は，サービスレベル管理として行う内容です。

(2)「調査結果から，CPU使用率が100％に達している時間帯が，⬜ a ⬜機能の処理を実行している時間帯と一致した」とあり，空欄aに入れる字句（表1中の機能名称）が問われています。

図2のグラフを見ると，9時15分あたりにバッチ処理が開始され，オンライン処理とバッチ処理のCPU使用率が合わせて100％になっていることがわかります。

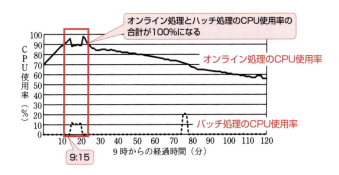

つまり，空欄aの機能は，バッチ処理ということです。そこで，表1を見ると，オンラインサービス提供時間帯に行うバッチ処理は，項番2の「検針データ取込み」だけです。したがって，解答は「**2**」となります。

設問2 の解説

(1)「インシデント対応の⬜ b ⬜として，機能を縮退してオンライン処理を行う」とあり，空欄bに入れる字句が問われています。

機能を縮退してオンライン処理を行うという対応策は，一時的な策であり，これは暫定策に該当します。したがって，**空欄b**は〔**イ**〕の**暫定策**です。

〔ア〕の恒久策は，一時的な対策ではなく長期的な対策や根本的な解決策のことです。また〔ウ〕の奨励策は，問題解決策として強く勧める策のことです。いずれも，

空欄bには該当しません。〔エ〕のリスク軽減策は，リスクの発生する確率を下げるという策です。本問の場合，機能を縮退して空欄cの機能だけでオンライン処理を行うわけですから，リスクは逆に増えることになります。

(2)「　c　機能だけでオンライン処理を行うことにした」とあるので，空欄cに該当する機能は，オンライン処理である「項番1の顧客情報照会」か「項番2の顧客情報登録・変更」のいずれかです。そして，直後の記述に，「その間，コールセンタで顧客情報登録・変更があった場合は，…正常に回復した後に対応する」と記述されていることから，「顧客情報登録・変更」は後対応とし，「顧客情報照会」だけでオンライン処理を行うことにしたことがわかります。したがって，**空欄c**に該当する機能は「顧客情報照会」であり，解答は「**1**」となります。

(3) 下線①で顧客登録数を監視項目として追加する目的が問われています。下線①の前にまとめられている，インシデントの発生原因の調査結果の内容から，次のことがわかります。

　・夜間バッチ処理は，顧客登録数に応じて処理時間がかかる。
　・顧客登録数が予測を超えた場合，夜間バッチ処理の終了時刻に遅延が発生する。

　つまり，顧客登録数が増えるにつれて夜間バッチ処理の処理時間が長くなり，終了時刻が遅くなるわけです。したがって，終了時刻に遅延を発生させないためには，常に，顧客登録数を把握し，夜間バッチ処理の終了時刻を予測する必要があります。そして，必要に応じて対策を講じることが重要です。

　以上，解答としては，「夜間バッチ処理の終了時刻を予測するため」とすればよいでしょう。なお，試験センターでは解答例を「**夜間バッチ処理の終了時刻の予測を行うため**」としています。

設問3 の解説

(1)「CPU使用率のしきい値を95%よりも低い値に設定し，応答時間の遅延が発生する前に　d　として対応することにした」とあり，空欄dに入れる字句が問われています。

　CPU使用率のしきい値を95%よりも低い値に設定するということは，CPU使用率が95%になる前に，CPU使用率が高くなったことを認識するためです。しきい値

は，異常であるか否かを判定する境目の値なので，しきい値を超えたとき「異常」が発生したと認識できます。そして，「異常」発生を認識した際は，これをインシデントとして対応するべきです。したがって，**空欄d**は**インシデント**です。

(2) 下線②でG社営業部門との打合せで情報を入手する目的が問われています。入手する情報とは，本サービスに対する需要予測に影響を与える，G社のキャンペーンの実施などに関する情報のことです。

今回発生した，夜間バッチ処理の終了時刻の遅延は，G社営業部門で行った臨時キャンペーンにより，顧客登録数が予測よりも早く50万件を超えたことが原因です。L氏は，今後の顧客登録数の増加について，「顧客登録数が100万件に達するまでは，9時までに夜間バッチ処理を終了できるように検討し，3か月後に予定しているサーバのCPU能力向上計画に反映する」としています。G社営業部門の見通しでは，顧客登録数が100万人に達するのは2年後です。しかし，今回のようにG社営業部門が実施するキャンペーンにより，予測より早く100万人に到達することも考えられます。その場合，サーバのCPU能力向上計画の見直しが必要になるため，定期的にG社営業部門と打合せを行い，キャンペーンの実施などに関する情報を事前に入手する必要があるわけです。

以上，解答としては「サーバのCPU能力向上計画への影響を把握するため」などとすればよいでしょう。なお，試験センターでは解答例を**「キャパシティ計画への影響を把握するため」**としています。

解答

設問1 (1) ア
   (2) a：2
設問2 (1) b：イ
   (2) c：1
   (3) 夜間バッチ処理の終了時刻の予測を行うため
設問3 (1) d：インシデント
   (2) c：キャパシティ計画への影響を把握するため

Try! （H31春午後問10抜粋）

　本Try!問題は，既存サービスをアウトソーシングする際のSLAの策定，および
SLAの目標値の達成に向けた方策の実施に関する問題の一部です。挑戦してみまし
ょう！

　A社は，生活雑貨を製造・販売する中堅企業で，首都圏に本社があり，全国に支社と工
場がある。A社では，10年前に販売管理業務及び在庫管理業務を支援する基幹システムを
構築した。現在，基幹システムは毎日8:00〜22:00にA社販売部門向けの基幹サービスと
してオンライン処理を行っている。基幹システムで使用するアプリケーションソフトウェ
ア（以下，業務アプリという）はA社IT部門が開発・運用・保守し，IT部門が管理するサー
バで稼働している。

〔基幹サービスの概要〕
　A社IT部門とA社販売部門との間で合意している基幹サービスのSLA（以下，社内SLA
という）の抜粋を，表1に示す。

表1　社内SLA（抜粋）

種別	サービスレベル項目	目標値	備考
a	サービス提供時間帯	毎日 8:00〜22:00	保守のための計画停止時間 [1] を除く。
	サービス稼働率	99.9%以上	—
信頼性	重大インシデント [2] 件数	年 4 件以下	—
	重大インシデントの b	2 時間以内	インシデントを受け付けてから最終的なインシデントの解決を A 社販売部門に連絡するまでの経過時間（サービス提供時間帯以外は，経過時間に含まれない）
性能	オンライン応答時間	3 秒以内	—

注記1　業務アプリ及びサーバ機器の保守に伴う変更で，リリースパッケージを作成して稼働環境に展開する
　　　　作業は，サービス提供時間帯以外の時間帯又は計画停止時間を使って行われる。
注記2　天災，法改正への対応などの不可抗力に起因するインシデントは，SLA 目標値達成状況を確認する対
　　　　象から除外する。
注 [1]　計画停止時間とは，サービス提供時間帯中にサービスを停止して保守を行う時間のことであり，A 社 IT
　　　　部門と A 社販売部門とで事前に合意して設定する。
　　[2]　インシデントに優先度として "重大"，"高"，"低" のいずれかを割り当てる。優先度として "重大" を
　　　　割り当てたインシデントを，重大インシデントという。

〔インシデント処理手順の概要〕
　A社IT部門では，インシデントが発生した場合は，インシデント担当者を選任してイン
シデントを管理し，インシデント処理手順に基づいてサービスレベルを回復させる。イン
シデント処理手順を表2に示す。

9-2 サービスマネジメント

表2 インシデント処理手順

手順	内容
記録	・インシデントを受け付け，インシデントの内容をインシデント管理簿[1]に記録する。
優先度の割当て	・インシデントに優先度（"重大"，"高"，"低"のいずれか）を割り当てる。
分類	・インシデントを，あらかじめ決められたカテゴリ（ストレージの障害など）に分類する。
記録の更新	・インシデントの内容，割り当てた優先度，分類したカテゴリなどで，インシデント管理簿を更新する。
☐ c ☐	・インシデントの内容に応じて，専門知識をもったA社IT部門の技術者などに，☐ c ☐を行う。
解決	・インシデントの解決を図る。 ・A社IT部門が解決と判断した場合は，サービス利用者にインシデントの解決を連絡する。
終了	・A社IT部門は，"サービス利用者がサービスレベルを回復したこと"を確認する。 ・インシデント管理簿に必要な内容の更新を行う。

注記　インシデントに割り当てた優先度に応じて，インシデントを受け付けてからサービス利用者に最終的なインシデントの解決を連絡するまでの経過時間（サービス提供時間帯以外は経過時間に含まれない）の目標値が定められている。経過時間の目標値は，優先度"重大"が2時間，優先度"高"が4時間，優先度"低"が8時間である。

注[1]　インシデント管理簿とは，インシデントの内容などを記録する管理簿のことである。A社IT部門の運用者からのインシデント発見連絡，サービス利用者からのインシデント発生連絡などに基づいて記録する。

〔アウトソーシングの検討〕

　現在，社内に設置されている基幹システムのサーバは，運用・保守の費用が増加し，管理業務も煩雑になってきた。また，A社の事業拡大に伴い，新規のシステム開発案件が増加する傾向にある。そこで，A社IT部門がシステムの企画と開発に集中できるように，基幹システムをB社提供のPaaSに移行する検討を行った。検討結果は次のとおりである。

・当該PaaSはB社の運用センタで稼働するサービスである。B社にサービス運用をアウトソースする場合は，A社IT部門が行っているサーバの運用・保守と管理業務はB社に移管され，B社からA社IT部門に対して運用代行サービスとして提供される。

・業務アプリ保守及びインシデント管理などのサービスマネジメント業務は，引き続きA社IT部門が担当する。

　A社IT部門とB社は，インシデント発生時の対応について打合せを行い，それぞれの役割を次のように設定した。

・表2の手順"記録"における，B社の役割として，☐ d ☐を行うこととする。

・表2の手順"優先度の割当て"における優先度の割当ては，A社IT部門が行い，割当て結果を☐ e ☐に伝える。

〔A社とB社のSLA〕

　A社IT部門は，B社へのアウトソース開始後も，A社販売部門に対して，社内SLAに基づいて基幹サービスを提供する。そこで，A社IT部門は，社内SLAを支え，整合を図るため，A社とB社間のサービスレベル項目と目標値については，表1に基づいてB社と協議を行い，合意することにした。また，B社へのアウトソーシング開始後，A社とB社との間で月次で会議を開催し，サービスレベル項目の目標値達成状況を確認することにした。

9

マネジメント系

A社とB社のSLAは，B社からの要請で次の二つを追加して，合意することにした。

・サービスレベル項目として，B社が保守を行うための計画停止予定通知日を追加する。B社はPaaSの安定運用の必要性から，PaaSのサービス停止を伴う変更作業を行う。その場合，事前に計画停止の予定通知を行うこととする。計画停止予定通知日の目標値は，A社IT部門と販売部門の合意に要する時間を考慮して，B社からA社への通知日を計画停止実施予定日の7日前までとし，必要に応じてA社とB社で協議の上，計画停止時間を確定させる。

・サービスレベル項目のうち，B社の責任ではA社と合意するB社の目標値を遵守できない項目があるので，①A社とB社のSLAの対象から除外するインシデントを決める。

　なお，PaaSのリソースの増強は，A社からB社にリソース増強要求を提示して行われるものとする。その際，A社からB社への要求は，増強予定日の2週間前までに提示することも合意した。アウトソース開始時のPaaSのリソースは，A社基幹システムのキャパシティと同等のリソースを確保する。

　その後，A社とB社はSLA契約を締結し，A社IT部門の業務の一部がB社にアウトソースされた。

(1) 表1中の　　a　　，　　b　　に入れる適切な字句を解答群の中から選び，記号で答えよ。
解答群
　　ア　安全性　　　　イ　解決時間　　　　　　ウ　可用性
　　エ　機密性　　　　オ　平均故障間動作時間　カ　平均修復時間
　　キ　保守性

(2) 表2中の　　c　　に入れる適切な字句を10字以内で答えよ。

(3) 本文中の　　d　　，　　e　　に入れる適切な字句を解答群の中から選び，記号で答えよ。
解答群
　　ア　A社IT部門　　　　　　　イ　A社IT部門への連絡
　　ウ　A社販売部門　　　　　　エ　A社販売部門への連絡
　　オ　B社　　　　　　　　　　カ　B社への連絡
　　キ　運用手順の確認　　　　　ク　定期保守報告の確認

(4) 本文中の下線①について，除外するインシデントとは，どのような問題で発生するインシデントかを20字以内で述べよ。

解　説

(1) ●空欄a：表1「社内SLA」の空欄aに対応するサービスレベル項目は，「サービス提供時間帯」と「サービス稼働率」です。どちらも“可用性”の指標ですから，空欄aは〔**ウ**〕の**可用性**です。

　　●空欄b：備考欄に記述されている，「インシデントを受け付けてから最終的なインシデントの解決をA社販売部門に連絡するまでの経過時間」をヒントに考える

と，**空欄b**には〔**イ**〕の**解決時間**を入れるのが適切です。

(2) ●**空欄c**：空欄cは，表2「インシデントの処理手順」の1つです。「"記録の更新"→"　C　"→"解決"」の順に行うことから，空欄cは，インシデントを解決するために行う行動であることがわかります。また，内容欄を見ると，「インシデントの内容に応じて，専門知識をもったA社IT部門の技術者などに，　C　を行う」とあります。発生したインシデントが過去にも発生したことのある既知の事象であれば，担当者で対応できます。しかし，未知の事象の場合，担当者だけでは対応できないことがあります。その場合，より専門知識をもった技術者などに解決を依頼することがあり，これをエスカレーション，または段階的取扱いといいます。したがって，**空欄c**には，このいずれかを入れればよいでしょう。なお，試験センターでは解答例を「**段階的扱い**」としています。

(3) ●**空欄d**：表2の手順"記録"におけるB社の役割が問われています。今回，A社IT部門が行っているサーバの運用・保守と管理業務をB社に移管することになりますが，インシデント管理は引き続きA社IT部門が担当します。したがって，PaaS環境で発生したインシデンを，A社IT部門がインシデント管理簿に記録するためには，B社からの連絡が必須条件となります。つまり，表2の手順"記録"におけるB社の役割とは，〔**イ**〕の**A社IT部門への連絡（空欄d）**です。

●**空欄e**：表2の手順"優先度の割当て"において，A社IT部門がインシデントに対して割り当てた結果（優先度）をどこへ伝える必要があるか問われています。サーバの運用・保守と管理業務をB社に移管した場合，PaaS環境で発生したインシデントへの対応はB社が行うことになります。また，インシデントの優先度によって，インシデント解決時間の目標値が異なるため，決定された割当て結果は，直ちにB社に伝える必要があります。したがって，空欄eには〔**オ**〕の**B社**が入ります。

(4) 下線①について，A社とB社のSLAの対象から除外するインシデントが問われています。下線①の直前に，「サービスレベル項目のうち，B社の責任ではA社と合意するB社の目標値を遵守できない項目がある」とあります。つまり，SLAの対象から除外するインシデンとは，B社の責任範疇にないインシデント，すなわちB社が担当していない業務で発生するインシデントです。そして，B社が担当していない業務は，基幹システムで使用する業務アプリの保守ですから，解答は，**業務アプリに起因するインシデント**とすればよいでしょう。

解答　(1) a：ウ　b：イ
(2) 段階的扱い（別解：エスカレーション）
(3) d：イ　e：オ
(4) 業務アプリに起因するインシデント

問題3 ▶ 情報資産の管理

(H27春午後問10)

販売会社における文書資産管理を題材に，情報資産管理に関する知識と理解力を問う問題です。問題文が長いので，一見厄介な問題のように感じますが，問われている内容自体はそれほど難しくなく，解答のヒントは問題文に記述されています。このような問題は，問題文を丁寧に読むことがポイントです。

問 情報資産の管理に関する次の記述を読んで，設問1〜3に答えよ。

E社は，中小企業に事務用の物品を販売している中堅の販売会社である。E社が所有する情報資産は，顧客情報，受発注情報，取引業務情報などの文書化されていない業務処理用の情報資産と，経営情報，経理情報，社員情報，文書形式で出力された業務情報などの文書化された情報資産（以下，文書資産という）とに大別される。業務処理用の情報資産は，業務用システム内で利用者ごとに　a　が定められ，管理されている。一方，文書資産は，ペーパレス化の全社施策の推進によって，最終的に大部分が電子化された状態で社内のファイルサーバに保管されている。これらの資産には，情報資産の機密性の分類として，"関係者限り"，"社内限り"，"公開"のいずれかの機密性区分が付与されている。

最近，同業他社で社員の不注意に起因する情報資産に関わる情報セキュリティインシデントが発生した。E社の経営企画部のF部長は，文書資産の資産管理と運用管理に関する現状調査を行い，問題点の抽出及び対応策の検討を行うようG課長に指示した。

〔文書資産の資産管理に関する現状〕

G課長は，社内調査を行い，文書資産の資産管理の現状を次のとおり整理した。

（1）文書資産の作成

- 社員が，PCを使用して文書化された情報（以下，文書情報という）を作成し，完成すると，文書資産として，社内の機密性区分を定めた情報セキュリティ規程を参照して機密性区分を判断し，文書資産管理者の承認を得ている。

- 文書情報を作成した社員（以下，文書情報作成者という）は，文書情報に機密性区分を記載する。"関係者限り"の場合には，文書資産管理者に許可された社員だけが業務で利用できるよう，文書情報を分類・整理して保管するファイルサーバ上の場所（以下，フォルダという）に　a　を設定し，そこに文書資産として保管している。なお，フォルダは，各部ごとに作成され，自部の許可された社員だけがア

クセスできる。"社内限り"と"公開"の場合には，全社員がアクセスできるフォルダに文書資産として保管している。

(2) 文書資産の登録・変更・削除
- 文書資産は，部ごとに管理する。各部の文書資産管理者は，部長が課長の中から任命する。文書資産管理者が異動した場合には，部長が新たな文書資産管理者を任命し，異動の事実と新たな文書資産管理者名を表形式の一覧表に記録している。
- 文書情報を作成した部の文書資産管理者は，"公開"以外の機密性区分の文書資産について，自部で管理している表形式の文書資産管理台帳に，文書資産の情報（文書資産番号，文書資産名，機密性区分，文書情報作成者の情報，作成日，配付対象者の情報，四半期単位の保存期間の満了日）を登録している。
- 文書情報を作成した部の文書資産管理者は，文書情報作成者から，文書資産が変更又は削除された通知を受けると，文書資産管理台帳に，文書資産が変更又は削除された日を追記している。
- 文書資産管理者は，四半期ごとに，文書資産管理台帳に登録された文書資産のうち，保存期間が満了した全ての文書資産について，文書資産名と文書情報作成者の情報を抽出し，文書情報作成者に削除を指示している。これらの作業には，多くの手間が掛かっている。

(3) 文書資産の配付
- 文書情報作成者が，"関係者限り"の文書資産を他部に配付する場合は，その作成元の文書資産管理者に許可を受けた上で，文書資産の編集が可能なファイル形式で自社の電子メールに添付して，配付先の当該社員へ送付している。
- 文書資産を受領した社員は，自部の文書資産管理者に連絡し，許可された社員だけが利用できるよう，当該文書資産を保管するフォルダに a を設定してもらう。
- その後，文書資産を受領した社員は， a が設定された当該フォルダに受領した文書資産を保管し，電子メールの添付ファイルを削除することとしている。
- "関係者限り"の文書資産を他部に配付する場合，作成元の文書資産管理者は，自部の文書資産管理台帳に配付対象者の情報と配付日時を追記している。
- 配付元で配付対象者の情報と配付日時が管理されているので，配付先では，配付先で保管する当該文書資産の情報を文書資産管理台帳へ登録することを不要としている。
- 文書情報作成者は，文書資産の削除が必要となった場合には，配付先の当該社員に削除を依頼している。
- 文書資産に対する権限は，社員の役割に応じて，文書資産の運用についての規程

で表1のとおりに定められている。

表1 文書資産に対する権限

	文書情報作成者	文書情報作成元の 文書資産管理者	配付先の文書資産管 理者及び当該社員	システム管理者
新規作成	○	×	×	×
変更	○	×	×	×
削除	○	△	○	○
参照	○	○	○	○

凡例 ○：有 ×：無 △：指示だけ

〔文書資産の運用管理に関する現状〕

次に，G課長は，運用管理に関する現状を次のとおり整理した。

(1) システムでの管理

・文書資産を保管しているファイルサーバは，情報システム部が運用している。

・文書資産の ┃ b ┃ を確保するために，それらを保管しているファイルサーバは，二重化されたシステムで構成され，免震装置の上に設置されている。

・情報システム部のシステム管理者は， ┃ b ┃ を確保するために，文書資産がいつでも使用できる状態を維持するようファイルサーバを運用している。

・システム管理者がファイルサーバにログインする際には，システム管理者用IDと十分に強固なパスワードを使用している。

(2) イベントログ

・"関係者限り"に該当する文書資産の変更・参照・削除のイベントが発生すると，イベントログとして，社員ID，文書資産名，イベント発生時刻，イベント種別（変更・参照・削除）が，ファイルサーバに蓄積される。

・多大な人手が掛かるので，システム管理者が全てのイベントログを定期的に解析する作業は行わず，情報セキュリティインシデントが発生して調査が必要となった場合にだけ，情報システム部の課長からの指示によって，イベントログの解析が実施される。

・イベントログの解析は，システム管理者が，解析ツールを使用して，解析ツールのマニュアルに記載されている手順に従って行う。

・マニュアルの記載内容は分かりやすいが，情報セキュリティインシデントの発生頻度は低く，システム管理者が作業に慣れていないので，イベントログの解析には時間を要している。

- システム管理者は，保存期間が満了したイベントログを消去している。イベント
ログの保存期間は，社内の規程で1年間と定められている。

〔問題点の抽出及び解決策の検討〕

　G課長は，現状を整理した結果から，次の (1) ～ (3) の問題点を抽出した。

(1) 文書資産の棚卸しが適切に実施できない。

(2) 情報漏えいが発生した場合に，イベントログの解析に長時間を要する。

(3) 配付された文書資産を，配付先の当該社員が，うっかりミスによって変更してしま
うことで完全性が損なわれる。

　そこで，それぞれの問題点について，次の (1) ～ (3) の解決策を検討した。

(1) 機密性区分が"関係者限り"の文書資産を他部から配付された場合，配付先の文書
資産管理者は，　c　する。

(2) 不正アクセスの有無を特定することを目的とした，システム管理者による，全ての
イベントログに対する定期的な点検作業は行わない。しかし，①対象期間と対象と
する文書資産を限定した上で，システム管理者が，イベントログを解析する訓練を
定期的に実施することにする。

(3) ②文書資産の完全性が保たれるよう，文書情報作成者が，文書資産を配付するとき
の文書資産の取扱いを見直す。

〔文書資産管理システムの検討〕

　現在，各部で行っている文書資産の管理に関する業務には，多くの時間と人手が掛
かっている。そこで，G課長は，文書資産の管理に関する業務を省力化するために，文
書資産管理システムの導入を検討することにし，文書資産管理システムで実現する必
要がある機能を取りまとめた。

- 文書資産管理台帳への文書資産の情報の登録
- 文書資産管理台帳での文書資産の情報の変更
- 文書資産管理台帳からの文書資産の情報の削除
- 参照権限者ごとの文書資産管理台帳の参照
- 部間での文書資産の移動
- 各部内での　d
- 部や課の統廃合時の文書資産管理台帳の引継ぎ

　文書資産管理システムを導入すると，　e　文書資産の一覧を容易に出力できるの
で，四半期ごとに，不要となった文書資産を確実に削除できるようになる。

設問1 本文中の a ， b に入れる適切な字句を7字以内で答えよ。

設問2 〔問題点の抽出及び解決策の検討〕について，(1)〜(3)に答えよ。
(1) 本文中の c に入れる適切な字句を40字以内で答えよ。
(2) 本文中の下線①とする目的を40字以内で述べよ。
(3) 本文中の下線②について，どのように見直すべきか。40字以内で述べよ。

設問3 〔文書資産管理システムの検討〕について，(1)，(2)に答えよ。
(1) 本文中の d に入れる適切な字句を解答群の中から選び，記号で答えよ。

解答群
　　ア　イベントログの解析　　　　　　イ　イベントログの収集
　　ウ　システム管理者用IDの変更　　　エ　社内のPCの入替え
　　オ　文書資産管理者の変更

(2) 本文中の e に入れる適切な字句を15字以内で答えよ。

||| **解 説** **|||**

設問1 の解説

　本文中の空欄aおよび空欄bに入れる字句が問われています。

●空欄a

　本文中に空欄aは4つありますが，このうち2つ目の「許可された社員だけが業務で利用できるよう，文書情報を分類・整理して保管するファイルサーバ上の場所(以下，フォルダという)に a を設定し」という記述に着目します。

　フォルダに対し，許可された社員だけが利用できるようにする目的で設定するのはアクセス権です。したがって，**空欄a**には**アクセス権**を入れればよいでしょう。なお，3つ目の「許可された社員だけが利用できるよう，当該文書資産を保管するフォルダに a を設定してもらう」という記述からも，空欄aはアクセス権であることが確認できます。

●空欄b

　空欄bは2つあり，次のように記述されています。

606

9-2 サービスマネジメント

- 文書資産の b を確保するために，それらを保管しているファイルサーバは，二重化されたシステムで構成され，免震装置の上に設置されている。
- 情報システム部のシステム管理者は， b を確保するために，文書資産がいつでも使用できる状態を維持するようファイルサーバを運用している。

1つ目の記述から見ていきます。ファイルサーバを二重化することで，「必要なときに使用できる」という可用性が確保できるので，空欄bには可用性が入りそうです。では，2つ目の記述を確認してみましょう。文書資産がいつでも使用できる状態を維持するためには，ファイルサーバを二重化し，一方が故障しても他のファイルサーバを利用できるよう可用性を確保する必要がありますから，やはり**空欄b**は可用性でよさそうです。なお，試験センターでは解答例を「**アクセス性** 又は **可用性**」としています。アクセス性を解答としたのは，「必要なときに使用できる＝アクセス性」と捉えたものと考えられます。

9

マネジメント系

設問2 の解説

〔問題点の抽出及び解決策の検討〕についての設問です。

(1)「機密性区分が"関係者限り"の文書資産を他部から配付された場合，配付先の文書資産管理者は， c する」とあり，空欄cに入れる字句（40字以内）が問われています。

この解決策は，「文書資産の棚卸しが適切に実施できない」ことの解決策です。機密性区分が"関係者限り"の文書資産を他部から配付された場合については，〔文書資産の資産管理に関する現状〕の「(3) 文書資産の配付」に記述されています。そこで，何が原因で文書資産の棚卸しが適切に実施できないのか，ヒントとなる記述を探すと，4つ目と5つ目の項目に，次の記述が見つかります。

- "関係者限り"の文書資産を他部に配付する場合，作成元の文書資産管理者は，自部の文書資産管理台帳に配付対象者の情報と配付日時を追記している。
- 配付元で配付対象者の情報と配付日時が管理されているので，配付先では，配付先で保管する当該文書資産の情報を文書資産管理台帳へ登録することを不要としている。

つまり，他部から配付された"関係者限り"の文書資産の情報を文書資産管理台帳へ登録しないことが，文書資産の棚卸しが適切に実施できない原因だということで

607

す。このことに気付けば，配付先の文書資産管理者は，配布された**"関係者限り"**
の文書資産の情報を自部の文書資産管理台帳に登録すればよいことがわかります。
したがって，**空欄c**には上記色文字の記述を入れればよいでしょう。

(2) 下線①「対象期間と対象とする文書資産を限定した上で，システム管理者が，イ
ベントログを解析する訓練を定期的に実施する」目的が問われています。

　下線①が含まれる解決策（2）は，「情報漏えいが発生した場合に，イベントログの
解析に長時間を要する」ことの解決策です。イベントログの解析については，〔文書
資産の運用管理に関する現状〕の「(2) イベントログ」に記述されていて，その4つ
目の項目に，「システム管理者が作業に慣れていないので，イベントログの解析には
時間を要している」とあります。これらのことから，下線①とする目的は，**システ**
ム管理者が，イベントログの解析を迅速に行えるようにするためであることがわか
ります。

(3) 下線②「文書資産の完全性が保たれるよう，…，文書資産を配付するときの文書
資産の取扱いを見直す」とあり，どのように見直すべきかが問われています。

　下線②すなわち解決策（3）は，「配付された文書資産を，配付先の当該社員が，う
っかりミスによって変更してしまうことで完全性が損なわれる」ことの解決策です。
ここで，〔文書資産の資産管理に関する現状〕の「(3) 文書資産の配付」を見ると，1
つ目の項目に，「文書資産の編集が可能なファイル形式で自社の電子メールに添付し
て，配付先の当該社員へ送付している」とあります。つまり，このようなうっかり
ミスが起こる原因は，編集が可能なファイル形式で配布しているからだと考えられ
ます。編集ができないファイル形式であれば，文書資産を，うっかり変更してしま
うというミスは起こりません。したがって，見直すべきは配布するときのファイル
形式です。解答としては「文書資産の編集ができないファイル形式で配布する」と
すればよいでしょう。なお，試験センターでは解答例を「**文書資産の編集ができな**
いファイル形式で配布するように改善する」としています。

設問3 の解説

　〔文書資産管理システムの検討〕についての設問です。

(1) 文書資産管理システムで実現する必要がある機能が問われています。問われてい
る空欄dは，「各部内での ___d___ 」となっているので，空欄dには，部内で行ってい
る何かしらの業務が入ります。そこで，文書資産管理システムは，文書資産の管理
に関する業務を省力化するためのシステムであることを念頭に，

9-2 | サービスマネジメント

・部内で行っている業務でシステム化されていないもの
・文書資産管理システムで実現する必要がある機能に挙げられていないもの

を探してみます。すると，〔文書資産の資産管理に関する現状〕の「(2)文書資産の登録・変更・削除」の1つ目の項目に，「文書資産管理者が異動した場合には，異動の事実と新たな文書資産管理者名を表形式の一覧表に記録している」との記述があり，この業務(文書資産管理者の異動に関連する業務)がシステム化されていないことがわかります。また，これに該当する機能は，文書資産管理システムで実現する必要がある機能に挙げられていません。したがって，空欄dを含む機能は，文書資産管理者の異動に関連する機能だと考えられるので，**空欄dには〔オ〕の文書資産管理者の変更**が入ります。

(2)「文書資産管理システムを導入すると，　e　文書資産の一覧を容易に出力できるので，四半期ごとに，不要となった文書資産を確実に削除できるようになる」とあります。この記述から，「　e　文書資産の一覧」は，不要となった文書資産を確実に削除するために使用されるものであることがわかります。つまり，"不要となった文書資産の一覧"ということです。では，不要となった文書資産とはどのような文書資産でしょうか。ここで，〔文書資産の資産管理に関する現状〕の「(2)文書資産の登録・変更・削除」を見ると，4つ目の項目に，「四半期ごとに，文書資産管理台帳に登録された文書資産のうち，保存期間が満了した全ての文書資産について，…削除を指示している」とあります。つまり，不要となった文書資産とは，保存期間が満了した文書資産のことです。したがって，**空欄eには「保存期間が満了した」**を入れればよいでしょう。

解 答

設問1　a：アクセス権　　　b：アクセス性　又は　可用性
設問2　(1) c："関係者限り"の文書資産の情報を自部の文書資産管理台帳に登録
　　　　(2) システム管理者が，イベントログの解析を迅速に行えるようにするため
　　　　(3) 文書資産の編集ができないファイル形式で配布するように改善する
設問3　(1) d：オ
　　　　(2) e：保存期間が満了した

9-3 システム監査

基本知識の整理

学習ナビ
システム監査問題は，午後試験の**問11**に出題されます。ここでは，システム監査の基本事項を確認しておきましょう。
〔学習項目〕
① システム監査
② システム監査の実施

①システム監査

システム監査とは，「監査対象から独立した，かつ専門的な立場のシステム監査人が，情報システムを信頼性，安全性，効率性の観点から総合的に点検および評価し，各コントロールが有効に機能していればそれを保証し，問題があれば助言および勧告するとともにフォローアップ（改善指導）する一連の活動」です。

●システム監査基準

"**システム監査基準**"は，情報システムのガバナンス，マネジメントまたはコントロールを点検・評価・検証するシステム監査業務の品質を確保し，有効かつ効率的な監査を実現するための，**システム監査人の行為規範**です。システム監査の実施に際して遵守が求められる12の基準が記載されています。このうち試験対策として特に重要なのが，次に示す基準4です。

> **基準4**：「システム監査人としての独立性と客観性の保持」
> システム監査人は，監査対象の領域又は活動から，独立かつ客観的な立場で監査が実施されているという外観に十分に配慮しなければならない。また，システム監査人は，監査の実施に当たり，客観的な視点から公正な判断を行わなければならない。

②システム監査の実施

システム監査人は，監査の目的，監査対象（対象システム，対象部門），監査テーマを明らかにしたうえでシステム監査計画を策定し，**"システム管理基準"** を監査上の判断の尺度として用いて監査を実施します。監査実施後，システム監査人は，監査依頼者が監査報告書に基づく改善指示を行えるようシステム監査の結果を監査報告書に記載し，監査依頼者に提出します。

●システム監査の流れ

システム監査は，監査計画に基づき「予備調査→本調査→評価・結論」の順で実施されます。

予備調査	監査対象の実態を明確に把握するために行う。予備調査においては，質問書（チェックリスト）の利用やヒアリング（インタビュー）の実施，資料の収集と閲覧などの実施によって，監査対象の情報システムのリスクが適切に識別されているか，リスクアセスメントに基づいたコントロールが適切に整備されているかなど，監査対象の実態を可能な限り把握するよう努める
本調査	監査目的に則して監査対象を実際に調査，分析，検証し，コントロールが適切に運用されているかを検討する。予備調査で把握できた情報システムのリスクに対するコントロールの整備状況を，更に現地調査，インタビュー，書面閲覧や調査，その他の監査技法を用いて確認し，整備されたコントロールが目的どおりに実際に機能しているかの運用状況を検証する。なお，コンピュータを利用した代表的な監査技法には，次のものがある。 ・**並行シミュレーション法**：監査人が用意した検証用プログラムと監査対象プログラムに同一のデータを入力して，両者の実行結果を比較する。 ・**組込み監査モジュール法**：監査機能を持ったモジュールを監査対象プログラムに組み込んで実環境下で実行し，処理の正確性を検証する。
評価・結論	予備調査・本調査の結果をふまえて，監査対象の実態を監査目的に照らし，適切か否かを判断し，**監査報告書**を作成する

●監査報告書

監査報告書に記載される内容は，基本的に次の4つの区分に分けられます。

①実施した監査の対象や目的などを記載する"導入区分"
②実施した監査の内容（監査範囲，実施期間など）を記載する"概要区分"
③監査意見（保証意見または助言意見）を記載する"意見区分"
④必要に応じてその他特記すべき事項を記載する"特記区分"

監査報告書には監査の目的または契約の内容によって，**保証型**と**助言型**が

あり，助言型の報告書の場合はシステム監査の結果，判明した問題点を指摘事項として記載し，指摘事項を改善するために必要な事項を改善勧告として記載します。

システム監査の流れを下図で確認しておきましょう。

重要

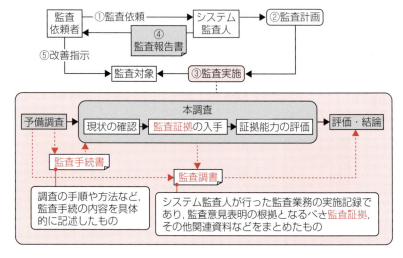

午前でよくでる システム監査の問題

システム監査における監査調書の説明として，適切なものはどれか。

- ア 監査対象部門が，監査報告後に改善提案への対応方法を記入したもの
- イ 監査対象部門が，予備調査前に当該部門の業務内容をとりまとめたもの
- ウ 監査人が，実施した監査のプロセスを記録したもの
- エ 監査人が，年度の監査計画を監査対象ごとに詳細化して作成したもの

解説

監査調書の説明として適切なのは〔ウ〕です。〔ア〕は改善計画書，〔エ〕は個別監査計画書の説明です。〔イ〕の「予備調査前に当該部門の業務内容をとりまとめたもの」は，必要に応じて監査証拠として監査調書に添付します。

解答 ウ

9-3 | システム監査

問題 1 ▶ RPAの監査
(H31春午後問11)

　RPA（Robotic Process Automation）とは，デスクワーク（主に定型的な事務作業）を，AIなどの技術を備えたソフトウェアロボットに代替させることによって，自動化や効率化を図る取り組み，およびその概念のことです。本問は，RPAの導入および導入後の運用・保守を題材に，システム監査の基本知識を確認する問題です。設問はすべて，空欄を埋めるという問題ですから，RPAに関する知識がなくても，対応する本文中の記述箇所を特定できれば解答が可能です。

問 RPA（Robotic Process Automation）の監査に関する次の記述を読んで，設問1～7に答えよ。

　保険会社のX社は，ここ数年，経営計画の柱の一つとして"働き方改革"を掲げており，それを実現するために業務の効率向上に取り組んできた。こうした中，全国のX社拠点の業務処理の統括部署である事務部は，約1年前に，ITベンダのY社の提案を基に，X社で初めてRPAを導入した。

　事務部がY社に委託して，RPAを導入して開発したシステム（以下，事務部RPAという）は，導入後，おおむね順調に稼働してきたが，一度だけシステムトラブルが発生し，稼働不能になったことがある。

　X社の社長は，システムトラブルが発生したこともあり，またRPA導入の効果についても関心があったことから，内部監査部に対して，事務部と情報システム部を対象に監査を実施することを指示した。監査の主な目的は，事務部RPAの運用・保守体制の適切性，X社全体のRPA管理体制の適切性，及び事務部RPA導入の目的達成状況を確かめることである。

〔RPAの特徴と対象業務〕

（1）RPAの特徴

　Y社の提案によると，RPAの主な特徴は次のとおりである。

　① 複数の業務システムを利用する定型業務の自動化に適しており，業務の効率向上，ミスの削減などに有効である。例えば，複数の画面を参照し，必要なデータを表計算ソフトに反映して電子メールを送信するなどの一連の業務の自動化に適している。

　② 実際のPC操作を基に開発できるので，プログラミングは不要であり，業務知識があれば容易に開発できる。変更や複製も同様に，容易に行うことができる。

613

（2）事務部RPAの対象業務

　　事務部は，X社拠点の定型業務のうち，RPAを導入することによって効率向上の効果が期待できる複数の業務を，対象業務として選定した。選定した業務の例として，生命保険料控除証明書（以下，控除証明書という）の再発行業務がある。この業務は，顧客からX社への控除証明書の再発行依頼に対して，複数の業務システムの情報を参照して控除証明書を作成し，顧客に送付するものである。

〔事務部RPA導入による業務プロセスの主な変更点と効果〕

（1）事務部RPA導入による業務プロセスの主な変更点

　　各拠点の対象業務を事務部に集約し，集約した業務にRPAを導入した。控除証明書の再発行業務の場合，事務部RPA導入前の業務プロセスでは，顧客の依頼を受け付けた拠点の担当者が，控除証明書の再発行に関わる全ての業務を行っていた。これに対して，事務部RPA導入後の業務プロセスは，次のとおりである。

①　顧客から控除証明書の再発行の依頼を受け付けた拠点は，事務部の所定のメールアドレス宛てに，電子メールで控除証明書の再発行依頼を行う。

②　事務部の担当者は，拠点からの依頼メールに基づいて事務部RPAを稼働させ，自動的に作成された控除証明書を顧客に送付する。

（2）事務部RPA導入による効果

　　事務部は，事務部RPA導入によって一定の効率向上効果が得られることを，処理時間などが記録された事務部RPAの実行ログを基に確認した。控除証明書の再発行業務の場合，従来は1件当たり15分程度要していた処理時間が1分程度に短縮された。

〔事務部RPAの開発体制及び運用・保守体制〕

（1）事務部RPAの開発体制

　　事務部RPAの開発は，Y社のシステムエンジニア2名が約2か月間，事務部の開発用ブースに常駐して行われた。開発に当たって，事務部は，投資効果などを記載した“導入計画書”を作成し，Y社は，開発及び変更に必要なドキュメントとして“事務部RPA開発用資料”を作成した。

（2）事務部RPAの運用・保守体制

　　事務部の担当者2名が，事務部RPAの運用・保守業務を行っている。事務部は，以前のシステムトラブルを踏まえて，情報システム部と連携して，再発防止策を講じて運用・保守面を強化することにした。

9-3 | システム監査

〔システムトラブルの概要〕

　事務部RPAが稼働不能になった原因は，事務部RPAと連動している複数の業務システムのうち，あるシステムの画面レイアウトの変更に伴い，事務部RPAとのインタフェースに不整合が生じたことである。本来であれば，事務部が，事前に画面レイアウトの変更に関する情報を把握して対応すべきであったが，画面レイアウトが変更されたシステムは，事務部以外の部署が主管していたので，事務部が変更に関する情報を事前に把握することができなかった。こうした変更に関する情報を事前に把握できるのは，情報システム部である。

　システムトラブルが判明した直後に，事務部の担当者から連絡を受けたY社のシステムエンジニアが原因を特定して対応を行った。ただし，あらかじめ障害対応手順を定めていなかったので，システムトラブルの対応に時間が掛かってしまった。

〔情報システム部へのヒアリング結果〕

　情報システム部へのヒアリング結果は，次のとおりである。

① 今後，RPAがより広く利用されるようになることを想定して，早急にRPAに関する管理方針を定める予定である。

② RPAの管理には，全社のRPAの管理責任部署が必要であり，その部署として情報システム部が適任であると考えている。

③ 現在，社内のシステム関連規程類の改訂案の策定を終えた段階である。

〔本調査における監査項目及び監査手続〕

　内部監査部は，以上の予備調査の結果を踏まえ，本調査に向けて監査項目及び監査手続を表1のとおりまとめた。

9

マネジメント系

表1　監査項目及び監査手続き（抜粋）

項番	監査項目	監査手続
1	事務部 RPA の導入目的は達成されているか。	［　a　］を査閲し，処理件数と処理時間を把握して，"導入計画書"に記載されている導入目的が達成されているかどうかを確認する。
2	事務部 RPA の変更に必要となる情報が整備されているか。	［　b　］を査閲し，変更に必要となる情報（対象業務，正常処理と異常処理，関連する業務システム，入出力データなど）が明示されているかどうかを確認する。
3	事務部 RPA のシステムトラブルに対する［　c　］が講じられているか。	［　d　］を対象にヒアリングし，事務部 RPA と連動している業務システムのインタフェースの［　e　］に関する情報を，事務部が適時に把握できる体制が整備されているかどうかを確認する。
4	事務部 RPA のシステムトラブル発生時の影響を最小化するための対策が講じられているか。	事務部を対象にヒアリングし，システムトラブル発生時の［　f　］が策定されているかどうかを確認する。
5	管理不在の RPA の導入・利用が広がっていくことを防ぐための対策が講じられているか。	［　g　］を査閲し，RPA に関する管理方針として，［　h　］が定められているかどうかを確認する。

設問1　表1中の項番1の［　a　］に入れる適切な字句を，15字以内で答えよ。

設問2　表1中の項番2の［　b　］に入れる適切な字句を，15字以内で答えよ。

設問3　表1中の項番3の［　c　］に入れる適切な字句を，5字以内で答えよ。

設問4　表1中の項番3の［　d　］に入れる最も適切な字句を，解答群の中から選び，記号で答えよ。

解答群

　　ア　事務部及びY社

　　イ　事務部及び拠点の一部

　　ウ　事務部及び情報システム部

　　エ　情報システム部及び拠点の一部

設問5　表1中の項番3の［　e　］に入れる適切な字句を，5字以内で答えよ。

9-3 システム監査

設問6 表1中の項番4の ☐ f ☐ に入れる適切な字句を，10字以内で答えよ。

設問7 表1中の項番5の ☐ g ☐ ， ☐ h ☐ に入れる適切な字句を，それぞれ20字以内で答えよ。

解 説

設問1 の解説

　項番1の監査手続に関する設問です。空欄aに入れる字句が問われています。

　事務部RPAの導入目的は，業務の効率向上です。このことは，〔RPAの特徴と対象業務〕の(2)に，「事務部は，X社拠点の定型業務のうち，RPAを導入することによって効率向上の効果が期待できる複数の業務を，対象業務として選定した」とあることからわかります。したがって，項番1では，事務部RPAの導入によって期待した効果が実際に出ているかを確認することになります。

　導入による効果については，〔事務部RPA導入による業務プロセスの主な変更点と効果〕の(2)に，「事務部は，事務部RPA導入によって一定の効率向上効果が得られることを，処理時間などが記録された事務部RPAの実行ログを基に確認した」と記述されています。つまり，**事務部RPAの実行ログ**（**空欄a**）を査閲すれば，処理時間などの把握ができ，導入目的が達成されているかどうかの確認ができます。

設問2 の解説

　項番2の監査手続に関する設問です。空欄bに入れる字句が問われています。

　通常，「事務部RPAの変更に必要となる情報」は，ドキュメントとして残されているはずです。そこで，"ドキュメント"をキーワードに，問題文を確認すると，〔事務部RPAの開発体制及び運用・保守体制〕の(1)に，「Y社は，開発及び変更に必要なドキュメントとして"事務部RPA開発用資料"を作成した」と記述されています。したがって，項番2で査閲するのは，**事務部RPA開発用資料**（**空欄b**）です。

設問3 の解説

　項番3の監査項目に関する設問です。「事務部RPAのシステムトラブルに対する ☐ c ☐ が講じられているか」とあり，空欄cに入れる字句が問われています。

　問題文の冒頭に，「事務部RPAは，導入後，一度だけシステムトラブルが発生し，稼働不能になった」旨の記述があります。項番3の監査項目の主旨は，このシステムトラブルに対して何が講じられたのかの確認です。このことを念頭に，問題文を確認する

617

と，〔事務部RPAの開発体制及び運用・保守体制〕の（2）に，「以前のシステムトラブルを踏まえて，情報システム部と連携して，再発防止策を講じて運用・保守面を強化することにした」との記述があります。したがって，項番3では，システムトラブルに対する**再発防止策（空欄c）**が講じられているかを確認することになります。

設問4 の解説

項番3の監査手続に関する設問です。「 d を対象にヒアリングし，事務部RPAと連動している業務システムのインタフェースの e に関する情報を，事務部が適時に把握できる体制が整備されているかどうかを確認する」とあり，本設問では空欄dに入れる「ヒアリング対象部署」が問われています。

ヒアリング対象となる部署は，システムトラブルを引き起こした関係部署です。そこで，〔システムトラブルの概要〕に記述されている，次の内容に着目します。

- ・画面レイアウトの変更に伴い，事務部RPAとのインタフェースに不整合が生じた。
- ・事務部が，変更に関する情報を事前に把握することができなかった。こうした変更に関する情報を事前に把握できるのは，情報システム部である。

システムトラブルの発生原因は，画面レイアウトの変更によって事務部RPAとのインタフェースが変わってしまったことによるものです。そして，その関係部署は，事務部と情報システム部です。したがって，事務部に対しては，「変更に関する情報，すなわちインタフェースの**変更（空欄e）**に関する情報を，事前に把握できる体制になっているか」を確認し，情報システム部に対しては，「インタフェースの変更に関する情報を，事務部に連絡する体制ができているか」を確認する必要があります。以上から，**空欄d**には〔**ウ**〕の**事務部及び情報システム部**が入ります。

設問5 の解説

本設問では空欄eが問われています。設問4で解答したとおり**空欄e**には**変更**が入ります。

設問6 の解説

項番4の監査項目「事務部RPAのシステムトラブル発生時の影響を最小化するための対策が講じられているか」に対する監査手続に関する設問です。「事務部を対象にヒ

アリングし，システムトラブル発生時の　f　が策定されているかどうかを確認する」
とあり，空欄fに入れる字句が問われています。

　システムトラブル発生時の状況については，〔システムトラブルの概要〕に記述され
ています。この中で着目すべきは，「システムトラブルが判明した直後に，事務部から
連絡を受けたY社のシステムエンジニアが原因を特定して対応を行ったが，あらかじめ
障害対応手順を定めていなかったため，対応に時間が掛かった」との記述です。

　障害対応手順が策定されていれば，システムトラブルへの対応時間が短くなるはず
ですし，またシステムトラブルによる影響も最小化できます。したがって，項番4で
は，システムトラブル発生時の**障害対応手順（空欄f）**が策定されているかどうかを確
認することになります。

設問7 の解説

　項番5の監査項目「管理不在のRPAの導入・利用が広がっていくことを防ぐための対
策が講じられているか」に対する監査手続に関する設問です。「　g　を査閲し，RPA
に関する管理方針として，　h　が定められているかどうかを確認する」とあり，空
欄g，hに入れる字句が問われています。

　RPAの管理に関しては，〔情報システム部へのヒアリング結果〕に記述されていま
す。着目すべきは，②と③の記述です。

　②で「RPAの管理には，全社のRPAの管理責任部署が必要である」としていて，③
には「現在，システム関連規程類の改訂案の策定を終えた」ことが記述されています。
したがって，項番5では，**システム関連規程類の改訂案（空欄g）**を査閲し，**全社の
RPAの管理責任部署（空欄h）**が定められているかを確認することになります。

解答

設問1　a：事務部RPAの実行ログ
設問2　b：事務部RPA開発用資料
設問3　c：再発防止策
設問4　d：ウ
設問5　e：変更
設問6　f：障害対応手順
設問7　g：システム関連規程類の改訂案
　　　　h：全社のRPAの管理責任部署

?　問題2　システム監査

(H23春午後問12)

　経理部門で使用されているスプレッドシート（表計算ソフトのシート）の管理状況の監査を題材とした，システム監査問題です。設問内容は，スプレッドシートの統制の実施状況の確認（監査計画）および監査実施後の指摘事項と改善策を問うものとなっています。本問を通して，システム監査の基本的な流れを確認しておきましょう。

問　表計算ソフトの利用についてのシステム監査に関する次の記述を読んで，設問1〜4に答えよ。

　E社は，主に製造機械を取り扱う商社で，中堅の上場企業である。部長以下12名の経理部員は，ソフトウェアパッケージを利用した経理システムで対応しきれない部分については，表計算ソフトを活用して業務効率の向上を図っている。

　使用している表計算ソフトは，集計機能のほかに関数，マクロ言語によるプログラミング機能，パスワードを用いてセルに対する入力・変更を禁止できるセキュリティ機能などを備えている。表計算ソフトに精通した部員5名が，これらの機能を使用して表計算ファイルを作成している。

　E社では，個人用のPC内にファイルを保存しない運用が全社に定着していて，業務用のファイルはすべてファイルサーバ内に格納されている。ファイルは業務ごとに分類されたディレクトリに保管され，使用権限に合わせたアクセス権が設定されている。

　財務諸表の重要な勘定科目に影響を与えるおそれのあるデータを取り扱う表計算ファイルについては，表計算ファイルの管理規程が制定されている。この管理規程が制定されて6か月が経過したので，見直しも視野に入れ，その運用状況を確認するために，監査室のF君が経理部の表計算ファイルの管理状態を監査することになった。

〔管理規程（抜粋）〕

・業務に使用する表計算ファイルを新たに作成したり，機能を変更したりする場合，作成者は，部門長が任命した表計算ファイル管理者（以下，管理者という）に事前に申告しなければならない。

・管理者は，表計算ファイルのうち，その処理結果が財務諸表の重要な勘定科目に影響を与えるものを管理対象とし，勘定科目に与える影響を評価してセキュリティ管理レベル（以下，管理レベルという）を決定する。

9-3 | システム監査

- 管理者は，管理対象となる表計算ファイルを表計算ファイル管理簿（以下，管理簿という）に登録し，作成者によって文書化された仕様を保管する。
- 管理者は，表計算ファイルの使用権限をもつ使用者を管理簿に記載する。
- 管理簿には，ファイル名，影響を与える勘定科目，作成者，作成日付，使用者，管理レベルなどを記載する。
- 表計算ファイルの作成者は，指定された管理レベルに応じたセキュリティ対策を講じ，使用者がその表計算ファイルを改ざんできないようにする。
- 管理対象の表計算ファイルについては，管理レベルに応じたバックアップを行う。

　表計算ファイルの管理レベルと，各レベルにおいて採るべきセキュリティ対策を表1に示す。

表1　表計算ファイルのセキュリティ対策（抜粋）

管理レベル	対策
高	・表計算ファイルへのアクセスログを取得し，定期的に確認する。 ・表計算ソフトのもつセキュリティ機能を用いて，使用者の入力部分以外のセルに対する入力・変更を禁止する。 ・入力データの正当性を確認する機能をもつ。 ・更新後速やかにバックアップを行う。
中	・表計算ソフトのもつセキュリティ機能を用いて，使用者の入力部分以外のセルに対する入力・変更を禁止する。 ・更新後，再度更新をするまでにバックアップを行う。
低	・定期的にバックアップを行う。

〔監査計画〕

　F君は，監査計画を次のように考えた。

(1) 予備調査において，管理対象を特定するために，　 a 　の確認を行う。

(2) 繁忙期に当たるので，経理部員の3分の1に当たる4名を無作為に抽出して調査対象とし，そのほかの部員へのヒアリングは行わない。

(3) ヒアリングでは，表計算ファイルの　 b 　を理解し，守っているかどうかを質問する。

(4) 調査対象となった管理対象の表計算ファイルの作成者に，管理規程の運用に関する状況を確かめる。

(5) ファイルサーバ内のすべての表計算ファイルを確認し，管理対象の表計算ファイルを識別する。

(6) 管理対象の表計算ファイルの　 c 　の周期と状況を確認する。

(7) 管理対象の表計算ファイルの □d□ と保管場所のディレクトリのアクセス権の一致を確認する。

〔監査の実施〕

監査計画に従って監査を実施した結果，F君は次の事実を確認した。

経理部では，G課長が管理者に任命され，作成された表計算ファイルを管理対象とするかどうかの判断と管理レベルの決定を任されている。

管理レベルが"高"の表計算ファイルはなく，レベル"中"と"低"がそれぞれ4本ずつ登録されている。ファイルは，すべて経理部のファイルサーバに保管され，毎週金曜日に定期的なバックアップが確実に実施されている。また，管理対象の各表計算ファイルの使用者と，ディレクトリのアクセス権の設定に不整合はない。

経理部のH係長は，ほぼ毎日，データを入力して管理レベル"中"の表計算ファイルを更新している。また，月1回使用される，①管理レベル"低"の表計算ファイルは，ほかの表計算ファイル中の一覧表内の係数を外部データとして参照している。参照先の表計算ファイルは管理対象外であった。

G課長が使用している管理レベル"中"の表計算ファイルは，入力部分以外のセルに対する入力・変更の禁止が設定されていない。G課長自身が作成したもので，登録時には入力・変更を禁止する設定をしていたが，内部処理の変更があったので設定を解除し，再度変更の予定があるので，その後は入力・変更を禁止する設定をせずに使用し続けている。

〔指摘事項（抜粋）〕

監査によって判明した事実に基づいて，F君は次の指摘を行った。

・□e□ は定期的に実施されているが，□f□ が使用する表計算ファイルの□g□ に対しては，現在実施されている□e□ では適切とはいえない。
・管理対象の表計算ファイルが参照している管理対象外の表計算ファイルの内容が，財務諸表の重要な勘定科目に影響を与えるおそれがある。
・セルに対する②入力・変更の禁止の設定が解除されているものがある。

〔改善提言（抜粋）〕

指摘事項について，監査室は次の改善提言を行った。

・管理対象の表計算ファイルが参照している管理対象外の表計算ファイルも管理対象とすること。
・□h□

622

9-3 | システム監査

設問1 監査計画について，(1)，(2) に答えよ。

(1) 本文中の a ～ d に入れる適切な字句を解答群の中から選び，記号で答えよ。

解答群

ア　管理規程　　　　　　イ　管理対象外

ウ　事前評価　　　　　　エ　使用権限

オ　入力・変更の禁止　　カ　バックアップ

キ　表計算ファイル　　　ク　表計算ファイル管理簿

(2) 〔監査計画〕の (2) について，監査室長から，ほかの項目と矛盾が発生するおそれがあるので，部員を管理対象の表計算ファイル作成者とそれ以外の2群に分け，それぞれの群の中で抽出するように指示された。ほかの項目とはどれか。〔監査計画〕中の (1) ～ (7) の番号で答えよ。また，その理由を40字以内で述べよ。

設問2 本文中の下線①の状態は，勘定科目に影響を与えるリスクがある。どのようなリスクか，40字以内で述べよ。

設問3 本文中の e ～ g に入れる適切な字句を解答群の中から選び，記号で答えよ。

解答群

ア　G課長　　　　　イ　H係長　　　　　　ウ　外部参照

エ　管理対象　　　　オ　更新頻度　　　　　カ　再度変更

キ　使用権限　　　　ク　入力・変更の禁止　ケ　バックアップ

設問4 本文中の h に入れる，指摘事項 (抜粋) の下線②に関する改善提言として，管理規程に追加すべき事項を30字以内で述べよ。

解 説

設問1 の解説

(1)〔監査計画〕に関する設問です。

●空欄a

「(1) 予備調査において，管理対象を特定するために，□a□の確認を行う」とあ
ります。今回の監査の目的は，財務諸表の重要な勘定科目に影響を与えるおそれの
あるデータを取り扱う表計算ファイルについて制定されている管理規程の，見直し
も視野に入れた運用状況の確認です。そこで，問題文の〔管理規程（抜粋）〕に着目
し"管理対象"をキーワードに該当部分を探すと，2つ目と3つ目の項目に，「管理者
は，表計算ファイルのうち，その処理結果が財務諸表の重要な勘定科目に影響を与
えるものを管理対象とし，管理対象となる表計算ファイルを表計算ファイル管理簿
に登録する」旨の記述があります。したがって，管理対象を特定するために確認が
必要となるのは，〔**ク**〕の**表計算ファイル管理簿**です。

●空欄b

「(3) ヒアリングでは，表計算ファイルの□b□を理解し，守っているかどうかを
質問する」という表現から，空欄bには"〜規程"あるいは"〜規約"といった用語が
入ることは容易にわかります。また，今回の監査で行うのは管理規程の運用状況の
確認なので，**空欄bには**〔**ア**〕の**管理規約**が入ります。

参考 ヒアリングにおける留意事項

　システム監査人の監査意見を立証するために必要な事実のことを**監査証拠**といいます。
監査証拠は，物理的証拠，文書的証拠，口頭的証拠，状況的証拠の4つに大別されます。
　ヒアリングで得た情報は，それが第三者に証明できるように文書化されたものであれば
口頭的証拠となります。そのため，ヒアリングを実施した際は，被監査部門から聞いた話
を裏付けるための文書や記録を入手するよう努めます。ヒアリングにおける留意事項は，
午前問題と午後問題の両方で問われることがあるので，覚えておきましょう。

●空欄c

「(6) 管理対象の表計算ファイルの□c□の周期と状況を確認する」とあります。
解答群の中で"周期"に関連するものは"バックアップ"だけです。そこでこれを裏付
けるため，〔管理規程（抜粋）〕を見ると，7つ目（最後）の項目に，「管理対象の表計
算ファイルについては，管理レベルに応じたバックアップを行う」という記述があ

624

り，**空欄c**には〔**カ**〕の**バックアップ**が入ることが確認できます。

●空欄d

「(7) 管理対象の表計算ファイルの　**d**　と保管場所のディレクトリのアクセス権の一致を確認する」とあります。表計算ファイルの保管場所のディレクトリに関しては，問題文の冒頭に，「ファイルは業務ごとに分類されたディレクトリに保管され，使用権限に合わせたアクセス権が設定されている」との記述があります。この記述から**空欄d**には〔**エ**〕の**使用権限**が入ることがわかります。

(2)〔監査計画〕の (2) について，監査室長が指摘した内容が問われています。F君の考えた監査計画では，(2) で「経理部員の3分の1に当たる4名を無作為に抽出して調査対象とする」としていますが，後述の (4) では「調査対象となった管理対象の表計算ファイルの作成者に，管理規程の運用に関する状況を確かめる」としています。調査対象者を無作為に抽出するのですから，4名全員が管理対象の表計算ファイルの作成者であるとは限りません。場合によっては，抽出された調査対象者の中に，管理対象の表計算ファイルの作成者が全く含まれないということも起こり得ます。つまり，監査室長が指摘したのはまさにこの矛盾です。したがって，監査室長が指摘したほかの項目とは**(4)** の項目で，その理由としては「抽出された調査対象者の中に，管理対象の表計算ファイルの作成者が含まれないこともあるから」といった内容を40字以内でまとめればよいでしょう。なお，試験センターでは理由の解答例を「**管理対象の表計算ファイルの作成者が抽出されないおそれがあるから**」としています。

設問2 の解説

下線①の状態とは，「管理レベル"低"の表計算ファイルが，管理対象外であるほかの表計算ファイル中の一覧表内の係数を外部データとして参照している」という状態です。本設問では，この状態は，勘定科目に影響を与えるリスクがあるとし，そのリスクの内容が問われています。

参照先の表計算ファイルは管理対象外なので，表計算ソフトのもつセキュリティ機能を用いたセキュリティ対策は行われていません。そのため，表計算ファイル中の一覧表内の係数が不正に改ざんされてしまうおそれがあり，その場合，勘定科目の値が不正確 (誤った値) になってしまいます。つまり，「参照先の表計算ファイル中の係数が不正に改ざんされるおそれがある」というのが，勘定科目に影響を与えるリスクです。なお，試験センターでは解答例を「**外部データとして参照している係数が不正に変更されるおそれがある**」としています。

設問3 の解説

〔指摘事項（抜粋）〕の1つ目の項目（記述）中にある下記の空欄が問われています。

> e は定期的に実施されているが， f が使用する表計算ファイルの g に対しては，現在実施されている e では適切とはいえない。

●空欄e

「 e は定期的に実施されている」という表現から，**空欄eには〔ケ〕のバックアップ**が入ることは容易にわかります。

●空欄f，g

空欄eにバックアップを入れると，上記記述は「 f が使用する表計算ファイルのバックアップ（空欄e）に対しては，現在実施されているバックアップ（空欄e）では適切とはいえない」となるので，〔監査の実施〕に記述されている内容から，バックアップが不適切であるものを探します。すると，「管理レベル"中"と"低"のファイルがそれぞれ4本ずつ登録されていて，これらは，毎週金曜日に定期的なバックアップが確実に実施されている」との記述がある一方，「経理部のH係長は，ほぼ毎日，データを入力して管理レベル"中"の表計算ファイルを更新している」との記述があります。表1では，管理レベル"中"のファイルは，更新後，再度更新をするまでにバックアップを行うとしているため，H係長が使用する表計算ファイルについては，その更新頻度からバックアップ周期が適切とはいえません。以上，**空欄fには〔イ〕のH係長を，また空欄gには〔オ〕の更新頻度**を入れればよいでしょう。

設問4 の解説

指摘事項（抜粋）の下線②「入力・変更の禁止の設定が解除されているものがある」に関する改善提言として，管理規程に追加すべき事項が問われています。

この指摘は，G課長が使用している管理レベル"中"の表計算ファイルに対するものです。管理レベル"中"の表計算ファイルでは，「使用者の入力部分以外のセルに対する入力・変更を禁止する」ことになっていますが，G課長は登録時には入力・変更を禁止する設定をしているものの，その後，設定を解除し，そのまま使用し続けているというのが指摘内容です。このような問題が発生するのは，入力・変更の禁止や解除の設定を，使用者自身が行えてしまうことが原因です。したがって，管理規程に**「入力・変更の禁止の設定・解除を使用者以外の者が行う（空欄h）」**ことを追加し，入力・変更の禁止や解除の設定を使用者自身が行えないようにすべきです。

9-3 システム監査

解 答

設問1 (1) a：ク　　b：ア　　c：カ　　d：エ

(2) **項目**：(4)

理由：管理対象の表計算ファイルの作成者が抽出されないおそれがある
から

設問2 外部データとして参照している係数が不正に変更されるおそれがある

設問3 ｅ：ケ　　f：イ　　g：オ

設問4 h：入力・変更の禁止の設定・解除を使用者以外の者が行う

参 考　IT業務処理統制

IT業務処理統制とは，「業務を管理するITにおいて，承認された業務がすべて正確に処理，記録されることを確保するために業務プロセスに組み込まれた内部統制」のことです。

財務情報の信頼性を確保するためのIT業務処理統制では，会計上の取引記録の信頼性（完全性，正確性，正当性）を確保するために，業務処理の入力プロセス，出力プロセス，内部プロセスにおいて，「入力管理，出力管理，データ管理」の統制を実施する必要があります。また，財務報告に影響を与えるスプレッドシート等については，以下のような適切な統制を導入することにより，財務情報の信頼性を保証しなければなりません。

〔**方針と手続**〕
・スプレッドシート等を利用する場合の職務権限，利用権限が定められていること。
・スプレッドシート等の利用について承認されていること。
・スプレッドシート等を財務情報に利用する場合には，財務情報の完全性，正確性，正当性に関する方針と手続があり，順守されていること。
・作成したスプレッドシート等について文書化されており，処理の完全性，正確性，正当性が確保されていること。

〔**バックアップ**〕
・作成したスプレッドシートとデータのバックアップを行い，安全に保管すること。

〔**改ざんを防止する機能や仕組**〕
・利用者が，スプレッドシートの数式やマクロ等を変更できないようにしていること。
・スプレッドシート等に完全性，正確性，正当性を検証できる仕組（検算できる等）が組み込まれているか，もしくは手計算で検算すること。

9

マネジメント系

問題3　財務会計システムの運用の監査　(H27春午後問11)

財務会計システムを題材にしたシステム監査の問題です。本問は，財務会計システムにおける，入力，処理，出力のコントロールに関する監査問題ではありますが，解答にあたって財務会計の専門的な知識は必要としません。問題文を丁寧に読み，一般常識的な判断で解答を進めましょう。

問　財務会計システムの運用の監査に関する次の記述を読んで，設問1～6に答えよ。

　H社は，部品メーカであり，原材料を仕入れて自社工場で製造し，主に組立てメーカに販売している。H社では，財務会計システムのコントロールの運用状況について，監査室による監査が実施されることになった。
　財務会計システムは，2年前に導入したシステムである。財務会計システムに関連する販売システム，製造システム，購買システムなど(以下，関連システムという)は，全て自社で開発したものである。財務会計システムは，関連システムからのインタフェースによる自動仕訳と手作業による仕訳入力の機能で構成されている。
　財務会計システムの処理概要を図1に示す。

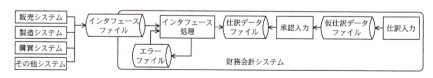

図1　財務会計システムの処理概要

〔財務会計システムの予備調査〕
　監査室が，財務会計システムに関する予備調査によって入手した情報は，次のとおりである。
(1) 関連システムからのインタフェースによる自動仕訳
　① 財務会計システムには，仕訳の基礎情報となるトランザクションデータが各関連システムからインタフェースファイルとして提供される。
　② インタフェースファイルは，日次の夜間バッチ処理のインタフェース処理に取り込まれる。インタフェース処理は，必要な項目のチェックを行い，仕訳データ

を生成して，仕訳データファイルに格納する。

③　チェックでエラーが発見されれば，トランザクション単位でエラーデータとして，エラーファイルに格納される。財務会計システムには，エラーファイルの内容を確認できる照会画面がないので，エラーの詳細は翌日の朝に情報システム部から経理部に通知される。財務会計システムのマスタが最新でないことが原因でエラーデータが発生した場合には，財務会計システムのマスタ変更を経理部が行う。ただし，エラーとなったデータの修正が必要な場合は，経理部で対応できないので，情報システム部が対応している。

④　エラーファイル内のエラーデータは，翌日のインタフェース処理に再度取り込まれ，処理される。

なお，日次の夜間バッチ処理はジョブ数，ファイル数が多く，日によって実行ジョブも異なり，複雑である。そこで，ジョブの実行を自動化するために，ジョブ管理ツールを利用している。このジョブ管理ツールへの登録，ジョブの実行，異常メッセージの管理などは，情報システム部が行っている。

(2) 手作業による仕訳入力

　　手作業による仕訳入力は，仕訳の基礎となる資料に基づいて経理部の担当者が行う。ここで入力されたデータは，一旦，仮仕訳データとして仮仕訳データファイルに格納される。経理課長がシステム上で仮仕訳データの承認を行うことによって，仕訳データファイルに格納される。

　　なお，手作業による仕訳入力に関するアクセスは，各担当者に個別に付与されたIDに入力権限及び承認権限を設定することでコントロールされている。

(3) 月次処理

①　翌月の第7営業日までに，当月の仕訳入力業務を全て完了させている。

②　経理部は，入力された仕訳が全て承認されているかを確かめるために，　　Ｉ　　が残っていないことを確認する。

③　経理部は，当月の仕訳入力業務が全て完了したことを確認した後，財務会計システムで確定処理を行う。これ以降は，当月の仕訳入力ができなくなる。

(4) 財務レポート作成・出力

　　財務会計システムで確定した月次の財務数値を基に，数十ページの財務レポートが作成・出力され，月次の経営会議で報告される。財務レポートは，経理部が簡易ツールを操作して，出力の都度，対象データ種別，対象期間，対象科目を設定して出力される。

〔監査要点の検討〕

　監査室では，財務会計システムの予備調査で入手した情報に基づいてリスクを洗い出し，監査要点について検討し，"監査要点一覧"にまとめた。その抜粋を表1に示す。

　なお，財務会計システムに関するプログラムの正確性については，別途，開発・プログラム保守に関する監査を実施する計画なので，今回の監査では対象外とする。

表1　監査要点一覧（抜粋）

項番	リスク	監査要点
(1)	インタフェース処理が正常に実行されない。	①　ジョブ管理ツールに，ジョブスケジュールが適切に登録されているか。 ②　バッチジョブの実行に際しては，　　a　　され，検出された事項は全て適切に対応されているか。
(2)	正当性のない手作業入力が行われる。	①　手作業による仕訳入力及び承認は，適切であるか。特に，　　b　　の両方が一つのIDに設定されていないことに注意する。
(3)	全ての仕訳が仕訳データファイルに格納されずに確定処理が行われる。	①　経理部は，手作業による全ての仕訳入力が仕訳データファイルに反映されていることを確認しているか。 ②　情報システム部は，インタフェース処理で発生した　　c　　が全て処理されていることを確認しているか。
(4)	財務レポートが正確に，網羅的に出力されない。	①　財務レポート出力のタイミングは適切であるか。 ②　財務レポート出力の操作は，適切に行われているか。

設問1　表1中の　a　に入れる適切な字句を15字以内で答えよ。

設問2　表1中の　b　に入れる適切な字句を10字以内で答えよ。

設問3　表1項番 (3) の監査要点①に対して，経理部が実施しているコントロールとして，本文中の　Ⅰ　に入れる適切な字句を10字以内で答えよ。

設問4　表1中の　c　に入れる適切な字句を10字以内で答えよ。

設問5　表1項番 (4) の監査要点①について，どのようなタイミングで財務レポートを出力すべきか。適切なタイミングを10字以内で答えよ。

設問6　表1項番 (4) の監査要点②について，経理部が操作時にチェックすべき項目を，三つ答えよ。

9-3 | システム監査

解 説

設問1 の解説

表1項番（1）の「インタフェース処理が正常に実行されない」リスクに対するコントロールを，確認するための監査要点が問われています。インタフェース処理とは，各関連システムから提供されるインタフェースファイルを基に，仕訳データを生成して，仕訳データファイルに格納する処理のことです。この処理は，ジョブ管理ツールを利用した日次の夜間バッチ処理で行われます。

ここで着目すべきは，〔財務会計システムの予備調査〕（1）の④の直後にある，「ジョブ管理ツールへの登録，ジョブの実行，異常メッセージの管理などは，情報システム部が行っている」との記述です。インタフェース処理（バッチ処理）が正常に実行されることを担保するためには，次の2つを適切かつ確実に実施する必要があります。

①ジョブ管理ツールに，ジョブスケジュールを適切に登録する。
②ジョブ実行の際は，ジョブ管理ツールから出力される異常メッセージを監視し，異常として検出された事項は全て適切に対応する。

そこで，上記①が監査要点①，上記②が監査要点②に該当することになりますから，**空欄a**には「**異常メッセージが監視**」を入れればよいでしょう。つまり，監査要点②は「バッチジョブの実行に際しては，**異常メッセージが監視**（空欄a）され，検出された事項は全て適切に対応されているか」となります。

設問2 の解説

項番（2）の「正当性のない手作業入力が行われる」リスクに対するコントロールを，確認するための監査要点「手作業による仕訳入力及び承認は，適切であるか。特に，____b____の両方が一つのIDに設定されていないことに注意する」の空欄bに入れる字句が問われています。

IDに関しては，〔財務会計システムの予備調査〕（2）に，「手作業による仕訳入力に関するアクセスは，各担当者に個別に付与されたIDに入力権限及び承認権限を設定することでコントロールされている」とあります。この記述から，手作業による仕訳入力を行う経理部の担当者のIDに設定されるのは入力権限であり，仮仕訳データの承認を行う経理課長のIDには承認権限が設定されることがわかります。ここでのポイントは，「入力作業と承認を同一人物が行うのはNG！」と気付くことです。もし，1人（一つ）のIDに入力権限と承認権限の両方が設定されていた場合，その人が仕訳入力して承認

631

してしまうと，正当性のない手作業入力が行われてしまうおそれがあります。したがって，正当性のない手作業入力が行われるリスクに対しては，1人（一つ）のIDに入力権限と承認権限の両方が設定されていないことを監査要点とし，それを確認する必要があります。

以上，**空欄b**には「**入力権限と承認権限**」を入れればよいでしょう。つまり，監査要点は「手作業による仕訳入力及び承認は，適切であるか。特に，**入力権限と承認権限**（空欄b）の両方が一つのIDに設定されていないことに注意する」となります。

設問3 の解説

表1項番（3）の監査要点①に対して，経理部が実施しているコントロールとして，本文中の空欄Ⅰに入れる字句が問われています。表1項番（3）は「全ての仕訳が仕訳データファイルに格納されずに確定処理が行われる」リスクです。そして，その監査要点①には，「経理部は，手作業による全ての仕訳入力が仕訳データファイルに反映されていることを確認しているか」とあり，空欄Ⅰを含む記述は，「入力された仕訳が全て承認されているかを確かめるために，　Ⅰ　が残っていないことを確認する」となっています。

ここで〔財務会計システムの予備調査〕(2)を見ると，「入力されたデータは，一旦，仮仕訳データとして仮仕訳データファイルに格納される。経理課長がシステム上で仮仕訳データの承認を行うことによって，仕訳データファイルに格納される」とあります。この記述から，仮仕訳データファイルに仮仕訳データが残っていなければ，全て承認されていることがわかります。したがって，入力された仕訳が全て承認されているかを確かめるためには，仮仕訳データファイルに仮仕訳データが残っていないことを確認すればよいので，**空欄Ⅰ**には**仮仕訳データ**が入ります。

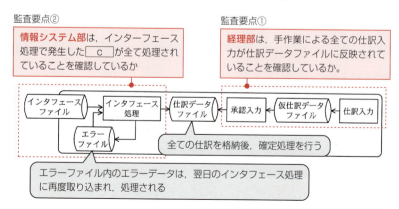

9-3 | システム監査

設問4 の解説

　項番 (3) のリスクに対するコントロールを確認するための監査要点②「情報システム部は，インターフェース処理で発生した ☐ c ☐ が全て処理されていることを確認しているか」の空欄cに入れる字句が問われています。

　インターフェース処理に関しては，〔財務会計システムの予備調査〕の (1) に記述されていて，③および④に，「インタフェース処理でエラーとなったデータは，エラーファイルに格納される。エラーファイル内のエラーデータは，翌日のインタフェース処理に再度取り込まれ，処理される」旨が記述されています。

　確定処理までに全ての仕訳が仕訳データファイルに格納されるためには，インターフェース処理で発生したエラーデータが全て処理されている必要があり，これを監査することで，項番 (3) のリスクに対するコントロールが確認できます。したがって，**空欄c**には「**エラーデータ**」が入ります。つまり，監査要点②は「情報システム部は，インターフェース処理で発生した**エラーデータ** (空欄c) が全て処理されていることを確認しているか」となります。

設問5 の解説

　表1項番 (4) の「財務レポートが正確に，網羅的に出力されない」リスクに対する監査要点①について，財務レポート出力の適切なタイミングが問われています。

　財務レポートに関しては，〔財務会計システムの予備調査〕(4) に，「財務会計システムで確定した月次の財務数値を基に，数十ページの財務レポートが作成・出力される」と記述されています。"財務会計システムで確定した"とは，財務会計システムで確定処理を行ったことを意味します。したがって，財務レポート出力の適切なタイミングは**確定処理後**です。確定処理前に財務レポートの出力を行ってしまうと，その後に入力された仕訳データが財務レポートに反映されないため，財務レポートの正確性，網羅性を確保できません。

設問6 の解説

　財務レポート出力の操作時に，チェックすべき項目が問われています。財務レポートは，経理部が簡易ツールを操作して，出力の都度，対象データ種別，対象期間，対象科目を設定して出力しているわけですから，財務レポートを正確に，網羅的に出力するためには，これらの設定を正しく行う必要があります。したがって，操作時にチェックすべき項目は，**対象データ種別，対象期間，対象科目**の3つです。

9

マネジメント系

633

解 答

設問1 a：異常メッセージが監視

設問2 b：入力権限と承認権限

設問3 Ⅰ：仮仕訳データ

設問4 c：エラーデータ

設問5 確定処理後

設問6 対象データ種別，対象期間，対象科目

参考 よくでるユーザID（アカウント）に関する問題

問1：『ユーザIDの登録・削除は，上長の承認を得て，管理課に提出する。管理課担当者は，四半期に一度，ユーザIDとアクセス権の棚卸しを実施する。管理課だけがユーザIDとアクセス権の変更権限をもっていて，間違いがあれば，担当者がユーザIDの削除やアクセス権の変更を行う。その結果を管理課長が承認する。管理課長が承認した時点で，削除や変更の内容が初めて有効になる。承認時に内容の不備を発見したときには，管理課長が修正入力と承認をしている。』

　　ユーザID管理に関する問題点を40字以内で述べよ。

> **解答**：修正入力と承認を同一人物（管理課長）が行えるのが問題です。つまり解答は，「管理課長が，ユーザIDとアクセス権の変更と承認の両方の権限をもっている」となります（試験センター解答例より）。

問2：『業務上の必要性から，システム課長と，購買システムを担当するシステム課の2人の合計3人の社員が，購買システムに，高いレベルのアクセス権をもつアカウント（以下，特権アカウントという）をもっている。システム課長は，特権アカウントをもったユーザリストとアクセスログを，購買システムから四半期ごとに出力し，アクセス権が適切に付与されているかどうか，アカウントが適切に使用されているかどうかを確認している。なお，特権アカウントの新規登録，変更，削除については，システム課長の承認を必要としている。』

　　現状の購買システムのアクセス権管理では，不正を発見できないおそれがある。なぜ不正を発見できないおそれがあるのか。35字以内で述べよ。

> **解答**：特権アカウントをもつシステム課長が，特権アカウントの管理を行っています。そのため，システム課長自身が特権アカウントを行使して不正を働いた場合は，これを発見できません。したがって解答は，「特権アカウントの管理と行使の権限が同一人物に付与されているから」です（試験センター解答例より）。

索引

数字・記号

1000BASE-T ·················· 290
100BASE-TX ·················· 290
2分木 ························· 156
2分探索木 ················ 157, 200
3ウェイハンドシェイク ··· 69, 299
3ウェイハンドシェイク手順 ··· 285
6to4 ························· 287
λ（ラムダ）·················· 226
μ（ミュー）·················· 226
O（ビッグオー）·············· 159
Π（パイ）···················· 222
ρ（ロー）················ 226, 227

英字

ACK番号····················· 334
AES ·························· 12
AIDMAモデル ················ 99
ALL ························· 368
ANY ························· 368
AON ························· 530
ARP ························· 350
BSC ························· 99
CA··························· 15
CASE式······················ 429
CI··························· 581
CIDR ························ 288
CMDB ························ 581
COCOMO ····················· 531
CREATE TABLE文 ············ 360
CRL ························· 16
CRLモデル ··················· 16
CSMA/CA····················· 290
CSMA/CD····················· 290
DELETE文 ···················· 362
DES ························· 12
DHCP ························ 309
DHCPリレーエージェント機能
·························· 309

DISTINCT ··············· 428, 429
DKIM ························ 55
DMZ ·························· 18
DNS amp攻撃··············· 82, 83
DNSSEC······················ 86
DNSキャッシュポイズニング
··················· 21, 86
DoS攻撃 ····················· 21
EAP ························· 291
EAP-MD5····················· 291
EAP-TLS····················· 291
EF ·························· 538
ElGamal····················· 13
E-R図 ······················ 356
ES ·························· 538
ESSID ······················ 323
EVM ························· 532
EXCEPT演算 ·················· 369
EXISTS ················· 368, 400
FF関係 ······················ 530
FIFO ························ 153
FROM句 ······················ 364
FS関係 ······················ 530
GARP ························ 350
GROUP BY句 ·················· 364
HAVING句 ···················· 364
HIDS ························ 20
ICMP ···················· 69, 335
ICMPエコー要求 ·············· 331
ICMPタイプ11················· 289
ICMPリダイレクト············· 335
IDS ·················· 20, 47, 79
IEEE 802.11規格 ············· 290
IEEE 802.1Q ················· 291
IEEE 802.1X ················· 291
IEEE 802.1X認証 ············· 321
IEEE 802.3··················· 290
IEEE 802.3ad ················ 291
ifconfig ···················· 335
IGMP ························ 298
INNER JOIN ·············· 365, 404
INSERT文 ···················· 361
INTERSECT演算 ··············· 369
IN述語 ······················ 367
IP ···················· 284, 287

IPS ···················· 20, 47
IPsec ······················ 354
IPv4 ························ 287
IPv4/IPv6トランスレーション
·························· 287
IPv4ヘッダ··················· 289
IPv6 ··················· 287, 354
IPアドレス··················· 287
ITIL ························ 580
IT業務処理統制··············· 627
JIT ························· 135
KCipher-2··················· 12
KEDB ························ 587
L2スイッチ··················· 292
L3スイッチ··················· 292
LACP ························ 291
LAN························· 290
LAN間接続装置 ··············· 292
LDAP ························ 29
LEFT OUTER JOIN············· 412
LF ·························· 538
LIFO ························ 152
LOC ························· 531
LS ·························· 538
M/M/1の待ち行列モデル ····· 225
M/M/Sの待ち行列モデル ····· 227
MD-5 ························ 15
monlist ····················· 82
netstat ····················· 335
NIDS ························ 20
nslookup ···················· 335
NTP増幅攻撃 ················· 82
OCSPモデル ·················· 16
OP25B ······················ 59
OSI基本参照モデル············ 284
OSPF ························ 289
OUTER JOIN ················· 366
PDM ························· 530
PERT························· 530
PEST分析 ···················· 98
PKI ·················· 15, 17, 29
PMBOK······················ 528
PoE························· 322
POP before SMTP ············· 59
Port Unreachable············· 69

PPM ···································· 98
PSK認証 ······················· 321
P操作 ····················· 434, 471
RADIUS ························· 321
RC4 ································· 12
RFC ······························· 581
RFI ································ 533
RFM分析 ·························· 99
RFP ······························· 533
RIGHT OUTER JOIN ·······412
RIP ································ 289
RLTrap ···························· 59
ROA ······························· 97
ROE ······························· 97
RPA ······························ 613
RPO ······························ 147
RSA ································· 13
RTO ······························ 147
RTOS ····························· 432
S/MIME ····················· 17, 56
SELECT文 ······················ 364
SF関係 ··························· 530
SHA-1／SHA-2／SHA-3 ······· 15
SLA ·························· 580, 581
SLM ······························ 581
SMTP ···························· 297
SMTP-AUTH認証 ················ 59
SNMP ···························· 297
SNTP ···························· 297
SPF ································· 55
SQL ······························ 369
SQLインジェクション ··········· 21
SQLインジェクション対策 ······ 69
SSL/TLS ·························· 17
SS関係 ··························· 530
STP ······························ 293
STP戦略 ·························· 99
SWOT分析 ······················· 98
TCP ······························ 285
TCP/IPモデル ··················· 284
TCPコネクション ··············· 285
TCPコネクション切断 ·········· 342
TCPスキャン ···················· 69
TCPヘッダ ······················ 334
TEMPEST攻撃 ··················· 42

TLS ································ 17
TLSアクセラレータ ········ 20, 234
TTL ······························ 289
UDP ················· 284, 285, 309
UDPスキャン ···················· 69
UML ······························ 476
UNION ··························· 424
UNION ALL ····················· 424
UNION演算 ······················ 369
UPDATE文 ······················ 362
URLフィルタリング ············· 91
VLAN ······················ 300, 325
VRRP ····························· 353
V操作 ···························· 434
WAF ······························· 19
WBS ······························ 528
WBS辞書 ························· 529
WHERE句 ························· 364
X.509 ····························· 15
XP ································ 480

あ 行

アカウント ······················ 634
アクティビティ ··················· 538
アクティビティ順序設定 ········ 530
アクティビティ所要期間見積り
 ································ 531
アクティビティ図 ··············· 478
アクティブ／アクティブ構成 ···224
アクティブ／アクティブ方式 ···261
アクティブ／スタンバイ構成 ···224
アジャイル開発 ·················· 480
アノマリー型 ····················· 79
アプリケーション層 ············· 285
アムダールの法則 ··············· 228
粗利益 ···························· 97
アローダイアグラム ············· 530
暗号化 ···························· 12
アンゾフの成長マトリクス ······ 98
依存 ····························· 477
一意性制約 ······················ 360
イテレーション ·················· 480
イベントドリブン
 プリエンプション方式 ········432
イベントフラグ ·················· 433

インシデント管理 ········581, 582
インヘリタンス ·················· 478
ウィンドウサイズ ··············· 334
ウォッチドッグタイマ ···433, 443
請負型 ··························· 570
請負契約 ························· 567
内結合 ··························· 365
売上債権回転日数 ··············· 137
売上総利益 ······················· 97
売上高 ···························· 97
売上高経常利益率 ················ 97
営業利益 ····················· 97, 128
エクストリーム
 プログラミング ············· 480
エスケープ処理 ··················· 73
エニーキャスト ·················· 354
エルガマル暗号 ··················· 13
エンタープライズモード ·······321
エンティティ ···················· 356
オーセンティケータ ············321
オーダ ··························· 159
オーバーライド ·················· 479
オブジェクト指向 ··············· 478

か 行

回帰テスト ·················480, 504
開始－開始関係 ·················· 530
開始－終了関係 ·················· 530
回避 ····························· 576
外部キー ························· 360
外部結合 ························· 366
確認応答番号 ···················· 334
仮想LAN ························· 300
仮想化技術 ······················ 229
仮想関数 ························· 490
活用 ····························· 576
稼働率 ··························· 222
金のなる木 ······················· 98
カプセル化 ······················ 478
可用性管理 ······················ 581
監査証拠 ························· 624
監査報告書 ······················ 611
完全2分木 ···············171, 205
関連 ····························· 477
既知の誤り ······················ 581

既知のエラーデータベース … 587
キャッシュフロー計算書… 96, 135
キャパシティ管理 …………… 581
キュー …………………153, 156
強化 ……………………… 576
境界値 ……………………482
境界値分析 ………………482
共通鍵暗号方式 ……………… 12
距離ベクトル型 …………… 289
具象クラス …………………479
組込み監査モジュール法…… 611
クラス …………………… 478
クラス図 …………………476
クラスタソフトウェア ………229
クラッシング ……………… 531
クリティカルチェーン法 …… 531
クリティカルパス ………… 556
クリティカルパス法………… 531
経営分析……………………96
経営分析指標 ………………97
軽減 ……………………… 576
計算量………………………159
継承 …………………… 478
経常利益……………………97
継続的インテグレーション … 480
経路制御……………………348
ゲートウェイ ……………… 292
欠陥修正……………………529
結合 ………………………365
決定木………………………578
決定表………………………482
原因結果グラフ ……………482
限界値分析 ………………482
限界利益……………………128
検査制約 …………………360
検知漏れ………………………79
限定比較述語………………368
公開鍵暗号方式 ………………13
公開鍵基盤 ……………17, 29
更新時異状 ………………358
構成管理 …………………581
構成管理データベース ………581
構成品目 …………………581
コードの共同所有…………480
コールドスタンバイ方式 ……270

誤検知……………………………79
故障利用攻撃…………………42
コスト集中戦略 …………… 133
コスト値……………………289
固定比率………………………97
コネクション型………………285
コネクションレス型…………285
コンティンジェンシー予備…… 531
コンバージョン率 ……………99
コンポジション ……………477

さ 行

サーバ仮想化………………229
サービス継続管理 …………581
サービス不能攻撃 ……………21
サービス妨害攻撃 ……………21
サービスマネジメント ……… 580
サービス要求管理 …………581
サービスレベル管理 ……… 581
サービスレベル合意書 ………580
再帰クエリ …………………430
再帰的構造(2分探索木)………200
再帰呼び出し………………158
サイクロマチック数…………483
最早開始日 …………………538
最早終了日 …………………538
最遅開始日 …………………538
最遅終了日 …………………538
サイドチャネル攻撃 …………42
財務諸表………………………96
サニタイジング ………………69
サブクラス …………………479
サブネットマスク……………288
サブネットワーク …………308
サブミッションポート …………59
サプリカント ………………321
差別化集中戦略 …………… 133
参照制約………………360, 403
シーケンス図 ………………477
シーケンス番号 ……………334
時間計算量…………………159
事業継続ガイドライン ………150
事業継続計画………………149
シグネチャ型…………………79
次元データ …………………416

資源平準化 ………………… 531
自己資本比率 ………………97
自己資本利益率 ……………97
事実テーブル ………………416
市場浸透戦略 …………… 133
辞書攻撃 ………………………21
辞書式順……………………214
指数分布 …………………225
システム監査 ………………610
システム監査基準…………610
システム管理基準…………149
システムの稼働率…………222
システムログ…………………78
実験計画法…………………482
実表 ………………………360
ジャストインタイム方式 …… 135
集合演算 …………………369
集中戦略 …………………133
集約 ………………………477
終了−開始関係 ……………530
終了−終了関係 ……………530
主キー ……………………360
受容 ……………………… 576
準委任型 …………………570
準委任契約 ………………567
循環リスト ………………… 154
純粋仮想関数………………490
条件網羅 …………………482
冗長構成 …………………224
情報隠ぺい …………………478
情報システム開発フェーズ … 570
情報提供依頼書 ……………533
証明書失効リスト ……………16
助言型………………………611
処理分布……………………225
侵入検知システム ……………20
シンプロビジョニング … 229, 262
垂直型多角化戦略 ……………98
スイッチングハブ ……………292
水平型多角化戦略 ……………98
スーパークラス ……………479
スクラム ……………………480
スケールアウト……………228
スケールアップ……………228
スケジュール管理………… 531

637

スコープ ・・・・・・・・・・・・・・・528		トランスポート層 ・・・・・・・・・・・・285
スコープコントロール ・・・・・・・・529	**た 行**	トレーサビリティ ・・・・・・・・・・・・126
スタースキーマ ・・・・・・・・・・・・ 416	ターゲティング ・・・・・・・・・・・・・・ 99	
スタック ・・・・・・・・・・・・152, 157	第1～第3正規化 ・・・・・・・・・・・・ 358	**な 行**
スタティックVLAN ・・・・・・・・・・300	第1～第3正規形 ・・・・・・・・・・・・ 358	内部結合 ・・・・・・・・・・・・・・・・・・ 365
スタティックルーティング ・・・・ 348	退行テスト ・・・・・・・・・・・・・・・ 504	認証VLAN ・・・・・・・・・・・・・・・・325
ステートフルインスペクション	貸借対照表 ・・・・・・・・・・・・・・・・ 96	認証局 ・・・・・・・・・・・・・・・・・・・ 15
・・・・・・・・・・・・・・・・・・・・・・・・・・・18	ダイナミックVLAN ・・・・・・300, 325	認証サーバ ・・・・・・・・・・・・・・・321
ステートマシン図 ・・・・・・・・・ 477	ダイナミックルーティング	ネットワーク型IDS ・・・・・・・・・ 20
ストリーム暗号 ・・・・・・・・・・・・・・ 12	・・・・・・・・・・・・・・・・・・・・・289, 348	ネットワーク層 ・・・・・・・・・・・・285
ストレージ自動階層化 ・・・・・・・・229	タイミング攻撃 ・・・・・・・・・・・・ 42	ノンマスカブル割込み ・・・・・・・・433
スパニングツリー ・・・・・・・・・・・・293	タイムアウト ・・・・・・・・・・・・・ 459	
スパニングツリープロトコル ・・・293	楕円曲線暗号 ・・・・・・・・・・・・・ 13	**は 行**
スパムメール対策 ・・・・・・・・・・・・ 59	タスクボード ・・・・・・・・・・・・・521	バージョン番号 ・・・・・・・・・・・・・523
スプリント ・・・・・・・・・・・・・・・ 481	多相性 ・・・・・・・・・・・・・・479, 492	パーソナルモード ・・・・・・・・・・・・321
スプリントバックログ ・・・・・・・・520	ダミーのセル ・・・・・・・・・・・・・・192	バインド機構 ・・・・・・・・・・・・・・ 69
スプリントプランニング ・・・・・・ 481	探索の比較回数(2分探索木)	パケットフィルタリング ・・・・・・・・18
スプリントレトロスペクティブ	・・・・・・・・・・・・・・・・・・・・・203, 204	パスワードクラック ・・・・・・・・21, 41
・・・・・・・・・・・・・・・・・・・・・・・・・・ 481	単体テスト ・・・・・・・・・・・・・・・482	パスワードリスト攻撃 ・・・・・・・・ 21
スプリントレビュー ・・・・・・・・ 481	単方向リスト ・・・・・・・・・・・・・ 154	ハッシュ関数 ・・・・・・・・・・・・・・ 14
スラッシング ・・・・・・・・・・・・・・248	抽象化 ・・・・・・・・・・・・・・・・・・ 478	バッファオーバフロー攻撃 ・・・・・・ 21
正規化 ・・・・・・・・・・・・・・358, 374	抽象クラス ・・・・・・479, 490, 492	花形 ・・・・・・・・・・・・・・・・・・・・ 98
正規形 ・・・・・・・・・・・・・・・・・・ 358	抽象メソッド ・・・・・・・・・・・・・ 479	葉の数 ・・・・・・・・・・・・・・・・・・ 171
制御パステスト ・・・・・・・・・・・・ 483	直交表 ・・・・・・・・・・・・・・・・・・482	幅優先探索 ・・・・・・・・・・・・・・・ 156
生存時間 ・・・・・・・・・・・・・・・・・289	提案依頼書 ・・・・・・・・・・・・・・・ 533	ハブ ・・・・・・・・・・・・・・・・・・・292
静的経路制御 ・・・・・・・・・・・・・・348	ディジタル証明書 ・・・・・・・・・・・ 15	パラメトリック見積法 ・・・・・・・・531
税引前当期純利益 ・・・・・・・・・・・ 97	ディジタル署名 ・・・・・・・・・・・・・ 14	バランススコアカード ・・・・・・・・ 99
セキュアハッシュ関数 ・・・・・・・・・ 14	ディメンションテーブル ・・・・・ 416	バリューチェーン分析 ・・・・・・・・ 99
セグメンテーション ・・・・・・・・・・ 99	デイリースクラム ・・・・・・・・・・ 481	汎化 ・・・・・・・・・・・・・・・477, 478
セション層 ・・・・・・・・・・・・・・・285	ディレクトリサーバ ・・・・・・・・・ 29	判定条件／条件網羅 ・・・・・・・・・482
是正処置 ・・・・・・・・・・・・・・・・・529	データリンク層 ・・・・・・・・・・・・285	非正規化 ・・・・・・・・・・・・・・・・・ 358
セッションID ・・・・・・・・・・・・ 331	デシジョンツリー ・・・・・・・・・ 578	非正規形 ・・・・・・・・・・・・・・・・・ 358
セッションハイジャック ・・・・・・ 21	デシジョンテーブル ・・・・・・・・・482	ビッグオー ・・・・・・・・・・・・・・・ 159
セマフォ ・・・・・・・・・・・・434, 471	テスト駆動開発 ・・・・・・・・・・・ 480	非ナル制約 ・・・・・・・・・・・・・・・ 360
相関副問合せ ・・・・・・・・・・・・・・400	デッドロック ・・・・・・・・・・・・・ 435	評価・結論(システム監査) ・・・ 611
相関名 ・・・・・・・・・・・・・・・・・・366	デフォルトルート ・・・・・・・・・・289	表制約 ・・・・・・・・・・・・・・・・・・ 360
総資産利益率 ・・・・・・・・・・・・・ 97	デルファイ法 ・・・・・・・・・・・・・ 575	標的型攻撃メール ・・・・・・・・・・ 59
総資本回転率 ・・・・・・・・・・・・・・ 97	転嫁 ・・・・・・・・・・・・・・・・・・・ 576	評点 ・・・・・・・・・・・・・・・・・・・ 569
総資本経常利益率 ・・・・・・・・・・・ 97	展開管理 ・・・・・・・・・・・・581, 582	ファイアウォール ・・・・・・・・・・・ 18
送信ドメイン認証 ・・・・・・・・・・・ 55	テンペスト攻撃 ・・・・・・・・・・・・ 42	ファイブフォース分析 ・・・・・・・・ 98
双方向リスト ・・・・・・・・・・・・・ 154	当期純利益 ・・・・・・・・・・・・・・・ 97	ファクトテーブル ・・・・・・・・・・ 416
外結合 ・・・・・・・・・・・・・・・・・・366	同期制御 ・・・・・・・・・・・・・・・・・459	ファストトラッキング ・・・531, 539
ソフトウェアユニットテスト ・・・482	同値分割 ・・・・・・・・・・・・・・・・・482	ファンクションポイント法 ・・・・ 531
損益計算書 ・・・・・・・・・・・・・・・ 96	到着分布 ・・・・・・・・・・・・・・・・・225	フィッシング ・・・・・・・・・・・・・・ 86
	動的経路制御 ・・・・・・・・・・・・・・348	
	特化 ・・・・・・・・・・・・・・・・・・・ 478	

フォールスネガティブ ……… 79	平均到着率 …………………… 226	**ら 行**
フォールスポジティブ ……… 79	平均待ち時間 ………… 226, 245	ライブマイグレーション
深さ …………………………… 171	並行シミュレーション法 …… 611	…………………… 229, 261
深さ優先探索 ………………… 157	併合処理 ……………………… 190	ラグ ………………………… 530
複数条件網羅 ………………… 482	ペネトレーションテスト ……… 20	リアルタイムOS ……………… 432
副問合せ ……………………… 367	変更管理 …………… 581, 582	リード ………………………… 530
不正検知 ……………………… 79	変更要求 ……………………… 581	利益剰余金 …………………… 138
物理層 ………………………… 285	変更要求 ……………………… 581	リグレッションテスト ……… 504
踏み台 …………………… 21, 73	ポアソン分布 ………………… 225	リスク ………………………… 576
ブラックボックステスト …… 482	ポートスキャン ………………… 21	リスク洗い出し技法 ………… 575
ブラックリスト ………………… 19	ポートベースVLAN ………… 300	リスト ………………………… 156
ブラックリスト方式 …………… 91	ポジショニング ………………… 99	リスト処理 …………………… 192
ブランド戦略 ………………… 133	保証型 ………………………… 611	リテンション率 ………………… 99
ふりかえり …………………… 480	ホスト型IDS …………………… 20	リピータ ……………………… 292
ブリッジ ……………………… 292	ホットスタンバイ方式 ……… 270	リファクタリング …………… 480
ブルーオーシャン戦略 ……… 133	ホップ数 ……………………… 289	リフレクション攻撃 ……… 21, 82
ブルートフォース攻撃 ………… 21	ホワイトボックステスト …… 482	リフレクタ攻撃 ………………… 82
プレースホルダ ………………… 69	ホワイトリスト ………………… 19	リポジトリ ……………………… 29
ブレーンストーミング ……… 575	ホワイトリスト方式 …………… 91	流動比率 ……………………… 97
プレシデンスダイアグラム法	本調査 ………………………… 611	領域計算量 …………………… 159
…………………………… 530		利用率 ………………………… 226
プレゼンテーション層 ……… 285	**ま 行**	リリース管理 ………… 581, 582
フローグラフ ………………… 483	マイナーバージョンアップ … 523	リレーエージェント ………… 320
ブロードキャスト … 288, 298, 309	負け犬 ………………………… 98	リレーションシップ ………… 382
プロキシARP ………………… 350	マスカブル割込み …………… 433	リンクアグリゲーション
プロジェクトスコープ	待ち行列 ………………… 225, 227	…………………… 291, 293
マネジメント ……………… 528	マルチキャスト ……………… 298	リンク状態型 ………………… 289
プロジェクトタイムマネジメント	無効同値クラス ……………… 482	リンクステート型 …………… 289
…………………………… 530	無線LAN ……………………… 290	類推攻撃 ……………………… 21
プロジェクト調達マネジメント	命令網羅 ……………………… 482	ルータ ………………… 289, 292
…………………………… 533	メールボックス ……………… 434	ルーティング ………… 289, 348
プロジェクトマネジメント …… 528	メジャーバージョン番号 …… 523	ルーティングテーブル ……… 289
プロジェクトリスクマネジメント	メッセージ …………………… 478	列制約 ………………………… 360
…………………………… 533	メッセージバッファ ………… 434	レッドオーシャン …………… 114
プロダクトポートフォリオ	モデリングツール …………… 476	レトロスペクティブ ………… 480
マネジメント ………………… 98	問題管理 ………… 581, 582, 587	連関エンティティ …………… 382
プロダクトバックログ … 481, 520	問題児 ………………………… 98	連結リスト …………… 154, 190
ブロック暗号 ………………… 12		ロードシェア方式 …………… 270
分岐網羅 ……………………… 482	**や 行**	ログ …………………………… 78
ペアプログラミング …… 480, 520	有効同値クラス ……………… 482	
平均応答時間 ………………… 226	ユーザID ……………………… 634	**わ 行**
平均サービス時間 …………… 226	ユニキャスト ………… 298, 309	ワークパッケージ …………… 528
平均サービス率 ……………… 226	予備設定分析 ………………… 531	割込み ………………………… 433
平均処理時間 ………………… 226	予備調査 ……………………… 611	割込みハンドラ ……………… 433
平均到着間隔 ………………… 226	予防処置 ……………………… 529	
	余裕日数 ……………………… 538	

639

●大滝 みや子（おおたき みやこ）

IT企業にて地球科学分野を中心としたソフトウェア開発に従事した後，日本工学院八王子専門学校・ITスペシャリスト科に勤務。現在は，資格対策書籍の執筆の他，IT企業において，IT基礎教育や情報処理技術者試験対策などの研修講師を担当するなど，IT人材育成のための活動を幅広く行っている。主な書籍は，「応用情報技術者　合格教本」，「応用情報技術者　試験によくでる問題集【午前】」，「要点早わかり応用情報技術者ポケット攻略本（改訂3版）」（以上，技術評論社），「かんたんアルゴリズム解法－流れ図と擬似言語（第4版）」（リックテレコム），「基本情報技術者スピードアンサー　338」（翔泳社）など多数。

◆カバーデザイン　　小島 トシノブ（NONdesign）
◆カバーイラスト　　城谷 俊也
◆本文デザイン　　　株式会社明昌堂
◆本文レイアウト　　SeaGrape

令和02-03年

応用情報技術者 試験によくでる問題集【午後】

2013年 10月 10日 初 版 第1刷発行
2020年 　4月　3日 第4版 第1刷発行

著　者　大滝 みや子
発行者　片岡 巖
発行所　株式会社技術評論社
　　　　東京都新宿区市谷左内町21-13
　　　　電話　03-3513-6150　販売促進部
　　　　　　　03-3513-6166　書籍編集部
印刷／製本　昭和情報プロセス株式会社

定価はカバーに表示してあります。

本書の一部または全部を著作権法の定める範囲を超え，無断で複写，複製，転載，テープ化，ファイルに落とすことを禁じます。

©2013-2020　大滝 みや子

造本には細心の注意を払っておりますが，万一，乱丁（ページの乱れ）や落丁（ページの抜け）がございましたら，小社販売促進部までお送りください。送料小社負担にてお取り替えいたします。

ISBN978-4-297-10965-3 C3055
Printed in Japan

●お問い合わせについて

　本書に関するご質問は，FAXか書面でお願いいたします。電話での直接のお問い合わせにはお答えできませんので，あらかじめご了承ください。また，下記のWebサイトでも質問用フォームを用意しておりますので，ご利用ください。

　ご質問の際には，書籍名と質問される該当ページ，返信先を明記してください。e-mailをお使いになられる方は，メールアドレスの併記をお願いいたします。ご質問の際に記載いただいた個人情報は質問の返答以外の目的には使用いたしません。

　お送りいただいたご質問には，できる限り迅速にお答えするよう努力しておりますが，場合によってはお時間をいただくこともございます。なお，ご質問は，本書に記載されている内容に関するもののみとさせていただきます。

◆お問い合わせ先

〒162-0846　東京都新宿区市谷左内町21-13
株式会社技術評論社　書籍編集部
「令和02-03年　応用情報技術者
　試験によくでる問題集【午後】」係
FAX：03-3513-6183
Web：https://gihyo.jp/book/